# 氚的安全与防护

## （修订版）

杨怀元　乔　莉　杨海兰 ◎ 编著

中国原子能出版社

**图书在版编目(CIP)数据**

氚的安全与防护 / 杨怀元，乔莉，杨海兰编著.
修订版. --北京 ：中国原子能出版社，2024. 12.
ISBN 978-7-5221-3724-7
Ⅰ. TL7
中国国家版本馆 CIP 数据核字第 2024SD1264 号

**内容简介**

本书主要参考国际原子能机构和美国国家放射防护委员会一系列关于氚的专题报告和最新文献资料，系统阐述了氚的监测控制、废物处理、安全防护与环境影响。全书共 10 章，第 1 章至第 4 章介绍了核设施中的氚及其相关工艺，以及与源项控制有关的氚的特性、包容与除去、废物处理；第 5 章至第 7 章重点讨论了放射性危害与剂量学、氚监测技术与运行安全防护；第 8 章至第 9 章为环境中的氚及其评价方法；第 10 章介绍了国外主要氚实验室及其研究现状。

该书初版于 1997 年。出版近 30 年来，对于规范国内氚设施和涉氚项目的安全防护管理，纳入国际放射防护委员会(ICRP)的轨道，普及和提高国内涉氚人员监测与防护的知识与技术水平，包括目前在全国开展的《国际热核聚变实验反应堆 ITER》合作项目的人员培训、技术升级，已经产生和正在持续产生着重要作用。

为了使原书更加全面、系统，本修订版第 1 章至第 9 章，在初版基础上充实一些新的相关内容，特别是增补了许多领域国内外实验室的最新研究成果，全书增加了 10 余万字。第 10 章为国外主要氚实验室的研究进展，特邀直接参与 ITER 项目的西南物理研究院的张龙博士团队组稿，内容全部更新。

本书为专业参考书，供从事检测核设施氚安全、辐射防护、废物管理、环境保护等工作的科技人员使用，也可供氚的生产、科研和教学人员参考。

**氚的安全与防护(修订版)**

**出版发行** 中国原子能出版社(北京市海淀区阜成路 43 号 100048)
**责任编辑** 赵 艳
**责任校对** 刘 铭
**责任印制** 赵 明
**装帧设计** 侯怡璇
**印　　刷** 北京厚诚则铭印刷科技有限公司
**开　　本** 787 mm×1092 mm 1/16
**印　　张** 24.5
**字　　数** 612 千字
**版　　次** 2024 年 12 月第 1 版 2024 年 12 月第 1 次印刷
**书　　号** ISBN 978-7-5221-3724-7 **定 价** **168.00 元**

**发行电话：010-68452845**

# 前　言

《氚的安全与防护》一书，初版于1997年出版发行。该书出版近30年来，对于规范国内氚设施和涉氚项目的安全防护管理，纳入国际放射防护委员会(ICRP)的轨道，普及和提高国内涉氚人员监测与防护的知识与技术水平，包括目前在全国开展的《国际热核聚变实验反应堆ITER》合作项目的人员培训、技术升级，已经产生和正在持续产生着重要作用。

30年来，国内外的氚行业都得到了飞速的发展。在核电方面，作为核能利用大国，我国现有运行核电机组已达56台，加上在建及已核准的核电机组38台，规模位居世界第一，而氚是核电厂排放到环境放射性量最大的核素。在热核聚变研究方面，自2006年欧盟、日本、韩国、中国、俄罗斯、美国、印度签订了建设“国际热核聚变实验反应堆ITER”的国际协定以来，随着我国两大国家项目——中科院合肥等离子所的“东方超环”(EAST)和中国核工业西南物理研究院的“中国环流器系列”不断取得突破性重大实验进展，热核聚变实验研究在国内的许多大学实验室和商业公司纷纷跟进介入。

目前的研究进展进一步表明，聚变堆在不久的将来很快就会成为新一代的世界能源。虽然它将是一个更清洁的核能源，但它可能含有很大的氚盘存量，因为一个热核反应堆释放的氚量比一个相当功率的裂变反应堆核电站释放的氚量要大1万到10万倍。因此，不仅对于参加研究的涉氚人员，乃至广大的社会公众，“氚的安全与防护”知识的普及和提高就显得尤为重要。

《氚的安全与防护》一书毕竟是在国家“九五”计划期间重启氚的科研项目时匆忙付印的急就篇。为了使原书更加全面、系统，修订版第1章至第9章，各章节的目录虽然基本未变，但各章节都充实了不少新的相关内容，特别是增补了许多领域国内外实验室的最新研究成果，全书增加了10多万字。第10章国外主要氚实验室的研究进展，特邀直接参与ITER项目的西南物理研究院的张龙博士团队组稿，内容全部更新。

我大学毕业后一生从事氚的生产和研究工作五十多年，现已年过八十。能亲身经历我国氚事业的突飞猛进和科研队伍的不断壮大倍感欣慰。《氚的安全与防护》能够出修订版，首先要归功于中辐院我身边两位年轻的同事乔莉和杨海兰，他们关心该领域的技术研究进展，多年来一直帮我查阅文献期刊，收集整理资料。感谢兄弟单位西南物理研究院的张龙博士团队的大力协助。最后感谢中国辐射防护研究院老科协和山西中辐核仪器有限责任公司的领导和同志们，对于我退休后仍在坚持工作所给予的不断鼓励和支持。

祝愿我国的氚事业不断发展，我国的热核反应堆早日建成发电！

**杨怀元　2024.8**

于中辐院老科协

# 初版前言

氚是氢的放射性同位素，人工产氚已有40多年的历史。除了过去它曾用于军事目的外，氚在工农业生产、生物医学、水文地质、科学研究等领域有着广泛的应用。在现代能源工业中，氚在裂变动力堆和燃料后处理厂的运行过程中随废物排放到环境中，国际原子能机构(IAEA)曾预测到本世纪末每年排放的总氚量将高达$1.85\times10^{19}$ Bq，比地球上现有的氚总量高几十倍。目前的研究进展已经表明，聚变堆将会成为新一代的世界能源。虽然它将是一个更清洁的核能源，但它可能含有很大的氚盘存量，因为一个热核反应堆释放的氚量比一个相当功率的核电站释放的氚量要大1万到10万倍。因此，随着聚变能的研究和开发，氚的监测与控制，以及安全防护和环境影响正在成为一个专门的研究领域。

由于氚会被人体组织吸收并使之受到照射，因此有关核设施内氚的管理，废物处置、安全防护和环境影响问题很早就受到人们的重视。美国国家放射防护和测量委员会(NCRP)在20世纪70年代中后期陆续发表了NCRP第47号报告“氚测量技术”和NCRP 62号报告《环境中的氚》。国际原子能机构也陆续在1979年发表了《环境中氚的行为》(IAEA-SM-232/74)，20世纪80年代发表了《载氚废物的处理》(TR-203)，《核设施中氚的管理》(TR-234)以及90年代发表的《氚的安全操作》(TR-324)等论文集和一系列技术报告。日本为核聚变研究而汇编了大型的《氚资料集1988》。加之每隔几年召开一次的氚技术在裂变、聚变和放射性同位素中的应用国际会议所提供的丰富的论文资料，使我们在今天有可能对于氚的安金与防护有一个较为完整、系统的了解。由于这些报告资料的绝大部分未翻译成中文在国内系统介绍，所以它们的影响仅局限于研究院所，范围较小。

本书试图为核设施生产现场从事氚安全防护和环境保护的人员提供一本合适的专业参考书，大部分内容取自于上面提及的NCRP和IAEA报告。为了在叙述上系统化并保持内容的连续性，在个别章节作者依据国际放射防护委员会(ICRP)的出版物和国内外发表的其他最新文献作了适当改写和补充。当然，在相应的章节对国内的研究进展与成果也尽可能给予较详细的介绍，以使做具体工作的同志，对于氚的安全防护的全貌及国内外进展概况能有一个较为完整的了解。本书分为10章，前4章概述了核设施中氚相关的工艺、氚的特性、包容与除去和废物处理，内容都与源项控制有关。这里所提及的工艺和生产管理方面的知识都是从安防人员的角度而言的。第5章为放射性危害与剂量学，试图使读者在深入理解氚致内照剂量的同时，由具体到一般逐渐领会国际放射防护委员会的辐射防护理论与概念体系。第6章为氚监测技术，在内容的选取上尽可能使读者掌握最基本的测量技术，而对发展动向和最新技术也有所了解。第7章运行安全防护则结合国内的实际情况，介绍了国外行之有效的管理经验。第8章和第9章分别为环境中的氚与评价方法。第10章介绍国外主要氚实验室及其研究现状。书后附录有尽可能全的各章节内容的参考文献，使研究人员和想进一步了解的读者，需要时便于查阅和校核。

本书能够出版，首先要感谢中国核工业总公司安防环境卫生局和中国辐射防护研究院领导的关心和支持，感谢核工业总公司404厂，中国核动力研究设计院，中国工程物理研究院核物理与化学研究所、材料所，秦山核电公司和广东大亚湾核电合营有限公司等单位的支持与资助，以及他们对作者的信任与鼓励。

本书第1章至第4章由陈式研究员审阅，第5章至第10章由马如维研究员审阅。他们对本书的最后修改定稿提出了许多宝贵的意见。在本书的准备过程中一些疑难问题的讨论和解决，作者也常得到中国辐射防护研究院其他专家和同事们的热情帮助，在这里一并表示衷心的谢意。

作者意识到，要把40多年来发展累积的所有关于氚安全防护的技术资料，全面系统地概括在一本书中，就知识面和水平而言实在不是一个人力能胜任的。今年是我国“九五”计划的第1年，在世纪交替之际我国核能将有一个大的发展，氚的问题也必将引起各方面重视。作为急就篇，文中难免有许多差错和不当之处，作者热切希望有关专家学者和广大读者给予批评指正。

**杨怀元　1996.10**

于中国辐射防护研究院

# 目　录


第1章　核设施中氚的管理 …… 1
1.1　动力堆与燃料后处理厂中氚的管理 …… 1
1.1.1　引言 …… 1
1.1.2　氚的产生与处理 …… 1
1.1.3　含氚废液的浓集处理 …… 6
1.2　聚变堆的燃料循环与氚技术 …… 12
1.2.1　引言 …… 12
1.2.2　聚变堆的托卡马克装置 …… 13
1.2.3　聚变堆的燃料循环 …… 14
1.2.4　燃料循环系统有关的氚技术 …… 16
1.3　氚的生产贮存与衡算管理 …… 22
1.3.1　引言 …… 22
1.3.2　氚的生产 …… 22
1.3.3　氚的贮存 …… 25
1.3.4　氚设施的衡算管理 …… 28
1.3.5　工艺控制分析测量技术 …… 29
参考文献 …… 33

第2章　氚的性质及其与安全相关的特性 …… 38
2.1　氚的基本性质 …… 38
2.2　氚气向氚化水蒸气的转化 …… 39
2.3　氚与材料的化学与辐射分解反应 …… 41
2.3.1　腐蚀 …… 41
2.3.2　结构性能的退化 …… 41
2.3.3　挥发性氚化合物的产生 …… 42
2.4　氚气的渗透特性 …… 42

2.4.1 溶解度 …… 42
2.4.2 扩散率 …… 44
2.4.3 渗透率 …… 45
2.4.4 氚渗透性评价方法 …… 50
2.5 氚的泄漏 …… 53
2.5.1 氚泄漏量评价方法 …… 53
2.5.2 氚泄漏量计算例 …… 54
2.6 氚相容材料导则 …… 55
2.6.1 金属 …… 55
2.6.2 石墨、玻璃和陶瓷 …… 56
参考文献 …… 60

第3章 氚的包容与除去 …… 63
3.1 引言 …… 63
3.2 初级包容 …… 63
3.2.1 设计原则 …… 63
3.2.2 管线系统 …… 63
3.2.3 阀门与紧固件 …… 64
3.2.4 压力保护 …… 65
3.2.5 泵 …… 65
3.3 次级包容 …… 66
3.3.1 引言 …… 66
3.3.2 手套箱 …… 67
3.3.3 手套箱气氛的净化 …… 68
3.3.4 手套箱系统的仪器设备 …… 70
3.3.5 次级包容的丧失 …… 71
3.4 氚的净化除去 …… 72
3.4.1 除氚系统的工作原理 …… 72
3.4.2 常用催化剂与干燥剂 …… 73
3.4.3 小型除氚器的结构与性能 …… 77
3.4.4 国内在气体净化与除氚技术方面的研究进展 …… 79
3.5 氚包容除去系统的设计 …… 82

3.5.1 氚包容除去系统的设计考虑 …… 82
3.5.2 除氚设备的设计方法 …… 83
**3.6 大型氚包容与除去系统** …… 88
3.6.1 日本原研的氚工艺研究室 …… 88
3.6.2 欧洲氚操作实验室 …… 94
3.6.3 美国洛斯阿拉莫斯国立研究所氚系统试验设施TSTA …… 95
**参考文献** …… 96

**第4章 氚废物的处理与处置技术** …… 98
**4.1 概论** …… 98
4.1.1 含氚废物的特点 …… 98
4.1.2 废物来源与分类 …… 98
4.1.3 氚废物处理处置的一般方法 …… 99
**4.2 低水平含氚有机废液的燃烧处理** …… 100
4.2.1 液闪计数测量产生的废闪烁液 …… 100
4.2.2 一般处理方式 …… 101
4.2.3 燃烧装置的结构与性能 …… 102
**4.3 液体废物的整备与包装** …… 104
4.3.1 实验室少量废水的处理方法 …… 104
4.3.2 低水平含氚废液的水泥固化 …… 105
4.3.3 中、高水平含氚废液的整备方法 …… 108
4.3.4 含氚液体废物的整备与包装 …… 110
**4.4 固体废物的包装与安全管理** …… 112
4.4.1 固体废物的分类与管理原则 …… 112
4.4.2 高释气率废物的去污再处理 …… 113
4.4.3 固体废物的包装与贮存 …… 114
4.4.4 固化废物包装桶释氚率的测定 …… 115
**4.5 氚设施的去污与退役** …… 117
4.5.1 氚设施退役的标准体系 …… 117
4.5.2 氚设施去污退役和氚废物处理处置新技术 …… 118
4.5.3 核设施退役土壤中氚允许残留量限值的推定 …… 121
**参考文献** …… 125

第5章 放射性危害与剂量学 …… 127
5.1 职业照射产生的氚危害 …… 127
5.2 氚剂量学 …… 128
5.2.1 基本的量和单位 …… 128
5.2.2 ICRP 第30号出版物的剂量学模型 …… 131
5.3 ICRP 氚剂量学模型的改进与完善 …… 139
5.3.1 ICRP 第30号出版物以来的研究进展 …… 139
5.3.2 剂量估算 …… 140
5.3.3 氚水 HTO 与可溶性有机束缚氚 OBT …… 142
5.3.4 氚的可溶性或活性气体 …… 148
5.3.5 难溶性的氚化物气溶胶粒子 …… 151
5.4 氚内照剂量的估算与评价 …… 153
5.4.1 人体摄入氚的测定方法 …… 153
5.4.2 氚内照剂量的估算方法 …… 153
5.4.3 难溶性氚化物粒子致氚内照剂量的估算方法 …… 157
5.4.4 国外严重氚污染的报道 …… 163
5.5 减少氚内照剂量的方法 …… 165
5.5.1 暴露后的清洗 …… 165
5.5.2 增加水的摄入量 …… 165
5.5.3 其他医学促排措施 …… 167
5.6 ICRP 出版物与我国的辐射防护规定 …… 167
5.6.1 我国的辐射防护规定 …… 167
5.6.2 人体摄入量与受照剂量、危险度的关系 …… 169
5.6.3 ICRP 以及我国推荐的参考人 …… 170
5.6.4 ICRP 1990年建议书与我国的标准 GB 18871—2002 …… 173
参考文献 …… 176

第6章 氚监测技术 …… 180
6.1 引言 …… 180
6.2 空气或气体中氚的监测 …… 182
6.2.1 鼓泡器和被动式氚取样器 …… 182
6.2.2 电离室方法 …… 190

6.2.3　正比计数器与闪烁计数器……205
6.2.4　多管干燥器在甄别式氚监测仪上的应用……211
6.2.5　氚实验室的监测系统……216
**6.3　液体中氚的监测……218**
6.3.1　概论……218
6.3.2　取样分析……218
6.3.3　液体闪烁计数测量系统……219
6.3.4　固体闪烁流室……220
6.3.5　进样水流与维护管理……221
**6.4　氚的表面污染监测……222**
6.4.1　一般考虑……222
6.4.2　擦拭法测量……223
6.4.3　直接测量方法……224
6.4.4　氚表面刻度源……225
**6.5　液体闪烁测量技术及其应用……226**
6.5.1　液闪计数的一般原理……226
6.5.2　液体闪烁计数器及其性能……229
6.5.3　计数效率及其淬灭校正……234
6.5.4　计数测量应用……236
**参考文献……239**

**第7章　运行安全防护……243**
**7.1　氚安全防护的一般原则……243**
**7.2　氚系统运行和维护的特殊问题……244**
7.2.1　可移动性……244
7.2.2　化学形态……244
7.2.3　化学和辐射分解反应……244
7.2.4　排出流净化问题……245
**7.3　职责范围与管理措施……245**
7.3.1　基层安防部门的职责与任务……245
7.3.2　进入控制……246
7.3.3　区域控制……246

7.3.4 操作程序控制…… 247
7.4 监测与内照剂量控制 …… 247
7.4.1 监测计划的制订…… 247
7.4.2 运行过程的防护监测…… 248
7.4.3 个人监测与内照剂量控制…… 249
7.4.4 国内秦三厂的运行经验…… 252
7.4.5 压水堆核电厂大修换料期间的氚监测与剂量评价…… 257
7.5 维修与污染控制 …… 259
7.5.1 包容系统的维修…… 259
7.5.2 污染控制和废物处理…… 260
7.5.3 去污…… 260
7.5.4 氚的贮存…… 260
7.6 个人防护衣具 …… 261
7.6.1 引言…… 261
7.6.2 工作罩服和外套…… 261
7.6.3 手套…… 262
7.6.4 鞋或鞋罩…… 263
7.6.5 供气式呼吸器…… 263
7.6.6 防护气衣…… 264
7.6.7 国内外研究进展…… 266
参考文献…… 269

第8章 环境中的氚 …… 271
8.1 环境中氚的来源 …… 271
8.1.1 天然氚的发现与产生机制…… 271
8.1.2 核试验…… 272
8.1.3 反应堆、燃料后处理及其他…… 273
8.2 环境氚的取样与测定方法 …… 275
8.2.1 氚分析样品的收集与取样…… 275
8.2.2 样品制备方法…… 280
8.2.3 低水平氚测量技术…… 291
8.3 环境氚的分布与水平 …… 293

8.3.1 天然水…… 293
8.3.2 大气…… 299
8.3.3 土壤与生态系…… 301
8.4 环境中氚的传输与循环 …… 303
8.4.1 大气中的氚…… 303
8.4.2 陆地环境中的氚…… 304
8.4.3 水环境中的氚…… 308
8.4.4 地下水环境中的氚…… 309
8.4.5 海洋中的氚…… 310
参考文献…… 311

第 9 章 氚释放的环境影响与评价方法 …… 319
9.1 氚释放与环境氚的关系 …… 319
9.1.1 氚释放强度与设施边界大气中浓度的关系——稀释系数…… 319
9.1.2 $^{3}$H 释放率与大气水蒸气及降水中$^{3}$H 浓度的关系 …… 319
9.1.3 对地下水的影响…… 320
9.1.4 对植物的影响…… 322
9.1.5 对土壤的影响…… 325
9.2 事故性释放对环境的影响 …… 325
9.2.1 1970 年 8 月 6 日 LLL $1.1\times10^{16}$ Bq 的氚异常释放…… 325
9.2.2 1974 年 5 月 2 日 SRP $1.8\times10^{15}$ Bq 氚的异常释放 …… 326
9.3 环境影响评价方法 …… 329
9.3.1 照射途径…… 329
9.3.2 日本原子力安全协会 S.56 剂量估算模型 …… 330
9.3.3 美国 NCRP 模型及其改进 …… 332
9.4 用于剂量评价的环境转移模型 …… 334
9.4.1 SRL 陆地生态系统模型 …… 334
9.4.2 UFOTR1 事故性氚释放评价模型 …… 337
9.4.3 UNSCEAR(2016)剂量评价模式及其验证…… 341
9.5 结论 …… 346
参考文献…… 346

第 10 章　国外主要氚实验室的研究进展 …… 350
10.1　美国 …… 350
10.1.1　洛斯阿拉莫斯国家实验室(LANL) …… 350
10.1.2　氚燃料循环技术 …… 350
10.1.3　氚测量技术 …… 351
10.1.4　氢同位素分离技术 …… 351
10.1.5　氚贮存技术 …… 352
10.2　欧洲 …… 352
10.2.1　德国 Karlsruhe 氚实验室(TLK) …… 352
10.2.2　法国 …… 358
10.2.3　英国 JET …… 358
10.3　日本 JAEA …… 363
10.3.1　氚燃料循环技术 …… 364
10.3.2　排灰气处理技术 …… 364
10.3.3　氚回收技术 …… 364
10.3.4　氢同位素分离技术 …… 365
10.3.5　氚测量技术 …… 365
10.4　ITER 氚工厂 …… 366
10.4.1　总体介绍 …… 366
10.4.2　氘氚贮存与供给系统 SDS …… 368
10.4.3　排灰气处理系统 TEP …… 368
10.4.4　同位素处理系统 ISS …… 369
10.4.5　ITER 氚安全包容与辐射及环境监测 …… 370
参考文献 …… 374

# 第1章　核设施中氚的管理

## 1.1　动力堆与燃料后处理厂中氚的管理

### 1.1.1　引言

裂变反应堆和燃料后处理厂是当前核设施向环境释放氚的主要来源。随着核电工业的持续发展，由于氚的放射性危害和它在环境中的特性，核设施中氚的管理日益受到重视，在处理含氚流出物和废物方面已有许多重要的技术进展[1-2]。应当看到，将来聚变堆中产生和处理的氚量将比目前同等功率生产的裂变堆产生的氚量高几个数量级，现在为处理裂变堆产生的氚而研究发展起来的大多数技术也将适用于今后的聚变堆设施。

### 1.1.2　氚的产生与处理

在核动力工厂里，氚由燃料的三分裂变和中子与堆本体部件的核反应而产生。产氚的反应有许多，如$^{2}H(n,\gamma)^{3}H$、$^{10}B(n,2\alpha)^{3}H$、$^{7}Li(n,\alpha)^{3}H$、$^{6}Li(n,\alpha)^{3}H$和$^{3}He(n,p)^{3}H$。重水反应堆是最主要的产氚源。通过重水中氘对中子的吸收，其产率近似为$8.9\times10^{4}$ TBq·GW(e)/a。作为比较，由三分裂变产生的氚为$(5.6\sim11.2)\times10^{2}$ TBq·GW(e)/a，而由其他核反应的产率依赖于核反应堆堆型，小于$3.7\times10^{2}$ TBq·GW(e)/a。

#### 1.1.2.1　核动力工厂

(1)重水反应堆

在加拿大重水反应堆CANDU(PHWR)中，重水被容纳在两个分开的系统——慢化剂和冷却剂中。实际上，所有的氚产生与驻留在接近大气压力下运行的约为70 ℃的慢化剂系统里。冷却剂回路运行温度为300 ℃，压力为9.6 MPa。氚化重水由这些系统的泄漏构成了含氚流出物的来源。含氚流出物由气载和含水流出物构成。这样，无论从安全还是从经济上考虑，泄漏重水的控制和回收就成了重水反应堆设计和运行的一个重要组成部分。表1-1给出了在一座CANDU核电厂测量得到的重水泄漏数据[3]。

**表1-1　重水反应堆$D_2O$的浅漏样本——BRNCE核电厂A**

| 部件 | 整个核电厂慢性$D_2O$泄漏率/% | 泄漏率/% | |
|---|---|---|---|
| | | <0.1 g/d | >0.1 g/d |
| 管道及管道连接件 | 5.4 | 100 | 0 |
| 仪器与控制部件 | 1.4 | 78 | 22 |
| 法兰盘 | 28.1 | 56 | 44 |
| 阀门 | 59.8 | 78 | 22 |
| 观察窗玻璃 | 0.8 | 57 | 43 |
| 其他 | 4.5 | — | — |

氚化重水的长期低水平泄漏、散逸产生气载氚的污染，水和气载氚释放值之间的分布依赖于许多因素变化。除设计本身要求将重水的泄漏减到最小以外，气载氚的污染控制主要是将重水系统的绝大部分放在反应堆安全壳内。安全壳的设计、运行和维修确保这些被包容的系统成为最小限度的环境排放与职业照射源。必须接通动力的重水系统或位于安全壳内，或在安全壳外屏蔽的绝大多数为密闭的房间内。

在反应堆安全壳内，配备有闭合循环的重水回收系统，用于回收重水并将氚水平保持在职业照射可以接受的水平。密闭房间可以使用空气进行清洗或配置空气干燥剂装置。核电厂的空气质量，由于通风的设计是从污染最少的区域流向污染最重的区域，因而能得到保持。

由慢化剂和冷却系统产生的泄漏重水被收集在大罐中。来自慢化剂系统的水或被直接馈送返回慢化剂管道系统(假若重水的同位素纯度足够高的话)，或在通过水蒸馏富集之前被送入纯化系统。来自该蒸馏单元的馏液将含有小于0.5%的$D_2O$，是氚化废物的一种来源。其蒸汽中的氚浓度依赖于被回收重水中的氚浓度，对于185 GBq/L的回收水，在馏液中氚浓度将小于925 MBq/L。

如加拿大Pickering A核电厂气载氚的平均日排放量1981年为1.59 TBq，1980年为1.89 TBq，Bruce A核电厂相应的排放量为9.25 TBq和4.44 TBq；液体废物排放方面，Pickering A核电厂1981年为0.78 TBq，1980年为1.30 TBq，而Bruce A核电厂相应的值为2.0 TBq和2.44 TBq。

反应堆部件和厂房内所使用的清洁材料如抹布和墩布被泄漏出的重水污染是固体废物的一种来源。其他氚污染的废物包括实验室用过的样品瓶，塑料个人防护衣具和空气呼吸器中的蛭石。这些低水平放射性废物贮存在被监测的混凝土地坑内，其四周为压实的颗粒状回填土并配备地面下的排水管道系统。通过混凝土的扩散和透过混凝土与结构结合部密封层小缝隙的泄漏被认为是氚的主要散逸机制。即使发生泄漏，逸出氚的大部分也会被地面下的排水系统拦截和收集，使渗入高度防渗的下层土壤和地下水系统的部分减到最小。

在印度，氚向环境的主要排放源是位于Rajasthan核电厂的高压重水反应堆。低水平含氚废液排出流，与该核电厂产生的其他低水平放射性废液一道，被排放到天然蒸发池设施中。该设施基于非沸腾型的环境温度下的蒸发汽化，废水比活度在74～222 GBq/L的量级，包括由重水浓集工厂接收来的那些废水。蒸发速率依赖于温度、湿度和整个时间内的风速分布。这些参数在该场址全年度是令人满意的。已经观察到除蒸发汽化之外，氚化水同大气中水蒸气的交换对于氚向大气的处置也是一种重要的机制[4]。

由氚回收工厂产生的高浓度氚是一种特殊的产品，因其本身的商业价值不可能被认为是废物。在加拿大，氚回收工厂已由安大略Hydro和加拿大原子能有限公司委托恰克河核研究所建立；在法国，Gonoble的劳厄-朗之万研究所也有一座氚回收工厂在运行。这类工厂使用工艺的详细情况，将在后面的1.1.3节中介绍。

(2)轻水堆

在沸水堆(BWR)和压水堆(PWR)中氚主要由三分裂变560～740 TBq·GW(e)/a和在水中存在的天然氘、锂杂质与中子反应<37 TBq·GW(e)/a产生，水中氚的浓度处于低水平范围11.1 MBq/kg。在沸水堆中由排放气体释放的活度比例为10%～50%，液相释放的活度比例为50%～90%；在压水堆中，慢化剂和冷却剂活性的99%存在于液相中，

10%在气相中。由于它们的浓度低，气体和液体氚化流出物两者在经过适当的稀释后排向环境大气，所以这种释放比允许的释放水平要低得多。

(3)其他类型反应堆

在其他类型反应堆如改进型气冷堆(AGR)、高温反应堆(HTR)和快中子增殖堆(FBR)中，氚的产生仅是一种裂变产物，其活度范围约为 630～925 TBq · GW(e)/a。此外还有最近在我国甘肃武威建造的钍基熔盐堆(TMSR)，其复合盐为氟化锂，而锂是产氚的主要原料，所以钍基熔盐堆中氚的产额相当高，在反应堆的运行过程中如同重水堆一样，需要不断地将对堆芯熔盐和保护气体中的氚除去并加以回收。

#### 1.1.2.2　后处理工厂

(1)概论

送入燃料后处理厂(FRP)处理的氚量依赖于燃料的类型以及在不同的反应堆堆型中所使用的包壳材料。在反应堆运行期间会有一些氚从氧化物燃料中扩散出来，渗入包壳，随后进入冷却剂中。由此最后随同正常的液态和气态废物排向环境。剩余的氚预期将随同乏燃料一起被送入后处理工厂。

具有不锈钢包壳的轻水堆燃料(来自压水堆和沸水堆)可能仅含有燃料中生成量一半的氚，而锆合金包壳燃料预期能载带几乎所有的氚去后处理。这是因为从该燃料中扩散出来的氚几乎全部被作为氚化锆滞留在锆合金中。

另一方面，来自改进型气冷堆和快中子增殖堆的具有不锈钢包壳的燃料，预期只会有较少量的氚被送入后处理。在高温反应堆中氚的分布，进而送入后处理的量，多少有些不确定，依赖于石墨中的锂杂质和氦冷却剂中$^3$He 的杂质含量。

依据目前世界范围内的核电厂和现行的后处理技术，在今后几十年内轻水堆燃料的后处理预期在核燃料后处理中占主要地位。一个安装电功率为 50 GW，相当于每年 1 400 t 重金属的商业规模的轻水堆燃料后处理工厂的总产量，氚估计约为(1.85～3.7)×$10^4$ TBq/a。

(2)通用 Purex 工艺流程中的氚

后处理轻水堆燃料的工厂，目前使用一种称为普雷克斯(Purex)的工艺流程(用 TBP 萃取铀钚)，来除去裂变产物并从中回收裂变或可变成裂变物质的材料。在运行准备期间，燃料元件被切割成小块投入溶解槽内，用浓硝酸将燃料溶解浸出。

含有铀、钚和裂变产物的溶解槽液然后被送入溶剂萃取系统。在第 1 级混合器中铀和钚被萃取进入有机相(磷酸三丁酯/煤油)中，振荡洗涤，继续被送入第 2 级混合器中。留在含水相中的裂变产物底液则被送给高放废液处理工序进行浓集和固化。在第 2 级和第 3 级混合器中产品材料铀和钚被分离开来并分别进行再萃取。

依照后处理工艺中氚的流向，会有某个确定的份额结合固定在锆合金包壳中。预期在包壳中，可能约含有氚总量的 60%，实际数字依赖于燃料棒的温度而不是局部燃耗[5]。氚化包壳废物可以用水泥固定在鼓形桶中进行处置。

在第 1 级混合器里，大量残留氚同裂变产物一起作为氚化水(HTO)和氚化硝酸($TNO_3$)留在液相中。在各种排放废气中气态 HT 和氚化水蒸气 HTO 似乎只占总盘存量很小的百分数。另一个很小的百分数随有机溶剂在被溶解和带走的液相中。

对于共用酸和水的各种萃取循环回收系统，由于重复循环产生的交叉污染及其他原因，结果造成在标准 Purex 工艺流程中实际上所有工艺流的氚污染。表 1-2 给出了依据标准 Purex 工艺流程进行轻水堆燃料后处理期间氚在各工序的简化分布。

**表 1-2　氚在通用燃料后处工艺中的简化分布**

| 运行 | 工艺流 | 工艺流中氚的份额(占盘存量的百分数)/% | 化学形态 |
|---|---|---|---|
| 切割工序 | 燃料元件 | 100a) | |
| | 燃料元件小块 | >99.99 | |
| | 排放废气 | $<10^{-3}$ | HTO，HT |
| 溶解工序 | 液相 | −40 | HTO，$TNO_2$ |
| | 包壳 | ~60b) | ZrT |
| | 排放废气 | <0.5 | HT |
| 萃取工序 | 含水相 | >35 | |
| | 有机相 | <5 | |
| 再萃取工序 | 水相 | <4.9 | |
| | 有机相 | ~0.01 | |
| | Pu 产品 | ~0.1 | |
| | U 产品 | ~0.01 | |

注：a)在燃耗为 30 GW·d/t 相应于 13~26 TBq/t；b)主要依赖于局部燃料棒的温度。

(3)控制氚所需要的工艺改进

从溶解工序开始，燃料中的氚随着硝酸和水的引入而被一次又一次地同位素稀释。结果使现行模式的后处理工厂产生了大量的含氚废液，其数量级约为每吨重金属 100 $m^3$。

在氚化水可以直接排向环境大气的地方(如印度的天然蒸发池)和可以用大量稀释方法直接排入海洋的沿海场址(如英国、法国等)，这种工艺是可行的。然而，对于居民密集的内陆场址，氚的回收在将来可能是需要的。

减少含氚废水的体积，已有许多报告和评述给出了建议[5-7]，可以考虑采用下述方案。

(a)在开始阶段的第1级水循环中将氚隔离。该程序包括一个独立的氚化酸和水的回收系统，且第 1 个混合接触器中的有机相用无氚的洗涤酸洗涤以除去被溶解和带入的含氚水。

(b)通过水和硝酸的部分再循环使用，可以实现小体积水中氚的浓集。它具有提高第 1 级循环中含水相氚水平的逆向运行效果。

使用(b)方案，可将流出物的体积减小到 1 $m^3$/t 重金属的量级。图 1-1 给出了一个具有再循环、洗涤和独立的酸回收系统的改进型 Purex 工艺流程中氚的分布。

挥发氧化是另一个可供选择的预备工艺。它通过在提高的温度下进一步氧化，促使气体裂变产物从氧化物燃料中释放出来。该工艺试图作为从辐照后燃料中除去氚、碘、氪和氙的一种方法，但迄今只部分成功地用于碘和惰性气体的除去[8]。

然而，挥发氧化也可被用于在溶解前从燃料中除去氚，这样就避免了在后处理期间的同位素稀释。图 1-2 给出了该工艺的原理流程图，主要特点是将 $UO_2$ 在空气或氧气流中氧化成 $U_3O_8$，破坏其晶格结构，使被捕集的气体释放出来。通过将被切割的燃料在 550 ℃左右的回转炉内加热数小时，可以实现这一点。预期每吨重金属可得到 2~20 L HTO，浓度在 0.1~1 TBq/L 范围，气态 HT 的释放率应当小于 0.1%[9]。浓集的氚化水(对于

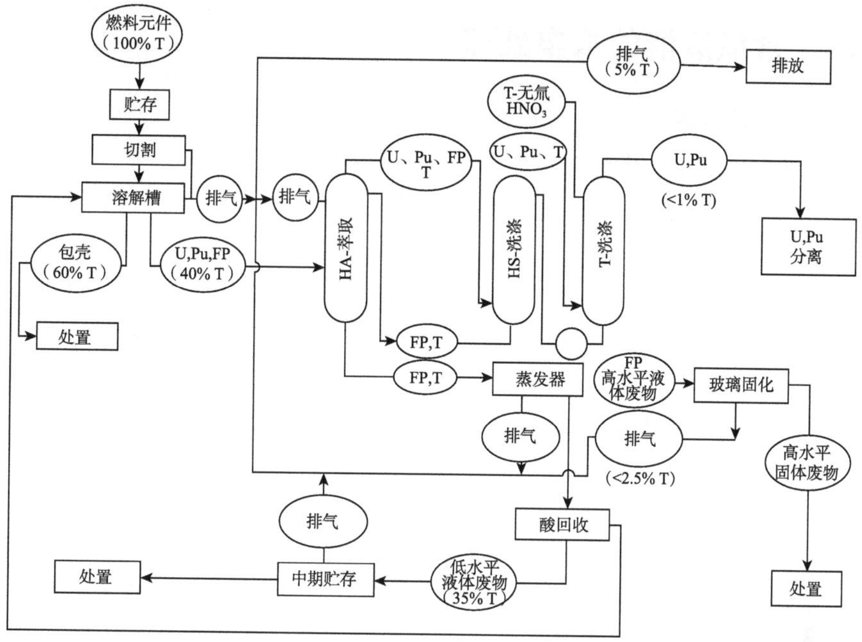


图 1-1　在改进型 Purex 工艺流程的第 1 级含水相循环中的氚分布
(氚含量由总产量的百分数给出；U、Pu、FP、T 分别表示铀、钚、裂变产物和氚)

1 400 t/a 的后处理工厂约为 30 $m^3/a$)，可以通过电解转化为毒性较小的 HT 形态，然后释放到大气中。

挥发氧化工艺目前尚待进行全面研究，估计主要问题可能是：(1)工程问题(如温度控制设备的大小，磨损与腐蚀，临界控制；(2)挥发氧化燃料在溶解槽内的行为；(3)剩余的挥发性放射性核素(碳、钌、氪、碘)的习性。

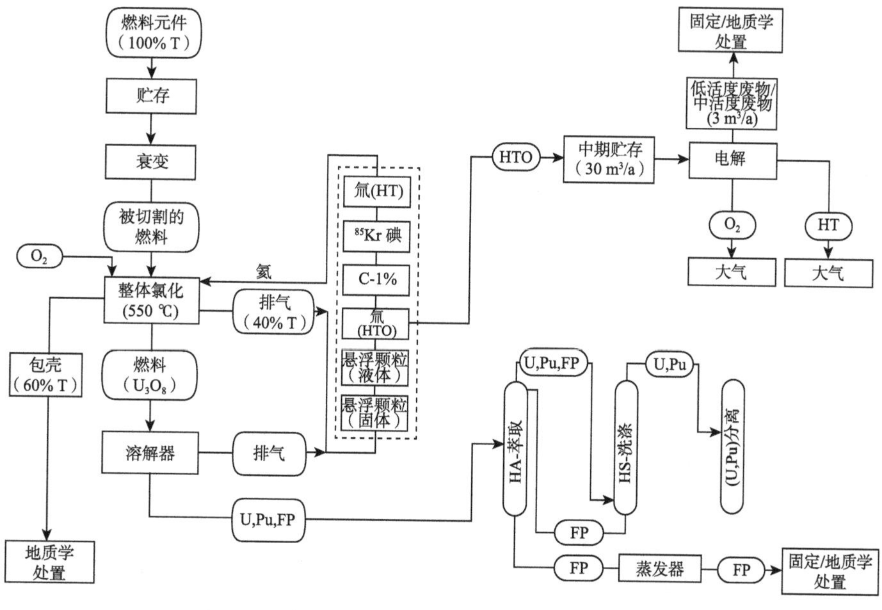


图 1-2　挥发氧化工艺流程中气态氚向环境的释放

## 1.1.3 含氚废液的浓集处理

### 1.1.3.1 一般原理

在动力堆和后处理工厂中绝大多数含氚废液和流出物中的氚都是非常低的。如重水反应堆中 DTO∶$D_2O$ 的比值在 $10^{-5}$ 量级，后处理工厂含氚排放废液中 HTO∶$H_2O$ 比值在 $10^{-7}$ 量级。为了贮存或处置，在进一步调制前需要对废液中的氚进行行之有效的分离和浓集，使它转变为氚被充分浓集，可被经济地贮存利用和处置的产品部分(体积浓缩因子，VRF)，和氚被充分贫化，可在系统中重复循环使用或排向生物圈的废物部分(去污因子，DF)。

对于废液中氚的浓集处理，已经研究开发出多种工艺或组合工艺，虽然具体工艺流程的选择依赖于应用与场址的具体情况。可被选用的分离与浓集技术有水的精馏、氢气的精馏、电解浓集、氢和水蒸气之间的同位素交换，以及氢和液体水之间的同位素交换。

在水的精馏中，含氚的分子在液相中变得浓集而在气相中被贫化。分离因子小因而需要消耗能量高的大柱子。分离因子随温度增高而降低，因此精馏需在稍高于环境温度的低压下进行。这是一种简单而成熟的技术，不需要处理容易着火和有爆炸危险的氢气。然而，它的缺点是在放射性危害较大的水形态下浓集氚。

氢精馏法，基于与水精馏法同样的原理，但有着高得多的分离因子。由于氢的沸点很低，须在深冷温度下工作，因而制冷的成本变得非常重要。尽管如此，在所开发的技术中它仍被认为是成本最低的选择方案，而且可以得到纯的气体 $T_2$，但前提是氚必须以分子氢的形态注入。

在含氚水的电解中，氚在含水相中浓集而在阴极生成氚贫化的氢气。在所有已知的技术中这一工艺具有最高的分离因子。变量可能会被引入，主要依赖于温度。对电解槽的设计和馈入杂质的依赖性要小一些。为了达到必要的去污因子和体积浓缩因子，一般需几级电解，电能消耗和投资成本高。对于可接受的安全水平，本身固有的泄漏也限制了槽内的氚浓度水平。

在氢和水蒸气之间的同位素交换中，对水中的氚浓度有利。分离因子较高且随温度升高而降低，具体值由交换反应的平衡常数确定，使用催化剂可达到足够高的交换速率。对于氚的有效分离，不论是具有相转化的单温工艺还是基于不同温度下平衡常数差别的双温工艺都可被使用。但它遇到的困难：(1)由于在较高的温度下运行，分离因子低；(2)用数级蒸发交换和冷凝，难以应用逆流原理。20 世纪 80 年代前后，加拿大[10]、比利时[11]、德国[12]和日本[13]，研制出了高活性的疏水性催化剂，使氚的交换能够在氢和液流中进行。随后，又有俄罗斯[14]、罗马尼亚[15]和我国[16]也加入了这一行列。液相催化交换的单温或双温工艺都可同氢精馏配套，从而形成了目前已投入使用的废水中氚浓集处理的典型工艺。

含氚废液是否应被浓集处理，如何确定体积浓缩因子和去污因子，需要综合考虑多种因素。其内容包括该工艺的成本应低于被浓集产品的市场价(在需要使用的地方)，氚化废物固定，运输、贮存和处置成本的降低情况，以及由于处理而减少职业照射，当地或全球性照射方面产生的纯效益。基于这些考虑在重水堆慢化剂和冷却剂系统中氚的分离和浓集显然是有价值的。对于那些后处理厂流出物，在那些选择直接海洋排放或现场处置，深井注入不可能实现的地方，氚的分离和浓集可能也是需加以考虑的。

#### 1.1.3.2　重水堆产生氚的除去

重水堆的回收氚由两个分离的工艺组成，其一是将氚由氚化重水中转移到气体氚化氘中，其二是用深冷精馏工艺分离氘和氚。$D_2/DT/T_2$ 的深冷精馏是对氚浓集的唯一现成可利用的大规模处理工艺。而转移工艺，正在研究或将被使用的有蒸气相催化交换和液相催化交换。其他包括直接电解和电解与催化交换相结合的工艺。上述工艺的处理与应用情况以下分别做简单介绍。

(1)蒸汽相催化交换(VPCE)与深冷精馏

这一工艺由法国原子能委员会研制，并于 1972 在法国的 Grenoble 建厂投入运行[17]。该工艺也被用于加拿大 Ontario Hydro 的氚除去系统。

在该工艺中，$D_2O$/DTO 进料被水蒸气化，过热后被载入，在催化床上与来自深冷精馏系统的再循环低氚浓度的氘气流直接接触，从而促使下面的交换反应发生：

$$DTO + D_2 \xrightarrow{\text{催化剂}} D_2O + DT \tag{1-1}$$

生成的水随后被冷凝流入下一级蒸发器中，达到脱氚要求，一般需几个蒸汽化—催化氧化—冷凝级。在最后一级冷凝后，已脱氚的重水被返回反应堆。

氚化氘气体通过纯化除去氧，氮和其他杂质气体，然后被送入深冷精馏系统。由第 1 级深冷精馏塔出来的脱氚氘气被通入 VPCE 的前端再循环，被浓集的氚从最后一级精馏塔底部周期性抽吸取出，包装后用于贮存或处置。在这一工艺中浓集的氚以元素状态被处理，所处理的最大氚化水浓度是送入重水的氚浓度。

加拿大建有为重水堆服务的 2 座氚除去系统。其中一座建在皮克林核电厂，即达林顿氚处理厂[18]。该厂的工艺也采用蒸汽相催化交换后接氢气精馏，设计参数见表 1-3，工艺流程见图 1-3[19]。从 1988 年建成至 2002 年，其处理能力达到了 350 kg/h，年平均处理重水 2 000 t，年平均提取氚量约 2 kg[20]。

表 1-3　达林顿氚除去工厂的基本设计

| 项目 | 设计参数 |
|---|---|
| 重水处理流量 | 360 kg/h |
| 重水供料中氚的浓度 | 初期　1.11～1.48 TBq/kg<br>常规　0.26～0.37 TBq/kg |
| 交换转移工艺中 | 初期　36 |
| 氚的除去系数(去污因子) | 一般　25～36 |
| 深冷蒸馏工艺的 | 初期　39 |
| 氚除去系数(去污因子) | 一般　24 |
| 处理后重水中 | 初期　(30.7～35.2) GBq/kg |
| 的氚浓度 | 一般　10.4 GBq/kg |
| 氚的回收量 | $(6.29～7.25)\times10^5$ TBq/a |

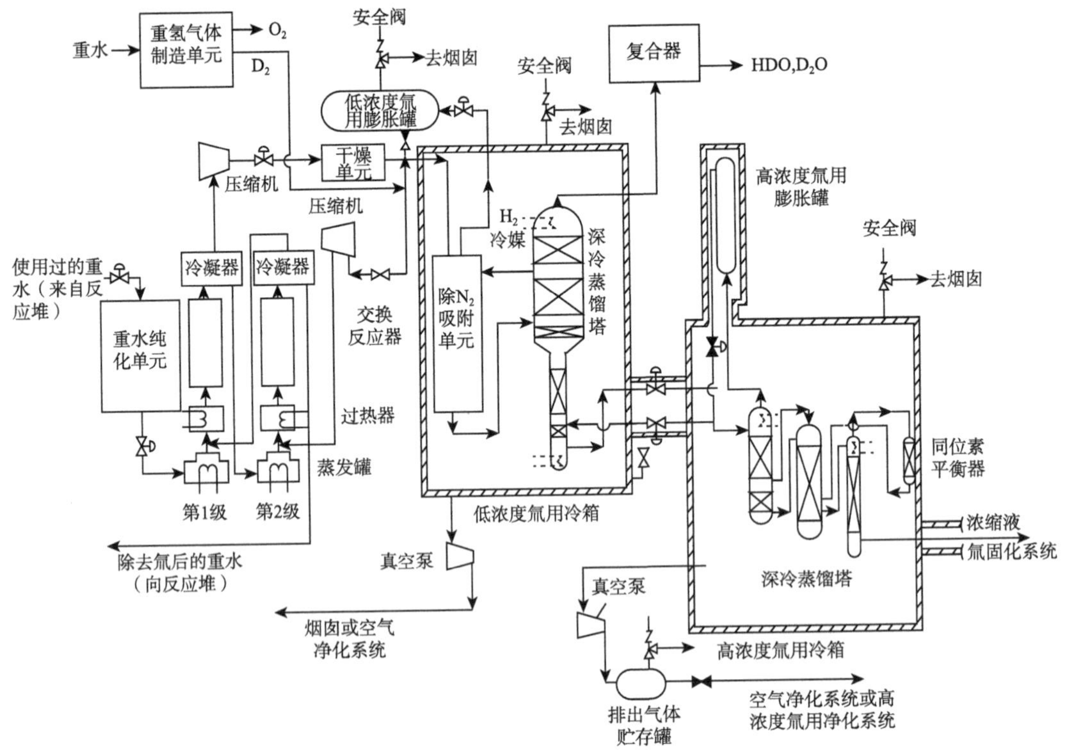


图 1-3　达林顿氚除去工厂的基本结构

达林顿氚回收系统的工艺流程概要如下：

(a)从 CANDU 反应堆送入的含氚重水，由纯化单元除去挥发性杂质与固形物。

(b)经蒸发罐和过热器加热到 200 ℃的过热水蒸气，送入交换反应器(填充物为白金催化剂)。

(c)重水蒸气中的氚在交换反应器中转移到氢气气体中。

(d)通过交换反应器的重水蒸气与重氢气体的混合气流，经由冷凝器分离为重水和重氢气体。

(e)由蒸发罐、过热器，交换反应器和冷凝器组成的单元分 8 级设置，由于重水蒸气和重氢气体作为一个整体相向流动接触，使交换反应的效果能够迭加累积。

(f)由第 8 级冷凝器产生的脱氚重水被返回反应堆，该交换转移工艺的总去污因子为 25～36。

(g)由前级冷凝器产出的氚富集重氢气体，经由干燥单元和低温吸附单元除去易成为管道堵塞原因的 $N_2$ 等杂质。

(h)然后该气流被送入设置在冷箱真空隔热容器内的分离低浓度氚的深冷精馏塔内，在这里重氢气体中的氚被回收；脱氚后的重氢气体回流向交换反应单元，氚浓集的重氢气体则被送入分离高浓度氚的深冷精馏系统。深冷精馏系统的去污因子，运行初期为 39，通常为 24。

(i)由 3 个深冷精馏塔和同位素平衡器构成的系统，将氚浓集至 99%以上。深冷精馏塔的冷媒使用了由 1 500 kW 冷冻机冷却到－250 ℃以下的氢气气体。

目前，该工厂每年的氚回收量为 2.5 kg。

(2)液相催化交换(LPCE)与深冷精馏

在液相催化交换氚转移工艺中[21]，同位素交换反应是在氚气与液体水而不是在 VPCE 工艺的水蒸气之间进行。使用加拿大等国研制的高性能疏水性催化剂，使该反应在液体水中进行，可以应用逆流工艺，并避免了送入原料的蒸气化、过热和冷凝。LPCE 工艺，如同在 VPCE 工艺一样后接深冷精馏，它的第一次工业应用是加拿大原子能有限公司 AECL 在恰克河核实验室 CRNL 建立的氚萃取厂。该厂对含氚重水的处理能力为 16 kg/h，最大可达到 24 kg/h，单级 LPCE 提氚率达到 80%[22]。1992 年，印度在孟买的巴巴原子中心建造了基于 VPCE 的重水提氚中试厂，并在一座核电厂上建成了比中试厂大 2～3 倍的重水提氚厂。2007 年韩国 KHNP 和加拿大 AECL 联合建成 WTRF 重水提氚设施，采用 LPCE-CD 工艺，使用韩国自行研制的 Pt/SDB 疏水性催化剂。为韩国 4 座 CANDU 型动力堆服务，含氚重水的处理能力为 100 kg/h，提氚率大于 97%，设计使用寿命为 40 年[23]。

(3)直接电解(DE)与深冷精馏

氚化重水由反应堆单元送入电解槽，电解分解成为氧气流和 $D_2$-DT 气体流。

$$2DTO \xrightarrow{\text{电解}} 2DT + O_2 \tag{1-2}$$

$$2D_2O \xrightarrow{\text{电解}} 2D_2 + O_2 \tag{1-3}$$

如前述那样，D2、DT 气流被纯化后送入深冷精馏系统。由深冷精馏返回的氚贫化气流与电解槽内产生的氧气复合生成脱氚的重水，然后被返回反应堆单元。

直接电解是目前国内外研究较多也比较成熟的技术。其分离系数高，分离因子可大于 10，但电能消耗大，可以单独使用也可以和其他方法联合使用。传统的碱性电解池分为单极性电解池和双阴极电解池，结构简单，操作方便，价格便宜。缺点是要求电解材料和结构材料必须能抗冲击和抗化学腐蚀，且密封面多，效率不够高，仅为 70%～80%。目前由于固体聚合物电解质(SPE)电解池的应用而对电解行业有很大的推动。SPE 电解池具有产生气体纯度高、效率高、安全性好，氚水滞留量低，无须碱液处理等优点，发展潜力巨大。目前，SPE 电解池的研究主要集中在电极催化剂的研究和膜电极组件的制备工艺两个方面。Cristescu 等人将 SPE 电解池用于电解结合催化交换氚回收工艺中，体积较传统碱性 KOH 电解池缩小 33.3%[24-25]。

(4)电解结合催化交换(CECE)与深冷精馏

电解结合催化交换的 CECE 工艺在恰克河核实验室被研究开发[26]，它使用一种专利的疏水性催化剂以促使进气和重水中氚的交换。氚化重水由反应堆单元送入催化柱，它自上向下流动同电解槽产生的上升的 $D_2$-DT 气流成逆流工作状态。氚由气态从 $D_2$/DT 流中转移到液体 $D_2O$/DTO 流中。

$$DT + D_2O \longrightarrow DTO + D_2 \tag{1-4}$$

氚浓集的液体流被收集在位于催化柱底部的电解槽内。由于在电解槽内氘气比氚优先析出，电解槽溶液变为氚浓集液。电解槽产生的一部分高浓 DT-$D_2$ 气体被直接送入深冷精馏系统进行氚的萃取。

由深冷精馏柱产生的贫氚气流被返回送入催化柱底部。从催化柱顶部离开的气体是氚进一步贫化的氘气。它们在复合室或燃烧器中被电解槽产生的氧气氧化，生成脱氚的重水，被返回反应堆单元。该工艺可以达到几个数量级的脱氚因子，在美国、比利时和日本也都有研究和应用[11,13,27]。

20 世纪 90 年代之后，CECE 工艺研究受到重视。俄罗斯圣彼得堡核物理研究所为从高通量堆(PIK)含氚重水除氚(重水升级)及重水提氚建成了一套 CECE-CD 装置。在改进的 CECE-CD 装置上，原料水量为 4.7 kg/d 时，氚去污因子为 5 000，而进料水量为 15 kg/d 时，去污因子仅为 300[28-29]。2000 年左右，加拿大完成了具有 5 t/a 和 25 t/a 含氚重水提氚能力的 CECE 系统设计、建造和运行[30]。其中 LPCE 柱由三段组成，总长度超过 45 m。使用了 75 L 加拿大 AECL 的疏水性催化剂和低滞留量电解池，电解产氢量为 3 $m^3$/h。经过 7 个月的间断实验，取得了去污因子大于 1 000 的结果[31]。在此基础上，加拿大完成了 300 t/a 重水处理系统(HWPS)的概念设计。

国际热核聚变实验反应堆 ITER 的氘氚燃料循环过程中涉及含氚水中氚的提取问题。20 世纪 90 年代末期，日本完成了一套针对 ITER 含氚轻水提氚系统的概念设计[32]。氚浓集部分采用了 CECE 工艺，有效工作时间为 300 d，每年处理 150 t，排放到环境中的氚浓度为 65 Bq/$m^3$。该工艺中选择 SPE 电解池，其氚滞留量仅为碱性电解池的 1/10，在 $1.85\times10^{13}$ Bq/kg 氚水中设计使用寿命为 1.5 年。德国 FZK 建立的基于 CECE-CD 流程的 TRENTA4 装置主要用于 JET 和 ITER 氚处理验证装置。TRENTA4 的 LPEC 柱由 4 段(每段 2 m)组成，使用 Pt/C/PTFE 疏水性催化剂及两个 SPE 电解池，每个电解池的产气量 1 $m^3$/h[33]。欧洲完成的与未来 ITER 装置配套的含氚水氚提取装置，也选用 CECE 作为氚浓集单元，设计的含氚水最大处理能力为 60 kg/h，相当于 1.5 t/d 的水平。

(5)国内的技术进展

对于我国来讲，由于秦山核电厂(三期)从加拿大引进的 2 台 70 万千瓦 CANDU6 重水堆已在 2003 年前后投入运营，急需建造一个为重水堆服务的除氚设施，国家自“十五”计划开始加大了在这一领域的研究投入。中国原子能科学研究院和中国工程物理研究院等单位在 2000 年前后先后研制出 Pt/SDB、Pt/PTFE、Pt/C/PTFE、Pt-Ir/C/PTFE 等不同担体的疏水催化剂[34-39]，同时开展了对联合电解催化交换工艺的详细研究，取得了长足的进展。其中，中国工程物理研究院在总体技术，气-液交换技术，气相色谱同位素分离技术，特种电解氚浓集技术，氢氧复合工艺与技术等六个方面开展工作，通过单元技术攻关和系统集成，建立了一套从含氚重水中浓集和提取氚的技术。提出了联合电解催化交换与色谱氢同位素分离组合的 CECE-GC 含氚重水提氚工艺，完成了处理能力 20 kg/d 含氚重水系统的研制及演示实验，为重水提氚工程应用打下了坚实的基础[40]。这些方面的研究成果在文献[39]中有详细评述。

中国原子能科学研究院则将 CECE＋CD 工艺作为研究方向，在 20 世纪 80 年代后期即开展了 Pt/SDB 疏水催化剂的研制[16,34]。2006 年前后原子能院对自主研制的疏水性催化剂进行了性能检验和筛选，首次在国内开展了 CECE 重水升级实验，氘的回收率大于 96%，深入研究了水-氢同位素催化交换反应的反应过程、反应动力学、催化交换工艺[41-43]，2011 年成功地完成了 CECE-CD 工艺中试规模的演示实验[44]。研究表明：当催化剂为 1%Pt-SDB 且粒径为 0.5～0.8 mm 时，对 164 mm CECE 液相催化交换塔，在填料与催化剂分层有序填装比例 4.5∶1.0，反应温度 70～75 ℃，填料规格 2.5 mm×2.5 mm×

0.2 mm 的最佳工艺条件下，氢-氘柱的理论塔板高度为 27.86 cm，阻力降 105 mm 水柱/m 催化交换塔。期间还对院内 101 重水研究堆（HWRR）退役含氚废水（约 500 $m^3$，2.63～33.0 MBq/L）处理提出了应用顶部进天然水的 CECE 工艺脱氚方案[45]。

### 1.1.3.3　后处理厂排放废液中氚的分离

后处理厂流出物中氚的处理，在大多数情况下必须包括：(1)在后处理厂氚的隔离，再循环；(2)同位素分离；(3)固定；(4)贮存与处置。用工艺上隔离和再循环的方法减小产生废液的体积，通过同位素浓集进一步减小含氚废液的体积，从贮存和处置的成本考虑，在经济上是大有益处的。虽然目前还没有做任何努力去试图捕集或滞留后处理厂中的氚，但若采用前面提到的改进型 Purex 工艺，可以预期在将来的后处理工厂氚化液体流出物，体积可以减小到 5～0.5 $m^3$/t 轻水堆处理燃料，氚浓度水平约为 1.85～3.7 TBq/$m^3$[6]。

含氚废液在浓集前需进行预处理以除去残留的硝酸、可能的有机杂质、痕量的裂变产物和锕系元素，可用精馏或离子交换后中和，活性炭床吸附等方法。

浓集的最佳程度依赖于许多参数，而在多数同位素分离工艺中，成本主要由物料的处理量与去污因子确定。倘若氚是作为氚化水而被浓集，辐射分解一般将上限置在 0.03% 的浓集度左右，相当于 $3.7\times10^4$ TBq/$m^3$。在大多数情形下，没有必要进行如此高的浓集，使用体积浓缩因子为 100 的工艺就已足够。将来对后处理厂液体流出物脱氚时，其去污因子可能在 10～$10^3$ 的范围。许多脱氚工艺，成本随所要求的去污因子急剧上升。因此，对于后处理工厂，建议结合考虑去污液流的再循环，将去污因子降低至 2～3。

从 1978 年以来，在欧洲共同体关于放射性废物管理与贮存间接行动计划框架内，比利时核研究中心 SCK/CEN 一直在研究由后处理厂液体排出流中分离氚的 ELEX 工艺。该工艺同上节中描述的 CECE 工艺一样，由水的电解和氢气与水之间在疏水性催化剂作用下的交换工艺组合而成。类似的工艺在加拿大，美国、日本和德国也进行过相应的研究[12-13,26-27]。

图 1-4 给出了演示 ELEX 工艺的流程图。它由产生氢气的电解槽和用于液体水与逆向流动的氢气之间进行氚交换的装填床反应器构成。当液体水在交换柱中缓慢流下时，其氚浓度得到不断浓集。氢气则由底部上升到交换柱的顶部，氢气中氚被不断贫化。含氚水在其氚浓度相应于交换柱顶部加水氚浓度的那点注入交换柱。由交换柱顶部放出的氚贫化氢气流可被排放到通风，而少量高浓氚水由电解槽的冷凝水取出用于固定和贮存。

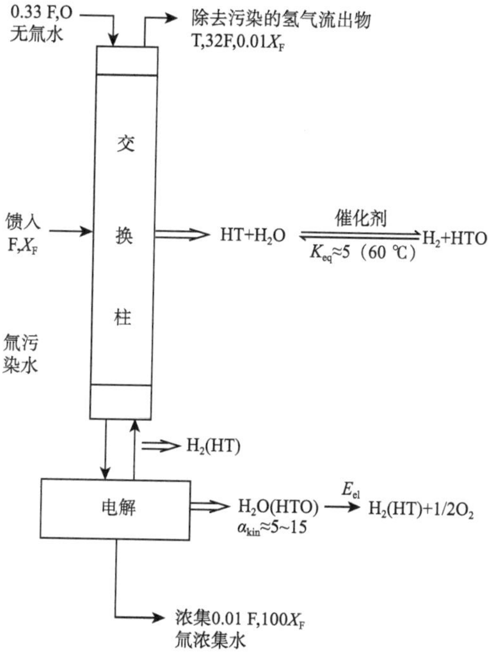


图 1-4　用于废水脱氚的 ELEX 工艺

最初，SCK/CEN 进行的研究开发工作集中在构成 ELEX 工艺的各个操作步骤上。后曾用一个 1.5 kW 电解槽及 2 个 2 cm 直径装有比利时研制的疏水性催化剂的交换柱和一个复合器，研制出一个具有 10 mol/h 积分批量规模的脱氚单元。使用该装置成功地演示了 ELEX 工艺对大于 1 $m^3$ 含氚浓度高达 3.7 $TBq/m^3$ 水的脱氚，这个值对应于该工艺处理后处理厂废水时预期的馈入浓度。工艺去污因子总是大于 100，体积浓缩因子在 10～15 之间。若现有装置改用比利时后来研究制造的一种小体积电解槽时，性能将会进一步提高。

作为工业性应用的最后一步，他们还设计并建造了一座试验性脱氚设施。该试验装置由安装在通风橱内的一个 80 kW 的电解槽和一个配备有浓集和解析部件的 10 cm 直径交换柱构成。随后，他们又补充配置了除去 $HNO_3$ 和裂变产物的预处理单元。该系统具有 37 TBq 的最大总氚盘存量，于 1983 年用于演示下述设计条件的 ELEX 工艺：(1) 处理流量为 0.15 $m^3$ $H_2O$(HTO)/d；(2)氚馈入浓度 3.7 为 $TBq/m^3$；(3)体积缩减因子为 100；(4)工艺去污因子为 100，并在后续工作中使用了比利时设计的新型电解槽。

# 1.2 聚变堆的燃料循环与氚技术

## 1.2.1 引言

热核聚变反应堆经过近半个世纪的研究开发，作为人类的新能源已不再是遥遥无期的理想。热核聚变反应堆除了原料丰富外，它释放出的能量不仅比裂变反应堆大得多，而且不会像裂变反应堆那样产生大量的放射性物质污染环境，是一种相当清洁的核能能源。

受控热核聚变的研究，过去很长一段时间内国际上一直以磁约束受控等离子体有关的研究为中心。20 世纪 80 年代以来，许多国家研制的大型或超大型托卡马克装置的建成和运转已证明了它的高度可行性，如美国的 TFTR、联合欧洲环、日本的 JT-60U，以及苏联的 T-15。我国自行设计制造的可控核聚变实验装置“中国环流器一号”也于 1984 年顺利启动。中国环流器二号(HL-2A)于 2002 年建成并成功投入实验运行。中国科学院等离子体物理研究所则先后建成了 HT-6B、HT-6M 托卡马克装置和我国第一个超导托卡马克 HT-7 装置，目前的研究计划包括 HT-7 超导托卡马克和 EAST 大型非圆截面超导托卡马克。这些成果标志着我国的磁约束核聚变研究已经跻身于世界中等规模实验装置的行列。

进入 20 世纪 90 年代，国际受控核聚变研究取得了突破性的进展。1991 年 11 月联合欧洲环 JET 进行了首次氘氚实验，最高输出功率达到 1.7 MW。随后，美国的 TFTR 装置进行了氘-氚实验，打破了 JET 所创下的纪录，其输出功率更高达 10.7 MW。1997 年 JET 装置创下了输出聚变功率 16.1 MW 的世界纪录。1998 年，日本的 JT-60U 进行 D-D 反应的实验，其等效的氘-氚聚变反应的能量增益因子 $Q$ 已达到 1.25。这些突破性进展宣告了以托卡马克为代表的磁约束核聚变的科学可行性在实验上已经得到了证实。在典型的装置上，聚变燃料已可被加热到 $2\times10^9$～$4\times10^9$ ℃的高温，表征聚变反应率最重要参数(聚变三乘积)已达到 $1.5\times10^{21}$ keV/($m^3$ · s)，十分接近聚变反应的指标要求[($n\tau T\geqslant5\times10^{21}$ keV/$m^3$ · s)]。

欧盟、日本、俄罗斯、中国、美国、韩国和印度在法国卡达拉奇共同设计建造一个以氘-氚为燃料的聚变机器“国际热核聚变实验反应堆(ITER)”。预计建造费用为 50 亿美元(1998 年价)，建造期 8～10 年，运行期 20 年。围绕这一装置提出的氚技术要求，各国开始在统一的规划部署下为完成各自承担的建造任务，竞相开展了许多新的鼓舞人心的氚技术研究与开发项目[46-47]。

热核聚变反应堆使用重氢氘和氚作为燃料，其热核反应如下：

$$D+T \longrightarrow {}^{4}He(3.5\ MeV) + n\ (14.1\ MeV)$$

在这个反应式中，质量数为 2 的氘和质量数为 3 的氚原子核发生聚变时，产生质量数为 4 的 He 和质量数为 1 的中子 n。$^{4}He$ (α 粒子)带的能量(3.5 MeV)，主要被用于等离子体的加热和保温，而中子的能量(14.1 MeV)则可被作为热能而加以利用。

## 1.2.2 聚变堆的托卡马克装置

作为聚变能实验堆，ITER 要把上亿度、由氘-氚组成的高温等离子体约束在体积达 837 $m^3$ 的“磁笼”中，产生 50 万千瓦的聚变功率，持续时间达 500 s。

托卡马克装置又称环流器，是一个由环形封闭磁场组成的“磁笼”。等离子体就被约束在这“磁笼”中，很像一个中空的面包圈，等离子体环中感生一个很大的环电流。ITER 装置(图 1-5)是一个能产生大规模核聚变反应的超导托卡马克。其装置中心是高温氘-氚等离子体环，其中存在 15 MA 的等离子体电流，核聚变反应功率达 50 万千瓦，每秒释放多达 $10^{20}$ 个高能中子。等离子体环在屏蔽包层的环形包套中，屏蔽包层将吸收 50 万千瓦热功率及核聚变反应所产生的所有中子。

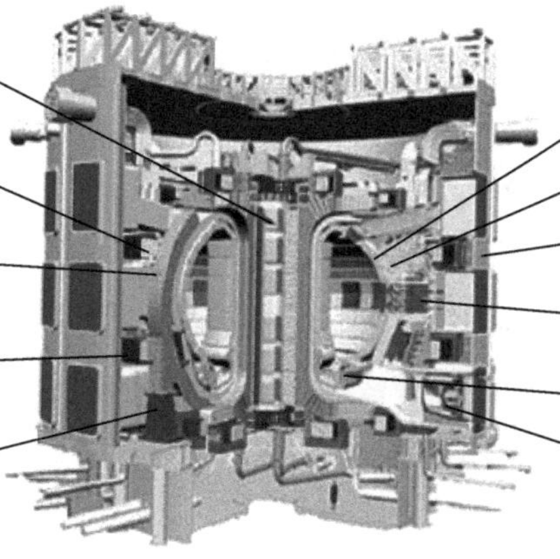


图 1-5 ITER 装置示意图

在包层外是巨大的环形真空室，在下侧有偏滤器与真空室相连，可排出核反应后的废气。真空室贯穿于 16 个大型超导环向场线圈(即纵场线圈)中。环向超导磁体将产生 5.3 T 的环向强磁场，是装置的关键部件之一，价值超过 12 亿美元。穿过环的中心是一个巨大的超导线圈筒(中心螺管)，在环向场线圈外侧还布有 6 个大型环向超导线圈，即极向场线圈。中心螺管和极向场线圈的作用是产生等离子体电流和控制等离子体位形。上述系统整个被罩于一个大杜瓦中，坐落于底座上，构成实验堆本体。

在本体外分布 4 个 10 MW 的强流粒子加速器，10 MW 的稳态毫米电磁波系统，20 MW 的射频波系统及数十种先进的等离子体诊断测量系统。

整个体系还包括：大型供电系统、大型氚工厂、大型供水(包括去离子水)系统、大型高真空系统、大型液氮、液氦低温系统等。ITER 本体内所有可能的调整和维修都是通过远程控制的机器人或机械手完成。

ITER 装置不仅反映了国际聚变能研究的最新成果，而且综合了当今世界各领域的一些顶尖技术，如大型超导磁体技术，中能高流强加速器技术，连续、大功率毫米波技术，复杂的远程控制技术等。为了具体实施能进行自动点火的下阶段大型装置的研究计划，需要解决反应堆堆芯工程学(等离子体加热技术、真空技术、高温负荷第一壁技术等)、堆工学(超导磁体技术、再生区技术、氚技术、中子工艺技术、大型反应堆堆体构造、防护隔离技术等)的各种技术难题以及它们的设计，建造和安全审查。这些技术，目前正处在研究开发中，它们的进展情况已成为能否实现下阶段目标的关键。其中与安全性保证直接相关的燃料循环技术，特别是氚技术，显然是人们最关注也是最重要的一个领域。

### 1.2.3 聚变堆的燃料循环

一个以氘-氚为燃料的聚变反应堆的燃料循环主要包括下述系统：等离子体排气泵取、等离子体排气净化、氢同位素分离、燃料贮存、燃料注入系统、再生区氚回收、气体和固体废物处理。这些系统都汇聚在一个完善的氚处理(再处理)工厂里，互相连接形成循环。其流程简图如图 1-6 所示，它给出了必须在聚变氚技术开发中予以考虑解决的研究课题。

对于国际热核聚变实验反应堆 ITER 的原设计，20 世纪 90 年代末文献[48、49]曾对各系统已经确定的设计参数范围列举如下，虽然目前称为 ITER-FEAT 新设计的聚变功率从原先的 1 000 MW 降到了 500 MW，下列数据相应会有一定降低，但从中仍有助于我们了解聚变堆有关氚处理工艺必须具备的规模与技术水平。

——等离子体燃料注入与排放速率(mol/h)：35～75；

——燃烧期间在环处的有效泵取速率($m^3/s$)：700；

——环内的极限压力(hPa)：$4\times10^7$；

——调制泵取速率($m^3/s$)：120；

——运行泵取速率($m^3/s$)：1 000～1 500；

——在燃烧期间被处理废气的排放总量(氘氚混合气体加杂质)(mba，1/s)：220～470；含有最大 $H_2$，He，低 $Z(4<Z<8)$，高 $Z(Z>8)$杂质流(hPa，1/s)：5、18、10、1；

——在燃料装料和燃烧期间最大允许的 $H_2$，低 $Z$，高 $Z$ 杂质(%)：0.1、0.01、0.001；

——辉光放电清洁期间被处理的 He 气流(hPa，1/s)：300；

——环调制期间最大允许的 $H_2$、低 Z、高 Z 杂质(%)：0.1、0.01、0.001；

——由同位素分离系统处理的最大气、氘、氚、氚气流(hPa，1/s)：2000、450、50；

——氚的总贮存容量(kg)：3～5；

——氚的最大单式盘存量(kg)：0.2；

——再生区氚产率(kg/全功率日)：0.15；

——陶瓷增殖堆氢扩充比率(H/T)：100；

——再生区最大氚化水产额(mol/d)：25；

——由保护气氛脱氚最大流出速率(kg/h)：150；

——最大氚浓度(37 GBq/kg)：0.1；

——最大排放浓度(37 GBq/kg)：$1\times10^{-5}$；

——需脱氚处理的最大厂房空气、He 气体积($m^3$)：$2\times10^5$、$5\times10^4$。

不难看出，聚变堆的燃料循环构成与裂变堆有很大的差别，分别详述如下[50]：

(1)由于在发生聚变反应时燃料气体必须成为超高温的等离子体状态，聚变堆芯内的燃料滞留量与裂变堆相比非常小。

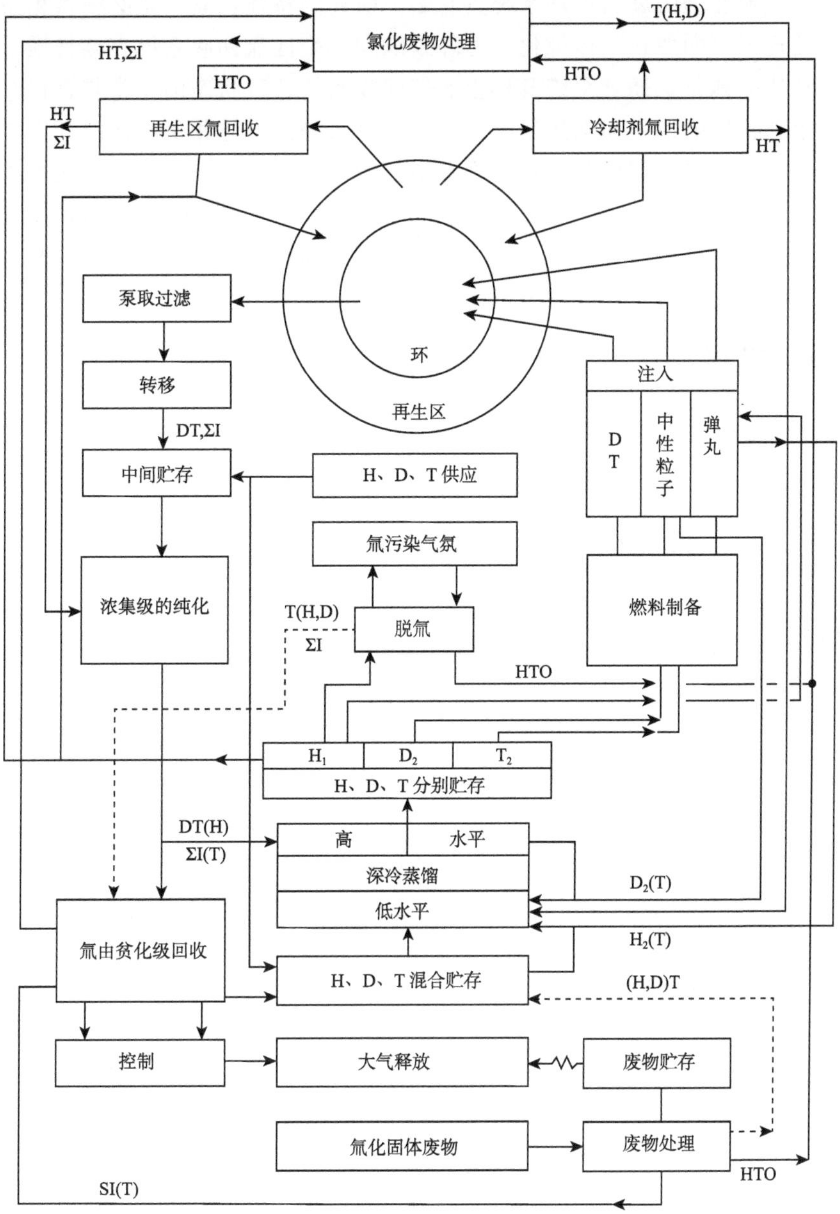


图 1-6　一个聚变堆所必需的完整氚工厂

(2)裂变堆的燃料需定期或间断进行更换，但对于聚变堆，由于(1)中所述原因以及由于杂质气体(反应生成物 He)的产生而使燃烧特性变差等原因，在运行中必须连续进行燃料气体的注入与燃过气体的排出，即连续的燃料交换。

(3)由于(1)和(2)中所述的聚变堆的特性，聚变反应堆没有相当于裂变堆将燃料及核裂变产物密封在其中的工艺管那样的密闭容器。但由于聚变堆的反应生成物仅是天然存在的稳定核素 He 和高速中子，因而不会像裂变堆那样产生放射性裂变产物。

(4)裂变堆的能量产额对应于裂变产物带出的能量。聚变堆利用高速中子带出的能量，在再生区将它们转化为热能的变换过程中，能够使被聚变反应消耗的氚产生增殖。

综上所述，聚变堆的燃料循环系统具有 2 个明显的特征：其一是必须将相当于裂变堆燃料循环后处理工厂的燃料气体纯化，循环系统和再生区氚回收系统直接与堆本体连在一起，即燃料气体的纯化，循环系统及再生区氚回收系统运行状态的正常与否将对聚变堆的运行状态产生直接影响，因而上述系统的研究开发与等离子体相关的研究开发应当作为一个整体同步进行；其二是燃料氚在聚变堆系统的所有部分广泛分布，同时又是移动的。氚是半衰期为 12.3 a 的软 β 放射性核素，比活度很高为 $3.7\times10^{14}$ Bq/g，防护安全管理的标准很严格。由于氚容易同氢化合物中的氢置换，在高温条件下又具有易于透过金属的性质，因此对于氚的安全操作，必须给予足够的重视。

## 1.2.4 燃料循环系统有关的氚技术

### 1.2.4.1 燃料气体的纯化，循环系统

燃料气体的纯化，主要包括氢同位素的捕集、回收与同位素分离 3 个不同的工艺过程。对于热核聚变反应堆体系，为了维持正在进行的聚变反应，如图 1-6 所示，必须对从堆芯真空排出的等离子体废气进行回收以再利用其中未燃尽的氚和氘。在有些情况下，作为等离子体加热装置而使用的中子入射器的排出气体中(主要成分为氘)，由于混入氚，也有必要对这些气体进行纯化处理。而等离子体排出气体的流量与成分，是堆的运行条件(等离子体容积、离子密度、燃烧功率、燃烧时间、运行发射数等)与等离子体相对第 1 壁材料的函数，而这些量都有很大的变化。燃料气体纯化循环系统里的纯化捕集工艺，是将被处理气体中混入的氦，水蒸气[$Q_2O$，Q 为氢同位素(H、D、T)]、甲烷($CQ_4$)、一氧化碳(CO)、二氧化碳 $CO_2$ 等杂质气体同氢同位素气体($Q_2$)分离。氚的回收工艺是将水蒸气、甲烷、氨等杂质气体转化为氢同位素气体的化学形态回收氚。表 1-4 中列出了对于燃料气体的纯化，捕集与回收各种方案中的工艺流程，燃料气体的纯化可以由这些工艺流程单元组合构成。对于这些涉及氚工艺的原理、流程及其近年来的研究进展，国内已有文献[39、50、51]进行了详细评述，感兴趣的读者可以进一步参阅。

**表 1-4 燃料气体纯化系统的工艺流程**

| 工艺 | 原理性能 | 特点 |
|---|---|---|
| 钯合金膜法 | 1. 利用氢同位素通过钯合金膜的透过特性；<br>2. 使杂质气体与氢同位素气体分离 | 1. 能够将含有 He 杂质的气体同氢同位素气体分离；<br>2. 得到高纯度的氢同位素气体 |
| 高温金属床法 | 1. 利用金属铀粉末的活性金属同杂质气体的反应；<br>2. 将含有杂质的气体转化成铀化合物与氢同位素气体分离 | 1. 含氚的固体废弃物产生量大；<br>2. 同时可进行与杂质气体分离并回收其中的氚，但需除 $N_2$ |
| 催化氧化-冷凝捕集 | 氚化有机物(甲烷等)及氨，经催化氧化转化为水的化学形态，回收氚的方法 | 能够以水的化学形态回收杂质气体中的氚 |
| 低温吸附法 | 利用分子筛等吸附剂在低温下的吸附作用 | 不能进行 He 的分离 |
| 电解结合催化交换(CECE) | 利用液相催化交换流程简单，操作条件温和与电解池对氚浓集因子高的优点，用于水中氚的浓集 | 1. 能够得到高的氚浓集因子；<br>2. 能够同时分离氢同位素与氧气 |

在燃料气体纯化循环系统里的氢同位素分离工艺，其功能是(1)将可能会影响等离子体密闭特性的氢元素分离除去；(2)将燃料注入系统与中子入射装置供料气体中的氘与氚的分离。为此而使用的氢同位素的分离方法有深冷精馏法、色谱法与热扩散法等，3 种分离方法的概要由表 1-5 给出。

**表 1-5　氢同位素分离工艺**

| 项目 | | | 方法 | | |
|---|---|---|---|---|---|
| | | | 深冷精馏法 | 色谱法 | 热扩散法 |
| 原理 | | | 利用沸点(蒸汽压)<br>的差别) | 对金属氢化物的<br>同位素效应 | 热扩散效应与<br>热对流的组合 |
| 装置 | | | 深冷精馏塔<br>型式——填充塔<br>塔顶部——凝缩器<br>塔底部——再沸器<br>需要 He 液化器<br>构造简单——小～中型 | 置换色谱柱<br>载钯色谱分离柱，空柱<br>高低温冷热循环<br>升温与冷却系统<br>程序自动控制系统<br>构造简单——小～中型 | 热扩散塔<br>中心部——热丝与热管加热<br>周壁部——水冷却<br>构造简单——小～中型 |
| 处理法 | | | 中～大 | 小～中 | 小～中 |
| 操作法 | | | 连续 | 周期性～连续 | 周期性～连续 |
| 操作条件 | | | 温度：极低温(20 K)<br>压力：～大气压 | 温度：高温～200 ℃<br>低温低于室温<br>压力：～大气压 | 温度：中心部～1 000 ℃<br>周壁部～20 ℃<br>压力：～大气压 |
| 盘存量 | | | 中～大 | 中～小 | 中～小 |
| 氚的泄漏 | | | 小 | 小 | 小 |
| 安全性 | | | 高 | 高 | 高 |
| 适用性 | 氚生产系统 | 少量 | × | ◎ | ◎ |
| | | 大量 | ◎ | | ◎ |
| | 燃料气体纯化循环系统 | | ◎ | ◎ | △ |
| | 再生区氚回收系统 | | ◎ | ◎ | △ |
| | 氚水冷凝系统 | | ○ | × | × |

注：适用性顺序 ◎ ＞ ○ ＞ △ ＞ ×。

深冷蒸流法的特征如下：1)能以比较小型的装置取得较大的处理量；2)容易实现连续性操作；3)在极低温条件下操作，氚的渗透不会构成问题。由于这些特点，该方法比较适用于燃料纯化循环系统与再生区氚回收系统对氢同位素分离的处理流量大、连续操作的要求。

色谱法可以分为基于物理吸附的洗提色谱(EC)和基于化学吸附的置换色谱(DC)，洗提色谱一般需要载气在低温下操作，而置换色谱分离依据的是金属氢化物(主要是钯或载钯材料)的同位素效应，具有更大的吸附容量和较好的分离效率，如热循环吸收工艺 TCAP。其特征：1)一次性投资少，工艺相对简单；2)容易实现半连续性和连续性操作，装置内氚的盘存量小；3)吸附的组分通常需要在较高的温度下脱附，不需要载气。该方法适用于在中小规模的氢同位素分离工艺中应用。

热扩散法的特征：1)用单一扩散塔能够得到高的分离系数；2)由于以气体状态进行分离，装置内氚的盘存量小；3)原理简单，转动设备少，易于操作，可信度高。即该方法适用于处理小量的基于中子照射法生产氚的工艺，以及在无必要连续处理的燃料气体纯化循环系统中的氢同位素分离工艺。

#### 1.2.4.2 再生区氚的回收系统

聚变堆中再生区的作用在于：1)将在热核聚变反应中产生的高速中子减速转变成热能，通过冷却系统将这些热能传输到外部；2) 由这些通过慢化的中子与增殖材料(锂化合物)的核反应[$^6Li(n, \alpha)^3H$ 及$^7Li(n, \alpha)^3H$]产生作为燃料的氚。由此可见，在 D-T 聚变堆中既需要燃料氚又产生氚，因而有人认为氚不完全是燃料，而仅仅是为了燃烧 D 和 Li 的一种催化剂。

目前在这一领域正进行各种候选增殖材料的基础研究，可被候选的增殖材料在表 1-6 中列出，依照它们的使用状态可分为固体和液体两大类。固体再生区多使用氦冷，虽然也能使用轻水作为冷却剂材料，但为了保持再生区材料的使用温度范围，其构造复杂；液体再生区，其自身可作为冷却剂使用，但它的流动性、热特性、安全性及氚的回收方法等都是需解决的技术难题。

**表 1-6 候选增殖材料及其使用方法**

| 候选材料(亲氚物质) | | | 冷却材料 | 氚回收流体 | 氚回收方法 |
|---|---|---|---|---|---|
| 使用状态 | 分类 | 组成 | | | |
| 固体 | 陶瓷锂 | $Li_2O$、$LiAlO_2$、$Li_4SiO_4$、$Li_2ZrO_4$、$Li_2TiO_2$ | 轻水及氦气 | 氦气 | 氦掺氢吹取回收氚方法 |
| 液体 | Li 金属 | Li | 液体 Li | 液体 Li | 膜渗透法 |
| | Li 合金 | $Li_{17}Pb_{83}$ | 液体 $Li_{17}Pb_{83}$ | 液体 $Li_{17}Pb_{83}$ | 中间热介质通路冷阱法 |
| | Li 盐 | FLiBe | 液体 FLiBe 熔盐 | 液体 FLiBe 熔盐 | 喷雾法，鼓泡器法 |

ITER 再生区包层分为屏蔽包层和实验包层两种。其中屏蔽包层主要用于装置的辐射防护，在新的 ITER-FEAT 设计中，实验包层模块(Test Blanket Moldule，TBM)，主要用于对未来商用示范聚变堆(DEMO)产氚和能量获取技术进行实验，同时用于对设计工具、程序、数据等的验证和一定程度上对聚变堆材料进行综合测试。在国际热核聚变实验反应堆 ITER 的合作研究中，我国提出了氦冷-固态增殖剂试验包层模块的设计概念 (CH-HCSB TBM)并设计了相关的氚系统。图 1-7 给出了辅助系统与聚变堆再生区试验包层模块 CH-HCSB TBM 接口的布局图，包括对氚增殖剂进行在线氚提取的氚提取系统(TES)、对高压氦冷却剂进行纯化提氚的冷却剂净化系统(CPS)、对增殖剂的产氚率进行在线测量的氚测量系统(TMS)[52-53]。

氚提取系统 TES 是辅助系统中的一个主要系统，主要功能是通过含微量 $H_2$ 的低压氦吹洗气流连续从 TBM 增殖剂中载带氚。通过对提取过程中运行参数的监测，提供

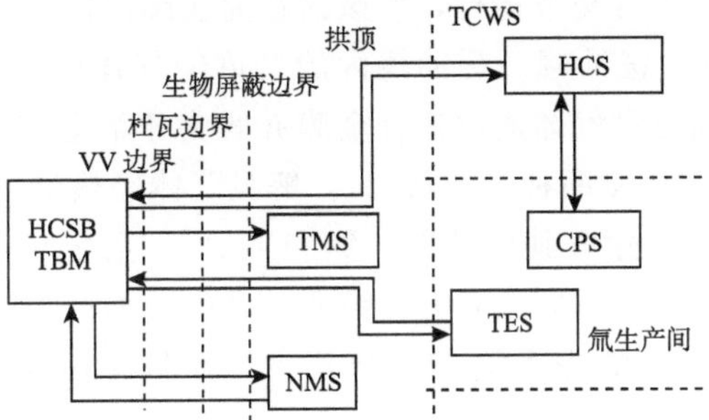


图 1-7　辅助系统与 CH-HCSB TBM 布局图

NMS—中子测量系统；HCS—氦冷却系统；TCWS—托卡马克冷却水系统

TBM 的产氚率等重要实验数据，并检验氚提取工艺的可靠性，TES 放置在单独的氚操作工号里。

图 1-8 给出了氚提取系统的工艺流程示意图。图中的控制仪表等均未标出，设置 V1、V2 两个阀门，以便于安装调试和应急处理。系统按工艺过程特点分为：吹洗气配制与氚提取回路；分子筛吸附床再生与氢纯化回路和氢同位素分离子系统。He 气+0.1%的 $H_2$ 吹洗气经配气组件进入 TBM，借氢-氚间同位素交换载带出增殖材料中的氚。TBM 出口端的高温吹洗气(约 753 K)经过滤器过滤、冷却器降温(303 K)，再经冷阱进一步冷却(173 K)，除去其中的 HTO(用 HTO 收集器收集)，经回流换热器进一步降温(103 K)进入低温分子筛床吸附，除去其中的氢和少量的水，经回流换热器预热，再由加热器加热(293 K)后，返回到吹洗气配气组件。该回路中 TBM 的出口端设计了 2 个并联的颗粒过

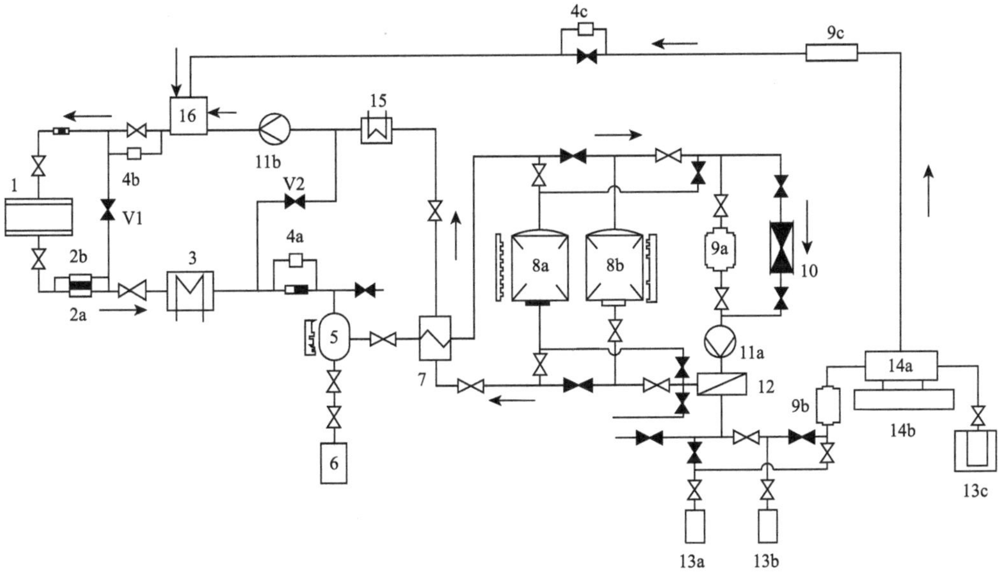


图 1-8　TES 系统示意图

1—TBM；2a/2b—过滤器；3—冷却器；4a/4b/4c—离子室；5—冷阱；6—水收集器；7—回流加热器；8a/8b—分子筛；9a/9b/9c—缓冲罐；10—热金属床；11a/11b—增压泵；12—Pd/Ag 合金管；13a/13b/c—储氢床；14a/14b—氢同位素分离装置；15—加热器；16—He-$H_2$ 补给单元

滤器，两个低温分子筛床也可交替运行，故该回路为连续操作模式。加热饱和吸附的分子筛床至 123 K，解吸气进入缓冲罐。缓冲罐内的气体经气体循环泵、Pd 合金扩散器、分子筛床循环，其中的氢同位素气体透过钯合金膜并收集于贮氢床。当氢同位素解析完后，加热分子筛床(293 K 和 573 K 两种工作状态)，解吸气体经热金属床、Pd/Ag 扩散器和分子筛床循环，通过热金属床除去其中的氧、氮和 HTO。贮氢床(13a/13b，交替运行)经加热后，解吸气进入缓冲罐和氢同位素分离单元，其中分离产生的氚富集气体贮存于贮氚床(13c)内，分离尾气经缓冲罐进入氦-氢配气组件。贮氚床(13c)中的氚量由流气式氚量热计定量测定。

#### 1.2.4.3 氚的安全操作系统

在聚变反应堆系统中，大量氚气在燃料纯化循环系统和再生区氚回收系统内循环。由于这类系统的结构部件，需在严酷的条件(高浓度、高温)下运行，难免产生氚的渗透和泄漏。因此，氚是确保系统安全运行的最重要威胁。采取各种措施，将氚对操作人员的照射和向周围环境的释放减少到最低水平是十分重要的。

氚的安全操作系统基本包括：(1)将渗透泄漏出的氚密闭在某个被限制的区域内然后除去的氚包容与除去技术；(2)氚污染物的去污，氚废液的浓集(水溶液或离子)、减容、固化、包装密封等废弃物处理技术；(3)测定分析聚变堆系统各部分氚盘存量分布的计量衡算管理技术；(4)操作人员安全防护及向周围环境排放控制的放射性监测管理技术。

(1)氚的包容与除去技术

为了使聚变反应堆系统向作业环境及周围环境的氚排放量保持在辐射防护部门规定的限值以下，对于大量氚操作的设施，必须配备氚的包容与除去设备。一般采用多重包容的方式，图 1-9 给出了以聚变堆系统为对象的三重包容系统示意图。

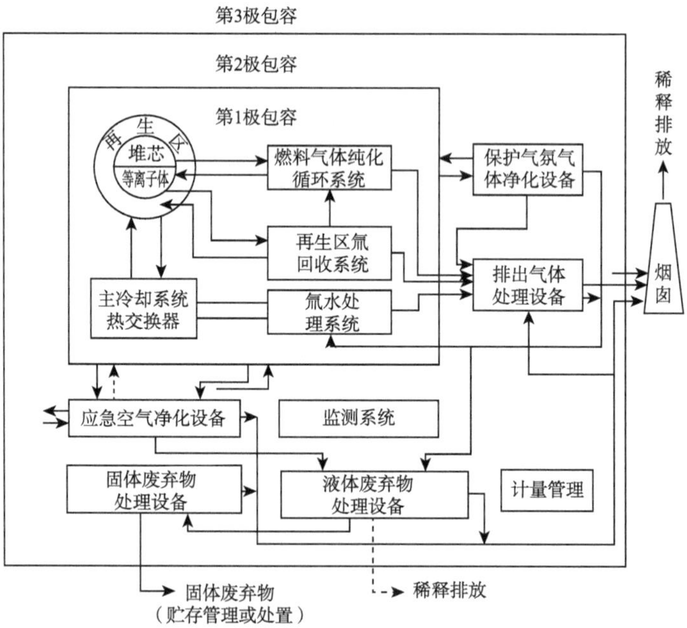


图 1-9 聚变堆氚包容系统示意图

第一层包容由堆芯等离子体所在的系统，燃料气体纯化，循环系统等构成的机器本体，真空管线等直接接触氚的第一层包容容器以及处理由这些容器排出气体中氚的氚除去设备构成。第一层包容容器的设计制作，需考虑各个系统具体的工作条件(如压力、温度、氚浓度、化学形态)，氚的渗透、泄漏量等。

第二层包容容器由将第一层包容容器渗透泄漏出来的氚密闭起来的手套箱及循环处理该包容容器中保护气氛气体的氚除去设备构成。

第三层包容容器由设置上述可能有氚泄漏机器的反应堆大厅，真空泵房间，燃料处理房间等厂房与处理在异常工况下可能泄漏进入这些房间空气中氚的除氚设备构成。

除氚基本流程的工作原理，在第3章中将详细讨论。基本方法是首先将含有氚的被处理气体加热到预定的温度(氚为氢同位素的情形加热到约200 ℃，甲烷等有机化合物的情形约为500 ℃)，然后送入催化氧化器，使氚或含氚的有机物被氧化转变为水的化学形态。一般使用贵金属Pt、Pd作为氧化的催化剂。从催化氧化器出来的气体经冷却器降到室温，冷凝的氚水最后在充填分子筛的干燥塔里被吸附除去。这样，在多重包容系统内渗透泄漏出来的氚，最终将以氚水的形态被捕集，成为液体废弃物。

当被处理的气体为惰性气体($N_2$、Ar)时，如循环处理手套箱的保护气氛气体，添加适当的氧气是必要的。在被处理气体中氢同位素浓度低时添加微量氢气可以促进氧化。而为了提高氚水的除去率，在干燥塔入口一侧有时需添加适量的水分。

如前所述，由于氚在整个聚变堆系统内分布，作为氚包容除去对象的设备很多，它们的容积也很大，因此相应地除氚设备的规模就更大了。为了合理而有效地使用除氚设备，有必要仔细划分被处理对象的范围，致力于研究开发减小除氚设备负荷的新系统。

(2)氚废弃物处理技术

在氚的液体与固体废弃物的安全处理方面，需要注意：氚主要以水的化学形态与原子状态存在的废弃物，会因蒸发和扩散而容易发生氚的转移；由于辐射分解会产生氚气，混入因中子活化而产生的放射性核素。

对于氚的液体废弃物(主要是氚水)的浓集减容处理，适用于一般放射性废液的蒸馏法，共沉淀法，离子交换法都无法使用。因为氚水的浓集，减容目的是分离以水形式(HTO、DTO、$T_2O$)存在的氚，只能利用氢同位素分离工艺本身。对于这种分离工艺，能够适用的有水蒸馏法和化学交换法。然而，由于一般同位素分离工艺的分离系数与通常的物理化学分离工艺相关的值相比极小，氚水浓集减容处理的规模必然很大。这样，在研究开发氚废液浓集减容工艺的同时，研究液体废弃物的固化(定)、包装、密封技术，就显得非常重要。

聚变反应堆系统，随着堆芯结构体的分解维修，可以预期会产生含有大量氚和其他放射性生成物的固体废弃物。关于这些固体废弃物的处理方法，氚与堆芯构造体的各种备选材料的相互作用有关的基础研究也都需要尽早予以开展。

(3)计量衡算管理技术

由于氚在聚变堆的各个系统中广泛分布，且处于不断移动的状态，加强氚的计量与衡算管理工作，弄清楚在某个时间，某个系统部位有多少氚，对于确保聚变堆的安全运行就显得十分重要。分析测定设备的性能应能满足下述要求：1)由纯氚气体(约100%)到低浓度氚($1\times10^{-6}$)非常宽的测定范围，且记忆效应小；2)能够分别测定出氚的化学形态；3)能够进行实时在线分析测定；4)即使在γ射线或中子存在的环境下也能够测定氚，而不受混入的其他放射性生成物的影响。

(4)辐射防护监测管理技术

在核聚变系统中，即使是对于等离体试验装置，氚的安全操作也极为重要。因此加强辐射防护管理与作业现场的保健物理监测，是确保操作人员安全，减少氚照射和氚向环境释放的重要措施。对于真空系统，手套箱排出气体监测，工艺厂房内空气的监测，烟囱与各系统排放浓度的监测，必须及时，准确、并由这些监测系统的反馈信号来自动控制调节相应除氚设备的工作状态，从而使工作场所的空气和烟囱氚排放浓度低于国家或有关防护部门规定的浓度限值。为此，需研制开发适合上述各种保健物理监测目的氚监测仪，如：1)适用于手套箱内保护气氛中氚监测的、响应快、记忆效应小的开壁式电离室或网状电离室氚监测仪；2)由于环境氧化氚的放射性危害远大于气态氚，研制能在γ射线及中子存在条件下分别连续监测氚化水蒸气(HTO)和气态氚(HT)的高灵敏度甄别式氚监测仪；3)研制能连续监测混有其他放射性生成物的排放废水中低浓度氚的高灵敏度水中氚监测仪；4)氚表面污染监测仪的研制以及防氚材料的开发。

其他对于氚在环境中的习性研究以及环境监测与影响评价技术也应给予足够的重视。

# 1.3 氚的生产贮存与衡算管理

## 1.3.1 引言

氚是热核聚变反应堆的主要原料。目前热核聚变的研究规模已经发展到研制建造聚变实验反应堆(FER)的阶段，其初始氚装填量据估计在数千克的量级($n\times 3.7\times 10^{17}$ Bq)。我们知道由于宇宙射线的核反应，核爆炸和核动力设施的排放在地球环境中产生的氚，其总的盘存量约为 10 kg ($3.7\times 10^{17}$ Bq)，且 90%分布在海水中。从工程的观点看，这种氚的回收是不可能的。迄今为止，大量氚的生产虽已有 60 多年的历史，但由于氚是热核武器的主要原料，具有很强的军用价值，所以详细的技术资料公开发表的很少。本节从安全防护人员的角度，只就氚生产的原理与工艺，贮存方法给予一般介绍。在本节中也列入了有关氚设施衡算管理的内容。

## 1.3.2 氚的生产

### 1.3.2.1 人工产氚的基本方法

人工生产氚所依据的核反应由表 1-7 所示[54-55]。实际上能够利用来制造氚的核反应主要有

$$^{6}Li + n \longrightarrow {}^{3}H + {}^{4}He \tag{1-5}$$

$$^{2}H + n \longrightarrow {}^{3}H \tag{1-6}$$

$$^{235}U + n \longrightarrow {}^{3}H + X + Y \tag{1-7}$$

表 1-7 生成氚的核反应

| 核反应 | Q 值/MeV | 能量范围 | 反应截面/$10^{-24}$ cm$^2$ |
|---|---|---|---|
| $^{2}H(n,\gamma)^{3}H$ | 6.258 | <0.625 eV | $5\times 10^{-4}$ |
| $^{3}He(n,p)^{3}H$ | 0.755 | ≈0.025 eV | $5.33\times 10^{3}$ |
| $^{6}Li(n,n)^{3}H$ | 4.794 | <0.625 eV | $9.5\times 10^{2}$ |
| $^{7}Li(n,n\alpha)^{3}H$ | −2.465 | 3~6 MeV | $8.6\times 10^{-2}$ |
| $^{10}B(n,2\alpha)^{3}H$ | | 1~5 MeV | $3.2\times 10^{-2}$ |
| $^{6}Li(d,{}^{6}Li)^{3}H$ | 0.59 | 2.4 MeV | $9.5\times 10^{-2}$ |

续　表

| 核反应 | $Q$ 值/MeV | 能量范围 | 反应截面/$10^{-24}$ cm$^2$ |
|---|---|---|---|
| $^{7}Li(d,^{6}Li)^{3}H$ | −1.00 | 4.1 MeV | $1.6\times10^{-1}$ |
| $^{10}Be(d,^{8}Be)^{3}H$ | 4.59 | 1.5～7.7 MeV | $3.3\times10^{-1}$ |
| $^{12}C(d,^{11}C)^{3}H$ | −1.25 | 20 MeV | $1.0\times10^{-2}$ |
| $^{19}F(d,^{18}F)^{3}H$ | −4.17 | 8.7 MeV | $3.9\times10^{-3}$ |

利用上述 3 种核反应生产氚的代表性工艺流程列于表 1-8。

反应式(1-5)对于热中子有很高的反应截面，可被用于氚的大量生产，过去美苏等核大国为制造热核武器研究开发的氚生产方法就是通过含锂化合物在反应堆中受中子照射而产氚。反应式(1-6)是重氢捕获中子的反应，虽然它的反应截面非常小，但在重水堆中，作为减速剂和一次冷却水使用的重水装荷量很大，经过运行时间在重水中积聚的氚量亦相当可观。如加拿大作为核动力电站开发的重水铀 CANDU 反应堆，现在运行的已有 19 座。为了减少作业人员的受照剂量，从安全也从经济上考虑，在达林顿建造了从重水中回收氚的工厂。该厂从 1988 年开始运行，年回收氚量约为 2 kg。达林顿氚回收工厂的同位素分离浓集工艺，采用了化学交换法与深冷精馏法。化学交换法对于聚变反应堆一次冷却水中氚的回收工艺，深冷蒸馏法对于燃料纯化回收系统及再生区氚回收系统的氢同位素工艺也是可以适用的方法。这些内容在本章前两节中已提到过。反应式(1-7)是铀的三分裂变反应。由该反应在裂变反应堆燃料中生成的氚量，发电功率为 1 MW・a 时约为 0.001 5 g $T_2$。由此可见，从燃料后处理厂排放废液中回收氚不可能成为工业产氚的主要手段。

**表 1-8　氚生产的主要工艺流程**

<table>
<tr><th>方　法</th><th>生产工艺流程</th></tr>
<tr><td>反应堆中子辐照锂化合物</td><td>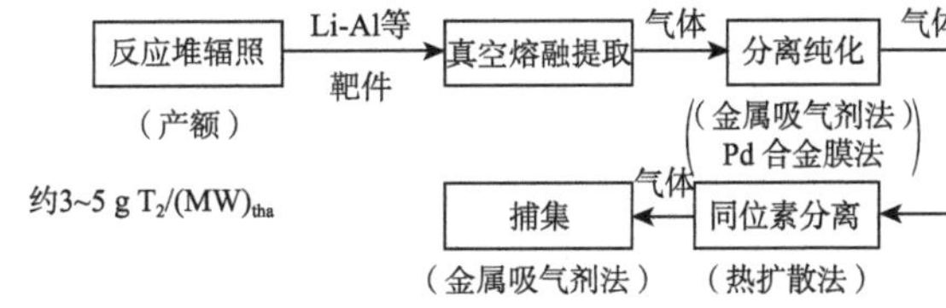
</td></tr>
<tr><td>由重水反应堆回收</td><td>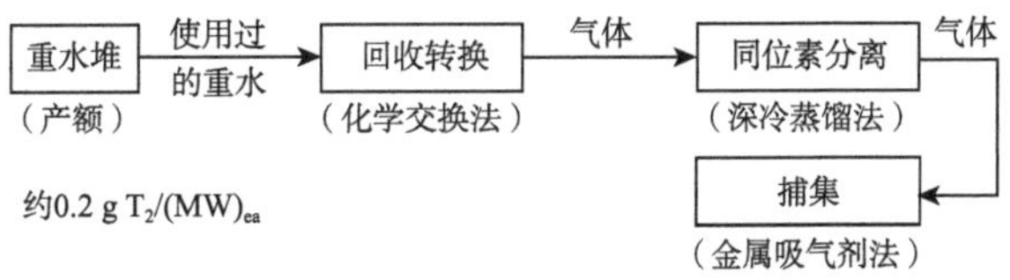
</td></tr>
<tr><td>由燃料后处理厂的废液回收</td><td>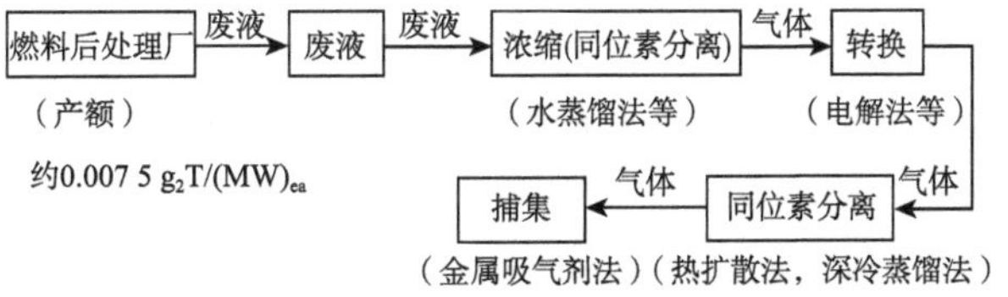
</td></tr>
</table>

### 1.3.2.2 氚生产工艺

如前所述，利用核反应 Li (n，α)T 可以进行大量氚的生产。表 1-9 列出了可用作反应堆照射靶件材料的物质。这类物质应当具有熔点较高，受辐照时结构稳定，生成的氚容易回收等特点。金属锂因在受照中会被辐射产生的热熔融，可能腐蚀照射容器，因而不适于直接制作靶件。但是 Li-Al 或 Li-Mg 合金的热传导性能优良，能解决辐照发热的问题，辐照产生的氚也容易回收，因而成为被广泛使用的产氚靶件。如在日本原子能研究所使用的是用铝覆盖的板状 $^6$Li(3%)-Al 合金靶件，在材料试验反应堆(JMTR)中受照射 2 000 h，每批料大约可产氚 3.7 TBq(100 Ci)。当然，对于大规模的氚生产只能利用动力反应堆进行。目前，许多国家实验室正在进行耐高温辐照的锂陶瓷($LiAlO_2$、$Li_2SiO_3$)等靶件的研究开发。

表 1-9 氚生产的靶件材料

| 靶件材料 | 熔点/℃ | 被回收氚的化学形态 |
|---|---|---|
| Li-Al 合金 | 600 | $T_2$ |
| Li-Mg 合金 | 590 | $T_2$ |
| $Li_2SiO_2$ | 1 200 | $T_2O_3$、$T_2$ |
| $LiAlO_2$ | 1 597 | $T_2O_3$、$T_2$ |

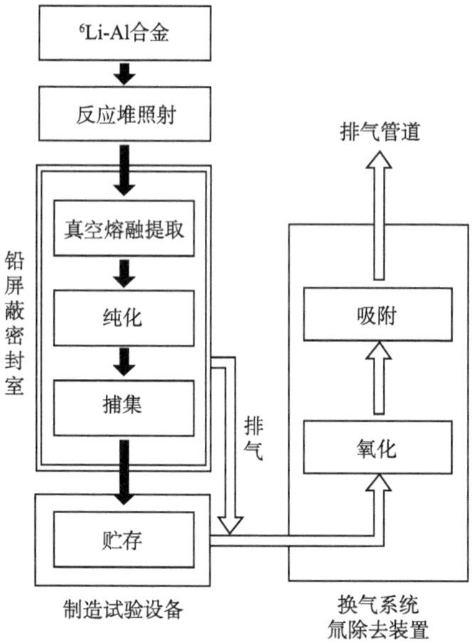

图 1-10 氚生产工艺流程简图

接下来以图 1-10 所示的日本原研在 20 世纪 80 年代后期建造的，1～10 g[(3.7～37)×$10^{14}$ Bq]规模的氚制造试验系统为例，简要介绍氚生产的工艺流程。首先将在反应堆中受过辐照的 Li-Al 合金靶件放入密闭的坩埚内，在真空系统里加热至 700 ℃高温熔解，使$^6$Li(n，α)T 反应生成的氚以气体状态释放出来。由于此时，因核反应而生成的$^4$He 等杂质气体也被游离出来同氚在一起，因而真空提取出来的气体，需通过填充金属铀粉末的容器(热铀粉瓶)进行分离纯化，然后再导入后接的第二级铀粉瓶使氚气被捕集。产品气体经气相色谱分析其化学纯度和同位素丰度后，最终被转移至在另一个手套箱内设置的贮存容器内。有必要时，该产品气体还需要做进一步的同位素浓集。

在图 1-10 中未给出同位素浓集工艺部分。常用的氢同位素分离工艺有热扩散法和气相色谱法。热扩散是一项用于气体同位素分离的已经成熟的技术，其装置的作用部分是一个含有中心丝的垂直圆柱形长管，管内充以被处理气体。中心丝被加热而外圆柱壁保持室温。这样在冷壁附近的气体被浓集为较重的分子而下沉，在热丝附近则为较轻的分子而上升。由于 $T_2$ 和 $H_2$ 之间有较大的分子重量比，这一方法特别适用于少量氢同位素的分离。已知金属钯很容易吸收氢气，在气相色谱柱里，使用金属钯作固定相，利用它的温度变化可以达到分离氢同位素的目的。实际系统由若干节多孔钯管柱及相应加热器构成，这些加热器根据预定的程序交替地加热和冷却，使钯管依次地吸收和释放气体，从而得到高度浓集的氚。该方法具有快速省时的特点，适用于处理较大量氢同位素气体的分离浓集。

如图 1-11 所示，氚的高温熔融、纯化分离、捕集等一系列操作，均须在有铅屏蔽的气密性手套箱里设置的不锈钢真空管线及其相连的试验系统内进行。其中真空熔融炉与铀粉瓶及其加热装置都采用了双重壁的结构，以防止氚的渗透，使用弹簧箱密封阀和直接焊接的真空管线以保证系统具有良好的气密性，严格地采用了在密封的手套箱内安装设备的多重包容方式。万一有氚气泄漏进入手套箱内的保护气氛中，利用备用的氚除去装置(TRS)可以防止氚向作业区或厂房外环境的释放。氚除去装置 TRS 将在后面第 3 章中详细介绍，它是将氚气通过贵金属催化剂氧化，转变为氚化水后被沸石或分子筛干燥剂材料吸附，由通风换气系统除去氚的装置。

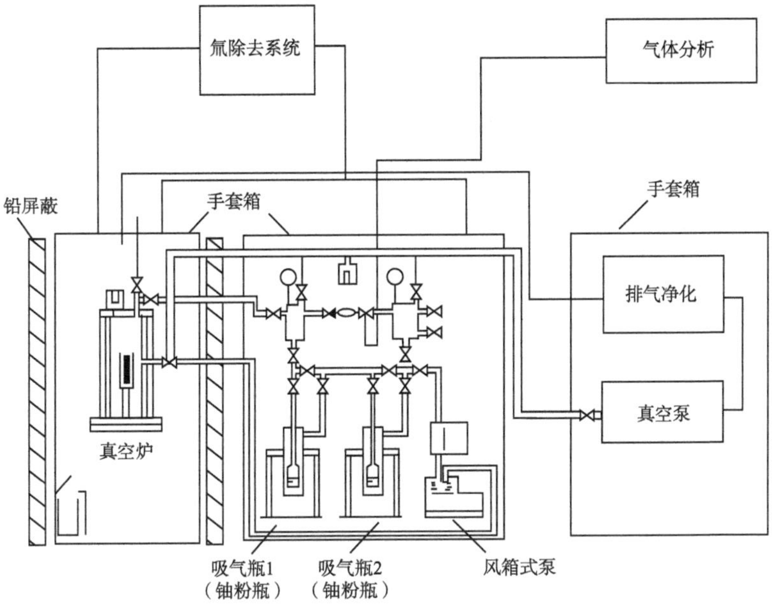


图 1-11　日本原研的氚制造试验装置

在日本原子能研究所，利用上述试验装置于 1986 年 2 月实现了每次 $3.7\times10^{13}$ Bq (0.1 g)氚的试生产。JMTR 材料试验反应堆(中子照射通量 $2\times10^{14}$ $cm^2/s$，约 2 000 h 照射)，由 $^6Li$(3.4%)-Al 合金($^6Li$ 95%浓集)的板状靶件提取纯化的氚产品气体，其分析结果：收率约 100%，放化纯度>99.9% ($T_2$，HT)，同位素丰度为 95.7%。放化纯度和同位素丰度的测定使用了气相色谱，产量的测定使用了电离室和量热器。

## 1.3.3　氚的贮存

### 1.3.3.1　金属氢化物的贮氚特性

氚的贮存[56]必须满足安全性高，操作方便两项基本要求。用金属氢化物作为贮氚材料，虽因使用状况不同而有所差异，但它们须具备下述特性：1)氚的贮存量大；2)在室温附近氚的平衡分压很小，不会发生氚的释放；3)在 400～800 ℃ 附近显示有适当的氚平衡分压(温度的高低程度合适)；4)不会因氚的吸收放出往返操作造成贮存能力的下降；5)价格便宜容易获得。

很早就知道金属铀(U)和钛(Ti)的氢化物能满足上述要求，最近又发现 Ti 和 Zr 的合金也具有这种特性。在欧美许多国家广泛使用铀床来吸附贮存氚。铀的氢化物在室温下的解析压为 $1.33\times10^{-4}$ Pa 在 400 ℃附近的解析压为 1 个标准大气压(atm，$1.01\times10^{5}$ Pa)，是用于氚的贮存、供给都合适的良好金属。从解析压看铀床具有优越的特性，但由于铀的氢化物在室温下会同大气中的氧剧烈反应(经过 $UO_2$ 生成 $U_3O_8$)，在操作铀床时须加以注意。另一方面，海绵钛的氢化物室温下在大气中性能稳定，容易操作(即使在室温下暴露于大气中吸收解析特性也不变坏)，但它的问题是解析温度高，为了达到 1 个标准大气压的解析压必须加热到 800 ℃附近的温度。在这一温度范围，氢元素容易透过大多数金属材料，因而不能使用金属材料作为加热容器，而需使用石英玻璃或氧化铝等陶瓷材料作容器，因此有许多困难。再者，铀床也好，海绵钛也好，都会因氧、水分等杂质的存在而使它们的吸收、解析能力受到显著影响，于是提出了研究开发能克服上述铀和钛床缺点的金属或合金的问题。最近对许多种可用作氢元素吸气剂合金的研究表明，虽然其中大多数不适于用作贮存和供给氚的合金，但有一些合金，用于供气虽有困难，但用于氚的贮存却具有良好的性能。以下将用于贮存氚的铀、钛吸气剂合金的重要热力学性质分别进行介绍。

#### 1.3.3.2 铀一氢系的热力学性质

金属铀(U)的一个显著特征是对氢元素几乎不溶解，形成由下述反应方程式给出的 $UH_{3-X}$ 组成的化合物。

$$U+\frac{3-X}{2}H_2 \rightleftharpoons UH_{3-X} \tag{1-8}$$

这种化合物的晶体构造是在每个晶格中形成 8 个含有 $UH_3$ 的分子构成的立方晶体结构。氚气的贮存就是利用了化合物 $UH_{3-X}$ 的分解压。在图 1-12 中给出了 Libowitz 和 Gibb 的等温平衡压曲线[57]，假定属于这种情况，其平衡离解压($p$)对温度($T$)的依赖关系可由式(1-9)表示：

$$\log(p/\mathrm{atm})=-\frac{4\ 410}{(T/\mathrm{K})}+6.26 \tag{1-9}$$

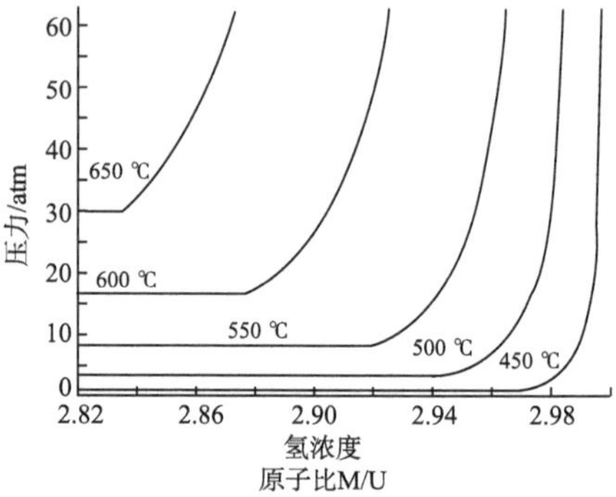


图 1-12 $UH_{3-X}$ 的氢浓度与平衡理解压的关系

依据 Tanabe 等人[58]的测定，$UD_{3-X}$ 的平衡离解压为：

$$\log(p/\mathrm{atm})=-\frac{4\ 600}{(T/\mathrm{K})}+6.829 \tag{1-10}$$

对于 $UT_{3-X}$ 的平衡离解压，Flotow 和 Abraham[59]报告中给出下式

$$\log(p/\mathrm{atm})=-\frac{4\ 471}{(T/\mathrm{K})}+6.58 \tag{1-11}$$

若用上述各式进行计算，对于 $UH_3$、$UD_3$ 和 $UT_3$ 的平衡离解压为 1 个标准大气压的温度分别是 426 ℃、401 ℃和 406 ℃，而它们在室温(25 ℃)的平衡离解压在 $1.33\times10^{-4}$ Pa 的水平。如将这一平衡离解压同海绵钛的 $1.33\times10^{-8}$ Pa 相比较，虽然是一个相当大的

值，但这里有必要注意未必完全是由平衡离解压决定残压。在海绵钛吸收氚气的情形，为了减小平衡分压，因在降低温度的过程中吸收速度也变小，在100 ℃以下的温度范围几乎不发生吸收，最终残压在 $10^{-3}$～$10^{-4}$ Pa 的程度。此外，还必须注意氚气中含有的氧、水分等杂质对残压的影响。

#### 1.3.3.3　钛-氚系的热力学性质

图1-13给出了海绵钛对于氚吸收放出基础数据的钛-氢同位素相图[60]。在这个相图中氢与氚的情形几乎没有大的差别(相边界多少可能有些变化)。只要是氢元素被吸收到金属钛中，氢元素的浓度由低到高的顺序存在于α相，β相和γ相的不同晶体构造中。α相为密集六方晶体，对氢元素的溶解度低，约占10%的程度。β相为体心立方晶，对氢元素的溶解度约占50%，γ相为面心立方晶体结构，只要氢元素进一步溶解，就会形成具有 $CaF_2$ 型晶体构造的氢化合物 $TiH_2$。

图1-14给出了Ti-H系将其组成作为参数的平衡氢元素压与温度的关系，可看出平衡氢元素压为0.01～1个标准大气压的温度范围为500～850 ℃。加之，由于在20～30 ℃时平衡氢元素压力在 $10^{-8}$ Pa 以下，吸收贮存氚的海绵钛在室温下几乎不会释放出氚来。这样，金属钛不仅具有可作为氚贮存物质的有用性质，而且海绵状钛的有效表面积非常大，还具有快速进行吸收、放出的优点。即使在室温下暴露于空气中，由于它的化学性质稳定，也容易处理，安全性高。

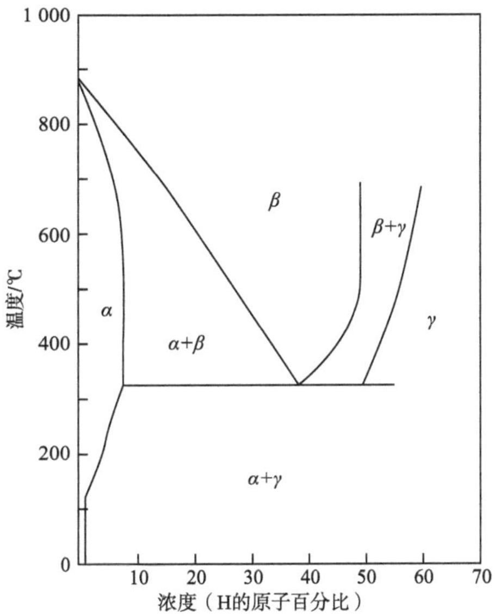


图1-13　Ti-H系相应图

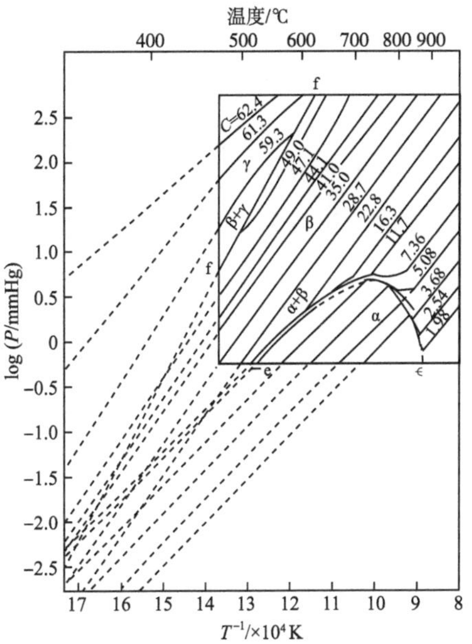


图1-14　Ti-H系的氢元素浓度与平衡理解压的关系

#### 1.3.3.4　在合金材料中氚气的贮存

对于作为氢元素气体的吸气泵材料或贮存材料使用的合金，虽然已有许多开发研究，但这类材料未必适用于氚的贮存。贮存氚要求该材料物质有快速的吸收放出速度，在室温下有低的平衡压，而在温度升高的情况下能够给出1个标准大气压的离解压。

用作吸气泵材料的合金虽然具有快速的吸收速度和低的平衡压，但由于其大部分只能给出低的平衡离解压，即使能够用于吸收氚，在放出时必须加热至高温，因而不适于用作贮存目的。还有一些合金，如 $LaNi_5$、FeTi、$ZrFe_2$ 等，他们的氢化物在室温下的离解压在 0.1 个标准大气压以上，因此不适于用作贮存氚的目的。近年来用作吸气泵材料的 Zr-V-Fe，Zr-Al 等合金已有商品出售，对于贮氚使用重要的平衡压($P_a$)，对 Zr70-V24.6-Fe5.4 合金[61]可用式(1-12)表示：

$$\log P_a = 3.14 + 2\log q - 6\,250/T \tag{1-12}$$

式中，$q$ 是表示合金中氢元素浓度的参数，$q = P_a$ $m^3/kg$。这种合金在室温下的平衡压为约 $10^{-9}$ Pa，非常低。在 500 ℃下释气时压力达约 1 000 Pa，当必须在 1 个标准大气压下释气时，温度需加热到 700 ℃。在性能上同使用海绵钛的情形没有太大的差别。

#### 1.3.3.5 小结

综上所述，对于氚的贮存、供气使用的金属，从性能上看目前最适当的是铀，就操作的简单性而言，海绵钛也是可以方便使用的金属。因此，一般 TBq 以上的氚正式贮存宜用铀粉瓶，而少量使用的数 10 GBq 以下的氚可贮存在海绵钛中。有关金属氢化物的研究进展，铀粉瓶的结构，设计、制造、详细了解可参阅有关更专业的文献[39,50-51,56]。

### 1.3.4 氚设施的衡算管理

氚是价值昂贵的战略核材料，不论是从经济学还是从核安全的角度考虑，氚生产厂及所有大量操作氚的设施，从拥有氚材料的时刻开始，应对包括含氚部件、各工艺系统或设备内滞留和可回收的氚材料以及可定量测出的气体、固体、液体中的氚进行衡算管理，明确在什么时间、什么地点有多少量的氚。在确定每个工艺系统或平衡区氚的盘存量时，需要区分可利用的氚总量，结合固定的氚总量和损失的氚总量。

可利用的氚总量，是可从铀粉瓶或其他含氚部件中取出并可在工艺管道中自由转移的氚总量。利用在转移系统里配置已知体积的测量罐及系统上安装的压力与温度的精确测量装置，可以用 PVT 测量与气体分析确定。结合固定(或滞留)的氚量是在实验室内不能以可移动气体形式利用的氚总量，它适合于下述情形：

1)结合在铀粉瓶内铀床中不可取出的氚量；2)结合在气体净化系统的分子筛里的氚量；3)结合在催化剂床中的氚量；4)在工艺系统管道金属内表面吸收的氚量；5)不可逆地结合在气相色谱床中的氚量；6)通过扩散进入次级包容手套箱内保护气氛中的氚量；7)通过扩散进入冷却水中的氚量；8)在氚生产厂还有熔融提取后存留在废坩埚内的氚量。氚损失的总量与放射性衰变损失，固体与液体废物管理以及通过烟囱排放损失的氚量有关。

在时刻 $t$，某平衡区内氚的总量可以表示为：

$$N(t) = N_0 - N_{\text{loss}}(t) \tag{1-13}$$

式中，$N_0$ 是期初存量，$N_{\text{loss}}(t)$是已知损失量，$N(t)$是现有的可利用与结合固定氚的总量。在时刻 $t$，在系统 A 现有的氚量 $N_0(t)$为：

$$N_A(t) = N_A(t_0) + N_{A,\text{in}(\Delta t)} - N_{A,\text{out}(\Delta t)} - N_{A,\text{loss}(\Delta t)} \tag{1-14}$$

式中，$N_A(t_0)$是系统 A 内在参考时间 $t_0$ 所具有的氚量；$N_{A,\text{in}(\Delta t)}$是在 $t_0 \sim t$ 之间进入系统 A 的氚量；$N_{A,\text{out}(\Delta t)}$是在 $t_0 \sim t$ 之间离开系统 A 的氚量；$N_{A,\text{loss}}$是系统 A 在同一时间间隔

内损失的氚量。

$N_A(t)$和$N_A(t_0)$均由可利用与结合固定的氚量构成。可利用氚量可以用 PVT 测量和气体成分分析确定，而固定结合的氚量只能利用间接测量或模型估算。合成数据和所要求的计算工作需要输入各有关工艺参数和测量数据，通过计算机处理。由此可见，氚的衡算管理工作涉及设施内所有含氚的工艺系统中每个运行设备和操作环节，直接与用于工艺控制的分析测量系统有关，对于环境流失量的估计又需要有完善的防护监测系统提供各方面的准确数据，它是综合反映一个氚设施管理水平的最重要指标。

## 1.3.5　工艺控制分析测量技术

有关氚的各种测量方法及其探测下限与适用范围由表 1-10 给出。工艺系统真空管线内氚的测量，属于生产或实验的控制分析测量，是氚的生产及衡算管理中最重要的部分。目前使用较多的分析测量装置仍是传统的质谱仪、气相色谱仪和电离室，测量系统一般都接在系统上实现在线快速就地实时测量。图 1-15 给出了在英国联合欧洲环 JET 活性气体处理系统 AGHS 上连接的 3 套主要测量装置的示意图[62]。激光罗曼光谱是近年来研制成功的在线快速测定氢同位素比率和杂质含量的新技术，这一分析系统在不久将来有可能取代基于气相色谱的旧气体分析系统。直接测定床载氚的量热器，则解决了可移动式贮氚容器铀粉瓶中氚的定量问题，在整个氚衡算体系中占有重要地位。上述各种氚测量技术的工作原理文献[39]有详细评述，本节则就主要技术的应用进展作简单介绍。

**表 1-10　氚测量方法一览表**

| 测量方法 | 样品量 | 测定 | 实际探测下限 | 样品种类 | | | 样品形态 | | | 实时探测器 |
|---|---|---|---|---|---|---|---|---|---|---|
| | | | | 单体 | 化合 | 混合 | 气 | 液 | 固 | |
| 重量法 | 大量 | 绝对☆ | 10 μCi($3.7\times10^5$ Bq) | | ○ | | | ○ | ○ | |
| PVT 法 | 大量 | 绝对☆ | 2 mCi($7.4\times10^7$ Bq) | ○ | ○ | ○ | ○ | | | |
| 量热法 | 大量 | 绝对 | $10^2$ mCi($3.7\times10^9$ Bq) | ○ | ○ | ○ | ○ | ○ | ○ | |
| 液体闪烁计数器 | 少量 | 相对 | $10^{-8}$ μCi/cm³($3.7\times10^{-4}$ Bq/cm³) | | ○ | | △ | ○ | △ | △ |
| 韧致辐射法 | 少量 | 相对 | 数 $10^3$ μCi (≈$10^8$ Bq) | ○ | ○ | ○ | ○ | ○ | ○ | △ |
| 正比计数器 | 少量 | 相对 | $10^{-8}$ μCi/cm³($3.7\times10^{-4}$ Bq/cm³) | ○ | ○ | ○ | ○ | | | ○ |
| 电离室 | 少量 | 绝对 | $10^{-6}$ μCi/cm³($3.7\times10^{-2}$ Bq/cm³) | | ○ | ○ | ○ | | | ○ |
| 质谱仪 | 少量 | 相对 | | | ○ | ○ | ○ | | | |
| 小型串联加速器 | 微量 | 相对 | | | ○ | ○ | ○ | | | |
| 气相色谱 | 微量 | 相对 | | | ○ | ○ | ○ | | | |
| 激光罗曼光谱 | 少量 | 相对 | | | ○ | ○ | ○ | | | ○ |

注：☆表示在测量对象的组成分判明条件下的绝对测量；○表示可以适用；△表示特殊条件要求下可以适用。

### 1.3.5.1　质谱分析仪

质谱分析仪(MS)是利用离子化的核在通过磁场或电场运动时，根据离子的质量与电荷比，在真空中分离并测定相应离子流强度的装置。这一技术很早就被用于氢同位素($H_2$、HD、HT、$D_2$、DT、$T_2$)与不纯物的成分分析。在图 1-15 所示的 JET AGHS 氚分析系统上使用了 2 台四极高频回旋质谱仪(Spectra Meitrics Ltd)[62]，其分辨率 $m/\Delta m = 2\ 000/m$。四极质谱分析仪是通过一个由 4 根平等配置的圆柱状电极所产生的四极电场振荡来实现离子质量分离的。电极的电场由迭加在直流电压上的具有数兆赫兹(MHz)，数千伏的高频电压所产生。当离子沿着四圆柱电极中心轴通过电场时，在垂直于前进的方向上作复杂的振动。只有具有一定 $m/e$ 的离子才能通过此电场，到达另一端的检测器，其他 $m/e$ 的离子将在振动过程中碰上棒状电极，从而被“过滤掉”。与通常的磁场型质谱分析仪相比较，四极质谱分析仪具有体积小，重量轻，质谱扫描速度快，在低质量一侧灵敏度高等优点，因而非常适用于低质量的氢同位素和氚的在线分析。

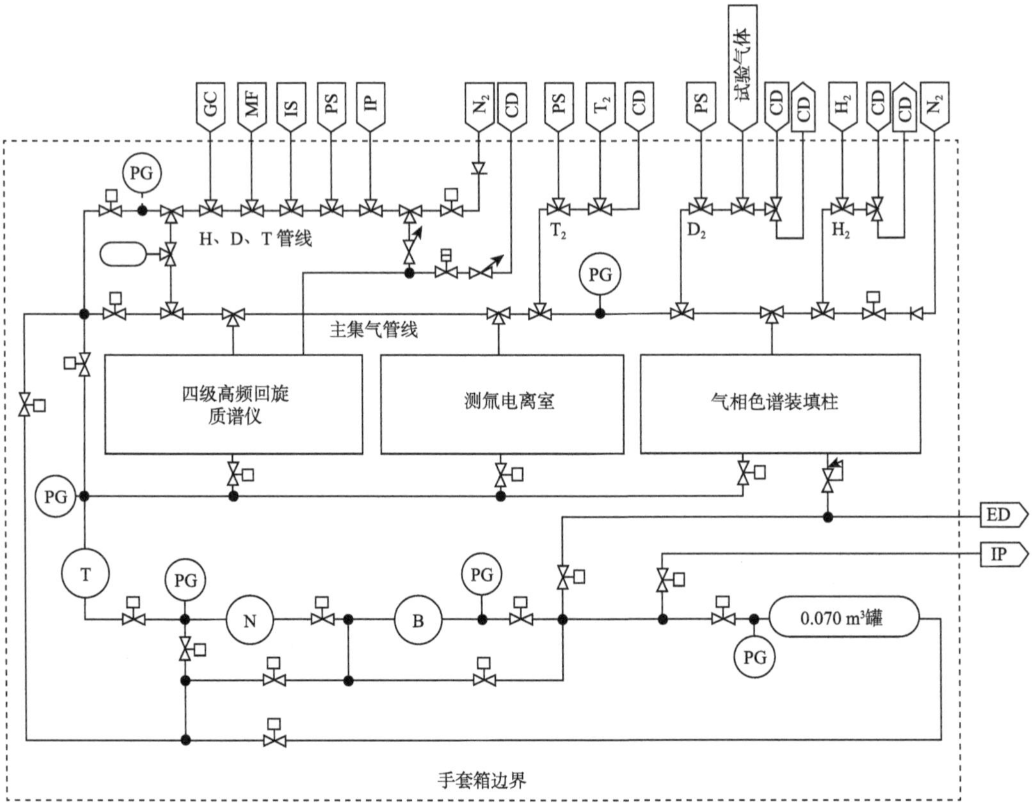


图 1-15　用于 JET AGHS 的线上分析装置简图

图中示出了与主管道连接的三台主要分析装置，涡轮分子泵(T)，Normetex 泵(N)和金属膜压泵(B)

### 1.3.5.2　气相色谱分析

气相色谱法(GC)是用氦或氢等气体作为载气(或称移动相)，将混合物样品注入装有填充剂(或称固定相)的色谱柱里进行分离的一种分析方法。气相色谱法的固定相使用活性炭，分子筛等具有吸附性能的固体，借助于这些固体对试样中各组分亲和力(吸附力或溶解性)的差别达到分离的目的。在色谱法中，我们把从注入试样开始到出现色谱峰顶点为止的时间称为保留时间($t_p$)。在色谱柱温度和载气流速都保持不变的条件下，试样中每一组分的保留时间是一个定值。因此，可以根据保留时间来定性试样中所含的每一种组分。另一方面，每一组分相应的色谱峰的面积与它的含量成正比，因而可以根据色谱峰的面积来进行定量分析。由于气相色谱法操作简单，应用范围广，是分析微量混合试样的有效方法，所以它也是在氚设施中用于氢同位素与杂质成分分析的成熟技术。如在英国 JET AGHS[62]，气相色谱(GC)系统被用于测量 6 种氢同位素，杂质气体 $O_2$、$N_2$、CO、$CO_2$、He、$H_2O$、$CH_4$ 及较高的碳氢化合物成分，其浓度范围从 0.01%～100%。这里有必要提到的是，该气相色谱分析系统除使用了较常见的热传导型检测器(TCD)和氢火焰离子化检测器(FID)外，在需要测量氚化物气体浓度的系统里还使用了气流正比计数检测器(FPCD)。

#### 1.3.5.3　电离室

电离室(IC)结构简单，小型结实，最适合于工艺闭合系统的实时监测。由于在工艺应用中被测量的是高浓度氚，很少像后面辐射防护监测那样需要 γ 补偿，需关注的问题是氚在探测器内壁的滞留和污染所产生的记忆效应。对于不同的工艺检测应用，气体组分，流量和压力可能有相当大的变化。因此，仪器在预期使用的具体条件下进行刻度是非常重要的。

如图 1-15 所示的英国 JET AGHs 用于在线监测的电离室有 2 种[62]。大电离室体积为 600 $cm^3$，测量氚的浓度可高至 $3.7\times10^{10}$ $Bq/m^3$，小电离室体积为 10 $cm^3$，可用于测量高达 100%的氚浓度。大电离室的偏压电极是一个用双线缠绕的细管式热电偶，能够将电离室内部加热使吸附的氚解析，且不会使初始污染的壁温度升得过高。这样将减小因渗透通过热壁的氚损失，在测量高浓度氚后加热和抽空电离室可以有效地减小氚的记忆效应。该电离室对氚的响应在美国洛斯、阿拉莫斯国家实验室的氚系统试验组合装置 TSTA 进行过检验，证实电离电流是氚浓度的线性函数，且两个电离室刻度的电流信号依赖于二者的体积比。在测量高浓度氚后，用加热和空气冲洗的方法可将所观察到的本底电流降低 2 个数量级。

其他应用，如加拿大安大略 Hydro 氚实验室设计的用于工艺试验的电离室在线氚监测仪[63]，适用于超高真空并可加热到 300 ℃。他们的低中水平氚监测仪的探测下限分别为 $3.7\times10^{10}$ 和 $3.7\times10^5$ $Bq/m^3$，测量浓度范围高达 6 个数量级并具有线性响应，而且测量同气体流量无关。日本原研对测量高浓氚的 0.16 $cm^3$ 和 21.6 $cm^3$ 的小电离室特性也进行了研究[64]，他们的实验结果表明，坪曲线的最佳电场强度应为 100～200 V/cm。探测效率依赖于所充气体的电离功，更依赖于外加电场对电离电流的饱和程度。因为当电离室变小时，氚β射线与电极和室壁碰撞产生能量损失的概率将增加，复合效应也需考虑。0.16 $cm^3$ 小电离室给出的测量结果在高于 40%的氚浓度以上仍然保持线性。电离室测量高浓度氚之后其本底水平可由它的记忆电流给出估计，虽然高于最大电流的 1/4 000 被作为记忆效应观察到，但较小的电离室将给出较小的记忆效应。

#### 1.3.5.4　激光罗曼光谱新技术

激光罗曼光谱分析是一项近年发展起来的新技术。它在同位素分离系统上所进行的实验表明，用激光罗曼光谱得到的同位素分离系统气体的氢同位素组分与气相色谱的测量结果相一致，成功地证明了这一方法可用于在线分析。1990 年日本原研设计和制造的燃料气体净化系统 FCU，被安装在美国洛斯-阿拉莫斯国家实验室的氚系统试验组合装置 TSTA 上，该系统上配备了新的分析工具——在线激光罗曼光谱系统。在过去几年里这一分析工具使得运行人员能够就地快速、安全地分析氢同位素比率和杂质成分含量(惰性气体除外)。气体样品可由工艺回路取出，流经分析测量小室，然后又快速有效地返回工艺回路。这种样品的分析约可在 2 min 以内完成，然后冲洗取样管线，几分钟后又可以引入新的样品。该分析系统目前正在取代基于气相色谱的旧气体分析系统，最终将会成为进行回路运行自动控制的在线反馈系统的一部分，因此它是近几十年来氚工艺监测技术的最重要进展[65-67]。这一技术现在除用于氢同位素的分析外，还被用于聚变燃料气体处理系统中甲烷同位素的分析[68-69]。

### 1.3.5.5 直接测定床载氚的量热器

在所有氚设施中，不论是作为原料或产品气体的高浓度氚都被贮存在低气压的不锈钢铀粉瓶中。各工艺试验系统氚的泵取接收和转移也都离不开铀粉瓶。因而，这种可移动式贮氚容器铀粉瓶中所含的氚量，在整个氚衡算体系中占有重要地位。铀粉瓶中吸附氚的总量，一般可通过将瓶中气体转移到一个已知体积的钢罐中，依据压力-体积-温度-成分(PVTC)测量确定。但这种测量方法通常需要很长的加热解析时间，且在通常的工艺条件下也不可能将铀粉瓶中吸附的氚完全取出，从而导致了对铀粉瓶内床载氚直接测量的要求。其要点是：(1)估计氚量而不是将氚从金属氢化物床中取出；(2)当氢同位素被吸附在铀粉瓶内时，确定该铀粉瓶内的氚量；(3)具有简单的测量系统；(4)在氚量的估计上有足够的精确度；(5)可在合理长的时间内进行氚的测量。

量热法是放射性直接测量的基本方法。过去虽然有过用量热法进行 α、β放射性，乃至氚的绝对测量的许多报道，如等温式双筒差分微量热器，仅适用于实验室内对少量样品的测量。近年来，对于工业应用的大型气载氚量热器的研制，已取得很大进展。如美国萨凡纳河实验室 J. E. Klein 等人[70]，采用了流动气体的方式，通过测量流经一个金属氢化物床外层夹套中空气流的稳态温度上升，研制了可直接测定金属氢化物贮氚钢瓶中氚盘存量的量热器。其测量时间为 14 h，95%的置信度水平，测量精度为±1.6%。在德国 KFK 实验室[71]过去曾研制出 3 种不同大小的量热器用于测量后处理运行产生的放射性废物释放的能量。放射性样品的大小由几 $cm^3$ 到 $2\times10^5$ $cm^3$，热功率范围由几 mW 到 kW。后来他们将其中最灵敏的一个量热器加以改造后用于 Amersham 公司出品的铀粉瓶载氚盘存量的测定。其测氚灵敏度为 24.5 ℃/W，1 mW 的探测下限相应于 30 Ci 的氚，适用于排空的铀粉瓶中残存氚量的测定。

20 世纪 90 年代初，欧洲氚处理实验室 ETHEL 成功地研制出一种新型的可移动式等温氚量热器[72-73]。它的设计特点是避免使用大多数等温量热器都有的水或油浴恒温，对于达到满意的测量精度需要短得多的测量时间。其测氚范围为 $3.7\times10^{13}\sim3.7\times10^{17}$ Bq (0.1～10 g 氚)。该量热装置由与测量室结合为一体的量热器热组件和安装有包括 IBM386 微型计算机在内的电子学仪器单元二部分构成。嵌入样品测量室的热元件由被传热介质隔开的 3 个同心圆柱面温度控制区构成，见图 1-16。内筒的温度选择同被测氚容器的温度匹配，中间圆筒的温度被用来选择提供热流，而且由此对载氚样品给出一个最佳的测量范围。温度的选择值可在软件的控制下进行修改，结果使量热器的运行温度和功率可以变化，从而适用于对不同样品的测量条件。外层圆筒的界面借助于空气对空气的热交换器帕尔贴元件制冷。

圆柱形筒的加热线圈构成闭路控制系统的一部分。用于控制圆筒面温度的适当的算法语言在 386 工业标准型 PC-AT 兼容计算机上执行。该控制算法语言输出信号，通过 16 位的数模转换，用于驱动圆筒加热器的功率放大器，从而构成了一个闭环的温度控制回路。测量氚铀器粉瓶时，将含氚铀粉瓶放入热组件的测量室内，然后测量样品放入前后达到热平衡后的温度差。测量结果用热功率表示，氚的活度和质量及测量准确度也同时给出。完成一次测量所需要的时间，依赖于样品的热性质及铀粉瓶和量热器测量室处于热平衡的程度，铀粉瓶的温度与被测氚量的大小，一般为 2～5 h。

总之，目前用量热计直接测量铀粉瓶或其他可移动式贮氚容器内含氚量的技术，在许多国家的实验室正受到重视并取得了相当的进展。它不仅为氚设施衡算体系中可移动式贮氚容器的氚盘存量提供了直接测量的方法，也解决了长期以来存在于生产厂家和用户之间关于氚计量的难题。这一技术也可用于含氚固体部件或物品氚盘存量的测定。

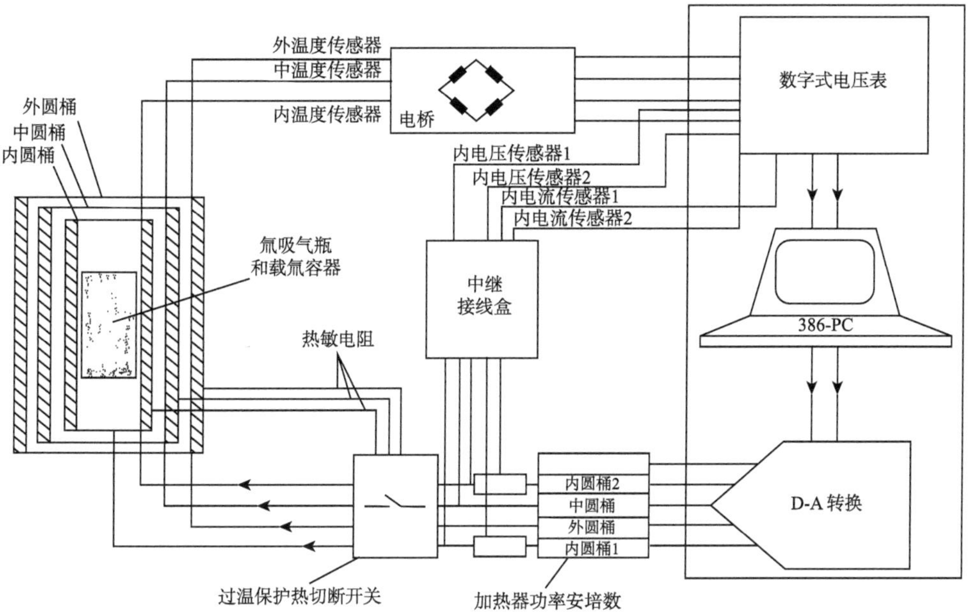


图 1-16　氚量热器系统的原理图

# 参考文献

[1] IAEA. Management of tritium at Nuclear Facilities, Technical Reports Series No 234[R]. IAEA, VIENNA, 1984.

[2] IAEA. Handing of Tritium bearing Wastes, Technical Reports Series No 203 [R]. IAEA, VIENNA, 1981.

[3] Maan M A, Anyas-Weiss N, Loritz F. A Study of tritium control in CANDU nuclear power stations [J]. The International Journal of Applied Radiation and Isotopes, 1980, 31(8): 463. doi: 10. 1016/0020-708X(80)90242-2.

[4] Balu K. Management of Radioactive Waste From Rajasthan Atomic Power Station[Z]//Operating Experience on Nuclear Reactors and Power Plants. Proc. Symp. Bombay, 1977: 358.

[5] Henrich E, Schmieder H, Neeg K H. The Concentration of Tritium in the Aqueous and Solid Waste of LWRFuel Reprocessing[Z]//Management of Gaseous Wastes from Nuclear Facilities. Proc. Symp. Vienna, IAEA, Vienna, 1980: 177.

[6] McKay HAC. Tritium lmmobilisation[Z]. Eur, Appl. Res. Rep. 13, 1979: 599.

[7] Hartmann K, Brucher H. Die Entsorguny tritium haitiger Abwasser-Technik and sicherheit[Z]. Kernforschung Sanlage Tolich, lnterner Bericht KFA-ICT-IB-468/82, Julich, 1982.

[8] United States Energy Research and Development Administration. Alternatives for managing wastes for Reactorsand Post-Fisson operations in the LWR Fual Cycle[Z]. Rep. ERDA-76-43, SPringfield, 1976, 2 (13): 21.

[9] Stone J A, Johnson D R. Measurement of Radioactive Gaseous Effluent from Voloxidation aad Disolution of Spent Nuclear Fuel[C]//Proc $15^{th}$ Air Cleaning Conf., Boston, 1978, TIC CONF-780819, 1979: 570.

[10] Stevens W H. Process and Catalyst for Enriching a Fluid With Hydrogen lsotopes. Canadian Patent No. 907292[P]. 1972-08-15.

[11] Bruggeman A, et al. The ELEX Process for Tritium Separation from Aqueous Effluents[C]//Tritium Technology in Fission, Fusion and Isotopic Applications. Proc, ANS topical Meeting, Dayton, Ohio, 1980, CONF-800427, 1980: 411.

[12] Fiek H J, Romaker J, Schindewolf U. Tritium-Anreicherung radioisotope-austausch zwischen wasserstoff und wasser mittels hydropholben katlysators furdic kernbbrennstof-wiederouf be reitung[J]. Chemical Engineering & Technology, 1980, 52 (11): 892.

[13] MORlSHITAT, et al. Tritium remova1 by hydogen isotopic exchange between hydrogen gas and water on hydrophobic catalyst[C]//Tritium Technology in Fission, Fusion and isotopic Applications, Proc. ANS. Topical Meeting, Dayton, Ohio, 1980, NF800427, 1980: 415.

[14] Andreev B M, Sakharovsky Y A, Rozenkevich M B, et al. Hydrogen Isotope-Separation Installation for Tritium Facility[J]. Fusion Technology, 1995, 28(3): 505-510.

[15] Ionita G, Stefanescu I. The Separation of Deuterium and Tritium on Pt/SDB/PS and pt/C/PTFE Hydrophobic Catalysts[J]. Fusion Technology, 1995, 28(10): 641-647.

[16] 毛世奇，繆增星，李洪，等. 用于水-氢同位素交换的Pt/SDB疏水性催化剂的研究[J]. 核化学与放射化学，1987，9(1)：34-37.

[17] Pantrot P H, Damiani M. Operating experience with the tritium and hydrogen extraction plant at the laue-Langevin Institute[Z]. Seperatoin of Hydrogon Isotope. RAE H K, Ed. Am, Chem. Soc, Symp, Ser 68, 1978: 163.

[18] Stewert W B. Pickering Generating Station, A tritium removal system, paper presented at IAEA Coordinated Research Meeting on Handling of Tritium Contaminated Effluence and wastes[Z]. Trombay, Bombay, 1982.

[19] 成瀬雄二，松田右二. トリチウム废液の処理技术[J]. 原子力工业，1992，39 (2)：65-70.

[20] Sood S K, Sissingh R A P, Kveton O K. Removal and Immobilization of Tritium From Ontario Hydro's Nuclear Generation Stations[J]. Fusion Technology, 1985, 8: 2478-2485.

[21] Chuangsc K T, Holtslander W J. Tritium transfer process[Z]. Tritium Technology in Fusion, Fusion and Isotopic Applications, CONF-800427, 1980: 425.

[22] Holtslander W J, Harrison T E, Gallagher J D, et al. The-Chalk-River-Tritium-Extraction-Plant Construction and Early Commissioning[J]. Fusion Technology, 1988, 14(2): 484-488.

[23] Song K M, Sohn S H, Kang D W, et al. Installation of Liquid Phase Catalytic Exchange Columns for

the Wolsong Tritium Removal Facility[J]. Fusion Engineering and Design. 2007，82：2264-2268.

[24] Cristescu I，Cristescu I R，Dörr L，et al. Long Term Performances Assessment of a Water Detritiation SystemComponents[J]. Fusion Engineering and Design，2006，81：839-844.

[25] Cristescu I，Cristescu I R，Damm U，et al. Simultaneous tritium and deuterium transfer in a water detritiation CECE facility at TLK[J]. Fusion Engineering and Design，2003，69：109-113.

[26] Hamrnerli M，Stevens W H，Butler J P. Conbined electrolytic catalytic isotopes[Z]. RAE H K，Ed. Am. Chem. Soc，Symp，Ser. 68，1978：110.

[27] Rogers M L，Lamborger P H，Elies R E，et al. Catalytic detriation of Water[Z]. Separation of Hydrogen lsotopes，RAE H K，Ed. Am. Chem. Soc，Symp. Ser. 65，1978：171.

[28] Trenin V D，Alekseev I A，Karpov S P，et al. Full-Scale Experimental Facility for the Development Technologies for the Reprocessing of Tritium Contaminated light and Heavy-waters by CECE Process and Cryogenic Distillation[J]. Fusion Technology，1995，28(3)：767-771.

[29] Alekseev L A，Bondarenko S D，Vasyanina O V，et al. The Study of CECE Process at the Experimental Industrial Plant Process [R]. Proceedings of the 20th Symposium on Fusion Technology，Marseille，France，1988.

[30] Miller J M，Celovsky S L，Everatt A E，et al. Design and Operational Experience with a Pilot-Scale CECE Detritiation Process[J]. Fusion Science and Technology，2002，41(3)：1077-1081.

[31] Graham W R C，Everatt A E，Tremblay J R R，et al. Demonstration of Very High Detritiation Factors with a Pilot-Scale CECE Facility[J]. Fusion Science and Technology，2002，41(3)：1137-1141.

[32] Iwai Y，Misaki Y，Hayashi T，et al. The Water Detritiation System of the ITER Tritium Plant[J]. Fusion Science and Technology，2002，41(3)：1126-1130.

[33] Cristescu I，Cristescu I R，Dörr L，et al. Trenta Facility for Trade-off Studies Between Combined Electrolysis Catalytic Exchange and Cryogenic Distillation Process[J]. Fusion Science and Technology，2005，48(1)：97-101.

[34] 毛世奇，郁婷婷，李洪，等. Pt-PTFE疏水性催化剂的H-H同位素交换研究[J]. 核化学与放射化学，1990，12(2)：107-112.

[35] 但桂萍，杜阳，杨勇，等. Pt-PTFE疏水催化剂的研制[J]. 核化学与放射化学，2004，26(3)：16-170.

[36] 但桂萍，杜阳，杨勇，等. 三种疏水催化剂耐氚辐照稳定性的初步研究[J]. 核化学与放射化学，2007，29(1)：45-47.

[37] 李俊华、康艺、阮皓，等. Pt-SDB憎水催化剂氢-水液相催化交换工艺研究[J]. 原子能科学技术，2002，36(2)：97-100. doi：10. 3969/j. issn. 1000-6931. 2002. 02. 007.

[38] 夏修龙，罗阳明，付中华，等. 疏水催化剂用于$HD/H_2O$氢同位素的性能研究[J]. 核技术，2006，29(11)：864-869.

[39] 彭述明，王和义. 氚化学与工艺学[M]. 北京：国防工业出版社，2015.

[40] 孙颖，王和义，桑革，等. 反应堆含氚重水提氚关键技术研究进展[J]. 中国工程科学，2007，9(5)：1-6.

[41] 阮皓，胡石林，胡振中，等. 水-氢同位素液相催化交换反应过程[J]. 原子能科学技术，2005，39(3)：218-221.

[42] 阮皓，胡石林，张丽等，水-氢同位素液相催化交换工艺研究[J]. 原子能科学技术，2005，39(4)：318-321.

[43] 阮皓，李金英，胡石林，等. 水-氢同位素汽-气并流催化交换反应动力学研究[J]. 原子能科学技术，2008，30(3)：129-133.

[44] 阮皓，李金英，胡石林，等. CECE水-氢交换工艺[J]. 核化学与放射化学，2011，33(3)：156-161.
[45] 康艺，阮皓，刁义荣，等. 101重水研究堆含氚轻水脱氚方案研究[J]. 原子能科学技术，2015，49(12)：2124-2129.
[46] 冯开明. 可控核聚变与ITER计划[J]. 现代电力，2006，23(5)：82-88.
[47] 中国国际核聚变能源计划执行中心，核工业西南物理研究院. 国际核聚变能源研究现状与前景[M]. 北京，中国原子能出版社，2015.
[48] Dinner P J. ITER-Overview and Fuel-Cycle Conceptual Design[J]. Fusion Technology，1992，21(2)：197-205.
[49] Hircq B. Overview of Tritium Technology Development for Fusion in Europe[J]. Fusion Technology，1992，21(2)：206-214.
[50] 张伟，姚守忠. 氚工艺[M]. 北京，中国原子能出版社，2012.
[51] 蒋国强，罗德礼，陆光达，等. 氚和氚的工程技术[M]. 北京：国防工业出版社，2007.
[52] 袁涛，冯开明，王晓宇，等. ITER氦冷固体氚增殖剂实验包层模块结构设计[J]. 核聚变与等离子体物理，2006，26(3)：195-200.
[53] 罗德礼，陈长安，黄志勇，等. 中国ITER氦冷固态实验包层模块氚工艺系统设计[J]. 核聚变与等离子体物理，2006，26(3)：217-221.
[54] 成瀨雄二，松田右二. 核融合炉の燃料サイアルとトリチウム技术[J]. 原子力工业，1991，37(5)：63-70.
[55] 工藤博司. トリチウム制造[Z]//トリチウム资料集. 1988，昭和62～年度文部省科学研究费补助金研究成果报告书：72-76.
[56] 杉崎昌和司. トリチウム贮藏[Z]//トリチウム资料集. 1988，昭和62～年度文部省科学研究费补助金研究成果报告书：43-47.
[57] Libowitz G G，Gibb T R P. High Pressure Dissociation Studies of the Uranium-Hydrogen System[J]. Physical Chemistry，1957，61(6)：793-795.
[58] Tanabe T，Miura S，Imoto S. Isotope Effect in Dissociation of Uranium Hydride[J]. Nuclear Science and Technology，1979，16(9)：690-696.
[59] Flotow H E，Abraham B M，Mueller W M，et al. MetalHydrides[M]. Academic Press，1968：507.
[60] McQuillan A D. The Titanium-Hydrogen System for Magnesium-Reduced Titanium [J]. J. Inst. Met.，1951(79)：371.
[61] Ichimura K，Matsuyama M，Watanabe K，et al. Recovery and Storage of Tritium by ZR-V-FE GETTER[J]. Fusion Technology，1985(8)：2407.
[62] Lasser R，Caldwellnichols C J，Grieveson B，et al. Analytical Equipment for JET Active Gas Handling Plant[J]. Fusion Technology，1992，21(2)：406-411.
[63] Kherani N P，Shmayda W T. In-Line Process Tritium Monitors[J]. Fusion Technology，1992，21(2)：340-345.
[64] Tatsuhiko UDA，Kenji OKUNO，Yuji MATSUDA，et al. High Concentration Tritium Gas Measurement with Small Volume Ionization Chambers for Fusion Fuel Gas Monitors[J]. Nuclear and Technology，1991，28(5)：451-458
[65] Okamoto M，Naruse Y，Okuno K. Overview of Tritium work in Japan[J]. Fusion Technology，1992，21(2)：187-196.
[66] Anderson J L. Tritium Technology Program in the United-States[J]. Fusion Technology. 1992，21(2)：226-231.
[67] Ohira S，Nakamura H，Konishi S，et al. Online Tritium Process Gas-Analysis by Laser Roman-Spec-

troscopy at TSTA[J]. Fusion Technology，1992，21(2)：465-470.

[68] Uda T，Okuno K，Naruse Y. Application of Laser Roman-Spectroscopy to Isotopic Methanes Analysis in Fusion Fuel Gas Processing Systems[J]. Fusion Technology，1992，21(2)：436-441.

[69] Engelmann U，Glugla M，Penzhorn R D，et al. Laser Roman-Spectroscopy and Omegatron Mass-Spectrometry Applied to Investigation of the Radiochemical Reactions Between Methane and Tritium [J]. Fusion Technology，1992，21(2)：430-435.

[70] Klein J E，Mallory M K，Nobile A. Tritium Measurement Technique Using In-Bed Calorimetry[J]. Fusion Technology，1992，21(2)：401-405.

[71] Besserer U，Heiss K，Jourdan G. Tritium Inventory Evaluation Program for the Tritium Laboratory Karlsruhe(TLK)[J]. Fusion Technology，1992，21 (2)：419-424.

[72] Kapulla H，Kraemer R，Heine R. Tritium Inventory Measurements Using Calorimetry[J]. Fusion Technology，1992，21(2)：412-418.

[72] Mason J A，Vassallo G. Tritium Measurement by Isothermal Calorimetry[J]. Fusion Technology，1992，21(2)：425-429.

# 第 2 章　氚的性质及其与安全相关的特性

## 2.1　氚的基本性质

氚是氢唯一的放射性的同位素，记作$^3H$ 或 T。表 2-1 中列出了氢同位素的原子量与天然存在比。虽然氚的物理与化学习性同氘和氢非常相似，但由于它们之间的质量比差别很大，因而存在较显著的同位素效应。表 2-2 中列出了氚有关的放射性参数[1]。氚通过发射弱 β 粒子而衰变，子体产物为$^3He$。He 是单原子气体，因此 1 mol $T_2$ 衰变产生 2 mol 氦气，致使在含氚的密闭容器内产生压力累积。表 2-3 中列出了氚 β 粒子在各种物质中的射程(*R*)[2]。由表 2-2 和表 2-3 的数据可以看出，氚是一种比活度很高的低能 β 发射体，在空气中的最大射程约为 5 mm，在水或人体组织中约为 5 μm(0.5 mg/cm$^2$)，它的衰变热也很小，为 0.324 W/g，所以说氚是一种不需要屏蔽和冷却的放射性核素。

**表 2-1　氢同位素的原子量与天然存在比**

| 同位素 | 原子量 | 天然存在比(丰度)/% |
|---|---|---|
| H | 1.007 825 | 99.985 |
| D | 2.014 000 | 0.015 |
| T | 3.016 050 | $1\times10^{-16}$ |

**表 2-2　氚的放射学性质**

| 性质 | 数值 |
|---|---|
| 半衰期/a | 12.323 |
| 最大 β 能量/keV | 18.6 |
| 平均 β 能量/keV | 5.70 |
| 原子质量数 | 3.01605 |
| 比活度/(TBq/g) | 355.9<br>95.9 GBq/cm$^3$($T_2$，STP)<br>98.05 TBq/g $T_2O$ |
| 衰变热(W/g) | 0.324 |
| 衰变生成物 | $1.32\times10^{-5}$ cm$^3$($^3He$，STP)/(s·g $T_2$)<br>$1.38\times10^{-9}$ cm$^3$($^3He$，STP)/(s·$3.7\times10^{10}$ Bq $T_2$) |

注：STP 为标准状况。

**表 2-3　氚 β 粒子的射程**

| 物质 | *E*(β)keV | $R^1$ |
|---|---|---|
| $T_2$ 气，STP | 5.7 | 0.26 cm |

续　表

| 物质 | $E(\beta)$keV | $R^1$ |
|---|---|---|
| $T_2$ 气，STP | 18.5 | 3.2 cm |
| 空气，STP | 5.7 | 0.036 cm |
| $H_2O$，液体 | 5.7 | 0.42 μm |
| $H_2O$，液体 | 18.5 | 5.2 μm |
| 不锈钢 | 5.7 | 0.06 μm |

氚衰变发射的β粒子，通过与周围物质的束缚电子碰撞而相互作用，破坏其化学结合键，产生电子一离子对，分子激发和自由基。对于小于 2.5 MeV 的β能量，β粒子在铝中的射程由文献[3]给出：

$$R=412E^n \tag{2-1}$$

$$n=1.265-0.0954\ln E \tag{2-2}$$

式中，$R$ 是射程($mg/cm^2$)；$E$ 是β粒子的能量(MeV)。

由于铝的密度是 2.7 $g/cm^3$，对于(氚 $\beta$ 平均能量)5.7 keV 的β粒子在铝中的射程为 0.049 $mg/cm^2$。为了推导出表 2-3 中所示各种物质中β粒子的射程，需要对单位质量的相对散射概率进行修正。由于散射是产生自电子，所以物质中每单位体积的原子密度越高，每个原子的电子数越多，射程就越短。由此

$$R'_m=R'_{Al}(\rho_{Al}/\rho_m)(Z_{Al}/Z_m)(N_m/N_{Al}) \tag{2-3}$$

式中，$Z$ 是原子(或分子)的原子序数；$N$ 是原子(或分子)的质量；$R'$是线性射程。

在氚有关设施的实际工作中，虽然有机形态的氚和金属氚化物也会遇到，但主要接触的化学形态是氚化水(HTO、DTO、$T_2O$)和氚化氢气体(HT、DT、$T_2$)。已知氧化氚的吸入危害是气态氚的 $1.0\times10^4$ 倍，而且它还能通过皮肤吸收进入体内。从对人体危害的角度考虑问题，必须对氧化氚给予足够的重视，同时也应注意工艺设备系统泄漏渗透的氚气向氚化水的转化。

从氚安全操作的观点出发，所关心的是氚与工艺设备材料的相互作用，主要问题可归纳为下述三个方面：

(1)包容的完整性

由于腐蚀脆裂或化学反应产生的机械故障，氚同密封材料的化学反应产生的泄漏，或由于其诸如渗透等物理特性，可能破坏对氚的包容。

(2)污染控制

氚在工艺材料中的吸收、释放析气，以及由于同位素交换和通过材料的渗透发生的迁移，都是重要的控制污染需考虑的问题。

(3)氚化合物的产生

HT 向危害较大的 HTO 转化以及氚化氨、碳氢化合物和其他有机物质的产生可能造成附加的放射性危害。而且，这类氚与材料相互作用的产物，在空气净化系统和废物处理设施中也可能要做特殊的考虑。

## 2.2　氚气向氚化水蒸气的转化

氚气 HT 主要通过下述氧化与同位素交换反应转变为氚化水蒸气 HTO。

(1)氧化反应

$$T_2+1/2O_2 \longrightarrow T_2O \tag{2-4}$$

$$DT+1/2O_2 \longrightarrow DTO \tag{2-5}$$

$$HT+1/2O_2 \longrightarrow HTO \tag{2-6}$$

(2)同位素交换反应

$$T_2+H_2O \longrightarrow HTO+HT \tag{2-7}$$

$$DT+H_2O \longrightarrow HTO+DH \tag{2-8}$$

$$HT+H_2O \longrightarrow HTO+H_2 \tag{2-9}$$

依赖于上述反应氚气转化为氚化水蒸气的转化速率，受氚气的初始浓度、气体的成分、所存在金属催化作用的影响。图 2-1 给出了氚气向氚化水蒸气转化一级反应情形下的反应速率常数与氚气初始浓度的关系。在图中也给出了氧化反应与同位素交换反应有关的数据，二者未看出有多大的差别。表 2-4 列出了对这些氚气浓度求出的转化反应速率。表 2-5 列出了氚气转化反应在不同金属表面下的反应速率。在潮湿的空气中反应速率常数变大，结果中考虑了同位素交换反应的贡献与金属表面的催化作用。

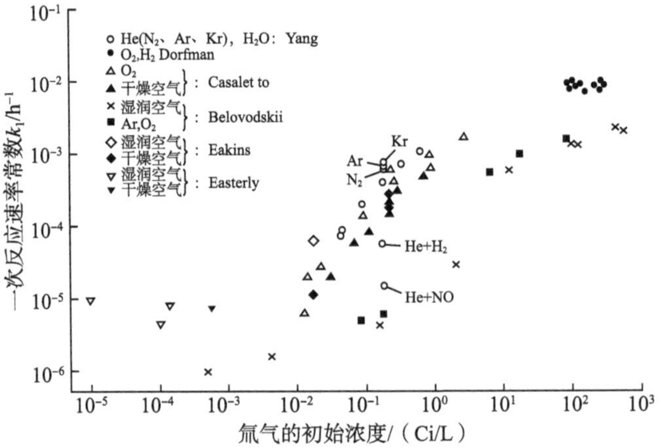


图 2-1　氚气转化反应速率常数与氚气初始浓度的关系[4]

**表 2-4　氚气转化为氚化水的反应速率[5]**

| 气体 | 氚气浓度/(Ci/L) | 转换速率/[Ci/(s·L)] |
|---|---|---|
| $T_2+H_2+O_2$ | 95～328 | $1.98\times10^{-6}[T_2]$ |
| $T_2+O_2+Ar$ | 0.09～90 | $1.7\times10^{-8}[T_2]^{5/3}$ |
| $T_2+O_2+N_2$ | 0.018～1 | $3.30\times10^{-7}[T_2]^2$ |
| $T_2+O_2+H_2O$ | <1 | $1.2\times10^{-6}[T_2]^2$ |
| $T_2$+干空气 | 0.015～0.8 | $1.7\times10^{-7}[T_2]^2$ |
| $T_2+H_2$+He、$N_2$、Ar、Kr | 0.05～0.7 | $4.2\times10^{-7}[T_2]^2$ |
| $T_2+H_2$+干空气 | $6\times10^{-4}$～600 | $1.7\times10^{-8}[T_2]^{5/3}$ |

注：1 Ci=37 GBq。

表 2-5 室温下氚气转化的反应速率与所在金属表面的关系[6]

| 金属 | 反应常数/[L/(Ci·h)] | |
|---|---|---|
| | 干燥空气 | 湿润空气 |
| 无 | $5.6\times10^{-4}$ | $2.9\times10^{-3}$ |
| 黄铜 | $6.0\times10^{-4}$ | $8.6\times10^{-2}$ |
| 钢 | $4.2\times10^{-3}$ | $6.1\times10^{-2}$ |
| 铝 | $3.9\times10^{-3}$ | $9.6\times10^{-3}$ |
| 铂 | $2.4\times10^{-2}$ | $8.4\times10^{-1}$ |
| 黄铜(氧化) | | $6.5\times10^{-2}$ |
| 钢(氧化) | | $7.4\times10^{-2}$ |

对于氚气被释放进入环境大气中的情形，除上述的氧化及同位素交换反应外，还应考虑太阳光线、植物、土壤等的转化作用。由于大气中的氚浓度极其稀薄，转换速率被认为在 0.2%～2.8%/d 的范围内。即使转换速率按 1%/d 估计，将释放进入大气中氚的 99% 转化为氚化水也约需 500 d。因此，考虑对氚气的包容与除去措施是很重要的。

# 2.3 氚与材料的化学与辐射分解反应

氚能够直接或通过同位素交换间接地同包容材料中范围很宽的化合物和物质发生化学反应。一个特殊的问题是具有平均能量为 5.7 keV 的氚 β 粒子载带的能量比破坏化学键所需的能量高 1 000 倍。因此，与氚的许多化学反应是辐射分解催化的。

## 2.3.1 腐蚀

氚同含有卤素的物质如聚四氟乙烯和 Kel-F(三氟聚氯乙烯一种在阀门紧固密封和垫圈中使用的材料)，以及与氟化的泵油作用，能产生氚化的腐蚀性含卤酸。聚四氟乙烯或 Kel-F(聚三氟氯乙烯)暴露于 $T_2$ 气氛下产生 TF 酸，它在玻璃系统中可产生 $SiF_4$ 气体[7]。在一个维持在高压(130 MPa)的不锈钢系统里的 $T_2$，湿气和聚四氟乙烯混合物在 16 h 内发现使0.76 mm厚的钢产生了毁坏性应力腐蚀裂隙[8]。但当用 $D_2$ 代替 $T_2$，或当除去聚四氟乙烯或湿气时，则不会有任何毁坏发生。

在高丰度氚操作中，$T_2$ 与 $O_2$ 的并存是不相容的，所以应当尽量避免有氧气。高浓度氚化水的生成，可能会渐次同金属相作用。由于过氧化物的衍生而产生严重的腐蚀[9]，还可能通过 $T_2$ 与含氧的物质，如某些有机物和矿物氧化物之间的相互作用而生成氚化水。$T_2$ 和湿气之间的同位素交换是生成氚化水的另一种机制。HTO 相对于 HT 有高得多的放射学毒性与高浓度氚水腐蚀的可能性，突出了在 $T_2$ 操作系统是清除 $O_2$ 和湿气的重要性。

## 2.3.2 结构性能的退化

氚在结构材料中的渗透和溶解，以及随后同它们发生的化学与辐射分解相互作用，导致结构性能退化，可能使氚包容系统失效和产生污染控制问题。这方面相互作用的某些例子如下：(1)金属的氢化与脆裂；(2)同玻璃的反应，导致 Si－O－Si 链的断裂，而形成 Si－OT 和 Si－T 链，由此造成机械特性的劣化；(3)同有机物质，如塑料、合成橡胶和油类的反应，导致材料(合成橡胶)变硬,(油)黏度变化,以及腐蚀性或挥发性氚化合物的产生。

### 2.3.3 挥发性氚化合物的产生

氚可同钢材里的碳,以及与钢管和容器内表面的薄油膜相作用产生氚化甲烷和其他氚化碳氢化合物。通过表面氧化或辐射分解催化氧化以及通过与空气中的或吸收在材料中的湿气的同位素交换,HT 转化为 HTO。氚还可以同氮,并可能与含氮的材料相互作用而产生氚化氨。

## 2.4 氚气的渗透特性

### 2.4.1 溶解度

氢气(和 HT)在几乎所有的材料中都有某种程度的溶解度。从安全的观点看,较高的溶解度可能意味着包容材料中有较高的氚盘存量和废物污染水平,以及向外部的释气问题。在材料中较高的氚浓度也会导致因化学或辐射分解反应可能造成的结构性能退化的速率增高。氢原子或氢分子,偶尔还有含氢的较大分子,填隙式地溶解在固体中,这就是说,它们扩散进入结构材料中,并定位于其材质原子或分子的点阵间。当它溶解时,氢会轻微地破坏该材料的结构网络并产生膨胀。实验表明:无论进入溶解反应的氚化物分子是什么,渗透出来的都是 HTO,这是因为氚化物分子在向材料表面或晶体界面迁移过程中,通过附着在材料表面的水蒸气分子层时,发生催化交换反应,形成了 HTO。

对于在氢分子或原子与材料结构之间总体而言存在排斥的那些材料,氢在这类材料中的溶解是吸热型的。虽然在这种情形下溶解度低,但它随着温度的升高而增高。对于氧化铝[10],许多金属[11]和有机聚合物[12],以及低温下的玻璃[10]都属于这一类型。对于在氢和材料之间总体上看相吸引的材料,氢在该材料中的溶解是放热型的。溶解度比吸热型体系高,但随着温度的升高而降低。在温度高于 150 ℃玻璃中的氢原子,在碳化硅和形成化学氢化物相的金属中的氢原子就属于这种情况。

依照 Arrhenius 方程,溶解度 $S$ 对于温度 $R$ 的依存性可表示如下:

$$S=S_o\exp(-H_s/RT) \tag{2-10}$$

式中,$S_o$ 为溶解度系数,$cm^3(T_2, STP)/[cm^3(基体)\cdot Pa]$;$H_s$ 为溶解热,J/mol;$R$ 为理想气体常数,$R=8.31\ J/(mol\cdot K)$;$T$ 为材料的温度,K。

#### 2.4.1.1 在聚合物、玻璃和陶瓷中的溶解度

在许多材料中氢气以分子 $H_2$ 溶解。氢在这些材料中的溶解一般是吸热型的,且直接正比于气体的过压力[13]。以分子氢溶解的材料,包括有机聚合物和低于 150 ℃的玻璃。有机聚合物一般在扭接的聚合链之间存在原子尺度的空穴,而氢分子就搜寻这种地方。氢在玻璃中的溶解,假定与此相似[14]。在 300 K 时,$H_2$ 在聚合物中的溶解度近似为0.1 $cm^3(STP)/cm^3$,比在玻璃中高 10~100 倍。聚合物是唯一容易溶解比氢分子大的含氢分子的材料。已知水和碳氢化合物蒸气能够进入并且使聚合物网络溶胀[15]。这些分子都可以载氚。

在高于环境的温度下,氢气与玻璃反应并以分子形式"溶解"于玻璃[16-17]和陶瓷中[18-19]。在平衡时,$H_2+M\rightarrow 2H\cdot M$,溶解度将与压力的平方根成正比。在 300 ℃ 或

更高温度的玻璃中，平衡 $H_2$ + －Si－O－Si－　－Si－H ＋ H－O－Si 变得重要。在 500 ℃或更高温度下的陶瓷，如氧化铝和碳化硅中，氢似乎也反应且作为原子迁移 $H_2$＋－Al－O－Al　－Al－H＋H－O－Al－在陶瓷（或一般结晶材料中）$H_2$ 分子的溶解程度看来是相当低的。

### 2.4.1.2　在金属中的溶解度

氢以原子形式在金属中溶解[20-22]。在非氢化的金属晶格中，氢显然与金属导带中的电子在一起，以质子、氘或氚核存在。由于一些金属是吸热型氢吸收体，而另一些放热型的，在室温下溶解度有近 10 至 15 个量级的变化。表 2-6 中列出氢同位素在常用的奥氏体不锈钢中的溶解度[23]。图 2-2 和图 2-3 给出了各种金属和耐熔质作为温度函数的氢溶解度[24]。在 $1/T$ 图中，对于吸热型吸收体的溶解度给出了负斜率（正焓），而对于放热型体系给出了正斜率（负焓）。对于各种氢化物相，其中有几种已用于氚泵和贮存装置。离解剩余压作为 $1/T$ 的函数，如图 2-4 所示[25]，产生负焓或生成热。

**表 2-6　氢同位素在奥氏体不锈钢中的溶解度[23]**

$S=S_0\exp(-H_s/RT)$[$cm^3$ ($H_2$，$D_2$，$T_2$，STP)/($cm^3$ · $torr^{1/8}$)]

| No | 材料 | 同位素 | 温度范围/℃ | $S_0$/[$cm^3$/($cm^3$ · $torr^{1/8}$)] | $H_s$/(cal · $torr^{1/8}$) |
|---|---|---|---|---|---|
| 1 | 304 | H | 100～600 | 0.099 | $2.29\times10^3$ |
| 2 | 310 | H | 180～560 | 0.142 | $1.86\times10^3$ |
| | | D | 180～560 | 0.200 | $2.29\times10^3$ |
| 3 | 304、304L、304N、309 | D | 200～440 | 0.046 | $1.41\times10^3$ |
| 4 | 309S、310 | T | | 0.068 | $2.17\times10^3$ |

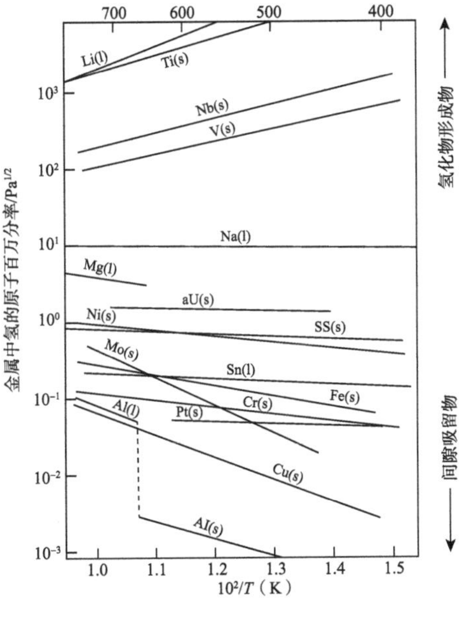


图 2-2　对于所选择金属和合金的氢溶解度随温度的变化（s 为固体，l 为液体）

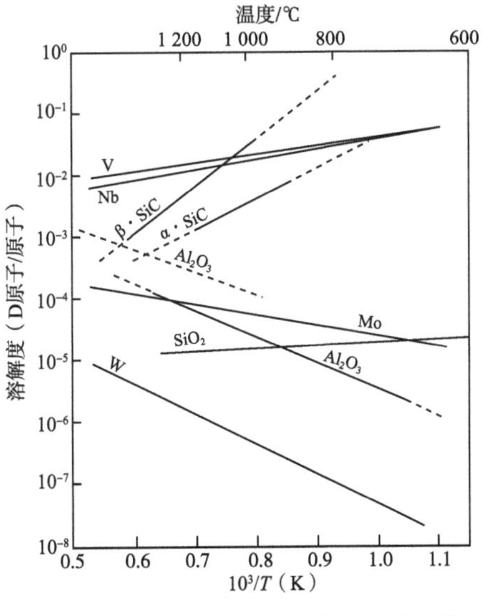


图 2-3　对于所选择金属和耐熔质的氢溶解度随温度的变化（断续线为外推值）

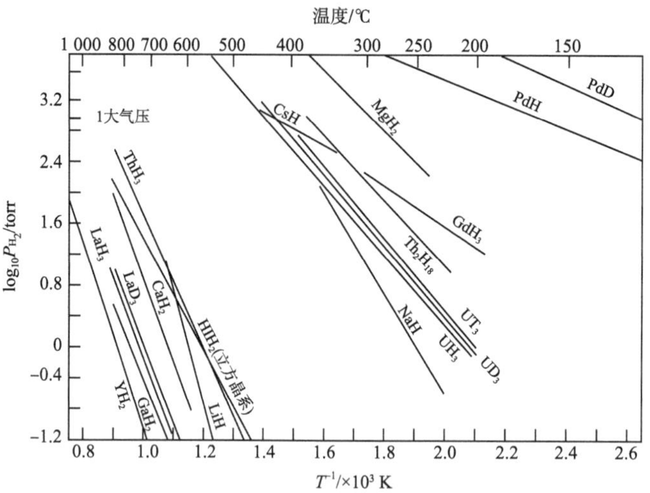


图 2-4 各种金属氢化物相的离解剩余压随温度的变化

(1 torr＝133.332 Pa)

## 2.4.2 扩散率

氚在材料中的扩散率由菲克第一定律给出[26]。

$$J = -D \frac{\mathrm{d}C}{\mathrm{d}x} \tag{2-11}$$

式中，$J$ 为扩散通量，$1/(\mathrm{cm}^2 \cdot \mathrm{s})$；$D$ 为扩散系数，$\mathrm{cm}^2/\mathrm{s}$；$C$ 为材料中的氚浓度，$1/\mathrm{cm}^3$；$\mathrm{d}C/\mathrm{d}x$ 为浓度梯度。

同样，依据 Arrhenius 方程，扩散系数 $D$ 随温度的关系如下：

$$D = D_0 \exp(-E_A/RT) \tag{2-12}$$

式中，$D_0$ 为依材料确定的常数，$\mathrm{cm}^2/\mathrm{s}$；$E_A$为活化能，J/mol；$R$ 为气体普适常数，取值为 8.31 J/(mol·K)；$T$ 为材料的温度，K。

一种材料的扩散系数是在该材料中溶质的通量与浓度梯度之间的比例常数，反映其控制或阻止氚迁移的固有能力。对于感兴趣的常用材料，其值跨越几个数量级变化。氢同位素在奥氏体不锈钢中的扩散系数由表 2-7 列出[27]。各种材料中氢气的扩散系数作为 $1/T$ 的函数如图 2-5 所示[10]。对于氚气，其扩散系数预期不会与图中给出值有很大的差别。

**表 2-7 氢同位素在奥氏体不锈钢中的扩散系数**

**$D = D_0 \exp(-E_A/RT)$ ($\mathrm{cm}^2/\mathrm{s}$)**

| 序号 | 材料 | 同位素 | 温度范围/℃ | $D_0$/($\mathrm{cm}^3/\mathrm{s}$) | $E_A$/(cal/mol) | 研究者 |
|---|---|---|---|---|---|---|
| 1 | 304 | H | 100～600 | $2.72\times10^{-2}$ | $1.30\times10^{4}$ | Nelson(1972)<br>Quick(1979) |
| 2 | 304、304L、304N、309、309S、310 | D | 112～440 | $4.7\times10^{-3}$ | $1.29\times10^{4}$ | Lanthan(1975) |

续 表

| 序号 | 材料 | 同位素 | 温度范围/℃ | $D_o$/(cm³/s) | $E_A$/(cal/mol) | 研究者 |
|---|---|---|---|---|---|---|
| 3 | 304、304L、316、347 | T | | $9.4\times10^{-3}$ | $1.73\times10^{4}$ | WFPS－TME 004 (1975) |

注：1 cal＝4.184 J。

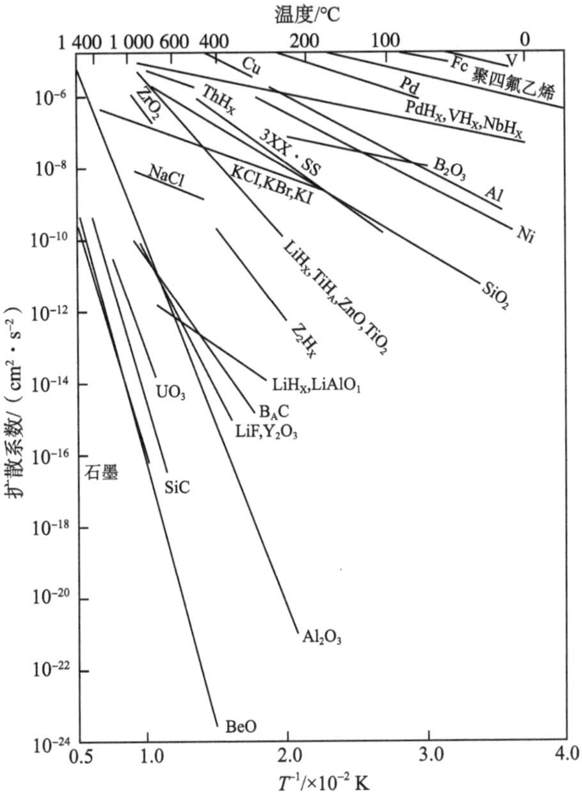


图 2-5 氢在各种金属和非金属固体中扩散系数随温度的变化
（在许多情形下，图中曲线取自几个研究者工作的平均值）

### 2.4.3 渗透率

氚通过材料的渗透速率在达到平衡时，

$$q=\frac{\Phi}{x}(p_1^n-p_2^n) \tag{2-13}$$

式中，$q$ 为渗透通量，$1/(\mathrm{cm}^2\cdot\mathrm{s})$；$x$ 为材料的厚度；$p_1$ 为上流分压，Pa；$p_2$ 为下流分压，Pa；$\Phi$ 为渗透率系数，$\mathrm{cm}^3(\mathrm{T}_2,\ \mathrm{STP})\cdot\mathrm{cm}/(\mathrm{s}\cdot\mathrm{cm}^2\cdot\mathrm{Pa}^n)$；$n$ 是由材料中氚扩散时的存在形态确定的常数，以原子形式扩散 $n=1/2$，以分子形式扩散 $n=1$。渗透率系数 $\Phi$ 是氚最终将如何快速地穿透其包容物的一种量度。当 $Dt/x^2$ 接近 1 时，可以证明其渗透率处于平衡，这里 $t$ 是以 s 为单位的时间。当 $D$ 是氚在该材料中的扩散系数，$S$ 是溶解度时，可以证明渗透率系数 $\Phi=D\cdot S$，且它同温度也有如下关系：

$$\Phi = \Phi_0 \exp(-H/RT) \tag{2-14}$$

式中，$\Phi_0$ 是依材料确定的常数，$cm^3(T_2，STP)\cdot cm/(s\cdot cm^2\cdot Pa^n)$；$H$ 是活化能，J/mol。

氚气在各种材料中渗透率增高的顺序如下：陶瓷和石墨、硅酸盐、非氢化金属、氢化金属和聚合物。图 2-6 和图 2-7 给出了这些材料的氚渗透率系数 $\Phi$ 作为 $1/T$ 函数的曲线[24-25]。表 2-8 给出了氢同位素对奥氏体不锈钢的透过率系数[28]，表 2-9 给出了氢同位素气体对高分子材料的渗透率系数和扩散率系数[29]。由于氚气在高分子材料中以分子状态溶解，通过高分子材料的氚渗透量依氚气的分压成比例地增加。

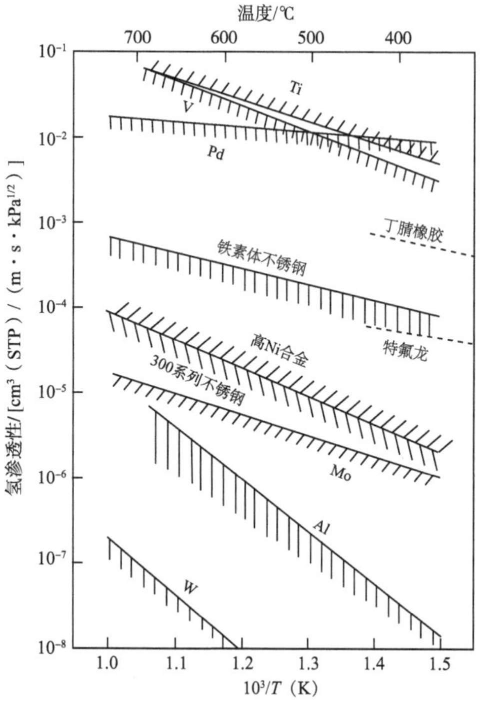


图 2-6 对于所选择金属和合金氢渗透率随温度的变化

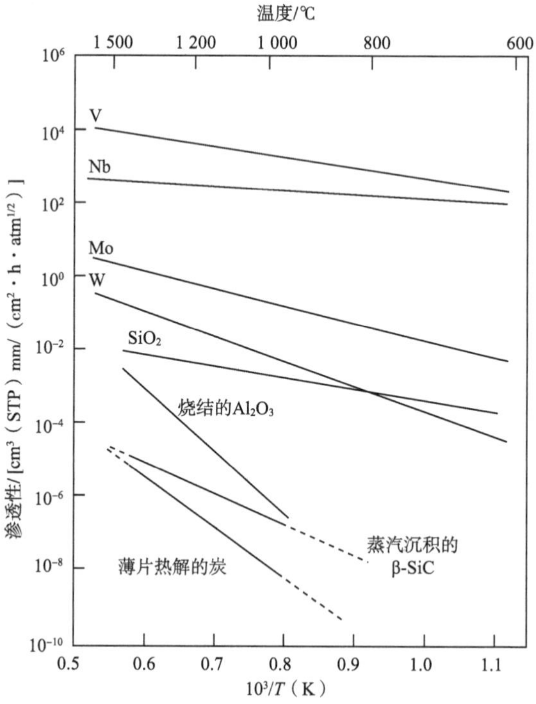


图 2-7 在 1 atm($1.013\ 25\times10^5$ Pa)情况下耐熔金属中的氚渗透率系数与 $Al_2O_3$、SiC 和高温裂解炭相应值的比较

氚化水(水蒸气)的渗透，对金属材料而言不会成为问题。但氚水(水蒸气)通过高分子材料的渗透，特别是它对人体的放射性毒性高不容忽视。许多其他含氢分子通过高分子聚合物的渗透也已被观察到。表 2-10 和表 2-11 分别给出了各种渗透剂对有机聚合物和水蒸气对各种有机聚合膜的渗透率数据[14]，它们比氢气透过聚合物的值高。当操作氚化水或有机溶剂时，这一点必须考虑。对于有代表性的防护手套材料，图 2-8 给出了常温下氚的渗透率与厚度的关系。由图中可以看出，氚化水蒸气的渗透率比氚气高 2 个数量级，而异丁橡胶的渗透率最小。表 2-12 中给出了水蒸气对于有代表性手套材料的渗透率系数[30]。为了减少氚通过手套材料的渗透，防止手套箱内氚化水蒸气的生成是重要的，应采取有效措施连续除去手套箱内保护气氛中的水分或氧气。

**表 2-8　氢同位素对奥氏体不锈钢的渗透率系数**

$\Phi=\Phi_0\exp(-H/RT)$[$cm^3$ ($H_2$，$D_2$，$T_2$，STP) · cm/s $cm^2$/s $cm^2$ · $torr^{1/2}$]

| 序号 | 材料 | 同位素 | 温度范围/℃ | $\Phi_0$/[$cm^3$(STP) · cm)/(s · $cm^3$ · $torr^{1/2}$)] | $H$/(cal/mol) | 研究者 |
|---|---|---|---|---|---|---|
| 1 | 304 | H | 440～840 | $8.56\times10^{-4}$ | $1.61\times10^{4}$ | Webb(1965) |
| 2 | 304 | H | 215～730 | $6.71\times10^{-4}$ | $1.58\times10^{4}$ | Filint(1951) |
| 3 | 304 | H | 550～900 | $1.40\times10^{-3}$ | $1.70\times10^{4}$ | Gormon(1962) |
| 4 | 304 | H | 130～440 | $2.70\times10^{-3}$ | $1.53\times10^{4}$ | Nelson(1972) |
| 5 | 304L | H | 227～440 | $1.67\times10^{-3}$ | $1.61\times10^{4}$ | Jones(1965) |
| 6 | 304L | D | 227～440 | $2.18\times10^{-4}$ | $1.57\times10^{4}$ | Jones(1965) |
| 7 | 304、304L | D | 160～440 | $2.18\times10^{-4}$ | $1.43\times10^{4}$ | Lonthan(1975) |
| 8 | 304、304L | D | 380～780 | $6.02\times10^{-3}$ | $1.53\times10^{4}$ | Perkins(1978) |
| 9 | 304 | H | 400～800 | $2.27\times10^{-3}$ | $1.72\times10^{4}$ | Maroni(1975) |
| 10 |  | T |  | $6.33\times10^{-4}$ | $1.58\times10^{4}$ | WFPS－TME－0046(1975) |

**表 2-9　氢同位素气体对高分子材料的渗透率系数和扩散率系数**

| 材料与气体 | 种类 | 温度/K | 渗透率系数/[$cm^3$(STP) · cm/($cm^3$ · s · torr)] | 扩散率系数/($cm^3$/s) |
|---|---|---|---|---|
| 氯丁橡胶(Neoprene) | $H_2$ | 298 | $1.33\times10^{-11}$ | $2.78\times10^{-4}$ |
|  | $D_2$ | 298 | $1.16\times10^{-11}$ | $2.30\times10^{-6}$ |
|  | $T_2$ | 298 | $1.18\times10^{-11}$ | $2.45\times10^{-4}$ |
| 聚氯乙烯(Polyvinyl chloride) | $H_2$ | 298 | $1.92\times10^{-11}$ |  |
|  | $D_2$ | 298 | $1.65\times10^{-11}$ |  |
|  | $T_2$ | 298 | $1.48\times10^{-11}$ |  |
| 聚四氟乙烯(Teflon) | $H_2$ | 300 | $9.08\times10^{-11}$ |  |
|  | $D_2$ | 300 | $1.22\times10^{-10}$ |  |
|  | $T_2$ | 300 | $1.33\times10^{-10}$ |  |
| 聚乙烯(Polyethylene) | $H_2$ | 300 | $3.04\times10^{-11}$ |  |
|  | $D_2$ | 300 | $2.83\times10^{-11}$ |  |
| 爱牢达胶(Araldite) | $H_2$ | 292 | $2.75\times10^{-11}$ | $2.50\times10^{-7}$ |
|  |  | 313 | $3.17\times10^{-11}$ | $7.31\times10^{-7}$ |
|  | $T_2$ | 292 | $1.30\times10^{-11}$ | $3.05\times10^{-7}$ |
|  |  | 308 | $2.22\times10^{-11}$ | $5.72\times10^{-7}$ |
| 丁钠橡胶(Buna) | $D_2$ | 298 | $7.36\times10^{-11}$ |  |
|  | $T_2$ | 298 | $5.79\times10^{-11}$ |  |

表 2-10 丁二烯-丙烯腈(35%)聚合橡胶在 25～30 ℃下对各种渗透剂的渗透率系数

| 渗透剂 | 渗透率系数/[$cm^3$(STP)·mm×$10^7$/($cm^2$·s×10 torr)] |
|---|---|
| 氮气 | 0.004 2 |
| 氧气 | 0.016 |
| 甲烷 | 0.032 |
| 二异丁烯 | 0.045 |
| 氦气 | 0.084 |
| 氢气 | 0.095 |
| 二氧化碳 | 0.13 |
| 水 | 17.5 |
| 甲醇 | 246 |
| 四氯化碳 | 465 |
| 二乙酸盐 | 3 280 |
| 苯 | 6 050 |
| 甲基乙基酮 | 6 100 |

表 2-11 有机聚合膜在 25 ℃对于水蒸气的渗透率

| 有机聚合膜 | 渗透率系数/[$cm^3$(STP)·mm×$10^8$/($cm^3$·s×10 torr)] |
|---|---|
| 聚偏二氯乙烯(莎伦) | 0.3～1.0[a)] |
| 聚四氟乙烯(特氟龙) | 0.3 |
| 丁基橡胶 | 1.3 |
| 异乙烯(密度 0.960) | 1.2 |
| 聚乙烯(密度 0.938) | 2.5 |
| 聚乙烯(密度 0.922) | 9.0 |
| 聚丙烯(密度 0.907) | 5.1 |
| 聚氯乙烯 | 6.1 |
| 聚氯乙烯-醋酸乙烯 | 7.0 |
| 聚对苯二甲酸乙二醇酯 | 13 |
| 聚酯膜 | 12 |
| 聚对苯二甲酸乙二醇酯(聚酯薄膜) | 13 |
| 聚苯乙烯 | 12 |
| 聚丙烯腈 | 13 |
| 聚丁二烯 | 47 |
| 聚苯乙烯-丁二烯 | 9 |
| 聚丁二烯-丙烯腈(62%) | 15 |
| 聚异戊二烯(天然橡胶) | 30 |
| 聚酰胺(尼龙 66)(95%相对湿度) | 68[b)] |
| 醋酸纤维素 | 550 |

续　表

| 有机聚合膜 | 渗透率系数/[$cm^3$(STP)・mm×$10^8$/($cm^3$・s×10 torr)] |
|---|---|
| 苯二甲酸二丁酯 | 740 |
| 乙基纤维素，增塑化 | 1 300 |
| 聚乙烯醇，(p=23 torr) | 4 200 |

注：a)依赖于等级；b)依赖于相对温度。

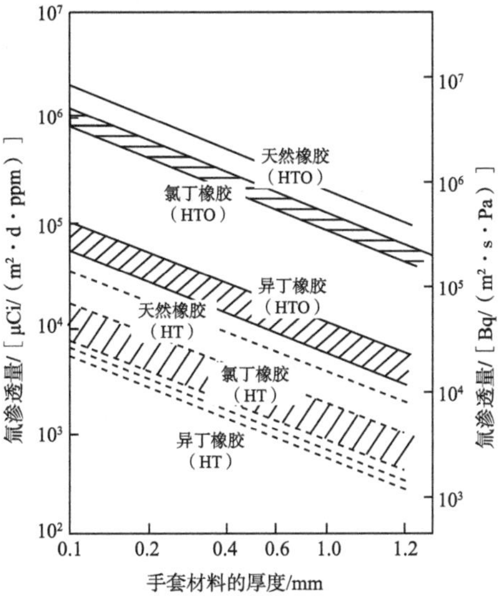


图 2-8　氚气与氚水在各种防护手套材料中的透过量(率)
与厚度的关系(1 ppm=$10^{-6}$)

**表 2-12　水蒸气对几种手套材料的渗透参数**

| 材料 | 厚度/mm | 温度/℃ | 相对湿度/% | 透过系数/[$cm^3$(STP)・cm/($cm^3$・torr)] | 扩散系数/($cm^2$/s) | 溶解度/[$cm^3$(STP)/($cm^3$・torr)] |
|---|---|---|---|---|---|---|
| 丁基橡胶 | 0.5 | 39<br>39.5 | 78<br>84 | $8.6\times10^{-10}$<br>$6.6\times10^{-10}$ | $3.3\times10^{-9}$<br>$3.1\times10^{-9}$ | 0.44<br>0.29 |
| 氯丁橡胶 | 0.46 | 39 | 83 | $161\times10^{-10}$ | $3.2\times10^{-9}$ | 4.54 |
| 氯磺化聚乙烯合成橡胶 | 0.43 | 38 | 80 | $113\times10^{-10}$ | $3.2\times10^{-9}$ | 1.25 |
| EPDM/丁基橡胶层压制品 | 0.89 | 37.2 | 69 | $7.3\times10^{-10}$ | $5.1\times10^{-9}$ | 0.11 |
| 氯磺化聚乙烯-氯丁橡胶层压制品 | 0.89 | 38 | 65 | $114\times10^{-10}$ | $6.2\times10^{-9}$ | 2.9 |

一些因子影响金属的渗透率，特别是表面条件。由于在给定温度下氢通过金属氧化物的渗透率比它通过金属低几个数量级，因此，一层很薄的氧化表面物就可以显著地减小氚通过该材料的渗透率[31]。冷加工不锈钢一般不会对氚在该材料中的溶解度，扩散率和渗

透性影响很大[32]。但对 304L 不锈钢属例外，因它引入的马氏体转化提供了增加扩散率的途径[33]。此外，对渗透不锈钢样品在几百拉德剂量水平下用 γ 辐照数小时，不会对其渗透率有影响[23]。但在渗透金属表面氚 β 照射可以持续几个月，进入表面氧化物载层引发缺陷，因而使总的渗透率增高。

### 2.4.4 氚渗透性评价方法

氚气通过材料的渗透经历下述各个过程：(1)在材料表面的吸附；(2)向材料内部的溶解；(3)在材料中扩散；(4)从材料表面脱落离去。在该材料中被溶解氚形成的浓度梯度是氚进一步扩散的推动力。

考虑一元变量的简化情形，假定在材料中任一点 $x$、任一时刻 $t$ 的氚浓度为 $C(x, t)$，则依据扩散的菲克第二定律，以下关系式成立

$$\frac{\partial C(x,t)}{\partial t}=D\frac{\partial^2 C(x,t)}{\partial x^2} \tag{2-15}$$

式(2-15)是一个微分方程，它的解描述体系的浓度随时间和位置的变化关系。该解与问题的边界条件和扩散系数 $D$ 有关。对于特别安排的实验边界条件，可以求出式(2-15)的解。

**例 1** 对于如图 2-9 所示的充满氚气的容器，导出在金属壁中形成的氚原子密度随时间变化的模型[1]。

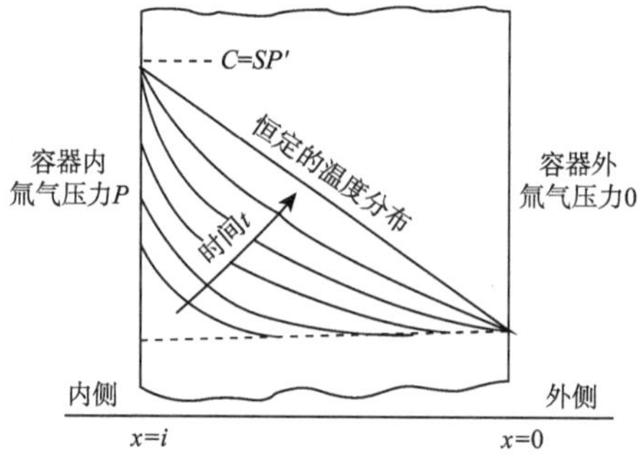


图 2-9 金属壁中氚原子密度分布随时间的变化

在如图 2-9 所示的初始边界条件下，解微分方程式(2-15)，得到下式

$$C(x,t)=\frac{C_\infty x}{l}+\frac{2C_\infty}{\pi}\sum_{i=1}^{\infty}\frac{(-1)^i}{i}\sin\frac{i\pi x}{l}\exp\left[-\left(\frac{i\pi}{l}\right)^2 Dt\right] \tag{2-16}$$

设定初始及边界条件：

$$t=0,\ 0\leqslant x\leqslant l,\ C=0$$

$$t\geqslant 0,\ x=0,\ C=0$$

$$t>0,\ x=l,\ C=C_0=SP^{1/2}$$

式中，$S$ 为氚对于该金属材料的溶解度，氚原子数/(cm$^3$ · torr)。

在任意时间 $t$ 内由容器内壁向外的氚原子通量 $q$，可由式(2-16)和式(2-11)及下式进行计算：

$$q(t)=D\left(\frac{\partial C}{\partial x}\right)_{|x=0}=\frac{DSP^{1/2}}{l}\left\{1+2\sum_{n=1}^{\infty}(-1)^n\exp\left[-\left(\frac{n\pi}{l}\right)^2 Dt\right]\right\} \tag{2-17}$$

由此，在任意时刻 $t$ 由容器内壁向外的氚透过量 $Q$，可用下式计算：

$$Q(t)=A\cdot q(t)\cdot(V_0/2N_A)$$
$$=AD(SP^{1/2}/l)\cdot(V_0/2N_A)\cdot\left\{1+2\sum_{n=1}^{\infty}(-1)^n\exp\left[-\left(\frac{n\pi}{l}\right)^2Dt\right]\right\}$$
$$=A\Phi(P^{1/2}/l)\left\{1+2\sum_{n=1}^{\infty}(-1)^n\exp\left[-\left(\frac{n\pi}{l}\right)^2Dt\right]\right\} \tag{2-18}$$

式中，$A$ 是容器壁的氚渗透面积，$cm^2$；$N_A$是阿伏伽德罗常数，取值 $6.23\times10^{23}\ mol^{-1}$；$V_0$ 是理想气体的摩尔体积，取值 $2.24\times10^4$ STP $cm^3/mol$。

由式(2-18)可以看出，氚的透过量随经过的时间的延长而增大，直到在容器壁中形成稳定的密度分布为止。处于稳定状态时氚的渗透量，由假定式(2-18)中的 $t=\infty$，可导出基本上同式(2-13)给出的结果：

$$Q(t=\infty)=A\Phi P^{1/2}/l \tag{2-19}$$

上面的讨论，适用于容器壁下流侧压力保持为零的情形。用式(2-19)计算给出的氚透过量(率)使评价偏安全一侧。对于稳定状态下的氚透过量可以用下面更一般的表达式表示：

$$Q(t=\infty)=A\Phi(P_u^n-P_d^n)/l \tag{2-20}$$

式中，$P_u$：上流侧氚气的分压；$P_d$：下流侧氚气的分压。

表 2-13 是一个氚透过量对于温度依赖性的计算实例。假定 $P_u=760$ torr，$P_d=0$ torr，对 300 块不锈钢板(渗透面积 $A=10^3\ cm^2$，厚度 $l=0.1$ cm)计算给出的氚透过量。由表 2-13 中数据可以看出，在常温下透过不锈钢的氚渗透量虽然可以忽略，但在高温情形下，则必须考虑氚渗透的安全对策。表 2-14 给出了在上面相同条件下对于各种材料计算得到的结果，不同的只是温度为常温。

**表 2-13 氚的透过量与温度的关系**

| 温度/℃ | 氚的透过系数 $\Phi$/[$cm^3\cdot(T_2$, STP$)\cdot cm/(s\cdot cm^2\cdot torr)$] | 氚透过量常数/(Ci/d) | 达到稳定值 90%需要的时间 |
|---|---|---|---|
| 20 | $9.76\times10^{-14}$ | $6\times10^{-5}$ | 162 a |
| 200 | $3.05\times10^{-11}$ | 1.9 | 189 h |
| 600 | $6.86\times10^{-8}$ | $4\times10^3$ | 15 min |

**表 2-14 各种材料的氚透过常量**

| 材料 | 氚的渗透率系数 $\Phi$[a] | 氚透过量常数/(Ci/d) |
|---|---|---|
| 铝 | $5.8\times10^{-23}$ | $3.6\times10^{-12}$ |
| 铜 | $4.0\times10^{-17}$ | $2.5\times10^{-6}$ |
| 铁 | $5.1\times10^{-11}$ | 3.1 |
| 镍 | $2.9\times10^{-13}$ | $1.8\times10^{-2}$ |
| 钯 | $6.2\times10^{-7}$ | $3.8\times10^4$ |
| 钨 | $2.9\times10^{-21}$ | $1.8\times10^{-2}$ |

续　表

| 材料 | 氚的渗透率系数 Φ[a)] | 氚透过量常数/(Ci/d) |
|---|---|---|
| 不锈钢(SUS 304) | $1.2\times10^{-15}$ | $9.6\times10^{-4}$ |
| 因科镍 600 | $1.6\times10^{-15}$ | $9.6\times10^{-4}$ |
| 聚四氟乙烯 | $9.1\times10^{-11}$ | $1.5\times10^{2}$ |
| 丁基橡胶 | $7.2\times10^{-11}$ | $1.2\times10^{2}$ |
| 氯丁橡胶 | $9.9\times10^{-10}$ | $1.7\times10^{3}$ |

注：a)$\Phi$ 的单位：金属材料为 $cm^3\cdot(T_2,\ STP)\cdot cm/(s\cdot cm^2\cdot torr^{1/2})$；有机材料为 $cm^3\cdot(T_2,\ STP)\cdot cm/(s\cdot cm^2\cdot torr)$。

钯的透过量很高，在氚生产工艺中利用钯管进行氢同位素的纯化就是利用了钯金属的这一特性，而对于聚四氟乙烯、丁基橡胶和聚氯丁橡胶等高分子材料，在操作高浓氚气的设备中应尽量避免使用。

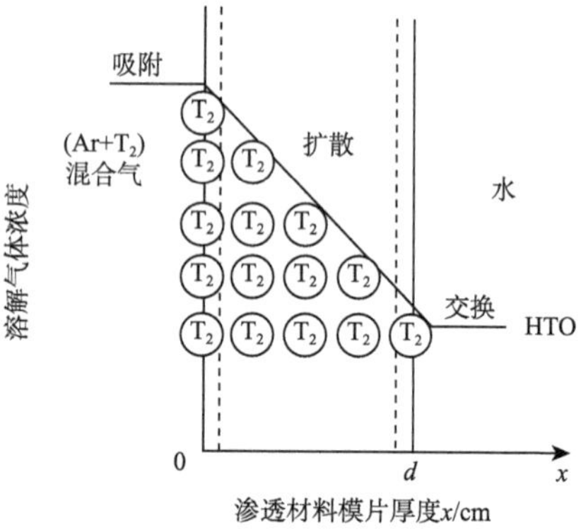


图 2-10　氚渗透过程示意图

**例 2**　对于如图 2-10 所示的复合橡胶材料，测定其对氚的扩散系数 $D$ 和氚渗透率系数 $\Phi$[34]。

在图 2-10 中，当渗透材料膜片厚度为 $d$ (cm)，氢气与氚气混合气体中氚气分压为 $P$(Pa)时，按下列初始条件和边界条件：$C(x,0)=0$，$0\leqslant x\leqslant d$；$C(0,t)=SP$(接触氚的一面)；$C(d,t)=0$(背氚面)。

由微分方程(2-15)可解得 $C(x,t)$为：

$$C(x,t)=\frac{SPx}{d}+\frac{2SP}{\pi}\sum_{n=1}^{\infty}\frac{(-1)^n}{n}\sin\frac{n\pi x}{d}\exp\left[-\left(\frac{nx}{d}\right)^2Dt\right] \tag{2-21}$$

渗透率 $q(t)$可由下式确定：

$$q(t)=D\left(\frac{\partial C}{\partial x}\right)_{x=d}=\frac{DSP}{d}\left[1+\sum_{n=1}^{\infty}2\cos nx\ \exp(-n^2\pi^2Dt/d^2)\right] \tag{2-22}$$

$q(t)$对 $t=0$ 到 $t$ 积分得到 $t$ 时刻已渗透的总氚量 $Q(t)$($pmol/cm^2$)为：

$$Q(t)=\frac{DSPt}{d}-\frac{SPd}{6}-\frac{2SPd}{\pi^2}\sum_{n=1}^{\infty}\frac{(-1)^n}{n^2}\exp(-n^2\pi^2Dt/d^2)\ ] \tag{2-23}$$

经过足够长的时间之后，上式简化为：

$$Q(t)=\frac{DSP}{d}\left(t-\frac{d^2}{6D}\right) \tag{2-24}$$

令 $\Phi=DS$，$t_c=d^2/6D$。$\Phi$ 为渗透率系数，$pmol\cdot cm/(h\cdot cm^2\cdot Pa)$。用实验方法可测得 $Q(t)$，由此给出式(2-23)所代表的渗透曲线，由其直线部分的斜率可求得 $\Phi$。

$$\Phi=\frac{Q(t_2)-Q(t_1)}{t_2-t_1}\cdot\frac{d}{P} \tag{2-25}$$

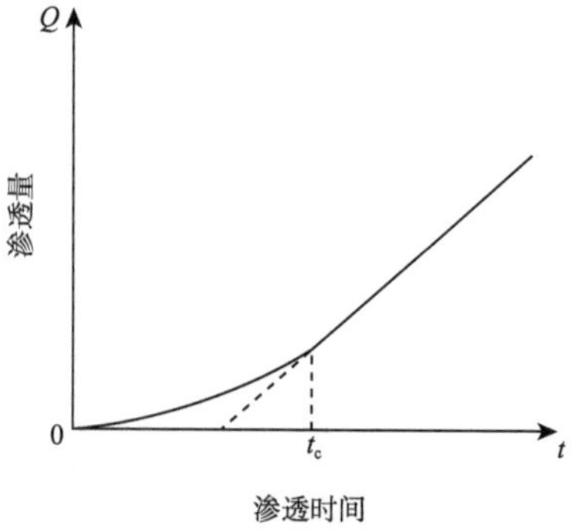


图 2-11　从非稳定渗透到稳态渗透的变化过程

其中，$t_c$ 为滞后时间，即图 2-11 中渗透曲线直线段与曲线段的交点所对应的渗透时间。对一定厚度的试片，求出 $\Phi$ 和 $t_c$ 后，即可求出扩散系数 $D$ 和溶解度 $S$。

国内一实验室利用这一原理，用简单的实验装置，对几种复合防氚材料的阻氚特性进行了测定，结果由表 2-15 列出。对比数据可以看出，几种国产复合防氚材料的阻氚特性均优于 74# 氯丁橡胶，其氚气渗透率约为后者的 1/16～1/29。

**表 2-15　几种复合材料的阻氚性能**

| 材料名称 | 厚度/mm | 氚渗透率 $\Phi$/[pmol·mm/(h·cm²·Pa)] | 氚渗透量 $Q$(200)/(nmol/cm²) |
|---|---|---|---|
| 氯丁 74# | 1.39 | 175 | 16.1 |
| 铝-191 | 0.79 | 10.7 | 0.566 |
| 复合 23# | | 9.53 | 0.476 |
| 复合 27# | 0.84 | 8.92 | 0.392 |
| 复合 10# | | 8.16 | 0.305 |
| 复合增强 | 0.68 | 6.00 | 0.216 |

# 2.5　氚的泄漏

对于贮存或处理高浓氚气的容器，应选择氚渗透率低的材料，在结构设计上有良好的气密性。这类容器一般用氦检漏器进行气密性检查。下面主要介绍由这种检查结果导出氚真实泄漏量的方法。

## 2.5.1　氚泄漏量评价方法

假若在容器壁上存在有细微的孔隙，由于容器内外的压差会造成气体的泄漏。在气密性检查中测定的泄漏率与泄漏孔参数(孔径、长度)的关系，在美国的有关标准中给出如下关系[35]：

$$L=3\ 810\frac{d^2}{a}\{332\cdot d/\eta(P_u^2-P_d^2)+\sqrt{T/M}(P_u-P_d)\} \tag{2-26}$$

式中，$L$ 为泄漏率，atm·cm³/s；$d$ 为泄漏孔的直径，cm；$a$ 为泄漏孔的长度，cm；$P_u$ 为上流(高压)侧的压力，atm；$P_d$ 为下流(低压)侧的压力，atm；$\eta$ 为气体的黏滞系数，cP；$T$ 为气体的温度，K；$M$ 为气体的分子量。

图 2-12 为氚泄漏率估算的推导模型。在式(2-25)中，综合考虑了层流和分子流产生的气体流动。大括号中第 1 项是依据泊萧叶定律描述归因于层流的泄漏，而第 2 项是依据克努森定律可归因于分子流的部分，压差($P_u-P_d$)为 1 atm 时，依据气密性检查(基于真空法的氦泄漏检查属此情形)与流动状态的关系，分类如表 2-16 所示。

式(2-25)中，可以略去不起支配作用的项，所以上式也适用于纯层流和纯分子流的情形。

(1)层流情形

用氦检漏器对容器的气密性检查中测得的泄漏率与氚泄漏量的相关性，可用下式表示：

$$L_x=\frac{273CL_y\eta_y(P_{ux}^2-P_{dx}^2)}{T_x\eta_x(P_{uy}^2-P_{dy}^2)} \tag{2-27}$$

式中，$L_x$ 为容器使用时氚的泄漏量，atm·cm³/s；$C$ 为容器内的氚气比率；$T_x$ 为容器使用时的温度，K；$\eta_x$ 为容器使用条件下的气体黏滞系数，cP；$P_{ux}$ 为容器使用时的气体压力，atm；$P_{dx}$ 为周围气氛中的气体压力，atm；$L_y$ 为用氦检漏器检查测得的泄漏率，atm·cm³/s；$\eta_y$ 为用氦检漏器检查测得的气体黏滞系数，cP；$P_{uy}$ 为气密性检查时上流(高压)侧的压力，atm；$P_{dy}$ 为气密性检查时下流(低压)侧的压力，atm。

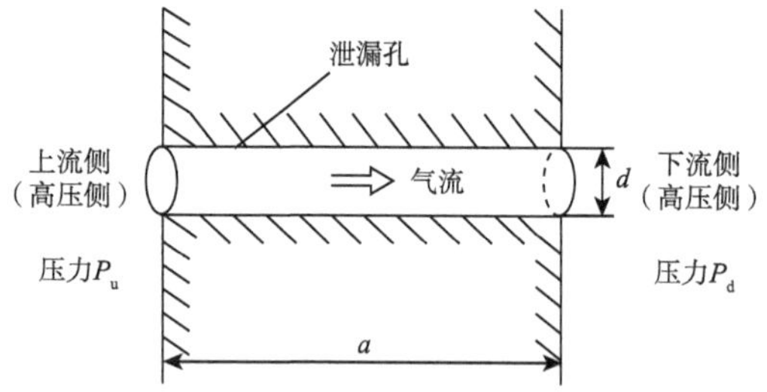


图 2-12　氚泄漏率推导模型

**表 2-16　不同流动状态下的氚泄漏率**

| 流动状态 | 氚泄漏率/(atm·cm³/s) |
|---|---|
| 分子流 | $<10^{-7}$ |
| 迁移流 | $10^{-7}\sim10^{-4}$ |
| 层流 | $10^{-6}\sim10^{-1}$ |

(2)分子流情形

容器使用时氚的泄漏量，可用下式表示：

$$L_x=\frac{273CL_y}{T_z}\sqrt{\frac{T_xM_y}{T_yM_x}}\frac{(P_{ux}-P_{dx})}{(P_{uy}-P_{dy})}\qquad(2\text{-}28)$$

式中，$M_x$ 为容器内气体的平均分子量；$T_y$ 为气密性检查时检查气体的温度；$M_y$ 为检查气体的分子量。

(3)迁移流情形

由容器的气密性检查得到的泄漏率，在迁移流情形下，用层流的关系式估算出的氚泄漏量，结果将在偏安全一侧。

## 2.5.2 氚泄漏量计算例

用氦检漏器测量得到的容器泄漏率为 $1.0\times10^{-6}$ atm·cm³/s，试计算容器在下述条件下的氚泄漏率。

$C$(容器内的氚气比率)=1；$P_{ux}$(气体钢瓶内的内压)=1.02 atm；$P_{dx}$(大气压)=1.0 atm；$\eta_x$(气体钢瓶内的氚气黏滞系数)=$1.76\times10^{-2}$ cP，$T_x$(气体钢瓶内的温度)=366 K。气密性检查的条件假定如下：

$P_{uy}$=1.0 atm；$P_{dy}$=0 atm；$\eta_y$(20 ℃下氦气的黏滞系数)=$1.9\times10^{-2}$ cP；$L_y=1.0\times10^{6}$ atm·cm³/s。

假定泄漏孔内的流动状态为层流，氚气的泄漏率由下式计算给出：

$$L_x=\frac{273}{366}\times\frac{1.0\times10^{-6}\times1.9\times10^{-2}}{1.76\times10^{-2}}\times\frac{1.02^2-1.0^2}{1.0^2-0^2}$$
$$=3.25\times10^{-8}\ \text{atm}\cdot\text{cm}^3/\text{s}=8.39\times10^{-8}\ \text{Ci/s}$$

实际上在有关氚操作的安全审查中，常将上述的氚渗透量与泄漏量的值结合起来考虑。

# 2.6　氚相容材料导则

本节从安全角度出发，分门别类地归纳总结氚同各种材料相互作用的重要特性，以供氚相容材料的选择和使用时参考和指导。

## 2.6.1　金属

在氚存在的情况下，对非氢化金属来说，由于电子键载走了碰撞的β粒子能量而没有破坏金属的结构或价键[36]，其结构具有很好的完整性。这些金属组成了一类最常用的氚包容结构材料。然而，在高压 $T_2$ 气氛中，可能会发生经典的氢脆裂以及 $^3He$ 脆裂。如 304L 不锈钢样品在 423 K、$62.1\times10^6$ Pa 的 $T_2$ 中暴露 6 个月，然后老化 1.5 年，断裂韧性将减至原来的 1/6。其中的 1/3 可归结于 $^3He$ 的单独贡献[37]。在充氚老化和充氢老化的样品之间观察到了可延性的显著差别[38]。由于氚的衰变将 $^3He$ 气阱留在晶格中，充氚的样本表现了与时间有关的延展性能损失。已证明 $^3He$ 在百万分之 200～700 量级浓度下是使奥氏体不锈钢产生性能退化的祸首。

一般在温度低于 100～300 ℃、厚度超过 0.1 cm 的情形下，氚通过这类金属材料的渗透率是可以接受的。对于厚度为 0.3 cm，表面积为 1 000 $cm^2$ 的 304 不锈钢，其一侧暴露在 300 ℃、1 atm 压力氚气的情形，静态渗透率为 5.9 MBq/d。然而，800 K，在几个小时内渗透率就可达到 20 TBq/d。渗透对于温度的依赖性常常是令人惊奇的。

金属和氚之间频繁发生的交叉污染足以引起麻烦。金属的表面氧化层通常含有氢，且它在室内空气中形成时又会进一步被吸附的含碳薄膜覆盖。以后由于对这种表面的照射，随着表面层被辐射分解和化学还原，氚气($T_2$)可以在几小时或几天里变成几百到数千 ppm($1\times10^{-6}$体积比)被污染的氢(HT)和甲烷($CH_4$)[39-42]。氚被交换进入氧化物敷层说明了该材料被污染。由于室温下氚在基质材料中的扩散通常很慢，表面氧化物的污染程度可能大大超过一个构件内的基质污染。因此将交叉污染减到最小的方法只能是减小材料的表面积，选择具有薄的或没有氧化层的不渗透材料，以及保持表面清洁。

用酸溶氧化物，或更平缓地通过与正常水或活化的 $H_2$ 气(等离子体)的同位素交换[43-56]，可以除去在氧化物敷层中存在的氚。由于被溶解在表层氧化物或基质材料中的氚扩散返回材料的表面的去污过程通常是很慢的，提高温度可能有利于加快这一交换过程。

对于许多氚处理管道系统推荐使用具有低碳成分的奥氏体不锈钢，典型的为 304 或 316 不锈钢。特别在中等温度和有压力时也推荐使用铜。利用上面介绍的方法，安装前的表面处理，对于将挥发性氚化产物的污染减到最小是重要的。

在 600 K 以上的温度处理氚时，因铁镍合金对于氚的渗透性高，使用不锈钢的效果可能不会令人满意。铜和铝具有低得多的渗透率，但在高温下强度和耐蠕变性也降低。一种解决方案是使用高强度材料加强外壳，具有低渗透率内衬的组合容器。对于 800 K 以上的温度，将不得不考虑使用陶瓷容器。氧化铝在高温下具有非常低的氚渗透率，但它是一种非常难于制成复杂形状的材料。

## 2.6.2 石墨、玻璃和陶瓷

### 2.6.2.1 石墨

因其一般具有高的表面积，石墨样品能吸收大量的氢气(对用于气冷反应堆的石墨丸块，吸附量为 $4\times10^{18}$ 分子/g)[47]。由于石墨表面的 β 辐照会产生甲烷、氕，可能还有水[48]。石墨表面会被化学结合的氚污染，通过在有 $H_2$、$H_2O$ 或 $NH_3$ 等氢交换介质存在的条件下在500 ℃烘烧去污是可能的。由于在基质中的扩散和溶解度都极低，除可能的表面腐蚀外，石墨的机械性能大概在几年的时间里不会退化。

### 2.6.2.2 玻璃

各种数据表明，HT 在其化学活化 β 辐射能量存在的情况下，能够将二氧化硅结合键还原为－Si－T 和－Si－OT 键。在 300 ℃ 以上的温度，$D_2$ 显现出使二氧化硅网状结构还原，被溶解的 $D_2$ 在 γ 辐射场里也具有同样的效应。因此 $T_2$ 进入玻璃结构内部的迁移，能够在几个月或数年内产生脆裂和可能的裂隙。有证据表明，在 $T_2O$ 照射的条件下玻璃质二氧化硅结构被活化水合也是可能的。

氢在硅玻璃中的渗透性，在 0～200 ℃的温度范围内比不锈钢高 1～2 数量级。单独这点并不是排斥硅石包容氚的主要原因。在各种玻璃中以及它们的表面，氚与天然存在的羟基团的交换是氕污染为氚的一项来源。在一个 1 L 的玻璃容器内，一年后或许会有 1%的 HT 进入到 1 个 atm 大气压的 $T_2$ 供气中。对于严重暴露的玻璃，其结合氚的去污将需要大量次的水洗[50]，或氢气渗透冲洗。这样做的成本可能很高，常常超过被去污部件的价值。实际上所有材料都属于这种情况。

### 2.6.2.3 陶瓷

由于氢在陶瓷中的溶解度、扩散率和渗透率要比在玻璃中低得多，陶瓷几乎不经受或没有任何由于氚产生的破坏。但在表面附近的区域，某些机械性能的退化还是可能的，其受影响面的深度是扩散率和时间的函数。在液态 $T_2O$ 存在的情形下已观察到氧从蓝宝石 $Al_2O_3$ 窗的释放，虽然它对 $T_2$ 的相容性非常好[51]。尽管氚与陶瓷的相互污染应当小于玻璃的情形，但表面和表面附近氕的交换是可能的。氚污染的陶瓷大概可以通过用温水或蒸汽冲洗，或在酸溶液中浸蚀去污。

### 2.6.2.4 塑料、合成橡胶和油

有机物是容易被氚(气或水)渗透的，因而它的整体化学性质受到破坏。目前还很少有或根本没有任何机制可以解释 β 能量的快速易位，在聚合物结构内(特别是在无定形区域)有机结合键发生实质性的移动。一旦形成，活泼的有机中间物就可能相互反应。在考虑氚系统的设计时，这些效应是重要的。必须认真考虑某些结构部件，如垫圈、阀头和 O 形圈可能因氚污染而造成的损坏(见图 2-13)。运行期间密封构件的失效可能会造成严重的氚释放。因为合成橡胶密封垫圈通常变得容易脆裂，而在管接附近的维修可能会因密封面的机械移动而致使密封失效发生泄漏。

(a) 暴露前　　(b) 暴露2年后

图 2-13　阀门上的 Kel－F(三氟聚氯乙烯)芯轴顶端在 2 atm 高纯 $T_2$ 下暴露 2 年前后对比
(图(b)表明辐射损坏的结果，在芯轴顶端对不锈钢座密封的地方，在受压点发生缺陷)

图 2-14 给出了几种聚合物分子链在被 β 辐射激活成离子或激活基因后发生的变化[53]。交联和降解是影响聚合物机械性能的最重要过程。这些过程在材料中竞争，那些空间位阻最大的聚合物似乎最易降解。空间位阻防止了邻近的键相连接，并且还将键断裂所释放的结构应力传递了出去。在机械性能上拉伸强度的增大表明有交联的发生。而拉伸强度的减小以及聚合体软化为黏稠性胶质则是降解退级的证明[54]。

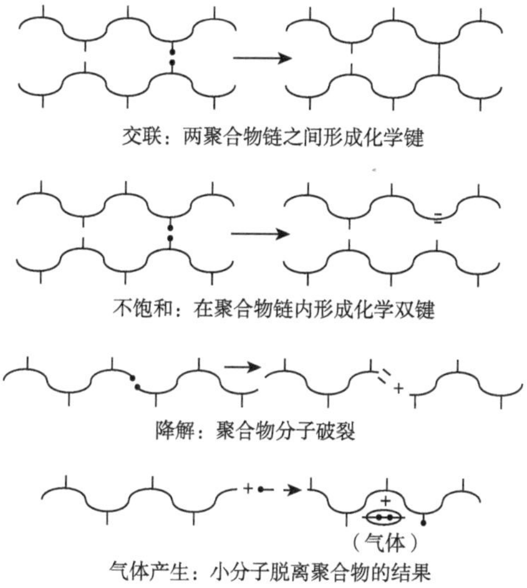


图 2-14　随着被辐照活化到激发态离子或自由基聚合的链发生的变化

影响聚合物相对稳定性的因素很多。能量易位的芳香环烃结构上的基团，对激发态能量分配而言，提高了聚合物的稳定性直到激发态能量分配完毕。聚合物内的卤素原子产生自由基，因而加剧了辐射损伤。将被易位键网延伸到环烃上的取代基是进一步的稳定剂。饱和脂肪族比未饱的更具有耐辐照性；而被隔离的双键则易于激发成离子或自由基[51]。

有机化合物，按耐辐照性递减的顺序排列为：芳香环烃族、脂肪类、醇类、胺类、酯类、酮类和酸。图 2-15～图 2-18 为热塑性和热固性塑料、合成橡胶和油对 γ 辐照的相对耐辐照性[51]，大概可以合理地扩展到 β 辐射。但在 $T_2$ 的情形，在聚合物表面和聚合物基体之间可以出现很大的辐照差别，这是由于聚合物外较之聚合物内有较高的氚气密度(以及在 $T_2$ 气中 $\beta^{-1}$ 有较大的射程)的缘故。

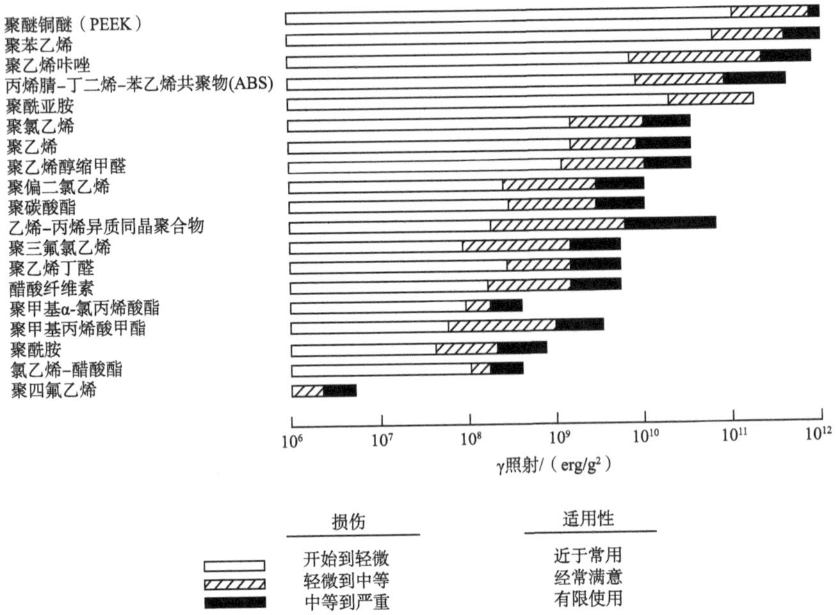


图 2-15 热塑性树脂的相对耐辐照性能(1 erg$=10^{-7}$J)

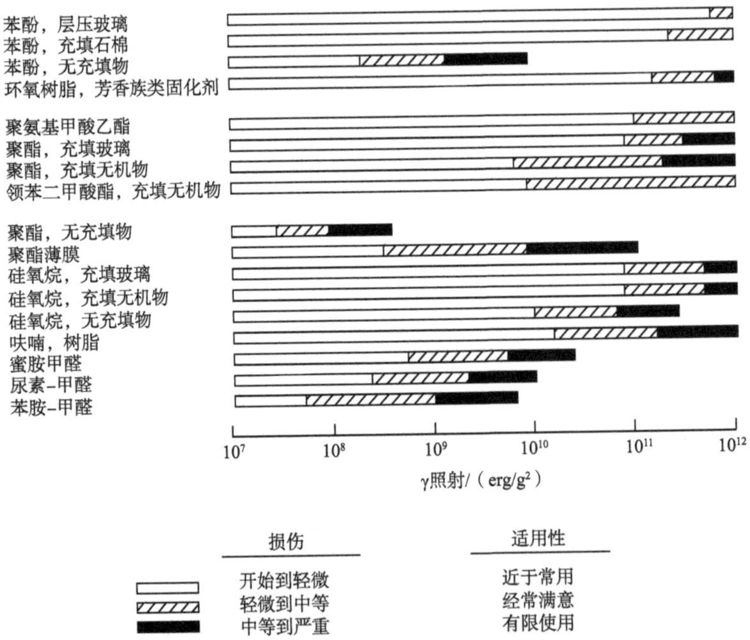


图 2-16 热固性树脂的相对耐辐照性能

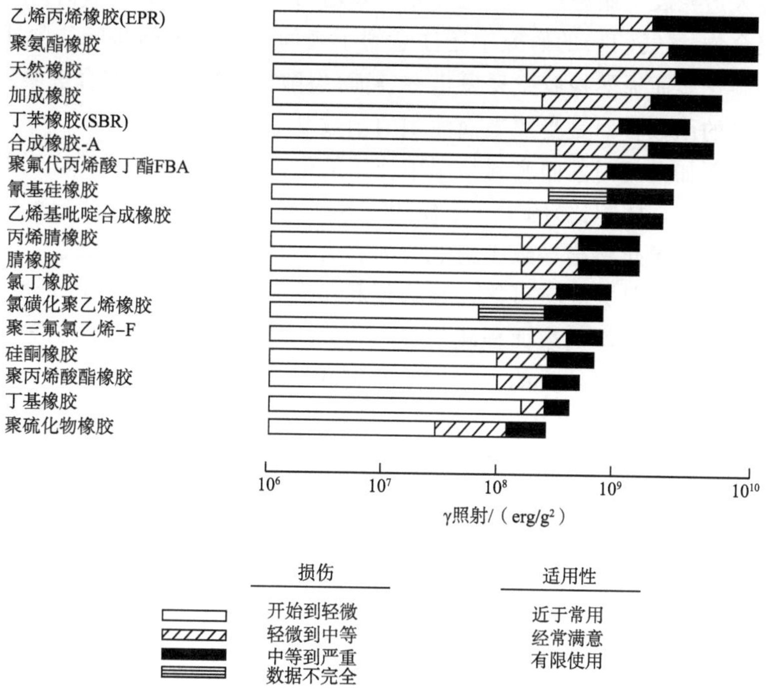


图 2-17　合成橡胶的耐辐照性能

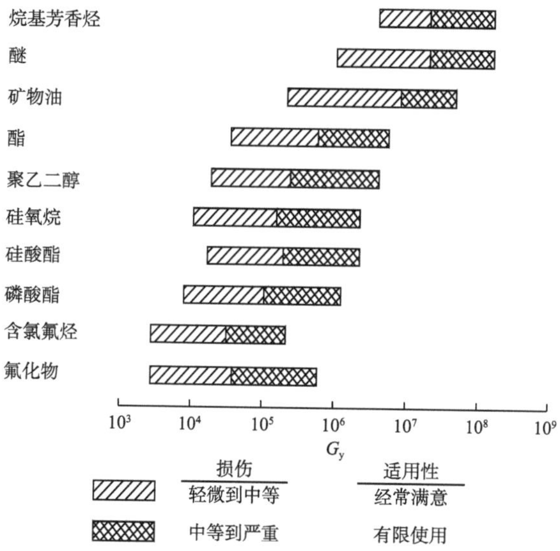


图 2-18　原油的相对耐辐照性能

对于几种合成橡胶在 $13.3\times10^3$ Pa 的 $T_2$ 气中暴露 87 d 后的相对硬度增加曾作了研究[7]。硬度增高的顺序为：天然 β-丁二烯-苯乙烯 β-氯磺化物＜丁二烯-丙烯腈 β-氯丁橡胶＜硅树脂(团粒结构)。该系列同 γ 辐照下确定的相对稳定性很好符合。另一个实验[54]注意到了几种合成橡胶在 100 atm·d 的 $T_2$ 气照射下的总压缩序列。损伤加剧的顺序是：硅酮橡胶>尿脘人造橡胶>腈橡胶>氟化橡胶>苯乙烯-丁二烯橡胶>乙烯丙烯橡胶。

在某些聚合物-氚气($T_2$)的研究中还注意到了表面对于基体的影响。氯丁橡胶是在整个基体内发生硬化，而天然橡胶主要发生在表面(裂隙延伸)[7]。氚溶合进聚乙烯粉末中的总量不是粉末量的函数，而是受照表面面积的函数[55]。

氟化材料，例如在阀门紧固密封垫圈中使用的聚四氟乙烯和 Kel-F 应当避免在氚浓度超过几个 ppm ($10^{-6}$，体积比)的工作中使用。除了在 2.3 节中讨论过的可能腐蚀的问题外，这些材料的降解退化将会导致密封能力的丧失，从而造成包容失效。

解决该问题的方法是只要有可能，在必须利用合成橡胶弹性或塑料低摩擦力的地方，尽量使用金属垫圈，将暴露的表面积减到最小并使用如聚酰亚胺等无氟材料。这样做似乎对氚系统的保养维修是可以接受的。用聚酰亚胺制作的阀门堵头，在足够大的密封力下使用时，能连续密封 $T_2$ 几年(STP)。然而，该材料在较小密封压力下使用时，可能是由于表面硬化，已观察到通过阀门顶部的泄漏。在固定负载下聚酰亚胺垫圈大概可以使用好几年。有研究表明[56]，在受 $T_2$ 气照射后，硬度增加的序列是聚酰亚胺(Vespel)～氟化橡胶 Kalrez (Perfluoro) <氟化橡胶(Viton)。相似地，由于可能造成 TF 的析出和腐蚀，氟化泵油也不宜推荐用于 $T_2$ 气下工作，更不适于推荐用于氚化水蒸气下工作，因为可能会析出 HF 引发腐蚀。

饱和碳氢矿物油(如 Duo-seal)在氚气系统中使用中，由于水蒸气压(排气)和液体黏性增加而需要频繁更换。硅油则会被很快聚合或固化。多联苯醚(Polyphenyl ether)油在相似的服务中能持续数年，但成本高且可能吸收相当大量的氚。

# 参考文献


[1] 成瀬雄二，松田枯二. トリチウムの透过、漏泄[J]. 原子力工业，1991，37 (6)：72-79.

[2] IAEA. Safe Handling of Tritium[R]. IAEA Technical Report，Series No. 324，1991，VIENNA.

[3] KATI L，PENFOLD A S. Range-Energy Relations for Electrons and the Determination of Beta-Ray End-Point Energies by Absorption[J]. Rev. Mod. Phys.，1952，24：28.

[4] 野口宏，び加藤正行. 環境中におけるトリチウムガスのトリチウム水への転换 (文献調查)[J]. 保健物理，1985，20：49-59.

[5] P J Papagiannakopoulos，Conversion of tritium gas to tritiated water[R]. CE Easterly. ORNL/TM-6699，1979.

[6] J D Eakins，W P Hutchinson. The Radiological Hazard from the Conversion of Tritium to Tritiated Water in Air by Metal Catalysts[C]. Tritium symposium，AERE-R6791，1971.

[7] DORFMAN L M. The Interaction of Tritium with Polymeric Materials[R]. Rep. KAPL-980，Knolls Atomic Power La.，Schenectady，NY，1953.

[8] MONAHAN B G. Materials Compatibility Study of 316 Stainless Steel at the LLL Tritium Facility[R]. Rep. UCRL-81028，Lawrence Livermore Natl Lab，CA，1978.

[9] PEYRAT M. Behaviour of high grade tritiated water in a closed system. Storage Application，[R]. Rep. CEA-R-4948，CEA. Centre，d'etudes de Bruyeres-le-chatel，1978.

[10] ELLEMAN T S. Hydrogen Diffusion，Dissolution and Permeation of Nonmetallic Solids[R]. Rep.

ORO-4721-TI, North Carolina State Univ., Raleigh, 1979.
[11] SPEISER R. In Metal Hydrides[M]. MUELLER W M, Eds. New York: Academic Press, 1968: 51-59.
[12] VAN AMERONGEN G J. The Permeability of Different Rubbers to Gases and Its Relation to Diffusivity and Solubility[J]. J. APPL. Phys., 1946(17): 972.
[13] ROGERS C E. In Polymer Permeability[M]. Comyn J, Ed. New York: Elsevier, 1985: 11-74.
[14] DOREMUS R H. Glass Science[M]. New York: Wiley, 1973.
[15] CRANK J, PARD G S. Diffusion in Polymers[M]. New York: Academic Press, 1968.
[16] SHELBY J E. Helium, deuterium, and neon migration in a common borosilicate glass[J]. J. Appl. Phys., 1974, 45: 2146.
[17] Lee R W. Diffusion of hydrogen in natural and Synthetic fused quartz[J]. J. Chem. Phys, 1963, 38: 448.
[18] K C RADFORD, F F LANGE. Loading (L) Factors for the Biaxial Flexure Test[J]. J. Am, Ceram, Soc. 61, 1978: 221.
[19] Verghese K, Feng C P, Elleman T S. Hydrogen permeation through non-metallic solids[J]. Journal of Nuclear Materials, 1979, 85/86(part-P2): 1161-1164.
[20] DUSHMAN S. Scientific Foundations of Vacuum Technique[M]. 2nd Ed. New York: Wiley, 1962.
[21] WeBB R W. Permeation of Hydrogen through Metals[M]. Rep, NAA-SR-10462, North American Aviatoin, 19
[22] F Waelbroeck, I Ali-Khan, K J Dietz, et al. Hydrogen solubilisation into and permeation through wall materials[J]. Journal of Nuclear Materials, 1979, 85/86(part-P1): 345-349.
[23] Maroni V A, Van Deventer E H. Materials considerations in tritium handling systems[J]. Journal of Nuclear Materials, 1979, 85/86(part-P1): 257-269.
[24] CAUSEY R A. Tritium Diffuseion in Nonmetallic Solids of Interest to Fusion Reacters[R]. Rep. ORO-4721-6, North Carolina State Univ, Raleigh, 1977.
[25] LIBOWITZ G G. The Solid State Chemistry of Binary Metal Hydrides[M]. Benjamin, New York, 1965: 52.
[26] SHEWMON P S. Diffusion in solids[M]. New York: McGraw-Hill, 1963.
[27] Anderson J L, Coffin D O, Jalbert R A, et al. Some tips on tritium technology[J]. Fusion Technol, 1985, 82: 2413-2419.
[28] W T Shmayada. Tritium Interaction with Materials—Textbook of Tritium Safe Handling Courses [Z]. 1984.
[29] L L Burger, L G Morgan. Permeation Solubility and Diffusion of Hydrogen isotope[R]. Pacific Northwest Labs, 1980.
[30] D H Doughty. The measurement of water vapor permeability of glove materials using dilute tritiated water[J]. J. Nucl. Mat, 1981, 104: 1595.
[31] STREHLOW R A, SAVAGE H C. The Permeation of Hydrogen Isotopes through Structural Metals at Low Pressures and through Metals with Oxide Film Barriers[J]. Nuclear Technology, 1974, 22: 127.
[32] POWELL G W. Solubility and Distribution of Tritium in Annealed and Cold Worked 304 Stainless Steel in the 100 to 300 C Temperature Range[J]Corrosion 26(8), 1970: 323
[33] LOUTHAN M R, DERRICK R G. Hydrogen transport in austenitic stainless steel[J]Corros, Sci. 15, 1975: 565.
[34] 张立功，杨述义. 复合防氚材料阻氚性能的测定[J]. 辐射防护，1989，9(3)：208-212.

[35] American National Standard for Leak Tests on Packages for Shipment of Radioactive Materials, ANSI N. 14-15[S]. 1977.

[36] BISSON C L, WILSON W D. Atomistics of tritium and helium-3 in metals[C]//Trttium Technology in Fission, Fusion, and isotopic Applications. Proc. Conf. Dayton OH, 1980. American Nuclear Society, La Grange Park, IL, 1980: 78-84.

[37] Caskey G R. Tritium-Helium Effects in Metals[J]. Fusion Technology, 1985, 8(2): 2293-2298.

[38] WEST A J, RAWL D E. Hydrogen in Stainless Steels: Isotopic effects on mechanical properties [J]. The International Journal of Applied Radiation and Isotopes, 1980(31): 466.

[39] MORRIS G A. Methane, Growth in Tritium Gas Exposed to Stainless Steel[R]. Rep. UCRL-78162, Lawrence, Livermore Natl Lab., CA, 1976.

[40] BONHAM R W, HOLLOWAY D M. Effects of specific surface treatments on type 304 stainless steel [J]. Journal of Vacuum Science Technology, 1977, 14: 745

[41] Gill J T. Effect of container preparation on the growth of protium and methane impurities into tritium gas[J]. Journal of Vacuum Science Technology, 1980, 17(2): 645-654.

[42] Gill J T, MODDEMAN W E, ELLEFSON R E. Chemically polished stainless steel tubing for tritium service [J]. Journal of Vacuum Science Technology, 1983, A 1: 869.

[43] HIRABAYASHI T, SAEKI M. Sorption of gaseous tritium on the surface of type 316 stainless steel [J]. Journal of Nuclear Materials, 1984, 120: 309.

[44] HIRABAYASHI T, SAEKI M, TACHIKAWA E. A thermal desorption study of the surface interaction between tritium and type 316 stainless steel[J]. Journal of Nuclear Materials, 1984, 126: 38.

[45] HIRABAYASHI T, SAEKI M. Effect of surface treatments on the sorption of tritium on type-316 stainless steel[J]. Journal of Nuclear Materials, 1985, 127: 187.

[46] HIRABAYASHI T, SAEKI M, TACHIKAWA E. Chemical decontamination of the tritium-sorbing surface of Type 316 stainless steel[J]. Journal of Nuclear Materials, 1985, 136: 179.

[47] MALKA V. Investigation on sorption and diffusion of tritium in HTGR graphite[C]//Tritium Technology in Fission, Fusion and Isotopic Applications. Proc. Conf. Dayton OH, 1980. American Nuclear Society, La Grange Park, IL, 1980: 102.

[48] COFFIN D O, WALTHERS C R. Methane Generation from Graphite-Tritium Interaction, [R]Rep. LA-7627-MS, Los Alames Natl Lab NM, 1979.

[49] HARIWIG C M. The radiation-induced formation of hydrogen and deuterium compounds in silica as observed by Raman scattering[J]. J. Chem. Phys, 1977, 66: 227.

[50] Saeki M, Hirabayashi T. Effects of ionizing radiations on the amount and the chemical forms of tritium sorbed on the surface of borosilicate glass[J]. Radiochimica Acta, 1985 (38) : 37-41.

[51] COFFIN D O. Tritium Compatibility of Alumina and Fosterite[R]. Rep. LA-8021-MS, Los Alames Natl Lab NM, 1979.

[52] VAN DE VOORDE M H. Effects of Radiation on Materials and Components[R]. Rep. CERN-70-5, CERN, Geneva, 1970.

[53] ZAPP P E. Effects of Tritium in Elastomers[R]. Rep. DP-MS-82-54, Savannah River Lab., Aikan, SC, 1982.

[54] Jones P M S, GIBSON R. The Interaction of Tritium Gas with polythene[R]. Rap. AWRE-O-16/63, Atomic Weapons Research Establishment, Aldermaston, UK, 1963.

[55] McLAUGHLIN B D. Gasket material evaluation for tokamak, memorandum[R]. DPST-79-255, Technical Division, Savannah River Lab., Ailcen, SC, 1979.

# 第3章 氚的包容与除去

## 3.1 引言

当设计一个氚设施时，需要考虑许多方面的问题，如人员和环境的保护，所要求产品的生产，废物材料的安全处置，以及该设施完成寿期后的去污退役等。

氚设施的设计，毫无疑义最重要的目标之一是实现对人员和环境的保护。被保护的人员包括运行人员，工厂的所有职工和社会公众。环境保护包括限制液体和气体流出物的释放。保护人员和环境不受氚危害的最佳途径是将氚保持在属于它的工艺系统内，并将任何逃逸的物质捕集。

为了有效控制氚的流失和污染散布，应使用多重阻挡系统。典型的氚系统是被双重包容的。初级和次级包容的性质将随所进行工作的具体类型而有所变化。

初级包容是将氚包围在一个典型的由工艺设备如工艺容器，管道、阀门、泵和测量装置构成的密闭空间内。次级包容通常由手套箱提供，但有些情况下也可能是通风橱或有排风通向建筑物废气收集系统或环境的笼罩物。在必须开放性操作含氚固体材料的工艺中，一般无法进行双重包容。在这种情形下，手套箱变成了初级包容的笼罩物。

三重包容或密闭系统，可以由手套箱，通风橱等所在的房间或建筑物和可能与它们相连接的对工作区域排放空气收集脱氚的系统构成。为了将空气由工作区域到洁净区域产生的氚污染减到最小，还应当实施分区通风控制系统[1]。

在评价多重包容系统的有效性时，重要的是说明附加的阻挡层是否同初级阻挡层一样起重要作用，应综合考虑决定。

## 3.2 初级包容

### 3.2.1 设计原则

总体设计的一项基本原则看来对于氚设施的设计是适用的。这一原则，即简单直接的流水作业式设计将会大大提高氚设施成功与安全运行的可能性。例如，使用手动操作的阀门通常会使用较简单的设计，气密性较好的系统维修较少，设备成本也较低。虽然在许多情况下使用简单系统并不总是可行的，但成为一种选择时，它们是最可取的。

### 3.2.2 管线系统

通常工艺管线系统用作氚的初级包容。因此，在设计和安装期间要小心注意。理想的系统是不含有任何易遭受氢脆裂或辐射损伤材料的与氢适配的全金属管线系统，对于大多数系统推荐的结构材料是奥氏体不锈钢，典型为具有低碳含量的 304 或 316。铜和铝也被成功地用于低压系统，虽然它们比钢具有更低的氚渗透率，但在较高的温度下强度与抗卷曲性较差。更困难的是铝的可靠焊接，难于将它与其他材料制的部件焊接在一起。

安装前工艺设备内部的清洁和处理对于保持产品的纯度是重要的．工艺系统中使用的管道应进行清洁和处理，通过减小粗糙度的方法至少可将管道内部的表面积缩减 90%以上。管线和支管应直接焊接相连以减少在焊接处的任何泄漏。对于阀门、泵和其他需要分解开再连接的主要设备，推荐使用可拆换金属垫圈密封的工程耦合，应避免采用丝扣连接管线。

高度推荐使用全金属的部件，因为这样将会避免任何油、塑料、合成橡胶、有机物或碳氟化合物同氚接触。这些全金属构件现在已可在市场上购到。实际上，由于阀门、传感器和其他系统部件具有有限的寿命，使用可拆装的部件和标准连接件，能够在不切割、焊接或铜焊氚污染管道的情形下进行更换，或许是值得建议的方法。已有经验表明，适当设计和装配的，含有上百个可拆卸部件的氚系统可以具有与全焊接系统相媲美的防泄漏特性[1]。适配氚部件和设备的材料在第 2.5 节中已做了讨论。

### 3.2.3 阀门与紧固件

在氚工艺系统中推荐使用金属波纹管或隔膜型无密封垫圈阀门。它们可利用气动传动器进行远距离操纵，便于手套箱操作。手动操作的阀门有简单的优点，但无论在何种情况下应尽可能使用有限制扭转柄的阀门。阀门的密封垫圈或堵头应当由金属或无氟酸盐的耐辐射材料如聚酰亚胺制成。具有可拆卸金属密封垫圈的高真空配接件可在市场上购得。对于手套箱内的氚工作，使用不要求轴向间隙类型的配接件，拆卸是特别方便的，因为与它们装配的部件可在不扰动连接管线的情形下取去。该类型的配接件可使用的管径高达 25 mm。对于较大的管线，可使用图 3-1 所示的那种法兰盘型连接。

考虑到系统维修、维护和以后设施退役时拆除和去污的需要，不宜用焊接方式把所有的系统组件连接起来。可能的情况下，将系统分成若干个单元，采用活连接方式再将焊接连接的各单元连接起来。系统必要的活连接部位推荐采用金属密封垫(铝、紫铜)法兰连接、挤压型密封连接、球形密封连接、扩口密封连接、平压垫密封连接方式[2]。

对于连接系统部件推荐使用双阀门冲洗系统，如图 3-2 所示的方式在更换部件期间将氚的污染减到最小。利用真空系统可以抽出阀门之间的所有污染气体，还可以将清洁空气引入该体积。这样该连接点就可在污染最小的条件下打开。

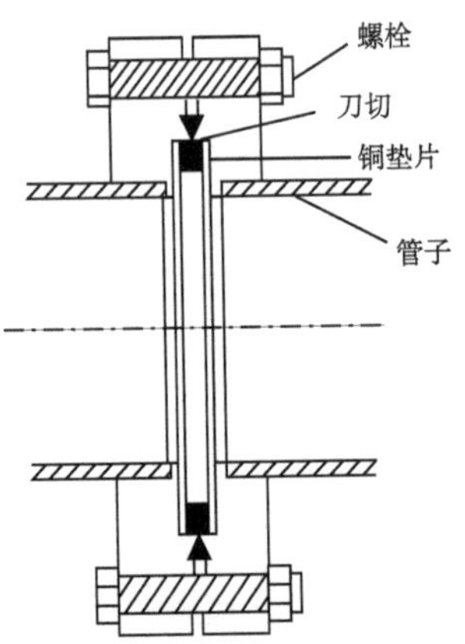


图 3-1 真空法兰盘及配接件

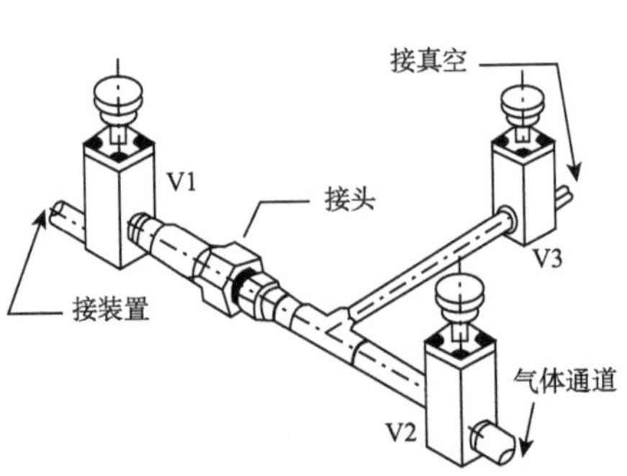


图 3-2 用于替换污染氚系统部件的维修阀布置

### 3.2.4　压力保护

操作氚的系统和那些必须保证其完整性的部位，应当在设计上留有余地，并用氦气检漏。氦气检漏试验应在相应于该系统的最大允许操作压力下进行。虽然在特定管辖范围里适用的法规可以规定具体检验中所使用的压力。

对于安装有安全隔膜系统的氦气检漏试验和对系统内具有不同压力额定值的各种部件的泄漏检验需作另行考虑。所有的氚系统在设计上应有某种形式的过压保护，例如使用安全断裂膜。这些膜片在正常运行条件下保证系统的气密性，而当释放阀发现不能承受时，氚就会通过阀座密封发生泄漏。

安全膜可被排风管接到一个次级抽空的，也具有安全膜保护的捕集罐中，且被设计成可接受最大可信体积的释放。这样做使初级容器损失的氚能得到回收。这种捕集罐的安全膜再通过排风管接到通常的氚捕集系统里。

### 3.2.5　泵

理想情况，操作氚的泵应当是干的，真空密封和无垫衬的，没有任何润滑剂、合成橡胶或碳氟化合物材料。氚的泵取使用了许多种不同的手段。金属氢化物床可被用作泵取和贮存单元。理想的泵应具有正位移、可靠性，方便和几十个 Pa(mtorr)到 200 000 kPa 以上的泵取能力。然而没有任何一种现有的泵，具有上述所有特性。通常使用的泵，包括用低蒸气压的多联苯醚油润滑的磁驱动(省去移动密封)的旋转式叶片型泵，金属隔膜泵，金属波纹管式泵，涡旋泵，深冷压缩泵，以及一种金属波纹管式和涡旋式的组合泵。金属波纹管式压缩机，从泵室中除去碳氟化合物而被用作氚气转换泵[2]。该金属波纹管式泵的运行原理如图 3-3 所示。为了获得高真空性能，该金属波纹管式泵可以用另一台具有轨道旋涡几何体的波纹管式密封泵加强(图 3-4)。具有真空密封驱动的其他机械泵包括磁承涡轮分子泵和具有磁驱动的旋转式叶片泵(图 3-5)。经验已经表明，多联苯醚油这类泵中的润滑剂是令人满意的。

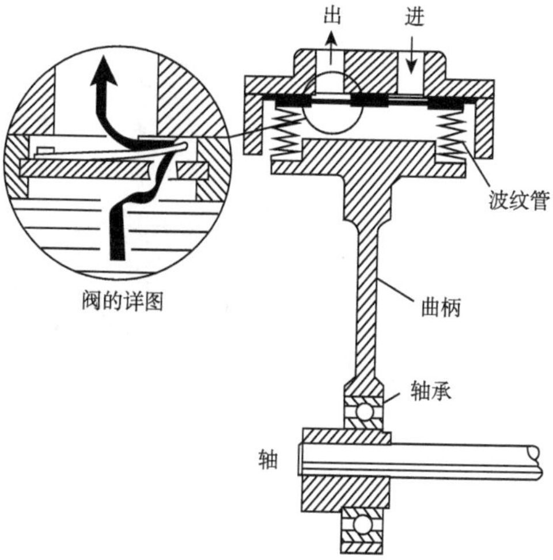

图 3-3　金属风箱式真空泵

一般情况下，对于需要低于 0.5 $m^3$/min 负荷的氚系统粗真空的支持，通常推荐使用旋转式叶片真空泵。这种真空泵可排气到大气或氚捕集系统。对于真空泵直接连接氚容器的系统，应在泵的进气口，使用压力开关或自动阀，它们能在所置压力被超过时被关闭。对于处理任何预期的较高压力，通常还包括一个报警器和一个人工控制装置。这样做的目的是保护泵，并在万一出现因泄漏而造成的压力突然升高的情况下，防止大量氚的释放。泵油的周期性更换，可以通过从手套箱外向真空泵加入新鲜油实现。用过的油则流入接收罐，最后进入保持废油的管道系统。将油从手套箱内的废油罐，直接转移到手套箱外的废物鼓形桶，已被证明是一种有效而安全的处置废油方式。

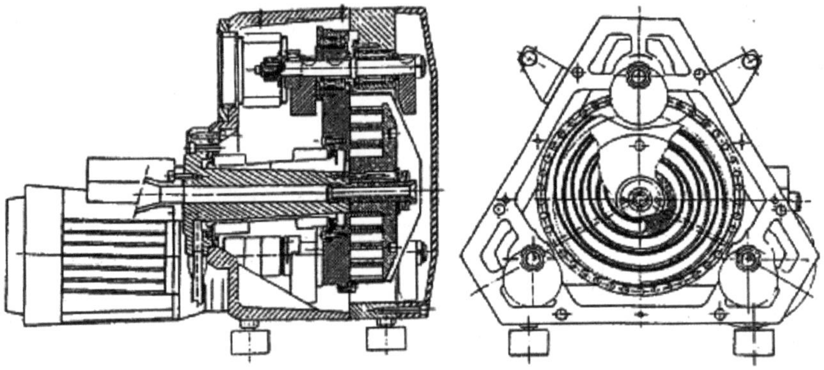

(a) 流径　　(b) 叶片装配的泵剖面图

图 3-4　表明流径和叶片装配的泵剖面图

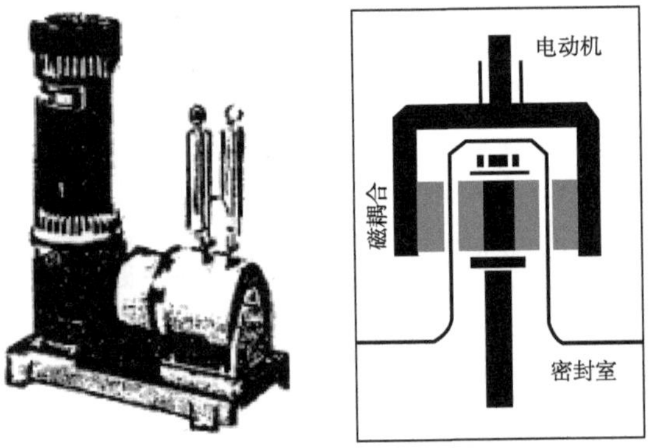


图 3-5　具有磁驱动的旋转式叶片泵，涂阴影的区域表示磁耦合

# 3.3　次级包容

## 3.3.1　引言

对于氚系统提供次级保护有许多方式，两个最常用的方法是将初级系统笼罩在一个通风橱或一个手套箱内。每一种方法都可被设计用于操作人员的保护，这两种方法之间的差别在于它们防止氚进入环境的能力。在典型的通风橱里，由初级包容的任何氚释放，将被排放到环境中。如果被操作的氚量足够小，它们向环境的释放是可以接受的，通风橱的污染也可能不是很严重。每个现场必须依据各自的特点确定，多大量的氚操作就会构成一个可接受的氚释放。一般地讲，手套箱或其他真正的次级包容系统(可以完全容纳从初级包容系统中散逸出所有氚的系统)，在保护运行人员和环境两方面都是有效的。

在设计次级包容时，重要的是防止初、次级包容系统两者同时失效的可能性。最常见的失误是建造了一个不能承受初级包容失效产生压力的次级包容系统。常见的例子是一个手套箱，对于处理来自初级系统的大量泄漏，没有足够的被动释放容量。

氚的形态(元素氚或是氧化氚)也必须加以考虑。氧化氚的放射性危害比元素形态高 4 个数量级，次级包容的设计应反映这一点。此外，HTO 通过手套的渗透比 HT 快 10～100 倍。为了抑制氧化氚的这些性质，可能有必要干燥手套箱气氛，以减少 HTO 的浓度。也有必要将操作人员在手套箱上的工作时间减到最小，或在手套箱上使用双层手套。当采取了大部分或所有这些防范措施后，也可在手套箱内安全地操作高浓度氚水。

### 3.3.2　手套箱

用于处理大量氚的手套箱，通常是由不锈钢焊接(304 型是一种适当的选择)或铝制成的高度完整的笼罩物，侧面留有适当数目的观察窗和手套接口，以适应在手套箱内要做的工作。金属一般厚 0.32～0.48 cm，顶角和边缘最后加工成圆弧形，且不锈钢表面应平滑光洁，以便利清洗。窗材料可以是层压安全平板玻璃，一般厚 9～12 mm；聚醋酸树脂(2-甲基丙烯酸有机玻璃 Lucite，聚异丁烯酸树脂有机玻璃 Plexiglass，Altuglas，或聚碳酸盐 Lexan 或 Makrolan)。窗玻璃用软橡皮(已成功地使用有机硅)垫圈同不锈钢手套箱本体连接，以保证有良好的密封性，低的渗透率。

手套箱的手套应根据具体应用情况进行选择，需注意它的耐磨性，对氢气和水渗透的阻挡特性。对于手套箱的最终要求是它的气密性。许多手套箱建成后用氦气检漏，其探测器的探测水平要低于 15～20 cm 水柱压差①下的 $10^{-6}$ $cm^3$(STP)/s。

一旦确定将手套箱用于包容，必须决定是选用空气还是某种惰性气体充作手套箱气氛。空气气氛便宜且比惰性气氛易于保持，但存在某些缺点。例如，随着氚气向手套箱内的释放，可能产生爆鸣混合气体。若氕或氚气也含在该系统中，危险会相应增加。空气中的氧气还可能导致手套箱内较高的 HTO 浓度。此外，除非供给的空气是干燥的，手套箱气氛中的湿气就有可能变成氚化物，通过手套的扩散，产生对工作人员的照射。一些氚水还会被吸附到手套箱内侧的表面上，形成 HTO 的持续源，从而增加了以后去污的困难。因此，手套箱内的湿度应当保持在足够低的水平。

惰性气体能够防止燃烧和爆炸，而且减少了与手套箱内生成 HTO 的相关问题。从安全操作的观点看，在许多情况下干燥的 $N_2$ 是一种满意的选择，它也比其他气体价廉。然而，在手套箱内具体处理的材料或所用工艺，可能要求使用特定的惰性气体，也许还需制定痕量污染物的允许水平。在一个惰性气氛箱内的氧气水平应很好地保持在爆炸极限以下，且湿气水平也应当非常低。

使用惰性气体作为手套箱气氛，还使得它能够在没有必要首先转化成更高毒性的氧化物情况下，回收产生自一次包容泄漏的氚。这点可以通过不同的方式使用适当的金属吸气剂实现。氚被滞留在金属吸气瓶内，以后可被回收，贮存或送去处置。

手套箱气氛可运行在比大气压力略低、略高或相同的压力下。假若有净化系统的话，这种选择常受所使用的手套箱气氛净化系统的类型制约。在气体一次性经过手套箱后，或进入排风系统，或进入控制净化系统，经常使用负压气氛。在氧气和湿气水平必须保持在几个 ppm($10^{-6}$，体积比)的情况下，为使进入手套箱内的空气减到最小，需要将它对室内空气保持正压。手套箱内气氛也可以是静止的。当其中的氚浓度达到某个水平时，按信号换气冲

① 1 cm 水柱压差约为 98 Pa。

洗，或以低速率连续扫气冲洗。其速率可随氚信号而增高，排气可直接进入脱氚系统。

在手套箱内放置的设备，有时候可能不得不在里面移动或搬出箱外。为防止氚向室内空气的释放，应当通过中转站——一个可以抽空并回充洁净气体的小室或旁通箱，并有设施监测中转箱内的氚污染水平。旁通箱的门应当满足与手套箱一样的防泄漏要求，其出口应通入作为手套箱内污染物件控制装置使用的通风橱中。图 3-6 给出了手套箱和通风橱之间物体转移操作的示意图。在没有任何常规转移要求的实验室里，可采用塑料袋装出废料/维修孔道。密封在塑料袋中的材料，可通过该孔道移进移出手套箱。

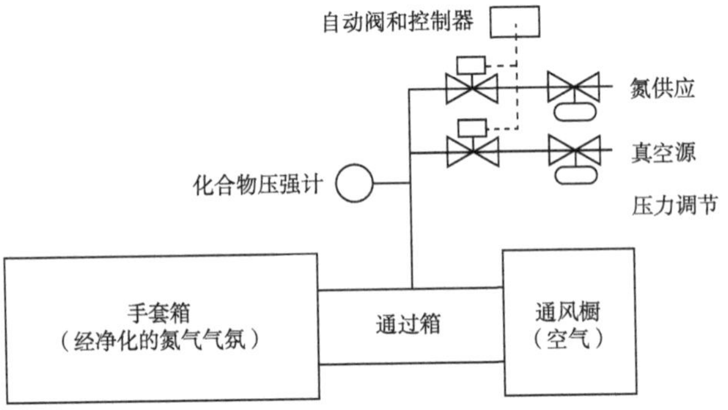


图 3-6　手套箱—旁通箱—通风橱间物体转移示意图

当含氚管线不得不由一个手套箱通入另一个手套箱时，它们应当在一个与含氚管线同轴的次级包容夹套中通过。该夹套应具有气密性，也需充以手套箱气氛。图 3-7 示出其真空紧固件及其连接法，它提供了装配这种管道的方便手段。同样的法兰盘结构，稍加修改后，也可以用于所有类型的气密性馈入管线(气动、电缆、仪器等)进入手套箱，具体可参阅文献[2]。

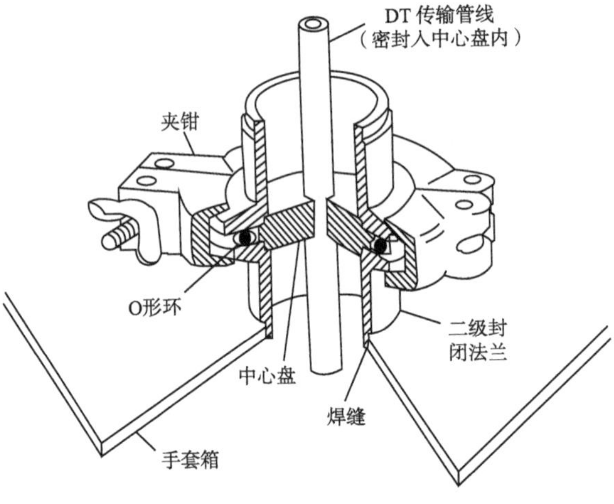


图 3-7　氚管线穿过手套箱，同次级包容连成一体

## 3.3.3　手套箱气氛的净化

不论初级氚包容系统有多么完善，也会有氚泄漏或释放进入次级包容。因此，有必要随时从初级和次级包容之间的空间除去氚。这可以用一次通过扫气冲洗，闭合回路循环或二者的某种组合，将手套箱内的气体($N_2$、Ar、He 或空气)由次级包容空间转移到除氚系统而得以实现。这样一个系统的常见工艺，是首先将气体中的任何氢，包括氚氧化成水，然后将气体干燥脱水。氚化水被收集后做进一步处理或处置，而脱氚后的干燥气体再循环进入次级系统或排放入大气。扫气冲洗和闭合回路循环的二者结合方案，必须是谨慎设计的。当氚浓度低时，直接扫气冲洗次级包容排放到烟囱；或当氚浓度高时，直接排放到除氚系统。该方法要求有快速，可靠的氚监测仪，而初级工艺系统的氚释放又

较为缓慢。

氚除去系统可以为一个次级包容专用，也可为几个次级系统共用。专用系统可设计配备除去氧或水的单元，以便在需要时可提供惰性手套箱气氛。共用系统的优点是可变通性，备用容量大，避免重复设置(图 3-8)。

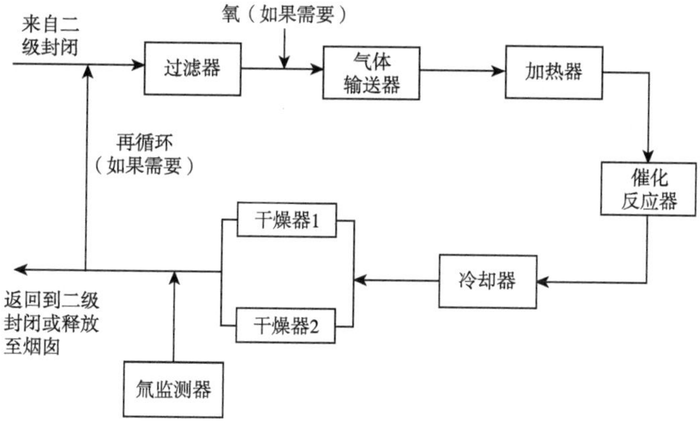


图 3-8　基于氧化的次级包容气氛去污系统

如果有重要量的氚释放进入手套箱气氛，强烈推荐对手套箱气氛的去污和这些氚的回收有预备措施。通常，这一工作在服务于几个手套箱的中心系统或在专为某个手套箱设计的净化系统里进行。在中心净化系统里，为了控制氚浓度到可接受的水平，需调节通过各个手套箱的流量。而在一个单箱系统里，气体通常以固定的流量速率循环。一个出色的方案是用惰性气体($N_2$、Ar、He 等)冲洗系统来维持次级包容或手套箱内的气氛。保持在约 15 mm水柱差压①下，以每分钟几升的小流量吹扫次级包容。气体的连续冲洗除去可能泄漏进入手套箱中的氚，并为探测任何泄漏的氚监测仪提供样品。若高浓度氚被探测到，则驱动较高的冲洗气体速率，其排放气体可被送入氚捕集系统。这样设计的冲洗系统控制，使得手套箱内的压力不会过高或过低。

应当说明，氮气不是真正的惰性气体，它可以同氚反应生成氨。氮气由次级包容系统泄漏进入工艺管道内，最有可能发生这种氨的生成。

最广泛使用的气氛净化技术是氚化氢气体氧化成水，然后被吸附在分子筛床上。这种氚由较低毒性(HT)向较高毒性(HTO)化学形态的转化，意味着除去因子必须非常高。在惰性气体气氛的系统中，催化氧化必须补充加入氧气或利用含有氧化物的物质如氧化铜。若氧气浓度的控制是重要的，应小心注意，不要使过量的氧气通过净化系统返入手套箱。一个基于氧化的除氚工艺流程如图 3-8 所示。

除氚也可使用基于金属吸气剂的净化系统，但金属吸气剂仅可用于惰性气体的情形。其运行机制或借助于与氢的反应生成氚化物，或依赖于氢气在金属中的溶解。基于金属吸气剂的系统还可以通过与热金属的反应除去该气体中的其他化学杂质，如 $O_2$、$H_2O$、$CO_x$ 和 $N_2$。但其吸附能力与氚的丰度有关。氚在低浓度下(小于 50 $MBq/m^3$)可在气氛中附加适量 $H_2$ 以载带和同位素稀释氚。可以从市场上购得基于金属吸气剂的手套箱气氛净

① 1 mm 水柱压差约为 9.8 Pa。

化系统。

除氚系统的选择将依赖于可能涉及的放射性危害(氚的总量与化学形态)，以及技术上和经济上的考虑。在初级包容可能会有大量氚事故性释放的那些情形，并行建立基于吸气剂的惰性气氛净化系统和标准的催化氧化脱氚系统可能是一种较好的方案。因为这样做可以先在吸气剂上回收大量的氚，然后再转入氧化/干燥运行模式进行最后净化。这一技术将使更有危害的 HTO 产生量减到最小。

脱氚系统的几种运行模式，在氚设施中已得到令人满意的应用。一种方式是每当达到预置的污染水平时，就批量地处理静态手套箱气氛一次，随后将这一被处理的气体体积排放或再循环。另一种方式是将该气体再循环回手套箱的连续处理。对于正常运行，每小时的再循环气体体积数可由 0.1～2 变化，依赖于手套箱和初级包容系统的气密性。当手套箱内发生重要的氚释放时，流量最高可增加到 20 倍。然而，在大多数情形下，超过每小时 20 次换气体积的流量是不必要的。多个手套箱连接到一个中心再循环系统的缺点，是一个手套箱污染可能导致在事故中交叉污染原先未被涉及的其他手套箱。

脱氚速率随再循环速率的增加而增加，投资与运行成本也随之提高。但是，高的再循环容量将会使手套箱的污染减到最小，特别是如果部分氚为氧化物形式时。这样也就减小了由手套箱向房间释放氚的危险。

### 3.3.4 手套箱系统的仪器设备

手套箱气氛的成分通常由在线仪器进行监测，至少对氚是如此。对于惰性气体中的湿度和氧气浓度也应当进行测量。

其他的必要仪器，还有预防手套箱内可能破坏其整体性的不正常压力的差压控制系统。图 3-9 示出了一个已被成功地使用的氮气氛手套箱的典型冲洗控制系统。该系统包括用于氮气流率控制的流量计，用于压力控制的调节器和用于测量手套箱内压力的差压开关。假若压力未落在预置的范围内，根据超出正常范围的情况，该压力开关将切断进气管或者排气管。

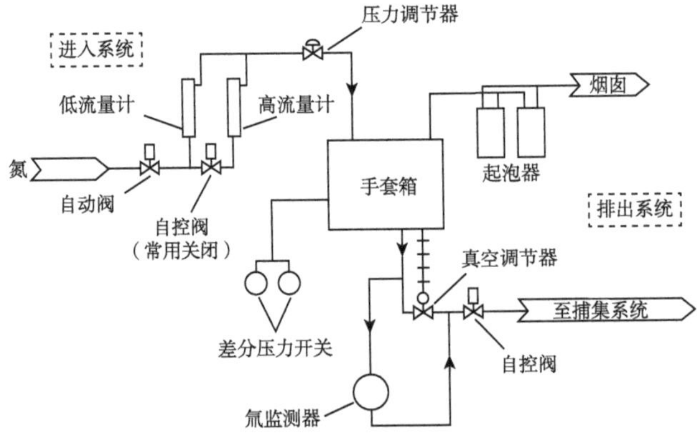


图 3-9　对于次级包容的冲洗控制系统

手套箱还应当配备一个被动式压力释放系统，不论手套箱压力相对于实验室是正还是负，它都能安全运行。在一些实验室使用的一种系统，由两个并联的被动式油鼓泡器构成，如图 3-10 所示。这一简单的系统，在不会使油吹出或吸入手套箱的情况下，都能有效地运行。真空泵油已被证明可用作这种鼓泡器单元的吸收液。

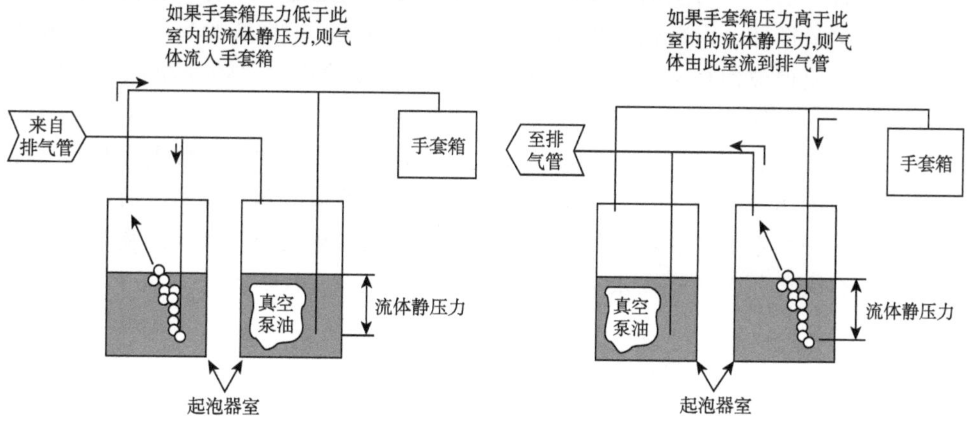

（a）手套箱压力低情况　　（b）手套箱压力高情况

图 3-10　手套箱在线被动式释放系统，鼓泡器在手套低和高情形下的工作状况

一个典型的系统，用 5 cm 的铜管线，经由鼓泡器到烟囱排气管道。手套箱到烟囱的总压力降随该管线的长度、鼓泡器中真空泵油的高度及烟囱排气压力而变化。这一压力降，应当接近 13 cm 的水柱加上鼓泡器中 8 cm 的油柱，而通过直径为 5 cm 的管线的流量为1.7 $m^3$/min。应当避免在鼓泡器管线上接阀门，通过调节鼓泡器中油的高度，可以将手套箱内的压力减小到所希望的水平。

对于进入该手套箱的任何气体或真空源，推荐使用流量限制装置。这些源，气体或真空的任何总和，应当不超过用在一个具体手套箱上的被动式压力释放系统的正的或负的流量容量。

一个简单有效而且灵敏的探测手套箱内氚系统泄漏的方法如图 3-11 所示[2]。用一个同外部流气式氚监测仪相接的抽吸式探头，能够以高的精确度和灵敏度，指示出系统的针眼孔隙泄漏。

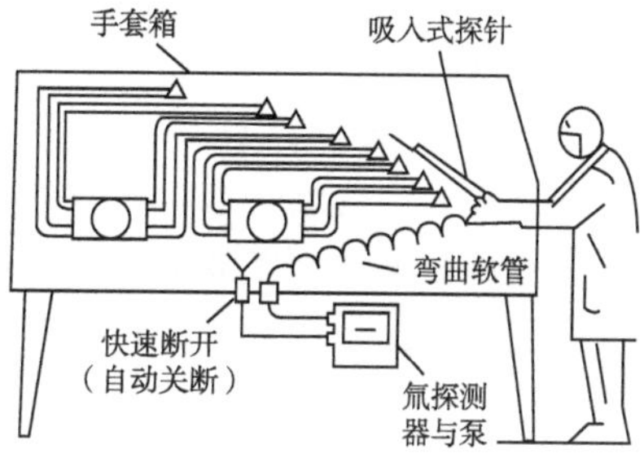

图 3-11　配备有外部泵和氚监测仪的手套箱内泄漏检测

## 3.3.5　次级包容的丧失

发生氚由工艺设备释放的事故，可能在同一时间作为通常的故障模式，导致次级包容的破坏。设计和运行的防范措施，应将这种事件发生的概率减小到可忽略不计的水平。但是这种事故可能发生，并且会使氚扩散进入工作区域。

实验室都应当配备加强的通风系统，对其排放的废气，在处理前经由烟囱向环境释放前进行监测。为了限制污染的扩散，可建议将设施划分为一系列隔室和压力区，将最严重污染的区域控制在最低的压力。若次级包容失效，可依据相关法规，分别应用稀释排放和密闭回收两种方法处理。

在稀释排放情形，工厂的设计中应有使房间空气通风能增大气体流量的技术措施，以便能很快地冲洗被污染区域。这样就会使对运行人员的照射及氚被建筑物和设备结构材料吸收的可能性减到最小。

在密闭回收情形，被污染的区域被完全隔离，而空气通过一个与手套箱相似但尺寸较大的脱氚系统重复循环。由净化系统排出的一小部分空气不返回实验室，而是释放到排气烟囱中。这样将使得被污染实验室保持在低于周围区域的压力。随着净化系统的尺寸增大，成本也提高。但假若净化系统尺寸太小，净化所需要的时间就会变得不适当地长。一部分释放的氚将会同房间结构相作用，且被它们吸收。这些氚的连续缓慢的解析过程，又会增高房间空气的污染。由于任何一个捕集工艺都具有危险度和利益两方面，所以应当综合分析。由这样一个系统的成本、重要释放的概率、可能释放的氚量，以及对公众防护相关的利益与运行人员相关的较高水平照射相比较是否合理、权衡决定。

# 3.4 氚的净化除去

## 3.4.1 除氚系统的工作原理

在氚设施中，须由除氚系统处理的气体主要有：

(1)由工艺系统真空管线排出的尾气，在经真空泵排放到外环境前做一次性处理，必要时进行循环处理；

(2)手套箱内的空气或惰性气氛(主要需循环处理)；

(3)事故性释放气体的应急处理。

除氚系统的基本流程如图 3-12 所示。含氚气体首先通过被加热到预定温度的催化氧化反应器(元素态 HT、$T_2$ 为 200 ℃左右，有机氚化碳氢化合物为 500 ℃左右)。在反应器中氚被氧化成氚化水，生成的氚化水蒸气由气体带出催化反应器后，经冷却器降到室温，然后被干燥剂床吸附除去。若所处理的气体为不活泼的 $N_2$ 或 Ar 则在催化氧化器入口一侧，添加少量氧气，在氚浓度低的场合，加入氢气可促进氧化燃烧反应的进行。另外，为提高吸附氚水的除去率，在干燥剂床的入口侧，可以用鼓泡器加入水汽加湿。整个系统的氚除去因子，取决于催化氧化器的转换率与干燥剂床的水分除去率。

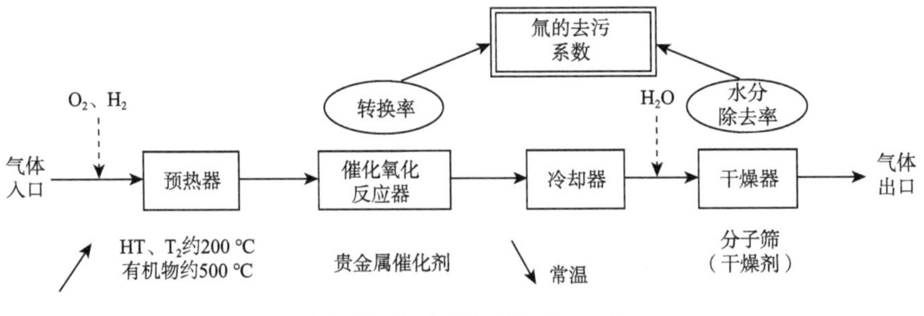


图 3-12 除氚系统的基本流程

为军事目的而进行的大量氚生产从 20 世纪 50 年代就已经开始。当时氚的生产与处理工厂辐射防护的重点是保护操作人员的安全。由装置或系统泄漏、渗透释放出的氚，未做处理直接经烟囱向周围环境排出。但是从 70 年代开始，由于辐射防护概念的变化和对环境保护的重视，除氚系统逐渐被广泛使用，从而使氚向环境大气的排放量大幅度降低。如美国的蒙德工厂流出物除氚系统，自 1972 年开始运行以来，使该厂向环境大气排放的氚量逐年减少，1969 年为 $1.16\times10^{16}$ Bq，1980 年为 $1.85\times10^{14}$ Bq，到 1990 年降为 $1.11\times10^{14}$ Bq，就是一个典型的例子[3-4]。

最早工业规模使用的氚净化系统是 1974 年蒙德实验室的“应急包容系统”，工作气体流量为 1 000 $ft^3$/min（1 $ft^3$＝0.028 $m^3$）。他们对使用铂、钯贵金属催化剂氧化氚并使之吸附的装置进行了研究，取得了有关数据，氧化效率高达 99.9997%。图 3-13 和图 3-14 分别为圣地亚氚研究实验室于 20 世纪 70 年代中期建立的气体处理能力为 340 $m^3$/h 的气体净化系统和气体处理能力为 17 $m^3$/h 的真空管道流出物气体回收系统的原理流程图。这两个系统可将氚净化到 $10^{-9}$（体积比）的水平，每次通过的去污因子在 $10^3$ 以上。近年来，由于聚变堆研究的进展使氚的处理量大幅度提高，所要求除氚系统的处理能力亦相当可观。有关聚变氚设施的氚除去系统，将在本章的最后一节作专门介绍。

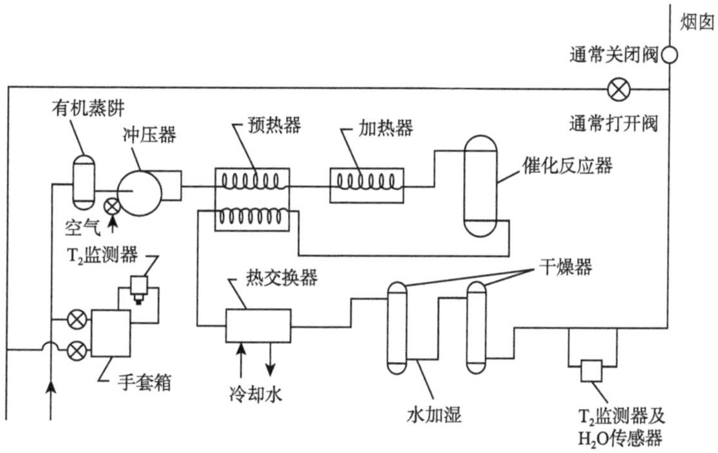


图 3-13　圣地亚氚研究实验室的气体净化系统

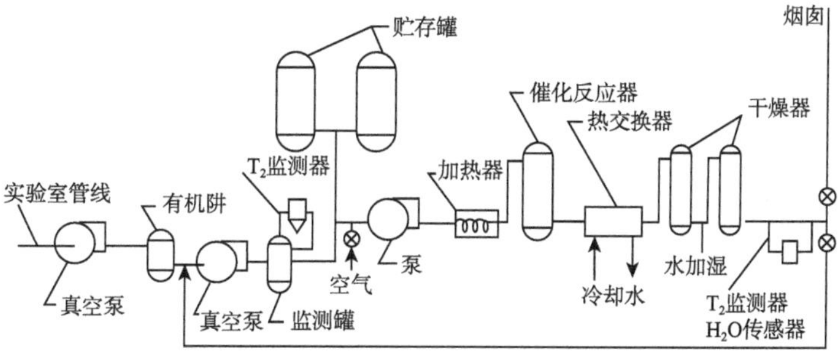


图 3-14　圣地亚氚研究实验室的真空流出物回收系统

## 3.4.2　常用催化剂与干燥剂

氢氧在常温下很难直接反应化合成水，所以在除氚系统中都使用了催化反应器。由于催化剂表面的活性中心对氧有较大的亲和力，很容易将氧吸附形成中间化合物，使氧键断裂所需能量较氢氧直接反应大为减小，从而使氢氧反应速度显著提高。实际上，氢和氧催化反应的速度往往不取决于化学转化速度，而取决于气体中反应物转移到催化剂颗粒表面的速度。因此，要求催化剂具有较大的比表面积，使反应气体能很快地扩散到催化剂的表面。于是，一般贵金属催化剂都是沉积在具有很大比表面积的多孔惰性担体上(如氧化铝、硅藻土、分子筛等)。

空气中氚在常温下催化氧化使用的催化剂，主要有钯/高岭土 HSC-205，铂/氧化铝50088 和钯/沸石[5]。其中，钯/高岭土 HSC-205，是美国 Air Products and Chemical 公司产品，标称有 0.5%的钯扩散沉积在活化的高岭土圆柱形颗粒上，其直径为 0.2 in (1 in=25.4 mm)，外呈浅棕色，内为白色。棕色表皮的厚度仅为 50~100 μm 左右。铂/氧化铝50088 催化剂，是美国英格哈特矿业化学公司(Englehard Mineral and Chemical)的产品，标称在活性氧化铝单体上沉积有 0.1%~1.0%的铂，圆柱形颗粒直径为1/8 in，外表呈黑灰色，着色层厚度被认为同钯/高岭土催化剂。

以上两种都是用专利方法生产的商品催化剂。钯/沸石催化剂，则是在实验室内用下述方法制备的：溶解 7.5 g 干燥的 $PdCl_2$ 到 84 mL 1 mol/L 浓度的 HCl 中，然后加入蒸馏水以得到透明的微红棕色溶液。冷却到环境温度后，加蒸馏水调整体积到 245 mL。将全部溶液快速注入 600 g 4A 沸石分子筛小球中，并用力振荡，直到物料冷却下来，且小球呈现出干的样子，到能自由流动为止。制备完成后，该催化剂需进行烘干与活化。前文中提到的钯/沸石催化剂，就是用林德 5A 分子筛小球作代用品制成的，直径为 1/16 in，小球由浅棕色变为浅灰色，没有看到在商品催化剂上所观察到的明显表面着色层。

3 种催化剂的物理性质，列于表 3-1。由电子显微探针扫描研究得到的贵金属在球形衬基上的分布如表 3-2 所示。浓度 $e$ 折合深度是指浓度递减到表面值 $1/e$ 的深度。表征催化剂动态特性的物理量，主要有转化效率 $f$ 与速度常数 $k$，$f$ 表示催化床将进入的氚气转化为水蒸气的百分比；$k$ 表示在运行温度下单位时间单位体积催化床上反应气体的体积，也称空速，是一个以时间倒数为单位的因子。

**表 3-1 催化剂的物理性质**

| 物理性质 | 单位 | 钯/高岭土 | 铂/氧化铝 | 钯/沸石 |
|---|---|---|---|---|
| 小球直径 | mm | 4.44±0.05 | 3.27±0.04 | 1.64±0.08 |
| 小球长度 | mm | 4.71±0.75 | 3.38±0.16 | 2.89±1.04 |
| 小球直径当量 | mm | 4.53 | 3.31 | 1.92 |
| 小球密度 | $mg/m^2$ | 1.280 | 1.601 | 1.124 |
| 小球孔体积 | $m^2/mg$ | 0.245 | 0.122 | 0.300 |
| 小球表面积 | $m^2/g$ | 77 | 110 | 481 |
| 容积密度 | $mg/m^3$ | 0.820 | 1.000 | 0.650 |

**表 3-2 在催化剂担体上贵金属的沉积特性**

| 沉积特性 | 单位 | 钯/高岭土 | 铂/氧化铝 | 钯/沸石 |
|---|---|---|---|---|
| 小球表面金属浓度 | %(质量分数) | 1.3 | 1.8 | 2.0 |
| 浓度 $e$ 折合深度 | μm | 72 | 66 | 198 |
| 金属浓度体平均计算值 | %(质量分数) | 0.12 | 0.20 | 0.83 |
| 体平均金属浓度测量值 | %(质量分数) | — | — | 0.75 |

续 表

| 沉积特性 | 单位 | 钯/高岭土 | 铂/氧化铝 | 钯/沸石 |
|---|---|---|---|---|
| 单位球质量沉积金属表面积计算值 | $m^2/g$ | 0.59 | 0.56 | 3.7 |

在理想情况下，对于重复循环型净化系统，可以证明：

$$f=\frac{V}{Q}(-\frac{\mathrm{d}\ln C}{\mathrm{d}t}) \tag{3-1}$$

式中，$V$ 为试验手套箱的体积；$Q$ 为循环空气的流量；$C$ 为空气中氚的浓度；$t$ 为净化时间；$\mathrm{d}\ln C/\mathrm{d}t$ 为转化斜率。

$$k=\frac{Q}{V_c}\ln\frac{1}{1-f} \tag{3-2}$$

式中，$V_c$ 表示催化床的体积。美国劳伦斯实验室对上述 3 种贵金属催化剂，利用对一个密闭操作箱的重复循环净化系统，测定了它们在常温下使空气中氚催化转化的动态特性。他们的报告说明，在钢壁氚源容器中有氚化甲烷生成，在常温下催化剂不能使甲烷氧化。每种催化剂在加速氚的氧化方面都是极端有效的，一级反应速率常数大体上比在空气中自身氧化转化高 9 个量级。电子显微探针扫描显示了贵金属主要是沉积在催化剂小球的外表面上，金属的浓度由外向内指数衰减。催化剂在使用前应当用热氢气处理活化。催化剂的活性随活化后暴露在空气中的时间(老化时间)而下降，大体上按时间的－1/2 指数幂递减。用 1%的氢气在原系统上重新活化催化剂是无效的，在加热到 500 ℃的纯氢气中重新活化，能有效地恢复初始的催化活性。表 3-3 概括了他们对不同老化时间的 3 种催化剂进行的 8 次实验的计算结果。

**表 3-3 实验数据及计算结果**

| 序号 | 催化剂/担体 | 老化时间/d | 转化斜率/$min^{-1}$ | 流量/(L/min) | 温度/℃ | 转化效率($f$) | 催化剂体积$V_c$(L) | 反应速率常数/$s^{-1}$ |
|---|---|---|---|---|---|---|---|---|
| 1 | 钯/高岭土 | 0.1 | 0.017 3 | 146 | 25 | 0.646 | 1.44 | 1.75 |
| 2 | 钯/高岭土 | 356 | 0.003 06 | 152 | 27 | 0.110 | 1.44 | 0.205 |
| 3 | 钯/高岭土 | 2 | 0.016 5 | 157 | 24 | 0.573 | 1.40 | 1.59 |
| 4 | 铂/氧化铝 | 3 | 0.026 4 | 145 | 24 | 0.992 | 1.51 | 7.73 |
| 5 | 铂/氧化铝 | 17 | 0.021 6 | 146 | 25 | 0.806 | 1.51 | 2.64 |
| 6 | 铂/氧化铝 | 380 | 0.008 90 | 151 | 25 | 0.321 | 1.51 | 0.645 |
| 7 | 钯/沸石 | 1 | 0.026 5 | 151 | 24 | 0.956 | 0.526 | 14.9 |
| 8 | 钯/沸石 | 35 | 0.012 1 | 154 | 24 | 0.428 | 0.526 | 2.73 |

动态反应速率常数虽然反映了在运行温度下特定催化剂的催化本领，但氧化反应是不均匀的，且只在表面受催化。因此，一个更能反映催化剂活性的指标是表面速率系数，它可由催化剂本身的物理参数与它所具有的反应速率常数导出。表面速率系数具有速率的单位，表示在单位时间单位催化剂表面积上反应气体的体积。表 3-4 给出了对老化时间为 100 天的 3 种催化剂，计算得到的表面速率系 $k$ 及其实验的浓度范围。由表 3-4 可见，铂/氧化铝催化剂就其表面速率系数而言是最有效的，而其他两种钯催化剂，系数值差不

多相等，且比它低 1/3。

**表 3-4 室温下空气中氧化的速率系数**

| 催化剂 | 反应级数 | 浓度范围/(Bq/m³) | 反应速率常数 k/(s⁻¹) | 表面速率系数 k/(μm/s) |
|---|---|---|---|---|
| 铂/氧化铝 | 1 | $10^2$～$10^5$ | 1.2 | 2.1 |
| 钯/高岭土 | 1 | 10～$10^5$ | 0.37 | 0.76 |
| 钯/沸石 | 1 | $10^4$～$10^5$ | 1.6 | 0.67 |

由于催化剂的成本较高，在被处理气体的流量很大时(如 0.1 $m^3/s$ 以上)，周期性地重新活化是可取的；而在流量较小时，重新活化实际上是不必要的。加热催化剂，提高它的反应温度，速率常数增大，可以减少催化剂的需要量。但提高催化剂工作温度，需要使从催化床流出的空气流冷却到接近于室温，以防止吸附床性能变坏。对于中小规模的净化系统，使用常温下的催化氧化是经济的；对于大规模的净化系统(如 10 $m^3/s$ 的气体流量)，最好使用加热的催化剂。在除氚系统中广泛使用的英格哈特公司的 Pd 贵金属催化剂(A 16648，1/8″)，对于 $D_2$ 及 $CH_4$ 的氧化转化率如表 3-5 所示。

**表 3-5 英格哈特公司产 Pd 催化剂对 $D_2$ 及 $CH_4$ 的氧化转化率**

| 催化剂温度/℃ | 流量/($m^3/h$) | 空速/$h^{-1}$ | $D_2$ 浓度/% | $CH_4$ 浓度/% | $O_2$ 浓度/% | 转化率/% |
|---|---|---|---|---|---|---|
| 100 | 1.5 | 1 800 | 0.857 | — | 4.89 | >99.99 |
| 100 | 2.6 | 3 100 | 1.389 | — | 5.12 | >99.96 |
| 100 | 4.1 | 4 900 | 0.767 | — | 5.55 | >99.99 |
| 50 | 3.0 | 4 700 | 0.689 | — | 4.99 | >99.99 |
| 28 | 4.1 | 4 900 | 0.700 | — | 5.00 | >99.99 |
| 26 | 4.1 | 4 900 | 0.031 | — | 0.136 | >99.9 |
| 23 | 4.2 | 5 100 | 0.033 | — | 0.138 | >99.9 |
| 500 | 1.7 | 2 000 | — | 0.114 | 1.089 | 99.7 |
| 450 | 1.7 | 2 000 | — | 0.090 | 1.047 | 99.8 |
| 400 | 1.7 | 2 000 | — | 0.095 | 1.040 | 99.7 |
| 350 | 1.7 | 2 000 | — | 0.092 | 1.077 | 99.6 |
| 300 | 1.7 | 2 000 | — | 0.105 | 0.949 | 68.0 |
| 250 | 1.7 | 2 000 | — | 0.080 | 1.016 | 23.6 |
| 200 | 1.7 | 2 000 | — | 0.184 | 1.796 | 6.2 |

各种干燥剂的吸湿能力由表 3-6 列出。在除氚系统干燥器中用作吸附化合生成氚水的吸附剂，仍主要是硅胶、活性氧化铝和分子筛。这些常用干燥剂对水的吸附解析性质，许多文献给出了相当丰富的资料[6-7]。从 20 世纪 70 年代末到 80 年代初，美国、日本许多实验室对氚水的吸附解析性质进行了详细的研究。表 3-7 给出了各种吸附剂最大吸附容量对温度的依赖性[8]，它说明分子筛具有较好的吸附性能，它在常温下可以获得露点更低的干燥气体。在相对湿度较低，温度较高，空气流速较大时，它对 HTO 的吸附特性比硅胶和活性氧化铝要好，所以分子筛常被用作氚除去系统中干燥器里的吸附剂。这方面国内复旦大学的研究也得到了相近的结果。

**表 3-6　各种干燥剂的吸湿能力**

| 干燥剂种类 | 名称 | 空气中残留水分量/mg | 再生温度/℃ |
| --- | --- | --- | --- |
| 化学类 | 五氧化二磷 | $2\times10^{-5}$ | —— |
| | 无水过氧酸镁 | $5\times10^{-4}$ | 250 以下(减压) |
| | 含水过氧酸镁 | $2\times10^{-3}$ | 147(mp)以下 |
| | 氢氧化钾(溶熔) | $2\times10^{-3}$ | —— |
| | 浓硫酸 | $3\times10^{-3}$ | —— |
| | 无水硫酸钙 | $4\times10^{-3}$ | 230～250 |
| | 氧化镁 | $8\times10^{-3}$ | —— |
| | 氢氧化钾(棒状) | $1.4\times10^{-2}$ | —— |
| | 氢氧化钠(溶熔) | $1.6\times10^{-1}$ | —— |
| | 氧化钙 | $2\times10^{-1}$ | —— |
| | 无水氯化钙 | $2\times10^{-1}$ | 300 |
| | 95%硫酸 | $3\times10^{-1}$ | —— |
| | 无水氧化锌 | $8\times10^{-1}$ | —— |
| | 无水硫酸铜 | 1.4 | 400 |
| | 分子筛 | $1\times10^{-4}$ | 200～400 |
| | 氧化铝 | $1.8\times10^{-3}$ | 180 |
| | 硅胶 | $6\times10^{-3}$ | 150 |
| 冷媒 | 液体空气(－190 ℃) | $1.6\times10^{-23}$ | —— |
| | 丙酮－干冰(－72 ℃) | $1.6\times10^{-2}$ | —— |
| | 水—食盐(－21 ℃) | $4.5\times10^{-2}$ | —— |
| | 冰(0 ℃) | 4.7 | —— |

**表 3-7　各种吸附剂最大吸附容量对温度的依赖性(对 HTO，mmol/mL)**

| 柱温度/℃ | 硅胶 | 活性氧化铝 | 13X 分子筛 | 5A 分子筛 |
| --- | --- | --- | --- | --- |
| 25 | 16.0±0.4 | 14.8±1.7 | 10.00±0.9 | 9.6±0.6 |
| 40 | 6.2±0.1 | 6.9±0.4 | 7.5±0.2 | 7.4±0.5 |
| 55 | 4.1±0.2 | 5.6±0.1 | 6.1±0.2 | 6.8±0.1 |
| 70 | 3.0±0.2 | 4.6±0.2 | 6.2±0.2 | 6.3±0.1 |
| 80 | 26±0.1 | 4.2±0.2 | 5.4±0.2 | 5.8±0.4 |

## 3.4.3　小型除氚器的结构与性能

我们暂且将气体处理能力在 10 $m^3/h$ 以下的除氚系统或装置称为小型除氚器，它们的特点是将催化反应器、干燥吸附器与循环泵由不锈钢管线与波纹管阀及有关附件连接在一起，本身构成了一个完整的装置，在实验室里可根据需要临时移动，同任何需进行空气中氚净化的手套箱连接。这种除氚器较符合我国当前多数氚实验室的实际需用情况，它们又可分为两类：一类是干燥吸附器本身带有电加热器，两个干燥吸附器可交替进行氚水吸附或解析，使干燥剂再生，体积可能稍大些；另一类是干燥器自身不带有电加热器，需周期性取下更换，在另外的解析装置上加热解析被吸附的氚水或干脆将已吸附氚水的干燥剂作为固体废弃物来处置。

第1类除氚器如日本大阳酸素株式会社的专利商品“实验室处理氚(HT、HTO)除去装置”，结构原理如图3-15所示[9]。型号为TH TOP，气体处理能力0～10 $m^3/h$，运行压力0～1.5 MPa，手动操作，去污因子达$10^3$以上。图3-16为东京大学工学部的一个附属实验室为最大氚处理量0.37 TBq的密封手套箱(2 $m^3$)而设计的除氚器[10]，气体处理能力为3.8 $m^3/h$，催化氧化反应器为$\phi$150 mm×500 mm，装有1/8 in(1 in=25.4 mm)Pd/$Al_2O_3$催化剂2 kg，加热温度为300～500 ℃；吸附器为2个$\phi$150 mm×500 mm，每个装有1/8 in的SA分子筛2.5 kg，加湿水鼓泡器的流量为0.5 $m^3/h$，隔膜循环泵，最大流量为85 L/min，4 MPa。假定以空气流速2 $m^3/h$连续循环15 h，可将手套箱内最大负荷氚浓度185 MBq/L降到74 kBq/L以下。

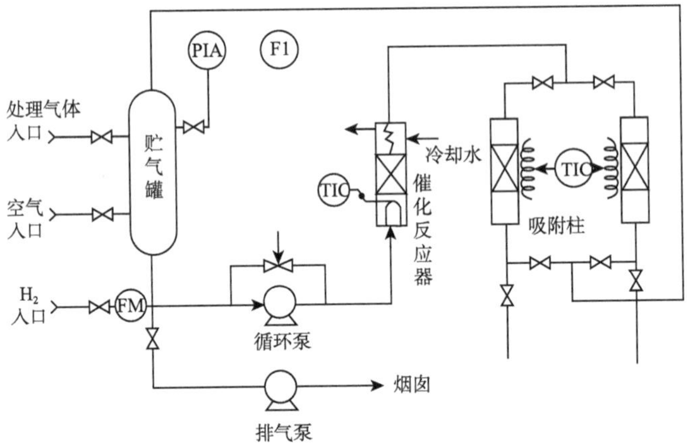


图3-15 大阳酸素株式会社HTO、HT除去装置原理图

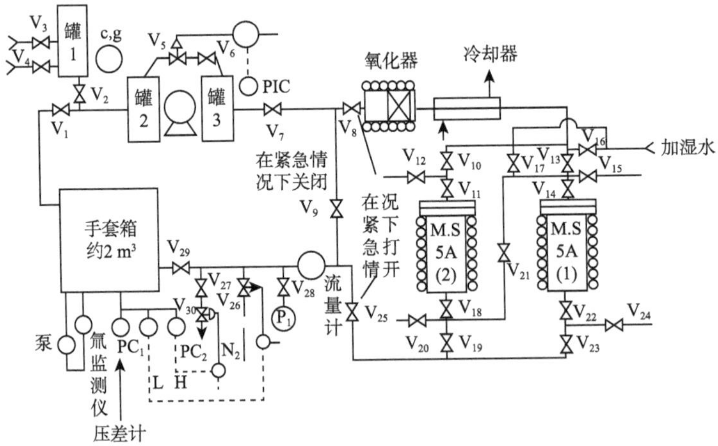


图3-16 东京大学工业部附属实验室的小型除氚系统

第2类小型除氚器是第1类的简化型，其装置体积可做得更小些。图3-17为美国1979年专利商品的原理示意图[11]，图3-18为日本原研为几居里氚处理量的手套箱(<2 $m^3$)研制的小型除氚装置[12]，它们二者的结构完全一致。后者的催化反应器($\phi$70.3 mm×390 mm)装有0.7 kg A16648英格哈特公司Pt-Pd贵金属催化剂，干燥吸附器$\phi$95.6 mm×

390 mm，约装有 2 kg 沸石分子筛。循环泵为 Metal Bellews 公司的 MB-41。催化床的温度可在室温到 600 ℃之间任意调节，气体流量的调节范围为 100～400 L/h，整个装置宽 600 mm，长900 mm，高 400 mm。其除氚性能试验表明，对总体积 32 L(1% $H_2$、5% $O_2$、94% $N_2$)系统的氚浓度由 23.74 GBq/m$^3$ 降到 23.6 kBq/m$^3$，在催化剂温度为 200 ℃时，以 200 L/h 的流速循环 155 min 即可达到。

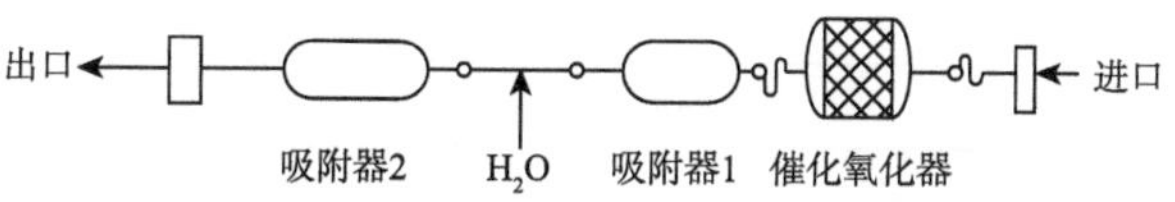


图 3-17　美国除氚装置(1979 年专利)示意图

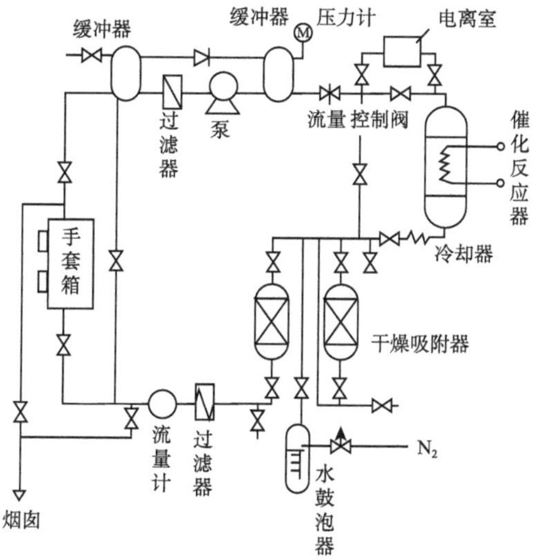


图 3-18　日本原研氚处理实验室手套箱除氚系统

## 3.4.4　国内在气体净化与除氚技术方面的研究进展

随着核能的开发与聚变堆研究深入，大规模除去与回收氚的技术不断取得进展，从而使得一般处理氚工厂或实验室含氚空气的净化问题已变得相对容易解决。另一方面，我们应当看到类似上述除氚器结构的装置，目前在国内民用工业中已有较为广泛的应用[13-15]。如供气相色谱使用的各种 $H_2$、$O_2$、$N_2$ 净化器，它们的气体处理能力要小一些，一般只有每分钟几百毫升，而在电子及材料工业上应用的高纯氧、高纯氢或高纯氮净化器，有的气体处理能力高达 3～10 m$^3$/h；更大的如在万立方米制氧机组粗氩加氢除氧工艺中的应用，钯催化剂的装填量为 40 kg，将这些现成的工艺或技术引入核工业含氚空气的净化或空气中氚的去除是可以实现的。这方面中科院山西煤炭化学研究研制的氢氧结合催化剂钯-123，钯-104[16-17]，其性能与国外英格哈特公司的催化剂相接近，主要工作指标如表 3-8 所示，国内外水平对比如表 3-9 所示，中国辐射防护研究院利用钯-123 催化剂作为大气中 HTO 与 HT 取样器中的催化吸附剂，在室温 23 ℃的实验表明，当催化剂为 22 g 左右时，空气流速为 11 min$^{-1}$，氢载气浓度为 0.4%，它对氢的氧化转化效率接近 100%[18]。钯-

104催化剂对甲烷和一氧化碳的氧化也具有较好的特性，并且在空气中$^{14}C$取样器的研制中得到了应用。这两种催化剂都具有再生周期长、操作温度低、稳定性好、活性强的优点，可以在除氚器中试用。

**表 3-8 钯-123，钯-104 催化剂的主要工作指标**

| 催化剂型号 | 空速 | 使用温度/℃ |
|---|---|---|
| 钯-123 | 5 000～20 000 | ≤80 |
| 钯-104 | 2 000～10 000 | 330～400 |

**表 3-9 国内外催化剂性能比较**

| 催化剂型号 | 主要指标 | 国内产品 | 国外产品 |
|---|---|---|---|
| 钯-123 | 工作温度 | 280 ℃ | ≥120 ℃ |
| | 净化气体质量 | $H_2<1\times10^{-6}$ | $H_2<2\times10^{-6}$，英格哈特公司 |
| 钯-104 | 工作温度 | 330～400 ℃ | 350～450 ℃ |
| | 净化气体质量 | $CH_4<0.1\times10^{-6}$ | $CH_4<0.1\times10^{-6}$，日本纯氢公司 |

在除氚技术方面，国内复旦大学物理二系在20世纪80年代初曾进行了"减少氚大气排放"项目的研究，其成果于1985年5月通过鉴定[19]。他们用自己研制的$Pd/Al_2O_3$贵金属催化剂，在空气中氚浓度(37～370)kBq/L量级范围内进行的实验测定表明，催化床温度为140 ℃，空速为5 000 $h^{-1}$。鉴定报告中也给出了用该催化剂对氚化碳氢化合物(氚化乙醚蒸气)做的氧化特性试验。他们对催化剂的催化氧化反应动力学及分子筛吸附动力学的研究，对除氚系统的设计所必需的参数，提供了可靠依据。

中辐院在1995年后研制的小型可移动式除氚器，如图3-19所示[20]。整机宽80 cm、高150 cm、深60 cm，质量约150 kg。前面板上部为所有仪表、信号与工作状态显示；下部打开两扇门可进行所需管线阀门的调节。气体转移选用美国GAST公司的DAA-P103-GD隔膜泵，其空载流量约为5 $m^3/h$。主管路$\phi$10 mm内壁经过电抛光表面处理，以期尽量减少管壁的记忆效应。支路管$\phi$8 mm用于冷凝水路和干燥床再生时气路的输入气体。3个具有加热套和温控的罐体并立安装在机壳的后半部：缓冲器$\phi$120 mm×1 000 mm，其总体积11升；催化氧化反应器$\phi$150 mm×500 mm内装2 kg Pd-123型催化剂；冷凝器$\phi$150 mm×1 000 mm，内部包括有两路并立的螺旋形冷凝管与气液分离器；干燥器$\phi$150 mm×1 000 mm内装5.0 kg 5A分子筛，底部为空气循环泵和电源控制箱。所有气体输入、输出接口均设在仪器的顶部，便于和处理气源连接。操作温度：催化氧化150～500 ℃，干燥器再生350～400 ℃；操作压力：0～0.25 MPa。

图 3-19 可移动式除氚器样机

该可移动式除氚器在被处理空气一次通过的工作模式下，催化床的工作温度为180～200 ℃，对1 000×$10^{-6}$水平氢的去污因子≥$10^3$。在现场闭路循环的工作模式下，对微量气态氚(0.5～1×$10^{-6}$)的脱氚实验表明：催化床在450 ℃工作温度下，空气闭路循环流量

3.8 $m^3/h$，除氚器将 1 $m^3$ 密封不锈钢大罐内空气中的氚浓度在 114 min 内由 $4.62\times10^6$ Bq/L降低 3 个数量级。报告还论证了除氚器在现场使用的适应性与安全性，并对在研制和现场性能试验中发现的技术问题进行了讨论。

此后，中辐院又为氚手套箱研制了气体处理能力为 20 $m^3/h$ 的除氚装置，以保证在 1 h内可将手套箱内高于 90%的释放氚捕集，2.5 h 内可将手套箱内的氚浓度降低 3 个数量级。催化反应器 $\phi160\times1\,200$ mm 内装 Pd-123G 型催化剂 10 kg，工作温度 150～500 ℃。干燥剂吸附床 $\phi160\times1\,200$ mm×2，每个内装 5A 分子筛 15 kg。该除氚装置在预热罐体温度 360 ℃，催化床工作温度 430 ℃；膜压泵的出口压力 0.4 MPa，实际流量 13.5 $m^3/h$ 闭路循环的工作条件下，对 1 $m^3$ 密封大罐的实测除氚效果如图 3-20 所示。除氚装置启动后，在 30 min 内将大罐空气中的氚浓度由 $3.98\times10^7$ Bq/L 降到 $3.36\times10^4$ Bq/L 以下，去污因子≥$10^3$。图 3-20 中大罐进、出气口空气中的氚浓度是由装置内配中辐院研制的宽量程氚监测仪以每 2 min 间隔连续读数记录的。

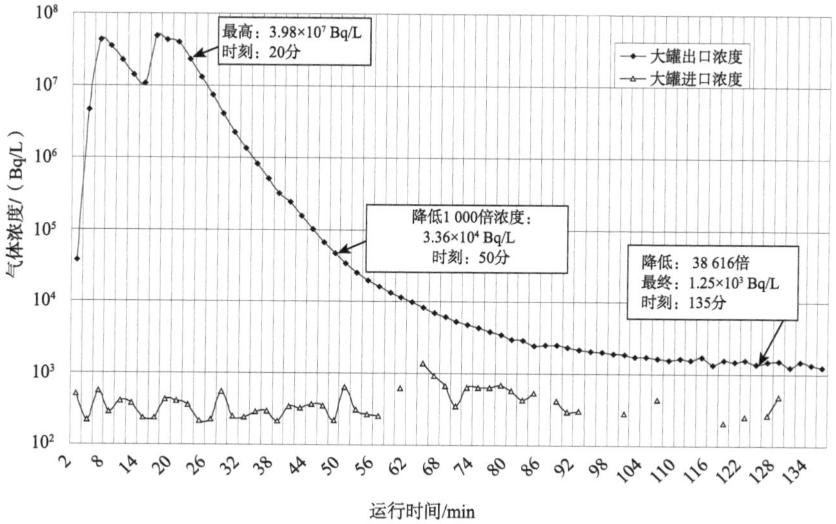


图 3-20　除氚装置进出气口实测空气中氚浓度的变化

国内中国工程物理研究院物理化学研究所也研制了多套氚废气净化系统，均采用催化氧化法处理含氚废气，去污因子为 $10^2$～$10^3$[21]。催化氧化除氚技术中，催化剂材料、吸附器和吸附剂材料是技术的核心。国外主要采用成熟的亲水性催化剂，中国工程物理研究院核物理化学研究所为满足氚应急处理的需要，从 20 世纪 90 年代开展研究疏水性催化剂，并将其应用于体积达数立方米的含氚废气净化系统中[22]。

中科院大连化物所在 20 世纪 90 年代研制的 OC-2 氧化催化剂，其活性组分为 Pd，担体为锰的氧化物 MnO[23]。锰的氧化物除了起支撑作用外，对催化剂具有促进作用，使 Pd 的活性更高，降低了催化氧化温度，同时在无氧或氧量不足的情况下自身参与氧化反应，扩大了应用范围。OC-2 型催化剂与国内外同类产品性能比较见表 3-10，该催化剂脱除 $CH_4$ 时所需温度≥300 ℃，脱除 $H_2$ 时所需温度≥150 ℃，脱除 CO 时所需温度≥90 ℃。氧化催化剂失效后可用含氧的氮气再生恢复活性。

表 3-10 OC-2 型催化剂与国内外同类产品性能比较

| 类型 | 脱除组分 | 使用范围 | 使用温度/℃ | 深度 $10^{-6}$(体积比) |
|---|---|---|---|---|
| OC-2 型 | $CH_4$、CO、$H_2$ | 氧气、惰性气体 | 300～350 | 0.01 |
| OC-1 型 | $CH_4$、CO、$H_2$, | 氧气 | 300～370 | 0.05 |
| 104 型 | $CH_4$ | 氧气 | 350～400 | 1 |
| 美国 NASA Pt/担体 | $CH_4$ | 液氧 | 468 | 0.5 |
| 日本大阳酸素 | | 氧气 | | |
| TIP-400-48KTC | $CH_4$、CO | 惰性气体 | 400～450 | 0.05 |

根据手套箱气氛主要气体成分(是惰性气氛还是空气)和氚的浓度水平(是否需要回收利用氚)的不同，有催化氧化一吸附(氚化水)和金属吸气剂床两种基本的氚净化方法。然而，在氚浓度很低的情况下(小于 50 $MBq/m^3$)，多数吸气剂吸附氚的动力学特性不能满足有效除去手套箱气氛中氚的要求。这时使用催化氧化一吸附法可能必须在抽入除氚系统的惰性气体中加氢或加氧。若使用自供氧的 OC-2 类氧化催化剂则可以不用加氧。还有一个好处是 OC-2 类氧化催化剂可以在较低温度(150 ℃)下除去惰性气体中的 HT，而在较高温度(≥300 ℃)下除去惰性气体中的 $CH_4$，使除氚系统的结构变得相对简单。

# 3.5 氚包容除去系统的设计[24-26]

## 3.5.1 氚包容除去系统的设计考虑

在第 1 章第 2 节介绍聚变堆中的氚设施时，我们已经给出了在处理大量氚的研究或生产试验设施里氚包容除去系统的概念图。可以看出氚的第 1 层包容系统由实验装置本体，在实验中所使用的氚的供给、贮存、回收、保管系统，及在氚除去设备(排出气体处理设备)内连接的真空排气系统等构成。

在进行第 1 层包容系统的设计建造时，综合我们在前面已经学到的知识，必须考虑：(1)对于每个实验条件(压力、温度、氚浓度、氚的化学形态)能够采用的防止氚渗透和泄漏的措施；(2)减小实验装置在真空排气操作时排放氚的回收措施；(3)为避免氚除去设备性能变差，防止有机蒸气混入系统内的措施。

因此，在设计建造中应注意以下几点：

(1)结构材料尽可能使用金属；

(2)装置设备、管线应最大限度地采用焊接结构；在苛刻条件(高温或高压)下工作的部分应采用 2 重夹套构造；在必须采用接头连接的地方，应采用可靠性高的高性能接头(Cajon Swagelock)；

(3)阀门应使用波纹管密封阀；

(4)气密封垫圈应尽可能使用金属密封垫圈，在使用合成橡胶垫圈时必须考虑辐射损伤与氢同位素交换反应的影响；

(5)对泵及转动设备，应采用氚不直接与润滑油接触的结构，并选用有轴封措施的设备；

(6)对于实验后氚的回收，分子形式的氚应采用铀、ZrCo 等活性金属床；在氧化氚的情形，应采用分子筛干燥器；氚的回收系统，由于进行加热、冷却的热循环较多，应注意法兰盘等结合部的缓慢松弛。

第 2 层包容系统由手套箱、除去实验装置向手套箱保护气氛渗透泄漏氚的惰性气体净化系统、实验装置、手套箱负压控制系统、氚废液贮槽弯管接头等排出气体所含氚的除去设备等构成。在设计中需考虑的基本问题为：(1)应能够使次级包容系统向作业环境氚的渗透泄漏量以及向周围环境氚的排放量，在正常工况下达到管理基准限值以下；(2) 即使在实验装置发生含氚气体异常释放的情况下，向周围环境的氚排放量也应能控制在管理基准限值以下，并能够防止火灾、爆炸等异常事故发生。

为此，必须对下述几点给予注意：

(1)手套箱应具有气密性构造(0.1%/h 体积泄漏率)，手套箱内压力对作业环境保持负压；

(2)对于手套材料，应使用对氚化水蒸气和氚气渗透率低的合成橡胶(如异丁橡胶)；

(3)手套箱保护气氛气体，使用 $N_2$、Ar 等惰性气体，应将惰性气体中的氧气浓度控制在一定限值以下不会发生氢气爆炸的浓度，如体积浓度为 $1\times10^{-3}$；

(4) 在某个工序发生氚气异常释放的情形下，不会将其影响波及该工艺的其他工序。

第 3 层包容系统，由在异常情况下具有将向环境释放氚包容功能的气密性构造的厂房(或工作间)及氚除去设备(空气净化系统)构成。在进行第 3 层包容系统的设计时，为了确保在异常情况下向周围环境氚的排放量达到管理基准限值以下，必须考虑：(1)为了防止由空气排风换气系统向周围环境氚的泄漏，在排风换气系统里设置受操作室内氚浓度控制动作的紧急切断阀；(2)将操作室内空气维持在负压，以防止氚向周围环境的泄漏。

为此，必须注意：(1)当空气排风换气系统产生的负压(风向维持)成为不可能时，应使氚除去设备具有取代其工作的机能；(2)应使操作室的门窗及贯通部具有气密性构造，且有必要在排水系统里设置水封罐等措施。操作室的气密封目标值为 1% Vol/h 密封性要求满足 EJ/T 1096—1999 中的 3 级要求，泄漏率 $<10^{-2}$/h。

此外，第 3 层包容系统的氚除去设备，在设计建造时应预先考虑到有利于平时对氚污染设备的维修保养(分解、修理、替换等)，从而防止维修期间操作人员的受照，防止氚污染的扩大，使氚向周围环境的排放量能够减到最低。

## 3.5.2　除氚设备的设计方法

基于催化氧化——水分吸附法的氚除去系统，它的基本流程在 3.4.1 节图 3-12 中已经给出。图中最重要的部件是催化氧化反应器与水分吸附塔。

### 3.5.2.1　催化氧化反应器

氚除去系统中的催化氧化反应器，必须能够：(1)对于处理对象气体中氚化合物[主要以氚气(HT、$T_2$、DT)，甲烷 C(HDT)等化学形态存在]含量低的情形下也能得到高的氧化率；(2)对处理对象气体进行大流量连续处理。满足这些条件的催化氧化反应器，采用反应物质(氚化合物)流向混合少的方式较为有利，一般使用催化剂颗粒填充固定床层的催化氧化反应器。

在 3.4.2 节中已经介绍了目前被广泛使用的铂、钯等贵金属催化剂的性能和物理参数。图 3-21 为美国圣地亚国立研究所氚研究设施使用的催化氧化反应器示意图[27]。为了得到高的氧化率，反应器催化剂层必须不发生偏流。催化剂填充在上下两块不锈钢烧结板(上部还具有整流板机能)形成的空间之中，被处理气体由预热器加热到一定温度。在反应器的外壁设置有辅助加热用的加热器组，以防止由于散热而使温度降低。

催化氧化反应器设计的基本考虑，是被处理气体中氚的化学形态，所要求达到的去污因子 $D$(即反应器入口的氚化合物浓度 $C_{in}$ 与出口浓度 $C_{out}$ 之比，$D=C_{in}/C_{out}$)，被处理气体流量 $Q_0$(NL/s)以及能满足这些设计条件的反应器催化剂床的温度 $T$(K)与催化剂填充量 $V$(L)。反应器中催化剂床的温度，一般在氚为氢气化学形态的场合为 200 ℃；在甲烷化学形态的场合为 500 ℃。在氚除去系统的设计中，处理气体流量与反应器催化床层温度，作为运行操作条件，应能够调节控制。

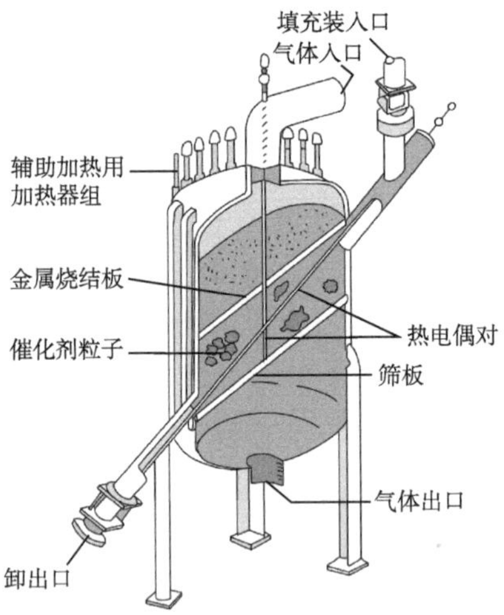


图 3-21　美国圣地亚氚实验室使用催化氧化器

设计必要的基础数据是催化剂床层的反应速率 $r_R$。在许多大量氚处理设施中使用较多的催化剂是美国 Ingelhard 化学矿业公司出品的贵金属催化剂。使用这种催化剂的氚化合物氧化反应已有报告给出，反应速率 $r_R$ 近似为氚气浓度 $C$ 的一级反应。

$$r_R=-kC \tag{3-3}$$

式中，$k$ 为一级反应速率常数。

由(3-3)式给出的 $r_R$ 包含了丸状催化剂颗粒内部的细孔扩散或催化剂外表面气体境膜扩散的效果。但氚化合物依赖于这种催化剂的氧化反应也有报告看作是表面反应速率，即一级反应速率依赖于温度而不受气体流速的影响，可用下述经验公式计算给出：

氚为氢气化学形态：

$$k=2.27\times10^5\exp(-71\ 000/RT) \tag{3-4}$$

氚为氚化油蒸气：

$$k=1.28\times10^7\exp(-21\ 000/RT) \tag{3-5}$$

式中，$R=8.31$ J/(mol・K)，固定床层催化氧化器对氚化合物的去污因子 $D$，考虑沿轴方向(流向)浓度分布的实际情况，假定不计在沿轴方向上的流体混合，可用下式计算：

$$\begin{cases} D=\dfrac{C_{in}}{C_{cat}}=\exp(kV_c/Q) \\ Q=\dfrac{T}{273}Q_0 \end{cases} \tag{3-6}$$

一般被处理气体的体积流量 $Q$，由于氚除去系统的催化氧化反应器的操作压力大都在大气压附近，可使用温度修正后的值。式(3-6)为不考虑沿反应器径向的浓度和温度分布及沿轴向的温度分布模型的计算式。

给出作为设计条件的氧化率 $f$，可求出催化氧化器的单次除去系数，即去污因子 $D=1/(1-f)$催化剂的填充量 $V_c$ 可用下式计算求出：

$$V_c=\frac{Q}{k}\ln D \tag{3-7}$$

图 3-22 为图 3-21 所示的催化氧化反应器(Engalhard 公司贵金属催化剂小丸 A16648，1/8 in)对氢气及甲烷氧化率的实测结果。由图 3-22 可以看出，对于达到 1 000 以上的去污因子，催化氧化反应器的操作温度在氢气情形下约为 100 ℃，而在甲烷情形下必须在 500 ℃ 以上。同一图中的计算值，由于在报告中没有给出反应器的尺寸和催化剂填充量，由 $T=350$ K，$Q=340$ $Nm^3/h$ 时的去污因子 $D=200$，可推导出催化剂填充量为 786 每立方米催化剂($m^3$ Cat)。

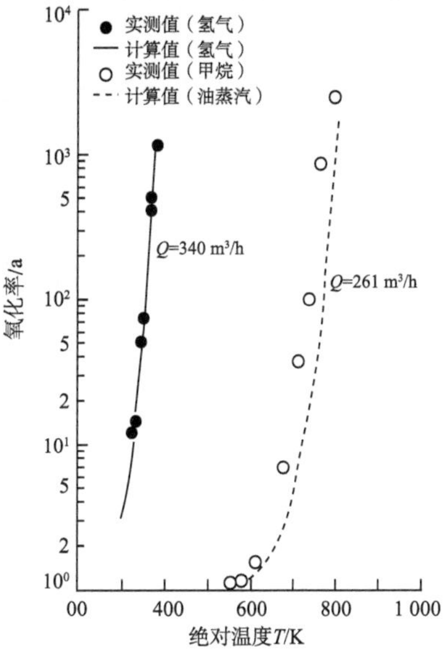


图 3-22　圣地亚氚实验室使用的催化氧化反应器氧化率的实测值

表示催化剂性能的参数，在很多情形下使用空速 SV(1/h)。SV 值被定义为 $Q_0/V_c$($Q_0$，$Nm^3/h$；$V_c$，$m^3$ Cat)。上节表 3-5 已给出了用 Engelhard 公司生产的贵金属催化剂充填的催化氧化反应器对于重氢氚 $D_2$ 与甲烷 $CH_4$ 的氧化转化率 $f$ 的测定结果。由该表可以看出，将甲烷的 99.5%以上氧化为水蒸气的转换，SV 值为 2 000，必须把反应器的操作温度升高到 350 ℃ 以上。

由于对于所使用的催化剂其反应速度即空速生产厂家已提供，所以只要已知被处理手套箱的体积和欲达到的去污因子 $D$，即可确定催化剂的体积。根据催化剂的堆密度，进而可求出所需催化剂的质量。当然，为了使催化床工作在最佳状态，催化反应器的设计必须满足一定的径高比，感兴趣的读者可进一步参考文献[28]。

应用指数稀释的标准假设，在系统内的氚量 $Q$ 被表示为：

$$Q_t=Q_i^{e-t(F/V)}$$

式中，$Q_i$ 为被释放的初始氚量；$t$ 为氚除去系统启动后的时间；$V$ 为系统的体积；$F$ 为氚除去系统的流量速率。使用该方程一个简单方法是计算系统的氚浓度减少 10 倍将需要的时间。$Q_t/Q_i=1/10=e^{-t(F/V)}$ 意味着：$-t(F/V)=\ln(1/10)=-2.3$ 或 $t=2.3\times(F/V)$。因此，假定按指数稀释，每经过 2.3 个 $F/V$ 确定的时间常数或换气体积，气体的氚浓度减小 10 倍的因子。相似的计算表明，每经过 4.6 个和 6.9 个 $F/V$ 确定的换气体积，浓度将分别减小 100 倍和 1 000 倍。该方程给出了一个设计和检验除氚器除氚性能的简单方法。

综上所述，在氚除去系统的催化氧化反应器的实际设计建造中，有必要注意下述几点：

(1)为了防止因偏流而降低氧化率，催化剂填充层高应为催化剂丸状颗粒直径的 100 倍以上；

(2)催化氧化反应器内的压力损失不能过大，空塔速度应控制在约 1 m/s 的范围内；

(3)对于操作温度与处理气体流量的变化，以及催化剂性能的老化，取计算值的 3 倍作为安全系数。

#### 3.5.2.2　水分吸附塔[29]

氚除去系统中的水分吸附塔，其作用是将催化氧化反应器转化生成的以水形式存在的氚吸附除去。一般使用分子筛作为吸附剂。水分吸附塔，通常为 2 台并列设计，如图 3-23

所示。当一台处于吸附除去运行时，另一台可进行再生操作或处于待用状态。

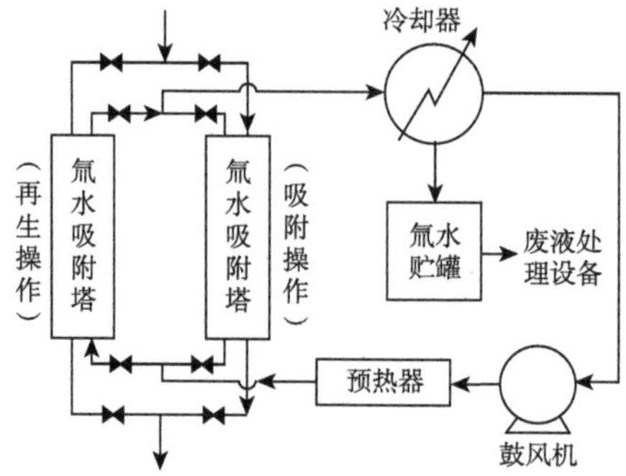


图 3-23 水分吸附塔再生操作的概念流程图

用分子筛吸附除去氚化水蒸气，需考虑下述工艺过程：

(1)氚化水蒸气在分子筛粒子(丸状)外表面形成的气体境膜内扩散移动；

(2)氚化水蒸气在分子筛粒子内部的细孔(微孔)内的扩散移动；

(3)氚化水蒸气被吸附在分子筛细孔内的微隙中。

氚化水蒸气被分子筛吸附时，以极快的速度经历了上述过程，(1)和(2)是决定吸附速度的过程。一般氚化水蒸气的吸附速度 $r$，可由包含了(1)和(2)过程的总括物质移动系数 $k_{Fa}$ 表示：

$$r = k_{Fa}(p - p^*) \tag{3-8}$$

式中，$r$ 为单位体积分子筛对应的吸附速度，mmHg①/cm$^3$ · s；$k_{Fa}$ 为总括物质移动系数(1/s)；$a$ 为单位体积分子筛所具有的表面积，cm$^2$/cm$^3$；$p$ 为被处理气体中氚化水蒸气的分压，mmHg；$p^*$ 为假定与分子筛处于吸附平衡时处理气体中氚化水蒸气的分压，mmHg。

总括物质移动系数，是一个同气体的空塔速度、气体黏度、吸附塔空隙率、由分子筛粒子平均直径确定的雷诺数、气体中氚化水蒸气的扩散系数、分子筛诸元(粒径、形状系数、微孔径分布)有关的参数。如图 3-24 所示，含有氚化水蒸气的气体，由水分吸附塔上部进入后，吸附过程顺次由上至下进行。发生这种吸附现象的比较狭窄区域被称作吸附带。图 3-24 中的部分Ⅰ，已被氚化水蒸气饱和，不再发生吸附现象；部分Ⅱ是实际进行吸附现象的吸附带；部分Ⅲ为未吸附部分。只要持续供给气体，吸附带逐渐下移到最底部，这时称为吸附塔穿透。而至此经过的时间称为穿透时间 $t$。水分吸附塔出口氚化水蒸气分压随时间移动的形状如图 3-25 所示。

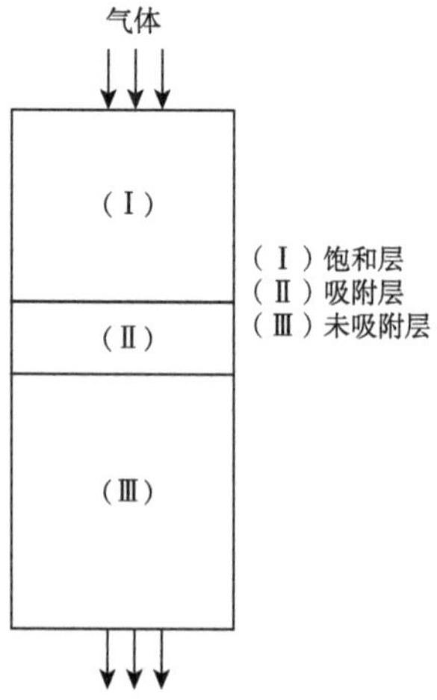


图 3-24 水分吸附塔模型

水分吸附塔的设计，就是由所要求的水分除去率 $\beta$[水分吸附塔入口氚化水蒸气分压 $p_{in}$ 与出口水蒸气分压 $p_{out}$(通常等于8)之比，即 $\beta = p_{in}/p^*_{out}$]，气体处理流量 $Q_0$(Nm$^3$/h)运行处理

① 1 mmHg=1.3×10$^2$ Pa。

时间 $t_\beta$(等于穿透时间)，求出能满足上述要求的水分吸附塔诸元(塔径、分子筛填充量)。一般分子筛填充的吸附塔用于空气除湿的场合，空塔速度设定在10～30 cm/s左右。在这一空塔速度范围内，空气中水分的吸附现象，其吸附速度由吸附过程(2)决定。若使用5A分子筛(1/8 in小丸)作为吸附剂材料，总括物质移动系数 $k_{Fa}$ 约为5～10 $s^{-1}$。

图3-26给出了5A分子筛－水蒸气体系的吸附平衡曲线。水分吸附塔的水分除去率 $\beta$，在一定意义上是由入口氚化水蒸气分压 $p_{in}$ 决定的。这是因为出口的氚化水蒸气分压 $p_{out}$ 同运行开始时分子筛上残留的吸附水分量和由水分吸附塔操作温度决定的平衡分压相等。水分吸附塔的操作温度，由于用水冷却器冷却的催化氧化反应器的出口气体，通常在20 ℃左右。因此，水分除去率 $\beta$，依赖于确定分子筛残留吸附量的再生操作条件。分子筛吸附床的再生工艺是：(1)使用加热到250 ℃的空气或 $N_2$ 解析吸附的氚化水蒸气；(2)用水冷凝器使含有氚化水蒸气的气体冷凝以回收氚水(参见图3-23)。再生温度为250 ℃时，分子筛中残留的吸附水分量约为2.5 g $H_2O$/100 g分子筛。对于这一残留吸附水量，在25 ℃吸附平衡气体中的氚化水蒸气分压约为 $6.5\times10^{-2}$ Pa，入口氚化水蒸气浓度为0.02%(由于水分吸附塔的操作在大气压附近，氚化水蒸气分压为19.5 Pa)，则水分除去率约为300。

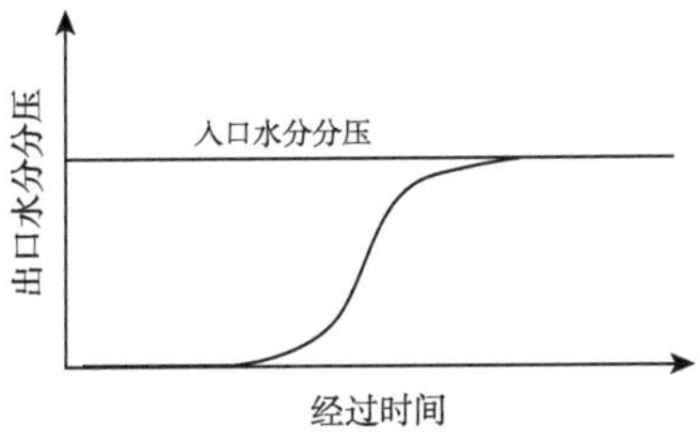


图3-25　水分吸附塔出口水分分压随时间的变化

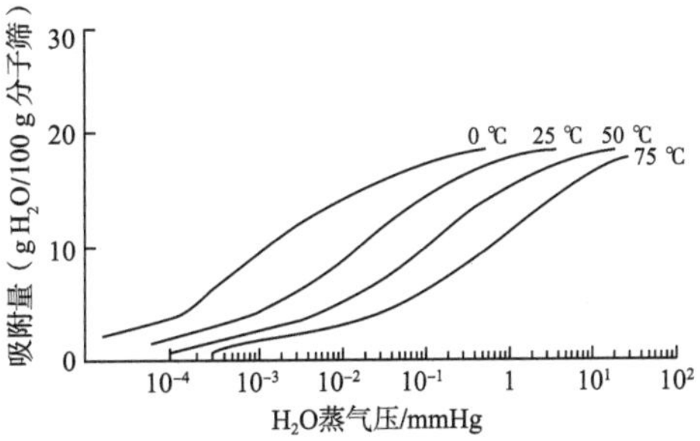


图3-26　5A分子筛对水蒸气的吸附平衡数据

所要求的运行处理时间 $t_\beta$，通常可以按再生频率为2～3个月连续使用的考虑设定。

穿透区的长短，虽然可以由气体流速，总括物质移动系数和移动单位数(相当于将氚化水蒸气由气相移向分子筛必要的段数)决定，但通常为3～10 cm，与水分吸附塔的填充高度相比可以忽略。

在实际设计建造氚除去系统的水分吸附塔时，有必要注意下述几点：

(1)为了防止旁路偏流而降低水分除去率，除保证吸附床一定的高径比外，可在入口设置整流板，且均匀地填充分子筛。

(2)入口氚化水蒸气的分压高时，应考虑由于吸附热量造成的操作温度(在穿透带)的升高。

(3)在入口氚化水蒸气分压低的情况下，为确保能够达到所规定的水分除去率 β，在入口应设置水蒸气添加装置。

(4)由于分子筛的老化(伴随再生—吸附往返操作次数的增加)造成的吸附容量降低也应考虑，以确定实际填充量。

# 3.6 大型氚包容与除去系统

作为大量氚的处理设施，有关聚变堆燃料循环的研究开发，氚及氚化合物的生产制造，以及重水中氚的回收，当然是主要的研究内容。但作为安全配套设施的氚包容除去系统，也具有同等重要的地位。本节对目前国外运转的有代表性的研究设施，如日本原子能研究所的氚工艺研究室(TPL)，欧洲氚处理实验室 ETHEL，及美国洛斯·阿拉莫斯国立研究所的氚系统试验设施 TSTA 的氚包容除去系统分别予以介绍。

## 3.6.1 日本原研的氚工艺研究室

日本原研的氚工艺研究室(TPL)[30-32]，如表 3-11 所示，是为进行聚变堆氚燃料循环基础研究有关的工艺技术与安全操作技术而建立的研究设施。该实验室为地上二层地下一层的钢筋混凝土建筑物。建筑面积 2 500 $m^2$，管理区域约 1 300 $m^2$。建筑物结构与主要安全设备的耐震度为重要分类 B 级。每年预定氚的使用量在 $10^4$ Ci 以上。为了防止对大量氚操作工作人员的照射和减少氚向周围环境的释放，对于氚系统采用了三重包容。

表 3-11 氚工艺研究实验室(TPL)概要

| | | | |
|---|---|---|---|
| 目的 | 关于氚燃料循环的工艺学研究<br>·氚工艺技术的开发(纯化、回收、同位素分离、捕集渗透等)<br>·氚安全处理技术开发(包容、除去、废弃物处理，衡算计量及辐射防护管理) | | |
| 氚的许可量 | ·贮存量 | | 22.2 PBq |
| | | 每年使用数量 | 740 PBq |
| | ·使用量 | 1 天最大使用量 | 9.3 PBq |
| 氚处理量(1991 年) | ·贮存量 | | 5.9 PBq |
| | ·使用量 | 1 台实验装置 | 0.74～3.7 PBq/回 |
| 设施特点 | ·依赖于小型装置的工艺、部件开发<br>·装置的设计，最佳操作条件选择，在实验中有变通性 | | |
| 工作进展 | ·1984 年 5 月完成基建与设备安装<br>·1985 年 6 月完成安全设备安装，开始冷试验<br>·1986 年 9 月许可使用铀<br>·1987 年 1 月许可使用氚<br>·1988 年 3 月由美国第 1 次运用 0.93 PBq 氚，开始热试验<br>·1989 年 3 月由美国运回第 6 次计 5.9 PBq 氚 | | |

### 3.6.1.1 氚安全设施的构成

图 3-27 给出了 TPL 氚安全设施的总体结构。第 1 层包容系统为实验装置，它们被包容在成 H 型配置的第 2 层包容系统的手套箱内。手套箱鸟瞰图由图 3-28 给出。

(1)在手套箱 B-GB10 内，安装有氚贮存设备：铀粉床容器 4 个(每个相当于氚贮存量 0.95 PBq)和 2 个锆钴床容器(每个相当于 9.3 PBq 的贮存量)。

(2)在手套箱 B-GB20 内，安装有等离子体排出气体的纯化、捕集、回收有关的实验装置，以及为回收使用过的氢同位素气体进行纯化、分离的热扩散柱实验装置。B-GB20

内氚的最大日使用量为 3.7 PBq。

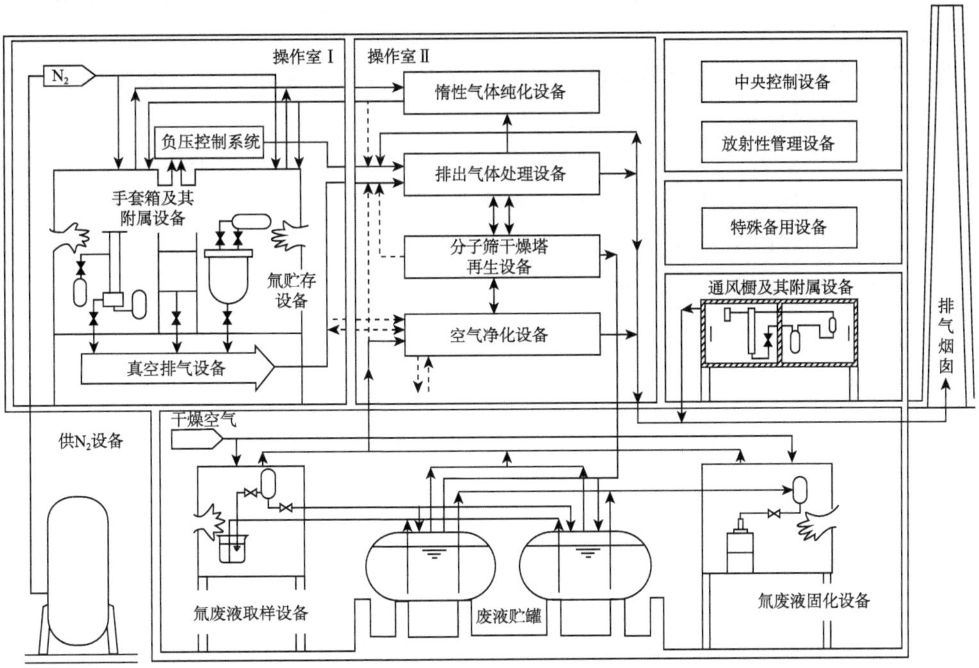


图 3-27 氚工艺研究实验室的安全设备

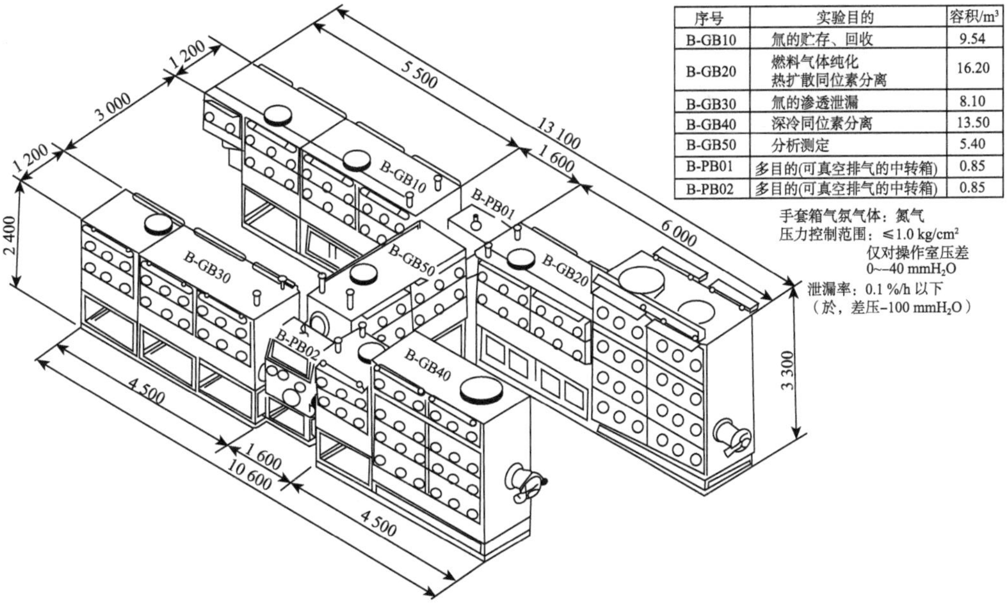


| 序号 | 实验目的 | 容积/m³ |
| --- | --- | --- |
| B-GB10 | 氚的贮存、回收 | 9.54 |
| B-GB20 | 燃料气体纯化<br>热扩散同位素分离 | 16.20 |
| B-GB30 | 氚的渗透泄漏 | 8.10 |
| B-GB40 | 深冷同位素分离 | 13.50 |
| B-GB50 | 分析测定 | 5.40 |
| B-PB01 | 多目的(可真空排气的中转箱) | 0.85 |
| B-PB02 | 多目的(可真空排气的中转箱) | 0.85 |

图 3-28 手套箱鸟瞰图

(3)在手套箱 B-GB30 内，安装有由等离子体区域泄漏出来的原子状态氚渗透特性研究有关的实验装置，氚的最大日使用量为 3.7 PBq。

(4)在手套箱 B-GB40 内，安装有用深冷蒸馏法分离氢同位素的实验装置，氚最大日使用量为 3.7 PBq。

(5)在手套箱 B-GB50 内，安装有氚分析测定有关的实验装置，氚最大日使用量为 0.74 PBq。

这 5 个手套箱同 2 个用于实验设备移进、取出、检修、保养、除染的旁通手套箱(真空置换型手套箱)相连接。

第二层包容体系由(1)上述手套箱及处理氚废液的空气保护气氛手套箱；(2)作为除氚设备的惰性气体纯化系统(GPS)、排出气体处理系统(ERS)以及空气净化系统(ACS)、回收上述除氚设备中吸附了氚的分子筛再生系统构成。

### 3.6.1.2 主要氚安全设备概况

(1)惰性气体纯化系统(GPS)

惰性气体纯化系统主要用于控制手套箱内氮气保护气氛中的氚浓度，以及手套箱内部压力，保护气氛中水蒸气与氧气浓度的调节。GPS 工艺流程如图 3-29 所示。

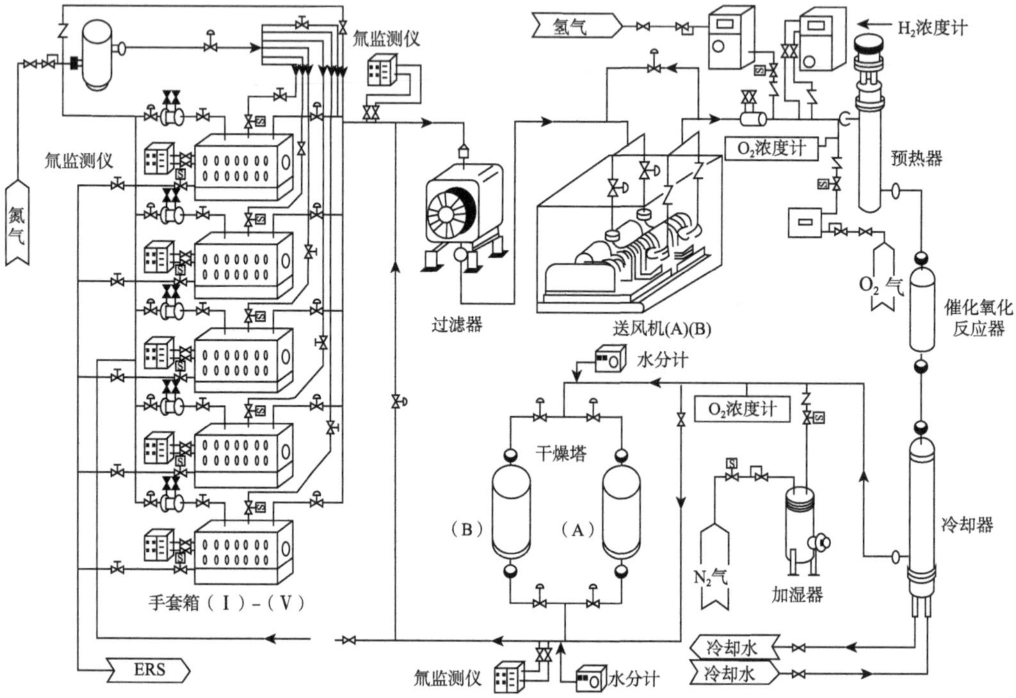


图 3-29 惰性气体纯化系统(GPS)

由送风机(设置 2 台，其中 1 台备用)将手套箱排出的保护气氛气体以 150 $m^3/h$ 的处理流量，经预热器加热到 200 ℃，送入催化氧化反应器(Engelhard 公司产贵金属催化剂 24 kg 填充)，使气体中氚被氧化转化为氚化水蒸气。含有氚化水蒸气的气体经冷却器冷却到室温，送入干燥塔(2 台设置，其中 1 台备用，各填充 5A 分子筛 460 kg)，使氚化水蒸气被吸附除去。被纯化过的保护气氛气体又被返回手套箱重复使用。在渗入手套箱保护气氛里的空气成分中，有可能需添加氧气或氢气，通常调节在(0.11%～10%)之间。而在通入干燥塔的气体中水蒸气浓度低时，为了保证预定的氚化水蒸气除去率，可在冷却器与干燥塔之间添加水蒸气。手套箱的内部压力，由设置在各手套箱内的专用负压调节系统确定。操作室压力通常控制在0～40 mmHg范围之内。各个手套箱装有GPS的入口和出口电离室型氚监测仪；预热器的入口装有氢气与氧气监测器，干燥塔的入口装有氧气监测器与水分计，出口则装有水分计。在GPS系统发生故障时，可用下面介绍的空气净化系统构成备用系统。

(2)排出气体处理系统(ERS)

排出气体处理系统，主要用于除去氚工艺实验室TPL产生的各种排放气体中的氚，因而在TPL的安全系统中起着中枢的作用，其流程原理如图3-30所示。在由作为第1层包容的实验装置真空管阀排出的气体，由作为第二层包容的手套箱GPS排出的气体，以及由废液罐通风系统等设备排出的气体。TPL产生的各种排出气体中，流量、氚浓度与氚的化学形态，随不同时间而有很大变化。因此，排出气体首先被收集到控制在0.5～0.9 MPa的低压大罐中(容积3 $m^3$)。只要低压大罐内的气体压力达到0.9 MPa，就启动压缩机(设置3台，其中2台为三重隔膜泵，一台为2重波纹管密封往返式，均为无油型泵，通常2台备用)将排出气体转移到高压大罐中(2台设置，每台容积为5 $m^3$)。低压大罐的气体压力降到0.5 atm时，压缩机停止工作。高压大罐的气体压力一旦达到7 MPa，在进行切换大罐接入管线的同时，开始以20 $m^3/h$的流量进行气体处理。排出气体中估计可能会混入甲烷等化学形态的氚，因而催化氧化反应器的工作温度设定为500 ℃。催化氧化反应器为2台串接设置(第1级装填Engelhard公司贵金属催化剂18 kg，第2级充填同一种催化剂20 kg)，它们之间配备有能够添加$H_2$的装置，从而能够保证有$10^4$以上的高氧化率。

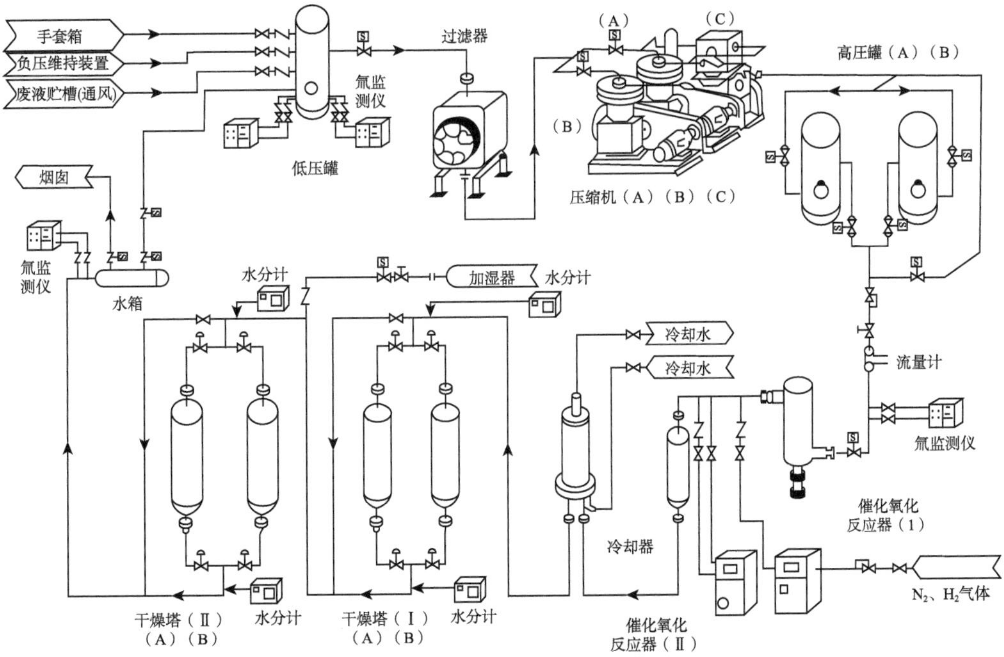


图3-30 排出气体处理系统(ERS)

含有氚化水蒸气的气体，经由冷却器降低到室温后，被送入 2 段式干燥塔(第 1 级 2 台，各装有 5A 分子筛 140 kg，第 2 级 2 台，各装填同一吸附材料 330 kg)，使氚水蒸气被吸附除去。在第 1 级和第 2 级干燥塔之间，装有可以添加水蒸气的装置。

处理后的气体，用电离室测定氚浓度，其浓度达到规定值 0.74 Bq/$cm^3$ 以下时，由管理区域排气系统稀释 1 500 倍以上，经由烟囱向环境排放。氚浓度在所规定值以上时，处理过的气体被返回低压罐，进行再处理。当 ERS 发生故障时，同样可由空气净化系统作为备用设备。

(3)空气净化系统(ACS)

空气净化系统是在操作大量氚的房间内发生异常释放的情况下，循环处理室内空气(处理流量 300 $m^3$/h)，用以减少向周围环境释放氚的系统。在其他情况下，它也可被用于：在空气作保护气氛的手套箱内渗透泄漏氚的除去；同手套箱内气体压力的控制；GPS 和 ERS 发生故障时的备用设备，以及在检修氚污染机器设备时发生的氚污染空气的处理。图 3-31 为空气净化系统的流程原理图。

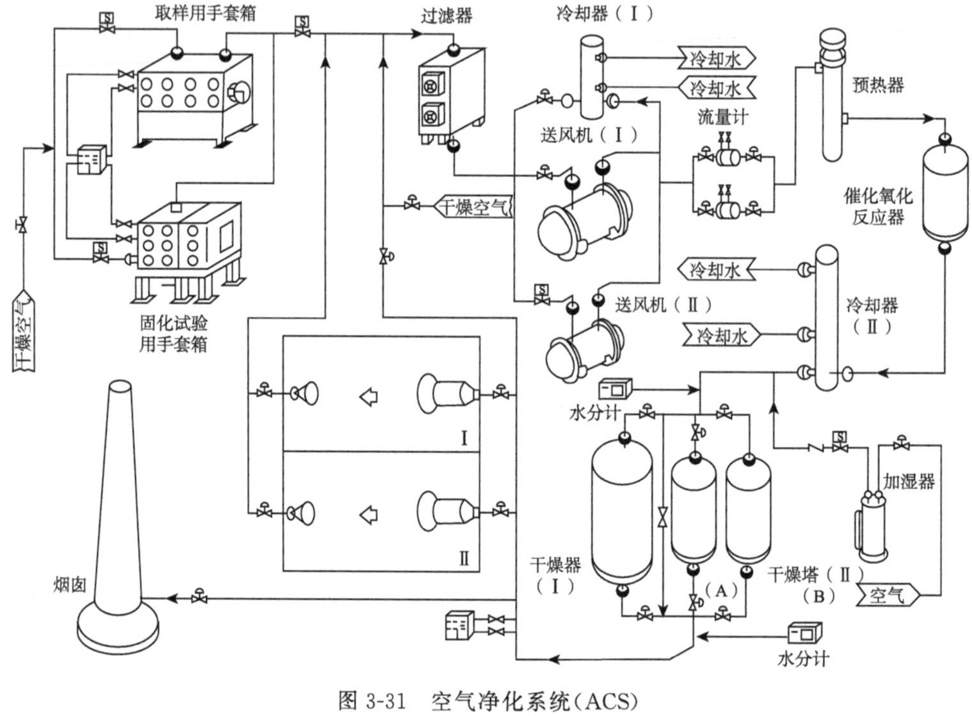


图 3-31 空气净化系统(ACS)

ACS 的除氚方式与 GPS 相同。与 GPS 不同的地方主要有(1)设置的风机排风量为 50 $m^3$/h和 300 $m^3$/h，以满足 ACS 的多重目的性，(2)其相应的干燥塔也大，设置 3 台(其中 1 台用于异常情况处理的干燥塔，5A 分子筛装填量为 1 200 kg；其他 2 台装有同样的吸附材料 130 kg)。而催化氧化反应器(装填 Engelhard 公司贵金属催化剂 60 kg)。对于 300 $m^3$/h 的处理流量，也能满足其性能要求(氧化率 200 以上)。

(4)分子筛干燥塔再生系统(DRS)

干燥塔再生系统的工艺流程如图 3-32 所示。该系统用于已被氚化水饱和的 GPS、

ERS 和 ACS 的干燥塔再生，使它们能够继续被使用，从而使被氚水饱和的分子筛固体废弃物的产生量减到最小。

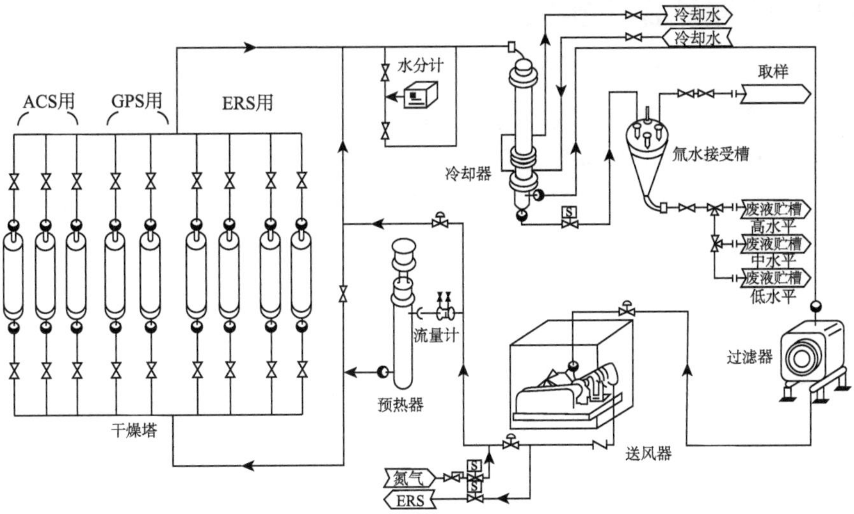


图 3-32　分子筛干燥塔再生系统

在被氚水饱和的干燥塔里，送入用预热器加热到 350 ℃的 $N_2$(循环流量 200 $m^3/h$)，使被吸附的氚化水从分子筛床中脱去。含有氚化水蒸气的 $N_2$，经由冷凝器冷却到 15 ℃，使氚水被冷凝除去。回收的氚水被收集在氚水接收槽罐内，测定氚浓度后，转移至规定的废液贮罐内。为了防止氚化水蒸气向作业环境的泄漏，DRS 整个系统被控制在负压下操作。由 DRS 负压控制系统排出的气体及再生后的 $N_2$，被送入 ERS 进行除氚。

### 3.6.1.3　性能检验

日本原研的氚工艺研究实验室 TPL，建成后投入运行前，对于手套箱的气密性、氚除去系统的性能、操作室房间的气密性等，进行了一系列的冷试验检验。用氧气浓度法测定了 $N_2$ 气氛手套箱的气密性，其设计基准是 0.1 %/h(压差 100 $mmH_2O$)的 1/100 左右。用氢气对 GPS 和 ACS 催化氧化反应器的氧化率进行了测定，满足设计基准值(对于氚气 200 ℃ 达 200 以上)，结果达到 $10^4$ 以上。使用甲烷气体对 ERS 催化氧化器的氧化率进行了测定，满足设计基准值(对于氚化甲烷，500 ℃在 $10^2$ 以上)。实测结果给出，在 500 ℃对甲烷的氧化率达 $10^3$ 以上。对于设置手套箱的操作室房间，其泄漏率虽然随负压上升而增加，但由于采用了气密性构造的门，以及贯通部、排水管线设置了水封罐，在换气系统里设置了气密性构造的紧急关闭阀等多项措施，满足设计基准值 1 %/h (−15 $mmH_2O$)。

氚工艺实验室 TPL 于 1988 年 3 月使用克数量 370 TBq 水平的氚进行了热试验，从而使其氚安全设施开始投入连续运行。到 1990 年 12 月，该实验室已使用氚进行了 37 次热试验(氚的贮存、供给、工艺试验，由 DRS 进行干燥塔的再生等)。由于这些热试验，由实验工艺系统向手套箱保护气氛渗透泄漏的氚总量约为 185 GBq(由 GPS 的干燥塔吸附除去)。每次工艺试验结束后，在实验中使用过的氚，虽然回收到供给、贮存用的铀粉瓶中，但在对实验装置管道抽空，通入 $N_2$ 冲洗去污时，仍有 3.7 TBq 水平的氚通过真空排气向 ERS 排出，这样在整个热试验期间，ERS 系统由排放气体中除去回收的总氚量约为

137 TBq。由于实现了氚的包容与除去，TPL 实验室自热试验开始以来，在作业环境及烟囱排放气体中，未探测到有意义的氚浓度上升与操作人员受照射。

## 3.6.2 欧洲氚操作实验室

欧洲氚操作实验室 ETHEL[33] 于 1992 年由欧洲联合研究中心(JRC)在意大利 Ispra 建成并投入使用。该设施以相当可观的规模，用实验来验证氚在工艺系统以及对工作人员和外环境的转移途径，研究解决与聚变堆研究有关的大量氚操作的安全性与辐射防护问题。该实验室是一座底层面积为 1 350 $m^2$，占用空间 13 000 $m^3$ 的二层楼房建筑，设计的氚允许操作量为 37 PBq(100 g)。

### 3.6.2.1 设计特色

欧洲氚处理实验室(ETHEL)的大部分底层空间，同两个氚实验研究区域相关：探索性研究实验室(LER)和工艺研究大厅(HPD)。LER 被分为 2 个手套箱组合系统的操作区，计划用于低盘存量(<37 TBq)的实验，而 HPD 在一个单回路中可含有高达 7.4 PBq 的氚。第 3 个研究区域是用于非放射性气/氚实验的冷实验室，位于一层的清洁地段，同培训工作人员使用的手套箱和一般氚操作技术的房间在一起。

该实验室设计中最主要的安全运行原则是对被处理的气体氚采用多重包容并使相关空间保持一定的压力差，保证在大量氚操作时有高度可靠的包容防护。除极少数例外情况，氚以它的元素形态或氚化物形态，被保持在两个截然不同的包容系统内。此外，为了减小在大量氚事故性释放情形下可能的剂量水平，由建筑物的供暖与通风系统(H&V)和各种气体脱氚系统，对工作人员和社会公众提供进一步的防护。后者主要被用于将手套箱内的氚浓度维持在足够低的水平。图 3-33 给出了 ETHEL 整个包容系统的设计原理。

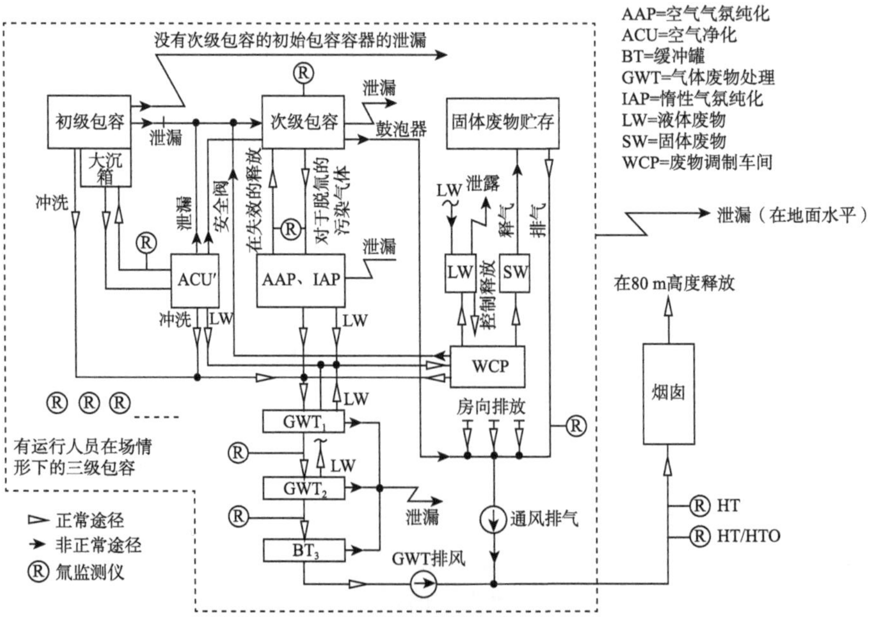


图 3-33 ETHEL 包容系统的设计原理

#### 3.6.2.2　密闭的多重包容

(1)初级包容

初级包容由工艺设备、实验管路构成，整个系统气密性可达到 $10^{-7}$～$10^{-5}$ Pa·m³/s。

(2)次级包容

同样，次级包容的主要类型是将工艺设备和主要管线设置在其中的手套箱。手套箱的气密性可达 1 kPa 压差下泄漏率≤0.05 %/h。通过周期性地将气体抽取到气体脱氚单元 GDS，自动压力调节器将手套箱内的气压相对于工作区域维持在－375～－125 Pa 的负压水平，以防止整个手套箱向外泄漏气体。

属于一种例外情况，该实验室有一个 5 m³ 的较小沉箱，因其预期的最大氚盘存量为(3.7 TBq)，结构与使用频度，未装备任何次级包容。一个初始体积为 350 m³ 的大箱体用作为初级和次级密闭屏障的双层不锈钢板构成，对于 1 kPa 的压差，其最大每小时泄漏率分别为 0.01%和 0.005%。如同所使用的手套箱一样，它采用了逐级负压的原理，初级和次级的压力相对于工作区域分别为－600～－500 Pa 与－400～－100 Pa。

同初级和次级包容相连接的有 4 种不同类型的气体脱氚系统(GDS)。它们是用于手套箱的空气与惰性保护气氛的纯化系统(AAP&IAP)，同大箱体连接的保护气氛净化单元(ACU)，以及 2 个气体废物处理系统(GWT)。

所有系统都是以 300 m³/h 重复循环气流的方式运行，通过将任何元素氚氧化，并将 HTO 吸附在分子筛床上，从而将保护气氛中的氚除去。在正常工况下，AAP 和 IAP 以每小时 10 个换气体积的速率清扫一组手套箱，以维持保护气氛中的氚浓度≤37 MBq/m³。通过再次直接将初始气流通入污染较重的次级包容手套箱并将该组其他手套箱旁路的方法，可使有效换气速率提高到每小时约 25 个换气体积。这种设计提高了除氚系统对非正常工况响应的可靠性，既不需要多余的工艺设备，如需将重复循环的风机接入管线，也没有通过工艺设备惰性部分的时间损失，同时也提高了催化氧化的温度。保护气氛净化单元(ACU)的功能同手套箱除氚系统相似，尽管它的功能还稍有不同地考虑了大箱体的实验特性。

(3)三级包容

为了避免操作人员和社会公众受到氚释放产生的照射，由供暖和通风系统产生逐级负压的建筑物提供了某种类型的第 3 重包容。根据运行目的，该建筑物内被分成 3 个区域：清洁区、低危险控制区与中等危险性控制区。3 个区域相对于外部环境保持逐级增加的负压差。在控制区的操作人员，由供暖与通风系统连续地将室内空气抽入 80 m 高的烟囱排出而受到保护。在正常工况下，供暖和通风系统产生单程循环通过的换气速率，对控制区域为每小时 5 次，对清洁区域的重复循环速率为 2 次。

如果在实验室内发生了氚的释放，供暖和通风系统通过提高在该区域的通风流量，对氚水平指示高的区域按设定程序作出响应。一般对发生这种事件设定的换气速率为 15 $h^{-1}$。随着通风流量的提高，由于氚浓度的稀释，滞留时间的减少，以及赖于此氚在该区域表面的吸收和随后缓慢地释放，预期会将操作人员所受潜在照射的大部分减到最小。

### 3.6.3　美国洛斯阿拉莫斯国立研究所氚系统试验设施 TSTA

美国洛斯阿拉莫斯研究所的氚系统试验组合装置 TSTA[34-35] 是为了实验验证核聚变反

应堆燃料气体纯化、循环系统及大量氚安全处理系统而建立的大型研究设施。依据日、美核聚变研究合作协定，从 1987 年 6 月开始双方在该设施上进行了热试验。系统内的循环流量为 370 PBq/d，氚的盘存量约为 37～74 PBq。

氚系统试验组合装置 TSTA 所有在安全上重要的设备都采用了三重隔离包容。即氚的渗透、泄漏可能性大的燃料气体纯化系统，氚的供给回收系统等(第 1 层包容系统)都安装在手套箱(第 2 层包容系统)内。配备有在异常情况发生时能将释放到室内的氚除去的应急空气净化系统的主实验室，作为第 3 层包容系统。此外，还配备有含氚废气处理系统 TWT，以除去回收 TSTA 回路的工艺废气，真空泵排出气体，手套箱冲洗气体，以及各种实验装置排出气体中所含的氚，防止操作人员在正常情况下受到照射，并使向周围环境排放的氚量减到最小。

TSTA 的氚包容除去系统，虽然没有设置相当于日本 TPL 以处理手套箱保护气氛气体为目的的 GPS 那样的系统，但配备有含氚废气处理系统 TWT，在确保 TSTA 大量操作氚有关的安全方面起着尤为重要的作用。TWT 由低压贮罐(<5.7 $m^3$)、催化氧化反应器(通常为 200 ℃，排出气体中碳氢化合物的浓度高时为 500 ℃)，大小不同的 2 台压缩机(25 $m^3$/h 与 90 $m^3$/h)，2 个高压贮罐(1.1 $m^3$)及 2 级干燥塔构成。TWT 的最大处理流量为 90 $m^3$/h，在系统出口氚浓度高的情况下，被处理过的气体可返回到低压罐中进行再次除氚。TWT 系统的氚去污因子设计值为 $10^6$。

TSTA 自 1985 年开始进行热试验以来，5 年期间由烟囱排放的总氚量约为 3.1 TBq。这些年期间，TWT 回收的氚量为 1.18 PBq，低水平(0.74 MBq/$m^3$ 以下)的固体废弃物产生量为 50 $m^3$。虽然小量氚泄漏事件有所经验，但需应急空气净化系统(ETC)启动那样大的主实验室氚泄漏事故还从未发生过。

# 参考文献

[1] IAEA.Safe Handling of Tritium[R]. IAEA Technical Report，Series No. 324，1991，VIENNA.

[2] Anderson J L，Coffin D O，Nasise J E，et al. Some Tips on Tritium Technology[J]. Fusion Technology，1985，8(2)：2413-2419.

[3] 杨怀元. 氚的净化与监测系统[J]. 原子能科技通讯，1983(3)：24-28.

[4] 成瀬雄二. トリチウムの大量取扱い技術について[J]. 保健物理，1982(17)：527-538.

[5] Catalytic oxidation of Tritium in Air at Amblent Temperatuye. UCRL-52811[R]. 1979.

[6] 吴彦敏. 气体纯化[M]. 北京：国防工业出版社，1993.

[7] 里森费尔德 F C，科尔 A L. 气体净化[M]. 北京：中国建筑工业出版社，1982.

[8] 杨怀元. 除氚技术的研究进展及除氚器的应用[J]. 辐射防护通讯，1986，(4)1-10.

[9] ガス中の水素又は酸素の除去剤. 日本专利：特许第 950032 号，特愿昭 52-155664，实愿昭 51-80319[P]. 1979.

[10] 铃木康夫. トリチウムガス取扱い用小規模実験システムの設計，製作および性能試験[J]. 日本原子力学会志，1984，26(1)：47-55.

[11] Removal of tritium and tritium-containing compounds from a gaseous stream，United States Patent 4 178 350De C11 [P]. 1979.

[12] Yamaguchi K，Makimoto Y，Kudo H，Detritiation of Glovebox Atmosphere by Using Compact Tritium Removal Equipment[J]Nuclear Science and Technology，1982，19(11)：948-952.
[13] 中科院山西煤化所. HP151 氢气加压净化器[Z]. 1982.
[14] 中科院山西煤化所. OP-1 氧气净化器使用说明书[Z]. 1982.
[15] 杭州制氧机研究所，上海分子筛厂. 国产钯催化剂在林德万立方米制氧机组中应用的测试报告[R]. 1982.
[16] 孔令媛，胡杰南，杨学仁. 电解氧中脱氢催化剂的研究[Z]. 中科院山西煤化所，1982.
[17] 胡杰南，扎令媛，杨学仁. 氧中微量甲烷及一氧化碳氧化催化剂的研究[Z]. 山西煤化所，1982.
[18] 杨怀元，薛建萍. 空气中 HT 催化氧化取样方法的初步研究[J]. 辐射防护通讯，1986，1：20-26.
[19] 李启东. 催化氧化除氚系统的研究[Z]. 复旦大学物理二系，核工业二院，1984.
[20] 吴斌，杨海兰，温雪莲，等. 可移动式除氚器的现场应用试验[J]. 原子能科学技术，2006，40(4)：508-512.
[21] 彭述明，王和义. 氚化学与工艺学[M]. 北京：国防工业出版社，2015.
[22] 但桂萍，卢瑶章，邱永梅，等. 大颗粒疏水催化剂的制备及氧化氚氢的性能研究[J]. 原子能科学技术，1999(33)：12-17.
[23] 李景芝，梁艳萍，宫润娥，等. OC-2 型氧化催化剂的研究及工业应用[J]. 低温与特气，1999(1)：51-54.
[24] 成瀬雄二，松田右二. トリチウムの格纳—除去技术(ての1)[J]. 原子力工业，1991，37(8)73-79.
[25] 成瀬雄二，松田右二. トリチウムの格纳—除去技术(ての2)[J]. 原子力工业，1991，37(9)：69-75.
[26] 成瀬雄二，松田右二. トリチウムの格纳—除去技术(ての3)[J]. 原子力工业，1991，37(10)：76-79.
[27] 木下，松田，成瀬. トリチウムのト除去システムにわける触媒酸化反应器の设计法に关する检讨[R]. JAERI-M 8612，1979.
[28] 蒋国强，罗德礼，陆光达，等. 氚和氚的工程技术[M]. 北京：国防工业出版社，2007.
[29] 木下，松田，成瀬. トリチウムの除去システムにわけるトリチウム水吸着塔の设计法に关する检讨[R]. JAE RI-M 8648，1980.
[30] Naruse Y，Matsuda Y，Tanaka K. Tritium Process Laboratory at the Jaeri[J]. Fusion Engineering and Design，1990，12(3)：293-317.
[31] Y Naruse. Operation of the Tritium Process Laboratory (TPL) in the Japan Atomic Energy Research Institute[C]//Prc. 13th Sym. on Fusion Eng. Knoxville. TN. 808，1989.
[32] S Konishi. Experiments on the fusion fuel processing at the Tritium Process Laboratory[C]//Prc. 13th Sym. on Fusion Eng. Knoxville. TN. 626，1989.
[33] Dworschak H，Bourdon J，Benco A，et al. A General-Review of Safety Aspects in Ethel[J]. Fusion Technology，1992，21(2)：241-246.
[34] J L Anderson，R H Sherman. Tritium Systems Test Assembly：design for major device fabrication review[R]LA-6885-P，1977.
[35] 吉田・浩，小西哲之. Preliminary Design of Fusion Reactor Fuel Cleanup System by Palladium Alloy Membrane Method[R]. Jaeri-M 9747，1981.

# 第 4 章　氚废物的处理与处置技术

## 4.1　概论

### 4.1.1　含氚废物的特点

同其他放射性核素相比较，含氚废物以 3 种不同形式存在，即气态废物、液态废物和固态废物。气态氚废物同排出流有关，污染物主要是氚气和氚化水蒸气。气态废物中的氚或被捕集以便以后回收再利用，或转化为固体或液体形式，作为放射性废物进行整备和处置。液体氚废物基本上是氚化水，也有氚化油及其它碳氢化合物。固体氚废物主要涉及工艺设施中的金属结构材料，或手套箱上的有机玻璃、合成橡胶手套等有机物，以及作为催化剂载体和氚水吸附剂的氧化铝、分子筛等矿物质材料。

固体和液体氚化废物的特点是它们能够通过其挥发成分的解析或在高活度浓度情形下的自发辐射分解，持续地向周围环境释放出氚。由于氚在大多数包装容器材料内都有一定的溶解度和渗透性，因此，氚废物固化体及包装容器，除像其他放射性废物固化体一样，在性能评价时需进行浸出率的测定外，还必须进行释气率的测定。

低水平氚污染废物可通过焚烧或压缩，像其他低水平放射性废物一样处理。中、高水平的氚固体废物被认为是不能再作处理的，须分类、包装，进行中期贮存。

### 4.1.2　废物来源与分类

氚废物的产生有许多来源。某些典型的例子以及它们的氚活度浓度如下：

——流出物捕集系统产生的废液(50 GBq/L～500 TBq/L)；

——真空泵油(＜ 50 GBq/L～5 TBq/L)；

——工艺剩余物(5～500 TBq/kg)；

——用过的和失效的工艺设备和管道(1 GBq/kg～5 TBq/kg)；

——防护衣具(50 kBq/kg～50 MBq/kg)；

——退役废物(50 kBq/kg～500 MBq/kg)；

——工艺区(热)办公废物(＜1 MBq/kg)；

——实验室样品分析产生的废闪烁液(＜ 500 kBq/L)。

废物依据其所含氚的活度水平，可分为低、中和高活度水平废物。在放射性废物管理中，各国虽然对氚废物的具体分类标准不尽相同，但基本限值是相近的。如法国放射性废物国家管理机构对朗之万废物贮存中心接收的氚废物，低水平非预埋性废物规定的限值为 7.4 G Bq/t，对预埋性废物的限值为 74 GBq/t[1]。英国的陆地埋藏处置限值为 1.2×107 Bq/kg[2]。加拿大达林顿氚除去工厂对氚废物的是低水平＜7.4 GBq/$m^3$；中水平 0.01～3.7 TBq/$m^3$；高水平＞ 3.7 TBq/$m^3$[3]。我国的固体放射性废物分类标准规定：0.074～3.7 GBq/t 为低水平废物；3.7 GBq/t～37 TBq/t 为中水平废物；超过 37 TBq/t

为高水平废物[4]。虽然该标准未专门对氚废物给出具体值，但显然可作为氚废物分类时的参考。

由于固体含氚废物的比活度测定非常困难，而废物的活度浓度水平又与废物来源密切相关，所以一般氚废物可按其来源分类，其相应的每种分类的典型包装范例一并给出如下：

(1)低水平废物，例如软的碎屑、手套、鞋罩，一次性使用的防护衣和纸，一般应压缩进简单的容器，如 200 L 的碳钢鼓形桶。或对松散物品，可采用胶合板箱密封。

(2)中水平废物，例如失效的阀门，通风橱手套和碎屑及塑料衣，一般放在内衬密封钢的 200 L 鼓形桶内。较大的物品，如工艺设备、工艺管道、释放气体的物品，可以放在焊接的钢箱内。

(3)高水平废物应当进行三重包容。例如初级容器可选用焊接的钢桶或厚壁塑料桶(100 L)；次级容器可以是钢桶，两重包装之间的空隙填充以不硬化的沥青或其他材料，以减小水的浸入和氚的溢出。第三层包容的典型容器为标准的 200 L 钢制鼓形桶。

## 4.1.3　氚废物处理处置的一般方法

含氚废液的浓集固化和固体废物的固定及最后装桶密封，其目的在于将氚向作业现场及周围环境泄漏的潜在危险降到最低。在处理、整备成本是可以接受的情况下，实现氚废物的长期安全贮存或处置。

氚废物的危害期限较通常反应堆产生的含裂变产物(如$^{137}Cs$)废物短得多，氚废物贮存 120 年之后，废物中的残留氚活度浓度仅为初始值的 0.1%，从而使氚废物的最终处置变得较为容易。

对于含氚废物的整备、包装、贮存的基本要求如下：

(1)将废物中的氚转化为化学性质稳定、耐射线辐照、不流动的物质；

(2)由包装容器产生的氚渗透、泄漏可以忽略不计；

(3)在贮存期间，发生火灾、水淹等异常事故情况下，仍具有高的安全性。

各国氚废物的分类、整备/装桶规范，因现场设施情况和最终处置方式不同而有所差别。加拿大达林顿氚除去工厂对产生的废物进行长期贮存，他们用于评价废物形态和包装永久性的 2 个规范是[3]：(1)在水浸没条件下，已整备废物产生的日泄漏率(浸出率)不得超过初始活度的 $10^{-3}$%；(2)必须保证废物包装桶的完整性在 10 个氚半衰期(120 年)以上。

常采用水泥或沸石等吸附材料使氚水变成难于流动的固化体。水泥固化法是利用水泥和水的水合反应，使氚水成为水合生成物的一部分(构造水和结晶水)，从而把绝大部分氚固定于固化体中。但是，因为一部分氚水依然以毛细管水与吸附水的形式存在，加上水泥等无机物中的氚还会通过置换或同位素交换作用转移到空气或水中，因此这种方法不可能杜绝氚的泄漏及扩散。不过，因其能足够地减小氚的泄漏与散逸，且操作简单容易、价廉，被认为是最合适的整备方法。

对固化体的氚泄漏目前采取的对策是[5]：(1)用煤焦油沥青、石蜡、环氧树脂等防水涂料涂覆表面；(2)将固化体封入聚乙烯容器；(3)将聚乙烯容器浸渍在固化体中；(4)固化体用聚乙烯、煤焦油沥青与钢制容器三重密封。在(1)～(3)的方法中，用石蜡涂覆的方法虽然有效，但氚向浸出水中的泄漏速率仍在 $10^{-2}$%的量级，用作长期安全贮存效果不能令人满意。

图 4-1 为美国蒙德实验室对方法(4)的研究试验结果[6-7]，测定给出了三重包容的氚废物容器 4 年里的泄漏速率。该容器内装约 3.8 g ($1.33\times10^{15}$ Bq)用水泥和石膏固定密封的氚水。由该容器产生的氚泄漏在 2 年后达到平衡，泄漏速率约为 0.37 GBq/a。由这种包装容器产生的氚泄漏，被认为是起因于氚水被辐射分解而生成氚气。用该方法固定包装的氚，在 100 年的包管贮存期间向周围空气中泄漏的氚量为包装氚量的 $5\times10^{-4}\%$，是一种十分安全的处置方法。

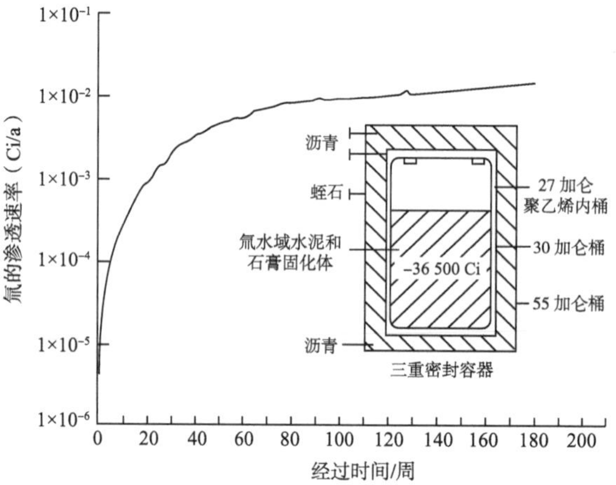


图 4-1 由氚水固化体三重密封容器产生的氚渗透量

我国的核工业标准对氚废物的包装容器提出了明确要求[8]：(1)氚废物包装容器应根据其易渗透特性、内装氚量和氚从废物中释出的能力，选用一层或多层包容材料，如铝、碳钢、玻璃、搪瓷、塑料、沥青等，铝作为包装容器时应保持铝壳表面氧化膜的完整、玻璃不能用作最外层包装材料：(2)对于含氚量大的废物体，容器中可设置氚吸收材料：(3)容器应有良好的密封性，单个废物包 30 d 氚的泄漏率不得大于总活度的 $10^{-5}$；(4)容器强度应考虑温度升高和氚的衰变产生氦气而形成增压的影响。国内中国工程物理研究院核物理与化学研究所对于高比活度氚废物三重包容体的研究表明，在包容氚活度大于 $10^{13}$ Bq时，该包装体的释氚率小于 $10^{-6}$/30 d；对于含氚硅胶的双层桶密封包装容器，释氚率为 $6.93\times10^{-7}$/30 d，108 d 内氚月均浸出率远小于 $10^{-5}$，满足氚废物包装的相关要求[9]。

对于氚气的固定，利用海绵锆和海绵钛将氚气转变为金属氚化物进行贮存的方法正在进行研究。用这一方法制作的试样直接放入水中进行浸出试验，氚浸出率在两年期间的累积量很低，约为 $10^{-3}\%\sim10^{-2}\%$。实际上，氚气的固定是在气密性的金属容器内进行的，因而可以长期贮存。当然，在这种情况下应考虑由于氚衰变产生 $^{3}He$ 的影响[5]。

# 4.2 低水平含氚有机废液的燃烧处理

## 4.2.1 液闪计数测量产生的废闪烁液

在核设施和氚实验室产生的低水平含氚有机废液，主要来源于液体闪烁计数器或液闪谱仪测量样品而产生的废闪烁液。随着液闪测量技术的推广、普及和放射性同位素在工农业生产及医学生物等科研领域的广泛应用，民用单位和实验室产生的废闪烁液也日渐增多。目前，国内各单位拥有的各种类型的液闪计数器或液闪谱仪已有数千台，因此，低水平含氚有机废液(废闪烁液)的处理与处置方法及相应的放射性废物管理，已成为辐射防护与环境保护部门亟待解决的问题。

液闪计数产生的废闪烁液，大体上可分为均一透明状与乳化状两大类。均一体系有甲苯系脂溶性闪烁液，广泛用于有机样品的测量。乳化闪烁液，以甲苯、二甲苯为溶剂，其中含有30%左右的Tritonx-100等乳化剂，可测含水率达40%左右的试样。实际废闪烁液中，还含有PPO、POPOP等溶质和一些杂质，由于它们的存在使得废闪烁液黏度很大，且成分复杂。这些含氚有机废液的高化学毒性和低闪点易燃的特性，也使它们的处理与贮存增加了难度。

## 4.2.2　一般处理方式

含氚有机废液的处理方式，一般有以下3种[5]：

(1)由国家指定的单位和部门(如放射性废物管理站)行使职责，受委托收集、并在成批处理与处置前负责集中保管废弃物；

(2)将废闪烁液或其中的有机溶剂回收再利用，而将分离出的放射性废液处理或处置；

(3)将含氚有机废液燃烧处理。

上述3种处理方式各有优缺点。方式(1)的集中保管虽然方便于含氚有机废液产生单位，但由于闪烁液的溶剂属易燃品，被集中保管的废物量因消防安全原因，在数量上有限制和规定，而且这也不是一种最终处置方法。用方式(2)可使闪烁液或有机溶剂再利用，并可使放射性废液减容，但残留的放射性废液需进行处理和长期安全贮存。同位素分离的效果依赖于放射性同位素的种类、所用闪烁液的类型、以及标记化合物的性质(如水溶性、脂溶性、挥发性等)。一般需预先按类分别贮放并尽可能早地分离处理，因为长期混合保存的废溶剂通常较难分离。目前对于甲苯/Tritonx-100体系的乳化闪烁液，甚至商品乳化闪烁液Insta-gel，回收再利用的方法已有许多报道，氚去污率可达90%以上，且对计数效率无显著影响。准备回收再利用的有机溶剂还可通过再蒸馏处理而重复使用。对于乳化闪烁液，除蒸馏法以外还可使用解乳化法。例如将乳化闪烁液加热到60 ℃，使乳化液中的水相和有机相分离。这些工作都需要在测完样品后的几天内进行，分离才能取得较好效果。其他如萃取法、吸附法、盐析法等虽然也可以利用，但都不适用于大量废液的处理。

含氚有机废液的燃烧处理适用于对大量废闪烁液实施安全贮存有困难的地方，也是目前国外使用较多的方法。一般放射性测量和生物医学分析过程中产生的废闪烁液含有很低的放射性。如美国每年约分析$8.4\times10^7$个液闪样品，产生的废闪烁液约为50 000 L有机溶液(主要是甲苯)，所含的$^3H$和$^{14}C$的总活度仅为8 Ci。美国核管会(NRC)在1981年就实施了燃烧处理废闪烁液的标准[10]。日本科技厅1980年9月“关于放射性有机废液燃烧的安全规定”明确指出，含有$^3H$和$^{14}C$的废闪烁液可以作为燃烧对象，适用活度浓度为37 Bq/cm$^3$以下。1980年日本科技厅又颁布了新的规定，允许对$^3H$与$^{14}C$以外的含$^{32}P$、$^{45}Ca$、$^{35}S$的废闪烁液进行燃烧处理[5]。在日本可能是由于允许各废闪液产生单位、实验室自行处理的缘故，市场上已有多种燃烧装置问世。

### 4.2.3 燃烧装置的结构与性能

日本较早出品的有机废液燃烧装置，均采用滴下式或喷雾式进料法，要求将甲苯、二甲苯废闪烁液及乳化闪烁液分开处理。有的装置还需先经前处理，将废液分成有机相、水相和残渣。一般每台设备的日燃烧量在 20 L 以下。表 4-1 中列出了 1987 年前日本各种放射性有机废液燃烧装置的结构与性能参数[5]。但在 1987 年以后新出的产品中，使用较多的是蒸发燃烧方式。图 4-2 和图 4-3 分别给出了日本伊藤公司和桑和公司出品的放射性有机废液燃烧装置流程图。虽然目前市场上推出的燃烧装置有 6～7 种之多，设计上也各有特点，如富士工业公司的燃烧装置、エニチカ公司的 HS-30N、若井田理学机器公司的 WB1-3100N 等，但它们的基本结构与流程是一致的，工作原理简图由图 4-4 给出。这些新型的含氚有机废物燃烧装置，在使用中具有以下优点：

(1)可以对含有$^{3}H$、$^{14}C$、$^{35}S$、$^{45}Ca$ 和$^{32}P$ 的多种类型放射性有机废液进行完全燃烧，与被处理废液的类型无关。

(2)在燃烧处理前无须对废液进行分离、蒸馏等前处理。

(3)对表面活性剂或含水率高的废液也可实现完全燃烧，即可对乳化液直接进行燃烧处理。

(4)操作简单，运行自动化程度高。一般均具有断水、断电检测器、温度调节器、过热防止器、感震器、冷却水与空气压力检出等自动调节与控制装置，保证运行安全。

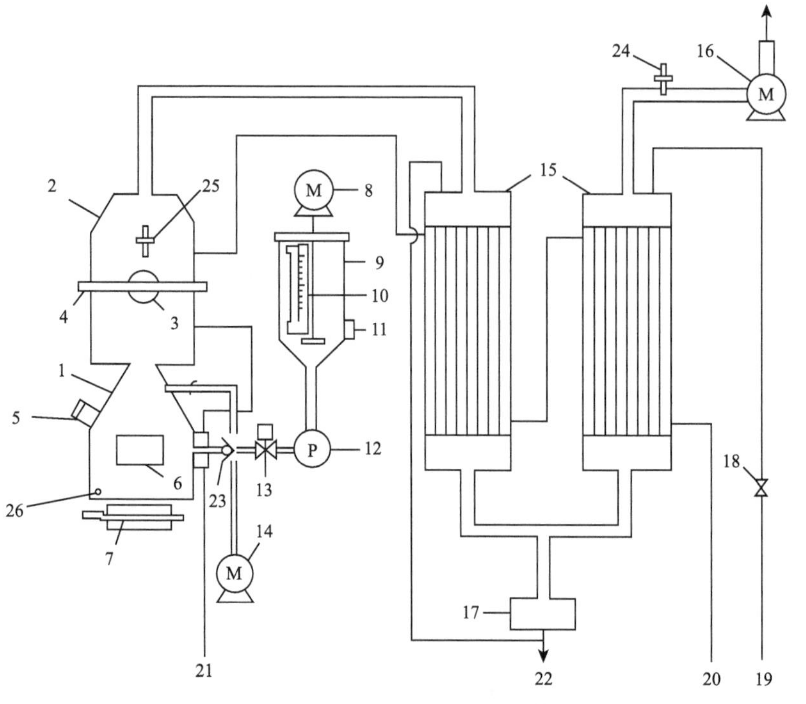


| 部件 | 名称 |
|---|---|
| 1 | 蒸发器 |
| 2 | 燃烧室 |
| 3 | 监视窗 |
| 4 | 陶瓷加热器 |
| 5 | 放散孔 |
| 6 | 残渣取出口 |
| 7 | 蒸发用加热器 |
| 8 | 搅拌用马达 |
| 9 | 废液罐 |
| 10 | 液面计 |
| 11 | 液面调节器 |
| 12 | 定量泵 |
| 13 | 压力开关 |
| 14 | 送风机 |
| 15 | 凝缩器 |
| 16 | 排风机 |
| 17 | 凝缩水捕集罐 |
| 18 | 水洗用阀门 |
| 19 | 洗净水入口 |
| 20 | 冷却水入口 |
| 21 | 冷却水出口 |
| 22 | 凝缩水出口 |
| 23 | 逆止阀 |
| 24 | 温度传感器 |
| 25 | 燃烧温度传感器 |
| 26 | 蒸发器传感器 |

图 4-2 伊藤公司有机废液燃烧装置原理图

**表 4-1　日本市售的各种放射性废液燃烧装置一览表**

| 公司名称 | 燃烧方式、种类、温度 | 排气气体冷却方式、冷却水量 | 废液处理量（罐容量） | 辅助燃料 | 点火方式 | 电源（耗电）50/60 Hz | 装置尺寸（mm）、质量 | 可能燃烧溶液 | 耐震自动消火 | 过热防止装置 | 泵温过热检知 | 炉内温度检出 | 排气过热检知 | 溅水检出装置 | 停电时清头 | 电气控制回炉 | 炉内压监制 |
|---|---|---|---|---|---|---|---|---|---|---|---|---|---|---|---|---|---|
| プロカ<br>AFF-150 | 强制给排气式<br>压力喷雾型 | 强制空气式 | 1.63 L/h<br>(4.8 L)<br>卡盘式<br>(5.0 L) | 预热时期<br>白灯油 | 高压放电式<br>(时限放电) | AC-100 V<br>110/120<br>20 kW/h | W 1200<br>D 500<br>H 950<br>105 kg | 专用装置蒸馏后甲苯，二甲苯乳化闪液 | 0 | 0 | 0 | | | | 0 | 0 | |
| カネホウ<br>工限公司<br>KEDA | 强制送风特殊燃烧式（滴下式）<br>900～1 050 ℃ | 多管水汽排气冷却，冷媒直接膨胀冷却<br>冷却水量 600 L/h<br>冷却机空冷 | 3 L/h<br>(19 L) | LPG<br>城市煤气 | 放电式自动点火 | AC-200 V | W 800<br>D 2 400<br>H 2 400<br>450 kg | 可燃性有机溶液 | 0 | 0 | | 0 | | 0 | | 0 | 0 |
| 中川制作所<br>(QZ-2) | 低温能媒氧化式(漏下式)<br>250 ℃ | 冷却水循环方式<br>冷却水量 600 L/h | 2 L/h | | | AC-200 V<br>30 A | W 1 000<br>D 800<br>H 1 500<br>230 kg | 有机触媒界面活性剂 | 0 | 0 | | 0 | | | | 0 | 0 |
| ズッカート<br>[ナソスタン] | 分子气化燃烧方式(漏下式)<br>800 ℃ | 依赖于套管工段冷却方式 | 2 L/h<br>(15 L) | | | AC-200 V<br>30 A | W 1 100<br>D 700<br>H 1 670<br>350 kg | 有机触媒界面活性剂 | 0 | 0 | 0 | | 0 | 0 | | 0 | |
| 富士工业公司<br>FRB-30S | 强制助燃方式<br>(喷雾式)<br>800～1 000 ℃ | 冷却水循环式<br>冷却水量 900 L/h | 3 L/h<br>(18 L) | LPG<br>城市煤气 | 自动点火方式 | AC-200 V<br>15 A<br>0.6/0.8 kW/h | W 1 350<br>D 800<br>H 1 800<br>480 kg | 有机触媒界面活性剂 | 0 | 0 | 0 | | | | 0 | 0 | 0 |
| エニチカ公司<br>Radclcar<br>(LSC-IG) | 特殊反转燃烧式<br>800～1 000 ℃ | 圆筒竖犁多管式<br>×2 系列<br>冷却水量<br>夏 360 L/h 以下<br>冬 160 L/h 以下 | 1 L/h<br>(80 L) | | | AC-100V<br>15A | W 1 150<br>D 750<br>H 1 600<br>370 kg | 闪烁液中甲苯含量 30%以下，含水量 20%以下 | 0 | 0 | | 0 | 0 | 0 | 0 | 0 | 0 |
| 苦井田理学<br>机械公司<br>WRJ-3 100 | 气化燃烧方式<br>(漏下式)<br>200～500 ℃ | 依赖于套管排气<br>冷却水量 500 L/h | 1 L/h<br>(10 L) | LPG<br>城市煤气<br>(反点火时) | 高压放电式 | AC-100V<br>30A | W 1 120<br>D 700<br>H 1 720<br>400 kg | 有机溶媒界面活性剂 | 0 | 0 | | 0 | | 0 | 0 | 0 | |

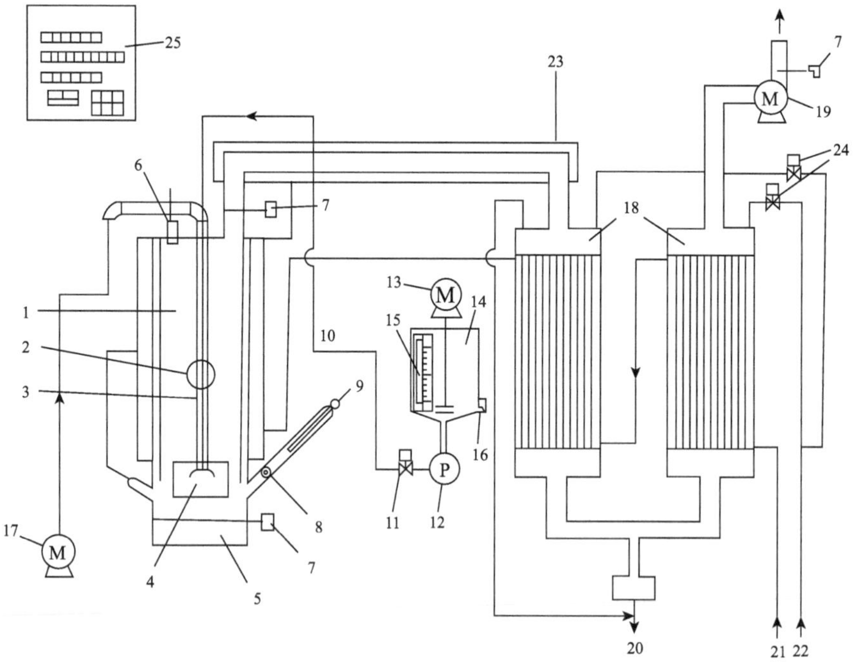

| 部件 | 名称 |
|---|---|
| 1 | 燃烧室 |
| 2 | 窥视器 |
| 3 | 通风管 |
| 4 | 残渣取出口 |
| 5 | 废液加热器 |
| 6 | 特殊电视摄像机 |
| 7 | 温度传感器 |
| 8 | 点火陶瓷加热器 |
| 9 | 点火用加热棒 |
| 10 | 电磁阀（废液用） |
| 11 | 压力转换器 |
| 12 | 送液泵 |
| 13 | 搅拌马达 |
| 14 | 废液罐 |
| 15 | 液面计 |
| 16 | 液面水平调节器 |
| 17 | 通风机 |
| 18 | 热交换器 |
| 19 | 排风机 |
| 20 | 凝缩水出口 |
| 21 | 冷却水出口 |
| 22 | 洗净水出口 |
| 23 | 洗净水出口 |
| 24 | 电磁阀（洗净用） |
| 25 | 控制面板 |

图 4-3 桑和公司燃烧装置原理图

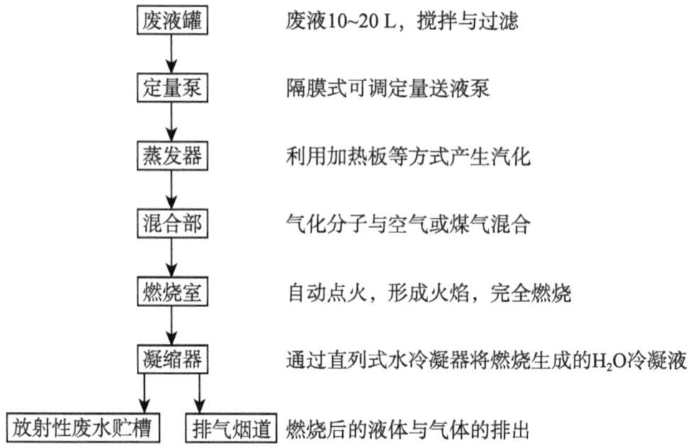


图 4-4 蒸发-燃烧型装置的工作原理简图

# 4.3 液体废物的整备与包装

## 4.3.1 实验室少量废水的处理方法[5]

(1)安瓿瓶封入法

对于今后可能有用的少量高浓度含氚废水的处理，采用安瓿瓶封入法既安全又方便。对于高于 $3.7\times10^{6}$ Bq/mL 的 HTO 废液，按其浓度量级分类，分别封入安瓿瓶内保存。安瓿瓶的容量可有 200、100、50、10 mL 不等，对应的装液量应小于安瓶瓶容积的 80%，然后，将装入口在酒精喷灯上烧熔封死。若担心废液中含有易腐败的有机物质，可在封入前加入少量盐酸，使它变为酸性。继则，将密封废氚水的安瓿瓶装入聚乙烯袋中，封死，再放入金属筒内。为了防止因冲击震动而使安瓿瓶破损，应在筒内安瓿瓶四周填入含气隙的物质，外侧填充分子筛，最后将金属筒加盖密封，见图 4-5。

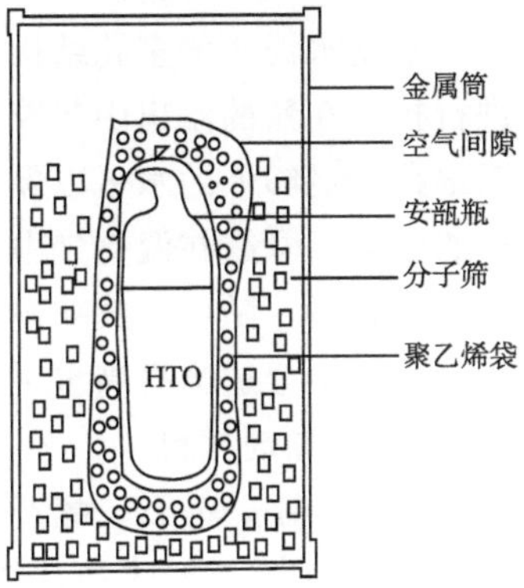

图 4-5　氚水的安瓿瓶封入方法

(2)吸湿剂-蜡封法

吸湿剂-蜡封法如图 4-6 所示。吸湿剂可用分子筛、硅胶等，每 100 g 约可吸附 10～20 g 水。将吸附了废氚水的分子筛或硅胶装入一个敞口容器内，然后注入 80 ℃熔化的石蜡，使之冷却。加热容器外壁，使凝固的石蜡块可被取出。

(3)硫酸镍法

处理废氚水的硫酸镍法，其操作程序由图 4-7 给出。首先将一个聚乙烯塑料袋放入敞口金属筒中，袋中注入约 200 mL 氚水，用密封胶将袋口封死，然后放入冰箱内冷冻。从冰箱中取出被冻结的氚水，打开塑料袋口，加入约 300 g 的无水硫酸镍粉末，再将口封死装入筒中。假若将此金属筒加盖密封后再放入鼓形废物桶中，则构成三重包容。该方法价格便宜且在 50 ℃以下水中的渗出率很低，水化的发热反应也因上述操作方法而受到抑制。

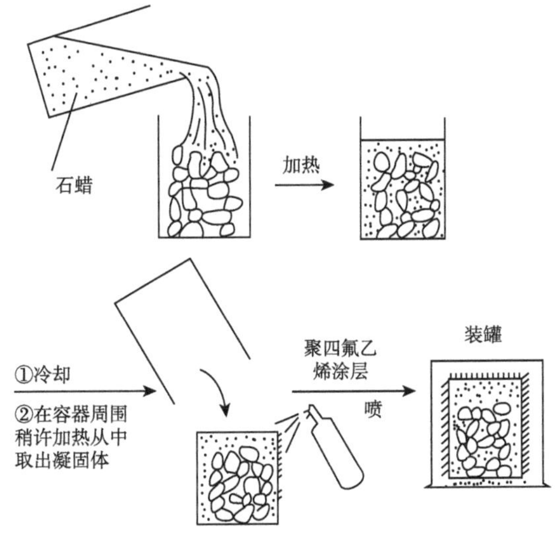

图 4-6　吸湿剂-石蜡密封法

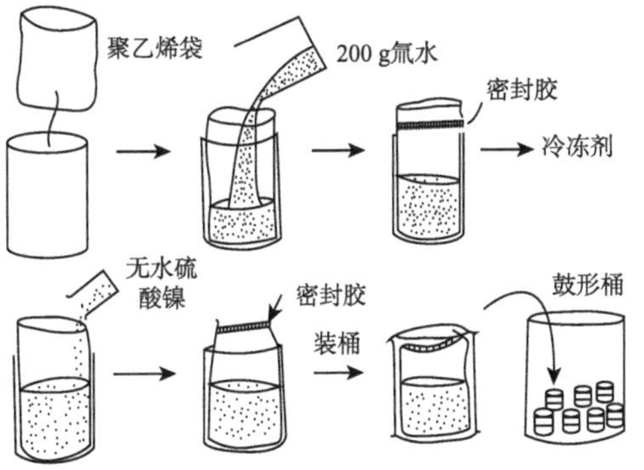

图 4-7　处理氚水的硫酸镍法

## 4.3.2　低水平含氚废液的水泥固化[11]

含氚废水被固定在水泥浆中成为：(1)水泥成分水合物的水；(2)被吸附在其化合物生成的胶体中的水；(3)该水泥结构毛细管空隙中存在的水。在含氚废水的水泥固化中，水∶水泥比例与添加剂在整备技术中起重要作用。在氚化水泥块表面施加涂料是提高其滞氚特性的重要措施。由于含氚废水的水泥固化应用最为广泛，下面给予详细介绍。

(1)水：水泥比例

硬化水泥浆的多孔结构一般依赖于水和水泥的质量比。水穿过孔隙结构通过基质本体进行扩散在氚的浸出中起着重要的作用。在将含氚废水加进水泥时，必须将水与水泥的比例维持在足够低的水平以保证所有的水被固定。典型的水：水泥质量比是 0.33。未作处理的混凝土暴露在湿空气中，最初几天氚的释放很快，第 1 周为 2%～25%，第 1 个月为 30%～45%，随后释放变慢，在第 1 年里的释放率可达 50%～70%[11-12]。在水泥块中加入添加剂将会适当提高水：水泥比例，近似值为 0.40。

(2)添加剂材料

石膏、砂、硅石、蛭石和波兰特水泥团粒都可被用作水泥的添加剂。石膏($CaSO_4 \cdot 2H_2O$) 在 128 ℃时失掉其部分结晶水，而在它水合时能够再将这些水取回。蛭石(膨胀的云母)是一种带有可交换离子钙和镁的铝硅酸钠，加入蛭石可能有助于吸收其他放射性核素。硅胶是一种脱水硅酸的非定形胶体，能结合水成为亚稳态的 $SiO_2 \cdot 2H_2O$、$2SiO_2 \cdot H_2O$等形态。这种硅胶粒子和水泥团粒，可以捕集从新生成的氚化水泥块中以蒸发形式逃逸出来的氚化水。砂子除有助于提高机械强度外，可能不会提供任何附加的效益。

波兰特水泥，分别以 10%、20%和 30%的负荷量加入砂子、硅胶、波兰特水泥团粒和蛭石制成的水泥固化体的效果，通过它们在蒸馏水和合成海水中的浸出试验进行了比较研究。试验的水泥块由 100 g 的波兰特水泥、40 mL 氚化水和 10 g、20 g 或 30 g 的添加剂材料构成。固化模具在第 3 天拆除，将制好的水泥块在潮湿的室内养护 28 天，磨平上下端面，然后用于浸出试验。氚装荷总活度为 $1.96\times10^4$ Bq，全部浸出周期为 34 天，添加剂材料按在蒸馏水和合成海水中氚浸出率增高的顺序排列如下：

海水：$Si_10<V_{20}<C_{Ag30}<C_{Ag20}<C_{Ag10}<S_{30}<Si_{20}<V_10<S_{20}<Si_{30}<S_10<S_{20}$

蒸馏水：$Si_10<C_{Ag30}<C_{Ag10}<S_10<V_{20}<S_{30}<V_10<S_{20}<V_{30}<Si_{20}<Si_{30}$。

其中，$C_{Ag}$为波兰特水泥团粒；Si 为硅石；S 为砂子；V 为蛭石；数字为负荷量。

(3)水泥涂料

许多研究者对使用涂料来减少氚由氚化水泥块中的浸出进行了研究[13]。对水泥固化基体在深海条件下的完整性测试表明，对固化体的暴露表面敷以防水涂层，形成保护膜，从而可以防止基体裂隙的产生[14]。

表 4-2 归纳了使用不同涂料得到的结果，石蜡和沥青涂层是将水泥块浸渍到涂料中制成的，其他涂层则是刷在其表面上的。在印度，使用筛选出具有低扩散率的 3 种商用涂料：Anticor(CNSL，环氧煤焦油沥青涂料)，Shalimastic HD (性能相当于美国的冷施用煤焦油沥青涂料 CA50)和环氧涂料(Apcodur CF 693，一种聚酰胺作硬化剂的 2 组合空气干燥环氧涂料)进行了氚化水水泥固化体的浸出试验。水泥试块由 100 g 水泥，40 mL 氚化水和 20 g 蛭石制成后，在潮湿的房间内养护 28 天。水泥试块在涂覆涂料后，在固化后的第 45 天开始浸出，浸出液为蒸馏水和合成海水。结果由用天表示的时间函数[$(t_n-t_{n-1})/2$]的浸出率 $R_n$ 曲线给出[15]。

$$R_n=\frac{a_n/A_0}{(F/V)t_n} \tag{4-1}$$

式中：$R_n$为浸出率，cm/d；$a_n$为$t_n-t_{n-1}$时间内浸出的放射性；$A_0$ 为样本最初放射性；$F$ 为样本表面积，$cm^2$；$V$ 为样本体积，$cm^3$；$t_n$为时间，d。

**表 4-2　由氚化水泥块浸出氚的百分数**　%

| 涂料 | 1 d | 10 d | 30 d | 1 a |
|---|---|---|---|---|
| 无涂层水泥 | 4～9 | 20～30 | 30～40 | 50～70 |
| 涂环氧树脂(0.015～0.03 g/cm²) | 0.1～1 | 1.5～8 | 5～20 | 35～50 |
| 涂带底漆的环氧树脂 | 0.02～0.03 | 0.2～0.3 | 0.6～0.9 | 7～11 |
| 涂石蜡 | — | 1.5 | 2 | — |
| 涂沥青 | — | 7.5 | 10 | — |

图 4-8 给出了未涂覆与涂覆涂层后水泥样块在蒸馏水与海水中的浸出速率。表 4-3 和表 4-4 分别列出了未涂覆与涂覆涂层后的水泥样块在蒸馏水和海水中的累积浸出数据，样块初始氚总活度为 $9.42\times10^6$ Bq。

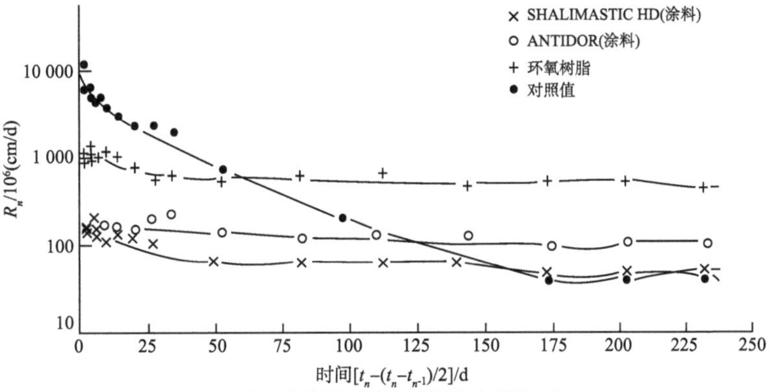


（a）加涂层水泥块在蒸馏水中的浸出率

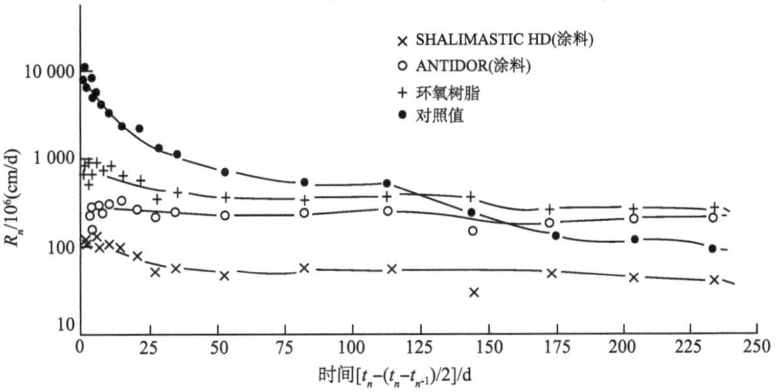


（b）加涂层水泥块在海水中的浸出率

图 4-8　加涂层水泥块在蒸馏水中和在海水中的浸出率

**表 4-3　氚化水泥块在蒸馏水中的累积浸出(总活度 $9.42\times10^6$ Bq)**　%

| 涂料 | 时间/d | | | | | | | | | | |
|---|---|---|---|---|---|---|---|---|---|---|---|
| | 1 | 11 | 31 | 67 | 97 | 129 | 157 | 187 | 217 | 247 | 278 |
| 未加涂料 | 1.5 | 7.4 | 14.0 | 18.0 | — | 20.0 | — | 20.0 | 20.0 | 20.0 | 20.0 |
| 加环氧树脂 | 0.1 | 1.0 | 3.0 | 6.0 | 8.0 | 11.0 | 13.0 | 15.0 | 16.0 | 18.0 | — |
| 加 Shalimastic HD | 0.02 | 0.2 | 0.5 | 0.8 | 1.0 | 1.0 | 1.0 | 2.0 | 2.0 | 2.0 | — |
| 加 Anticor | 0.02 | 0.2 | 0.7 | 1.0 | 2.0 | 2.0 | 3.0 | 3.0 | 4.0 | 4.0 | 4.0 |

表 4-4 氚化水泥块在海水中的累积浸出(总活度 $9.24\times10^6$ Bq) %

| 涂料 | 时间/d | | | | | | | | | |
|---|---|---|---|---|---|---|---|---|---|---|
| | 1 | 11 | 31 | 67 | 97 | 129 | 157 | 187 | 217 | 247 |
| 未加涂料 | 1.4 | 7.0 | 12.0 | 15.0 | 17.0 | 18.0 | 19.0 | 19.0 | 19.0 | 20.0 |
| 加环氧树脂 | 0.1 | 1.0 | 4.0 | 4.0 | 5.0 | 7.0 | 8.0 | 9.0 | 10.0 | — |
| 加 Shalimastic HD | 0.02 | 0.2 | 0.4 | 0.6 | 0.8 | 1.0 | 1.0 | 2.0 | 1.0 | 1.0 |
| 加 Anticor | 0.03 | 0.3 | 0.8 | 1.0 | 2.0 | 2.0 | 3.0 | 3.0 | 3.0 | 4.0 |

涂覆 Shalimastic HD 涂料的水泥样块在水中放了 2 年之久，它的涂层仍保持原有形态。根据 3 种涂层材料水泥样块在长达 8 个月时间内给出的浸出数据以及 Shalimastic HD 涂层水泥样块在蒸馏水中长达 2 年的跟踪观察结果，Shalimastic HD 涂层水泥块成为该项研究中最有希望的候选者。该涂料详细的涂制程序如下：在水泥样块表面涂抹三层 Tarstil Special 底漆，一种以煤焦油沥青为溶剂的，符合 IS 290/1961 类型 B 的抗腐蚀涂料。每加一层涂料之间至少在干燥空气气氛中干燥 24 小时。

(4)水泥固定聚合物浸渍改性

利用聚合物浸渍水泥作为低水平含氚液体废物的固化方法，虽有研究但对其可行性尚难定论。一份评价研究报告认为该方法不适用于氚回收工厂[16]，因为加到水泥中的大部分氚化水依旧易流动，且用聚合物对固化体浸渍形成的阻氚屏障并未发现有令人满意的效率。但在芬兰进行的另一项研究表明[12]，一种用聚合物浸渍的水泥块，其 10 天浸出的氚活度仅为初始量的 0.07%～0.1%。

## 4.3.3 中、高水平含氚废液的整备方法

中、高水平的含氚废液，除氚化水外主要是氚生产厂工艺系统换下的废旧泵油。美国蒙德实验室的早期研究表明[17]，用 9.5 kg 蛭石来吸收 28 L 泵油或用 81 kg 体积比为 1∶3 的水泥/石膏混合物来吸收 35 L 水，在室温条件下，所有的油和水都被完全吸收而处于不流动状态。虽然油/蛭石固化物中的蛭石有油光光的外表，但在桶内未发现有游离的油滴。在 50～100 ℉范围内放置一年以上，从蛭石吸收剂中游离出来的油量小于总油量的 0.5%。将 35 L 水加到干的水泥/石膏混合物中(未搅拌)，约一个星期后，对水/水泥/石膏固化物进行破坏性试验，固化了的水泥块外表面摸上去是硬的、干的，即使将它粉碎，也未发现游离水。

加拿大达林顿氚除去工厂以后的研究表明，用锯末(木屑)吸收氚化泵油然后装入 1 cm 厚的高密度聚乙烯容器中，也能很好地满足氚废物的贮存要求[10]。此外，他们还比较试验了一种纤维素和无机吸收剂材料的混合物——吸收剂 C，看来后者对泵油的吸收效果要差一些。这两种吸收材料的浸出试验结果列于表 4-5，给出的值中包含了由于固化物运输对容器震动产生的影响。

表 4-5 载氚废物 1 cm 厚壁高密度聚乙烯容器浸出 244 天氚的释放

| 废物包装 | $^3$H 活度/MBq | 吸收率/(体积比) | 氚日释放率/% |
|---|---|---|---|
| 油/木屑 | 137 | 0.47 | $2.5\times10^{-4}$ |
| 油/吸收剂 C | 122 | 0.38 | $2.0\times10^{-3}$ |

(1)氚衰变为$^3He$产生的压力升高

蒙德实验室早期对高水平氚废物包装容器的设计中，曾计算过 85 年内由于氚衰变为$^3He$所致的包装体内部压力增高的最大值。若 35 L 水中最多含有 7 g 氚，那么在 85 年内最多可产生 52 L $^3He$气体。这样在 100 L 聚乙烯桶内的最大压力可达 22 $lbf/in^2$①(表压，相当于 250 kPa)。如果第 1 层和第 2 层包装容器都发生破裂或泄漏，就会在第 3 层 210 L 的外包装容器内产生 8 $lbf/in^2$ 的压力[17]。

对于氚化油的情形，加拿大 Hydro 实验室对含氚泵油上部空间的气体进行了气相色谱分析表明，氢气是占主要地位的气体成分，尽管气体混合物中还含有低分子碳氢化合物，如氚化甲烷等。如若废物包装容器设计成密闭无泄漏，则必须考虑容器内有机物质因氚诱发的辐射分解、裂解附加产生的内压增高的可能性。他们发现，气体产生率最初为 $2.4\times10^{-12}$ $cm^3$(STP)/(Bq/d)，在 20 天后变慢一个因子 7。在一个密闭的包装容器内，产生的总压力与容器内的氚总活度相关，可用下述关系式表示：

$$P=\frac{RTFN_0}{V\cdot\lambda}(1-e^{-\lambda t}) \tag{4-2}$$

式中，$P$ 为密封容器内放射性气体的压力，atm；$R$ 为气体常数，atm · L/(K · mol)；$T$ 为绝对温度，298 K；$F$ 为气体产生率，g · mol · Ci/a(1 Ci=$3.7\times10^{10}$ Bq)；$V$ 为密封容器的空体积，L；$N_0$ 为密封容器在 $t=0$ 时内容物的总活度，Ci；$t$ 为贮存时间，a；$\lambda$ 为氚衰变常数，0.056 $a^{-1}$。

为了保证在废物包装容器内因辐射分解产生的气体压力保持在 1 个大气压以下，可改变包装总活度和包装容器空体积 2 个参数。如 20 L 泵油(50 Ci/L)装在一个 200 L 的包装容器内，只要有 35%的包装容积是空的，就不会产生超过一个大气压的过压现象。对于低水平含氚废物而言，$^3He$的生成对压力的贡献可以忽略不计。

(2)废物固化体通过原包装容器的渗透

由于以各种水泥或有机价键结合形式固化的含氚废物，在进行标准浸出试验时不能将氚的浸失阻滞到足够低的水平，所以常在高水平氚废物的整备固化时，包装容器必须设计成具有初始阻滞体的功能。同其它放射性废物相比，用于贮存含氚废物的包装容器仅需保证其 120 年的完整性。前文提到蒙德实验室对氚废物包装方法的早期研究中，曾使用了硬聚乙烯塑料桶作为包装容器。该研究报告给出的数据表明，氚水、氚化水泥、石膏和吸氚蛭石包装在 0.155 cm 壁厚的聚乙烯塑料桶内时，释氚率在$(1.04\sim2.86)\times10^{-3}$%/d 的水平，虽然释氚率已经很低，但仍在 $10^{-3}$%的规范要求值附近。以后，加拿大 Hydro 实验室研究发现[3]，使用高密度聚乙烯(HDPE)作为阻滞层材料，可以进一步减小氚释放率。高密度聚乙烯塑料具有很低的水渗透性、成本低、易加工。使用聚酯苯次二基树脂制成的容器性能也很好，但它的成本要比高密度聚乙烯高许多。各种氚固化体/包装容器在浸出条件下的氚释放率由表 4-6 给出。

由表 4-6 中数据可见，使用 0.1 cm 厚的高密度聚乙烯材料，就可以使含氚废物的释氚率降低到规范值 $10^{-3}$%/d 以下。而有的试验使用了 1 cm 厚的高密度聚乙烯，是因为发现固体废物中有含氚有机物，如乙基酯苯乙烯和油的存在，它们能增加水的渗透性。这样

① $lbf/in^2$ 即 psi，1 psi≈$6.895\times10^{-3}$ Pa。

不仅可降低释氚率，也可提高氚废物包装容器的结构强度。

**表 4-6 各种氚固体化/包装容器在浸出条件下的释氚率**

| 固化介质 | 包装容器 | 氚活度/MBq | 日释氚率/% |
|---|---|---|---|
| 波兰特水泥 | 无 | 82.5 | 0.35 |
| 波兰特水泥+5%含硅烟尘 | 无 | 452.5 | 0.11 |
| 高氧化铝水泥 | 无 | 92.9 | 0.43 |
| 聚乙烯 | 无 | 99.5 | 0.15 |
| 波兰特水泥 | 聚乙烯 PE | 555.0 | $7.7\times10^{-4}$ |
| | HDPE(0.1 cm) | 4 832 | $1.1\times10^{-4}$ |
| 波兰特水泥+5%含硅烟尘 | HDPE(0.1 cm) | 5 476 | $3.1\times10^{-4}$ |
| 聚乙烯 | HDPE(0.1 cm) | 4 547 | $6.3\times10^{-4}$ |
| 聚乙烯 | HDPE(1 cm) | 4 433 | $5.0\times10^{-4}$ |

## 4.3.4 含氚液体废物的整备与包装

(1)整备方法与安全性

以上各节介绍了含氚液体废物的整备固化方法，由文献[5]综合归纳的结果比较列于表 4-7。可以看出，波兰特水泥固化氚水，虽然依水泥养护时间长短有些差别，但氚的泄漏速率低，加之在波兰特水泥中添加氧化铝等吸附剂，其添加量可高达 50%。但水泥固化体不是一种完善的整备方法，有报告指出，用水泥固化的氚水在 100 天时间内，有近一半泄漏析出。因此，在实际进行氚废物水泥固化贮存时，有必要对水泥固化体进行密封处理，如蜡封法等表面覆盖。表面涂覆涂料的水泥固化体，释氚率可减小至 1/100。更严格的密封处理使释氚率降至 $10^{-5}$是可能的(如三重密封)。用聚乙烯塑料对水泥固化体表面进行密封处理，或用高密度聚乙烯材料作为包装容器的初始阻挡层，大致也可达到所要求的泄漏率。

**表 4-7 含氚废水的处理方法**

| 以无机物固定 | | 水分比率 | 试样质量[a]/g | 向水中泄漏速率/(1/d) | 参考文献 |
|---|---|---|---|---|---|
| 水泥 | 波兰特 | 0.15 | 457 | 6.6% | (Colombo, et al, 1975) |
| | 氧化铝 | 0.15 | 650 | 1.7% | (Colombo, et al, 1975) |
| 吸附剂 | 分子筛 | 0.21 | 500 | 7.5%[b] | (小松他，1983) |
| | 硅胶 | 0.40 | — | 15% | (西川他，1983) |
| 水合氢氧化物 | 熟石膏 | 0.50 | 500 | 26%[b] | (小松他，1983) |
| | 硫酸镍 | 0.41 | — | — | (高田、山本，1983) |
| 表面覆盖、密封处理 | | 氚水形态 | 试样容器 | 向水中的泄漏速率/(1/d) | |
| 0.155 cm 聚乙烯三重密封(聚乙烯、沥青、金属外桶) | | 水泥+石膏固化 | 35 L | $1\times10^{-4}$% | (Mershad, et al, 1977) |
| | | 水泥+石膏固化 | 90 L | $<10^{-2}$% | (Mershad, et al, 1977) |
| 1 mm 沥青 | | 水泥固化 | 100 $cm^3$ | $3.1\times10^{-2}$% | (Emelih, et al, 1971) |
| 浸渍聚苯乙烯(PITC) | | 水泥固化 | 828 g | $4.2\times10^{-2}$% | (Colombo, et al, 1975) |
| 石蜡 | | 水泥固化 | 216 L | $3.3\times10^{-2}$% | (西川他，1983) |

续　表

| 以无机物固定 | 水分比率 | 试样质量a)/g | 向水中泄漏速率/(1/d) | 参考文献 |
|---|---|---|---|---|
| 氚水气化 | 原子比(T/Zr) | 试样质量/g | 向水中的泄漏速率/(1/d) | (Colombo et al, 1977) |
| 石海绵 | 0.91 | 3.1 | $1.6\times10^{-3}\%$ | |
| 锆棒 | 0.93 | 2.6 | $4.2\times10^{-3}\%$ | |
| 大罐贮存法<br>安瓿瓶封入法 | 质量200 mL氚水 | | | (NEA, 1980)<br>(森川, 1988) |

注：a)泄漏速度与试样的体积和表面积成比例；b)由报告的计算值。

无论是处置前的处理或氚的回收贮存，在整备包装含氚液体废物过程中必须注意辐射安全。一般对于氚含量高于400 GBq/kg的废液，应考虑因辐射分解产生的氚释放。对于这种废液，可以使用配备有压力测量和压力释放装置的紧固结实的容器。在某些国家的实践中也使用双重或三重密封。然而，在另一些国家，在鼓形桶中允许装入含有400 GBq/kg氚的液体。为了减少辐射分解、释气或溅撒，最好是将含氚液体吸收在吸附剂材料上，或冻结成冰固体状态进行贮存。

对于氚活度低于400 GBq/kg的液体，依据它们的活度浓度和体积，可以贮存在双层或单层密封容器内。最好是将液体吸收或固化在适当的介质中作为整备工艺的组成部分。在吸收工艺中，蛭石、黏土、硅藻土等常被用作含氚废液的吸附剂材料。吸收工艺在实际应用中可能会遇到某些问题，例如液体在该吸收剂材料中分布不均匀，液体通过吸收物质向下解析和移动，在底部产生积液或水，以及解析和蒸发，随后在包装容器表面冷凝等。此外，还可能由于废物包装容器破裂而使吸附剂材料释放进入周围环境介质中。然而，对于实验室少量的具有相对低活度的含氚废液，采用吸附介质可能是一种适当的处置前处理方法[18]。

氚水用水泥或其他材料固化后形成的块状可自由直列的固体，提供了许多场址都容易接收处置的高度整体性的废物包装。一些市场上可购到的固化剂，典型值为200 L标准桶可装90～150 L水的容量。允许较大装荷量的试剂通常较贵，结果经济价值很小，且滞氚特性也差。应当说明，尽管废物在包装前作了处理，但氚仍能够以某种释放率迁移出废物包装体进入周围介质。因此，将直接容纳废物的原容器壁作为初始氚阻挡层是设计时应着重考虑和采用的。

(2)包装容器与密封方法

对于液体废物的运输和固化处置，常用的包装是200 L的碳钢鼓形桶，相似于美国运输部规定的17H 100 L或17C 200 L钢桶。低水平废物，如含有低于10 GBq/kg的氚废物，可以直接用薄壁聚乙烯塑料袋密封后装入200 L鼓形桶，不需要任何其他阻挡层就可以保证包装期间的安全操作。全开的鼓形桶顶盖，可用橡皮密封圈紧固[19]。

对于活度浓度超过10 GBq/kg，且废物包装中的氚总量接近1 TBq的含氚废物，推荐使用附加的包容，如金属或塑料的硬质衬里。氚量超过每包装1 TBq，可能需增加另外的阻挡层，如高密度聚乙烯衬里。对于这种中水平氚废物，通常使用双层包装，上述100 L鼓形桶可以用200 L鼓形桶作外包装，两桶之间的空间充以吸附材料，如蛭石或相当物[20]。若作为初始阻挡层的内包装桶采用1 cm厚的高密度聚乙烯材料制成，其本身就可将氚的日释放率减小到$10^{-3}\%$以下，这样氚废物包装体最薄弱的环节就剩下桶体与桶盖之间的密封，好在聚乙烯塑料的焊接已是成熟技术。有研究报告表明，氚化水水泥固化体通过焊接密封后的聚乙烯桶的日释氚率为 $9.2\times10^{-5}\%$[3]。

内外桶之间的回填材料除上述蛭石或相当物外，还可选用潮湿的砂子。已有资料[3]表明，潮湿砂子可提供较高的可交换氢的表面积，能有效地减小、稀释包装容器内空体积中的氚，从而减小氚通过容器壁的渗透率。此外，用回填材料充实空体积，还有利于提高包装容器的结构强度。

对于氚的总量在几十个 TBq 每包装以上的高水平氚废物，必须使用 3 层包容容器和沥青阻挡层，用以氚迁移的控制。如美国蒙德实验室[17]已成功地将 30 L 含有 $2.59\times10^{15}$ Bq 的含氚废液，在壁厚 1 mm 的 100 L 高密度聚乙烯衬桶内制成水泥固化体，然后将该固化包装体放入内壁涂有沥青涂料的 17H 110 L 钢桶内。在 110 L 钢桶加盖前将不硬化的沥青阻挡层放在 100 L 聚乙烯桶的顶部。最后再将 110 L 钢桶放入 200 L 钢桶内，在 110 L 钢桶的顶部和底部均铺垫沥青阻挡层，并用吸附剂材料充满两桶间剩余的空隙。实验测定结果已表明不硬化的沥青具有出色的阻氚迁移特性，被推荐使用于高水平氚废物的包装处置。

# 4.4 固体废物的包装与安全管理

## 4.4.1 固体废物的分类与管理原则

近年来，由于一些主要国家的氚设施开始退役，需在几年内紧急拆除，因此除常规运行产生的氚废物外，还会有许多吨的高污染固体氚废物产生。对于这种固体废物，其中具有高释气率可再循环的制品，应当进行去污再处理；而对低释气率的制品，可用水泥固定装桶后，在安全与确实可靠的条件下贮存在通风的仓库里，如表 4-8 所示。退役的固体氚废物应根据其来源与材质分类[2]，即：

**表 4-8 废物按源项与材质分类**

| 按材料属性分类 | 工艺<br>(A 类) | 手套箱结构<br>(B 类) | 热室结构<br>(C 类) | 建筑物结构<br>(D 类) |
|---|---|---|---|---|
| 金属 | 特殊回路与设备构件 | 手套箱室壁通风橱薄板钢 | 热室通风系统管道 | 杂件 |
| 有机物 | 阀门、垫圈、密封圈 | 乳胶手套、尼龙袋、手套箱面板等 | 杂物 | 杂物 |
| 矿物质 | 玻璃、分子筛、氧化铝、陶瓷 | | | 水泥 |

⇓

再处理 ———————— ↑ ———————— ↑ ———————— ↑

对于 B、C、D 类废物已不可能含有大量氚

(1)首先根据废物的来源与释气水平，确定该废物是否需要进行去污处理；

(2)根据材料的性质，确定处理方法。

这种分类方法规定了按源项分类的条件，高释气率的 A 类废物，经去污处理后转化为低释气率的 B、C、D 类废物，它们可依据释气率和表面污染水平，分别贮存在不同类型的库房内。B、C、D 类废物不可能含有大量氚，不需要进行去污再处理。

## 4.4.2　高释气率废物的去污再处理

含氚固体废物的脱氚方法如图 4-9 所示[1]。金属(主要是不锈钢)物料可在低气压下以氢作为清扫气体用中频感应炉熔炼脱氚，产生的铸块可任意进行各种工艺处理，不需要任何特殊的防护。有机制品在切碎后可用干蒸气处理，然后被压缩减容(参考有机废物的处理)。矿物制品可在高于 800 ℃的石墨电阻炉内高温低压下用氩作清扫气体进行热处理。为此需配备适合材料特性与大小、分类切割的机械设备。

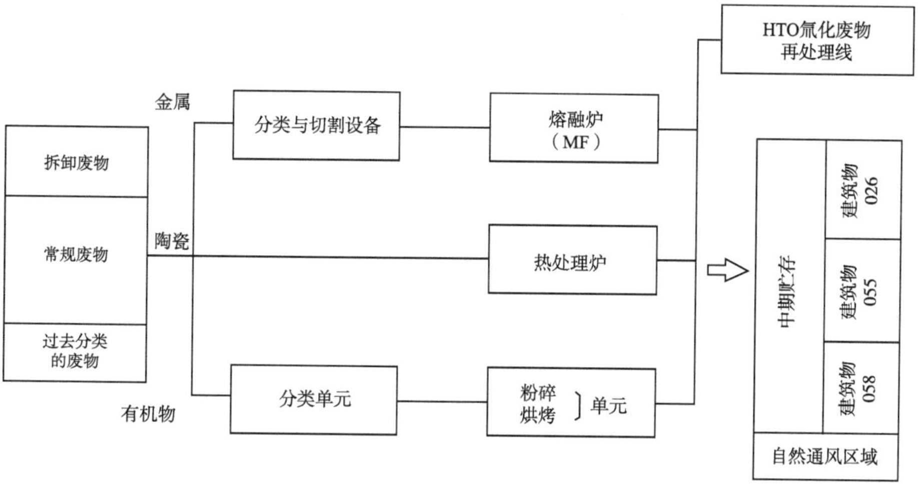


图 4-9　固体废物的去污再处理

在氚处理工艺设备及管线中，氚对金属材料的污染渗透依赖于与被处理气体的压力、温度和滞留时间这样一些因子。除了因扩散和溶解产生的沿包容金属内壁深度的污染外，一般还存在固定有主要氚盘存量的高活度表面氧化物层。氚在室温下，特别是在潮湿的条件下，由这一氧化物表层和腐蚀产物相对快速释放，要求工艺部件在拆除切割前首先除氚，并构成氚设施退役项目的一个主要部分。据英国氚设施去污与退役的研究报告[2]，两个在 $1\times10^5\sim2\times10^5$ Pa 氚压力下分别使用了 10 年和 20 年的贮氚不锈钢容器——罐 A 和罐 B，前者在切割前于常温下用空气冲洗释放出 2 000 Ci 的氚，后者释放出近 5 000 Ci。罐 B 的这一 5 000 Ci 的相对快速释放，相当于 6 300 $Ci/m^2$ 的氚负荷量，它比简单地依据溶解度估计的预测值 80 $Ci/m^2$ 高出 80 倍。对于金属表面污染氚的去污来说，用加湿空气冲洗比用干空气冲洗更有效。因为在这种情形下水蒸气中 $H-{}^3H$ 交换是主要机制。进一步的实验研究表明，对于氚污染的不锈钢部件，加湿脱氚在前 10 天可去除其表面层污染氚的 90%，20 天可去除 99%。

对于去除包容金属材料中剩余的，被溶解的气体(具有 $10^{10}\sim10^{11}$ Bq/kg 氚荷量)，同一研究表明，在 600～1 000 ℃ 下进行加热处理是有效的，其去污因子(DF)在 $10^3\sim10^4$ 之间。表 4-9 中列出了在 600～1 500 ℃高温下脱去负荷在不锈钢中氚的实验数据。可以看出，在 600～1 500 ℃脱气 10 min，在 $4\times10^3$ Pa 的 $Ar/H_2$(95%/5%)静态气氛中去污因子接近 $10^3$，在循环气氛中可以达到接近 $10^4$ 的去污因子。由于实验中所使用的不锈钢是直接从制造厂家购入的，未作任何表面清洁处理，而且这些试验样品也未经受在生产工厂中多年使用的粗糙环境(如水银、水蒸气和氚),因此,对于实际工艺污染部件,在相同解析温度下的去污因子要比表4-9中所列的值低一些。例如对上面提到的罐B样品,在800 ℃ $Ar/H_2$ 气氛下加热处理10 min,氚负荷量由 $2\times10^{11}$ Bq/kg 减小到 $4.4\times10^{8}$ Bq/kg(DF为455),而当加热到熔点以上(1 500 ℃),最后的活性被减小到 $1.2\times10^{9}$ Bq/kg (DF为167)。在熔点(1 400 ℃)用循环 $Ar/H_2$ 加热处理1 h,氚负荷量减小到 $5\times10^{7}$ Bq/kg(DF为 $4\times10^{3}$)。

**表4-9 600～1 500 ℃高温脱氚的去污因子(DF)**

| 温度/℃ | 静态条件下 | | 循环条件下 | |
|---|---|---|---|---|
| | Ar | $Ar/H_2$(5%) | Ar | $Ar/H_2$(5%) |
| 600 | 409 | 692 | 10 000 | 3 215 |
| 800 | 207 | 900 | 6 120 | 7 812 |
| 1 000 | 193 | 710 | 5 660 | 6 912 |
| 1 200 | 310 | 300 | 6 120 | 6 150 |
| 1 500 | 128 | 67 | 4 255 | 869 |

注:载气压力为 $4\times10^{8}$ Pa。

### 4.4.3 固体废物的包装与贮存

如果固体废物是可以被压缩紧固的,压缩减容应作为包装工艺的一部分,以减少被处置废物体积的总量。可以使用市购的压缩减容机,但可能需要对它们作一些改造,以保证在运行期间能适当地包容所释放的污染空气。

对于某些可燃性含氚固体废物,焚烧也是一种可行的减容技术,但排气中的大部分氚将会释放到环境中。在焚烧装置上使用加湿的排气净化处理系统,可以捕集释放的氚,但氚将转移到液体流出物中。

切碎机或其它减容技术也可用于含氚固体废物处理工艺。在减容过程中,可在材料表面施以涂料,用以在减容操作期间将表面附近的氚固定。在减小氚由表面释放方面,涂料或其它喷镀涂料可能是有效的。

固体废物可以包装在钢桶内。氚实验室的经验表明,鼓型桶的释氚率通常将小于每桶40 MBq/d。假若遵循在4.1.1(3)中叙述的按源项分类的建议,这些桶可以贮存在通风的房间或具有空气监测的建筑物内。所需要的通风量是该房间内贮存桶数量的函数。废物桶在正常条件下的贮存,不应对工作人员产生辐射照射问题。

推荐所有严重污染的固体废物(如工艺剩余物),应包装在密封(或焊接的)容器内,在氚的回收或处置前实施中期贮存。4.4.2节中所述及的有关液体废物整备固定后的大多数包装容器也需要这样处理。表4-10给出了法国朗之万废物贮存中心对各类含氚废物分区域贮存的典型值及所需的防护监测项目[1]。在欧洲氚处理实验室ETHEL,一个平面面积为12.8 m×6.2 m,总体积为1 000 $m^3$,贮存容量为200 L桶700个的氚废物贮存库,其自动化的安全操作设施和防护监测系统已在文献[21]中作了较详细的介绍。

表 4-10　低释气率氚废物中期贮存的典型值与防护措施

| 区域 | 释气率/[Ci/(drum·d)] | 表面污染活度/(μCi/cm²) | 防护措施 |
|---|---|---|---|
| 建筑物 026＃ | $<6\times10^{-3}$，$>1.5\times10^{-3}$ | | 防护完善通风，控制废物氚释放 |
| 建筑物 055＃ | $<1.5\times10^{-3}$，$>5\times10^{-5}$ | | 通风、环境空气监测 |
| 建筑物 058＃ | $<5\times10^{-5}$ | | 环境空气监测 |
| 普通房间 | | $<10^{-3}$ | 监测雨水 |

注：1 Ci＝$3.7\times10^{10}$ Bq。

### 4.4.4　固化废物包装桶释氚率的测定

含氚废物经整备后形成的水泥固化体，仍会向周围空气释放氚。由于这种固化体在空气中的泄漏氚的机制与在水中的泄漏有差别，不能仅由固化体在水中浸出实验的结果来判断固化方法的优劣。另外，在含氚废物包装桶贮存场所，每桶废物中氚的总活度是无法测定的，可测量的只有氚的释气率，有关氚废物的管理分类也以释气率的大小作为依据。

(1)测量原理

在一个温度和湿度可调节的建筑物内进行氚废物鼓形桶的测量，氚释放率 $r$ 应是一个稳定的参数。若将体积为 $V_f$ 的含氚废物鼓形桶放置在一个体积为 $V_e$ 的排气罩内，用体积为 $V_c$ 的电离室测量被抽出空气的瞬时氚浓度。假定其氚浓度总是等于排气罩内的氚浓度，这样测量装置可以有两种结构[20-21]：排气罩不断地通过电离室取样气流换气，或排气罩与电离室连接成闭路不断循环。

排气罩内鼓形桶周围的空气，在经由电离室被直接排入建筑物的排风管道时，排气罩内空气可由底部进入的室内空气补充，如图 4-10(a)所示。这里有两种可能的情形是：排气罩具有很高的排气速率，或者排气罩具有很小的死体积和清扫气流 $d$。

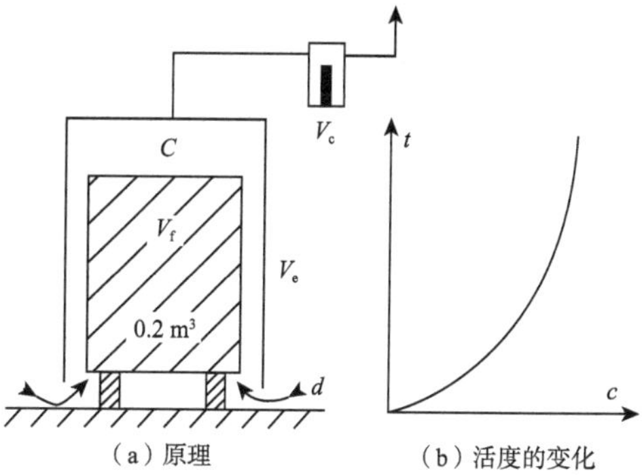


图 4-10　通风排气罩测定示意图

由排气罩底部引入的室内空气不含氚，且排气在废物鼓形桶放入排气罩内 $\theta$(包容时间)后进行，若 $V=V_e+V_c-V_f$，换气率为 $d/V$，则在被抽气通入排风时间 $t$ 后，电离室所指示的氚浓度可用下述方程式(4-3)表示：

$$C(t)=r\left[\frac{1}{d}+\left(\frac{\theta}{v}-\frac{1}{d}\right)\mathrm{e}^{-\frac{d}{v}t}\right] \tag{4-3}$$

由电离室型氚监测仪给出的直接测量结果曲线如图 4-10(b)所示，曲线的渐进线表示释气率 $r=C_d d$。

通常初始包容时间θ是很短的，对于极限情形，包容时间为零，$r>C_d$ 即必须满足废物桶释氚率大于电离室探测浓度下限值的条件。依照一般电离室型氚监测仪的测量灵敏度，可以估算出对于高水平氚废物桶允许储存的释气率上限值 1.85 GBq/d，需使用换气流量为 200 $m^3/h$ 的通风橱，测量时间为 10 min；而对于底部全部放开空气流速为 0.6 $m^3/h$的通风型排气罩，测量时间为 20 min，可测定的释氚率下限为 2.6 MBq/d。这种测量装置对于释氚率较低的废物桶测定，其灵敏度显然不够，于是引出了下述的闭路循环测量法。

(2)闭路循环测量法

电离室与排气罩连接成闭合回路[图 4-11(a)]，包容一段时间后，测量流经电离室的空气氚活度浓度。在释氚率为固定值的情形下，活度浓度值为线性增长响应[图 4-11(b)]。利用氚浓度响应值记录得到的直线范围可以写作：

$$C(t)=k\frac{r}{v}t \tag{4-4}$$

由该式很容易导出在包容时间内释放的氚浓度与释氚率的关系。实际测量系统如图 4-12 所示。它由下述设备与部件构成；一个可包容 0.2 $m^3$ 废物桶的密封的排气罩、连接电离室和循环泵的回路配管，此外还有压力表、流量计、温度湿度指示仪表。排气罩可与电离室式氚监测仪接成闭路循环，也可将氚监测仪的排气通过鼓泡器后直接通入排风。回路管道还可接入压缩空气或环境空气，用于回路设备或部件的冲洗去污。该测量装置因受系统死体积和测氚电离室探测下限的限制，在小于 6 h 的测量时间内，可测释氚率为 0.1 MBq/d。

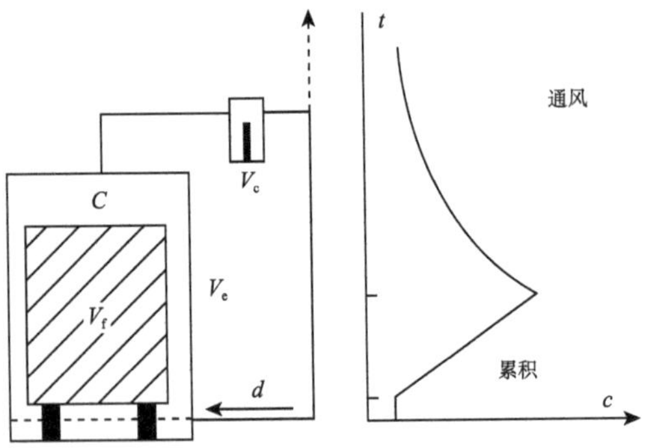


(a) 原理　　(b) 活度响应的变化

图 4-11　闭路循环方式

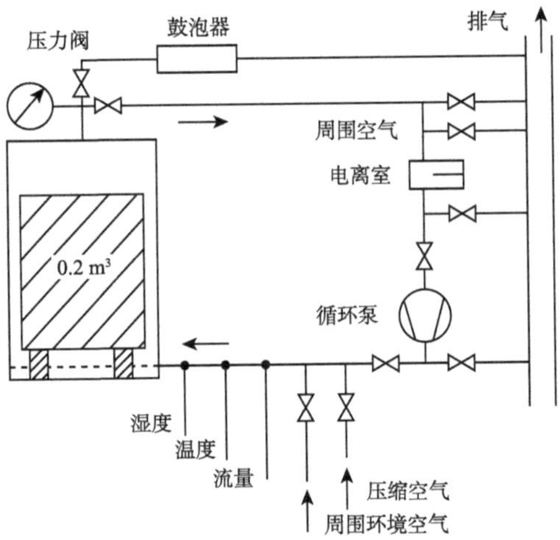


图 4-12　实际测量系统简图

(3)鼓泡器的应用

为了进一步提高系统测定废物桶氚释氚率的灵敏度，可用鼓泡器累积取样器代替电离室型氚监测仪的直接测量。用于测量环境大气中 HTO/HT 的甄别式取样法，已是一种成熟的监测技术。假定方程式(4-3)中初始包容时间 $\theta=0$，鼓泡器的收集效率为 100%，则鼓泡器从废物桶排气罩内收集的氚活度 $A_p$ 可由方程式(4-5)对时间积分得：

$$A_p=r\left[t-\frac{v}{d}\left(1-e^{-\frac{d}{v}t}\right)\right] \tag{4-5}$$

若取样时间 $t$ 足够长，可将指数项删去，也有利于改善探测下限，方程式(4-6)简化为

$$A_p = r\left(t - \frac{v}{d}\right) \tag{4-6}$$

具体测量系统的探测下限，与废物桶及排气罩的死体积、换气速率、取样持续时间以及液闪测量灵敏度有关。一般情况下，取样时间为 20 h 时，测出 100 Bq/d 的释氚率并不困难。若使用全氚取样器，还可以用于评价释放氚中的 HTO/HT 分布。

(4)释氚率实际测定举例

GF-1 含氚固体废物桶释氚率测定装置如图 4-13 所示，是 2010 年代初中辐院为测量 200 L 标准废物桶释氚率而研制的专用装置[22]。它由一个可以封闭、笼罩200 L鼓形废物桶的排气罩及自动升降门框和安装在一个机柜里的电离室在氚线监测系统、HTO—HT 甄别式鼓泡取样监测系统构成。排气罩可接入电离室氚监测仪开路、闭路循环测量，也可通过鼓泡器进行累积取样测量。该测量装置的探测下限受系统死体积和测氚电离室与鼓泡取样系统的探测灵敏度限制。

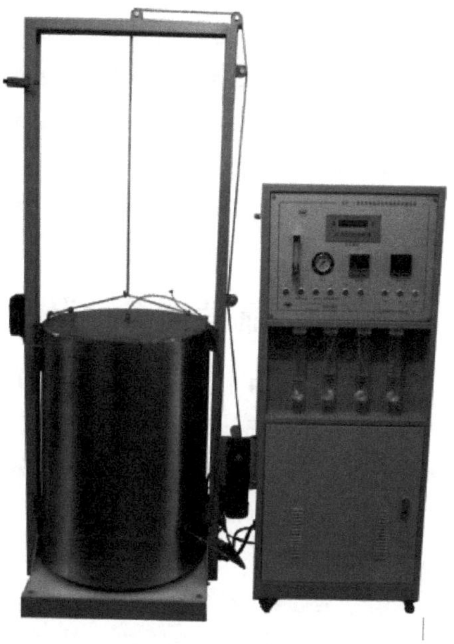

图 4-13　GF-1 含氚固体废物桶释氚率测定装置

已知标准鼓形废物桶的尺寸是 $\phi$56.0 cm×84.0cm，$V_f$=207 L。不锈钢排气罩圆桶虽然各个方向只比 200 L 的废物桶增加了 5 cm，$\phi$66.0 cm×94.0 cm，则包容体积为 $V_e$=321 L，两者之间的死体积 $V_e-V_f$=114 L。由于测定装置高灵敏度氚监测仪配备的是 51 L 的丝壁电离室，这样又增加了 70 L 的测量体积，致使排气罩与电离室闭路测量系统气体回路的总体积 $V=V_e+V_c-V_f$达到 184 L。

对于开路或闭路循环测量，由上述方程式(4-3)和(4-5)的幂指数项可以估计出，当测量系统的累积换气体积达到 $dt/V \geqslant 7$ 时，测量值的不确定度≤0.1%。因此，当废物桶扫气流量为 200 L/min 时，系统可以在 7 min 后开始测量取数。若扫气流量为 20 L/min 时，则需要在 1 h 后才能进入稳定的测量状态，开始测量和取数。所以，这种测量应当尽可能选用较大的开路或闭路气体清扫流量。

对于利用鼓泡器全氚取样器进行监测，虽然系统的死体积减小到了 $V_e-V_f$=114 L。但由于鼓泡器的取样效率受到初始装液量的限制，若取 1 L/min 的取样流量，则系统在工作流量下排气 12 h 左右才会获得均匀释放 HTO 的浓度。因此尽可能提高鼓包器全氚取样器的取样流量，可以显著地缩短固体废物桶释氚率测定的取样和监测时间。

# 4.5　氚设施的去污与退役

## 4.5.1　氚设施退役的标准体系

氚设施是非反应堆类核设施，其退役活动必须遵循国家对于核设施退役的所有法规和规定要求。氚设施使用期满或因其他原因停止服役后，为了解除部分或全部对其监管所采取的行政管理和技术管理活动称之为退役。这种活动包括去污、拆除、解体，清除去污、补救行动和废物管理等，且要根据事前安排并经审管部门批准的计划进行。退役的最终目的是无限制开放利用场址或有限制地开放利用场址。

核设施退役的程序主要是(1)由业主单位向上级部门提交退役申请书；(2)申请书经批准后开始退役前期准备和源项调查；(3)编写退役可行性研究报告、安全分析报告；(4)批准立项，正式开始退役；(5)业主单位组织实施退役，监管部门进行监督，并接受上级部门的监管和检查；(6)总结建档、专项验收和退役工程竣工验收。

氚设施的去污退役活动包括污染设施的去污、拆除、解体、清除去污，补救行动和废物管理等，并且根据事先安排并经审管部门批准的计划进行。退役的最终目标是无限制开放或利用场址。近年来，随着一批核燃料循环设施和涉氚实验室关闭进入退役阶段，氚污染设施的退役工作被提上日程。

氚污染设施退役方案的制定，退役工艺包括退役设施中污染源项的调查，氚设施的去污，拆除，退役废物的管理。

### 4.5.2 氚设施去污退役和氚废物处理处置新技术[23]

20 世纪 90 年代初，随着苏联解体、冷战的结束，美国大批进行武器生产的氚设施开始退役。大量的实践，开发了许多氚设施去污退役和氚废物处理处置新技术。为了推广这些新技术，美国能源部(DOE)，国家能源技术研究所(NETL)选定蒙德实验室作为大范围演示和开发项目(LSDDP)的单位，进行各种“更安全、更好、更便宜、更快速”的一系列技术的演示。

迄今为止，该项目办公室已发布了多个氚设施去污退役的创新技术总结报告，目地是为潜在用户快速确定一项技术是否适用于具体环境管理问题提供所需的资料。每个报告描述了一项由能源部科学技术办公室提供资金、已完成研究和试验的技术、系统或工艺，以及在系统性能、成本和在净化有效性方面对去污退役实践的优越性。多数报告包括了新技术同基本技术及其他相近技术的比较也包括了商业上的可行性和实施中技术的完备性的有关资料。在每一报告的附录中还给出了该项技术的性能、成本和更详细的关键数据。

这里根据 2001 年发布的报告介绍可移动式氚处理系统、管道卷缩与切割系统、Nochar 超吸附聚合膜水固化剂(WaterWorks Cristals)、吸附聚合膜油固化剂(NCHAR Petro Bond)、可移动式(可携式)液闪计数器、监测油中氚的光纤探测器、被动式空气和表面污染监测仪及对于测量稳态氚化合物的实时空气监测系统等。

(1) 可移动式氚处理系统(OST/TMS ID 2974)

可移动式氚处理系统由气体泵取转移车、分析车和除氚净化车三部分组成，其功能是：抽出设施气体处理系统、容器、管泵系统内的气体以准备设施解体；分析抽出气体的成分；从残存气体中捕集氚；将氚从一个容器转移到另一个容器内或其他设施回收的运输容器内。每个车载单元的宽度设计应小于实验室或厂房的门宽，使该处理系统可在退役设施各房间内自由通行。其中的可移动式除氚器，气体处理能力为 40 l/min，对于一个严重污染的手套箱，一般进行 20 多天的循环净化后，即可达到无需采取防护措施露天放置的水平，大大降低该手套箱按传统方法切割、分解、固废处置的成本与放射性危害。该项技术的创新报告(DOE/EN-1089)，还论证了将固定式空气中氚捕集装置改造为可移动式设备并用于氚手套箱去污退役的优越性。它指出，吸附在分子筛干燥器中的氚化水 HTO，只要符合 A 型货包的要求(≤1080Ci)，按照联邦法规(CFR 49 Section 173，435)可作为低水平放射性废物，在适当的废物场地进行运输和处置。

(2)超吸附聚合物水固化剂(OST/TMS ID 2312)

超吸附聚合体水固化剂是 WaterWorks America 公司研制的 WaterWorks Crystals®，一种有机的聚丙烯酸脂超级吸收剂。它对于含水的液体具有非常高的吸收性能，是一种白色、无嗅、大小接近 400 μm 的晶体颗粒，无毒性、不会生物降解。对于辐射效应和经受标准的冻结/解冻试验环境有很高的抵抗性。与传统的固化剂相比，它具有高的液体与固化剂比值，达 200：1；形成的类胶体物质具有很高的稳定性，最后成型的废物符合所有处置场所的规范要求，并通过了振动和碰撞试验检验要求。这种产品易于与含水溶液作用，可以容许某些矿物质/盐分随同无机的淤泥一起存在。它们对有机液体无效。当它们加进液体时不需要混合且基本上没有任何体积的增加。氚设施的去污与退役将会产生大量氚污染的低水平含水废物。对于运输和处置，一般废物的固定化与原来液体废物本身的体积相比将导致质量增加和最后废物的体积增加。但这种更有效的固定剂可以转化为每个鼓形桶较大的废物装载量，以及固定、运输、处置成本的相应降低。

(3)超吸附聚合物油固化剂(OST/TMS ID 2313)

超吸附聚合物油固化剂(NCHAR Petro Bond)是美国印地安那州 NOCHA Inc 公司专门研制的基于石油的液体吸附剂，可用于低水平放射性废物的贮存、运输和处置过程中的无液体控制。该固化剂无毒性，不会生物降解，并能够焚烧产生少于 0.02%的灰。其吸附容量高达 15：1(油与固化剂的质量比)，且吸收很快，吸附体积只有很小的体积增加。它们具有下述优点：不需要促进吸收过程的机械混合，工艺简单；大大缩短处理时间，减少了工作人员接受的照射；增加了流通性，改善了项目的进度安排；使含氚液体废水和废泵油的处理处置成本大大降低；处置或运输容器可以事前在厂内放好固化吸附剂；没有处置处理设备的要求。1999 年 8 月，美国能源部蒙德环境管理项目(DOEMEMP)办公室和 Ohio 的 BWXT 公司，使用该项技术进行的演示表明，使用现有的有机固化剂与过去对氚化废泵油进行的焚烧处置、长期贮存衰变的传统处理方法相比较，明显具有简单、有效的特点。

(4)实时监测流体中氚的光纤探测器

蒙德场地存在可观盘存量的氚化油。目前用于评价氚化油和氚化水的基本方法是收集样品送它们到实验室进行液闪计数或量热法测定。实验室液闪计数具有好的探测能力和精度，但耗时费力，费用也高。这就存在一个经常性的长的样品分析周转时间。对高活度的油和水取样可能会发生分析误差，因为样品须经多次稀释才可被计数。而光纤探测器和定量系统则能够比上述两种现有的基本方法提供更快速实时的氚探测及浓度水平的测量。

该氚探测系统由一个含有光纤的可浸入式传感器模块和处理探测信号的电子学器件组成，通过一个脐带式电缆将各部件相连接。对于在蒙德的应用，泵油中关心的氚浓度在 500 μCi/L以上，这一水平比原先的工作高 4 个数量级。在蒙德进行的可行性试验已经取得了以下令人满意的初步结果：如几种不同的涂闪烁物质的光纤样品被浸泡入泵油中 2 个小时，闪烁强度在浸泡前和浸泡后定性测量，未发现任何变化；若氚的低能 β 射线在油中的平均自由程超过 0.001 mm，则现有的光纤束和光子计数电子学对于探测 μCi/L 量级的氚浓度应当是足够灵敏的。对某个特定浓度测量，光纤探测器测量的复现性落在了的所有探头平均值的10%以内。而由不同油浓度的液闪测量得到的结果，液闪计数比光纤探测器变化更大，在某些情形下达100%。一个探头可重复应用于几种不同的浓度测量，探测装置清洗10 min之内即回到本底附近的水平，再插入到第2个油样品中，所得到的计数率在预期值的范围之内。

(5)可现场展开的氚分析系统

一种遥控运行，接近实时测量地表和地下水污染的可现场展开的氚分析系统(FDTAS)已被开发并在萨凡那河场地进行了试用。FDTAS样机包括一个自动取样与纯化系统，配接一台自动制样测量的液闪谱仪进行10 min计数，达到了环境水平(25 Bq/L)的氚灵敏度。

从井内或表面水源获取样品使用了多端口限制体积的取样器(50 mL)，然后通过一次性使用的过滤器和离子交换柱在线纯化，最后送入一个特制的小室内将纯化后的样品与闪烁液混合。用泵将闪烁液样品混合物注入一个石英分析小室，按预定的间隔被进行计数分析。利用小的钻孔管线和最小的充溢程序使产生的相关废液体积最小化。辐射探测器由Packard 525TR液闪计数器改造而成，系统安装在一个钢结构框架内补充以铅屏蔽。计数室由高纯度的电解铜制成，内壁涂有白色反射涂料，以提高光电倍增管对光子的收集。计数室内安放了一个专门设计的流通式10 mL石英样品瓶和两个6 mm的锗酸铋(BGO)窗，使仪器在保持最大计数效率的同时将本底减到最小(在氚测量道<1.5 cpm)。闪烁液/样品混合比为1∶1，氚的探测效率>25%。该系统在实验室内用标准源进行了刻度，然后在现场对湖、河和井水样品进行了试验。FDTAS的运行通过一个标准的解调器与该系统相连的计算机进行控制。系统的状态在所有工期的运行期间由遥控站监测，实时显示氚谱数据。FDTAS允许对地下和地表水中氚的排放，在与传统的取样和实验室分析方法可以匹敌的水平下进行自动巡检和监测。

(6)可携式液体闪烁计数器

氚表面污染监测的基本技术是基于实验室液闪计数器计数的擦拭方法。擦拭样品由污染场地送到分析室分析，然后再将分析测试结果报告给现场，这种周转时间固有的延迟势必会影响去污退役工程的进度。可携式液闪计数器是一台小型的单管液闪计数器，它使用了一个光电倍增管和手动换样室，可以对氚发射的低能β射线产生响应。仪器的运行由一个中间电池和交流110VA供电，配接一台打印机以获取电子学储存数据的硬拷贝。现场演示表明了该设备对于接近实时现场测量的优越性。

(7)便携式气动管道卷缩切割系统

Y35BH HYPRESS手把式卷缩器头重8磅①，高9英寸②，宽5英寸。可卷缩直径达1英寸的管道。在运行压力为10 000 psi时，可保持12 t的输出力。即使在狭窄的空间里也容易将1个打开的C型卷缩器头卡在一个管道上。利用一个下垂的开关遥控卷缩器运行。配接一个分开的带有高压气软管和快接拆适配器的小型水压泵就可以进行工作。该卷缩器可用于单壁或双壁不锈钢或铜壁集管的处理，将它们安全有效隔离，并提供用手工剪切割的扁平表面。它能产生一种气密性卷曲，极大地减小或消除管内气体散发，减少工作

---

① 1磅≈0.45 kg。

② 1英寸=2.54 cm。

人员接受的照射，提高切割时的工作效率。而过去这方面的基本技术是利用管道切割机，水压剪刀、碾磨工具、电动锯等。锯、剪和碾磨都会产生二次废物。为了防止管内的放射性气体发生逃逸散发，必须在负压下处理管道，而这种气动管道卷缩器的使用，无须任何其他辅助机械装置。

### 4.5.3　核设施退役土壤中氚允许残留量限值的推定

核设施中运行的放射性物质，在某些情形下会造成设施内或环境土壤的污染。核设施的去污和退役就是对这种潜在的源项作出处理，因而需对残留土壤的污染制定允许限值，使它能够适当地反映辐射控制与有关安全规定要求符合的程度。

为此，美国阿贡国家实验室在 20 世纪 90 年代为制订具体退役场址土壤中残留放射性物质允许限值而研制了程序软件 RESRAD 5.0[24-25]。该程序软件描述了对具体场址导出土壤中放射性核素允许残留浓度所使用的分析和模型，以及 RESRAD 的设计和计算机编码在计算剂量、危险度和导出值中的应用。它还描述了实施能源部对于将残留放射性减小到合理且尽可能低水平政策的程序。RESRAD 5.0 还增加了 2 个新途径——氡气吸入和土壤植物，增加了 27 个新核素，对于所关心放射性核素截止的半衰期已经缩减到 6 个月。对于 RESRAD 编码最主要的改进包括：能够运行灵敏度分析、图示输出、用户专用剂量因子、数据库升级、改进的地下水传输模式、地下水浓度和溶解常数的随意输入，特别是对于氚、$^{14}$C 的模型。

由氚的环境释放估算食品中的氚浓度及对人的照射剂量已研制出各种途径分析模型，但这些模型之中大多数是以大气释放源作为分析的起点，因而不适于作为地表或土壤中残留放射性物质的地面源。在氚致剂量估算中广泛使用比活度方法，其保守地假定在所有的环境介质——空气、水、食物和人体组织中，氚浓度处于平衡状态。将这一方法应用于被污染的土壤时，假定土壤是一个无限大的均匀分布的面源。实际上被污染的土壤都有一定的面积，因而这种比活度方法也不是特别有效的。尽管如此，这一简化的偏保守的途径分析，仍然可以适用于某些个别途径如土壤—植物、水—鱼转移。对于个别途径使用这一方法的好处是由于它需要的参数最少，因而可以减小引入途径分析的不确定性。较好的氚污染土壤—人的途径分析模型应当是能够使用具体场址数据，偏保守地实际分析在环境氢同位素存在条件下相关的氚污染土壤的潜在危害。为了避免在开发$^{3}$H 和$^{14}$C 的途经分析模型时增加复杂性，RESRAD 5.0 基本上是沿用了与其他核素同样的方法，但在程序的编制中将环境中氢和$^{14}$C 同位素的特殊习性加以考虑补加进依赖于次级模型的途径分析中。

在为去污和退役而对残留土壤制订放射性浓度标准时，应考虑场址自然、地理社会环境与经济状态，现场运行历史和退役后的使用意向。一般依据经验、ALARA 原则和剂量分摊原则，选择设计的基本剂量限值。当有多种放射性核素污染时，污染土壤残留的放射性浓度标准，必须应用“求和法则”，使各部分浓度的比值之和小于或等于 1。即：

$$\sum_{i=1}^{n} \frac{C_i}{V_i} \leqslant 1 \tag{4-7}$$

式中：$C_i$ 为放射性核素 $i$ 在土壤中的浓度；$V_i$ 为放射性核素 $i$ 在土壤中的允许残留浓度。

RESRAD 软件主要对于固体形态的放射性核素的导出土壤浓度指导线建立了途径分析模型。氚$^{3}$H 和$^{14}$C 是在环境中无处不在的、可移动的、大量存在的稳定同位素，为了对它们的潜在危害给出更精确的评价，需要在放射学分析上有特殊的考虑，以下为了演示RESRAD 5.0程序的应用，着重介绍空气、饮用水和动植物性食品氚浓度的导出。

释放进入环境的氚通常很快转化为氧化物形式，像普通水一样扩散。普通水和HTO之间相对大的质量差别对HTO的性质有某些影响。例如，HTO的水蒸气压较普通水约低10%，在空气中的分子扩散因子约低5%，一般氚的循环周期遵循水的规律。为了估算空气(如水蒸气)、水和食物中的氚浓度，必须首先估算被污染地带土壤水中的氚浓度。

(1)土壤水中的氚

在被污染地带以HTO形态存在于土壤水中氚的浓度可以表示为：

$$W_T=\frac{\rho_b \times S_T}{\theta \times R_d} \tag{4-8}$$

式中，$W_T$为在被污染地带土壤水中的氚浓度，Bq/cm³；$\rho_b$为被污染土壤的体密度，g/cm³；$S_T$为被污染土壤的氚浓度，Bq/g；$\theta$为被污染土壤的体积水含量，$R_d$为氚在被污染区的阻滞因子，表示平均间隙水流速度与放射性核素迁移速度的比值。

(2)空气中的氚

在氚污染土壤之上空气中的氚浓度，受来自地表面的氚通量、环境和气象学因子、位置和时间的影响。若氚紧随环境中的稳定氢移动，空气中氚与土壤中氚的关系将类似于这些介质中的稳定氢。对HTO的情形，这一关系意味着空气和土壤中的氚浓度将依赖于空气中的水蒸气与土壤中水含量的比率。

对于有限面积$A$的局部源，空气中的氚浓度可使用下式表示，式中忽略了相对于土壤大量释放而滞留在植物中的少量水。

$$C_{T,A}=\frac{3.17\times 10^{-8}\times 0.5\times H_T\times \sqrt{A}}{H_{\text{mix}}\times u} \tag{4-9}$$

式中，$C_{T,A}$为在有限大小的被污染面积上部空气中氚的平均浓度，Bq/m³；$3.17\times 10^{-8}$为单位转换因子，a/s；0.5为风朝接受者吹的时间份额；$H_T$为被污染区域向上产生的氚通量，Bq/(m²·a)；$A$为被污染区域的面积，m²；$H_{\text{mix}}$为氚化水蒸气均匀混合的高度(对人的吸入途径2 m，对植物、肉奶摄入途径1.0 m)；$u$为年平均风速，m/s。

(3)氚污染土壤的源因子

氚污染土壤由于土壤水中氚的放射性衰变，土壤水分的渗滤浸出和表面蒸散，导致被污染土壤的氚浓度有随时间延长而减小的特性。为此需引入表示$t$时间后污染土壤氚浓度与初始浓度比的修正因子，源因子SF。

$$\text{SF}(t)=e^{-(\lambda+L+E)t} \tag{4-10}$$

式中，$\lambda$为氚的放射性衰变常数，$a^{-1}$；$L$为氚在土壤中的浸出率常数，$a^{-1}$；$E$为氚从土壤表面的蒸散速率常数，$a^{-1}$。

(4)食品中的氚

生长在被污染土壤中的植物，其氚浓度可以通过假定氚由土壤向植物的转移遵从稳定氢由土壤到植物的途径。

$$C_{T,pk}=W_T\cdot C_{H,pk}/W_H \tag{4-11}$$

式中，$C_{T,pk}$为植物中的氚浓度，Bq/g，其中，途径$p=3$(产品摄入)，$p=4$(肉类摄入)，$p=5$(牛奶摄入)，对于植物类型$k=1$(多叶植物)，$k=2$(其他植物、水果和谷物)，$k=3$

(饲料)；$C_{H,pk}$ 为氢在植物中的质量份额(无量纲)；$W_H$ 为稳定氢在水中的质量份额。氚向食品的转移，如粮食、肉类、奶和鱼可用通用方程计算，对于氚的食物转移因子必须考虑具体场址参数、湿度、动物膳食和摄入速率。

对于根吸收的植物的食品/土壤浓度比，可以由式(4-12)计算：

$$\mathrm{FSR}_T=\frac{0.9\rho_b}{P_tR_S+\rho_bK_d} \tag{4-12}$$

式中，$P_t$ 和 $R_s$ 分别为土壤中的总空隙率、水饱和比；$\rho_b$ 是土壤的体密度；$K_d$ 是土壤对 HTO 的分配系数，取单位值为 1。

氚向肉和奶的转移，可以相关于稳定氢向肉和奶的转移计算，按动物膳食计算氢的摄入量率公式如下：

$$\mathrm{FQR}_{T,P}=\frac{C_{T,P}}{\mathrm{FI}_{T,P}}=\frac{C_{H,P}}{\mathrm{FI}_{H,P}} \tag{4-13}$$

$$\mathrm{FI}_{H,P}=(W_H\times\mathrm{FI}_{P,5})+(C_{H,pq3}\times\mathrm{FI}_{pq3}) \tag{4-14}$$

$$\mathrm{FI}_{T,P}=1\ 000\times[(W_{T,r}\times\mathrm{FI}_{p5})+(C_{T,pq3}\times\mathrm{FI}_{pq3})] \tag{4-15}$$

$$C_{H,P}=0.11C_{\mathrm{H_2O},p} \tag{4-16}$$

式中，$C_T$ 为途径，$p$ 在肉类($p=4$)或奶($p=5$)中的浓度，Bq/kg；$\mathrm{FI}_{T,p}$ 为氚在家畜饲料中的日摄入率，Bq/d；$C_{H,p}$ 为稳定氢在肉或奶中的质量份额(无量纲)；$C_{H,P}$ 稳定 $H$ 在肉或奶中质量份额，$\mathrm{FI}_{H,p}$ 为稳定氢在家畜饲料中的日摄入率，kg/d；$W_H$ 为稳定氢在家畜饮水中的质量份额，0.11 无量纲；$\mathrm{FI}_{p5}$ 为家畜饮水的日摄入率($p=4$，50 L/d；$p=5$，160 L/d)；$C_{H,pg3}$ 为稳定氢在家畜饲料中的质量份额，0.10 无量纲；$\mathrm{FI}_{pq3}$ 为家畜饲料的日摄入率($p=4$，68 kg/d；$p=5$，55 kg/d)；1 000 为单位转化因子(水，$\mathrm{cm^3/L}$；饲料，g/kg)；$W_{T,r}$ 为家畜饮用水中的氚浓度(井水，$r=1$；表面水，$r=2$)，$\mathrm{Bq/cm^3}$；$C_{T,pq3}$ 为氚在家畜饲料中的浓度，Bq/g；$C_{\mathrm{H_2O}}$，$p$ 为水在肉和奶中的质量份额，无量纲。缺省值见表 4-11。

**表 4-11　本文有关土壤特性所取的参数值**

| 名称 | 单位 | 取值 |
|---|---|---|
| 土壤体密度 $d$ | $\mathrm{g/cm^3}$ | 1.5 |
| 体积水含量 $\theta$ | 无量纲 | 0.28 |
| 总空隙率 $P_t$ | 无量纲 | 0.40 |
| 水饱和比 $R_s$ | 无量纲 | 0.70 |
| 对 HTO 的分配系数 $K_d$ | | 1 |
| 年平均风速 $u$ | m/s | 2 |
| 蒸散因子 $C_e$ | 无量纲 | 0.5 |
| 径流因子 $C_r$ | 无量纲 | 0.2 |
| 年降水量 $P_r$ | m/a | 1.0 |
| 灌溉速率 $I_r$ | m/a | 0.2 |
| 水分蒸散深度 $d$ | m | 0.3 |
| 覆盖厚度 $C_d$ | m | 0 |
| 污染厚度 $T$ | m | 0.3 |

利用方程(4-11)～(4-16)，对每一种食品类型 $p$，氚转移因子可以由下式导出：

$$\mathrm{FQR}_{T,P}=\frac{C_{H,P}}{(W_H\times \mathrm{FI}_{p5})+(C_{H,pq3}\times \mathrm{FI}_{pq3})} \tag{4-17}$$

$C_{H,p}$和$C_{H,p3}$的值可以由肉类、牛奶和饲料中的水含量导出。这些参数预期不会随具体场址变化。氚在肉或奶中的浓度则可计算为：

$$C_{T,p}=FI_{T,p}\times \mathrm{FQR}_{T,P} \tag{4-18}$$

氚由污染水向鱼或其他水生物食品的转移可以借助于水生物累积因子 $FWR_{T,i6k}$ 估计给出

$$C_{T,6k}=\mathrm{FWR}_{T,6k}\times W_{T,2} \tag{4-19}$$

式中，$\mathrm{FWR}_{T,6k}$是鱼/水($k=1$)和甲壳类软体动物/水($k=2$)对氚的浓度比(生物浓集因子)1.0 L/kg；$C_{T,6k}$是在鱼或其他水生物中氚浓度，及 $W_{T,2}$是氚在表面水中的氚浓度，Bq/L。

在 RESRAD 软件程序中，使用了植物和食品的转移因子来计算氚经由途径 $p$ 和次途径 $q$ 的污染地带作为时间函数的环境转移因子 $\mathrm{ETF}_{T,pq}$。该方法既保持了在 RESRAD 通用的途径分析方法学，而对于例如与各种不同途径相关联的深度和区域因子的具体场址变量，依然是有效的。

综上所述，氚污染土壤对周围居民中的最大受照个人产生的年有效剂量当量，可用式(4-20)作出估算：

$$D_a=\mathrm{DCF}_{\mathrm{HTO}}(1.5E_{\mathrm{inh}}+E_{\mathrm{inj}})SF \tag{4-20}$$

式中，$\mathrm{DCF}_{\mathrm{HTO}}$为公众个人由于摄入 1 Bq HTO 所产生的待积有效剂量当量，$1.7\times 10^{-11}$ Sv/Bq；1.5 为考虑皮肤吸收对吸入剂量引入的修正因子，$E_{\mathrm{inh}}$为公众个人由于吸入途径产生的 HTO 年摄入量，Bq；$E_{\mathrm{inj}}$为公众个人由于食入途径，包括植物性、食品、肉、奶、饮水等途径产生的 HTO 年摄入量，Bq；SF 为源因子。

依据我国人均食品消费量和 ICRP 第 56 号报告以及表 4-11 对该具体场址土壤特性有关的参数值，给出的剂量目标值与土壤残留氚容许水平的关系如表 4-12 所示。

**表 4-12　剂量目标值土壤残留氚容许水平**

| 剂量目标值/(mSv/a) | 土壤残留氚允许水平/(Bq/g) |
|---|---|
| 0.05 | 198 |
| 0.15 | 594 |
| 0.25 | 990 |

源因子 SF，用前面 RESRAD 程序表 4-13 给出的缺省值估算，氚经放射性衰变，浸出和蒸散使土壤中氚源滞留的半衰期约为 21.2 天。虽然有文献报道说各类土壤中氚的滞留半衰期，其快成分由几小时到 14 天变化，作为偏保守的估计，这里仍用 21.2 天的半衰期，由此可导出由源因子引起的年修正系数为 0.083。将上述各项数值代入公式 (4-20)可以求出相应的年有效剂量目标值对应的土壤中残留氚允许浓度，结果见表 4-14。我国对于饮用水中氚的限值尚无专门规定。美国国家环境保护局对饮用水中氚的活度限值为 0.74 Bq/g(20 nCi/L)，文献[26]报道的 1985 年美国对伊利诺伊州一个氚、镭发光涂料工厂退役时，土壤中氚残留水平的控制标准为 1 850 Bq/g (50 nCi/g)，表 4-14 中给出 0.25 mSv/a目标值的允许浓度水平为 990 Bq/g，说明该方法给出的结果是可以接受的。

# 参考文献


[1] Giroux P，Pelletier T，Maj M. Strategy for Management of Solid Tritium Wastes[J]. Fusion Technology，1992，21(2)：706-713.

[2] Corcoran V J，Campbell C A，Bothwell P B. Decontamination and Decommissioning of UK Tritium Facilities[J]. Fusion Technology，1992，21(2)：727-732.

[3] Krasznai J P，Chew V S，Hudson J. Conditioning and Packaging of Tritiated Waste from Ontario Hydros Tritium Removal Facility[J]. Fusion Technology，1992，21(2)：685-690.

[4] 放射性废物分类标准：GB 9133—88[P]. 北京：中国标准出版社，1988.

[5] 石田政弘. トリチウムの现行废弃物基准にする方法トリチウム资料：1988 昭和 62 年度文部省科学研究费补助金研究成果报告书[R]. 1988：159-172.

[6] 成瀬雄二，松田右二. トリチウムの格纳—除去技术(ての3)[J]. 原子力工业，1991，37(10)：76-79.

[7] 徐志成. 含氚废物的处理和处置[M]. 北京：原子能出版社，1986：233-241.

[8] 国防科学技术工业委员会. 放射性废物体和废物包的特性鉴定：EJ 1186—2005 [J]. 北京：中国标准出版社，2005.

[9] 彭述明，王和义. 氚化学与工艺学[M]. 北京：国防工业出版社，2015.

[10] Eisenbud M. Environmental Radioactivity[M]. 3nd Edition. 1988：252.

[11] IAEA. Management of tritium at Nuclear Facilities[R]. Technical Reports Series No. 234，IAEA，VlENA，1984.

[12] PAAKOLA O，ILLUKA E. Solidification of Tritium Waster and lnteraction of Environmental Solvents[R]. Progress Rep. IAEA Agreement No. 2326/RI/CR，1981.

[13] Emeliti L A. Tritium Loss from Coated Cement Paste Block[M]. Moghissi A A，Carter M W，Eds. Phoenix，AZ：Messenger Graphics，1973：776.

[14] Seki S，Ito A，Amano H. Integrity Test of Full Size Packages of Cement-Solidified Radioactive Wastes Under Deep-Sea Conditions[J]Nuclear and Chemical Waste Management，1980，1(2)：129-138.

[15] HESPE E D. Leach Testing of Immobilized Radioactive waste solids [J]. Energy Rev.，1971，91：195.

[16] Carter T J. Conditioning of Tritium-Bearing wastes[C]//IAEA Co-ordinated Research Meeting，Handling of Tritium-Contaminated Effluence and Wastes，Julich，1980.

[17] 徐志成. 含氚废物的处理和处置[M]. 北京：原子能出版社，1986：233-241.

[18] IAEA. Safe Handling of Tritium[R]. IAEA Technical Report，Series No. 324，1991，VIENNA.

[19] Mannone F，Dworschak H，Vassallo G. Ethels Systems and Facilities for Safe Management of Tritiated Wastes[J]. Fusion Technology，1992，21(2)：714-718.

[20] Paillard P，Clerc H. Low-Level Tritium Waste Management and Associated Controls at Bruyeres-Le-Chatel-Research-Center[J]. Fusion Technology，1992，21(2)：696-699.

[21] Bramy W，Hircq B，Reyrat M，et al. Measurement of Low-Level Gas-Release Rates Applied to Tritiated Wastes[J]. Fusion Technology，1992，21(2)：724-726.

[22] GF-1 含氚固体废物桶释氚率测定装置使用说明书[Z]. 中国辐射防护研究院核环境所，2012.

[23] 杨怀元，王辉，杨海兰. 美国氚设施去污退役新技术简介[J]. 辐射防护通讯，2006(5)：39-41.

[24] Manual for Implementing Residual Radioactive Material Guidelines Using RESRAD, Version 5. 0. Environmental Assessment Division, Working Draft for comment ANL USA. ANL/EAD/LD-2 [R]. 1993.

[25] 杨怀元. 核设施退役土壤中氚允许残留量限值推定的一种方法[J]. 辐射防护通讯, 1999(4): 25-27.

[26] Post Building Removal Assessment of Radioactivity in Soil at Luminous Processes INC. Site. Ottawa, Illinois. ANL-O HS/HP-85-108[R]. 1995.

# 第 5 章　放射性危害与剂量学

## 5.1　职业照射产生的氚危害

氚可以以气体、水蒸气、氚化粒子或气溶胶的气载放射性形态，存在于工作场所空气和被污染的液体(油、水)或被污染的设备与材料等中。氚进入人体内的摄入途径有：

(a)吸入；

(b)皮肤吸收，气载氚(主要是氧化氚 HTO)通过完整皮肤的扩散渗入，或通过与污染表面或污染液体接触的皮肤吸收；

(c)食入。

摄入不同形态氚的生物学危害可以有显著差别。随着摄入进入体内，HTO 在 2～3 小时内与体水分均匀混合。它可能扩散进入细胞，少部分可以被结合到体内的有机化合物中。另一方面，氚气(HT)则不容易结合进人体水分和组织中，溶解在体水分中的 HT 会很快从体内排出。由于氚辐射的 β 粒子能量非常低(平均能量 $E=5.7$ keV)，是一种相对软的辐射体。吸收的气体所引致的内照射剂量也很小，主要是因呼吸在肺部容纳的 HT 对肺产生的剂量。依据 ICRP 第 30 号出版物，对于空气中相同的浓度，HTO 相对 HT 的放射学危害是 25 000 : 1[1]。

HT 可以通过氧化和同位素交换机制转变为 HTO。由于在 HT 和 HTO 之间放射学危害存在着很大差别，这一转化过程是氚的安全防护中的一个主要考虑。

以粒子形式存在的氚，如金属氚化物，被吸入后可滞留在肺中，假若该物质具有低的溶解度时，生物半廓清期可能在几百天的量级。这方面的剂量学比较复杂且生物分析也有困难。此外，可能在某些工作环境中还存在其他的氚化物，如碳氢化合物和氨。在生产和操作氚发光化合物和放射性药物中也会遇到其他的含氚有机化合物。这些化合物在人体中的代谢规律及所致剂量，也是职业照射关心的问题。

氚 β 粒子的射程(最大能量为 18.6 keV，平均能量为 5.7 keV)在组织中小于 6 μm，比表皮下基底皮肤细胞的深度(约 70 μm)小许多，90%的 β 粒子射程小于 1 μm。因此，除非氚进入体内，一般不认为它有危害。典型的哺乳动物细胞，其直径约为 10～20 μm，细胞核则要小得多[2]，由于氚 β 粒子的射程小于细胞直径，在评价其放射性危害时，氚在细胞内的分布将是重要的，因为损伤的分布可能是不均匀的。这种情况与 γ 或较高能量的 β 粒子产生的辐射照射不同。对于后者，能量沉积分布基本上不依赖于结构，而仅需要考虑在组织内沉积的平均能量。

除上面提到的可能的分布效应以外，下述氚的独特性质，也使它可能对人体产生危害。氚在一个分子里衰变，会在衰变地址留下一个具有 $^3$He 原子的分子。依赖于 $^3$He 原子所在分子及其在分子中的具体位置，畸变可能比 β 粒子的发射更加危险，一个氚原子由氚化水和其他正常氚化代谢物进入特定的放射性灵敏位置的概率在 $5\times10^{-4}$ 的量级[2]。有关氚的微剂量学研究进展，感兴趣的读者可进一步参阅文献[3]的评述。5.2 节的氚剂量学，仍是基于组织内，沉积的平均能量来考虑的。

# 5.2 氚剂量学

ICRP 于 1959 年发表的第 2 号出版物《内照射容许剂量》[4]，曾推荐给出 200 多种放射性核素的全身和主要器官的最大容许负荷量，以及水和空气中的最大容许浓度。1978 年 ICRP 发表了第 30 号出版物《工作人员的放射性核素摄入量限值》，取代了第 2 号出版物。30 号出版物基于新的生物动力学剂量模型进行内照射剂量评价，建立了较为完整的剂量限制体系。虽然后来的 ICRP 第 60 号出版物《国际放射防护委员会 1990 年建议书》内容又有了许多变化，但基本上是根据以后这一领域不断取得的研究成果对原 30 号出版物提出的内照射剂量估算方法和剂量限制体系的完善和扩展。本节简要介绍这方面的内容，以便对第 30 号出版物中所采用的氚内照射剂量估算方法有一个大概的了解[1,4-5]。

## 5.2.1 基本的量和单位[6]

电离辐射通过与物质的相互作用，把能量传递给受照物，并在其内部引起各种变化。辐射量和单位是为描述辐射场，辐射作用于物质时的能量传递及受照物内部变化的程度和规律而建立起来的物理量及其量度。尽管在后来发表的 ICRP 的 1990 年新建议书中，对辐射防护剂量学中常用的量，又有新的定义和描述，有的名称也做了改变。但这种变化是在 ICRP 的 1977 年基本建议书及其以后一系列出版物的基础上发展而来的。为了同后面的氚剂量学在内容上保持一致，这里给出的量仍以 ICRP 第 30 号出版物的叙述为依据。除了对有变化的词条在描述中加注说明外，有关 ICRP 第 60 号出版物中剂量学常用量的变化及其对氚有效剂量的影响，将在本章的 5.6.4 节中给出。

(1)放射性活度 $A$ 和衰变常数 $\lambda$

在一确定时刻，某一特定能态(除非另作规定，否则为该核素的基态)的一定量放射性核素的活度 $A$ 是 $\mathrm{d}N$ 除以 $\mathrm{d}t$ 所得的商，其中 $\mathrm{d}N$ 是在时间间隔 $\mathrm{d}t$ 内该能态上自发核跃迁数的期望值。

$$A=\frac{\mathrm{d}N}{\mathrm{d}t} \tag{5-1}$$

式中，$A$ 的 SI 单位是 $\mathrm{s}^{-1}$，其专用名是贝可勒尔，记作 Bq。与过去常用的活度单位居里(Ci)的关系是 $1\ \mathrm{Ci}=3.7\times10^{10}\ \mathrm{Bq}$。

放射性核素在某一特定能态的衰变常数 $\lambda$ 是 $\mathrm{d}p$ 除以 $\mathrm{d}t$ 所得的商，其中 $\mathrm{d}p$ 是在时间间隔 $\mathrm{d}t$ 内给定的原子核在该能态上经历自发跃迁的概率。

$$\lambda=\frac{\mathrm{d}p}{\mathrm{d}t} \tag{5-2}$$

式中，$\lambda$ 的 SI 单位是 $\mathrm{s}^{-1}$；量$(\ln 2)/\lambda$ 通常称作放射性核素的半衰期 $T_{1/2}$，也即某一定量放射性核素的活度降至其初始值一半所需的时间。

某一特定能态上一定量放射性核素的活度，等于该能态的衰变常数和该能态上原子核数的乘积。任何 $Q$(g)放射性核素的放射性活度 $A$(Bq) 可以用下式计算：

$$A=QK(MT_{1/2})^{-1} \tag{5-3}$$

式中，$M$、$T_{1/2}$ 分别为放射性核素的原子量和半衰期；$K$ 是与半衰期所取时间单位有关的一个系数。当半衰期采用年为单位时，活度 $A$ 以 Bq 为单位，$K=1.3227\times10^{16}$。

(2)吸收剂量

吸收剂量，用符号 $D$ 表示。$D$ 是 $\mathrm{d}E$ 除以 $\mathrm{d}m$ 所得的商，其中 $\mathrm{d}E$ 是致电离辐射授予质量为 $\mathrm{d}m$ 的物质的平均能量。

$$D=\frac{\mathrm{d}\bar{\varepsilon}}{\mathrm{d}m} \tag{5-4}$$

式中，$D$ 的 SI 单位是焦耳每千克，其专用名是戈瑞，记作 Gy。与过去使用的吸收剂量单位拉德(rad)的关系是：1 Gy =1 J/kg=100 rad。

(3)剂量当量

剂量当量，用符号 $H$ 表示。组织中某点处的剂量当量是 $D$、$Q$ 和 $N$ 的乘积，其中 $Q$ 是品质因子，$N$ 是其他修正因子的乘积。

$$H=D\cdot Q\cdot N \tag{5-5}$$

式中，$H$ 的 SI 单位是焦耳每千克，其专用名是希沃特，记作 Sv。与过去常用的剂量当量单位雷姆(ram)的关系是 1 Sv=1 J/kg= 100 ram。

为了更好地将辐射与它所引致的较为重要的有害效应，特别是晚发随机效应联系起来，ICRP 和 ICRU 商定引入了剂量当量这个辐射防护领域内使用的量。利用若干个无量纲的因子对吸收剂量加权，使得经过这种修正后的吸收剂量比之单纯的吸收剂量能够更好地同生物效应的大小或概率联系起来。

品质因子 $Q$ 通常与传能线密度 LET 或 $\mathrm{LET}_\infty$ 有关，它们之间有下述关系[7]，

$$Q=0.8+0.16\ \mathrm{LET} \tag{5-6}$$

式中，LET 的单位是 keV/μm。

传能线密度 LET 表示特定能量的带电粒子在介质中穿行单位长度路程时，由能量转移小于某一特定值 Δ 的历次碰撞所造成的能量损失，该量的大小与沿氚 β 粒子经过的电离和激发的分布有关。因为，较密的相互作用通常被认为比较不密的相互作用具有更大的危害性。ICRP 曾在早期推荐过氚的品质因子取 1.7[4]，而且这一值可能在有些国家仍被使用。然而，ICRP 后来又审核了关系式(5-6)，并且重申他们前些年的结论，即对于所有的低 LET 辐射使用不同于 1 的品质因数没有任何正当性[7]。测量作为 LET、剂量、剂量率函数的相对生物效能(RBE)的实验，必须像上面给出的 $Q$ 的物理定义那样，也被纳入考虑。对于某些低 LET 辐射的 LET 和 $Q$ 的值，列于表 5-1。目前绝大多数国家已经接受了 ICRP 后来的推荐值，在氚的剂量计算中通常取品质因数 $Q=1$。

**表 5-1　对典型低 LET 辐射的 LET 和 $Q$ 值**

| 辐射 | LET 近似值/(keV/μm) | 品质因数 $Q$ | |
|---|---|---|---|
| | | 由式(5-6)计算值 | ICRP 第 26 号出版物推荐的值 |
| 50 kVp X 射线(2.5 mm Be) | 7.5 | 2.0 | 1 |
| 氚 β 粒子 | 5.5 | 1.7 | 1 |
| 150 kVp X 射线(2.5 mm Be) | 2.5 | 1.2 | 1 |
| 150 kVp X 射线(0.3 mm Cu) | 1.5 | 1.0 | 1 |

**续 表**

| 辐射 | LET 近似值/(keV/μm) | 品质因数 Q | |
|---|---|---|---|
| | | 由式(5-6)计算值 | ICRP 第 26 号出版物推荐的值 |
| 300 kVp X 射线 | 1.0 | 0.9 | 1 |
| $^{60}Co$ γ 射线 | 0.84 | 0.8 | 1 |

$N$ 是所有其他修正因子，如剂量率、剂量分次给予等的乘积。在剂量当量的值等于或低于 ICRP 第 26 号出版物推荐的基本剂量限值时取 1[8]。

(4)有效剂量当量(有效剂量)

有效剂量当量，用符号 $H_E$ 表示。当所考虑的效应是随机性效应时，在全身受到非均匀照射的情况下，受到危险的各组织的剂量当量与相应的权重因子乘积的总和，即为有效剂量当量 $H_E$ 为：

$$H_E = \sum W_r \cdot H_T \tag{5-7}$$

式中，$W_T$ 是组织权重因子；$H_T$ 是组织($T$)的剂量当量。

ICRP 第 26 号出版物根据当时掌握的资料，对若干辐射敏感性较高的器官或组织列出了辐射诱发严重遗传性疾病(最初两代)和致死恶性疾病的危险度及其相应的权重因子 $W_T$，如表 5-2 所示。

**表 5-2 器官或组织的危险度及权重因子**

| 组织或器官 | 危险度/($10^{-3}$/Sv) | 权重因子 $W_r$ |
|---|---|---|
| 性腺 | 4.0 | 0.25 |
| 乳腺 | 2.5 | 0.15 |
| 红骨髓 | 2.0 | 0.12 |
| 肺 | 2.0 | 0.12 |
| 甲状腺 | 0.5 | 0.03 |
| 骨表面 | 0.5 | 0.03 |
| 其余组织 | 5 | 0.30 |
| 合计 | 16.5 | 1.00 |

权重因子 $W_T$ 是组织或器官($T$)受照射所产生随机性危险度与全身受到均匀照射时的总危险度的比值。例如：$W_{肺} = 2\times10^{-3}Sv^{-1}/16.5\times10^{-3}Sv^{-1} = 0.12$。

注意：上文中的基本防护量和单位，剂量当量(3)和有效剂量当量(4)，在 ICRP 的 1990 年的建议书以后类似的量已改为当量剂量与有效剂量[5]，其单位 Sv 不变，具体更详细内容可参阅本章 5.6.4 节。本书在随后章节的行文叙述中有可能出现同一量的先后两个单位混用情况，望读者给予理解。

(5)待积剂量当量(待积当量剂量)

待积剂量当量，用符号 $H_{50}$ 表示。人体单次摄入放射性物质之后，某一组织或器官在终身工作时期 50 年内将要累积的剂量当量(当量剂量)，即待积剂量当量(待积当量剂量) $H_{50,T}$ 为

$$H_{50,T}=\int_{t_0}^{t_0+50t} H(t)\mathrm{d}t \tag{5-8}$$

式中，$H_T(t)$是某器官或组织($T$)有关的剂量当量率；$t_0$ 是摄入的时刻。

随之而产生的另一个有用的量叫作有效待积剂量当量(有效待积剂量)，即

$$H_{E,50}=\sum W_T\cdot H_{50,T} \tag{5-9}$$

(6)年摄入量限值

放射性核素的年摄入量限值，用符号 ALI 表示。是为了遵从 ICRP 对职业照射建议的基本限值而制定的一种次级限值[7]。一个人(由参考人来代表)只摄入一种放射性核素时引起的照射，在达到 ICRP 为职业性照射规定的年剂量当量限值条件下摄入的放射性核素的活度称为年摄入量限值。它在数值上为同时满足下面 2 个不等式的年摄入量 $I$ 的最大值：

$$\begin{cases} I\sum{}_T W_T(H_{50,T}/\text{单位摄入量})\leqslant 0.05\ \text{Sv} \\ I(H_{50,T}/\text{单位摄入量})\leqslant 0.5\ \text{Sv} \end{cases} \tag{5-10}$$

式中，$I$(Bq)是摄入或吸入某放射性核素的年摄入量；$W_T$ 是组织的权重因子；其值见表 5-2。$H_{50,T}$/单位摄入量(Sv/Bq)是由指定途径摄入单位活度的这种放射性核素，在组织($T$) 中产生的待积剂量当量。

(7)导出空气浓度

导出空气浓度，用符号 DAC 表示。放射性核素的年摄入量限值(ALI)除以参考人在一个工作年内(2 000 h)吸入的空气体积($2.4\times10^3\ \text{m}^3$)所得的商称为导出空气浓度，即：

$$\text{DAC}=\text{ALI}/2.4\times10^3\ \text{Bq/m}^3 \tag{5-11}$$

(8)集体剂量当量 (集体当量剂量)

当受照射群体的各人群组：平均每人所受剂量当量 $H_i$(全身或任一特定组织或器官的剂量当量)与各组织成员数 $N$ 的乘积的总和。集体剂量当量(集体当量剂量)$S$ 的表示式为：

$$S=\sum_i \overline{H}_i N_i \tag{5-12}$$

(9)人均剂量当量(人均当量剂量)

某一受照群体集体剂量当量 $S$ 除以该群体人数 $N$ 而得的商。人均剂量 $H$ 的表示式为

$$\overline{H}=S/N \tag{5-13}$$

## 5.2.2　ICRP 第 30 号出版物的剂量学模型

(1)靶-源学说

一般情况下，进入体内的放射性核素可能沉积到人体的各个组织和器官。如果核转变时发出的辐射贯穿能力比较强，那么体内任何一个组织或器官，它所吸收的辐射能量将包含两个部分，其中一部分来自本身组织或器官内的放射性核素，另一部分则来自其他组织或器官内的放射性核素。在这里，把凡是吸收辐射能量的组织或器官称为“靶组织”或“靶器官”，而把沉积放射核素的组织或器官，称为“源组织”或“源器官”。显然，根据以上定义，源器官本身也是一个靶器官。下面，为叙述简洁起见，不管是源组织还是源器官，统称为“源器官($S$)”。同一样，把靶组织或靶器官统称为“靶器官($T$)”。

根据上述定义，任一组织或器官的待积剂量当量 $H_{50}$还可以表示为：

$$H_{50}=\sum_{i}Q_iD_{50,i} \tag{5-14}$$

式中，$D_{50,i}$ 是放射性核素摄入体内以后的 50 年内，第 $i$ 种类型的辐射在该器官或组织内平均的总吸收剂量；$Q_i$ 是第 $i$ 种类型辐射的品质因数。

ICRP 第 30 号出版物估算了由某一个源器官中的放射性活度对于若干靶器官造成的待积剂量当量。源器官中的放射性核素 $j$ 的第 $i$ 种类型辐射，在靶器官 $T$ 中所致的 $H_{50,i}$ 是下列两个因子的乘积：

(a)摄入以后的 50 年内，放射性核素 $j$ 在源器官中的总核衰变数；

(b)由源器官 $S$ 中放射性核素 $j$ 的每次核变化发出的第 $i$ 种类型辐射，被 1 g 靶器官 $T$ 所吸收的能量，并用品质因子做适当修正后的值。即对于放射性核素 $j$ 发出的每一种类型辐射 $i$ 都有：

$$H_{50}(T\leftarrow S)_i=Q_i\overline{D}_{50}(T\leftarrow S)_i=U_S\times 1.6\times 10^{-13}\,\mathrm{SEE}(T\leftarrow S)_i\times 10^3\ \mathrm{Sv}$$

式中，$U_S$ 为摄入放射性核素以后的 50 年内，源器官 $S$ 中放射性核素 $j$ 的核变化数；$1.6\times 10^{-13}$ 是 1 MeV 相当的焦耳数；$\mathrm{SEE}(T\leftarrow S)$ 是由源器官 $S$ 中的一次核变化在靶器官 $T$ 中所吸收的，并用品质因子作适当修正后的第 $i$ 种类型辐射的比有效能量(MeV/g)；而 $10^3$ 是从 $g^{-1}$ 到 $kg^{-1}$ 的单位换算系数。所以

$$H_{50}(T\leftarrow S)_i=1.6\times 10^{-10}U_S\ \mathrm{SEE}(T\leftarrow S)_i\ \mathrm{Sv} \tag{5-15}$$

一般来说靶器官 $T$ 可能受到来自几个不同源器官 $S$ 的辐射的照射；$j$ 种核素可能有多种辐射类型；另外 $j$ 种核素还可能有多种子体核素。因此，对各源器官 $S$，各种核素 $j$ 各种辐射类型 $i$ 求和，可以导出靶器官 $T$ 的待积剂量当量更普遍的表达式为

$$H_{50,T}=1.6\times 10^{-10}\sum_{S}\sum_{j}(U_S\sum_{i}\mathrm{SEE}(T\leftarrow S)_i]_j\ \ \mathrm{Sv} \tag{5-16}$$

(2)比有效能量 SEE

$$\mathrm{SEE}(T\leftarrow S)_i=Y_iE_i\,\mathrm{AF}(T\leftarrow S)_iQ_i/M_T\quad \text{MeV/(g·核变化)} \tag{5-17}$$

式中，$Y_i$ 是放射性核素 $j$ 每次核变化时发射第 $i$ 类型辐射的产额；$E_i$(MeV)是第 $i$ 种类型辐射的平均能量或单一能量；$\mathrm{AF}(T\leftarrow S)_i$ 是源器官 $S$ 中每发射一次第 $i$ 种类型辐射被靶器官吸收的能量份额。对于大多数器官，假设 α 粒子和电子的能量完全被源器官所吸收；$Q_i$ 是第 $i$ 种类型辐射的品质因数。

摄入体内的放射性核素，一般说来沉积在体内所有的器官或组织，因而所有的器官或组织都应列为源器官或组织 $S$。在估算有效剂量当量时，应考虑所有的器官和组织所受的剂量，因而也都应列为靶器官和组织 $T$。但在实践中，并不是所有的器官或组织都是有意义的源器官或组织和靶器官或组织。有的确实意义不大，有的我们尚未发现有较大的意义。ICRP 第 30 号出版物选取的办法是先选靶器官或组织 $T$，再由选定的 $T$ 选取源器官或组织 $S$。具体的原则是，将每单位摄入量授予这个器官或组织的用组织权重因子加权的待积剂量当量大于或等于最大受照的某器官或组织的用组织权重因子加权的待积剂量当量 10%的选取为 $T$，而将对 $T$ 的待积剂量当量贡献等于或大于 1%的那些器官或组织选为 $S$。

对于非贯穿性辐射，当 $S$ 和 $T$ 不是同一器官或组织时，由于源器官或组织的辐射能量不逸出或只有极少部分逸出，故几乎没有能量授予靶器官或组织。反之，若 $S$ 和 $T$ 同属一个器官或组织，自源器官或组织辐射的能量几乎全部由靶器官或组织(即源器官或组

织本身)吸收。显然由于氚是贯穿能力极低的低能纯 β 辐射体，对于 HTO 照射，主要需考虑的是人体中的软组织，而对于 HT 浸没照射，则需考虑的器官或组织是肺；他们既是靶器官也是源器官。同大多数放射性核素相比，有关氚待积剂量当量的计算则要简单得多。

(3) 50 年期间源器官中的核衰变数 $U_S$

体内的任一器官或组织中的放射性核素在任一段时间内的核衰变数，是该器官或组织中的放射性核素的活度对该段时间的积分，在式(5-16)中用 $U_S$ 表示，描述食入或吸入放射性核素以后在体内组织中吸收和滞留的函数也许是非常复杂的。因此，为方便起见，采用一些便于计算的简单模型来描述放射性核素在体内的转移。而根据这些模型估算的剂量，对辐射防护的目的来说，还是足够准确的。在 ICRP 第 30 号出版物中所用的模型是以假设身体由若干个单独的隔室所组成为基础的。任何一个器官或组织可以含有一个或几个隔室。隔室中放射性核素的减少服从一阶动力学规律。因此，一种元素在任何器官或组织中的滞留，通常可由一个指数函数项或者若干个指数项之和来描述。

#### 5.2.2.1　氧化氚 HTO

(1)代谢模式

(a)食入：假定食入的氚水立即被胃肠道全部吸收，并且迅速与全身体水混合，因此食入后的任何时刻，氚在汗水、痰、尿、血、不自觉地排汗以及呼出的水蒸气中的浓度都是相同的[9]。

(b)吸入：当人体暴露于氚化水蒸气污染的大气中时，氚水通过吸入和完好皮肤吸收两种途径被摄入体内。空气中氚化水浓度若为 $C$ Bq/m$^3$，经完好皮肤的吸收速率为 $10^{-2}$ $C$ Bq/min[10]，对于以0.02 m$^3$/min的速率呼吸空气的参考人[11]，氚化水的吸入率是 $2\times10^{-2}$ $C$ Bq/min，并假定被吸入的全部氚化水都进入体液。于是氚水进入体液的总吸收率为 $3\times10^{-2}C$ Bq/min，一年工作 2 000 h，吸收的氚水共 $3.6\times10^3$ $C$ Bg。假定这些进入体液的氚水即刻均匀分布到全身软组织中。

(c)分布和滞留：摄入氚水后最初几个月在体内的滞留规律基本上可用单指数项描述[9]。不过有事例还观察到第 2 或第 3 个指数项[9-11]。即：

$$R(t)=A\mathrm{e}^{-0.693t/T_1}+B\mathrm{e}^{-0.693t/T_2}+C\mathrm{e}^{-0.693t/T_3} \tag{5-18}$$

其中，$T_1$ 的值和体水的更新密切相关。体水的更新与液体的摄入量有关，由于个人生活习惯及外界温度的差别，可以预期 $T_1$ 值会有很大变化[12-13]。如我国某单位，共观察了 99 例，$T_1$ 的变化范围短的只有 4.5 d，长的达 16 d，平均 8.6 d[14]。若按 IAEA 参考人水的代谢数据推算，$T_1=10$ d。设全身含水 42 000 g，每天摄取 3 000 g 水(包括氧化作用生成的水)，排泄率等于摄取率，于是体水的周转率：

$$\lambda_1=\frac{3\ 000}{42\ 000}=0.071\ \mathrm{d}^{-1},\quad T_1=\frac{0.693}{\lambda_1}=9.7\simeq10\ \mathrm{d}$$

第二和第三个指数项意味着氚滞留在体水以外的隔室中，在受氚化水慢性照射的动物体内也证明了有机结合氚的存在[15]。不过可以估算，有机结合氚的剂量贡献约占摄入氚水造成的全身待积剂量当量的 10%。ICRP 第 30 号出版物未计入这部分剂量，它认为由于摄入氚水而对身体产生的待积剂量当量值可以按单纯氚水滞留来估算。

假定氚水摄入后任何时刻都在所有软组织中均匀分布，并用半减期为 10 d 的单项指

数来描述它的滞留。因此氚水进入体内后第 $t$ 天氚的滞留分数

$$R(t)=e^{-0.0693t/10} \tag{5-19}$$

对于全身含有 $q$ Bq 氚的人体，软组织中的氚浓度由下式给出：

$$C_0=q/63\ 000\ \text{Bq/g} \tag{5-20}$$

其中，63 000 g 是 ICRP 参考人身体内软组织的质量数。

(2)摄入氚水的剂量估算

$$^3\text{H}(12.35\ \text{a})\xrightarrow[100\%]{\beta^{-1}}{}^3\text{He}(\text{稳定}),\ E_{\beta_{\max}}=0.018\ 6\ \text{MeV},\ E_{\beta_{\max}}=0.005\ 67\ \text{MeV}$$

发生在人体软组织中的一次氚衰变被全身软组织吸收的能量

$$E(\text{软}\leftarrow\text{软})=Y\cdot E_\beta\cdot\text{AF}\cdot(\text{软}\leftarrow\text{软})$$

这里，$Y=1$，为一次氚衰变 β 辐射的产额；AF(软←软)=1，为全身软组织吸收氚 β 能量的份额；所以，$E(\text{软}\leftarrow\text{软})=5.67\times10^{-3}$ MeV。

每克软组织平均吸收的能量，经氚 β 的品质因子修正后，得到比有效能量

$$\text{SEE}(\text{软}\leftarrow\text{软})=\frac{Y\cdot E_\beta\cdot\text{AF}\cdot(\text{软}\leftarrow\text{软})\cdot Q}{M_T}=9.0\times10^{-8}\ \text{MeV/(g}\cdot\text{衰变)} \tag{5-21}$$

式中，$M_T=63\ 000$ g，$Q=1$。

摄入单位活度(1 Bq)氚水，50 年中发生的核衰变总数为：

$$\begin{aligned}U_{50}&=1\ \text{Bq}\times\int_{t=0}^{t=1\quad 8\times10^2 d} e^{-0.0693t/10}\,dt\\&=\frac{10}{0.693}\left[1-e^{-0.693\times1.8\times10^4/10}\right]=14.43\ \text{d}\cdot\text{Bq}\\&=1.2\times10^6\ \text{衰变}\end{aligned} \tag{5-22}$$

所以摄入单位活度(1 Bq)氚水，在人体软组织产生的待积剂量当量

$$\begin{aligned}H_{50,T}&=1.6\times10^{-10}U_{50}\times\text{SEE}(\text{软}\leftarrow\text{软})\\&=1.6\times10^{-10}\frac{\text{J}\cdot\text{kg}^{-1}}{\text{MeV}\cdot\text{g}^{-1}}\times1.2\times10^6\ \text{衰变}\times9.0\times10^{-8}\ \frac{\text{MeV}}{\text{g}\cdot\text{衰变}}\\&=1.7\times10^{-11}\ \text{Sv}\end{aligned} \tag{5-23}$$

由于人体内氚排出很快，摄入单位活度氚水，经 30 d 给出的剂量已占待积剂量的 80%以上。摄入单位活度(Ⅰ Bq)氚水的有效待积剂量当量

$$\begin{aligned}H_{T,50}&=W_TH_{50,T}\\&=1\times1.7\times10^{-11}\ \text{Sv/Bq}\end{aligned} \tag{5-24}$$

该值即为氚(HTO)的剂量转换因子 DFC，进而可以求出氚水的年摄入量限值和导出空气浓度

$$\text{ALI}=0.05\ \text{Sv}/1.7\times10^{-11}\ \text{Sv/Bq}=3\times10^3\ \text{Bq}$$

$$\text{DAC}_{\text{HTO}}=\frac{\text{ALI}}{3.6\times10^3}=8.0\times10^5\ \text{Bq/m}^3 \tag{5-25}$$

这里，$3.6\times10^3\ \text{m}^3$ 是一个工作年呼吸和皮肤吸收的氚化水蒸气体积。对于 HTO 的剂量估算，有关参数列于表 5-3。

表 5-3　ICRP 第 30 号出版物中的 HTO 剂量学资料

| 参考组织 | 软组织 |
| --- | --- |
| 质量 | 63 kg |
| 生物有效半减期 | 10 d |
| 平均有效能量 | 0.005 7 MeV |
| 品质因素 $Q$ | 1.0 |
| 单位放射性摄入所致的剂量 | $1.7\times10^{-11}$ Sv/Bq |
| 皮肤吸收进入与吸入进入的比值 | 0.5 |
| 年摄入量限值 ALI | $3.0\times10^{8}$ Bq |
| 导出空气浓度 DAC | $8.0\times10^{5}$ Bq/m$^3$ |

当皮肤被氚水溅湿时，通过溅湿皮肤的吸湿效应也会使 HTO 进入体内(图 5-1)。氚水浸透渗入皮肤的脉管外层，像墨水进入吸墨纸。有一些渗入的 HTO 甚至在清洗后仍然留在脉管外层，随后扩散进入体内。在这种情况下空气中总会含有氚水污染存在，因而进入体内的总量是下述 3 种进入途径之和[16]：

(a) 呼吸进入量$=RTHN$ Bq

(b)非溅湿皮肤进入量$=(S-W)ITHN$ Bq

(c)溅湿皮肤进入量$=MWN+WIPNT$ Bq

式中，$R$ 是呼吸速率，20.8 L/min；$T$ 是暴露时间，min；$H$ 是空气的湿度，g/L；$N$ 是氚化水和水蒸气的比活度，Bq/g；$S$ 是皮肤的总表面积，1.9 m$^2$；$W$ 是溅湿皮肤的表面积，m$^2$；$I$ 是通过皮肤扩散进入的速率，5.1 L/(m$^2$ · min)；$M$ 是由于吸湿效应进入的速率，1 g/m$^2$；$P$ 是在皮肤温度的空气湿度，0.04 g/L。

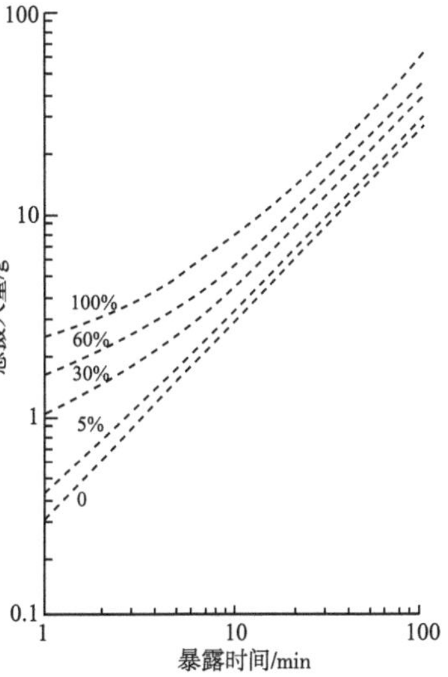


图 5-1　具有不同百分比润湿皮肤面积的氚水总摄入量

### 5.2.2.2　元素氚

浸没在放射性气体中的人，其剂量来源有：皮肤和其他器官所受的外照射；被身体组织吸收的气体的内照射；呼吸系统和其他器官还可以受到肺腔内所含气体的照射。

ICRP 第 2 号出版物[4]曾认为气态 HT 是皮肤的辐照体，并且利用半无限云烟模型推导出它在空气中的最大允许浓度 MPCa 值为 $7.4\times10^{7}$ Bq/m$^3$。实际上氚 β 辐射的能量很低，射程很短，外照射不能到达身体的敏感组织，包括眼晶体和皮肤的基底层。眼晶体的敏感区域——赤道带位于眼球表面之后 3 mm 的地方，而皮肤基底层的深度为 70 μm。氚 β 粒子在水中的最大射程为 6 μm。所以，上述值是一个很不恰当的保守值，氚 β 外照射剂量可以忽略不计[17]。

全身组织吸收的氚气(元素 HT)对任一组织产生的剂量当量率 $H_A$，可由下式推算

$$\dot{H}_A=SC_T\ \text{Sv/h} \tag{5-26}$$

式中，$S$ 为在浓度为 1 Bq/g 均匀污染的无限大组织中一块组织的剂量当量率，Sv/h；$C_T$ 为组织中的氚浓度，Bq · g；$S=5.67\times10^{-3}$ MeV/(g · s)$\times1.6\times10^{13}$ J/MeV$\times10^{3}$ g/kg$\times$

$3.6\times10^{3}\ \mathrm{s/h}\times1=3.27\times10^{-9}\ \mathrm{Sv/h}$。

人体浸没在氚气中经一定时间之后，组织中的氚浓度和空气氚浓度达到平衡，此时组织中的氚浓度可由式(5-27)求出：

$$C_T=\delta\cdot C/\rho_T \tag{5-27}$$

式中，$\rho_T$ 为组织密度，约为 $10^6\ \mathrm{g/m^3}$；$\delta$ 为气体在组织中的溶解度，以标准气压下与单位体积的组织处于平衡的气体体积来表示；$C_T$ 为空气中的氚浓度。溶解度系数随气体原子量的增加而增加，在体温下，氚气在丰水组织中的 $\delta$ 为 0.02[18]。

于是，空气中的元素氚浓度为 $1\ \mathrm{Bq/m^3}$ 时，

$$C_T=\frac{0.02\times1\ \mathrm{Bq/m^3}}{10^6\ \mathrm{g/m^3}}=2.0\times10^{-8}\ \mathrm{Bq/g}$$

$$\dot{H}_A=SC_T=3.27\times10^{-9}\ \frac{\mathrm{Sv/h}}{\mathrm{Bq/g}}\times2.0\times10^{-8}\ \mathrm{Bq/g}=6.54\times10^{-17}\ \mathrm{Sv/h} \tag{5-28}$$

肺腔内所含氚气(元素 HT)对肺组织产生的，剂量当量率 $H_A$ 可由下式求出

$$\dot{H}_L=SC_L\ \mathrm{Sv/h} \tag{5-29}$$

式中，$S$ 同式(5-14)；$C_L$ 为平均 1 g 肺组织所含氚气的比活度，Bq/g。

ICRP 参考人的肺质量 $M_L$ 为 1 000 g，肺内所含空气体积 $V_L$ 为 $3\times10^{-3}\ \mathrm{m^3}$，当空气中元素氚的浓度为 $1\ \mathrm{Bq/m^3}$ 时，

$$C_L=\frac{CV_L}{M_L}=\frac{1\ \mathrm{Bq/m^3}\times3\times10^{-3}\ \mathrm{m^3}}{1\ 000\ \mathrm{g}}=3\times10^{-6}\ \mathrm{Bq/g}$$

$$\dot{H}_L=SC_L=3.27\times10^{-9}\frac{\mathrm{Sv/h}}{\mathrm{Bq/g}}\times3\times10^{-6}\ \mathrm{Bq/g}=9.81\times10^{-15}\ \mathrm{Sv/h}$$

人体持续浸没在浓度为 $1\ \mathrm{Bq/m^3}$ 的氚气中，肺接受的剂量当量率 $H_{肺}$：

$$\dot{H}_{肺}=\dot{H}_A+\dot{H}_L=6.54\times10^{-17}+9.81\times10^{-15}=9.9\times10^{-15}\ \mathrm{Sv/h}$$

组织吸收氚气的剂量当量率与肺容纳氚气的剂量当量率之比：

$$\frac{\dot{H}_A}{\dot{H}_L}=\frac{6.54\times10^{-17}}{9.81\times10^{-15}}=\frac{1}{150}$$

可见，肺容纳元素氚产生的剂量当量率是溶解在组织中的元素氚的 150 倍，不过溶解在组织中的元素氚的照射不仅限于肺，可以看作全身组织的均匀照射。

由此，可以估算出持续浸没在 $1\ \mathrm{Bq/m^3}$ 单位浓度元素氚气体中的有效剂量当量 $H_E$

$$\begin{aligned}\dot{H}_E&=W_{全身}\cdot\dot{H}_A+\dot{H}_{肺}\cdot\dot{H}_L=1\times6.54\times10^{-17}+0.12\times9.81\times10^{-15}\\&=1.24\times10^{-15}\ \mathrm{Sv/h}\end{aligned}$$

一年工作 2 000 h，年有效剂量当量为 $1.24\times10^{-15}\times2\ 000=2.5\times10^{-12}$ Sv。因此，元素氚的导出空气浓度：

$$\mathrm{DAC_{HT}}=0.05\ \mathrm{Sv}/2.5\times10^{-12}\mathrm{Sv/(Bq/m^3)}=2\times10^{10}\ \mathrm{Bq/m^3} \tag{5-30}$$

由上面对 HTO 的剂量估算可知，氚气 HT 与氚水 HTO 的导出空气浓度 DAC 的比值为 $2.5\times10^4$，两者相差 4 个数量级。所以在大多数情形下，由元素氚氧化生成的氚水的照射将是实践中的限制性因素。

ICRP 第 30 号出版物未考虑体内吸收的少量 HT 经活体氧化生成 HTO 所产生的剂

量。Pinson 和 Langham 由他们的实验发现[9]，人和老鼠两者都在缓慢地将吸入的 HT 氧化为 HTO，认为肠道内含氢的细菌是对这种活体氧化负责的主要作用物。在加拿大恰克河核实验室的研究工作证实了这些早期的发现[19-20]。它表明由活体氧化生成的 HTO 对有效剂量的贡献近似等于肺受 HT 照射所产生的值。因此，HT 对 HTO 的 DAC 比值或许应当接近 $10^4$。但从另一方面看，由于肺内的放射性灵敏细胞多少可能会被外敷物质和组织屏蔽，对肺的剂量估计也可能有些偏高。

在操作气态 HT 中的另一个危害是由于接触被 HT 污染的表面产生的皮肤对氚的吸收。Eakins 等人的早期工作表明[21]，通过皮肤与被 HT 污染的金属表面接触进入体内的氚主要以有机形态转移在尿中。在恰克河核实验室进行的实验工作[22]，动物试验证实了有机结合氚(OBT)水平的提高，特别在皮肤中。在照射后的第一天里，皮肤中的 OBT 浓度至少比具有次高浓度的组织肝高 20 倍，在皮肤中 OBT 同 HTO 的比值约为 30。由此，氚污染表面所致剂量可简化为估计在接触点皮肤的剂量。

Johnson 和 Dunford[23] 建立了模型来拟合 Eakins 的数据，表明对 0.1 cm 厚皮肤薄层的剂量，假定照射面积为 40 $cm^2$，每 Bq 摄入量产生的剂量范围为 $4.5\times10^{-9}\sim4.5\times10^{-8}$ Sv。在其前臂被照射的 4 个实验对象中，进入体内的份额变化范围由 0.004～0.014，而两个手掌被照射的研究对象，吸收的份额是 0.012～0.0072。

依据平均吸收份额 0.01 和皮肤吸收单位活度的剂量因子 $4.5\times10^{-8}$ Sv/Bq，加拿大 Ontario Hydro 使用的 HT 表面污染限值为 $1.5\times10^7$ Bq/$m^2$。该值是按照一个工作人员每年 250 个工作日，每天接触该污染表面 10 次的保守假定，按 ICRP 对任何单个器官或组织每年 0.5 Sv 的剂量限值推导出的。这里需要说明的是，在我国 1988 年颁布的辐射防护规定中[24]，对工作场所 β 放射性物质表面污染水平的控制限值为 40 Bq/$cm^2$，又指出氚和氚化水的表面污染控制水平可增大一个 10 的因子。从上面的限值推导假定来看，该值还有进一步合理地增大的余地。

#### 5.2.2.3　氚标记有机化合物

(a)食入。当食入氚标记有机化合物时，胃肠道内有相当部分的有机化合物断键形成氚化水。氚的有机化合物经过肠管以后也可以氧化为氚水。在啮齿动物的胃肠道中有 90%以上的氚化胸腺嘧啶核苷($^3$H-TdR)断键。实际上只有 2%的食入物质掺入 DNA[25]。食入氚化胸腺嘧啶核苷以后掺入 DNA 的氚的份额大约只是氚化胸腺嘧啶核苷直接进入血液的 1/5 左右[26]。其他核酸的先质以及大多数其他的含氚化合物进入血液的吸收份额目前还不清楚，多半可能大于$^3$H-TdR。

(b)吸入。在正常条件下，大多数氚的有机化合物很不容易挥发，因此吸入氚的有机化合物蒸气的可能性是很小的。万一吸入了这种化合物，谨慎的做法是假设它们进入肺部还来不及改变它们的化学状态就立刻全都易位到血中。

(c)分布和滞留。作为代谢先质的含氚有机化合物一般分布在整个软组织中，只有很少一部分专门浓集在特殊的细胞中。一个值得注意的例外是氚化胸腺嘧啶核苷，如果它不分解，则只被合成 DNA 的那些细胞核所吸收。在小白鼠的体内，DNA 合成细胞总数中约有 45%是位于胃肠道内膜中，在骨髓中大约有 15%；其余部分主要分布在脾、淋巴组织、皮肤和实质脏器和睾丸中[27]。这些具有增殖能力的未分化细胞，称为干细胞。它们摄取了入血$^3$H-TdR 的 30%左右[28]，与血中的廓清速率相对应的半排期不到 1 小时。虽然食入以后这种化合物的结合效率降低到 1/5，但是在组织和细胞中间的相对分布却被认为是和从血中吸收以后的分布相似[26]。

某些细胞的 DNA 中掺入了氚化胸腺嘧啶核苷，这些细胞的寿命长达 10 天以上，它们自身更新并放出一个分化的子代——功能健全的细胞。据称这些细胞是发生晚期辐射效应的关键细胞[29]。

作为核酸先质的其他含氚化合物，被体内所有有核细胞不等量地吸收，因此广泛地分布于整个软组织中，发现在小白鼠体内这些化合物从血液中结合到含有大量 DNA-合成细胞的组织中的效率低于氚化胸腺嘧啶核苷的效率[30]。

(d)组织的吸收剂量。估算了若干种用氚标记的有机化合物在实验动物体内器官和组织中所致的平均吸收剂量，这些化合物包括叶酸[31]、胸腺嘧啶核苷[25]、性激素[32]和皮质酯酮[33]等。Vannart 评论了这些实验的报告，他认为在当时所采用的辐射防护标准情况下，摄入到血液中的氚化胸腺嘧啶核苷和氚化叶酸的最大容许年摄入量应当是氚化水的最大容许年摄入量的 1/3 左右。但含氚的性激素和含氚的皮质酯酮的最大容许年摄入量应当是氚化水的最大允许年摄入量的 30 倍左右。考虑到细胞核的吸收剂量[34]，所估计的生物效应[35-36]以及长寿命自更新和 DNA-合成细胞也许就是关键细胞的可能性[21]等因素后指出；氚化胸腺嘧啶核苷进入血液的 ALI 值应当是氚化水进入血液的 ALI 值的 1/4 左右到 1/50左右。因而食入氚化胸腺嘧啶核苷的 ALI 值应当是食入氚化水的 ALI 值的 1/10[26]。

ICRP 第 30 号出版物中没有专门对氚的有机化合物提出 ALI 值。但是注意到氚的有机化合物的 ALI 值有可能与氚化水的 ALI 值相差很大，而且氚化胸腺嘧啶的 ALI 值可能是氚化水的 1/50。准确的比值取决于化合物及其进入体内的途径。关于这些化合物和氚水相比较的相对效应的进一步指征以及关于它们的代谢机理等方面的材料尚处于审定阶段。

#### 5.2.2.4 金属氚化物

通常以金属氚化物形态固定和贮存 HT 而使用的典型金属有铀、钛和锆。这些金属氚化物作为粒子悬浮在空气中时，可能会存在 HT 的吸入危害。这种情形 ICRP 尚未考虑，但在一些参考资料中提到了对这一问题的处理[37-38]。

加拿大 Ontario Hydro 曾对金属氚化物粒子产生的放射性危害作过初步评价，认为可能的危害有：由沉积在肺内的金属氚化物发射的 β 粒子对肺细胞的直接照射；氚由粒子浸出而进入体液，随后被氧化为 HTO。

这种危害随粒子粒径的增大而减小，因为粒径增大导致在氚化物粒子内部氚 β 自吸收的增加和氚进入体液浸出率的减小。金属氚化物在肺里的半滞留期，目前尚不清楚，若假定属 Y 类化合物，并假定粒子的 AMAD 为 1 μm，由此算得吸入每 Bq 金属氚化物的有效剂量要比 HTO 高 40 倍。由于对金属氚化物和放射性灵敏细胞之间因肺结构的插入所提供的屏蔽未作考虑，上述估计值是偏保守的。DeRas 等人对于吸入氚化钛粒子的初步结论是剂量显著小于以可比量 HTO 摄入氚的情形[37]。目前，对于金属氚化物还没有可接受的剂量学模型。

最后有必要强调指出，上述对于职业照射控制其内照剂量的次级标准的推导，是对具有 ICRP 参考人所规定的解剖学和生理学特征的成年工作人员，以吸入为主推导的。它适合于对任何工作人员的防护而与年龄和性别无关。

以上即为 ICRP 第 30 号出版物有关氚剂量学模型的主要内容，我国当年执行的辐射防护标准(GB 8703—88)对氚(HTO、HT)规定的剂量限值就是依据该报告提供的资料制定的[24]。

# 5.3　ICRP 氚剂量学模型的改进与完善

## 5.3.1　ICRP 第 30 号出版物以来的研究进展

ICRP 在其第 30 号出版物中使用剂量学模型和生物动力学数据以建立次级限值(年摄入量限值 ALI)，用以控制工作人员摄入放射性核素的量，但它并没有建议用这些生物动力学数据来估算公众成员的剂量当量和放射性核素摄入量限值。

为了提供适合于公众成员的剂量系数，就必须了解年龄对放射性核素的生物动力学以及对解剖学和生理学数据的影响。母亲摄入放射性核素之后，有关这些核素转移至胚胎和胎儿的资料也是需要的。特别在苏联的切尔诺贝利核事故之后，国际上公认的公众成员的剂量系数的必要性也变得更为明显，于是在 1989 年 4 月通过的 ICRP 第 56 号出版物中[4]，介绍了新的生物动力学和剂量学模式，计算给出了包括氢在内的释放到环境中的部分放射性核素，被食入和吸入后，依赖于年龄的剂量系数。对于职业照射，仍将工作寿命 50 年作为剂量当量积分的合适期限而对于儿童其积分期间取为 70 年。

ICRP 第 56 号出版物，对摄入放射性时不同年龄的个人所给出的系数，是代表由吸入和食入所造成的单位摄入量导致的剂量当量。与 ICRP 第 30 号出版物[1]不同的是，它在积分剂量当量的计算中，比有效能量 SEE($T \leftarrow S$；$t$)考虑了来自靶器官或组织的质量和吸收分数的年龄依赖性，在作为生物动力学的胃肠道吸收模式中，考虑了婴儿、儿童和成人摄入物质经过胃肠道时不同的通过时间以及肠吸收分数 $f_1$，而在呼吸道模式中对于肺的质量等参数与年龄有关的变化都作了修正。其年龄组划分的范围是 1 岁、5 岁、10 岁、15 岁和成年人以提供用于估计群体摄入放射性核素后剂量的代表值。

一般来说儿童胃肠道的平均停留时间将明显小于成年人。如果儿童采用成年人的参数，对长寿命核素将引致高估胃肠道各部分的剂量：对半衰期与胃平均停留时间差不多的短寿命核素将引致略微低估由小肠吸收的活度，进而略微低估其他器官或组织的剂量。以后相继有 ICRP 第 66、67、69、71、72、78 号出版物陆续对呼吸道和胃肠道的生物动力学模型进行不断完善和补充，推荐给出新的参数[39-48]。其年龄组划分的范围又新增加了 3 个月(从 0 至 1 岁)，这样再加上 1 岁(大于 1 岁至 2 岁)、5 岁(大于 2 岁至 7 岁)、10 岁(大于 7 岁至 12 岁)、15 岁(大于 12 岁至 17 岁)及成年人共 6 个年龄组的参考人的参数，以便估算不同年龄公众成员和工作人员摄入放射性核素的内照射剂量。

其中，描述参考人的呼吸系统的剂量学模型采用了与年龄相关的 ICRP 第 66 号出版物的呼吸道模型。氢(H)、碳(C)、硫(S)、钙(Ca)、铁(Fe)、钴(Co)、镍(Ni)、锌(Zn)、硒(Se)、锶(Sr)、锆(Zr)、铌(Nb)、钼(Mo)、锝(Tc)、钌(Ru)、银(Ag)、锑(Sb)、碲(Te)、碘(I)、铯(Cs)、钡(Ba)、铈(Ce)、铅(Pb)、钋(Po)、镭(Ra)、钍(Th)、铀(U)、镎(Np)、钚(Pu)、镅(Am)和锔(Cm)，31 种元素的放射性同位素在人体内的生物动力学模型采用了 ICRP 第 56 号、第 67 号、第 69 号和第 71 号出版物新推荐的模型。这些生物动力学模型都是与年龄相关的。

从氢至钔的101种元素，除上述31种元素和锂(Li)、硼(B)、氮(N)、氧(O)、氦(He)、氖(Ne)、氩(Ar)、氪(Ke)、氙(Xe)和氡(Rn)10种元素外，其余60种元素的放射性同位素在人体内的生物动力学模型仍采用了ICRP第30号出版物推荐的生物动力学模型。虽然这60种元素的生物动力学模型的参数是成年人(工作人员)的，不随年龄而变化，但在计算婴儿和儿童的剂量系数时列入了年龄相关的尿排泄速率；假设了婴儿的胃肠道吸收分数 $f_1$ 值，同时也考虑了儿童的体重和组织的几何条件。

ICRP第72号出版物给出了6组年龄公众成员，吸入(AMAD为1 μm)和食入91种元素，738个放射性核素的待积有效剂量系数，即单位摄入量的待积有效剂量，Sv/Bq。待积时间，对婴儿和儿童为70年，对成年人为50年。同时还给出了吸入氢、碳、硫、镍、钌、碲、碘和汞8种元素，56个核素、80种放射性的可溶性或活性气体与蒸汽的待积有效剂量系数，Sv/Bq。此外，还给出了成年人受氢、氮和氙3种元素、26个核素的放射性惰性活性气体照射的有效剂量率(Sv/d)/(Bq/m$^3$)。ICRP第68号出版物给出了工作人员吸入(AMAD为1 μm和5 μm)和食入91种元素738个放射性核素的待积有效剂量系数。公众成年人食入途径的待积有效剂量系数与工作人员基本相同，但吸入途径的待积有效剂量系数则略有差异。其主要是由于公众成年人和工作人员处于各种活动状态的时间不同引致的。各种成年人为一天24 h中，睡觉8 h，坐6 h，轻体力劳动9.75 h，重体力劳动0.25 h；而工作人员为一天8 h工作中，坐2.5 h，轻体力劳动5.5 h。工作人员与公众成年人的活动状态不同，其呼吸率也就存在差异，吸入相同AMAD气溶胶粒子的初始沉积分数也略有差异，因而其剂量系数也略有差异。

### 5.3.2 剂量估算

根据生物动力学剂量模型对剂量的估算仍沿用了前面的计算公式，与ICRP第30号出版物[1]不同的是，它在积分剂量当量的计算中，比有效能量SEE($T \leftarrow S$；$t$)考虑了来自靶器官或组织的质量和吸收分数的年龄依赖性，在作为生物动力学的胃肠道吸收模式中，考虑了婴儿、儿童和成人摄入物质经过胃肠道时不同的通过时间以及肠吸收分数 $f_1$，而在呼吸道模式中对于肺的质量等参数与年龄有关的变化都做了修正。其年龄组划分的范围是1岁、5岁、10岁、15岁和成年人(20岁)以提供用于估计群体摄入放射性核素后剂量的代表值。

(1)待积有效剂量

待积有效剂量 $E(\tau)$ 由下式给出

$$E(\tau) = \sum_T W_T H_T(\tau) \tag{5-31}$$

式中，$W_T$ 为组织权重因子；$H_T(\tau)$ 为器官或组织 $\tau$ 的待积剂量当量，Sv。

ICRP第60号出版物推荐的组织权重因子见表5-4。

表 5-4　组织权重因子$W_T$

| 组织或器官 | 组织权重因子 $W_T$ |
|---|---|
| 睾丸 | 0.20 |
| 红骨髓 | 0.12 |
| 结肠 | 0.12 |
| 肺 | 0.12 |
| 胃 | 0.12 |
| 膀胱 | 0.05 |
| 乳腺 | 0.05 |
| 肝 | 0.05 |
| 食道 | 0.05 |
| 甲状腺 | 0.05 |
| 皮肤 | 0.01 |
| 骨表面 | 0.01 |
| 其余组织或器官 | 0.05 |

(2)待积当量剂量

$t_0$ 岁个体急性摄入放射性核素，$t$ 岁时靶器官或组织 $T$ 的当量剂量率 $H_T$ ($t_0$，$t$)(Sv/s)为：

$$\dot{H}_T(t,t_0)=\sum_s q_s(t,t_0)\cdot \mathrm{SEE}(T\leftarrow S,t) \tag{5-32}$$

式中，$q_S(t,t_0)$为 $t_0$ 岁摄入后 $t$ 岁时源器官 S 中放射性核素的活度，Bq；SEE($T\leftarrow S,t$)为比有效能量即在 $t$ 岁时源器官 $S$ 中每次核素变化授予靶器官 $T$ 的当量剂量，Sv/(Bq·s)。

$$\mathrm{SEE}(T\leftarrow S,t)=\sum_R \frac{Y_R\cdot E_R\cdot W_R\cdot \mathrm{AF}(T\leftarrow S,t)_R}{m_T(t)} \tag{5-33}$$

式中，$Y_R$ 为每次核变化 $R$ 辐射的产额，氚辐射的产额为 1 Bq/s；$E_R$ 为 $R$ 辐射的能量(J)，氚辐射的平均能量为 $5.683\times10^{-3}$ MeV，也可表示为 $5.683\times10^{-3}\times1.602\times10^{-13}$ J；$W_R$ 为 $R$ 辐射的辐射权重因子，辐射 $W_R$ 取为 1；AF($T\leftarrow S,t$)为 $t$ 岁时源器官 $S$ 中每次核变化，靶器官 $T$ 吸收 $R$ 辐射能量的分数，对于氚的辐射 AF 取 1；$m_T(t)$为 $t$ 岁时靶器官 $T$ 的质量，kg。

6 种基本年龄的器官和总体质量见表 5-5。中间年龄的质量可采用内插获得。器官或组织的待积当量剂量 $H_T(\tau)$为

$$H(\tau)=\int^{\tau}\dot{H}_T(t,t_0)\mathrm{d}t \tag{5-34}$$

对于未成年人 $\tau$ 取 $t_0$ 至 70 岁，对成年人和工作人员 $\tau$ 取 50 年。

表 5-5　计算比有效能量 SEE 采用的器官质量的参考值

| 器官 | 新生儿 | 1 岁 | 5 岁 | 10 岁 | 15 岁 | 成年 |
|---|---|---|---|---|---|---|
| 肾上腺 | 5.83 | 3.52 | 5.27 | 7.22 | 10.5 | 14.0 |
| 脑 | 352 | 884 | 1 260 | 1 360 | 1 410 | 1 400 |

续 表

| 器官 | 新生儿 | 1岁 | 5岁 | 10岁 | 15岁 | 成年 |
|---|---|---|---|---|---|---|
| 乳腺 | 0.107 | 0.732 | 1.51 | 2.60 | 360 | 360 |
| 胸外呼吸道 | 1.30 | 2.15 | 4.30 | 7.08 | 12.1 | 15.5 |
| 胆囊壁 | 0.408 | 0.910 | 3.73 | 7.28 | 9.27 | 10.0 |
| 胃肠道 | | | | | | |
| 下段大肠壁 | 7.96 | 20.6 | 41.4 | 70.0 | 127 | 160 |
| 小肠壁 | 32.6 | 84.9 | 169 | 286 | 516 | 640 |
| 胃壁 | 6.41 | 21.8 | 49.1 | 85.1 | 118 | 150 |
| 上段大肠壁 | 10.5 | 27.8 | 55.2 | 93.4 | 168 | 210 |
| 心壁 | 25.4 | 50.6 | 92.8 | 151 | 241 | 330 |
| 肾 | 22.9 | 62.9 | 116 | 173 | 248 | 310 |
| 肝 | 121 | 292 | 584 | 887 | 1 400 | 1 800 |
| 肺 | 50.6 | 143 | 290 | 453 | 651 | 1 000 |
| 肌肉 | 760 | 2 500 | 5 000 | 11 000 | 22 000 | 28 000 |
| 卵巢 | 0.328 | 0.714 | 1.73 | 3.13 | 11.0 | 11.0 |
| 胰腺 | 2.80 | 10.3 | 23.6 | 30.0 | 64.9 | 100 |
| 骨 | | | | | | |
| 红骨髓 | 47 | 150 | 320 | 610 | 1 050 | 1 500 |
| 骨表面 | 15.0 | 26.0 | 37.0 | 68.0 | 120 | 120 |
| 骨体 | 140 | 499 | 1 094 | 1 980 | 4 030 | 5 000 |
| 皮肤 | 118 | 271 | 538 | 888 | 2 150 | 2 600 |
| 脾 | 9.11 | 25.5 | 48.3 | 77.4 | 123 | 180 |
| 睾丸 | 0.843 | 1.21 | 1.63 | 1.89 | 15.5 | 35.0 |
| 胸腺 | 11.3 | 22.9 | 29.6 | 31.4 | 28.4 | 20.0 |
| 甲状腺 | 1.29 | 1.78 | 3.45 | 7.93 | 12.4 | 20.0 |
| 膀胱壁 | 2.88 | 7.70 | 14.5 | 23.2 | 35.9 | 45.0 |
| 子宫 | 3.85 | 1.45 | 2.70 | 4.16 | 80.0 | 80.0 |
| 总体 | 3 536 | 9 453 | 19 458 | 32 620 | 55 825 | 68 831 |

注：数据取自 ICRP 第 71 号出版物第 28 页表 11。

### 5.3.3 氚水 HTO 与可溶性有机束缚氚 OBT

吸入的氚化水蒸气 HTO 立即被全部吸收，不考虑在肺中的滞留，并均匀地分布于全身，其吸收分数 $f_1$ 值为 1。食入氚水对所有年龄都假定其吸收分数 $f_1$ 值为 1，并假定在小肠被立即吸收，均匀地分布于全身。吸入挥发的可溶性有机束缚氚 OBT 也立即全部被吸收入体，不考虑在肺中的滞留。食入的有机束缚氚(OBT)主要来自渗入植物和动物的氚。含有有机束缚氚的食物在胃肠道中被消化成小的分子而被迅速吸收。然而，总可能有少量 OBT 呈现在存留在难消化的纤维中而不被吸收，虽然它只占总食物中有机束缚氚的极少部分。为了实际的辐射防护目的，在计算所有年龄个体摄入有机束缚氚的剂量时，可假定摄入有机束缚氚的吸收分数 $f_1$ 值为 1，吸收的氚均匀地分布于全身，但要考虑 OBT 在胃肠道中的滞留。

不论是吸入还是食入，其吸收入体的氚只有两种化学形态，即氚水 HTO 和有机束缚氚 OBT 形态。吸入氚气、氚水、氚甲烷和氚气溶胶粒子以及食入氚水，其吸收入体的氚都是氚水的形态。只有吸入和食入的有机束缚氚，其吸收入体的氚才是有机束缚氚的形态。

ICRP 第 56、67 和 71 号出版物都推荐，吸收入体的氚水其 97%(活度)的氚与体水混合，遵从体水的代谢规律，另 3%的氚与体组织的有机分子结合，遵从碳的代谢规律[39,43,45]。吸收入体的有机束缚氚，其 50%(活度)的氚掺入体水，遵从体水的代谢规律；其余 50%的氚掺入组织的有机分子，遵从碳的代谢规律。摄入氚水和有机束缚氚在体内的生物动力学参数分别见表 5-6 和表 5-7。因此，对于以氚水形态进入成年人体内氚的滞留，可用简化的二项指数函数表示：

$$R_{\mathrm{THO}}(t)=0.97\mathrm{e}^{-0.693t/10}+0.03\mathrm{e}^{-0.693t/40} \tag{5-35}$$

式中，10 d 和 40 d 分别为成人的氚和碳的生物半排期。同理，对于以有机束缚氚 OBT 形态在人体内氚的滞留，可用简化的二项指数函数表示：

$$R_{\mathrm{OBT}}(t)=0.50\mathrm{e}^{-0.693t/10}+0.50\mathrm{e}^{-0.693t/40} \tag{5-36}$$

**表 5-6　氚水的生物动力学参数**

| 年龄 | $f_1$ | 全身分布/% | | 生物半排期/d | |
|---|---|---|---|---|---|
| | | 库 A | 库 B | 库 A | 库 B |
| 3 月 | 1 | 97 | 3 | 3.0 | 8 |
| 1 岁 | 1 | 97 | 3 | 3.5 | 15 |
| 5 岁 | 1 | 97 | 3 | 4.6 | 19 |
| 10 岁 | 1 | 97 | 3 | 5.7 | 26 |
| 15 岁 | 1 | 97 | 3 | 7.9 | 32 |
| 成年人(工作人员) | 1 | 97 | 3 | 10.0 | 40 |

注：数据引自 ICRP 第 67 号出版物 142 页表 C-1.1。

**表 5-7　有机束缚氚的生物动力学参数**

| 年龄 | $f_1$ | 全身分布/% | | 生物半排期/d | |
|---|---|---|---|---|---|
| | | 库 A | 库 B | 库 A | 库 B |
| 3 月 | 1 | 50 | 50 | 3.0 | 8 |
| 1 岁 | 1 | 50 | 50 | 3.5 | 15 |
| 5 岁 | 1 | 50 | 50 | 4.6 | 19 |
| 10 岁 | 1 | 50 | 50 | 5.7 | 26 |
| 15 岁 | 1 | 50 | 50 | 7.9 | 32 |
| 成年人(工作人员) | 1 | 50 | 50 | 10.0 | 40 |

注：数据引自 ICRP 第 67 号出版物 142 页表 C-2.1。

对于婴儿、儿童和少年人摄入氚水或可溶性有机束缚氚在人体内的滞留，由于各年龄段的生物半排期不同，应按上述类似的方法分段计算。

吸入氚化水，由于立即全部吸收入体液，不考虑氚在肺部的滞留。而食入氚化水，由于立即全部吸收入体液，也不考虑氚在胃肠道的滞留。吸入和食入氚化水各种年龄组的待积当量剂量系数 $h_T(\tau)$ 和待积有效剂量转换系数分别见表 5-8 和表 5-9。可以看出，在表 5-8 吸入氚化水蒸气 HTO 的待积当量剂量系数和待积有效剂量系数中，对于成年人的剂量系数是 $1.8\times10^{-11}$ Sv/Bq，即目前执行国家标准(GB 18871—2002)中的值[49]，而不是原先国标 GB 8703－88 中取自 ICRP 第 30 号出版物中的值 $1.7\times10^{-11}$ Sv/Bq。为什么会有这样的变化呢？原因有二：一是由于新标准中采用的是双指数项的氚代谢模型，摄入单位活度(1 Bq)氚水，50 年中发生的核衰变总数 $U_{50}$ 增加了；二是氚在组织或器官中的比有效能量 SEE 的计算中，人体中 63 kg 的湿组织被 68.831 kg 的总体质量 $M_T$(全身质量减去胃肠道容物、膀胱容物和胆囊容物质量)所取代而有所减小。

**表 5-8 吸入氚化水蒸气的待积当量剂量系数和待积有效剂量系数** Sv/Bq

| 器官或组织 | 摄入时年龄 | | | | | |
|---|---|---|---|---|---|---|
| | 3 个月 | 1 岁 | 5 岁 | 10 岁 | 15 岁 | 成年人 |
| 肾上腺 | $6.4\times10^{-11}$ | $4.8\times10^{-11}$ | $3.1\times10^{-11}$ | $2.3\times10^{-11}$ | $1.8\times10^{-11}$ | $1.8\times10^{-11}$ |
| 膀胱壁 | $6.4\times10^{-11}$ | $4.8\times10^{-11}$ | $3.1\times10^{-11}$ | $2.3\times10^{-11}$ | $1.8\times10^{-11}$ | $1.8\times10^{-11}$ |
| 骨表面 | $6.4\times10^{-11}$ | $4.8\times10^{-11}$ | $3.1\times10^{-11}$ | $2.3\times10^{-11}$ | $1.8\times10^{-11}$ | $1.8\times10^{-11}$ |
| 脑 | $6.4\times10^{-11}$ | $4.8\times10^{-11}$ | $3.1\times10^{-11}$ | $2.3\times10^{-11}$ | $1.8\times10^{-11}$ | $1.8\times10^{-11}$ |
| 乳腺 | $6.4\times10^{-11}$ | $4.8\times10^{-11}$ | $3.1\times10^{-11}$ | $2.3\times10^{-11}$ | $1.8\times10^{-11}$ | $1.8\times10^{-11}$ |
| 胃肠道 | | | | | | |
| 胃壁 | $6.4\times10^{-11}$ | $4.8\times10^{-11}$ | $3.1\times10^{-11}$ | $2.3\times10^{-11}$ | $1.8\times10^{-11}$ | $1.8\times10^{-11}$ |
| 小肠壁 | $6.4\times10^{-11}$ | $4.8\times10^{-11}$ | $3.1\times10^{-11}$ | $2.3\times10^{-11}$ | $1.8\times10^{-11}$ | $1.8\times10^{-11}$ |
| 上段大肠壁 | $6.4\times10^{-11}$ | $4.8\times10^{-11}$ | $3.1\times10^{-11}$ | $2.3\times10^{-11}$ | $1.8\times10^{-11}$ | $1.8\times10^{-11}$ |
| 下段大肠壁 | $6.4\times10^{-11}$ | $4.8\times10^{-11}$ | $3.1\times10^{-11}$ | $2.3\times10^{-11}$ | $1.8\times10^{-11}$ | $1.8\times10^{-11}$ |
| 结肠 | $6.4\times10^{-11}$ | $4.8\times10^{-11}$ | $3.1\times10^{-11}$ | $2.3\times10^{-11}$ | $1.8\times10^{-11}$ | $1.8\times10^{-11}$ |
| 肾 | $6.4\times10^{-11}$ | $4.8\times10^{-11}$ | $3.1\times10^{-11}$ | $2.3\times10^{-11}$ | $1.8\times10^{-11}$ | $1.8\times10^{-11}$ |
| 肝 | $6.4\times10^{-11}$ | $4.8\times10^{-11}$ | $3.1\times10^{-11}$ | $2.3\times10^{-11}$ | $1.8\times10^{-11}$ | $1.8\times10^{-11}$ |
| 肌肉 | $6.4\times10^{-11}$ | $4.8\times10^{-11}$ | $3.1\times10^{-11}$ | $2.3\times10^{-11}$ | $1.8\times10^{-11}$ | $1.8\times10^{-11}$ |
| 卵巢 | $6.4\times10^{-11}$ | $4.8\times10^{-11}$ | $3.1\times10^{-11}$ | $2.3\times10^{-11}$ | $1.8\times10^{-11}$ | $1.8\times10^{-11}$ |
| 胰腺 | $6.4\times10^{-11}$ | $4.8\times10^{-11}$ | $3.1\times10^{-11}$ | $2.3\times10^{-11}$ | $1.8\times10^{-11}$ | $1.8\times10^{-11}$ |
| 红骨髓 | $6.4\times10^{-11}$ | $4.8\times10^{-11}$ | $3.1\times10^{-11}$ | $2.3\times10^{-11}$ | $1.8\times10^{-11}$ | $1.8\times10^{-11}$ |
| 呼吸道 | | | | | | |
| 肺外呼吸道 | $6.4\times10^{-11}$ | $4.8\times10^{-11}$ | $3.1\times10^{-11}$ | $2.3\times10^{-11}$ | $1.8\times10^{-11}$ | $1.8\times10^{-11}$ |
| 肺 | $6.4\times10^{-11}$ | $4.8\times10^{-11}$ | $3.1\times10^{-11}$ | $2.3\times10^{-11}$ | $1.8\times10^{-11}$ | $1.8\times10^{-11}$ |
| 皮肤 | $6.4\times10^{-11}$ | $4.8\times10^{-11}$ | $3.1\times10^{-11}$ | $2.3\times10^{-11}$ | $1.8\times10^{-11}$ | $1.8\times10^{-11}$ |
| 脾 | $6.4\times10^{-11}$ | $4.8\times10^{-11}$ | $3.1\times10^{-11}$ | $2.3\times10^{-11}$ | $1.8\times10^{-11}$ | $1.8\times10^{-11}$ |
| 睾丸 | $6.4\times10^{-11}$ | $4.8\times10^{-11}$ | $3.1\times10^{-11}$ | $2.3\times10^{-11}$ | $1.8\times10^{-11}$ | $1.8\times10^{-11}$ |

续 表

| 器官或组织 | 摄入时年龄 | | | | | |
|---|---|---|---|---|---|---|
| | 3 个月 | 1 岁 | 5 岁 | 10 岁 | 15 岁 | 成年人 |
| 胸腺 | $6.4\times10^{-11}$ | $4.8\times10^{-11}$ | $3.1\times10^{-11}$ | $2.3\times10^{-11}$ | $1.8\times10^{-11}$ | $1.8\times10^{-11}$ |
| 甲状腺 | $6.4\times10^{-11}$ | $4.8\times10^{-11}$ | $3.1\times10^{-11}$ | $2.3\times10^{-11}$ | $1.8\times10^{-11}$ | $1.8\times10^{-11}$ |
| 子宫 | $6.4\times10^{-11}$ | $4.8\times10^{-11}$ | $3.1\times10^{-11}$ | $2.3\times10^{-11}$ | $1.8\times10^{-11}$ | $1.8\times10^{-11}$ |
| 其他组织 | $6.4\times10^{-11}$ | $4.8\times10^{-11}$ | $3.1\times10^{-11}$ | $2.3\times10^{-11}$ | $1.8\times10^{-11}$ | $1.8\times10^{-11}$ |
| 待积有效剂量 | $6.4\times10^{-11}$ | $4.8\times10^{-11}$ | $3.1\times10^{-11}$ | $2.3\times10^{-11}$ | $1.8\times10^{-11}$ | $1.8\times10^{-11}$ |

注：数据引自 ICRP 第 71 号出版物 37 页表 5.1.2(d)。

**表 5-9 食入氚水的待积当量剂量系数和待积有效剂量系数** Sv/Bq

| 器官或组织 | 摄入时年龄 | | | | | |
|---|---|---|---|---|---|---|
| | 3 个月 | 1 岁 | 5 岁 | 10 岁 | 15 岁 | 成年人 |
| 肾上腺 | $6.3\times10^{-11}$ | $4.8\times10^{-11}$ | $3.0\times10^{-11}$ | $2.3\times10^{-11}$ | $1.8\times10^{-11}$ | $1.8\times10^{-11}$ |
| 膀胱壁 | $6.3\times10^{-11}$ | $4.8\times10^{-11}$ | $3.0\times10^{-11}$ | $2.3\times10^{-11}$ | $1.8\times10^{-11}$ | $1.8\times10^{-11}$ |
| 骨表面 | $6.3\times10^{-11}$ | $4.8\times10^{-11}$ | $3.0\times10^{-11}$ | $2.3\times10^{-11}$ | $1.8\times10^{-11}$ | $1.8\times10^{-11}$ |
| 脑 | $6.3\times10^{-11}$ | $4.8\times10^{-11}$ | $3.0\times10^{-11}$ | $2.3\times10^{-11}$ | $1.8\times10^{-11}$ | $1.8\times10^{-11}$ |
| 乳腺 | $6.3\times10^{-11}$ | $4.8\times10^{-11}$ | $3.0\times10^{-11}$ | $2.3\times10^{-11}$ | $1.8\times10^{-11}$ | $1.8\times10^{-11}$ |
| 胃肠道 | | | | | | |
| 胃壁 | $6.3\times10^{-11}$ | $4.8\times10^{-11}$ | $3.0\times10^{-11}$ | $2.3\times10^{-11}$ | $1.8\times10^{-11}$ | $1.8\times10^{-11}$ |
| 小肠壁 | $6.3\times10^{-11}$ | $4.8\times10^{-11}$ | $3.0\times10^{-11}$ | $2.3\times10^{-11}$ | $1.8\times10^{-11}$ | $1.8\times10^{-11}$ |
| 上段大肠壁 | $6.3\times10^{-11}$ | $4.8\times10^{-11}$ | $3.0\times10^{-11}$ | $2.3\times10^{-11}$ | $1.8\times10^{-11}$ | $1.8\times10^{-11}$ |
| 下段大肠壁 | $6.3\times10^{-11}$ | $4.8\times10^{-11}$ | $3.0\times10^{-11}$ | $2.3\times10^{-11}$ | $1.8\times10^{-11}$ | $1.8\times10^{-11}$ |
| 肾 | $6.3\times10^{-11}$ | $4.8\times10^{-11}$ | $3.0\times10^{-11}$ | $2.3\times10^{-11}$ | $1.8\times10^{-11}$ | $1.8\times10^{-11}$ |
| 肝 | $6.3\times10^{-11}$ | $4.8\times10^{-11}$ | $3.0\times10^{-11}$ | $2.3\times10^{-11}$ | $1.8\times10^{-11}$ | $1.8\times10^{-11}$ |
| 肺 | $6.3\times10^{-11}$ | $4.8\times10^{-11}$ | $3.0\times10^{-11}$ | $2.3\times10^{-11}$ | $1.8\times10^{-11}$ | $1.8\times10^{-11}$ |
| 肌肉 | $6.3\times10^{-11}$ | $4.8\times10^{-11}$ | $3.0\times10^{-11}$ | $2.3\times10^{-11}$ | $1.8\times10^{-11}$ | $1.8\times10^{-11}$ |
| 卵巢 | $6.3\times10^{-11}$ | $4.8\times10^{-11}$ | $3.0\times10^{-11}$ | $2.3\times10^{-11}$ | $1.8\times10^{-11}$ | $1.8\times10^{-11}$ |
| 胰腺 | $6.3\times10^{-11}$ | $4.8\times10^{-11}$ | $3.0\times10^{-11}$ | $2.3\times10^{-11}$ | $1.8\times10^{-11}$ | $1.8\times10^{-11}$ |
| 红骨髓 | $6.3\times10^{-11}$ | $4.8\times10^{-11}$ | $3.0\times10^{-11}$ | $2.3\times10^{-11}$ | $1.8\times10^{-11}$ | $1.8\times10^{-11}$ |
| 皮肤 | $6.3\times10^{-11}$ | $4.8\times10^{-11}$ | $3.0\times10^{-11}$ | $2.3\times10^{-11}$ | $1.8\times10^{-11}$ | $1.8\times10^{-11}$ |
| 脾 | $6.3\times10^{-11}$ | $4.8\times10^{-11}$ | $3.0\times10^{-11}$ | $2.3\times10^{-11}$ | $1.8\times10^{-11}$ | $1.8\times10^{-11}$ |
| 睾丸 | $6.3\times10^{-11}$ | $4.8\times10^{-11}$ | $3.0\times10^{-11}$ | $2.3\times10^{-11}$ | $1.8\times10^{-11}$ | $1.8\times10^{-11}$ |
| 胸腺 | $6.3\times10^{-11}$ | $4.8\times10^{-11}$ | $3.0\times10^{-11}$ | $2.3\times10^{-11}$ | $1.8\times10^{-11}$ | $1.8\times10^{-11}$ |
| 甲状腺 | $6.3\times10^{-11}$ | $4.8\times10^{-11}$ | $3.0\times10^{-11}$ | $2.3\times10^{-11}$ | $1.8\times10^{-11}$ | $1.8\times10^{-11}$ |
| 子宫 | $6.3\times10^{-11}$ | $4.8\times10^{-11}$ | $3.0\times10^{-11}$ | $2.3\times10^{-11}$ | $1.8\times10^{-11}$ | $1.8\times10^{-11}$ |
| 其他组织 | $6.3\times10^{-11}$ | $4.8\times10^{-11}$ | $3.0\times10^{-11}$ | $2.3\times10^{-11}$ | $1.8\times10^{-11}$ | $1.8\times10^{-11}$ |
| 待积有效剂量 | $6.3\times10^{-11}$ | $4.8\times10^{-11}$ | $3.0\times10^{-11}$ | $2.3\times10^{-11}$ | $1.8\times10^{-11}$ | $1.8\times10^{-11}$ |

注：数据引自 ICRP 第 67 号出版物 142 页表 C-1.2。

例如，工作人员吸入或食入 1 Bq HTO，50 年中发生的核衰变总数 $U_{50}$：

$$U_{50}=1\ \mathrm{Bq}\times\int_{t=0}^{t=1.8\times10^4}(0.97e^{-0.693t/10}+0.03e^{-0.693t/40})\mathrm{d}t$$

$$=(\frac{0.97\times10}{0.693}+\frac{0.03\times40}{0.693})(1-e^{-0.693\times1.8\times10^4})$$

$$=(14.0+1.73)\ \mathrm{d}\cdot\mathrm{Bq}=15.7\ \mathrm{d}\cdot\mathrm{Bq}=1.36\times10^6\cdot\text{衰变数}$$

氚的比有效能量 SEE：

$$\mathrm{SEE}(T\leftarrow S)=\frac{Y\cdot E\cdot \mathrm{AF}\cdot Q}{M_T}=\frac{1\times5.68\times10^{-3}\ \mathrm{MeV}\times1\times1}{68.8\ \mathrm{kg}\cdot\text{核变化}}$$

$$=8.26\times10^{-8}\ \frac{\mathrm{MeV}}{\mathrm{g}\cdot\text{核变化}}$$

$$H_{50,T}=1.6\times10^{-10}\ \frac{\mathrm{J/kg}}{\mathrm{MeV/g}}\times8.26\times10^{-8}\ \frac{\mathrm{MeV}}{\mathrm{g}\cdot}\times1.36\times10^6\cdot\text{衰变}$$

$$=1.8\times10^{-11}\ \mathrm{Sv}$$

同理，对于吸入有机束缚氚的待积当量剂量系数和待积有效剂量系数，可以求得对成年人如后表 5-10 所给出 $4.1\times10^{-11}$的值。由于需要考虑 OBT 在胃肠道中的滞留，且不能被吸收的有机束缚氚只占总食物中 OBT 的极少部分，所以在表 5-11 中对于成年人食入有机束缚氚的待积当量剂量系数和待积有效剂量系数取了 $4.1\times10^{-11}$的值。

$$U_{50}=1\ \mathrm{Bq}\times\int_{t=0}^{t=1.8\times10^4}(0.50e^{-0.693t/10}+0.50e^{-0.693t/40})\mathrm{d}t$$

$$=(\frac{0.50\times10}{0.693}+\frac{0.50\times40}{0.693})(1-e^{-0.693\times1.8\times10^4})$$

$$=(7.22+28.9)\ \mathrm{d}=36.1\ \mathrm{d}\cdot\mathrm{Bq}=3.12\times10^6\cdot\text{衰变数}$$

$$H_{50,T}=1.6\times10^{-10}\ \frac{\mathrm{J}\cdot\mathrm{kg}^{-1}}{\mathrm{MeV}\cdot\mathrm{g}^{-1}}\times8.25\times10^{-8}\ \frac{\mathrm{MeV}}{\mathrm{g}\cdot\text{衰变数}}\times3.12\times10^6\cdot\text{衰变数}$$

$$=4.1\times10^{-11}\ \mathrm{Sv}$$

**表 5-10 吸入有机束缚氚的待积当量计量系数和待积有效剂量系数**

| 器官或组织 | 摄入时年龄 | | | | | |
|---|---|---|---|---|---|---|
| | 3 个月 | 1 岁 | 5 岁 | 10 岁 | 15 岁 | 成年人 |
| 肾上腺 | $1.1\times10^{-10}$ | $1.1\times10^{-10}$ | $7.0\times10^{-11}$ | $5.5\times10^{-11}$ | $4.1\times10^{-11}$ | $4.1\times10^{-11}$ |
| 膀胱壁 | $1.1\times10^{-10}$ | $1.1\times10^{-10}$ | $7.0\times10^{-11}$ | $5.5\times10^{-11}$ | $4.1\times10^{-11}$ | $4.1\times10^{-11}$ |
| 骨表面 | $1.1\times10^{-10}$ | $1.1\times10^{-10}$ | $7.0\times10^{-11}$ | $5.5\times10^{-11}$ | $4.1\times10^{-11}$ | $4.1\times10^{-11}$ |
| 脑 | $1.1\times10^{-10}$ | $1.1\times10^{-10}$ | $7.0\times10^{-11}$ | $5.5\times10^{-11}$ | $4.1\times10^{-11}$ | $4.1\times10^{-11}$ |
| 乳腺 | $1.1\times10^{-10}$ | $1.1\times10^{-10}$ | $7.0\times10^{-11}$ | $5.5\times10^{-11}$ | $4.1\times10^{-11}$ | $4.1\times10^{-11}$ |
| 胃肠道 | | | | | | |
| 胃壁 | $1.1\times10^{-10}$ | $1.1\times10^{-10}$ | $7.0\times10^{-11}$ | $5.5\times10^{-11}$ | $4.1\times10^{-11}$ | $4.1\times10^{-11}$ |
| 小肠壁 | $1.1\times10^{-10}$ | $1.1\times10^{-10}$ | $7.0\times10^{-11}$ | $5.5\times10^{-11}$ | $4.1\times10^{-11}$ | $4.1\times10^{-11}$ |
| 上段大肠壁 | $1.1\times10^{-10}$ | $1.1\times10^{-10}$ | $7.0\times10^{-11}$ | $5.5\times10^{-11}$ | $4.1\times10^{-11}$ | $4.1\times10^{-11}$ |

续　表

| 器官或组织 | 摄入时年龄 | | | | | |
|---|---|---|---|---|---|---|
| | 3 个月 | 1 岁 | 5 岁 | 10 岁 | 15 岁 | 成年人 |
| 　下段大肠壁 | $1.1\times10^{-10}$ | $1.1\times10^{-10}$ | $7.0\times10^{-11}$ | $5.5\times10^{-11}$ | $4.1\times10^{-11}$ | $4.1\times10^{-11}$ |
| 　结肠 | $1.1\times10^{-10}$ | $1.1\times10^{-10}$ | $7.0\times10^{-11}$ | $5.5\times10^{-11}$ | $4.1\times10^{-11}$ | $4.1\times10^{-11}$ |
| 肾 | $1.1\times10^{-10}$ | $1.1\times10^{-10}$ | $7.0\times10^{-11}$ | $5.5\times10^{-11}$ | $4.1\times10^{-11}$ | $4.1\times10^{-11}$ |
| 肝 | $1.1\times10^{-10}$ | $1.1\times10^{-10}$ | $7.0\times10^{-11}$ | $5.5\times10^{-11}$ | $4.1\times10^{-11}$ | $4.1\times10^{-11}$ |
| 肌肉 | $1.1\times10^{-10}$ | $1.1\times10^{-10}$ | $7.0\times10^{-11}$ | $5.5\times10^{-11}$ | $4.1\times10^{-11}$ | $4.1\times10^{-11}$ |
| 卵巢 | $1.1\times10^{-10}$ | $1.1\times10^{-10}$ | $7.0\times10^{-11}$ | $5.5\times10^{-11}$ | $4.1\times10^{-11}$ | $4.1\times10^{-11}$ |
| 胰腺 | $1.1\times10^{-10}$ | $1.1\times10^{-10}$ | $7.0\times10^{-11}$ | $5.5\times10^{-11}$ | $4.1\times10^{-11}$ | $4.1\times10^{-11}$ |
| 红骨髓 | $1.1\times10^{-10}$ | $1.1\times10^{-10}$ | $7.0\times10^{-11}$ | $5.5\times10^{-11}$ | $4.1\times10^{-11}$ | $4.1\times10^{-11}$ |
| 呼吸道 | $1.1\times10^{-10}$ | $1.1\times10^{-10}$ | $7.0\times10^{-11}$ | $5.5\times10^{-11}$ | $4.1\times10^{-11}$ | $4.1\times10^{-11}$ |
| 肺外呼吸道 | $1.1\times10^{-10}$ | $1.1\times10^{-10}$ | $7.0\times10^{-11}$ | $5.5\times10^{-11}$ | $4.1\times10^{-11}$ | $4.1\times10^{-11}$ |
| 肺 | $1.1\times10^{-10}$ | $1.1\times10^{-10}$ | $7.0\times10^{-11}$ | $5.5\times10^{-11}$ | $4.1\times10^{-11}$ | $4.1\times10^{-11}$ |
| 皮肤 | $1.1\times10^{-10}$ | $1.1\times10^{-10}$ | $7.0\times10^{-11}$ | $5.5\times10^{-11}$ | $4.1\times10^{-11}$ | $4.1\times10^{-11}$ |
| 脾 | $1.1\times10^{-10}$ | $1.1\times10^{-10}$ | $7.0\times10^{-11}$ | $5.5\times10^{-11}$ | $4.1\times10^{-11}$ | $4.1\times10^{-11}$ |
| 睾丸 | $1.1\times10^{-10}$ | $1.1\times10^{-10}$ | $7.0\times10^{-11}$ | $5.5\times10^{-11}$ | $4.1\times10^{-11}$ | $4.1\times10^{-11}$ |
| 胸腺 | $1.1\times10^{-10}$ | $1.1\times10^{-10}$ | $7.0\times10^{-11}$ | $5.5\times10^{-11}$ | $4.1\times10^{-11}$ | $4.1\times10^{-11}$ |
| 甲状腺 | $1.1\times10^{-10}$ | $1.1\times10^{-10}$ | $7.0\times10^{-11}$ | $5.5\times10^{-11}$ | $4.1\times10^{-11}$ | $4.1\times10^{-11}$ |
| 子宫 | $1.1\times10^{-10}$ | $1.1\times10^{-10}$ | $7.0\times10^{-11}$ | $5.5\times10^{-11}$ | $4.1\times10^{-11}$ | $4.1\times10^{-11}$ |
| 其他组织 | $1.1\times10^{-10}$ | $1.1\times10^{-10}$ | $7.0\times10^{-11}$ | $5.5\times10^{-11}$ | $4.1\times10^{-11}$ | $4.1\times10^{-11}$ |
| 待积有效剂量 | $1.1\times10^{-10}$ | $1.1\times10^{-10}$ | $7.0\times10^{-11}$ | $5.5\times10^{-11}$ | $4.1\times10^{-11}$ | $4.1\times10^{-11}$ |

注：数据引自 ICRP 第 71 号出版物第 38 页表 5.1.2(e)。

**表 5-11　食入有机束缚氚(OBT)的待积当量计量系数和待积有效剂量系数**　Sv/Bq

| 器官或组织 | 摄入时年龄 | | | | | |
|---|---|---|---|---|---|---|
| | 3 个月 | 1 岁 | 5 岁 | 10 岁 | 15 岁 | 成年人 |
| 肾上腺 | $1.1\times10^{-10}$ | $1.1\times10^{-10}$ | $6.9\times10^{-11}$ | $5.5\times10^{-11}$ | $4.0\times10^{-11}$ | $4.1\times10^{-11}$ |
| 膀胱壁 | $1.1\times10^{-10}$ | $1.1\times10^{-10}$ | $6.9\times10^{-11}$ | $5.5\times10^{-11}$ | $4.0\times10^{-11}$ | $4.1\times10^{-11}$ |
| 骨表面 | $1.1\times10^{-10}$ | $1.1\times10^{-10}$ | $6.9\times10^{-11}$ | $5.5\times10^{-11}$ | $4.0\times10^{-11}$ | $4.1\times10^{-11}$ |
| 脑 | $1.1\times10^{-10}$ | $1.1\times10^{-10}$ | $6.9\times10^{-11}$ | $5.5\times10^{-11}$ | $4.0\times10^{-11}$ | $4.1\times10^{-11}$ |
| 乳腺 | $1.1\times10^{-10}$ | $1.1\times10^{-10}$ | $6.9\times10^{-11}$ | $5.5\times10^{-11}$ | $4.0\times10^{-11}$ | $4.1\times10^{-11}$ |
| 胃肠道 | | | | | | |
| 　胃壁 | $1.9\times10^{-10}$ | $1.6\times10^{-10}$ | $9.1\times10^{-11}$ | $6.8\times10^{-11}$ | $4.9\times10^{-11}$ | $4.8\times10^{-11}$ |
| 　小肠壁 | $1.1\times10^{-10}$ | $1.1\times10^{-10}$ | $7.0\times10^{-11}$ | $5.5\times10^{-11}$ | $4.1\times10^{-11}$ | $4.1\times10^{-11}$ |
| 　上段大肠壁 | $1.2\times10^{-10}$ | $1.2\times10^{-10}$ | $7.3\times10^{-11}$ | $5.7\times10^{-11}$ | $4.2\times10^{-11}$ | $4.2\times10^{-11}$ |
| 　下段大肠壁 | $1.4\times10^{-10}$ | $1.3\times10^{-10}$ | $8.0\times10^{-11}$ | $6.1\times10^{-11}$ | $4.4\times10^{-11}$ | $4.4\times10^{-11}$ |
| 肾 | $1.1\times10^{-10}$ | $1.1\times10^{-10}$ | $6.9\times10^{-11}$ | $5.5\times10^{-11}$ | $4.0\times10^{-11}$ | $4.1\times10^{-11}$ |

续 表

| 器官或组织 | 摄入时年龄 | | | | | |
|---|---|---|---|---|---|---|
| | 3个月 | 1岁 | 5岁 | 10岁 | 15岁 | 成年人 |
| 肝 | $1.1\times10^{-10}$ | $1.1\times10^{-10}$ | $6.9\times10^{-11}$ | $5.5\times10^{-11}$ | $4.0\times10^{-11}$ | $4.1\times10^{-11}$ |
| 肺 | $1.1\times10^{-10}$ | $1.1\times10^{-10}$ | $6.9\times10^{-11}$ | $5.5\times10^{-11}$ | $4.0\times10^{-11}$ | $4.1\times10^{-11}$ |
| 肌肉 | $1.1\times10^{-10}$ | $1.1\times10^{-10}$ | $6.9\times10^{-11}$ | $5.5\times10^{-11}$ | $4.0\times10^{-11}$ | $4.1\times10^{-11}$ |
| 卵巢 | $1.1\times10^{-10}$ | $1.1\times10^{-10}$ | $6.9\times10^{-11}$ | $5.5\times10^{-11}$ | $4.0\times10^{-11}$ | $4.1\times10^{-11}$ |
| 胰腺 | $1.1\times10^{-10}$ | $1.1\times10^{-10}$ | $6.9\times10^{-11}$ | $5.5\times10^{-11}$ | $4.0\times10^{-11}$ | $4.1\times10^{-11}$ |
| 红骨髓 | $1.1\times10^{-10}$ | $1.1\times10^{-10}$ | $6.9\times10^{-11}$ | $5.5\times10^{-11}$ | $4.0\times10^{-11}$ | $4.1\times10^{-11}$ |
| 皮肤 | $1.1\times10^{-10}$ | $1.1\times10^{-10}$ | $6.9\times10^{-11}$ | $5.5\times10^{-11}$ | $4.0\times10^{-11}$ | $4.1\times10^{-11}$ |
| 脾 | $1.1\times10^{-10}$ | $1.1\times10^{-10}$ | $6.9\times10^{-11}$ | $5.5\times10^{-11}$ | $4.0\times10^{-11}$ | $4.1\times10^{-11}$ |
| 睾丸 | $1.1\times10^{-10}$ | $1.1\times10^{-10}$ | $6.9\times10^{-11}$ | $5.5\times10^{-11}$ | $4.0\times10^{-11}$ | $4.1\times10^{-11}$ |
| 胸腺 | $1.1\times10^{-10}$ | $1.1\times10^{-10}$ | $6.9\times10^{-11}$ | $5.5\times10^{-11}$ | $4.0\times10^{-11}$ | $4.1\times10^{-11}$ |
| 甲状腺 | $1.1\times10^{-10}$ | $1.1\times10^{-10}$ | $6.9\times10^{-11}$ | $5.5\times10^{-11}$ | $4.0\times10^{-11}$ | $4.1\times10^{-11}$ |
| 子宫 | $1.1\times10^{-10}$ | $1.1\times10^{-10}$ | $6.9\times10^{-11}$ | $5.5\times10^{-11}$ | $4.0\times10^{-11}$ | $4.1\times10^{-11}$ |
| 其他组织 | $1.1\times10^{-10}$ | $1.1\times10^{-10}$ | $6.9\times10^{-11}$ | $5.5\times10^{-11}$ | $4.0\times10^{-11}$ | $4.1\times10^{-11}$ |
| 待积有效剂量 | $1.2\times10^{-10}$ | $1.2\times10^{-11}$ | $7.3\times10^{-11}$ | $5.7\times10^{-11}$ | $4.2\times10^{-11}$ | $4.2\times10^{-11}$ |

注：数据引自 ICRP 第 67 号出版物第 144 页表 C-1.2。

ICRP 第 30 号和第 71 号出版物都推荐对给定的空气中氚化水蒸气浓度，成年人和工作人员总氚摄入量中，由吸入的占 2/3，由皮肤吸入的占 1/3。由皮肤吸入的氚立即均匀地分布于全身。同时假定由皮肤吸收的氚气可以忽略，且在皮肤上的氚气不会迅速地转化为氚化水。注意，在上述计算和表 5-11 中给出的吸入氚化水蒸气的剂量转换系数时，不包括由皮肤吸收氚化水蒸气的贡献。如果既考虑吸入 HTO 的贡献，又考虑皮肤吸收的贡献。则成年人和工作人员的剂量转换系数应为吸入剂量系数的 1.5 倍。即 $2.7\times10^{-11}$ Sv/Bq。上述情况，同样适用于吸入挥发性有机束缚氚 OBT 挥发性气体对成年人和工作人员的剂量转换系数的估算。

## 5.3.4 氚的可溶性或活性气体

ICRP 第 68 号出版物将所有放射性气体或蒸气分为三类[43]：(1)SR-1 为可溶性或活性气体与蒸气，在整个呼吸道沉积、滞留并吸收入血，其吸收份额取决于气体或蒸气的化学特性；(2)SR-2 为高度可溶性或活性气体与蒸气，其在胸外呼吸道沉积并被全部吸收立即入血；(3)SR-0 为难溶或无活性的气体或蒸气，其在呼吸道里的沉积可忽略不计。ICRP 第 71 号出版物给出了氚气和有机氚化物蒸气的分类和吸收类型见表 5-12。显然，5.3.3 节所描述的氚化水蒸气和有机束缚氚 OBT 的挥发性气体或蒸气就属于 SR-2 吸收类型的放射性气体。

**表 5-12　氚气和有机氚化物蒸气的分类和吸收类型**

| 初始化学形态 | 沉　积 | | 吸　收 | | 生物动力学模型 |
|---|---|---|---|---|---|
| | 蒸气类别 | 沉积分数/% | 类型 | $f1$ | |
| 氚化水蒸气(氚水) | SR－2 | 100 | V | a | HTO |
| 非特定有机氚化合物蒸气 | SR－2 | 100 | V | a | OBT |
| 氚气 | SR－1 | 0.01 | V | a | HTO |
| 氚化甲烷 | SR－1 | 1.0 | V | a | HTO |

注：a 表示沉积在呼吸道的活度立即全部被吸收，数据引自 ICRP 第 71 号出版物第 33 页表 5.1.1a。

氚的可溶性或活性气体与蒸气主要包括氚气 HT 和氚化甲烷及其他含氚有机气体与蒸气。对吸入氚气(HT)志愿者的近期研究表明，吸入氚气的大约 0.01%立即被吸收并转化为氚水(HTO)，均匀地分布于全身，这部分吸收并转化为氚水引致的全身受照对有效剂量的贡献将超过吸入的氚气直接引致肺照射对有效剂量的贡献。HT 被假定为 SR-1 气体，在后面计算吸入 HT 的剂量系数时没有包括吸入 HT 直接引致肺照射的剂量。

氚化甲烷 $CH_{4-x}T_x$ 可从低水平废物处置场中释放出来，吸入该气体的剂量正在被研究，在缺乏其他试验结果的情况下，可假定吸入氚甲烷的 1%立即被吸收并转换为氚水，均匀地分布于全身。氚化甲烷被假定为 SR-1 类气体。

少量含氚且易挥发和极易可溶的有机酸可从氚设施释放至空气中。近期的研究表明，若缺乏特定的资料，ICRP 假定吸入有机束缚氚(OBT)立即全部被吸收并均匀分布于全身，非特定的有机束缚氚被假定为 SR-2 类气体。吸入氚气、氚化甲烷和有机束缚氚蒸气的待积当量剂量转换系数和待积有效剂量转换系数分别列于表 5-13、表 5-14 和前面给出的表 5-11，在现行国家辐射防护标准(GB 18871—2002)的附录 B 9 中给出[49]。

**表 5-13　吸入氚气的待积当量计量系数和待积有效剂量系数**　Sv/Bq

| 器官或组织 | 摄入时年龄 | | | | | |
|---|---|---|---|---|---|---|
| | 3 个月 | 1 岁 | 5 岁 | 10 岁 | 15 岁 | 成年人 |
| 肾上腺 | $6.4\times10^{-15}$ | $4.8\times10^{-15}$ | $3.1\times10^{-15}$ | $2.3\times10^{-15}$ | $1.8\times10^{-15}$ | $1.8\times10^{-15}$ |
| 膀胱壁 | $6.4\times10^{-15}$ | $4.8\times10^{-15}$ | $3.1\times10^{-15}$ | $2.3\times10^{-15}$ | $1.8\times10^{-15}$ | $1.8\times10^{-15}$ |
| 骨表面 | $6.4\times10^{-15}$ | $4.8\times10^{-15}$ | $3.1\times10^{-15}$ | $2.3\times10^{-15}$ | $1.8\times10^{-15}$ | $1.8\times10^{-15}$ |
| 脑 | $6.4\times10^{-15}$ | $4.8\times10^{-15}$ | $3.1\times10^{-15}$ | $2.3\times10^{-15}$ | $1.8\times10^{-15}$ | $1.8\times10^{-15}$ |
| 乳腺 | $6.4\times10^{-15}$ | $4.8\times10^{-15}$ | $3.1\times10^{-15}$ | $2.3\times10^{-15}$ | $1.8\times10^{-15}$ | $1.8\times10^{-15}$ |
| 胃肠道 | | | | | | |
| 　胃壁 | $6.4\times10^{-15}$ | $4.8\times10^{-15}$ | $3.1\times10^{-15}$ | $2.3\times10^{-15}$ | $1.8\times10^{-15}$ | $1.8\times10^{-15}$ |
| 　小肠壁 | $6.4\times10^{-15}$ | $4.8\times10^{-15}$ | $3.1\times10^{-15}$ | $2.3\times10^{-15}$ | $1.8\times10^{-15}$ | $1.8\times10^{-15}$ |
| 　上段大肠壁 | $6.4\times10^{-15}$ | $4.8\times10^{-15}$ | $3.1\times10^{-15}$ | $2.3\times10^{-15}$ | $1.8\times10^{-15}$ | $1.8\times10^{-15}$ |
| 　下段大肠壁 | $6.4\times10^{-15}$ | $4.8\times10^{-15}$ | $3.1\times10^{-15}$ | $2.3\times10^{-15}$ | $1.8\times10^{-15}$ | $1.8\times10^{-15}$ |
| 　结肠 | $6.4\times10^{-15}$ | $4.8\times10^{-15}$ | $3.1\times10^{-15}$ | $2.3\times10^{-15}$ | $1.8\times10^{-15}$ | $1.8\times10^{-15}$ |
| 肾 | $6.4\times10^{-15}$ | $4.8\times10^{-15}$ | $3.1\times10^{-15}$ | $2.3\times10^{-15}$ | $1.8\times10^{-15}$ | $1.8\times10^{-15}$ |
| 肝 | $6.4\times10^{-15}$ | $4.8\times10^{-15}$ | $3.1\times10^{-15}$ | $2.3\times10^{-15}$ | $1.8\times10^{-15}$ | $1.8\times10^{-15}$ |

续 表

| 器官或组织 | 摄入时年龄 | | | | | |
|---|---|---|---|---|---|---|
| | 3 个月 | 1 岁 | 5 岁 | 10 岁 | 15 岁 | 成年人 |
| 肌肉 | $6.4\times10^{-15}$ | $4.8\times10^{-15}$ | $3.1\times10^{-15}$ | $2.3\times10^{-15}$ | $1.8\times10^{-15}$ | $1.8\times10^{-15}$ |
| 卵巢 | $6.4\times10^{-15}$ | $4.8\times10^{-15}$ | $3.1\times10^{-15}$ | $2.3\times10^{-15}$ | $1.8\times10^{-15}$ | $1.8\times10^{-15}$ |
| 胰腺 | $6.4\times10^{-15}$ | $4.8\times10^{-15}$ | $3.1\times10^{-15}$ | $2.3\times10^{-15}$ | $1.8\times10^{-15}$ | $1.8\times10^{-15}$ |
| 红骨髓 | $6.4\times10^{-15}$ | $4.8\times10^{-15}$ | $3.1\times10^{-15}$ | $2.3\times10^{-15}$ | $1.8\times10^{-15}$ | $1.8\times10^{-15}$ |
| 呼吸道 | | | | | | |
| 肺外呼吸道 | $6.4\times10^{-15}$ | $4.8\times10^{-15}$ | $3.1\times10^{-15}$ | $2.3\times10^{-15}$ | $1.8\times10^{-15}$ | $1.8\times10^{-15}$ |
| 肺 | $6.4\times10^{-15}$ | $4.8\times10^{-15}$ | $3.1\times10^{-15}$ | $2.3\times10^{-15}$ | $1.8\times10^{-15}$ | $1.8\times10^{-15}$ |
| 皮肤 | $6.4\times10^{-15}$ | $4.8\times10^{-15}$ | $3.1\times10^{-15}$ | $2.3\times10^{-15}$ | $1.8\times10^{-15}$ | $1.8\times10^{-15}$ |
| 脾 | $6.4\times10^{-15}$ | $4.8\times10^{-15}$ | $3.1\times10^{-15}$ | $2.3\times10^{-15}$ | $1.8\times10^{-15}$ | $1.8\times10^{-15}$ |
| 睾丸 | $6.4\times10^{-15}$ | $4.8\times10^{-15}$ | $3.1\times10^{-15}$ | $2.3\times10^{-15}$ | $1.8\times10^{-15}$ | $1.8\times10^{-15}$ |
| 胸腺 | $6.4\times10^{-15}$ | $4.8\times10^{-15}$ | $3.1\times10^{-15}$ | $2.3\times10^{-15}$ | $1.8\times10^{-15}$ | $1.8\times10^{-15}$ |
| 甲状腺 | $6.4\times10^{-15}$ | $4.8\times10^{-15}$ | $3.1\times10^{-15}$ | $2.3\times10^{-15}$ | $1.8\times10^{-15}$ | $1.8\times10^{-15}$ |
| 子宫 | $6.4\times10^{-15}$ | $4.8\times10^{-15}$ | $3.1\times10^{-15}$ | $2.3\times10^{-15}$ | $1.8\times10^{-15}$ | $1.8\times10^{-15}$ |
| 其他组织 | $6.4\times10^{-15}$ | $4.8\times10^{-15}$ | $3.1\times10^{-15}$ | $2.3\times10^{-15}$ | $1.8\times10^{-15}$ | $1.8\times10^{-15}$ |
| 待积有效剂量 | $6.4\times10^{-15}$ | $4.8\times10^{-15}$ | $3.1\times10^{-15}$ | $2.3\times10^{-15}$ | $1.8\times10^{-15}$ | $1.8\times10^{-15}$ |

注：数据引自 ICRP 第 71 号出版物第 39 页表 5.1.2(f)。

**表 5-14 吸入氚化甲烷的待积当量计量系数和待积有效剂量系数** Sv/Bq

| 器官或组织 | 摄入时年龄 | | | | | |
|---|---|---|---|---|---|---|
| | 3 个月 | 1 岁 | 5 岁 | 10 岁 | 15 岁 | 成年人 |
| 肾上腺 | $6.4\times10^{-13}$ | $4.8\times10^{-13}$ | $3.1\times10^{-13}$ | $2.3\times10^{-13}$ | $1.8\times10^{-13}$ | $1.8\times10^{-13}$ |
| 膀胱壁 | $6.4\times10^{-13}$ | $4.8\times10^{-13}$ | $3.1\times10^{-13}$ | $2.3\times10^{-13}$ | $1.8\times10^{-13}$ | $1.8\times10^{-13}$ |
| 骨表面 | $6.4\times10^{-13}$ | $4.8\times10^{-13}$ | $3.1\times10^{-13}$ | $2.3\times10^{-13}$ | $1.8\times10^{-13}$ | $1.8\times10^{-13}$ |
| 脑 | $6.4\times10^{-13}$ | $4.8\times10^{-13}$ | $3.1\times10^{-13}$ | $2.3\times10^{-13}$ | $1.8\times10^{-13}$ | $1.8\times10^{-13}$ |
| 乳腺 | $6.4\times10^{-13}$ | $4.8\times10^{-13}$ | $3.1\times10^{-13}$ | $2.3\times10^{-13}$ | $1.8\times10^{-13}$ | $1.8\times10^{-13}$ |
| 胃肠道 | | | | | | |
| 胃壁 | $6.4\times10^{-13}$ | $4.8\times10^{-13}$ | $3.1\times10^{-13}$ | $2.3\times10^{-13}$ | $1.8\times10^{-13}$ | $1.8\times10^{-13}$ |
| 小肠壁 | $6.4\times10^{-13}$ | $4.8\times10^{-13}$ | $3.1\times10^{-13}$ | $2.3\times10^{-13}$ | $1.8\times10^{-13}$ | $1.8\times10^{-13}$ |
| 上段大肠壁 | $6.4\times10^{-13}$ | $4.8\times10^{-13}$ | $3.1\times10^{-13}$ | $2.3\times10^{-13}$ | $1.8\times10^{-13}$ | $1.8\times10^{-13}$ |
| 下段大肠壁 | $6.4\times10^{-13}$ | $4.8\times10^{-13}$ | $3.1\times10^{-13}$ | $2.3\times10^{-13}$ | $1.8\times10^{-13}$ | $1.8\times10^{-13}$ |
| 结肠 | $6.4\times10^{-13}$ | $4.8\times10^{-13}$ | $3.1\times10^{-13}$ | $2.3\times10^{-13}$ | $1.8\times10^{-13}$ | $1.8\times10^{-13}$ |
| 肾 | $6.4\times10^{-13}$ | $4.8\times10^{-13}$ | $3.1\times10^{-13}$ | $2.3\times10^{-13}$ | $1.8\times10^{-13}$ | $1.8\times10^{-13}$ |
| 肝 | $6.4\times10^{-13}$ | $4.8\times10^{-13}$ | $3.1\times10^{-13}$ | $2.3\times10^{-13}$ | $1.8\times10^{-13}$ | $1.8\times10^{-13}$ |
| 肌肉 | $6.4\times10^{-13}$ | $4.8\times10^{-13}$ | $3.1\times10^{-13}$ | $2.3\times10^{-13}$ | $1.8\times10^{-13}$ | $1.8\times10^{-13}$ |
| 卵巢 | $6.4\times10^{-13}$ | $4.8\times10^{-13}$ | $3.1\times10^{-13}$ | $2.3\times10^{-13}$ | $1.8\times10^{-13}$ | $1.8\times10^{-13}$ |

续 表

| 器官或组织 | 摄入时年龄 | | | | | |
|---|---|---|---|---|---|---|
| | 3 个月 | 1 岁 | 5 岁 | 10 岁 | 15 岁 | 成年人 |
| 胰腺 | $6.4\times10^{-13}$ | $4.8\times10^{-13}$ | $3.1\times10^{-13}$ | $2.3\times10^{-13}$ | $1.8\times10^{-13}$ | $1.8\times10^{-13}$ |
| 红骨髓 | $6.4\times10^{-13}$ | $4.8\times10^{-13}$ | $3.1\times10^{-13}$ | $2.3\times10^{-13}$ | $1.8\times10^{-13}$ | $1.8\times10^{-13}$ |
| 呼吸道 | | | | | | |
| 肺外呼吸道 | $6.4\times10^{-13}$ | $4.8\times10^{-13}$ | $3.1\times10^{-13}$ | $2.3\times10^{-13}$ | $1.8\times10^{-13}$ | $1.8\times10^{-13}$ |
| 肺 | $6.4\times10^{-13}$ | $4.8\times10^{-13}$ | $3.1\times10^{-13}$ | $2.3\times10^{-13}$ | $1.8\times10^{-13}$ | $1.8\times10^{-13}$ |
| 皮肤 | $6.4\times10^{-13}$ | $4.8\times10^{-13}$ | $3.1\times10^{-13}$ | $2.3\times10^{-13}$ | $1.8\times10^{-13}$ | $1.8\times10^{-13}$ |
| 脾 | $6.4\times10^{-13}$ | $4.8\times10^{-13}$ | $3.1\times10^{-13}$ | $2.3\times10^{-13}$ | $1.8\times10^{-13}$ | $1.8\times10^{-13}$ |
| 睾丸 | $6.4\times10^{-13}$ | $4.8\times10^{-13}$ | $3.1\times10^{-13}$ | $2.3\times10^{-13}$ | $1.8\times10^{-13}$ | $1.8\times10^{-13}$ |
| 胸腺 | $6.4\times10^{-13}$ | $4.8\times10^{-13}$ | $3.1\times10^{-13}$ | $2.3\times10^{-13}$ | $1.8\times10^{-13}$ | $1.8\times10^{-13}$ |
| 甲状腺 | $6.4\times10^{-13}$ | $4.8\times10^{-13}$ | $3.1\times10^{-13}$ | $2.3\times10^{-13}$ | $1.8\times10^{-13}$ | $1.8\times10^{-13}$ |
| 子宫 | $6.4\times10^{-13}$ | $4.8\times10^{-13}$ | $3.1\times10^{-13}$ | $2.3\times10^{-13}$ | $1.8\times10^{-13}$ | $1.8\times10^{-13}$ |
| 其他组织 | $6.4\times10^{-13}$ | $4.8\times10^{-13}$ | $3.1\times10^{-13}$ | $2.3\times10^{-13}$ | $1.8\times10^{-13}$ | $1.8\times10^{-13}$ |
| 待积有效剂量 | $6.4\times10^{-13}$ | $4.8\times10^{-13}$ | $3.1\times10^{-13}$ | $2.3\times10^{-13}$ | $1.8\times10^{-13}$ | $1.8\times10^{-13}$ |

注：数据引自 ICRP 第 71 号出版物第 40 页表 5.1.2(g)。

### 5.3.5 难溶性的氚化物气溶胶粒子

核工业中已经使用品种繁多的金属材料(如 Ti、Zr、U 和 Hf)用于氚的研究、纯化和贮存，产生了同样品种繁多的金属氚化物。氚还可以同有机物质反应生成难溶性的有机结合氚(OBT)，遇到的 OBT 的主要类型有溶剂、油类和固体物质(如塑料、聚酰胺及有机灰尘形式)。金属氚化物(如锈蚀)，硅土物质(环境灰尘)，和含碳物质(如聚合物或环境灰尘)还可以被氚污染并表现出粒子的性质。美国能源部 DOE 有专门报告将这类氚化物粒子称之为特种氚化物[50]。目前，随着国际热核实验反应堆 ITER 项目的开展，氚研究的规模和范围不断扩大，这些难溶性的氚化物粒子对于操作人员产生的内照射剂量，已有许多重要的研究进展。

吸收指的是放射性物质被吸收进入体液。对于金属氚化物粒子这一过程包括两部分，即由一种寄宿或载体物质游离出来的氚被吸收和金属氚化物分子全部被吸收。ICRP 第 66 号出版物(1994)将绝大多数放射性物质按由呼吸道进入血液的吸收速率分为快速(F)、中速(M)和慢速(S)三类。F 类指以快速率从呼吸道吸收入血的物质，全部物质以约 10 min 的生物半减期入血；M 类指以中等速率从呼吸道吸收入血的物质，其 10%以约 10 min 的生物半减期入血，90%以约 140 d 的生物半减期入血；S 类指以慢速率从呼吸道吸收入血相对难溶解的物质，其 0.1%以约 10 min 的生物半减期入血，99.9%以约 6 800 d 的生物半减期入血。除了这 3 种吸收等级外，ICRP 第 71 号出版物(1995)还将由呼吸道瞬时吸收入血的某些气体和蒸气物质定义为 V 类。

难溶性金属氚化物的生物动力学模型可以分解成 3 个主要的组分：

(1)取自 ICRP 第 66 号出版物的呼吸道模型；

(2)取自 ICRP67 和 78 号出版物的(不包含呼吸道和消化道)全身滞留与排泄模型;

(3)取自 ICRP30 和 78 号出版物的胃肠道模型。

表示这些模型是如何组合在一起的范例由图 5-2 给出。经呼吸道溶解的金属氚化物粒子释放的氚转化为 HTO 且被直接吸收入血。转移到胃肠道的物质可以被溶解并吸收入血,或被清除为粪便。进入胃肠道并且随后从小肠吸收入血的份额被记作 $f_1$。ICRP 第 30 号出版物的胃肠道生物动力学模型被用来定量这些过程,但对于剂量学模型必须作一些修改。

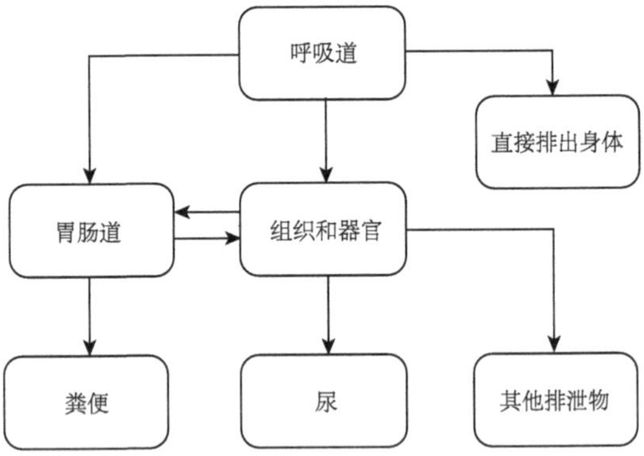


图 5-2 难溶性氚化物的 ICRP 第 78 号出版物中的生物动力学模型

在吸收入血的 HTO 之中,有 3% 被转化为具有 40 d 半减期被滞留在体内的有机结合氚 OBT,剩下的 97% 依然作为 HTO 以 10 d 的半减期被滞留。所有的这些 OBT 被排泄到膀胱中最终尿出。HTO 按以下比值从全身隔室排泄出体外:

(1)1.4/3 的份额进入膀胱最终用尿排出;

(2)0.1/3 的份额进入上大肠最终被粪便排出;

(3)1.5/3 的份额进入其他全身排泄物(例如无意识的损失和汗等)。

ICRP 第 66 号出版物对于机械廓清和溶解模型提供了缺省参数。注意,粒子的溶解速率可以分类为 F、M 和 S。这种分类与 ICRP 第 30 号出版物呼吸道模型中以 D/W/Y 的分类等级大体关联。但 D、W、Y 指的是与肺的总廓清速率(物理的加溶解的),而 F、M、S 仅与溶解速率相关。与时间的相关的溶解模型参数,可借助于离体测量方法将整个时间内实测的溶解速率用实验来确定,通常可用 2 个指数项表示:

$$r(t)=f_r \cdot e^{-s_r t}+(1-f_r) \cdot e^{-s_s t} \tag{5-37}$$

式中,$r(t)$是在时间 $t$ 物质溶解的份额;$f_r$ 是以速率常数 $s_r$ 快速溶解的份额;$s_s$ 是对$(1-f_r)$缓慢溶解份额的速率常数。

胃肠道生物动力学模型,本质上与 ICRP 第 30 号出版物中所使用的模型相同。氚化物粒子由肺廓清和口食入进入胃肠道。对于 M 类特种氚化物粒子 $f_1$ 假定为 0.1,对 S 类特种氚化物粒子 $f_1$ 假定为 0.01。由特种氚化物粒子释放的氚由小肠以 HTO 形态吸收入血。食入的 HTO 绕过胃肠道按直接入血处理。由身体排泄 HTO 的一部分通过粪便排出。如前所述,这一部分是 0.1/3 且假定是经由上段大肠进入胃肠道的。

英国国家放射防护局(NPRB)曾研制出计算机程序 LuDEP(版本 2.06)“使用 ICRP 第 66 号出版物呼吸道模型计算内照射剂量的个人计算机程序”[51]。以后,NRPB 又研发了 LuDEP 的后续程序,其版本叫作“IMBA Expert USDOE”,对难溶性的金属氚化物粒子具有由生物分析结果估算剂量的能力。在 ICRP 第 71 号出版物中对 1 μm AMAD、物质密度为 3 g/cm$^3$ 的多发散性粒子大小分布给出的剂量转换系数 DCF 与用 LuDEP 计算得到的结果是一致的。

# 5.4　氚内照剂量的估算与评价

## 5.4.1　人体摄入氚的测定方法

氚水被人体摄入后 2～3 h 内就基本上与全身体水混合，且均匀分布。氚在汗、痰、尿、血以及呼出的水蒸气中均有相同的浓度。因此，人体摄入的氚量，可用一些简单的方法快速检查与测定。

用冷阱和干燥器等简单装置，都可以直接捕集呼气中的水分。日本 ALOKA 公司曾为此专门研制过一种基于鼓泡法原理的呼气中水分捕集装置 EAM-101[52]。已知人体的唾液和汗水中的氚都均可直接用液闪计数测定，但准确定量不太方便，用液闪计数测定血液(全血)中的氚，因样品色素引起的淬灭效应成为测量的主要障碍。为此，研究和开发过许多种血样品的制备方法，常用的有直接测量法[53]与加助溶剂的可溶解法[54]，但制样程序复杂，使用的试剂也多。由于这些原因，上述检定方法在实际应用中受到了限制。

尿氚可直接用液体闪烁计数测定，就防护监测水平而言，其探测灵敏度是不成问题的。通常在计数瓶中，直接取 1～2 mL 尿样加入 10 mL Ultima Gold LLT 或 Ultima Gold XR 闪烁液中，加盖旋紧，剧烈振荡后闭光 2～4 h 进行液闪计数测量。由于尿样一般呈浅黄色，又含有无机盐等杂质成分，对液闪计数有干扰。因此，在液闪计数中，应当注意用适当的淬灭校正曲线对测量结果进行修正。对于低水平尿氚样品的准确测定，较好的方法是湿法氧化回流蒸馏法[55]，具体的制样程序可参阅第 8 章中环境氚的取样与测定方法 8.2.2.3 节有机结合氚(OBT)的相关内容。

测定尿中的 HTO，尿样的预处理方法有多种，如蒸馏法、活性炭脱色等。其中 Dobbs 所采用的简易蒸馏法[56]，具体做法是将 2 mL 尿样加入玻璃培养皿中，放在 50 ℃ 的加热器上加热；2～3 min 后水蒸气开始冷凝积聚在上盖底部；约 30 min 后，将上盖取下翻转，一头垫高静止，使冷凝的蒸馏水在培养皿上盖底部积聚，用移液管取 0.5 mL 用于液闪计数。

由于闪烁液是可溶一定水量的有机溶剂，用尿样的直接液闪测定法可确定尿氚的总活度(自由水氚和有机氚)。而用蒸馏法预处理样品再进行液闪计数可确定尿中自由水氚(HTO)的活度，尿的有机残渣中非挥发性氚的活度水平可由上述两种方法测量结果的差求出。对于旧标准 GB 8703—88 氚的内照剂量估算因为是使用单指数项代谢模型估算剂量，一般利用蒸馏法预处理样品进行液闪计数即可；但对于新的国家标准 GB 18871—2002，由于氚的内照剂量估算用的是由两个指数项代谢模型推导的公式，则必须利用尿氚的液闪直接测定，以测得包括有机氚在内的尿氚的总活度。

## 5.4.2　氚内照剂量的估算方法

(1)由工作场所或场所空气中氚浓度的监测资料估算个人剂量

如果工作场所或场所空气中氚化水蒸气、氚气、有机束缚氚、氚甲烷或无机氚化物气溶胶浓度监测结果能代表工作人员或居留人员吸入氚的浓度，并知道工作时间或居留时间，则可由测得空气中的氚浓度 $C(\mathrm{Bq/m^3})$，按下式估算受照人员的待积有效剂量 $E(\tau)$(Sv)，或器官或组织的待积当量剂量 $H_T(\tau)$(Sv)：

$$E(\tau)=B\cdot t\cdot C\cdot e(\tau) \tag{5-38a}$$

$$H_T(\tau)=B\cdot t\cdot C\cdot h_T(\tau) \tag{5-38b}$$

式中，$B$ 为人员的呼吸率，$m^3/h$ 或 $m^3/d$ 或 $m^3/a$，$t$ 为工作或居留时间，h 或 d 或 a；工作人员可取 1.2 $m^3/h$；$C$ 为空气中的氚浓度，$Bq/m^3$；$e(\tau)$和 $h_T(\tau)$分别为对应氚或氚化物和对应人员年龄的待积有效剂量系数和待积当量剂量系数，Sv/Bq。该方法常用于核设施的环境影响评价报告中，对于最大受照个人和关键组人群吸入氚剂量的评价。

(2)由饮食中氚浓度监测资料估算个人剂量

如果饮食(包括食物、水、奶和饮料等)中的氚水或有机束缚氚浓度的监测结果能代表工作人员或受照人员饮食中的氚浓度，并知道食用量 $Q$，则可由饮食中氚水或有机束缚氚浓度的测量结果，按下式估算受照人员的待积有效剂量 $E(\tau)$，或器官或组织的待积当量剂量 $H_T(\tau)$：

$$E(\tau)=\sum_i Q_i\cdot C_i\cdot e(\tau) \tag{5-39a}$$

$$H_T(\tau)=\sum_i Q_i\cdot C_i\cdot h_T(\tau) \tag{5-39b}$$

式中，$Q_i$ 为 $i$ 种食物的食用量，kg；$C_i$ 为 $i$ 种食物中氚水或有机束缚氚的浓度，Bq/kg；$e(\tau)$和 $h_\tau(\tau)$分别为对应氚或氚化物和对应人员年龄的待积有效剂量系数和待积当量剂量系数，Sv/Bq。该方法常用于核设施的环境影响评价报告中，对于最大受照个人和关键组人群食入氚剂量的评价。

(3)由氚内照射个人监测资料按 ICRP 推荐的方法估算个人剂量

一般来说，急性食入和静脉注射氚水，以及吸入氚化水蒸气、氚气和氚甲烷多采用单次尿样分析尿氚浓度，Bq/L，按下式估算待积有效剂量 $E(\tau)$，和器官或组织的待积当量剂量 $H_T(\tau)$：

$$E(\tau)=I\cdot e(\tau)=\frac{M(t)}{m(t)}\cdot e(\tau) \tag{5-40a}$$

$$H_T(\tau)=I\cdot h_T(\tau)=\frac{M(t)}{m(t)}\cdot h_T(\tau) \tag{5-40b}$$

式中，$I$ 为摄入量，Bq；$M(t)$为急性摄入后第 $t$ 天的尿氚浓度测量结果，Bq/L；对常规监测而言，可取监测周期的中点单次摄入。$m(t)$为摄入后第 $t$ 天的尿氚浓度的预期分数，$L^{-1}$；$e(\tau)$和 $h_T(\tau)$分别为对应的待积有效剂量系数和待积当量剂量系数，Sv/Bq。

急性食入、吸入或静脉注入有机束缚氚，一般采用收集一天 24 h 尿样，分析尿氚日排量 Bq，按下式估算待积有效剂量 $E(\tau)$和待积当量剂量 $H_T(\tau)$，Sv/Bq。

$$E(\tau)=I\cdot e(\tau)=\frac{M(t)}{m(t)}\cdot e(\tau) \tag{5-41a}$$

$$H_T(\tau)=I\cdot h_T(\tau)=\frac{M(t)}{m(t)}\cdot e(\tau) \tag{5-41b}$$

式中：$M(t)$为急性摄入后第 $t$ 天的尿氚日排量测量值，Bq/d，对常规监测而言，可取监测周期的中点单次摄入；$m(t)$为摄入后第 $t$ 天的尿氚日排量的预期分数，$d^{-1}$，$e(\tau)$和 $h_T(\tau)$分别为对应的待积有效剂量系数和待积当量剂量系数，Sv/Bq。

对间断摄入或连续摄入，可按单次摄入的叠加或积分处理。

表 5-15 给出了成年人(工作人员)吸入氚水后，1～10 d 的尿氚浓度预期分数 $m(t)$的值，图 5-3 给出了成年人(工作人员单位吸入氚水后各天的尿氚浓度的预期分数曲线。对剂量估算而言，表 5-15 和图 5-3 的资料同样适用于食入和静脉注入氚水的情况。表 5-15 和图 5-3 的资料乘以 0.01 和 0.000 1 分别适用于吸入氚甲烷和氚气。ICRP 第 68 号报告同时指出，对于工作人员来自肺腔内氚气的照射可能要使上述 $e(\tau)$和 $h_T(\tau)$值增加 20%左右。表 5-16 和图 5-4 分别给出了工作人员(成年人)食入有机束缚氚后，1～10 d 的尿氚浓度预期分数 $m(t)$的值和工作人员(成年人)单位食入有机束缚氚后各天的尿氚浓度的预期分数曲线。

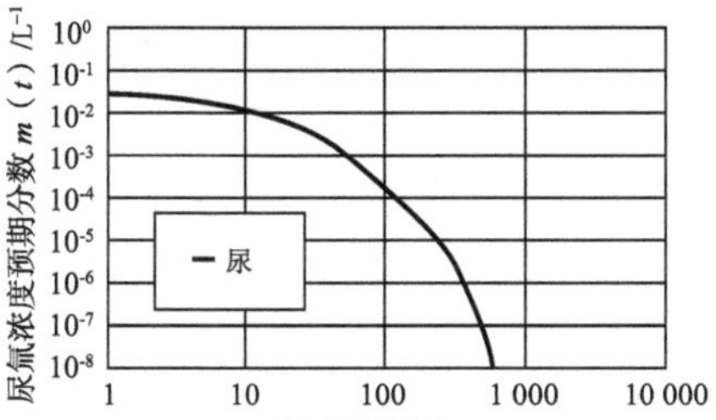


图 5-3 急性吸入氚水后的尿氚浓度预期分数

(引自 ICRP 第 78 号出版物第 41 页图 A1.1)

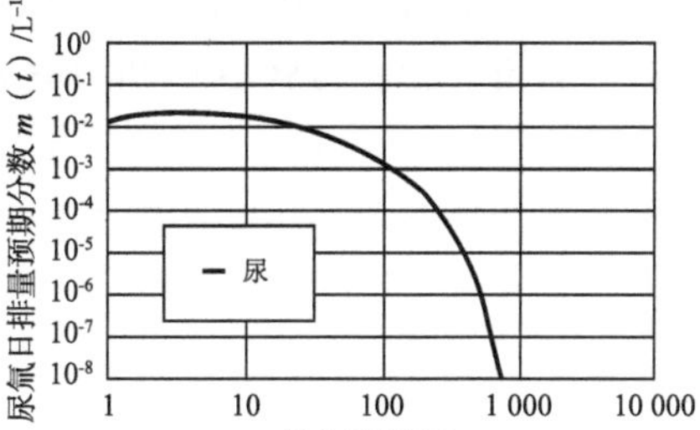


图 5-4 急性食入有机束缚氚后的尿氚浓度预期分数

(引自 ICRP 第 78 号出版物第 42 页图 A1.2)

**表 5-15 吸入氚水后 $t$ 天时刻尿氚浓度的预期分数**

| 摄入后时间/d | $m(t)$/L$^{-1}$ | 摄入后时间/d | $m(t)$/L$^{-1}$ |
|---|---|---|---|
| 1 | $2.3\times10^{-2}$ | 6 | $1.6\times10^{-2}$ |
| 2 | $2.1\times10^{-2}$ | 7 | $1.5\times10^{-2}$ |
| 3 | $2.0\times10^{-2}$ | 8 | $1.4\times10^{-2}$ |
| 4 | $1.9\times10^{-2}$ | 9 | $1.3\times10^{-2}$ |
| 5 | $1.7\times10^{-2}$ | 10 | $1.2\times10^{-2}$ |

注：数据引自 ICRP 第 78 号出版物第 39 页表 A1.7。

**表 5-16 食入有机束缚氚后 $t$ 天时刻的尿氚日排量的预期分数**

| 摄入后时间/d | $m(t)$/L$^{-1}$ | 摄入后时间/d | $m(t)$/L$^{-1}$ |
|---|---|---|---|
| 1 | $1.3\times10^{-2}$ | 6 | $1.9\times10^{-2}$ |
| 2 | $2.3\times10^{-2}$ | 7 | $1.8\times10^{-2}$ |
| 3 | $2.2\times10^{-2}$ | 8 | $1.7\times10^{-2}$ |
| 4 | $2.1\times10^{-2}$ | 9 | $1.7\times10^{-2}$ |
| 5 | $2.0\times10^{-2}$ | 10 | $1.6\times10^{-2}$ |

注：数据引自 ICRP 第 78 号出版物第 40 页表 A1.8。

(4)由氚内照射个人监测资料按 IAEA 的方法估算剂量

对于长期连续从事氚作业或涉及氚作业的工作人员，例如氚设施和重水堆核电厂的工作人员，可采用 IAEA 推荐的方法，即梯形面积法估算剂量。长期连续从事氚或涉氚作业的工作人员，需要进行常规尿氚监测。一般每月或每半月监测一次尿氚(HTO+OBT)的总浓度，因而可采用梯形面积法估算氚水年摄入量及其待积有效剂量。

假若当年监测尿氚浓度 $n$ 次，则尿氚浓度折线下的面积 $A_u$ 为

$$A_u=\sum_{i=1}^{n}(U_i+U_{i-1})(t_i-t_{i-1})/2 \tag{5-42}$$

式中，$A_u$ 为尿氚浓度折线下的面积，Bq/(L・d)；$U_i$ 为 $i$ 尿样的尿氚浓度测量值($U_0$ 为前一年最后一次测得的尿氚浓度值)，Bq/L，$t_i$ 为 $i$ 尿样的取样时间($t_0$ 为前一年最后一次的取尿样时间)，d；$n$ 为年尿样数。

氚是 β 辐射体，产额 $Y$ 为 1，平均能量 $E_\beta$ 为 $5.683\times10^{-3}$ MeV，吸收分数 AF 为 1，辐射权重因子 $W_R$ 为 1。氚在体内均匀分布，靶器官与源器官相同，其总体质量 $M_T$(全身质量减去胃肠道容物、膀胱容物和胆囊容物质量)为 68.831 kg。由此可算得比有效能量 SEE($T\leftarrow W$)为 $1.32\times10^{-17}$ Sv/核变化。

又参考人的体水为 42 L，1 天的秒数为 86 400 s/d，则体内一天的核变化数 $U_s$ 为

$U_s=A_u\times42\times86\ 000=A_u3.62\times10^6$ 核变化，则当年接受的有效剂量为

$$E(\text{当年})=U_s\cdot \text{SEE}=A_u\times3.62\times10^6\times1.32\times10^{-17}=A_u\times4.79\times10^{-11}\ \text{Sv}$$

则以后 50 d 的待积有效剂量为

$$E(50)=42\times C_n\times1.8\times10^{-11}=7.56\ C_n\times10^{-10}\ \text{Sv}$$

式中：$C_n$ 是该年度最后一次测量的尿氚浓度，Bq/L。

该方法考虑了受照者本人的尿氚生物半减期，同时对多次监测的剂量估算值减少了因扣除前期贡献而引入的不确定性，因而给出的剂量估算结果较为准确。

(5)采用尿氚浓度拟合函数估算剂量

在事件或事故急性摄入氚水后，若长期进行了尿氚浓度随访监测，对测量所得的许多尿氚浓度值进行多指数项函数拟合可得尿氚浓度的拟合函数 $C_u$(d)为

$$C_u(t)=\sum_{i=0}^{n}a_i e^{-\lambda_i t} \tag{5-43}$$

式中，$C_u(t)$为尿氚浓度拟合函数，Bq/L；$a_i$ 为 $i$ 指数项的系数，Bq/L；$\lambda_i$ 为 $i$ 指数项速率，$d^{-1}$；$t$ 为急性摄入后的时间，d；$n$ 为多指数项的项数。若人的体水总量按 42 L 计，则摄入量 $I$(Bq)为

$$I=42\times C_u(0)$$

式中，$C_u(0)$为 $t$ 为 0 时的函数 $U(t)$的值，Bq/L；则体内氚 50 a 的核变化数 $U_s$ 为

$$U_s=42\times24\times3\ 600\times\int_0^{18\ 250}C_u(t)\mathrm{d}t=3.6288\times10^6\int_0^{18\ 250}C_u(t)\mathrm{d}t$$

则待积有效剂量 $E(\tau)$(Sv)为

$$E(\tau)=U_s\times SEE=U_s\times1.32\times10^{-17}=4.79\times10^{-11}\int_0^{18\ 250}C_u(t)\mathrm{d}t$$

由于该方法是采用了受照者本人的尿氚浓度拟合函数来估算剂量的，所以给出的个人剂量较为准确。对于氚事故急性摄入者通常推荐使用该方法进行氚的内照射剂量评价。

已知参考人体水总量为 42 kg，体水氚浓度与尿氚浓度相同，对于单次摄入 HTO 的情况，如果没有对应 $t$ 天的尿氚浓度预期分数，且第 $t$ 天测得的尿氚浓度 $C_u(t)$中没有以前摄入氚的贡献，则由职业性辐射工作人员受照后 $t$ 天测定的尿氚浓度 $C_u(t)$ Bg/L，根据 ICRP 推荐的两个指数项的代谢模型，也可以按下式估算出受照当天尿氚的初始浓度，

从而可以快速粗略地推算出其 50 年的待积有效剂量：

$$C_u(t) = C_u(0)(0.97e^{-0.693t/10} + 0.03e^{-0.693t/40})$$

$$C_u(0) = C_u(t)/(0.97e^{-0.693t/10} + 0.03e^{-0.693t/40})$$

$$H_{t,50} = I \cdot e(50) = 42C_u(0)\ \text{Bq} \times 1.8 \times 10^{-11}\ \text{Sv/Bq} = 7.56 \times 10^{-10} C_u(0)\ \text{Sv}$$

由上式(5-47)可以看出，待积剂量估计值的准确性与初始摄入氚量，即尿氚的初始浓度 $C_0$ 的定值精度有很大关系。为此，对于怀疑有大量氚摄入的操作人员，应在摄入氚与体液平衡后的 2～3 h 或第 2 天早晨尽早留取尿样，进行监测。若单次摄入后留取尿样较晚，如经过一个多月，相当大分数的体水氚系从有机结合库室中返回的，且个体的代谢参数未必与参考人一致，因此按较晚测得的尿氚浓度推算初始摄入量，显然会引入较大的误差。

生物半减期 $T_b$ 对于氚内照剂量的估算也有很大影响，受照者的生物半减期未必与参考人的生物半减期 $T_h$ 相同。因此在实际氚内照剂量估算中，应尽可能利用受照者本人的实际测定值，以提高剂量估算的准确性。

## 5.4.3　难溶性氚化物粒子致氚内照剂量的估算方法

对于难溶性金属等氚化物气溶胶或氚化粒子，其吸入摄入活度的总量本身就很难准确测定，加之多分散性难溶性金属氚化物因其粒子大小与分布不同，在人体内的分布与滞留差异很大，致使对其所致内照剂量的估算比较复杂。虽然在大多数涉氚的核设施中一般不会遇到难溶性金属等氚化物气溶胶或氚化粒子的防护问题，但随着 ITER 国际热核实验反应堆项目的进展或在核军工领域职业内照射的评价，对于难溶性氚化物气溶胶或氚化粒子的防护评价是一个迟早也必须解决的难题。这里只就根据美国能源部手册 DOE-HDBK-1184-2004“对于特种氚化物的放射性控制大纲”[50]，将难溶性金属氚化物气溶胶或氚化粒子的剂量估算方法予以简单介绍。

(1)氚化物粒子摄入量 $I$ 的确定

确定个人放射性物质的摄入量一般使用 3 种不同的方法：1)活体分析例如全身计数或器官计数；2)离体分析即排泄物粪和尿的生物分析；3)工作场所空气浓度或表面污染的工作场所监测。但对于难溶性的金属氚化物粒子，由于氚是弱 β 辐射体，且很难得出通常的尿氚分析结果与摄入量的定量关系，因此个体摄入量及其剂量评价只能是利用领口个人空气取样器而得到的具有代表性的空气监测数据。由于氚化物粒子对其内的弱 β 辐射有自吸收能力，所观测到的滤膜样品上的活度，即通过由滤膜进入液闪计数溶液悬浮粒子测量可得到的活度实际上低于氚化物粒子的真实活度，即摄入量。自吸收因子($SAF_s$)依赖于可吸入的粒子大小(<10 μm AMAD)和基质，约有一个因子 10 的变化。当氚化粒子的摄入量用观测到的活度定义时，由于考虑了自吸收校正，观测到活度的不确定性实质上已不复存在。

在这种情形下，摄入量(和剂量率)可以用式(5-44)表示：

$$D(t) \propto I_0 + \Delta i_0 \tag{5-44}$$

式中，$D(t)$ 为在时刻 $t$ 由所观测到的摄入量对肺产生的剂量率；$I_0$ 为在 0 时刻由空气监测结果得到的所观测到的摄入量；$\Delta i_0$ 为在 0 时刻由溶解或未吸入粒子产生的所观测到活度的增量。

该方法的缺点是：1)真实活度摄入量估计有一个自吸收因子 10 的不确定度；2)由于

在滤膜上收集和测量的活度估计可能因滤膜上捕集到未吸入的粒子和在闪烁液里的溶解而使摄入量估计值偏高。

(2)难溶性氚化物粒子的剂量转化因子(DCF)

如前所述，国际放射防护委员会 ICRP 第 66 号出版物(1994)将绝大多数放射性物质按由呼吸道进入血液的吸收率分类为 F(快速)、M(中等)和 S(慢)三类。(除了这 3 种吸收等级外，ICRP 第 71 号出版物(1995)还将非常快速地被人体吸收的某些蒸汽物质定为 V 类)。尽管 ICRP 第 71 号出版物给出了 F 类、M 类和 S 类氚化物粒子的待积当量剂量和待积有效剂量的剂量转换系数 DCF，但它是按“环境公众的缺省参数值”计算的，主要针对环境评价。而美国能源部的报告 DOE-HDBK-1184 则是偏保守地将难溶性的 OBT、氚化铁锈、氚化钛、氚化锆和氚化铪的粒子归为 S 类，采用工作场所和职业人员的缺省参数值计算给出相应的剂量转换系数 DCF。当然，在这里我们主要关心对职业人员受氚化物粒子内照射的剂量评价。

利用剂量转化因子 DCF，可将摄入量转化为内照射剂量。氚化物粒子所致内照射剂量主要依赖于 2 个因素：粒子的大小分布和氚由粒子进入肺液的溶解速率。对于任何一个照射场景，粒子的大小分布将影响溶解速率和沉积份额(即沉积进入肺的每一个隔室的物质的份额)。尺寸越小的粒子比较大的粒子越趋向于沉积在肺的深部，产生的剂量也越大，而在其他方面如化学性质，注入氚的量大体相似。不论其使用何种方法确定摄入活度，粒子大小分布的不确定性都会导致 DCF 的不确定性。因此，粒子大小的分布因子不能够被用于选择最佳的数据收集方法(尿样分析、粪便分析或空气浓度测量)。幸运的是确定粒子大小分布所产生的误差趋向于导致在剂量评估中自身补偿。假定粒子的实际大小比假定的小，则粒子将沉积在肺部的更深处，结果使用较大的 DCF 并给出较大的剂量估计。然而由于较小粒子的溶解速率将比假定的高，摄入量将被偏高估计。因而摄入量被偏高估计时 DCF 的估计值是偏低的，所以，粒子大小不确定性的影响在传递给剂量时趋向于相互抵消。

沉积份额影响粒子从肺到胃肠道 GI 的廓清速率。由于在整个时间内从氚化物粒子溶解的氚到尿排泄物是尚未被从肺部廓清的那些粒子的函数，因此尿排泄物曲线的分析可以给出粒子大小的信息。这就要求对受照者进行长期监测。为了准确而快速地从尿氚数据中估计摄入量(也即剂量)，对有关粒子溶解速率的详细了解必须是现成可利用的。在该摄入量中所涉及的氚化物质和粒子大小分布以及该物质的预期溶解速率和大小也必须已知。当氚化物质和粒子大小可能有很大的范围时，将很难提供在工作场所的物质识别和大小特征。此外，尽管可得到几种物质的溶解速率数据，但这些数据并没有包括可能遇到的这些物质和粒子大小所有可能的组合。

当提到吸入空气的微粒污染涉及粒子大小分布时，ICRP 和绝大多数技术报告都会使用 AMAD 即“活度中值空气动力学直径”一词。AMAD 可能与一个中值粒子的物理直径有非常大的差别，AMAD 是粒子密度与形状的函数。在呼吸道里粒子的相对沉积依赖于 AMAD。对于 AMAD 大于 10 $\mu$m 的粒子在较深的呼吸道区域的沉积份额被认为可以忽略不计。较大尺寸的粒子趋向于沉积到上呼吸道区域，在那里他们很快被转移到胃肠道并通过粪便排出。单位摄入量致肺的剂量 AMAD 较大的粒子比 AMAD 较小的粒子要小。表 5-17 给出基质由低密度到高密度变化物理直径对 AMAD 的关系。

表 5-17　单分散性粒子分布 AMAD 对应的物理直径($\sigma_g=1$)　μm

| 基材[a] | AMAD=10 μm | AMAD=5 μm | AMAD=2 μm | AMAD=1 μm | AMAD=0.5 μm |
|---|---|---|---|---|---|
| 有机物(可能为$\leftarrow CH_2)_n$) | 12.9 | 6.48 | 2.61 | 1.31 | 0.668 |
| 铁锈(可能为 FeO(OH)) | 5.87 | 2.92 | 1.15 | 0.559 | 0.265 |
| Ti $H_2$ | 6.17 | 3.07 | 1.21 | 0.591 | 0.282 |
| Zr $H_2$ | 4.76 | 2.36 | 0.920 | 0.441 | 0.202 |
| Hf $H_2$ | 3.53 | 1.74 | 0.666 | 0.310 | 0.133 |

注：a)可变量的元素氢是同位素氚。

被称为“单分散”的粒子大小分布是由所有大小都是一样的粒子组成，参数 $\sigma_g$ 是分布的几何标准方差。当 $\sigma_g=1$ 时，在大小分布上没有任何变化存在；当 $\sigma_g>1$ 时，分布被称为“多分散性”的。例如氧炔焊炬、电弧切割棒料过程以及等离子体焰炬高能热处理工艺产生次微米量级的粒子大小分布，而手锯、往复锯、研磨机产生较大的粒子大小分布。高能切割氚污染的物件将由该物件以 HTO 形态释放氚。因此对 0.5～10 μm 大小粒子的评价预期对大多数可吸入难溶性氚化物粒子是适合的评价。

氚化物的溶解速率是氚由该物质以 HTO 形态释放到肺液的速率。对于给定的氚化物粒子摄入，溶解速率影响滞留在肺内就地授予剂量的氚量。对于给定摄入量赋予的剂量不同的溶解速率假定是一样的，而与确定摄入量所使用的方法无关。因此，溶解速率的不确定性也不能用于选择最佳的数据收集方法。ICRP 第 71 号出版物对氚化物粒子给出的 DCFs 是对 HTO 摄入给出的 DCF 值的 0.3～14 倍，依赖于吸收类型，它主要是溶解速率的函数。对于摄入假定为最慢的溶解速率将是偏保守的假定，但对给定摄入不会太多地高估计剂量。这就是表 5-18 中应用 ICRP 第 66 号出版物吸收类型 S(SLOW 其 99.9%的成分以 7 000 d 半减期溶解)的依据。

难溶性氚化物粒子的剂量转换因子依赖于粒子大小分布和摄入气溶胶的吸收特性。ICRP 第 66 号出版物提供了当得不到详细的特征资料时利用缺省假定值的导则。在许多情形下得出特征资料的过程可能需要破坏污染体系。因此在表 5-18 中所列出的缺省假定值应当被用于评价无疑是难溶性氚化物粒子摄入所致剂量的评价。这些假定是保守的，与 ICRP 第 66 号出版物评价职业照射的推荐相符合。

表 5-18　对于难溶性氚化粒子摄入省缺值假设

| 摄入方式 | 吸入 |
|---|---|
| 颗粒尺寸 | AMAD=1 μm |
| 几何标准方差($\sigma_g$) | 2.5 |
| 形状因子 | 1.5 |
| 吸收类型 | Type S |
| 加权系数 | 10 CFR Part 835 |
| 生物动力学模型 | ICRP 第 78 号出版物 |

前文提到的英国国家放射防护局(NPRB)研制的计算机程序 LuDEP(版本 2.06)“使用 ICRP 第 66 号出版物呼吸道模型计算内照射剂量的个人计算机程序”[52]，就是依据上述假

设对于难溶性的氚化物粒子由生物分析结果进行剂量估算的。

(3)难溶性氚化物粒子的自吸收因子(SAF)

在难溶性氚化物粒子内部，粒子的质量会吸收一部分氚在衰变期间发射的β粒子。从难溶性氚化物粒子中逃逸出的β粒子的份额被称为自吸收因子($SAF_\beta$)。当用液闪计数分析空气监测样品的难溶性氚化物粒子时，必须考虑$SAF_\beta$，因为难溶性氚化物粒子不能显著地溶解和释放氚到闪烁液内。在闪烁液中只有从氚化粒子逃逸出来的β辐射才可能被探测到。当样品被液闪计数时，$SAF_\beta$被用于估计将被"观察到"的难溶性氚化物粒子的真实活度。$SAF_\beta$的这一效用已被实验证实，尽管支持的证据有限。为了准确地评价难溶性氚化物粒子对肺产生的剂量，能量的自吸收因子($SAF_e$)是一个重要的考虑。吸收剂量是沉积在每单位组织中能量的度量。只有逃逸出氚化粒子的β能量对剂量才有贡献。$SAF_e$是逃逸出氚化粒子的能量份额。由于LuDEP的剂量没有考虑$SAF_e$，对LuDEP计算结果进一步修正是必要的。

对于给定物质粒子大小的$SAF_\beta$和$SAF_e$值可由Kropf (1998)描述的方法计算给出[57]。$SAF_\beta$和$SAF_e$的确定依赖于给定物质(化合物或混合物)的电子密度，它正比于$A/(Z\Delta)$。表5-19中，$A$是物质由经验公式计算的原子质量，$Z$是物质由经验公式计算的质子数，而$\Delta$是物质由经验公式计算的密度。表中给出了几种代表性物质计算自吸收系数($SAF_s$)所应用的常数。对于各种难溶性氚化物及其多分散性粒子大小分布计算给出的能量自吸收系数($SAF_e$)和β自吸收因子($SAF_\beta$)分别在表5-20和表5-21给出。

**表5-19 对于各种难溶性氚化物多分散性粒子($\sigma_g=2.5$)大小分布**

| 基材[a)] | $A$ | $Z$ | $\Delta$ | $A/(Z\Delta)$ |
|---|---|---|---|---|
| 有机物(可能为$\leftarrow CH_2)_n$) | 14 | 8 | 0.9 | 1.944 |
| 铁锈(可能为FeO(OH)) | 89 | 43 | 3 | 0.690 |
| Ti $H_2$ | 47.9 | 22 | 3.9 | 0.558 |
| Zr $H_2$ | 91.22 | 40 | 6.49 | 0.351 |
| Hf $H_2$ | 178.49 | 72 | 11.68 | 0.212 |

注：a)可变量的元素氢是同位素氚。

**表5-20 对于各种难溶性氚化物多分散性粒子($\sigma_g=2.5$)大小分布的能量自吸收因子$SAF_e$** Sv/Bq

| 基材[a)] | $A/(Z\Delta)$ | $SAF_e$，颗粒尺寸[AMAD(μm)，$\sigma_g=2.5$] | | | | |
|---|---|---|---|---|---|---|
| | | 10 | 5 | 2 | 1 | 0.5 |
| 有机物(可能为$\leftarrow CH_2)_n$) | 1.944 | 0.305 | 0.474 | 0.707 | 0.841 | 0.925 |
| 铁锈(可能为FeO(OH)) | 0.690 | 0.231 | 0.381 | 0.614 | 0.768 | 0.879 |
| Ti $H_2$ | 0.558 | 0.215 | 0.362 | 0.594 | 0.753 | 0.871 |
| Zr $H_2$ | 0.351 | 0.180 | 0.312 | 0.541 | 0.714 | 0.852 |
| Hf $H_2$ | 0.212 | 0.142 | 0.260 | 0.490 | 0.680 | 0.842 |

注：a)可变量的元素氢是同位素氚。

**表 5-21　对于各种难溶性氚化物多分散性粒子($\sigma_g=2.5$)大小分布的 β 自吸收因子 $SAF_\beta$**　Sv/Bq

| 基材[a] | $A/(Z\Delta)$ | $SAF_\beta$，颗粒尺寸[AMAD(μm)，$\sigma_g=2.5$] | | | | |
|---|---|---|---|---|---|---|
| | | 10 | 5 | 2 | 1 | 0.5 |
| 有机物(可能为$-(CH_2)_n$) | 1.944 | 0.205 | 0.333 | 0.535 | 0.677 | 0.789 |
| 铁锈(可能为 FeO(OH)) | 0.690 | 0.140 | 0.244 | 0.439 | 0.602 | 0.745 |
| Ti $H_2$ | 0.558 | 0.133 | 0.231 | 0.423 | 0.590 | 0.739 |
| Zr $H_2$ | 0.351 | 0.104 | 0.191 | 0.380 | 0.555 | 0.719 |
| Hf $H_2$ | 0.212 | 0.077 | 0.154 | 0.343 | 0.529 | 0.707 |

注：a)可变量的元素氢是同位素氚。

(4)难溶性氚化物粒子剂量转换因子 $DCF_s$ 的确定

使用表 5-18 给出的缺省值(除粒子大小外)，用 LuDEP 程序对于不同不溶性氚化物物质和粒子大小分布对肺的待积当量剂量 CDE 和待积有效剂量 CEDE 进行了估算，结果列于表 5-22 和表 5-23。LuDEP 对粒子内部的自吸收未进行任何修正。

**表 5-22　对于各种 S 类难溶性氚化物粒子(AMAD，$\sigma_g=2.5$)的肺当量剂量的剂量转换系数 $DCF_s$**

| | Lung DCF，颗粒尺寸[AMAD(μm)，$\sigma_g=2.5$] | | | | |
|---|---|---|---|---|---|
| 基材[a] | 10 | 5 | 2 | 1 | 0.5 |
| 有机物(可能为$-(CH_2)_n$) | $4.50\times10^{-10}$ | $9.90\times10^{-10}$ | $1.65\times10^{-9}$ | $1.74\times10^{-9}$ | $1.64\times10^{-9}$ |
| 铁锈(可能为 FeO(OH)) | $4.51\times10^{-10}$ | $1.00\times10^{-9}$ | $1.71\times10^{-9}$ | $1.98\times10^{-9}$ | $2.29\times10^{-9}$ |
| Ti $H_2$ | $4.51\times10^{-10}$ | $1.00\times10^{-9}$ | $1.74\times10^{-9}$ | $2.07\times10^{-9}$ | $2.52\times10^{-9}$ |
| Zr $H_2$ | $4.53\times10^{-10}$ | $1.01\times10^{-9}$ | $1.81\times10^{-9}$ | $2.30\times10^{-9}$ | $3.07\times10^{-9}$ |
| Hf $H_2$ | $4.56\times10^{-10}$ | $1.03\times10^{-9}$ | $1.94\times10^{-9}$ | $2.70\times10^{-9}$ | $3.87\times10^{-9}$ |

注：a)可变量的元素氢是同位素氚。

**表 5-23　对于各种 S 类难溶性氚化物粒子(AMAD，$\sigma_g=2.5$)的待积有效剂量的剂量转换系数 $DCF_s$**

| | CEDE DCF，颗粒尺寸[AMAD(μm)，$\sigma_g=2.5$] | | | | |
|---|---|---|---|---|---|
| 基材[a] | 10 | 5 | 2 | 1 | 0.5 |
| 有机物(可能为$-(CH_2)_n$) | $6.10\times10^{-11}$ | $1.27\times10^{-10}$ | $2.05\times10^{-10}$ | $2.14\times10^{-10}$ | $2.00\times10^{-10}$ |
| 铁锈(可能为 FeO(OH)) | $6.11\times10^{-11}$ | $1.28\times10^{-10}$ | $2.13\times10^{-10}$ | $2.43\times10^{-10}$ | $2.79\times10^{-10}$ |
| Ti $H_2$ | $6.15\times10^{-11}$ | $1.28\times10^{-10}$ | $2.16\times10^{-10}$ | $2.54\times10^{-10}$ | $3.07\times10^{-10}$ |
| Zr $H_2$ | $6.17H\times10^{-11}$ | $1.3\times10^{-10}$ | $2.25\times10^{-10}$ | $2.83\times10^{-10}$ | $3.74\times10^{-10}$ |
| Hf $H_2$ | $6.20\times10^{-11}$ | $1.32\times10^{-10}$ | $2.41\times10^{-10}$ | $3.30\times10^{-10}$ | $4.70\times10^{-10}$ |

注：a)可变量的元素氢是同位素氚。

表 5-24 和表 5-25 给出的剂量转换因子 $DCF_s$没有考虑自吸收因子 $SAF_e$ 的修正，所以肺 $DCF_s$ 的分量被显著地夸大了。为了确定更真实的 $DCF_s$，必须利用表 5-22 中给出的值对于肺的剂量进行 $SAF_e$ 的修正。

**表 5-24 对于各种 S 类难溶性氚化物粒子(AMAD, $\sigma_g=2.5$)对肺剂量用自吸收系数 $SAF_\beta$ 校正后的待积有效剂量的剂量转换系数 $DCF_s$**

| | CEDE DCF(w/$SAF_e$),颗粒尺寸[AMAD(μm),$\sigma_g=2.5$] | | | | |
|---|---|---|---|---|---|
| 基材[a] | 10 | 5 | 2 | 1 | 0.5 |
| 有机物(可能为$\text{-}(CH_2)_n\text{-}$) | $2.35\times10^{-11}$ | $6.41\times10^{-11}$ | $1.47\times10^{-10}$ | $1.81\times10^{-10}$ | $1.85\times10^{-10}$ |
| 铁锈(可能为 FeO(OH)) | $1.95\times10^{-11}$ | $5.35\times10^{-11}$ | $1.34\times10^{-10}$ | $1.88\times10^{-10}$ | $2.45\times10^{-10}$ |
| Ti $H_2$ | $1.90\times10^{-11}$ | $5.71\times10^{-11}$ | $1.32\times10^{-10}$ | $1.93\times10^{-10}$ | $2.67\times10^{-10}$ |
| Zr $H_2$ | $1.71\times10^{-11}$ | $4.62\times10^{-11}$ | $1.25\times10^{-10}$ | $2.03\times10^{-10}$ | $3.19\times10^{-10}$ |
| Hf $H_2$ | $1.51\times10^{-11}$ | $4.03\times10^{-11}$ | $1.22\times10^{-10}$ | $2.27\times10^{-10}$ | $3.97\times10^{-10}$ |

注:a)可变量的元素氢是同位素氚。

**表 5-25 对于各种 S 类难溶性氚化物粒子(AMAD, $\sigma_g=2.5$)每个所观测到 Bq 导致的待积有效剂量的剂量转换系数 $DCF_s$**

| | CEDE $DCF_O$,颗粒尺寸[AMAD(μm),$\sigma_g=2.5$] | | | | |
|---|---|---|---|---|---|
| 基材[a] | 10 | 5 | 2 | 1 | 0.5 |
| 有机物(可能为$\text{-}(CH_2)_n\text{-}$) | $1.14\times10^{-10}$ | $1.92\times10^{-10}$ | $2.75\times10^{-10}$ | $2.67\times10^{-10}$ | $2.35\times10^{-10}$ |
| 铁锈(可能为 FeO(OH)) | $1.39\times10^{-10}$ | $2.19\times10^{-10}$ | $3.04\times10^{-10}$ | $3.12\times10^{-10}$ | $3.29\times10^{-10}$ |
| Ti $H_2$ | $1.42\times10^{-10}$ | $2.24\times10^{-10}$ | $3.11\times10^{-10}$ | $3.27\times10^{-10}$ | $3.62\times10^{-10}$ |
| Zr $H_2$ | $1.64\times10^{-10}$ | $2.42\times10^{-10}$ | $3.30\times10^{-10}$ | $3.66\times10^{-10}$ | $4.44\times10^{-10}$ |
| Hf $H_2$ | $1.97\times10^{-10}$ | $2.61\times10^{-10}$ | $3.55\times10^{-10}$ | $4.29\times10^{-10}$ | $5.61\times10^{-10}$ |

注:a)可变量的元素氢是同位素氚。

对于能量自吸收因子 $SAF_e$ 的修正如下述公式:

$$DCF_{SAF_e\text{修正}}=DCF_{\text{未校正}}-0.12\cdot DCF_{lung(1-SAF_e)}$$

式中:$DCF_{\text{未校正}}$是取自表 5-23 的每单位摄入 Sv/Bq 的未修正的有效当量剂量;0.12 是 ICRP 第 26 号出版物对肺的权重因子;$DCF_{lung}$是取自表 5-20 的每单位摄入 Sv/Bq 的待积当量剂量;$SAF_e$ 是取自表 5-22 的能量自吸收修正因子。

表 5-24 中给出的 CEDE $DCF_s$ 显然小于表 5-23 中给出的 CEDE $DCF_s$,因为表 5-24 给出的剂量对粒子能量的自吸收进行了校正。为了使用表 5-24 中给出的值,必须已知吸入的真实活度。采用空气滤膜批次取样,随后将被采集的样品利用液闪计数分析测定难溶性的氚化物粒子。空气浓度可能的指示值还可以借助于工作前或工作中的污染监测来提供。为了确定滤膜上的真实活度,必须将难溶性氚化物粒子溶解。否则,来自氚 β 辐射的自吸收将导致气载活度的低估。然而许多难溶性氚化物粒子(特别是 S 类)极端难于溶解,需要强酸和很长的时间周期。对于 S 类的不溶性氚化物粒子,当基于真实活度确定 CEDE $DCF_s$ 时被发现高度依赖于粒子的大小。表 5-24 给出的数据表明,对于从 0.5～10 μm AMAD 的不同粒子大小(对于给定的物质),其 DCF 值的最大差异可以高达近 30 倍。

幸好,没有必要依赖于真实活度或在计数样品前去溶解难溶性氚化物粒子。不仅溶解很麻烦,而且利用液闪计数无须溶解而测得滤膜上所"观测到的活度"是一个比真实活度更好的剂量或可能的剂量指示值。其理由是(由于自吸收)只有逃逸难溶性氚化物粒子的 β 辐射才能够对肺产生剂量,如果难溶性氚化物粒子在计数之前未被溶解,也是仅有逃逸的 β

辐射被计数。表 5-25 给出当不溶解的难溶性氚化物粒子经由液闪计数时，被观测到的每 Bq 所致 CEDE $DCF_s$。该表中的值是将表 5-24 中的 CEDE $DCF_s$ 被表 5-21 中相应的 $SAF_{\beta s}$ 相除以后得到的值。“$DCF_0$”用于表示无须溶解基于液闪计数确定的“观测到”的活度的剂量转换系数。

表 5-25 的数据表明，根据 S 类型的难溶性氚化物粒子的观测活度得到的待积有效剂量 CEDE 的剂量转换系数 $DCF_{os}$ 比根据真实活度由表 5-24 得到的 CEDE $DCF_s$ 较少依赖于粒子的大小。单分散粒子大小分布的假定将导致比以上所述小得多的误差；例如，当使用观测到的活度时，CEDE $DCF_s$ 对于粒子大小 0.5～10 μm AMAD 的范围仅变化一个因子 5 左右，以此相比较，而当使用“真实”活度时该因子为 25。

美国联邦法规 10 CFR Part 835 对职业照射推荐的缺省粒子大小是 1 μm AMAD ($\sigma_g$=2.5)。对于 1 μm AMAD 最保守的 CEDE DCFo 是每 Bq $4.3\times10^{-10}$ Sv 左右。该值被用于依据空气监测和由监测得到的观测结果对氚化粒子吸入摄入量的待积有效剂量 CEDE 进行计算评价。

## 5.4.4 国外严重氚污染的报道

国外严重氚污染事件的报道，散见于有关氚的会议论文集和技术报告。比较集中的有 Seelentag 给出的欧洲两个设施含有 2 例死亡的 7 例氚严重污染者的报告[58]和美国 19 世纪 60 年代有关氚受照事故的几例事故[59]，分别列于表 5-26 和表 5-27。

表 5-26 中给出的欧洲表盘氚发光涂料设施内 2 例因大量氚照射致死的人员，生前都有操作过镭、钍、锶等放射性核素的既往史，但由于这些核素的处理量少，由临床和病理分析，认定大量氚照射是致死原因。因为在制作表盘氚发光荧光粉化合物的作业过程中，需将氚聚合高分子化合物溶解到有机溶媒中。在蒸发掺和硫化锌溶液时，会形成氚气和蒸气，长时间吸入对操作人员产生的内照剂量可以很大。

**表 5-26 Seclentag 报告中严重氚污染例**

| 污染例 | 年龄性别 | 累积处理活度 | 受照剂量/期间 | 临床症状 | 归宿 | 尿氚水平/[nCi/mL(Bq/mL)] |
|---|---|---|---|---|---|---|
| $A_1$ | 60 男 | 7 550 Ci/7.4 a<br>($2.8\times10^{14}$ Bq/7.4 a) | 300～600 rem/7.4 a<br>(3～6 Sv/7.4 a) | 正色素性贫血<br>全血球减少症 | 死亡 | 51～1 120<br>($1.9\sim41\times10^3$) |
| $A_2$ | 28 女 | 3 800 Ci/6.4 a<br>($1.4\times10^{14}$ Bq/6.4 a) | 124～278 rem/6.4 a<br>(1.2～2.85 Sv/6.4 a) | 正色素性贫血 | 生存 | 2.0～183<br>($0.07\sim6.8\times10^3$) |
| $A_3$ | 61 男 | — | — | 无症状 | 生存 | 10～89<br>($0.37\sim3.3\times10^3$) |
| $A_4$ | 35 | — | — | 无症状 | 生存 | 1～48<br>($0.04\sim1.8\times10^3$) |
| $B_1$ | — | — | — | — | 生存 | — |
| $B_2$ | — | — | 100～2 000 rem/3.4 a<br>(1～20 Sv/3.4 a) | 高色素性贫血<br>全血球减少症 | 死亡 | 53～117<br>($2\sim4.3\times10^3$) |

注：引自 Secalentay W“Tritium”第 267-280 页(1973).

表 5-27 美国 20 世纪 60 年代发生的氚受照事故

| 事故原因 | 发生时间 | 设施场所 | 事故概要 | 备考 | 文献 |
|---|---|---|---|---|---|
| 设备故障 | 1968.4 | 美国 New England Nuclear Corp | 通风橱内用气相色谱分析含氚样品，通风橱泄漏，换气不良 | 操作人员受照剂量 662 mrem | Atomic Energy Cleaning House 14，19(1968) |
| 管线破损 | 1967.2 | Johns Hopkins 大学 | 玻璃管破损、氢化铀燃烧，10 Ci的氚由换气装置向房间放出 | 2 名操作人员受照，空气中浓度为允许值 3 倍，尿中 1/10 | Atomic Energy cleaning House 13，34(1967) |
| 不明 | 不明 | New England Nudear Corp | 玻璃容器中 175 Ci 氚向其他容器中转移时，由于搅拌棒使容器破损 | 1 名人员受照，460 mrem | Atomic Energy cleaning House 13，20(1967) |
| 不当心 | 1966.2 | New England Nuclear Corp | 数次打开通风橱操作氚水 | 1 名人员受照 4.26 mrem | USAEC；ORNL-NSIC-34，187(1967) |
| 不当心 | 1967.2 | Johns Hopkins 大学 | 无许可证搬运 10 Ci 氚操作不当心，受照射 | 2 名人员受照 0.8 rem 与 0.2 rem | 山崎弥三郎弓：原子力设施的事故，灾害・异常调查(1970) |
| 不明 | 1959.4 | — | 将氚气向容器内转移时，由于试验管道破损，造成照射 | 推定全身剂量 9 rem，尿氚 668 μCi/L | 大西・武 JAERI-4052 (1970) |
| 不明 | 1961 | — | 过量受照 | 2 名人员受照 4 rem 与 3 rem | 大西・武 JAERI-4052 (1970) |
| 不明 | 1967.2 | MIT | 将含有 67.8 Ci 氚的重水混入二次系统，使反应堆操纵员体内受照 | 3 名人员受照，0.3～0.9 μCi/L | USAEC：ORNL-NSIC-52，192(1968) |

死亡例 $A_1$，在作业氚之前有操作氚和镭 18 年的历史。但在他接受氚照射的 7.4 年期间，特别是在死亡前 4 年，接触氚 7 550 Ci，推定受照剂量 300～600 rem。到死亡前约一年才发现有临床表现，未发现有由于过去镭污染引发的骨肉瘤等病变，而全身性造血障碍是主要症状。因此，认定氚是主要致死核素。该病人初期症状为全身疲倦、恶心，逐渐产生正色素贫血，但在发病初期未看到白血球、血小板减少。死亡前 2 年尿氚分析，结果为 1 120 nCi/mL($4.1\times10^4$ Bq/mL)，接近于当时 ICRP 规定的最大允许限值 23 nCi/mL 的 50 倍。从死亡前一个月开始，发生急性贫血的同时，发现白血球、血小板也在减少。最后因全血球减少产生的并发症而死亡。诊断结果在死后尸解而得到确认。患者死亡时，尿氚分析结果为 110 nCi/mL，其干组织有机物中的氚含量分别为骨髓 25 nCi/g($10^3$ Bq/g)，睾丸 24 nCi/g($9\times10^2$ Bq/g)。

作为 $A_1$ 例的助手，$A_2$ 在接受氚照射的 6.4 年期间，最后 4 年的照射剂量为 $A_1$ 的 1/2，临床虽有 2 年时间发现有正色素贫血，但未看到有全血球减少症。

死亡例 $B_1$ 也曾有过 4 年的镭和钚作业的历史，镭的体负荷为最大允许量的 90%。在此期间，健康状况正常。开始从事氚作业后，从第 32 个月开始出现恶心，全身疲倦，高色素性贫血。这一病例，虽然倾向于认为在发生贫血的同时，伴随有轻度白血球减少，但由于记录不充分，详细情况不明。结果在中止氚作业 15 个月后，因全血球减少并发症死亡。尸检结果表明，该患者脏器中氚含量是体液中的 6～12 倍。在福尔马林溶液中贮存几个月后，未发现脏器中的氚溶离到溶液中。这说明氚以有机化合物的形态残留在脏器中这一事实。

# 5.5　减少氚内照剂量的方法

## 5.5.1　暴露后的清洗

在遭受氚化水蒸气的急性暴露之后，在 HTO 可能进入血液和全身分布前及时清洗，可以有效地减少人体对 HTO 的摄入量[60-61]。加拿大恰克河核实验室曾对被 HTO 水蒸气暴露照 30 s～5 min 自愿接受试验的操作人员，照射后延迟 30 s～2 min，用清洁水冲洗皮肤 2 min，其照射后延迟清洗的影响如图 5-25 所示。

这种受到氚化水蒸气 HTO 急性暴露后及时清洗以减小受照者待积剂量当量的方法也适用于减小因接触 HT 污染表面而导致的皮肤剂量。Eakins 等人[61]观察到一个自愿接收试验的操作人员，在与被 HT 污染的黄铜表面接触后 30 min 内清洗被污染的皮肤表面，将尿中排泄的 OBT 总量减小到 1/9。而 Johnson 等人[62]的报告表明，污染后 1 min 给老鼠的皮肤去污，能使被皮肤吸收的总氚量减少至少一个数量级。综合上述两项实验结果，可以看出，在污染后 30 min 以内对皮肤进行清洗去污，将会使皮肤的待积剂量减少 1/10 或者更小。

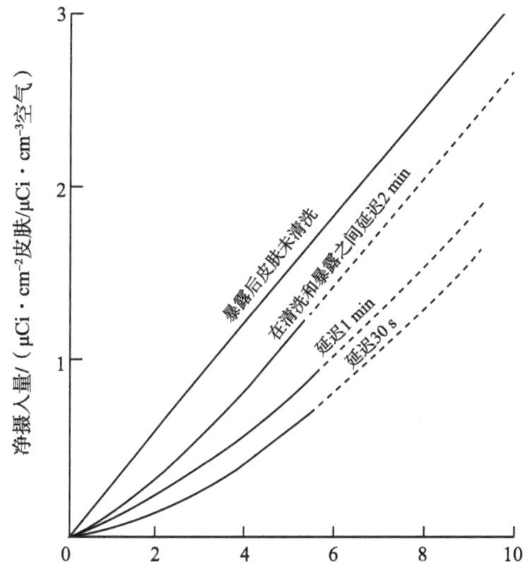


图 5-25　暴露于 HTO 水蒸气后延迟清洗的影响

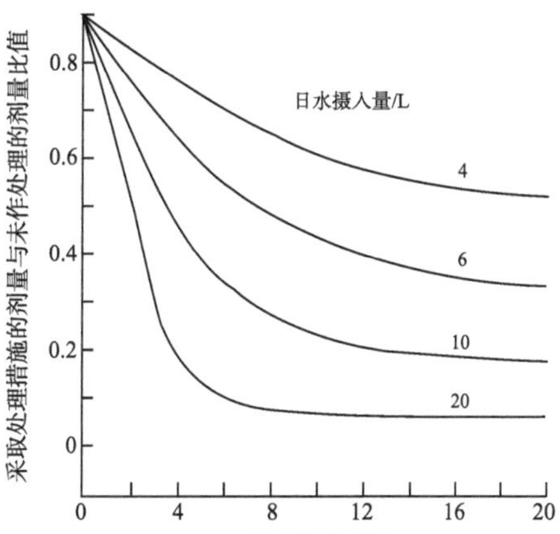


图 5-26　增加水摄入量导致的剂量减小
（处置从照射后 0.5 天开始）

## 5.5.2　增加水的摄入量

由已进入体内的 HTO 产生的待积剂量，可以通过增加个人的水摄入量，减小氚在体内的有效半减期而显著降低。图 5-26 给出了由不同的日摄入水量计算得到的剂量减少情形。正常人的日摄入水量为1.95 L。可以看出，用这一方法将待积剂量减少50%以上是可以实现的，但应在受照后立即开始处置，超过10 d后则收效甚微。增加个人的水摄入量可以加速体内氚的排出，同时也会影响人体的正常代谢，从而可能产生其他的有害效应。为此必须制定一个科学的计划，既可加速体内氚的排出，又保证不发生其他有害效应的发生。

(1)导则

加拿大Ontaria Hydro的安全与保健部门，本着自愿参加的原则，对于一次急性吸收可能导致20 mSv或者更高待积剂量(依据10 d的半减期)的人员，制定了通过增加水摄入量减小剂量计划的暂行导则。其主要处置措施是：如受照者感觉良好，在第1天应将摄入流体量增加到4 L左右。日流体摄入量，以后24 h内在职业病医生的指导下逐渐进一步增加，最后达到6～8 L是一个合理的目标。

这一计划还包括下述医学评价内容：

(a)在前24 h以内的初始评价，包括既往病史(心脏病、高血压、肾脏疾病、糖尿病、前列腺炎等)，肾功能尿常规检查(糖和蛋白质)；血电解质检查(钾、钠、氯化物和碳酸氢盐)，以及BUN(血脲氮)和肌酸酐；

(b)检查流体滞留情况的日体重记录；

(c)逐日由护士进行健康检查以发现处置产生的任何有害效应；

(d)逐日进行尿氚分析以确定生物半排期和剂量；

(e)检查身体并遵循医生的指导反复血检。

(2)经验

以下给出加拿大Ontaria Hydro用增加水摄入量减少氚剂量的两个范例[63]，以供参考。

**例1** 在设备故障检修中，该试验对象被约含有800 GBq/kg的慢化剂系统的重水溅射污染，他的左臂、肩和侧身被溅湿。从第一次被溅湿到淋浴清洗的时间约为5 min。事件发生后提交的生物样品分析表明，初始尿氚浓度为16 MBg/L，假定生物半排期为10天，导致的待积剂量将为18 mSv。

在吸收后的前10天里，该受照者通过增加流体摄入量的控制计划，将有效生物半排期减少到4天左右。初始医学评价表明他没有任何既往病史后开始该项计划。坚持详细记录逐日的流体摄入量，排泄量和体重。日流体摄入量由第1天的4 L增加到第2天的6 L，且在这期间剩余的日子里保持在这一水平。该受试对象不认为他能饮用更多。他的体重保持一定，且肾功能表现正常，他的电解质水平未发现有任何变化，也没有流体滞留的迹象。除了有些发胀感觉和早期适应性强制自己饮用水外，该对象未发现有任何其他特别的副作用。从图5-26可以看出，用这种处置方法使剂量减少达到了40%左右。

**例2** 该试验对象在一次设备故障发生泄漏时被氚化重水溅湿。他的初始尿氚水平为9 MBq/L。医学评价表明对他执行控制计划无妨碍后，于急性吸收后的第二天开始该项减少剂量的计划。流体摄入量由第1天的2 L增加到第2天的4 L，以后到每天总摄入量6 L。计划持续了12天。在此期间该对象的有效氚半排期由13天减少到5.5天。根据逐日生物样品分析，在处置期间计算得到的剂量减少34%，总的待积剂量减小19%。

该受试验对象的体重未变化，在接受处置期间也未发现有任何其他医学问题。

### 5.5.3 其他医学促排措施

除了经口增加流体摄入量外，能达到强迫利尿的其他医学手段是通过静脉输注大体积的(同利尿药物配在一起的)电解质溶液。显然，这需要对患者的体液和电解质平衡进行细心地监测。再则，氚的排泄实际上还可用更有侵入性的医学手段加速，当然这应当留给更有经验的医生，且应当也仅仅是在对估计的氚照射能够实现待积剂量减小，所包含的医学危险，以及病人可能有的特殊对抗情绪进行全面的认真考虑之后才能进行[63-65]。

在血流渗析中[64]，通过流体静力学压力，结合使用半渗透膜扩散和超细过滤，可以除去大量的水和其他低分子量物质。使用这一方法，可使生物半排期减小到 4 小时。假若血流渗析装置不现成，腹膜渗析可以作为一种替代方法。它能使生物半排期减小到 13 小时。血液渗析或血流过滤对于除去水分和可渗析化合物是有效的，在医学上已知从血循环中除去高分子量或血浆蛋白质结合物还有其他方法，这些方法包括通过活性炭或交换树脂的血流灌注，使用细胞和交换输液的血浆交换处置。

应用强迫利尿的方法报告的一例事故涉及在一个氚发光源制造厂工作的 2 名工人对 HTO 的事故性吸入。这 2 名试验对象分别吸入了大约 35 GBq 和 1 GBq 的氚化水。若不采取任何促排措施，他们的待积剂量当量预期值将分别为 0.8 Sv 和 0.025 Sv 左右。

在事故后，他们被用约 7 L/d 的静脉输液强制利尿 100 小时，通过静脉每天给予 40 mg 的利尿药品(furosemide)以加速排尿。逐日测量常规血参数，电解质和肾功能，所有值发现仍在正常范围内。强迫利尿在 4 天后停止，这段时间估计在高吸收例中已有约 15 GBq 的氚从体内排出。依据尿氚数据，待积有效剂量当量发现为 0.47 Sv，表明剂量减小约在 40%以上。在事故后的医学调查持续了 178 天。

## 5.6 ICRP 出版物与我国的辐射防护规定

### 5.6.1 我国的辐射防护规定

对于放射性的防护，国际上的权威学术机构 ICRP，在不断地收集这一领域最新科研成果的基础上，综合分析已发表的一系列关于放射防护的建议书和出版物。特别是近 90 年来，ICRP 对于辐射防护的考虑方法，进行了一系列的改进和发展，这些内容变化充分反映在 1970 年代中期 ICRP 第 26 号出版物[8]和它以后的一系列出版物中。我国在 1988 年发布执行的国家标准，《辐射防护规定》(GB 8703—88)[24]结合我国实际情况，审慎地采用了当时 ICRP 建议书中的推荐值，其中对于辐射防护的基本标准及对氚的安全管理限值分别列于表 5-28 和表 5-29 中。

表 5-28 辐射防护规定中对个人剂量的限制

| | | 辐射工作人员 | 公众成品 |
|---|---|---|---|
| 非随机效应 | 眼晶体<br>其他单个器官或组织 | 150 mSv/a<br>500 mS/a | 50 mSv/a |
| 随机效应 | 全身均匀照射<br>全身不均匀照射 | $He$=50 mSv<br>$\sum W_T H_T \leqslant 50$ mSv | 1 mSv<br>$\sum W_T H_T \leqslant 1$ mSv |

**表 5-29 氚的安全管理限值**

| | | | 食入 | 吸入 |
|---|---|---|---|---|
| 年摄入量限值 ALI 与导出空气浓度 DAC | $^{3}H$ | ALI | $3\times10^{5}$ Bq | $3\times10^{9}$ Bq |
| | (氚水) | DAC | — | $8\times10^{9}$ Bq/m$^{3}$ |
| | $^{3}H$ | ALI | — | — |
| | (元素氚) | DAC | — | $2\times10^{10}$ Bq/m$^{3}$ |
| 表面污染控制水平a) | 控制监督区 | 工作台、设备、墙壁、地面 | | 400 Bq/cm$^{2}$ |
| | 非限制区 | 工作台、设备、墙壁、地面 | | 40 Bq/cm$^{2}$ |
| | 控制监督区 | 工作台、手套、工作鞋 | | 40 Bq/cm$^{2}$ |
| | 非限制区 | 工作台、手套、工作鞋 | | 4 Bq/cm$^{2}$ |
| | | 手、皮肤、内衣、工作袜 | | 4 Bq/cm$^{2}$ |

注：a)表面污染水平可按一定面积上的平均值计算；皮肤和工作服取 100 cm$^{2}$，设备取 300 cm$^{2}$，地面取1 000 cm$^{2}$。

辐射防护的基本限值，是在职业性或公众中个人照射情形下全身所接受的年有效剂量当量限值和器官或组织所接受的剂量当量限值。在内照射情形下基本限值也包括吸入、食入，皮肤或伤口渗入的年摄入量限值。在受表 5-28 中给出的对器官或组织的年剂量当量限值限制的同时，我国的《辐射防护规定》(GB 8703—88)还指出[24]，辐射工作人员由于事先计划的特殊照射所受的有效剂量当量在一次事件中不得超过 100 mSv，在一生中不得超过 250 mSv；公众成员的年有效剂量当量不超过 1 mSv，如果按终生剂量平均的年有效剂量当量不超过 1 mSv，则在某些年份里允许以每年 5 mSv 作为剂量限值。相应地，在公众成员受照射的情形下，其内照射的次级限值取 ALI 值的 1/50，如果按终生平均不超过 ALI 值的 1/50，则在某些年份里允许取 ALI 值的 1/10；当关键组包括婴儿或儿童时，原则上应根据器官大小和代谢方面与成年人的差异应取 ALI 值的份额，在缺乏有关资料时可取 ALI 值的 1/100。

在最近 50 年里辐射防护领域里的许多概念已经发生了重要的变化。在我国 1974 年颁布的旧《辐射防护规定》中，曾对职业照射、放射性工作场所空气中氚的最大允许浓度规定为 $1.85\times10^{2}$ Bg/L，放射性工作场所相邻及附近地区和广大居民区空气中氚的最大允许浓度分别为工作场所限值的 1/30 和 1/300，当时对于氚化水蒸气(HTO)与气态氚(HT)未作区分。对广大居民规定的氚在露天水源中的最大允许浓度为 $1.11\times10^{4}$ Bq/L。在以后的辐射防护规定中已不再使用最大允许浓度这样的术语，并且指出剂量限值是不可接受的剂量范围的下限，而不是可接受的剂量的上限，是最优化过程的约束条件。剂量限值不能直接用于设计和工作安排的目的。《辐射防护规定》(GB 8703－88)，基本上是参照 ICRP 第 26 号出版物的原则和 ICRP 第 30 号出版物推荐的个人剂量限值制定的[1,8]。由于 1990 年 ICRP 第 60 号出版物出版发表了“ICRP 1990 年建议书”[5]，新建议书虽然继续使用上述辐射防护的原则，但在辐射防护的概念体系上又有重要变化，推荐的个人剂量限值也更加严格，我国随之依据这些新的原则和资料，在 2002 年发布了《电离辐射防护与辐射源安全基本标准》(GB 18871—2002)[49]，并于 2003 年 4 月 1 日开始实施。

### 5.6.2　人体摄入量与受照剂量、危险度的关系

人体的氚摄入量，与何种程度的受照剂量相当，其危险度又如何呢？表 5-30 以经验数据给出它们之间的关系[64]。

表 5-30　氚摄入量与受照射量、危险度的关系

| 摄入量/Bq | 待积剂量当量 | 致癌，遗传性疾病危险度(概率) |
|---|---|---|
| $2.9\times10^{11}$ | 5 Sv | 有死亡危险 |
| $5.5\times10^{10}$ | 1 Sv | 中等程度放射性疾病 |
| $2.9\times10^{9}$ | 50 mSv | $10^{-3}$ |
| $2.9\times10^{8}$ | 5 mSv | $10^{-4}$ |
| $2.9\times10^{7}$ | 0.5 mSv | $10^{-5}$ |
| $2.9\times10^{6}$ | 50 μSv | $10^{-6}$ |

ICRP 第 30 号出版物导出，氚水的年摄入量限值为 $3\times10^{9}$ Bq。实施这一限制，其实际平均个人的年摄入量将小于 $3\times10^{8}$ Bq。因此，引致的致癌与遗传性疾病的危险度(概率)将小于 $10^{-4}$，即比社会上安全水平较高的工业(大多数轻工业工厂、如纺织、制革等)由于职业性危害造成的年死亡率还低，因而是安全的。人类在正常本底区域所接受的天然辐射源照射，年有效剂量当量约为 2.4 mSv，其中由于宇宙射线生成氚产生的贡献不超过 0.01 μSv。

对于放射性危害与受照剂量的关系，ICRP 第 26 号出版物第一次明确地把辐[1]射的有害效应区分为随机性效应和非随机性的确定性效应。随机性效应是指发生概率(而非其严重程度)与剂量大小有关的效应。对于这种效应不存在剂量的阈值，如在辐射防护领域内的遗传效应，致癌等致命性疾病发生的概率，任何微小的剂量也有可能引起效应，只不过发生的概率极为微小而已。表 5-31 中列出了这种随机性效应对于人体不同组织器官与受照有效剂量当量之间的关系[8]。

表 5-31　有效剂量当量(受照剂量)与人体遭受危害的关系[8]

| 组织 | 非随机性效应 | | 随机性效应 | |
|---|---|---|---|---|
| | 种类 | 剂量(阈值) | 种类 | 概率/(Sv) |
| 生殖器 | 不孕妊(包含一时) | 女　3 Gy | 癌 | 难以引起 |
| | 一时不妊 | 男　0.25 Gy | | |
| | 不妊 | 男　数 Gy | 突然变异 | $10^{-2}$ |
| 红骨髓 | 机能低下 | 即使 20 Gy 也不会引起 | 白血病 | $2\times10^{-3}$ |
| 肺 | | | 肺　癌 | $2\times10^{-3}$ |
| 骨 | | | 骨　癌 | $5\times10^{-3}$ |
| 甲状腺 | | | 甲状腺癌 | $5\times10^{-3}$ |
| 乳房 | | | 乳腺癌 | $2.5\times10^{-3}$ |
| 其他组织致癌性[a)] | | | 癌 | $5\times10^{-3}$ |
| 无致癌证据的组织[b)] | | | — | ? |

续 表

| 组织 | 非随机性效应 | | 随机性效应 | |
|---|---|---|---|---|
| | 种类 | 剂量(阈值) | 种类 | 概率/(Sv) |
| 全身均匀照射 | | | 癌 | $10^{-2}$ |
| | | | 突然变异 | $10^{-2}$ |
| 眼晶体 | 混浊 | 15 Sv | | |
| 皮肤 | 不会产生美容上的损害 | 20 Gy | 癌 | ? |

注：a)包括胃、大肠下部、唾液腺等；b)肌肉、脂肪组织等。

确定性效应是指产生的效应，其严重程度随剂量大小而变化的效应，它可能存在着剂量的阈值。如眼晶体的白内障、皮肤的良性损伤、骨髓内细胞减少引起的造血障碍、性细胞损伤引起的生育能力丧失、致死效应等。对于大剂量的短时间照射，剂量同确定性效应症状的关系在表 5-32 中列出。

**表 5-32 全身在大剂量受照情况下的急性损伤**

| 剂量 | 症状 |
|---|---|
| 0.5 Gy 以下 | 头痛、疲乏，几乎没有症状 |
| 0.5～2 Gy | Ⅰ度放射性病症状<br>部分人恶心、呕吐、白血球少量减少<br>后期血小板减少等 |
| 2～4.5 Gy | Ⅱ度放射性疾病症状<br>继续恶心、呕吐<br>无症状(1～3 周内)<br>红细胞的减少，脱发，因可能感染等原因死亡 |
| 4.5～6 Gy | Ⅲ度放射性疾病症状<br>肠胃损伤的症状，容易发生口腔，咽喉皮肤出血 |
| 6～10 Gy | Ⅳ度放射性疾病症状<br>重度胃肠损伤<br>红细胞水平的变化<br>2 周内死亡的可能性大 |
| 数 10 Gy | 数日内死亡 |

### 5.6.3 ICRP 以及我国推荐的参考人

对于人体受照剂量的估算，不论是外照射还是内照射情形，都需要某些有关受照射个人的数据，例如，计算外照射剂量，需要知道组织或器官的质量，大小，元素组成、位置等。对于内照射情形下放射性核素年摄入量和其他次级限值的导出，摄入量及其剂量的估算，则必须有更多涉及受照个人可能的各种生物学数据，如作为放射性核素载体的空气和水的日摄入量，呼吸速率，以及核素在体内的滞留和代谢参数等。对于许多放射性核素，摄入后在人体内的滞留与代谢数据，实际上难以精确测定，只能借用其稳定同位素的数据来建立滞留模型和进行剂量估算。对于群体剂量的估算，还需要有所有年龄层次的数据。

即使受照者年龄相同，在许多方面个体差异也很大，所以推荐参考人对于辐射剂量评价是非常重要的，特别是通常对于个人差异不成为主要问题的低剂量情形。采纳并广泛使用参考人的数据，使得保健物理工作者之间可以互相比较和验证他们各自的结果，而不需要冗繁地枚举他们的假设条件，也不会因为这些假设的微小差别而弄不清他们的结果是基本相符还是有所差别。特别是在辐射防护所关心的低剂量范围内，剂量效应的关系是大量人群资料的统计与外推的结果。因此，在辐射防护领域中，内外照射剂量的估算、允许限值、参考水平的导出和体模的研制都需要用到参考人的参数。

我国在有关辐射防护的标准中一直使用 ICRP 参考人的参数，如在 ICRP 第 23 号出版物[11]中所述，这种用于代表辐射工作人员的参考人原型是按照年龄 20～30 岁，身高 170 cm，体重 70 kg，遵从西欧北美的风俗习惯，生活在平均温度 10～20 ℃ 温带的白种人设定的。我们中国人或亚洲人在种族、生活习惯和食物构成方面与西欧北美人存在很大的差别，进而代谢模式也有许多不同。为使我国或亚洲人剂量估算及健康效应的评价更符合实际，建立中国或亚洲参考人是必要的。在 IAEA 资助下，在 20 世纪 90 年代中国参考人的研究工作也取得了进展[66]。表 5-33 列出 ICRP 与我国参考人的组织、器官的质量和身高、体重。表 5-34 列出不同国家的居民对各种食品的人均消费量。表 5-35 中列出了 ICRP 参考人中有关氚的放射生物学数据汇集。

**表 5-33　建议的中国参考人脏器、质量身高、体重与日本及 ICRP 参考人比较**

| 脏器质量/g | 中国参考人 | | 日本参考人 | | ICRP 参考人 | |
|---|---|---|---|---|---|---|
| | 男 | 女 | 男 | 女 | 男 | 女 |
| 脑 | 1 480 | 1 320 | 1 500 | 1 300 | 1 400 | 1 200 |
| 心脏 | 330 | 260 | 400 | 280 | 330 | 240 |
| 肾脏 | 290 | 250 | 320 | 280 | 310 | 275 |
| 肝脏 | 1 470 | 1 300 | 1 600 | 1 400 | 1 800 | 1 400 |
| 肺 | 1 290 | 928 | 1 100 | 900 | 1 000 | 800 |
| 胰脏 | 120 | 102 | 130 | 110 | 100 | 85 |
| 脾脏 | 220 | 190 | 140 | 120 | 180 | 150 |
| 肾上腺 | 14 | 14 | 14 | 13 | 14 | 14 |
| 甲状腺 | 27 | 27 | 19 | 17 | 20 | 17 |
| 胸腺 | 36 | 28 | 33 | 25 | 20 | 20 |
| 垂体 | 0.8 | 0.8 | 0.6 | 0.6 | 0.6 | 0.7 |
| | 41 | — | 37 | — | 35 | — |
| 身高/cm | 170 | 160 | 170 | 160 | 170 | 160 |
| 体重/kg | 60 | 52 | 60 | 52 | 70 | 58 |

**表 5-34 不同国家的居民人均食品消费量** kg(湿重)/a

| 国家 | 谷类 | 土豆和淀粉 | 糖和甜料 | 豆和坚果 | 蔬菜 | 水果 | 肉和家禽 | 蛋 | 水产品 | 奶和奶制品 | 油和脂肪 |
|---|---|---|---|---|---|---|---|---|---|---|---|
| 法国 | 76.1 | 90.8 | 35.6 | 4.3 | 112.0 | 74.2 | 99.1 | 12.9 | 18.7 | 320.6 | 19.1 |
| 英国 | 74.6 | 90.4 | 48.6 | 4.9 | 60.5 | 47.1 | 73.5 | 13.8 | 7.9 | 363.6 | 15.1 |
| 美国 | 61.8 | 47.9 | 50.1 | 8.1 | 94.7 | 72.3 | 110.1 | 16.0 | 6.9 | 246.1 | 22.5 |
| 新西兰 | 76.2 | 51.8 | 36.0 | 3.2 | 128.0 | 73.3 | 113.5 | 17.1 | 4.7 | 396.9 | 6.7 |
| 日本 | 117.9 | 28.5 | 26.2 | 10.4 | 131.9 | 57.3 | 28.6 | 16.2 | 34.1 | 57.0 | 11.9 |
| 巴西 | 90.8 | 69.0 | 43.5 | 26.8 | 22.0 | 131.9 | 30.9 | 4.0 | 4.8 | 49.7 | 8.2 |
| 印度 | 136.0 | 10.6 | 24.5 | 19.5 | 46.7 | 23.3 | 1.5 | 0.1 | 2.3 | 23.8 | 4.5 |
| 中国 | 186.8 | | 60.9 | 5.3 | 117.5 | 10.0 | 14.1 | 3.2 | 4.1 | 3.1 | 6.1 |

**表 5-35 计数氚内照剂量有关的 ICRP 参考人数据**

| 参数 | 男 | 女 | 参数 | 男 | 女 |
|---|---|---|---|---|---|
| 体重/kg | 70 | 58 | 液体摄入总量/(mL/d) | 1 950 | 1 400 |
| 身高/cm | 170 | 160 | 牛奶 | 300 | 200 |
| 全身组织质量/g | 63 000 | | 自来水 | 150 | 100 |
| 体表面积/$cm^2$ | 18 000 | 16 000 | 其他 | 1 500 | 1 100 |
| 体密度/($g/cm^3$) | 1.07 | 1.04 | 食物中水分 | 700 | 450 |
| 体水密度/(mg/kg) | 600 | 500 | 食物氧化生成水 | 350 | 250 |
| 体内总水量/g | 42 000 | 29 000 | 总水分摄入量 | 3 000 | 2 100 |
| 体内 H 量/g | 7 000 | | 水的排泄/(mL/d) | | |
| 软组织 H 量/(g) | 6 300 | | 尿 | 1 400 | 1 000 |
| 摄入能量/(kcal/d) | 3 000 | 2 100 | 粪 | 100 | 90 |
| 呼吸空气量/(L/8 h) | | | 不敏感量散 | 850 | 600 |
| 轻劳动 | 9 600 | 9 100 | 汗 | 650 | 420 |
| 非职业性劳动 | 9 600 | 9 100 | 总水分排泄量(mL/d) | 3 000 | 2 100 |
| 睡眠 | 3 600 | 2 900 | H 原子/(g/d) | 350 | |
| 总呼吸空气量/(L/d) | 23 000 | 21 000 | 水摄入/(g/d) | 2 650 | |
| 辐射工作者的年劳动时间/(h/a) | 2 000 | | | | |
| 辐射工作人员年呼吸空气量/($cm^3$/2 000 h) | $2.4\times10^9$ | | | | |
| 公众的年呼吸空气量/($cm^3$/a) | $8.395\times10^9$ | | | | |
| 公众的年摄入量/($cm^3$/a) | $9.67\times10^5$ | | | | |

## 5.6.4　ICRP 1990 年建议书与我国的标准 GB 18871—2002

(1)基本剂量学量的名称[67-68]

ICRP 1990 年建议书较 1977 年基本建议书又有新的发展和变化[50]。首先是将基本的剂量学量剂量改称为当量剂量，有效剂量当量改称为有效剂量。当量剂量是辐射 $R$ 引起的经辐射权重因子 $W_R$ 加权的组织或器官 $T$ 的平均吸收剂量 $D_{T,R}$，是严格意义上的剂量，用符号 $H_r$ 表示，因此

$$H_r = \sum_R W_R D_{T,\ R} \tag{5-45}$$

ICRP 1990 年建议书强调 $W_R$ 是根据入射到人体的或由体内源发射的辐射种类和能量选定的，当量剂量是加权的器官或组织的平均吸收剂量，而不是像过去那样得自组织中某一点的吸收剂量。辐射权重因子 $W_R$ 相当于剂量当量中的品质因数 $Q$，其值也大致与 $Q$ 值一致。但与 $Q$ 不同，$W_R$ 不是根据 LET 而是根据有代表性的随机效应的 $RBE_M$ 值确定的，由于很难确定单一的 $RBE_M$ 值，加之 $W_R$ 将被用于所有的组织和器官，所以为了防护的目的需要进行简化，所给出的 $W_R$ 只能粗略反映不同辐射的生物效应的差别。例如对光子和电子不考虑能量差别，一律取 1。从这点上看，由剂量当量改变为当量剂量，对本章前面氡致剂量的估算不会产生影响。

由于随机效应发生的概率和当量剂量之间的关系还随受照射的器官或组织的不同而变化，因此需要再定义一个由当量剂量导出的量，以表示几种不同组织受到不同剂量照射时某种意义上的综合，使它与这些组织的随机性效应的总和相关得更好。这个量先前称为有效剂量当量，名称显得过于冗长，由于已将剂量当量已改称当量剂量，所以新建议书简化为“有效剂量”。有效剂量 $E$ 是人体所有组织或器官加权后的当量剂量之和，它由下式给出

$$E = \sum_T W_T \cdot H_T = \sum_T W_T \sum_R W_R D_{T,R}\,(\mathrm{Sv}) \tag{5-46}$$

式中，$H_T$ 是组织或器官 $T$ 的当量剂量；$W_T$ 是组织 $T$ 的权重因子。

利用组织权重因子计算加权当量剂量用来表示不均匀照射时的危险，我们在 5.2.1 节中已对目前仍在沿用的有效剂量当量时做过介绍。计算有效剂量当量使用的 $W_T$ 是根据当时获得的辐射诱发各种组织和器官的致死性癌症与严重遗传性疾病的发生概率制定的。ICRP 1990 年建议书计算有效剂量所使用的 $W_T$ 是根据辐射照射引起的合计危害的概率制定的，其中不仅包括根据最新资料确定的致死性癌症与严重遗传性疾病的发生概率，也包括原来未曾计入的经过加权的非致死性癌症的贡献和对寿命损失时间的考虑。只要将 ICRP 1990 年建议书推荐用于计算有效剂量使用的组织权重因子 $W_T$ 与既往使用的 $W_T$ 值相比较，可以看出，只是在“其余”一项内由于一部分已经可以获得可利用的资料而被移到新增加的有关器官以致数值降低，余者大部分变化不大，如肺脏的 $W_T$ 仍为 0.12。

有效剂量与当量剂量一样，其单位是 J/kg，单位专名为希沃特(Sv)。当量剂量(对单个组织或器官)与有效剂量(对全身)的定义并不限于特定的那一组权重因子的数值，要小心防止混淆。ICRP 在使用当量剂量与有效剂量时，已隐含了使用当时它推荐的辐射权重因子和组织权重因子的数值。ICRP 在以前的基本建议书中对剂量当量和有效剂量当量使用了与今对当量剂量和有效剂量指定的权重因子不同的数值，把这些加权量当作可相加的

量还是合适的。可以把当量剂量和剂量当量，或有效剂量与有效剂量当量，不加任何修正就相加。如果使用了别的不是 ICRP 推荐的权重因子的数值，则在引入该量时应明确说明并给出所用的值，这种加权量也不得与 ICRP 推荐的量相加。

由于剂量学的基本量现在已改变为当量剂量和有效剂量，所以一些辅助剂量学量也相应改变为待积当量剂量和待积有效剂量等。但这些变化，由上面的定义和讨论可以看出对本章前面所讲述的氚剂量学不会产生影响。

(2)辐射防护的基本体系[69]

ICRP 1990 年建议书在讨论辐射防护基本体系时，把对辐射的防护及对防护效率的评价分为针对使个人受到照射的源即源相关的和针对个人从所有相关的源所接受的个人剂量即个人相关的两部分。某些人类活动可以通过采用新的源或改变既有源的作用途径而使人类受到的照射增加或受照人数增加，这种人类活动称为实践。另一些人类活动可以通过移开既有的源，改变其作用途径或减少受照人数而使受到的照射减少，这类活动称为干预。

为了限制个人受到的照射而进行的对实践的控制和干预可以在源与人类相联系的任何一个点上(源，环境和个人)采取行动，所采取的控制与干预取决于照射的类别和引起照射的实践。照射类别包括：1)职业性照射，它是与运行管理部门职责有联系的在工作场所受到的照射，而不一定都是在工作过程中来自该工作的照射；2)医疗照射，是为诊断或治疗目的自愿接受的照射；3)公众照射，是公众受到的不属于以上两项的其他照射。

引起照射的实践包括：1)拟议的新实践，是可控制的，必要时可以改动或取消的实践；2)既存的实践，这种实践即使取消，源及其作用途径仍会继续存在，对其改动有待进行干预，例如在事故之后，或居住在氡浓度很高的房屋；3)潜在性照射，是不同于上述两类实践的另外一种情况。它是有一定发生概率而不一定发生的照射。在潜在照射发生之前可以像对实践那样加以管理和评价，以期减少出现这种照射的概率，称为预防，或降低可能出现的照射的水平，称为缓减。例如潜在照射已经成为现实，则要像对既存实践那样进行干预。因此 ICRP 1990 年建议书把辐射防护分为两个体系：实践的防护体系和干预的防护体系。实践包括拟议中的实践和继续进行的实践。

(3)个人剂量限值

(a)职业性照射

职业性照射剂量限值是控制职业性照射的一个组成部分，用来为设定源相关的剂量约束值提供依据，并为最优化实施中的判断失误提供保护。故它不代表安全与危险之间的界限，不是降低照射水平的简单有效办法，不是防护体系严格程度的唯一量度。

1990 年以前的 ICRP 建议书把控制期限严格限定为 1 年，这种体系缺乏灵活性也曾建议对职业性照射的剂量限制可以使用终生剂量限值，但这在实际执行时有一定困难。可以在设定少数几年期间的累积总剂量限值的同时，允许比这段时间的年均值较高的年限值，虽然会遇到与设定终生限值相似的某些实际困难，不过情况可能不会那样严重。ICRP 1990 年建议书认为把这个期限定为 5 年会使这些困难得到适当控制，并能提供足够的灵活性。因此决定建议有效剂量值为 5 年之内平均每年 20 mSv，5 年合计100 mSv，另外规定任何单独一年不得超过 50 mSv。

与 ICRP 第 26 号出版物规定的有效剂量限值相比较，可以看到新的年限值是旧限值的 2/5，说明新限值对个人照射剂量的控制更严了。由于 ICRP 1990 年建议书把有效剂量年限值改为 20 mSv 并且使用新的 $W_R$ 和 $W_T$，因此对 ICRP 第 30 号出版物提出的内照射的年摄入量限值(ALI)要作相应调整。为此发表 ICRP 第 61 号出版物给出了吸入和食入情况下的 ALI 值(代谢参数，消化道和呼吸道模型尚未更改)[70]。随着新的呼吸道模型、生物动力学模式及其参数的应用，ICRP 第 61 号出版物已被 ICRP 第 68 号出版物(1995 年)所代替。虽然 ICRP 迄今还未推荐新的 ALI 值，但可以预料，大部分核素的新 ALI 值可能低于 ICRP 第 30 号出版物给出的旧 ALI 值。其中对于氚水的年摄入量限值可能将减小为 $1\times10^9$ Bq。

(b)公众照射

在所有正常情况下对公众照射的控制是依靠对源的控制。对源进行控制一年，有可能影响其后若干年的继续照射和摄入，因此当向天然环境释放长寿命放射性核素时，适于使用剂量负担概念。单位实践的集体有效剂量可被用于确定实践的正当性和最优化。均匀地受到某一源照射剂量最高的人群称为关键组。对于与有关源相联系的关键组人群的平均剂量应该进行剂量约束，以实现防护最优化。

ICRP 确定的公众照射剂量限值是针对来自实践的剂量，限值不适用于干预。放射性核素从各种设施的计划排放，包括天然放射性核素从矿井和废物处理场所的释放都属于实践，其所给出的剂量应该服从剂量限值。建筑物中的氡和环境中已经存在的天然或人工放射性物质属于只能用干预加以影响的实例，不属于公众照射剂量限值的范围。

ICRP 1990 年建议书建议公众照射的限值用 1 年内 1 mSv 表示，在特殊情况下假如 5 年之内平均每年不超过 1 mSv 可以允许提高单纯一年的有效剂量。执行这个限值意味着设计新设施的最优化防护的约束值应低于每年 1 mSv 该值相当于去掉氡之后的天然本底。

(4)我国的辐射防护新标准 GB 18871—2002

ICRP 1990 年建议书的发表是国际辐射防护界的一件大事，对我国辐射防护标准的修订产生了直接的影响。2002 年依据六个国际组织(联合国粮农组织、国际劳工组织、经济合作与发展组织核能机构、泛美卫生组织和世界卫生组织)批准并发布的《国际电离辐射防护和辐射源安全基本安全标准》(国际原子能机构安全丛书 115 号，1996 年版)，充分考虑了十多年来实施现行辐射防护规定 GB 8703 的经验和实际情况，保留了现行标准中实践证明适合我国国情又与国际组织标准相一致的那些技术内容，制定颁布了我国的辐射防护新标准 GB 18871—2002[49]。

我国新的辐射防护基本标准《电离辐射防护和辐射源安全基本安全标准》(GB 18871—2002)，基本上完全采纳了 ICRP 1990 年建议书的有关内容。具体对于氚的安全与防护来讲，相对于旧标准重要的变化有下述几点：

1)对于职业照射的年控制剂量限值是 20 mSv/a，而不是原先的 50 mSv/a；对于社会公众的年控制剂量限值是 1 mSv/a。

2)氚水 HTO 对人体的放射性危害是气态 HT 放射性危害的 10 000 倍，而不是过去认为的 25 000 倍。

3)内照剂量估算中，采用分别考虑了自由水氚 HTO 和有机束缚氚 OBT 的两个指数项的生物动力学模型和参数，每单位摄入量 Bq 所致的待积有效剂量 Sv 剂量转换系数 DCF 为 $1.8\times10^{-11}$ Sv/Bq，而不是过去对 HTO 单指数模型的 $1.7\times10^{-11}$ Sv/Bq。因此，对于尿氚的监测，应是测量尿样中的全氚。

4)对于吸入和食入有机束缚氚 OBT，对于吸入氚化甲烷等活性气体分别给出了每单位摄入量 Bq 所致的待积有效剂量 Sv 的剂量转换系数 DCF。

# 参考文献


[1] ICRP. 国际放射防护委员会第 30 号出版物：工作人员的放射性核素摄入量限值[M]. 方军，董柳灿，译. 北京：原子能出版社，1984.

[2] NCRP. Tritium and Other Radionuclide Labielled Organic Compounds Incorated in Genetic Material, Rep. 63[R]. NCRP，Washington DC，1979.

[3] K Morstin，M Kopec，P Olko，et al. Microdosimetry of Tritium[J]. Health Physics，1993，65(6)：648-656.

[4] ICRP. 国际放射防护委员会第 2 号出版物：内照射容许剂量[M]. 鲁新然，译. 果行，校. 北京：原子能出版社，1959.

[5] ICRP. 国际放射防护委员会第 60 号出版物：国际放射防护委员会 1990 年建议书[M]. 李德平，陈明俊，等译. 李树德校. 北京：原子能出版社，1992.

[6] 徐明达. 关于辐射剂量及单位的一些基本概念[J]. 辐射防护通讯，1982，S1：17-45.

[7] ICRU. Reports of RBE Committee to the ICRP/ICRU[J]. Health Physics，1963，9：357-386.

[8] ICRP. 国际放射防护委员会第 26 号出版物：国际放射防护委员会建议书[M]. 李树德译. 北京：原子能出版社，1978.

[9] Pinson E A，Langham W H. Physiology and Texicology of Tritium in Man[J]. Applied Physics，1957，10：108-126.

[10] Osborne R V. Absorption of tritiated water vapour by people[J]. Health Physics，1986，12：1527-1537.

[11] ICRP. Publication 23 Report of the Task Group on Refrence Man[M]. Oxford：Pergamon Press，1975.

[12] Wylie K F，Bigler W A，Grove G R. Biological half-life of tritium[J]. Health Physics，1963，9：911-914.

[13] Butler H L，LeRoy J H. Observations of Biological half-life of tritium[J]. Health Physics，1965，11：283-285.

[14] 黄建学，任宝清. 氚污染工作人员体内氚排出规律的观察[J]. 辐射防护，1985，5：81-88.

[15] Evans A G. New Dose Estimates from Chronic Tritium Exposures[J]. Health Physics，1969，16：57-63.

[16] Osborne R V. Intake of Tritium when Skin Splashed with Heavy Water[J]. Health Physics，1968，15：155-156.

[17] IAEA Safe Handling of Tritium，IAEA Technical Report，Series No. 324 1991，VIENNA.

[18] Kaye G W C，Laby T H. Tables of Physical and Chemical Constance[M]. 11th Edition. P William Clowes. London：1956：137.

[19] Peterman B F，Johhnson J R，Mcelroy R G C. HT/HTO Conversion in Mammals[J]Fusion Technology，1985，8(2)：2557-2563.

[20] Peterman B F. Computer modelling of HT gas metabolism in human，Rashat[J]. Prot. Dosim，1982，33：129-133.

[21] Eakins J D, Hutchinson W P, Lally A E. The Radiological Hazard from Tritium Sorbed on Metal Surfaces[J]. Health Physics Pergamon Press, 1975, 28: 213-224.

[22] Johnson J R, Lamothe E S, Jackson J S, et al. Metabolism and Dosimetry of Tritium from Tritium Gas Contaminated Surfaces[J]. Fusion Technology, 1988, 14(2): 1147-1152.

[23] Johnson J R, Dunfor D W. Dosimetric models of tritium from skin absorption following contact with T-contaminatated surfaces[J]. Health Physics, 1985, 48: 110-113.

[24] 国家环境保护局. 辐射防护规定: GB 8703—88[P]. 北京: 中国标准出版社, 1988.

[25] Lambert B E, Clifton R J. Radiation Doses Resulting from the Ingestion of Tritiated Thymidine by the Rat[J]. Health Physics Pergamon Press, 1968, 15: 3-9.

[26] Feinendegen L E, Cronkite E F. Effects of micro-distribution of radio-nuclides on recommended limits in Radiation Protectiona model[C]. Curr, Top. Radiat. Res. Q, 1977, 12: 83-99.

[27] Hughes W L, Commer Ford S L, Gitlin D, et al. Studyes on deoxyribnucleic acid metababolism in ulvo. 1. Cell prolife ration and death as measured by incorporation and elimination of idode oxyuridine [C]. Fed. Proc., 1964, 23: 640-648.

[28] Feinendegen L E, Heiniger H J, Friedrich G, et al. Diffences in Reutilization of Thymidine in Hemopoietic and Lymphopoietic Tissues of the Normal Mouse[J]. Cell Tissue Kinet, 1973, 6: 573-585.

[29] Cronkite E P, Robertson J S, Feinendegen L E. Somatic and teratogenic effects of tritium[M]//Tritium. Moghissi A A, Cater M W. Phoenix, Arizona and Las vegas, Nevada: Messenger Graphics publ, 1973.

[30] Feinendegen L E. Biological damage from the radioactive nuclei incorporated into DNA of Cells, implications for radiation biology and radiation protection[C]//6th Sympesium on microdosimetry, Brussels, CEC, 1979, 22-26.

[31] Lambert B E, Clifton R J. Radiation Doses Resulting from the Administration of Tritiated Folic Acid and Tritiated Water to the Rat[J]. Br. f. Radiol, 1967, 40: 56-61.

[32] Vennart J. Radiotoxicology of Tritium and $^{14}$C Compounds[J]. Health Physics Pergamon Press, 1969, 16(4): 429-440.

[33] Standeven, Margret, Clarke D A. Estimation of Radiation Dose to Tissues after Administration of Tritiated Corticonsteroids to the Rat[J]. Br. f. Radiol, 1967, 40: 48-55.

[34] Berry R J, Oliver R, Reiskin A B. Reproductive death of mammalian cells due to beta ration from incorporated thmidine labelled with $^{3}$H or $^{14}$C[J]. Health Physics, 1966, 12: 1461-1466.

[35] Lambert B E. Cytological Damage Produced in the Mouse Testes by Tritiated Thymidine, Tritiated Water and X-Rays[J]. Health Physics Pergamon Press, 1969, 17: 547-557.

[36] Bond V P, Feinendegen L E. Intranuclear $^{3}$H Thymidine: Dosimetric, Radio-Biological and Radiation Protection Aspects[J]. Health Physics Pergamon Press, 1966, 12: 1007-1020.

[37] De Ras E M M, Vaane J P, Van suetendael W. Investigation of the nature of a contamination caused by tritium targets used for neutton production[C]//Radiation protection A: Systimatic Approach to Safety, Proc 5th Congr. of the Internaional Radiation protectlon Association, Jerusalen, 1980, pergamon press, Oxford and New York, 1980: 48.

[38] Balonov M I, Likhtarev I A. The Metabolism of $^{3}$H Compounds and Limits for Intakes by Workers [J]. Health physics, 1984, 47(5): 761-773.

[39] ICRP. 国际放射防护委员会第 56 号出版物: 公众成员摄入放射性核素的年龄依赖剂量(第一分册) [M]. 王作元, 陈兴安, 任天山, 译. 北京: 原子能出版社, 1992.

[40] ICRP. 国际放射防护委员会 1990 年建议书[M]. 李德平等, 译. 李树德等, 校. 北京: 原子能出版

社，1993.
[41] ICRP. ICRP Publication 66，Human Respiratory Tract Model for Radiological Protection[M]. Annals of the ICRP 24 (1-3)，1994.
[42] ICRP. ICRP Publication 67，Age Dependent Doses to Members of the Public From Intake of Radionuclides：Part 2[M]. Annals of the ICRP 23 (2-3)，1994.
[43] ICRP. ICRP Publication 68，Dose Coefficients for Intakes of Radionuclides by Workers[M]. Replacement of ICRP publication，1994.
[44] ICRP. ICRP Publication 69，Age-dependent Doses to Members of the Public from Intake of Radionuclides：Part 3 Ingestion Dose Coefficients[M]. Annals of the ICRP，1990.
[45] ICRP. ICRP Publication 71，Age Dependent Doses to Members of the Public From Intake of Radionuclides：Part 4，Inhalation Dose Coefficients[M]. Annals of the ICRP 25(3-4)，1995.
[46] ICRP. Age-dependent Doses to Members of the Public from intake of Radionuclides：Part 5 Compilation of Ingestion and Inhalation Dose Coefficients[M]. Annals of the ICRP，1996.
[47] ICRP. ICRP Database of Dose Coefficients for Workers and Members of the General Public[R/OL] ICRP-CD，Version 1.0，1998.
[48] ICRP. ICRP Publication 78，Individual Monitoring for Internal Exposure of Workers[M]. Annals of the ICRP 27(3-4)，1998.
[49] 电离辐射防护与辐射源安全基本标准：GB 18871—2002[P]. 北京：中国标准出版社，2002.
[50] DOE Handbook Radiological Control Programs For Special Tritium Compounds[Z]. Doe-Hdbk-1184-2004.
[51] NRPB. National Radiological Protection Board of Great Britain，LuDEP Version 2. 0 Personal Computer Program for Calculating Internal Dose Using the ICRP Publication 66 Respiratory Tract Model [R]. 1999.
[52] 森川尚威，野川宪夫，大野真理子. トソチウムのクソ-ニンク，トソチウム资料集[R]. 昭和19662年度文部省科学研究费补助金研究成果报告书，1988：317-324.
[53] Kobayshi Y，Mausdley D V. Biological Application of Liqnid Scintillation counting[M]. New York：Aca-demic Press，1974：196-197.
[54] Hansen D L，Bush E T. Improved Sloubitization procedures for Scintilation Counting of 198[J]. Biological materials，Anal，Biochem，1967，18：320.
[55] 中国原子能研究院. 尿中氚的分析方法：EJ/T 1047—1997[S]. 1997.
[56] Dobbs H E. The role of Lignid Scintillation Counting in the Investigation of MGG(Reckitt) from 199 Organic Scintillators and liquid Scintillating Counting[M]. Horrocs D L，Edited. New York：Academic Press：669-682.
[57] Kropf R F，Wang Y S，Cheng Y S. Self-absorption of Tritium Betas in Metal Tritide Particles[J]. Health Physics，1998，75(4)：398-404.
[58] Seelentag W. Two cases of Tritium fatality[M]//Tritium. Moghissi A A，Cater W. Las Vegas，NM：Essenger Graphics，1973 ：267-280.
[59] 高木伸司. トリチウム量の性质上举动[R]//トリチウム研究专门委员会报告书，放射性事故日本原子力学会，1972：162-169.
[60] IAEA. IAEA Safe Handling of Tritium. IAEA Technical Report，Series No. 324[R]. VIENNA，1991.
[61] Eakins J D，Hutchinson W P，Lally A E. The Radiological Hazard from Tritium Sorbed on Metal Surfaces[J]. Health Physics Pergamon Press，1975，28：213-224.

[62] Johnson J R，Lamothe E S，Jackson J S，et al. Metabolism and Dosimetry of Tritium from Tritium Gas Contaminated Surfaces[J]. Fusion Technology，1988，14(2)：1147-1152.
[63] Wong K Y. Canadian Tritium Experience，Canadian Fusion Fuels Technology project[C]//Canadian Centre for Fusion Fuels Technology，Mississanga，Ontatio，1984.
[64] Henry Ph. Contamination par Le Tritium Et épuration extrarénale[J]. Radioprotection，1974，9(1)：41-83.
[65] Lloyd D C，Edwards A A，Prosser J S，et al. Accidental Intake of Tritiated Water：A Report of Two Cases[J]. Radiation Protection Dosimetry，1986(3)：3.
[66] 王继先，陈如松. 中国参考人的研究[M]//核能与辐射防护. 北京：原子能出版社，1994：89-99。
[67] 陈明峻. 剂量学及辐射防护中使用的量(1)[J]. 辐射防护通讯，1999，15(3)：50-54.
[68] 陈明峻. 剂量学及辐射防护中使用的量(2)[J]. 辐射防护通讯，1995，15(4)：43-51.
[69] 孙世荃. 人类辐射危害评价[M]. 北京：原子能出版社，1996.
[70] ICRP. 工作人员放射性核素年摄入量限值[M]. 李树德，译. 北京：原子能出版社，1991.

# 第 6 章　氚监测技术

## 6.1　引言

氚是最大能量为 18 keV、平均能量为 5.7 keV 的低能 β 核素，因其 β 粒子在水中的最大射程仅为 6 $\mu$m，在空气中小于 5 mm，难以用普通的 β 探测器进行监测。在过去 70 多年里，由于氚设施和重水堆动力电厂的发展需求，氚监测技术曾作为一个专门的研究领域积累了许多成熟的方法和经验。近年来由于热核聚变研究的突破性进展和处理规模的扩大，随着工艺技术的改进，氚监测技术也不断取得新进展。本章在着重介绍氚监测技术所涉及的主要方法、原理、仪器设备的同时，结合应用与现场需求，对于氚监测技术的新进展也做适当的评述。

氚的测量可以按监测对象浓度范围的不同分为工艺监测、辐射防护监测和环境监测 3 个领域。工艺监测同氚生产处理设施中的工艺控制相关联，需使用能直接测量并提供被分析样品即时指示的探测器和监测仪，如电离室和流气正比计数器，其测量的浓度可能高达 1 Ci/L($3.7\times10^{14}$ Bq/m$^3$)左右，在第 1.4 节氚的衡算管理中我们已作了介绍。环境监测指的是核设施外环境的监测应用。由于被测量的氚浓度非常低，如低到 10 mBq/m$^3$ 的环境本底水平，需从环境的“真实本底”测量入手，多用称之为取样器的(大体积取样捕集氚浓集后进行氚分析)的设备。它对取样、制样和放射性测量，都有一些特殊的要求。环境监测技术将留在后面环境氚的章节里作专门讨论。

本章主要论及辐射防护监测或保健物理监测。我国过去颁布的国家标准 GB 8703—88《辐射防护规定》，采用了 ICRP 第 30 号报告的推荐值，对于放射性工作人员氚化水蒸气 HTO 的导出空气浓度 DAC 为 $8\times10^5$ Bq/m$^3$，对于元素氚为 $2\times10^{10}$ Bq/m$^3$。在工作场所的不同管辖区域，空气中氚浓度必须能被监测到导出空气浓度 DAC 的几分之一的水平。现行的国家标准 GB 18871—2002《电离辐射防护与辐射源安全基本标准》，依据 ICRP 1990 年建议书的最新推荐值，对于 HTO 的 DAC 值在 $3.2\times10^5$ Bq/m$^3$ 左右，对于元素氚为 $3.2\times10^9$ Bq/m$^3$(基于 20 mSv/a 的剂量限值)。由于这种测量范围的限制，绝大多数为辐射防护设计的氚监测系统使用了氚取样器与电离室或流气正比计数器氚监测仪的组合。

由于辐射防护监测经常在有其他辐射源的区域进行，氚监测仪器有时需要能够甄别 γ 本底辐射或其他放射性核素。如重水堆动力电厂和核燃料后处理厂的气态放射性排放，主要的 β 粒子发射体，除氚以外还有$^{85}$Kr 等其他放射性惰性气体，它们辐射的较高能量的 β 粒子($E_{max}$=672 keV)将可能是氚测量的主要干扰。在排放废水中则可能存在$^{90}$Sr($E_{max}$=546 keV)等 β 核素并产生干扰。除了对这种氚与其他 β 放射性气体的甄别监测外，由于氚化水蒸气 HTO 同气态氚 HT 在辐射危害上存在显著差别，在大量处理氚的设施，有时还需要有能够甄别监测 HTO-HT 的仪器设备。

空气中氚的监测，在许多情况下仅仅是要求给出被监测气体同规定的允许限值符合的程度。这种符合法规性监测一般需要高的灵敏度和精确度。而当设施可能有超过规定或控制限值的突然释放时，要求仪器能及时报警，以便进行内部或外部干预。这种控制监测需要仪器有快速的响应时间。使一台仪器同时满足所有这些要求可能是不实际的，不得不在灵敏度/精确度与响应时间之间采取某些折中，或者使用分开的装置。符合性监测可以包括简单廉价的现场取样和随后的实验室分析，而控制监测通常由在线实时氚监测仪和数据读出装置构成。

对于水中氚的监测，虽然许多年来已研制过各种形式的液体排出流在线氚监测仪，但更经常使用的仍是取有代表性的液体排出流样品，然后用液体闪烁计数器测量。作为对一种监测技术过去发展情况的掌握和了解，本章提供了较详细的有关资料。

工作场所设备和地面的表面污染，对于放射性操作人员来讲是一个可能的氚吸收途径。表面污染的直接监测在明确定义的条件下是可行的，但更经常使用表面擦拭法，然后将试纸用液闪计数。

在大的氚处理设施中，可能有大量的在线氚监测数据。将这些数据在一台计算机内贮存并在中央控制室内提供定时读出和处理将是十分必要和有用的。表 6-1 中列出了部分国外生产的商售氚监测仪的性能参数。

**表 6-1　部分国外商售氚监测仪一览表**

| 氚监测仪型号 | 生产厂家 | 测量范围与探测限 | 探测器体积 | 有无补偿 | 适用范围 |
|---|---|---|---|---|---|
| 300/400 UNITS-MODULAR CONFIGURATION TRITIUM MONITORS | 美国 OVERHHOFF | | 配 500 $cm^3$、200 $cm^3$，或 20 $cm^3$ 电离室体积 | | 工艺高浓度氚监测 |
| | 加拿大 TYNE | | 配电离室体积 500 $cm^3$、200 $cm^3$，或 20 $cm^3$ | | 工艺高浓度氚监测 |
| MODEL 93-WR-T-HTO | 美国 OVERHHOFF | 0～10 $Ci/m^3$，探测下限 $1\times10^{-9}$ $Ci/m^3$ | 双电离室配双流气式正比计数器 | 有外 γ 与其他放射性气体补偿，HTO、HT 甄别测量 | 宽量程超灵敏度，实时测定工作场所或烟囱排出流浓度 |
| Tritium-Monitor-System FHT 63 D | 德国 FAG Kugelfischer George Schafer KgaA | 接近 80 $Bq/m^3$ 的高灵敏度($2\sigma$，1 h 测量时间) | 3 个 300×300×14 mm 气流计数管，测量计数管位于两个屏蔽计数管之间 | 有外 γ 与其他放射性气体补偿，HTO、HT 甄别测量 | 房间空气和实验室及反应堆厂房排气中氚浓度 |
| MODEL 421 NPPM | 美国 OVERHHOFF | 0.1 $\mu Ci/m^3$ ～ 200.00 $mCi/m^3$ | 双电离室，每个 1 200 mL | γ 补偿 | CANDU 堆核电站氚监测 |
| Model 275 Tritium Area Monitor | 加拿大 TYNE | Up to $2.04\times10^7$ $\mu Ci/m^3$ | 同轴补偿电离室，1 325 $cm^3$ | γ 补偿 | 氚设施区域空气监测 |
| MODEL 357BW TRITIUM MONITOR | 美国 OVERHHOFF | 1～19.999 $\mu Ci/m^3$ | 同轴安装 2 个 1 600 mL 电离室 | α 抑制与 γ 补偿 | 房间、手套箱、通风橱、烟囱排气 |

续　表

| 氚监测仪型号 | 生产厂家 | 测量范围与探测限 | 探测器体积 | 有无补偿 | 适用范围 |
|---|---|---|---|---|---|
| MODEL 347 ROOM AIR MONITOR | 美国 OVER-HHOFF | 0.1～1 999.9 μC/m³ | 4 个十字交叉 2 900 mL 电离室 | α 抑制与 γ 补偿 | 房间空气 |
| MODEL LB110 | 德国 Berthold | | 脉冲波形甄别流气式正比计数器 | | 房间空气 |
| MODEL 400SBDγC | 美国 OVER-HHOFF | 1～20 000/m³ | 4 个 200 mL 电离室 | α 抑制与 γ 补偿 | 可携式空气中氚监测仪 |
| MODEL SP1400DD | 美国 OVER-HHOFF | 0～20 000 μC/m³ | 2 个 1 400 mL 电离室 | 有 α 抑制与 γ 补偿 | 可携式空气中氚监测仪 |
| MODEL Tyne-7043 | 加拿大 TYNE | 1～20 000 μC/m³ | 4 个 250 mL 电离室，1 个 27 mL 电离室 | α 抑制与 γ 补偿 ≈10 mR/h | 可携式空气中氚监测仪 |
| MODEL 309B(LD) | 加拿大 SARTREX | 1～20 000 μC/m³ | 同轴补偿 250 mL 电离室 | | 可携式空气中氚监测仪 |
| THE FLAT FERRET，MODEL FF-27 | 美国 OVER-HHOFF | 500～500 kcts/min，本底 800 cts/min | 流气正比计数器，探测面积 0.5 cm × 14 cm | | 表面污染监测 |

# 6.2 空气或气体中氚的监测

## 6.2.1 鼓泡器和被动式氚取样器

### 6.2.1.1 R. V. Osborne 的鼓泡器模型及相关参数

工作场所空气中低水平氚化水蒸气 HTO 的鼓泡器取样是一种简单有效的监测方法。早期实验研究所观察到的收集效率为 90%～98%。被取样监测的空气样品通过一个含有蒸馏水的洗气瓶鼓泡，空气样品中的绝大部分氚化水蒸气，同鼓泡器中的水进行同位素交换。在足够长的时间间隔后，鼓泡收集水中的氚含量用液闪计数器测定。由空气流量和取样时间，可确定氚被取样的总空气体积，从而可以计算求出空气中氚的平均浓度。1973 年加拿大的 R. V. Osborne 从理论上研究了鼓泡器相关变量对收集效率的影响，给出了主要参数的确定方法[1-3]。

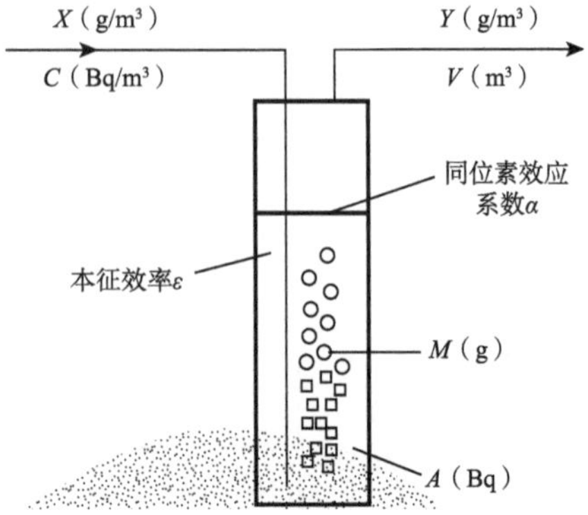

图 6-1　鼓泡器模型

图 6-1 是 R. V. Osborne 鼓泡器模型。假定含水量为 $X$(g/m³)，其中 HTO 的放射性浓度为 $C$(Bq/m³)的空气被通入水中鼓泡，本征效率 $\varepsilon$，也称饱和系数，是指鼓入空气中所含的氚化水蒸气被鼓泡器中的水吸收的百分数。假定在鼓泡器液汽两相交界面上的饱和水蒸气密度是 $Y$(g/m³)，且在两相交界面上蒸气相中 HTO 的比放射性同液相中的比放射性的比值，即同位素效应系数，在特定的动力学条件下为 $\alpha$。

取鼓泡器内水的质量为 $M$(g)，其中氚的放射性

活度是 $A$(Bq)，鼓泡器的本征效率为 ε，则鼓泡器内水的质量 $M$ 对通过它鼓泡的空气体积 $V$ 的变化率由下式给出：

$$\frac{dM}{dV}=\varepsilon(X-Y) \tag{6-1}$$

假定，这一放射性是均匀分布在鼓泡器水中，鼓泡器内水的放射性活度 $A$ 对鼓泡空气体积 $V$ 的变化率是：

$$\frac{dA}{dV}=\varepsilon\left(C-\frac{\alpha AY}{M}\right) \tag{6-2}$$

式(6-1)可以直接积分出：

$$M=M_0-\varepsilon(Y-X)V \tag{6-3}$$

这里，$M_0$ 是鼓泡器内水的初始质量。假定 $\alpha$ 与 $V$ 和 $M$ 无关，$x\neq y$，将 d$V$ 用 d$M$ 表示代入式(6-2)，用分离变量法可解得：

$$A=\frac{MC}{(Y-X)^{\omega}}\left[1-\left(\frac{M}{M_0}\right)^{\omega}\right]+A_0\left[\left(\frac{M}{M_0}\right)^{\omega+1}\right] \tag{6-4}$$

式中，$A_0$ 是鼓泡器内的初始放射性活度；$\omega=\frac{\alpha Y}{Y-X}-1$。显然，这是最普遍情形下的解。当 $X=Y$，即通入的气体本身是饱和的时，

$$A=\frac{M_0C}{\alpha X}\left[1-\exp\left(-\frac{\varepsilon\alpha XV}{M_0}\right)\right]+A_0\exp\left(-\frac{\varepsilon\alpha XV}{M_0}\right) \tag{6-5}$$

当鼓泡器被用作取样时，鼓泡器的初始放射性活度 $A_0=0$，由式(6-4)可求出收集效率：

$$E=\frac{A}{CV}=\frac{M\left[1-\left(\frac{M}{M_0}\right)^{\omega}\right]}{(Y-X)\cdot\omega\cdot V} \tag{6-6}$$

若 $H$ 是温度为 $t$ ℃时鼓入气体的相对湿度，则有 $X=HY$，$\omega=(\alpha+H-1)/(1-H)$。由式(6-6)可以看出，只要我们先实验测定出不同结构鼓泡器在不同温度与空气流速下的 ε 和 $a$ 值，然后将实验值代入公式，就可以推断出鼓泡器在不同环境温湿度条件与空气流速下，对不同取样空气体积的收集效率。

饱和系数 ε 是反映鼓泡过程中汽液两相交换程度的量，依赖于鼓泡器的结构、空气流速和温度。对于各种形式的多孔细长鼓泡器，只要鼓泡器中水的装量高度能保证气泡通过液相有足够长的时间，ε=1 是容易满足的。该值可用简单的实验测定方法估计，即用称重法确定鼓泡器鼓入 $V_{气}$ 体积的干燥空气后失去的水量 $\Delta V_{水}$，依据实验环境温度查出其对应的绝对湿度 $Y_t$，由此 $\varepsilon=\Delta V_{水}/Y_tV_{气}$。

同位素效应系数 $\alpha=[HTO/H_2O]_{气}/[HTO/H_2O]_{液}$，在不同温度下的值已在上述文献中给出，列于表 6-2。在特定动力学条件下测定的鼓泡器的 $\alpha$ 值与表 6-2 给出的值有一定差别，可以通过用冷冻法实际测定比较鼓泡器中水和鼓出气体冷凝水的比活度而给出估计值。

**表 6-2　不同温度下的 α 值**

| $t$/℃ | 0 | 14 | 20 | 30 | 50 | 70 | 90 |
|---|---|---|---|---|---|---|---|
| $\alpha$ | 0.86 | 0.90 | 0.91 | 0.92 | 0.94 | 0.96 | 0.97 |

#### 6.2.1.2 鼓泡取样器的应用与设计

一个简单的鼓泡器取样系统，由过滤器，串接鼓泡器，空气流量计和可进行流量控制的抽气泵构成。取样时应对流量计进行刻度以避免抽气泵脉动气流所产生的误差。对于充以 50～250 mL 蒸馏水的单个鼓泡器，空气流量为每分几升时，收集效率的典型值高于 90%，特别是当两个鼓泡器串接使用时，实际上消除了进行收集效率校正的必要性。

鼓泡器很适合用于空气中低浓度氚的取样监测。甚至在无须任何特别操心的情形下，使用液闪计数，很容易测量到鼓泡器收集水中 1 Bq/mL 的氚浓度。若假定收集水体积在测量前被稀释到 1 L，对氚浓度为 5 kBq/$m^3$ 的空气，以 3 L/min 流量取样 2 h 就可以产生这样一个浓度。使用较长的收集时间或较高的取样空气流量可以测到更低的空气浓度。例如，将取样时间扩展为 1 天，将使探测下限减小一个数量级。实际上用 300 mm 的细长多孔鼓泡器，50 mL 水，只要几分钟取样，就可测到低于 1 DAC 的空气浓度。

其他的放射性气体，在水中也有某些有限的溶解度。在收集样品中这些气体的浓度，可以通过在测量前用干净空气吹掠冲洗收集水面而大大减少。当然，取样场所的 γ 场无论如何不会对这种确定氚的方法有任何影响。

已知水鼓泡器对气态 HT 的收集效率小于千分之一。若将空气先通过一个 2 级或 3 级串接的鼓泡器除去并测量 HTO，然后通过一个加热的贵金属催化剂(如钯)床将 HT 氧化转变为 HTO，随后再被催化器后接的鼓泡器收集，这样就可以测定气态 HT 了。许多在工作场所使用的全氚取样器或 HT-HTO 甄别式取样器就是利用这一原理工作的[4-5]。

乙二醇是无色，黏稠有甜味的液体，沸点 198 ℃，熔点 −11.5 ℃，密度 1.108 8 g/$cm^3$，易溶于水和乙醇，是工业上常用的脱水剂。在收集 HTO 的鼓泡器中使用乙二醇作收集液，主要利用该溶剂的低蒸气压特性，减少长时间取样因鼓泡器内水的蒸发损失而产生的 HTO 捕集效率降低。然而，即使使用乙二醇作鼓泡器收集液，当取样时间很长时，也将不得不考虑氚损失的问题。对于 HTO-催化氧化器-HT 鼓泡器取样系统，由于通过前级乙二醇鼓泡器捕集了 HTO 的空气非常干燥，会使由空气中 HT 氧化生成的微量 HTO 被吸附在催化剂床或催化器和第 1 级后接鼓泡器之间的管壁上，导致对被取样 HT 的延迟响应。减小这种取样器记忆效应的一种方法是在催化氧化器前接的最后一级 HTO 鼓泡器使用水而不用乙二醇使空气加湿，但这将部分地损害使用乙二醇来达到提高鼓泡器收集效率的目的。

当使用乙二醇作收集液时，对 HTO 的捕集经历了两个分开的过程。首先是空气中的 HTO 被溶解在乙二醇中，然后是同位素交换。许多闪烁液对乙二醇-水混合物比单独对水允许有更高的加样量，这可以导致较高的探测灵敏度。某些闪烁液不易同乙二醇混合，也可能会导致计数困难。乙二醇还能够使鼓泡器在低于冰点以下的温度运行。

除了上面提到的广泛用于现场空气中氚监测的小型 HTO 鼓泡取样器或 HTO-HT 甄别式取样器外，目前，几乎国内外所有的氚实验室或设施都建立有基于鼓泡器的烟囱排出流 HTO-HT 长周期累积取样装置。为了对鼓泡器长周期累积取样的特性有较深入了解，这里详述 20 世纪 80 年代初秦山我国第一座压水堆核电厂烟囱排出流监测系统中氚取样器设计所依据的实验研究与结论[6]，以供参考。

该项研究利用冷冻-液闪测定方法，实验测定了两种喷嘴结构的细长鼓泡器(单孔 $\phi$2 mm，多孔 $\phi$1 mm)，分别在温度为 6.9～38.8 ℃，空气流速为 1、0.5、0.2 L/min 工作条件下的同位素效应系数，发现两种鼓泡器的 $\alpha$ 测定值无太大差别，所有测量结果的平均值为 0.88(1±2.7%)。将这两种喷嘴结构的鼓泡器，初始装水量均为 300 g，两两串接，对氚监测仪刻度器输出的浓度约为 $1\times10^{-7}$ Ci/L 的氚化水蒸气，进行了连续 5 d 的长周期累积取样，环境温度为 25～30 ℃，相对湿度 50%，取样空气流速 0.3 L/min，对应的总取样体积为 3.45 $m^3$。用液闪计数器测出每个鼓泡器内收集水量的逐日变化及比活度增高，由串接鼓泡器的总活度 $A_1$、$A_2$ 估算的收集效率 $E$ 与理论计算值的比较列于表 6-3。

由于所用氚监测仪刻度器输出气体的饱和含水量恒定为 9.4 g/$m^3$[7]，实验时的环境温度在 25～30 ℃之间，平均值为 26.2 ℃($Y_t$=24.35 g/$m^3$)，输入气体的平均相对湿度 $H$=38.6%。由表 6-3 可以看出，两组鼓泡器第一级的总失水量平均为 45 g，7 d 对应于 3.0 $m^3$ 的空气取样体积，工作温度 26 ℃时鼓出气体带走的水量应为 73.05 g。由此可估算出进入鼓泡器的含水量为 28.05 g，相应的相对湿度，与前面的实验预期值相符。两组鼓泡器的第 2 级累积失水量仅为 6 g，为初始水量 300 g 的 2%，说明饱和系数 $\varepsilon\approx1$ 的条件是满足的。将初始条件代入式(2-6)计算给出的 $E$ 值随取样空气体积 $V$ 的逐日变化，与两组鼓泡器收集效率的实测者相当接近，说明理论估算是可靠的。

该项实验研究表明：

(1)鼓泡器对空气中 HTO 的收集效率，不仅同鼓泡器本身的结构、吸收液装量有关，而且随取样环境的温湿度变化，不是一个定值，因而像其他取样监测装置那样对最后结果进行效率校正是困难的。鼓泡器的设计与使用应保证在最苛刻的环境条件下，将被取样空气中 HTO 的全部或绝大部分收集在取样器或取样系统中。

(2)氚累积取样鼓泡器因具有高的吸收液装量，使鼓泡器的饱和系数 $\varepsilon\approx1$ 容易满足，同位素效应系数 $\alpha$ 随喷嘴结构与工作温度变化不大。在一定工作温度下初始吸收水量和最大取样空气体积成为影响鼓泡器对 HTO 收集效率的两个重要因子。氚鼓泡器使用单级，两级或三级串接都可以达到相同的取样效果。

(3)由 R. V. Osborne 公式可以看出，在鼓泡器特性参数 $\varepsilon$、$\alpha$ 保持定值的条件下，鼓泡器对空气中 HTO 的收集效率仅与鼓泡器初始装水量 $M_0$ 和最大累积取样空气体积 $V$ 的比值有关。$M_0/V$ 的取值范围有一定限制并对应于取样器的探测下限。

(4)对于本项研究设定的技术要求，鼓泡器初始装水量≥300 g，空气流速 0.3 L/min，工作温度 30 ℃，一周 168 h 连续取样 3 $m^3$，鼓泡器对 HTO 的收集效率 $E\geqslant90\%$。使用当时的国产 FJ-353 液闪计数器，取样器的探测下限可达 $10^{-11}$ Ci/L。若使用低本底高灵敏度液闪谱仪，其探测下限可低于 $10^{-13}$ Ci/L 量级。

(5)以水为吸收介质的鼓泡器改用乙二醇为吸收介质时，当被捕集空气中的水量≤鼓泡器装液量的 20%时，其对空气中 HTO 的累积收集效率显著高于水鼓泡器。对于长周期的累积取样，由于乙二醇吸收液中的含水量不断提高，脱水性能逐渐降低，其收集效率将略高于或相近于水鼓泡器的收集效率。

#### 6.2.1.3　巧用鼓泡取样器一例

下面举一个巧用鼓泡器进行氚取样监测的范例。秦山核电三期(以下简称秦三厂)当初引进了 Bot Engineering 有限公司的 MODEL MS24C CARBON SAMPLER 进行烟囱排气中 $^{14}C$ 取样的取样监测。该装置将进入 MS24 $^{14}C$ 取样器内的取样气体被分成独立的两路，

**表 6-3　水鼓泡器连续 8 天与同期累积取样的数据统计**

| | 天数/取样空气/$m^3$ | 1/0.432 | 2/0.864 | 3/1.296 | 4/1.728 | 5/2.160 | 6/2.592 | 7/3.024 | 8/3.456 |
|---|---|---|---|---|---|---|---|---|---|
| 单孔 $\phi$2 mm 鼓泡器 | $M_1$/g | 290.0 | 283.5 | 280.5 | 270.5 | 263.5 | 256.5 | 248.5 | 239.5 |
| | $S_1$(计数/0.1 mL) | $1.54\times10^4$ | $1.93\times10^4$ | $4.10\times10^4$ | $5.69\times10^4$ | $7.62\times10^4$ | $9.6\times10^4$ | $1.00\times10^5$ | $1.17\times10^5$ |
| | $A_1$(计数) | $4.48\times10^6$ | $5.49\times10^6$ a) | $1.15\times10^7$ | $1.54\times10^7$ | $2.01\times10^7$ | $2.35\times10^7$ | $2.50\times10^7$ | $2.83\times10^7$ |
| | $M_2$/g | 298.0 | 297.5 | 297.5 | 295.5 | 296.0 | 296.0 | 295.5 | 295.5 |
| | $S_2$(计数/0.1 mL) | $3.22\times10^2$ | $9.96\times10^2$ | $1.87\times10^3$ | $3.47\times10^3$ | $5.71\times10^3$ | $8.24\times10^3$ | $1.15\times10^4$ | $1.64\times10^4$ |
| | $A_2$(计数) | $9.59\times10^4$ | $2.46\times10^5$ | $5.55\times10^5$ | $1.02\times10^6$ | $1.69\times10^6$ | $2.44\times10^6$ | $3.40\times10^6$ | $4.84\times10^6$ |
| | $E=\frac{A_1}{A_1+A_2}$ | 0.979 | 0.949 | 0.954 | 0.938 | 0.922 | 0.905 | 0.880 | 0.853 |
| 多孔 $\phi$1 mm 鼓泡器 | $M_1$/g | 292.0 | 286.0 | 280.0 | 272.0 | 265.5 | 258.5 | 258.0 b) | 248.5 |
| | $S_1$(计数/0.1 mL) | $1.47\times10^4$ | $2.79\times10^4$ | $4.35\times10^4$ | $5.77\times10^5$ | $5.07\times10^4$ a) | $8.60\times10^4$ | $8.87\times10^4$ | $1.05\times10^5$ |
| | $A_1$(计数) | $4.29\times10^6$ | $7.99\times10^6$ | $1.22\times10^7$ | $1.57\times10^7$ | $1.35\times10^7$ a) | $2.22\times10^7$ | $2.28\times10^7$ | $2.61\times10^7$ |
| | $M_2$/g | 298.0 | 297.5 | 296.5 | 296.5 | 296.5 | 296.5 | 293.0 | 292.5 |
| | $S_2$(计数/0.1 mL) | $2.94\times10^2$ | $9.00\times10^2$ | $2.14\times10^3$ | $4.02\times10^3$ | $5.72\times10^3$ | $8.02\times10^3$ | $8.14\times10^3$ | $1.23\times10^4$ |
| | $A_2$(计数) | $8.76\times10^4$ | $2.67\times10^5$ | $6.35\times10^5$ | $1.19\times10^6$ | $1.69\times10^6$ | $2.37\times10^6$ | $2.38\times10^6$ | $3.61\times10^6$ |
| | $E=\frac{A_1}{A_1+A_2}$ | 0.979 | 0.942 | 0.950 | 0.930 | 0.892 | 0.903 | 0.905 | 0.878 |
| 理论估算值 $E$ | | 0.990 | 0.974 | 0.957 | 0.941 | 0.924 | 0.907 | 0.890 | 0.873 |
| 工作温度/℃ | | 24.5～25.8 | 25.4～26.0 | 25.6～26.2 | 25.2～27.5 | 26.5～27.5 | 27.0～28.0 | 28.0～28.0 | 25.6 |

注：a)液闪测定可能有误；b)该鼓泡器有 19 h 未接入。

见图 6-2。一路通过前后各有一个装满硅胶干燥剂的洗瓶，中间两个装有 200 mL NaOH 吸收碱液的相互串接的 A、B、C、D 4 个洗瓶，用以捕集气体中的 $CO_2$。另一路首先通过一个 650 ℃高温催化床，将气体中的有机碳和 CO 氧化成 $CO_2$，然后通过与前述完全相同的取样阵列，捕集气体中的总碳。取样流速为 200 mL/min。秦三厂在 MS24C $^{14}C$ 取样器的实际应用中，将每一个取样回路中装满硅胶干燥剂的第一个洗瓶，改为 200 mL 去离子水，将 MS24C $^{14}C$ 取样器变成了$^{3}H$、$^{14}C$ 联合取样器，每次取样监测同时报出了烟囱排气中的总氚，HTO，总$^{14}C$ 和$^{14}CO_2$ 的数据。

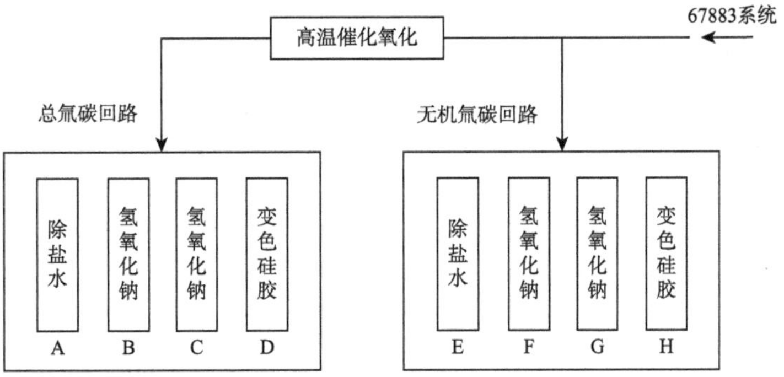


图 6-2　秦三厂对 MODEL MS24 $^{14}C$ 取样器的改进应用

这样一来，每个取样阵列中装 200 mL 去离子水的第一个洗气瓶 A，E 是每个取样周期结束后，液闪测量氚的主要贡献者，而对分别装入 0.5 mol/L 的 NaOH 吸收碱液 200 mL 的第二和第三个洗瓶 B、C 和 F、G 混合后样品进行双标记样品的液闪计数，进一步给出剩余的氚和$^{14}C$ 的总量。秦三厂将 MS24 烟囱排气中的$^{14}C$ 取样器改造成烟囱排气中的$^{3}H$、$^{14}C$取样器，显然具有节能增效的好处。但这样改造后：1)改造后的 MS24 取样器对烟囱中氚的捕集效率到底是多少，是否能够满足烟囱监测要求；2)原先设计专门用于$^{14}C$ 的取样器，现在同时用于$^{3}H$ 和$^{14}C$ 的捕集和双标记样品的液闪分析，对测量结果的不确定度有何影响，应当有个明确的评价。

MS24 $^{14}C$ 取样器中 650 ℃高温催化床，既然能将碳氢化合物中的 C 完全氧化生成 $CO_2$，那么化合物中的 H 也必然会被完全氧化成 $H_2O$，两者应具有相同的氧化转化效率。于是，对于 MS24 $^{14}C$ 取样器对$^{3}H$ 和$^{14}C$ 的捕集效率，最后归结为高温催化床后面的鼓泡器取样系列分别对于 HTO 和 $CO_2$ 的捕集效率。

鼓泡器的饱和系数 $\varepsilon=1$ 的条件容易满足。前文已提到对鼓泡器取样同位素效应系数 $\alpha$ 的实验测量结果均值约为 0.88。根据改造后 MS24 取样器中的鼓泡器系列在现场的实际工作条件，取样气体的温度按 $t=25$ ℃计，饱和含水量 $Y(25)=23.03\ g/m^3$。取样气体的相对湿度按 $H=50\%$计，$\omega=(\alpha+H-1)/(1-H)=0.76$。对于 7 d 连续取样，累积取样体积 $V=2.016\ m^3$。已知鼓泡器初始装量 $m_0=200$ g，则取样结束时的水量 $m=200\ g-23.03\ g/m^3\times(1-0.50)\times2.016\ m^3=176.8$ g。所以第一级鼓泡器的取样效率，按公式(6)

$$E=\frac{176.8\times\left[1-\left(\frac{176.8}{200}\right)^{0.76}\right]}{23.03\times0.5\times0.76\times2.016}=\frac{15.81}{17.64}=89.6\%$$

第 2 级和第 3 级鼓泡器的取样效率应当是

$$E=\frac{A}{CV}=\frac{m_0(1-e^{-\frac{\varepsilon\alpha XV}{m_0}})}{X\cdot\alpha\cdot V}=\frac{200\times(1-e^{-0.102})}{20.42}=\frac{19.4}{20.42}=95.0\%$$

由此，由理论计算可以求得该系统对气体中 HTO 的取样效率 $E_{总}$

$$E_{总}=E_1+(1-E_1)E_2+[1-E_1-[(1-E_1)E_2]E_3=0.896+0.098+0.005=99.89\%$$

以上计算表明，改造后的 MS24 取样器，其第一个鼓泡器对 HTO 捕集效率的理论计算值为 89.6%，3 个串接鼓泡器系列对 HTO 的捕集总效率为 99.89%，接近于 100%。图 6-3 给出了单个 MS24 鼓泡器分别对 20 ℃、25 ℃、30 ℃下、相对湿度 40%、50%、60%的烟囱气态排出流中 HTO 计算的捕集效率。在每个温度下鼓泡器对 HTO 的捕集效率随进入气体相对湿度的降低而稍微有所下降。MS24 取样器设定的气体流量 0.2 L/min，每个取样周期 7 d 的累积气体取样体积仅为 2 $m^3$ 左右，对于初始装液量为 200mL 的单个鼓泡器，对烟囱排气中 HTO 的捕集效率一般均能保持在 90% 附近。实际上，只要单个鼓泡器的捕集效率达到 80%以上，一个三级串接的鼓泡器系列应能达到 99.2%左右的 HTO 取样效率。

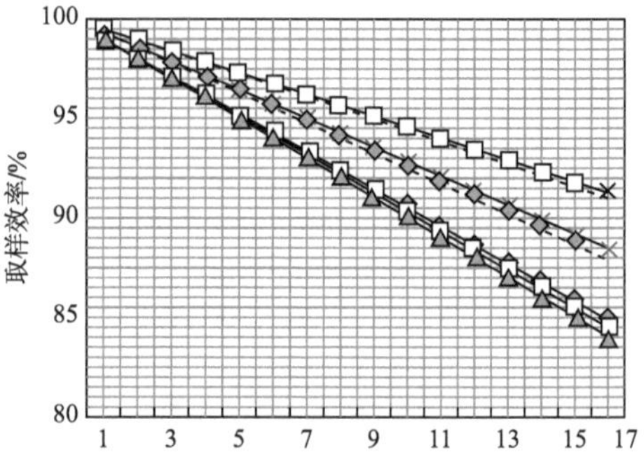

图 6-3　单个 MS24 鼓泡器对不同温湿度排气中 HTO 的取样效率

收集的 HTO 主要集中在第一个鼓泡器的无离子水内，秦三厂液闪测量的样品配制为 5 mL 水样+10 mL Utima Gold LLT 闪烁液，在 PE 公司的 TRI-Carb 3100 液闪谱仪上进行氚的测量。收集的 $^{14}CO_2$ 主要集中在二三级鼓泡器内的 NaOH 溶液中，液闪测量的取样量为 2 mL 碱液+15 mL PE Hionic-Fluor 闪烁液，在 TRI-Carb 3100 液闪谱仪上进行 $^3H$ 和 $^{14}C$ 的双标记测量。

表 6-4 给出了现场烟囱排气中氚取样的实测数据分析。表中 $m_1$、$m_2$、$m_3$ 分别表示取样结束后各个鼓泡器内的收集水量，$E_1$、$E_2$、$E_3$ 则表示由该周期取样实测结果推算的实际取样效率。实际监测数据说明，在烟囱取样器 7 d 累计取样气体体积 $V=2.01$ $m^3$ 时，取样器中的第一级鼓泡器对 HTO 的捕集效率为 86.6%～89.3%，与本节前文中估算的 89.6%以及图 6-3 效率曲线值非常接近。而累计取样气体体积 $V=1.14$ $m^3$ 时，第一级鼓泡器对 HTO 的捕集效率为 92.8%，也符合 HTO 的捕集效率随累积取样体积的减小而升高的理论预期。第二级和第三级 NaOH 吸收碱液对气体中 HTO 的捕集效率，由于进入气体几乎是饱和水蒸气，就单级而言其每个鼓泡器对 HTO 的捕集效率显然不会低于取样系列中第一级鼓泡器对 HTO 的捕集效率。所以说目前秦三厂使用的烟囱排气中氚、$^{14}C$ 取样器，对氚的取样效率接近 100%是有根据的。

#### 6.2.1.4　被动式氚取样器

被动式氚取样器因其简单易行而被用于工作场所空气中 HTO 浓度的监测。闪烁液、硅胶、沸石和乙二醇都可被用于空气中的 HTO 取样。早期的被动式取样方法常用于粗略估计环境或工作场所空气中的 HTO 浓度。20 世纪 90 年代，加拿大 Ontario Hydro 研制出来的一种被动式空气中氚取样器[8]，已经取代了在许多工作场所空气监测中应用的鼓泡

表 6-4 现场烟囱排气中氚的取样测量的数据分析

| 样品来源 | 捕集物质 | 第 1 级 | 第 2、3 级 | 取样体积 $V/m^3$ |
|---|---|---|---|---|
| 编号 HP-1-20160504 1#机组 S1-318 | 总氚 | $m_1$=186.00 mL<br>$4.14\times10^4$ Bq<br>$E_1$=92.74% | $m_2+m_3$=371.00 mL<br>$3.24\times10^3$ Bq<br>$E_{2,3}$=7.26% | 1.14 |
| | HTO | $m_1$=180.00 mL<br>$3.58\times10^4$ Bq<br>$E_1$=92.84% | $m_2+m_3$=372.00 mL<br>$2.76\times10^3$ Bq<br>$E_{2,3}$=7.16% | |
| 编号 HP-1-20160323 1#机组 S1-318 | 总氚 | $m_1$=176.00 mL<br>$6.93\times10^4$ Bq<br>$E_1$=89.88% | $m_2+m_3$=382.00 mL<br>$8.32\times10^3$ Bq<br>$E_{2,3}$=10.12% | 2.01 |
| | HTO | $m_1$=176.00 mL<br>$8.93\times10^4$ Bq<br>$E_1$=89.28% | $m_2+m_3$=381.00 mL<br>$8.32\times10^3$ Bq<br>$E_{2,3}$=10.72% | |
| 编号 HP-1-20160525 1#机组 S1-318 | 总氚 | $m_1$=176.00 mL<br>$7.40\times10^4$ Bq<br>$E_1$=87.78% | $m_2+m_3$=391.00 mL<br>$1.03\times10^4$ Bq<br>$E_{2,3}$=12.22% | 2.02 |
| | HTO | $m_1$=180.00 mL<br>$6.56\times10^4$ Bq<br>$E_1$=88.64% | $m_2+m_3$=388.00 mL<br>$8.40\times10^3$ Bq<br>$E_{2,3}$=11.36% | |

器，且在环境监测中也受到了越来越大的重视。这种被动式取样器同主动式取样器相类似，除了它的抽气泵被自然扩散代替外，其取样速率由取样器的开孔大小确定。该取样器由一个瓶盖上装有精确定义的孔板，内装少量水或其他溶剂的 20 mL 闪烁计数瓶构成。在空气监测的周期内取样器被放置在现场。气载 HTO 扩散进入取样器瓶内，交换并被溶入吸收溶剂中。取样后在瓶中加入适量的闪烁液，直接制成样品进行液闪计数。取样场所空气中的平均氚浓度是被收集氚的活度除以取样空气体积的值。

根据菲克定律，通过滤膜的水蒸气通量在稳态情形下，可表示为：

$$J=-\frac{D(H_{\text{in}}-H_{\text{out}})}{\delta} \tag{6-7}$$

式中：$J$ 为通过滤膜的水蒸气通量，$g/(m^2\cdot h)$；$D$ 为水蒸气在滤膜中的扩散系数，$m^2/h$；$H_{\text{in}}$为取样瓶内空气的绝对湿度，$g/m^3$；$H_{\text{out}}$为取样瓶外空气的绝对湿度，$g/m^3$；$\delta$ 为滤膜的厚度，m。

另一方面，取样瓶内吸附收集得到的水蒸气量，可由式(6-8)给出

$$\Delta w=JST \tag{6-8}$$

式中：$\Delta w$ 为被收集的水蒸气量，g；$S$ 为取样器孔径上的滤膜面积，$m^2$；$\Delta T$ 为暴露时间，h。

$$\Delta w=\frac{D(H_{\text{out}}-H_{\text{in}})ST}{\delta} \tag{6-9}$$

$$\Delta w = DH_{out}ST/\delta = H_{out}KT \quad (6\text{-}10)$$

$$C_a = A/KT \quad (6\text{-}11)$$

式中：$Ca$ 为在取样周期内空气中氚的平均浓度，Bq/L；$A$ 为取样器内干燥剂所吸收的总氚量，Bq；$K$ 为被动式取样器孔板的等效空气流量，$m^3/h$。

国内中辐院在 2000 年初，根据上述原理，成功地研制了液闪计数瓶内装 5 g 硅胶，等效取样流量为 5 L/d和 1 L/d 的 PTS-5 和 PTS-1 被动式空气中 HTO 取样器[9]，见图 6-4。

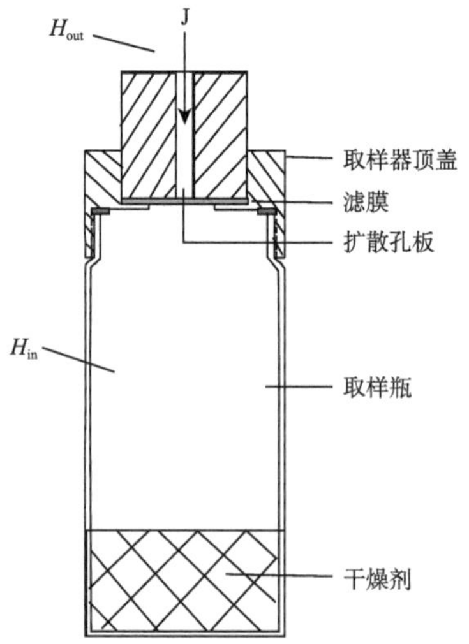


图 6-4 被动式氚取样器结构原理图

1997 年大亚湾核电站 1 号机组第 3 次大修换料，从反应堆解列到系统升压恢复到热停堆期间，利用探测下限为 5 $Bq/m^3$ 的 PTS-5 被动式取样器测得的各典型厂房空气中的 HTO 浓度变化趋势如图 6-5 所示。图的横坐标下对应位置标出了该次大修的取样周期和关键路径，纵坐标为每个取样周期被测厂房空气中的 HTO 浓度。由图 6-5 中可以清楚地看出，PTS-5 被动式取样器对 HTO 的测定结果，从 N-234 非放实验室到 1RX 反应堆 1 m 平台，空气中的 HTO 活度浓度水平 $Bq/m^3$ 跨越了 4～5 个量级。

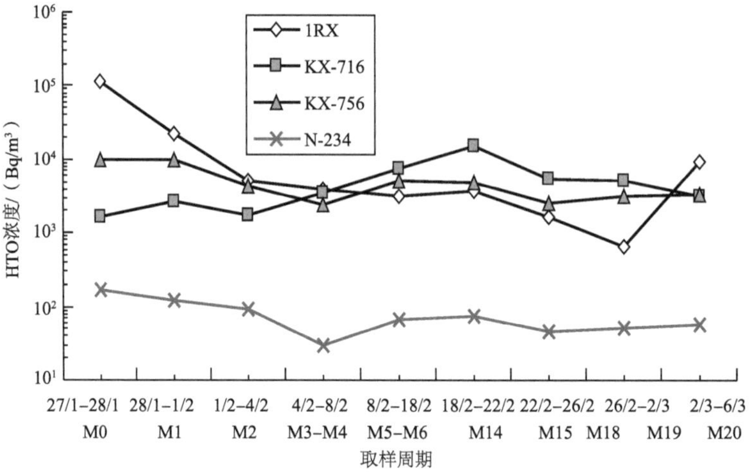


图 6-5 大修换料期间反应堆各典型厂房空气中的 HTO 浓度变化

## 6.2.2 电离室方法

### 6.2.2.1 理论

电离室的工作原理是通过测量在一个充气室内由施加电场所收集电荷而探测辐射如 β 和 γ 射线的[10-12]。在电离室内生成的离子对数目直接正比于辐射的能量和强度，且依赖于电离室的设计和占主导地位气体的性质。就理想而言，一个室壁辐射能量沉积可以忽略不计，很好设计的电离室，能够完全收集所生成的所有离子对，即离子对的复合损失也可

忽略，这样将产生一个称之为饱和电流的稳定信号。对于测量放射性气体，电离室饱和电流 $I$(A)可表示为

$$I_s = \frac{E \cdot C \cdot V_s \cdot e}{W} \tag{6-12}$$

式中，$E$ 为在所充气体中每次衰变沉积的平均能量，eV，对氚 β 粒子衰变为 5.68 keV；$C$ 为电离室内放射性气体的浓度，$Bq/m^3$；$V_e$ 为电离室的有效收集体积，$m^3$；$e$ 为电子电荷，$1.6\times10^{-19}$ C；$W$ 为平均电离功，即在该气体中每产生一对离子所需要的平均能量，eV。

平均电离功 $W$ 值依赖于吸收介质气体的性质和辐射能量，但在几百 eV 量级的较高能量，$W$ 值不依赖于辐射能量。对于几种常见气体，高能 β 辐射产生 1 个离子对的平均电离功 $W$ 值及每单位氚活度的饱和电流值列于表 6-5。

**表 6-5　在几种气体中由氚衰变产生的值和饱和电流**

| 气体 | W(eV/每个离子对) | 饱和电流/(pA/μCi) |
|---|---|---|
| $H_2$ | 36.6 | 0.915 |
| He | 41.9 | 0.799 |
| $N_2$ | 34.6 | 0.968 |
| $O_2$ | 30.8 | 1.09 |
| Ar | 26.2 | 1.28 |
| 空气 | 33.7 | 0.993 |

注：1 μCi=$3.7\times10^4$ Bq。

测氚电离室一般对于(辐射也是灵敏的，所以常可用外(源照射来方便地检验探测器的性能。已知场强度经常表示为 R/h，1 R 等于标准温度压力下 1 $cm^3$空气产生 1 esu 的电荷(1 esu=0.333 56 nC)，所以测氚电离室对于 γ 场产生的饱和电流可以表示为

$$I_r = 92.6\,\frac{\Phi \cdot V \cdot P \cdot T_0}{P_0 T} \quad \text{(fA)} \tag{6-13}$$

式中，$\Phi$ 是 γ 场强度，R/h；$P$ 和 $T$ 是占主导地位气体的压力和温度，而 $P_0$ 和 $T_0$ 是标准压力和温度；92.6 是在标准温度压力下每 $cm^3$ 空气每 R/h 产生的电流，$fA/cm^3$(空气，STP)·$(R\cdot h^{-1})$。已知 1 R/h=8.76 mGy/h，则式(6-13)可以改写为 $1.057\times10^{-11}$ $A/cm^3$(空气，STP)·$(Gy\cdot h^{-1})$。例如一般环境 γ 的剂量率在 0.1 μGr/h 左右，对于 1 mL 的电离室产生的电流应为 $1.057\times10^{-18}$ A，对 1 L 电离室则为 $1.057\times10^{-15}$ A。

由于氚的 β 射线能量非常低不能穿透通常电离室的壁，所以氚必须被直接引入电离室内进行测量。在测量室内氚 β 粒子产生的离子对被外加电场收集，氚在进入电离室前产生的离子对必须用离子捕集器除去。由式(6-13)计算和表 6-6 给出的数据可知，在空气中氚产生的电离电流约为 0.025 fA/Bq。这就是说一个 1 L 的电离室，对于 40 $kBq/m^3$ 的氚浓度，将产生 1 fA 的电离电流。1 fA 相应于每秒不到 $10^4$ 个电子，这是一个非常低的电流，需要用非常灵敏和稳定的静电计才能测量。因而对有关前级元件的绝缘性和表面清洁提出很高的要求。实际上 40 $kBq/m^3$ 的空气中氚浓度也是在现场使用小型电离室能够测到的氚浓度最低限值。

#### 6.2.2.2 测氚电离室的设计考虑

(1)被测氚的浓度水平

图 6-6 给出了具有不同体积的电离室电流和氚浓度的关系。设计一个测氚电离室，必须首先考虑它的用途，是用于高浓度的工艺氚监测还是用于一般浓度工作场所的辐射防护监测，由需要监测的氚浓度范围确定适当的电离室体积大小。根据电离室的工作环境，是否存在通常的环境 γ 辐射还是附近有 γ 点源存在，确定电离室的补偿方式。对于工艺测氚电离室，由于被测的氚浓度很高而电离室本身体积很小，一般不需要考虑 γ 补偿。但对于防护监测用电离室，希望尽可能提高探测灵敏度，对通常的环境 γ 贯穿辐射，需用测量与补偿并列或底对底的补偿电离室。若附近有 γ 点源存在，则可选择同轴补偿或十字交叉布置的 4 差分电离室的方式。

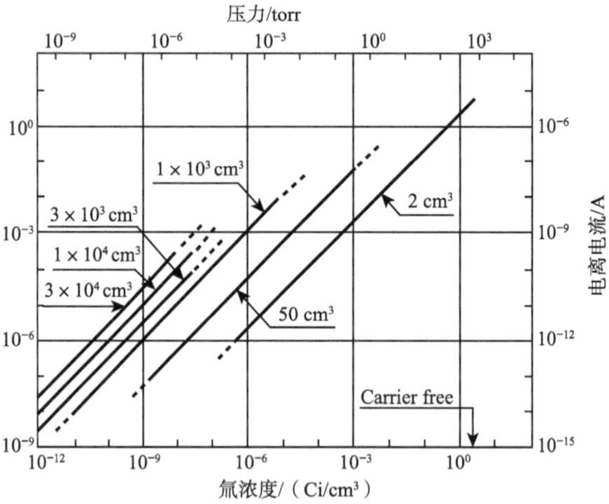


图 6-6 电离室内的含氚量、电离电流和具有不同体积电离室内氚浓度之间的关系

(2)电离室的结构设计

电离室的收集效率定义为测得的电流与理想的饱和电流之比，饱和电流是辐射在该电离室内所产生的全部离子都被收集电极收集的电流。根据文献[12]推导的普适饱和曲线，对于用于保健物理监测的测氚电离室，一个大气压的空气，当收集效率 $f$ 值大于 0.7 时，电离室的收集效率 $f$ 可用下式精确地表示：

$$f=1/(1+\xi^2/6) \tag{6-14}$$

式中，$\xi$ 是一个以变量电离室两电极之间的间隙 $d$、电离的电量 $q$、电离室两极施加的电压 $V$ 与常数 $m$ 的无量纲乘积形式给出的一个与离子的复合率相关的参数。对于平行板型电离室，$\xi_{平行板}$ 的值表示如下式：

$$\xi_{平行板}=m\left(\frac{d^2\sqrt{q}}{V}\right) \tag{6-15}$$

式中，$m$ 是表征在给定的温度和压力下气体特性的一个常数，$m=36.7\pm2.2$。对于圆柱形电离室，$\xi_{圆柱}$ 由式(6-16)给出。式中 $a$、$b$ 分别表示圆柱形电离室外半径和内半径。其中 $K_{圆柱}$ 是用以代替电极间距 $d$ 的等效间隙长度 $(a-b)K_{圆柱}$，是 $a/b$ 的函数，由(6-7)给出。

$$\xi_{圆柱}=m\frac{[(a-b)K_{圆柱}]^2\sqrt{q}}{(V/d)\cdot b\ln(a/b)} \tag{6-16}$$

$$K_{圆柱}=\sqrt{\left(\frac{a/b+1}{a/b-1}\right)\frac{\ln(a/b)}{2}} \tag{6-17}$$

对于测氚圆柱电离室，不同的外半径 $a$ 和中心收集电极内半径 $b$，极化电压 $V$，可利用电离室的普适饱和曲线方程斟酌选取。圆柱的高度 $h$，则由电离室的体积确定之。

有效体积是电离室内产生的离子被收集电极完全捕集的气体体积。电离室的设计，应使高压电极与收集电极之间尽可能产生均匀的电场。为了截断从高电位流向收集电极的一些漏电流，在收集电极周围需要安装一个保护环，而保护环的引入会使其附近的电力线分布发生畸变，影响到收集电极对电离室内离子的完全捕集，导致有效体积的减小。所以，必须注意尽量减小保护环外与高压电极之间形成的死体积与保护环内与收集电极之间可能发生复合的低场强区域。

(3)材料与工艺要求

聚四氟乙烯具有高达 $10^{18}$ Ω·cm 左右的体电阻，且具耐辐照、耐高低温(－192～260 ℃)、耐腐蚀，不黏附的优良特性，常被用作测氚电离室的绝缘体。电离室的保护环、电极和壁材料，主要考虑是 α 本底低、对氚吸附小的材料，如黄铜、合金铝，不锈钢等金属。电离室内部金属构件的表面光洁度对于氚的记忆效应有重要影响。若表面镀 1～2 μm 的金层，由于金的高致密度与抗氧化作用，将有助于进一步减小氚的记忆效应。

国内中物院对各种电离室常用材料在不同表面光洁度下的氚污染特性进行了实验研究对比[13]。不同表面粗糙度的试验样品，在密封容器内的氚浓度为 $2.8\times10^{10}$ Bq/m$^3$，污染时间为 4 h。结果列于表 6-6。可以看出，在相同粗糙度为 5 μm 情况下，紫铜样品在氚污染结束后的表面污染水平最高达 127.87 Bq/cm$^2$，依次为紫铜＞黄铜＞铝合金＞304 不锈钢＞316 L 不锈钢＞聚四氟乙烯，聚四氟乙烯表面污染水平仅为 5.75 Bq/cm$^2$，较紫铜低 2 个数量级。对于同一种材料，粗糙度由 5 μm 减小为 1 μm，对氚的吸附减小 75%～80%。由 5 μm 减小为 0.5 μm，对氚的吸附减小 99%以上。冲洗 1 h 后，氚表面污染水平均有所下降，冲洗 2 h 后，氚污染水平下降明显。表面污染氚解析率均高于 50%。对于灵敏体积为 1 L 的电离室，当内表面粗糙度好于 0.55 m 时，采用不锈钢(包括 304 和 316 L)及铝合金作为室壁所产生的记忆效应均不足以影响电离室的正常工作。而当表面粗糙度＞1 μm时，吸附氚所产生的信号将比电离室探测下限高一个数量级以上。

**表 6-6　各种电离室常用材料在不同表面光洁度下的氚污染特性**　Bq/cm$^2$

| 表面粗糙度 | 紫铜 | 黄铜 | 铝合金 | 304SS | 316LSS | 聚四氟乙烯 |
|---|---|---|---|---|---|---|
| 5 μm | 127.87 | 102.29 | 56.26 | 46.03 | 34.52 | 5.75 |
| 1 μm | 33.13 | 27.83 | 12.59 | 12.92 | 7.62 | 0.83 |
| 0.5 μm | 1.10 | 0.88 | 0.27 | 0.14 | 0.12 | |
| 0.1 μm | 0.93 | 0.50 | 0.24 | 0.13 | 0.11 | ＜Ld[a)] |

注：a)Ld 为氚表面污染测量仪探测下限 0.10 Bq/cm$^2$。

(4)静电计的配置

一般用于保健物理监测的测氚电离室本底电流在 $1\times10^{-15}$ A 左右，准确测定如此微小的电流必须使用由高阻抗的 MOS 场效应管作为前级，并由该 MOS 场效应管输入级和高增益运算放大器经电容反馈组成电流积分器或经高阻反馈构成的直流放大器，电路结构和测量原理如图 6-7 所示。

图 6-7(a)为电容反馈电流积分法测量电流。为得到足够高的输入阻抗，减小漏电流的影响采用 CMOS 场效应管与运算放大器组合成高绝缘运算放大器，比一些完全集成化的

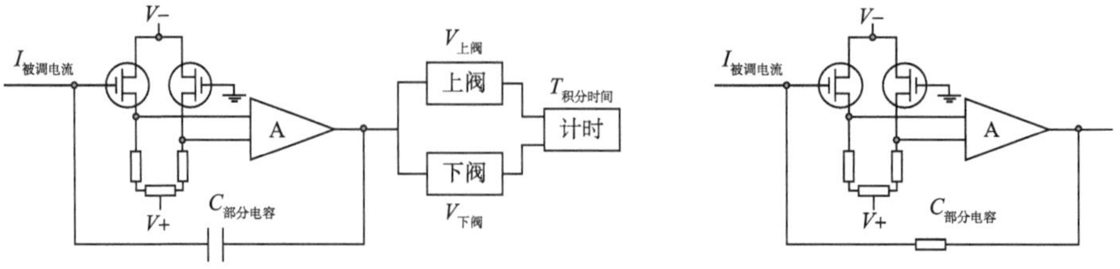


(a) 电容反馈　　(b) 高阻反馈

图 6-7　前置级工作原理示意图

场效应管运放的漏电流至少要小一个数量级，从而获得更低的测量下限。积分测量方法把弱电流的测量变成了电压、电容和时间间隔的测量，而对这几个量的测量很容易达到较高的精度，它是弱电流的一种精密测量方法。

图 6-7(b)为高阻反馈法，$I=V/R_{反馈}$。适合测量快速、连续变化的微弱电流，实时性好，在氚监测仪上使用较多。但反馈高阻经常需要高达 $10^{12}\ \Omega$，稳定性较差、热噪声较大，受温度变化影响大。

空气中氚监测仪要实现在线连续监测，仪器必须具有能够自动切换量程的功能。图 6-8 给出电容反馈电流积分型氚监测仪 TAM-I 与高阻反馈型氚监测仪 FJ-357 在切换量程时在线连续测量的结果比较[14]。两台仪器同步设置每 6 min 给出一个氚浓度的测量结果。TAM-I 自动切换量程，同时人工读取记录 FJ-357 的表头读数。A 区电离室进气为房间空气，后转入 B 区手套箱空气氚浓度升高并维持一段时间，然后用干净空气冲洗氚浓度急剧下降，仪表读数先后跨越 4 个量程。可以看出，当氚浓度急剧升高或下降(换挡)时，FJ-357 由于切换量程(继电器触点撞接高阻产生累积电荷)在升高时产生一个急剧的上冲和下降时又产生一个明显的下摆。而 TAM-I 仪器，由于输入端每次测量都要先短路回零，电流积分给出的又是测量时间内的均值，所以对浓度数量级的变化能够较好地跟随指示。

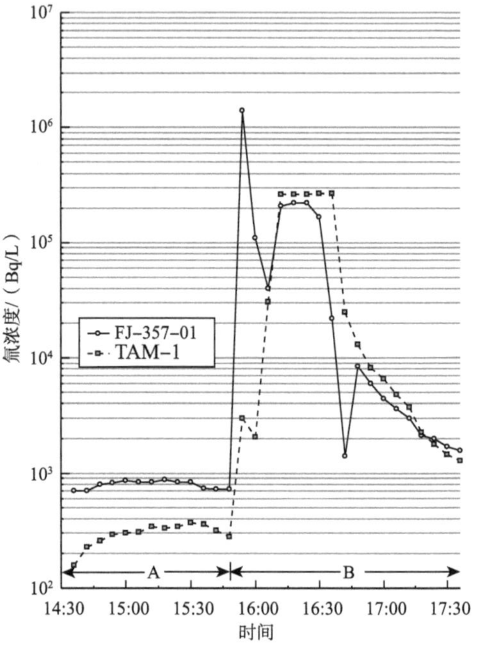


图 6-8　TAM-I 与 FJ-357 空气中氚监测仪串接在线跨量程连续测量的结果比较

(5)其他辅助构件的配置

一个完整的空气中氚监测仪，还应包括粒子捕集器、抽气泵、流量计等装置和储存处理数据的电子学部件。用以消除被测气体进入电离室前离子的粒子捕集器，可以单独设计，也可以在电离室内置。抽气泵最好使用隔膜泵等干泵，取样流量的设置应与电离室的体积相匹配，显著小于仪器二次仪表读数的建立时间。理论分析可知，若电离室的体积为 $V$，气体流量 1 $V$/min 每分钟一个换气体积，电离室内气体的更新率为 69%。气体流量 2.3 $V$/min，气体的更新率>90%。气体流量 4.6 $V$/min，气体的更新率>99%。

### 6.2.2.3　差分式 γ 补偿电离室

使用电离室测量空气中的氚，遇到的难题是它不仅对氚，对其他的放射性气体和环境 γ 辐射也都有响应。例如，环境本底氡可能会干扰测量空气中几十个 $kBq/m^3$ 的氚浓度。由 6.2.2.1 节式(6-13)估计可知，1.0 μGy/h 的空气剂量率将同 400 $kBq/m^3$ 的氚产生近似相同的电离电流，而氚(HTO)的放射性危害至少要比产生这种同样响应的 γ 场高一个数量级。由于单个电离室是无论如何也无法区分外 γ 射线和内部氚 β 粒子产生的电流信号的，因此，用流气式电离室测氚，难点是如何补偿由于 γ 辐射场产生的本底。

用于辐射防护监测的氚监测仪，为了补偿环境 γ 场所产生的影响，其探测器均采用流气式差分电离室的结构。工作原理是两个对称放置完全等同的电离室，氚样品仅流过测量室，补偿室密封。借助于给这两个电离室加上相反的偏压，使它们因外 γ 场产生的电离电流具有相反的极性而互相抵消。这样，相加的讯号输出将相应于取样电离室内的氚浓度。如国内 1966 年最早在氚生产现场投入使用的原子能院研制的 5 L 半圆柱形流气式差分电离室[15]，用黄铜制成表面镀镍的测量室与补偿室完全对称，结合构成一个圆柱体形的差分电离室。补偿室密封，被测空气流连续地通过离子捕集器进入测量室，产生的电流用英国进口的 33C 动电容静电计进行测量。1970 年初国内西安核仪器厂自行研制的 FJ-357 空气中低能 β 气体监测仪[16]，就是由 2 个 3 L 内壁特殊加工的铝锅上下对称放置构成的流气式差分电离室，配接可测 $10^{-15}$ A 以下微电流的全晶体管化的 FJ-356 动电容静电计构成。该仪器探测下限<185 Bq/L，满足 1974 年国家辐射防护规定给出的氚允许浓度标准，曾广泛用于国内工作场所空气中氚的监测。

中辐院在 20 世纪 90 年代中期成功地研制一台新型的空气中氚监测仪，仪器探测器为体积 1.5 L 的丝壁电离室，使被测氚对电离室污染产生的记忆效应减到最小。仪器探测灵敏度小于 185 Bq/L。该探测器配接电流积分测量模式下的场效应管静电计，用 8 031 单片微机为核心的智能化仪表自动控制测量过程，具有自动换挡、显示测量结果，数据处理、储存和打印绘图功能，测量范围为 $1.85\times10^2 \sim 3.7\times10^6$ Bq/L[14]。以后又陆续推出探测器体积为 2 L 的丝壁电离室 TAM-I 型，4×2 L 的四差分丝壁电离室 TAM-Ⅱ型和体积为 51 L 的丝壁电离室 TAM-Ⅲ型空气中氚监测仪。其中，TAM-Ⅱ型空气中氚监测仪[17]，它的探测器由 4 个空间布置对称，可进行 γ 补偿的 2 L 丝壁电离室构成。具有灵敏度高，记忆效应小的优点。它非常适用于核设施或氚研究实验室房间空气，手套箱及烟囱排放废气中氚含量的连续自动监测。到 2000 年前后，TAM-Ⅱ型空气中氚监测仪已基本取代 FJ-357，广泛用于国内核工业氚设施现场工作场所空气中氚的监测。

TAM-Ⅱ型氚监测仪的 γ 补偿性能测定，是将差分补偿电离室中心放置在对应于 γ 点源准直线上 3 m 处，每次转动 45° 角分别测得仪器有无补偿时的电流指示。利用 31.6 μGy/h的 $^{137}Cs$ 源，对差分电离室直立与平放两种位置分别旋转 360° 测定的 γ 补偿角分布如图 6-9、图 6-10 所示。对所有方向的入射 γ 射线，补偿均高于 97%。在差分电离室平放时，对从前置级底盘后面入射的 γ 射线，补偿误差为 93%，这是由于底盘中放有电离室极化电压的高压电源块所致。仪器正常安装，底盘均在后部或底部，所以它对测量不会构成影响。

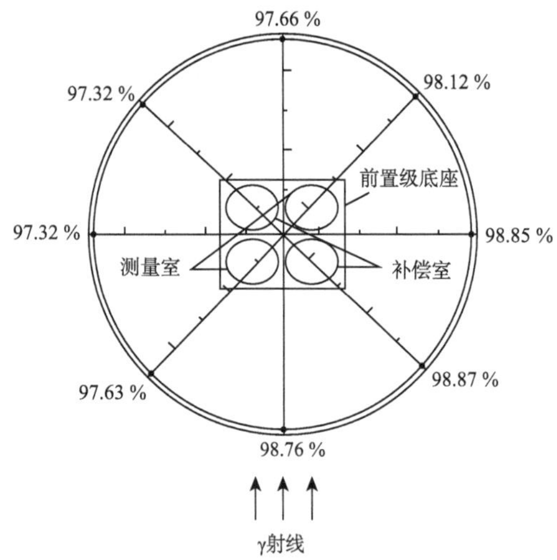


图 6-9　差分电离室直立 γ 补偿角分布

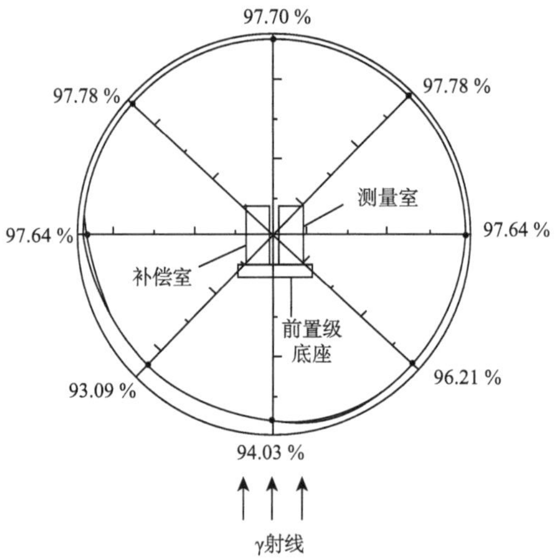


图 6-10　差分电离室平放 γ 补偿角分布

目前市场上购到的商售空气中氚监测仪，其探测器多采用 2 个或多个以不同方式对称放置的测量和补偿电离室。理想的补偿室应完全等同于氚测量室，但为了完全抵消(场的影响，即两个电离室在同一时间内必须在空间占据同一位置，这在物理上是不可能的。最常用的布置是上面提到的两个电离室边对边或底对底。这种差分补偿形式可将(干扰减小到1/100～1/50，在同向(场中具有良好的工作性能。该原理的主要限制是在环境温度，压力、湿度存在波动的情形下，两个相邻的电离室能保持同等质量的空气。假若外(场是有方向性的，两个相邻的电离室不可能获得相同的(射线通量(例如在紧靠点源附近)，仪器的(补偿特性就会变差，结果也不总是偏保守的。加拿大的 R. V. Osborne 等人设计的将补偿室放在活性室中间的同轴补偿电离室使这一问题得以解决[18-19]。国内中辐院在研制 TAM 型氚监测仪的基础上，于 2000 年前后成功地研制生产了 CK-2 型宽量程空气中氚监测仪，图 6-11 即为该仪器中间为 2 L 密封(补偿室以及它本身与外拉丝构成测量室的同轴补偿电离室探测器的实物照片。在第 3 章图 3-20 给出的除氚装置进出气口跨越 6 个数量级的实测空气中氚浓度的变化，就是用多台 CK-2 型同轴补偿电离室在线实时监测得到的。以后中辐院又扩展研制生产了 20 L 同轴补偿电离室探测器的高灵敏度氚监测仪。

图 6-11　CK-2 宽量程氚监测仪 2 L

为了降低电离室的 γ 本底，原先认为同轴电离室是一种较好的补偿方式。它对任一方向的 γ 射线，补偿效果优于 95%。但同轴补偿电离室因内外室集电极圆筒绝缘有差别，由于密封室的渗气、测量室的湿气等也会造成指示的不稳定性。而用四差分电离室，如前面提到的 TAM-Ⅱ 型氚监测仪对所有方向的入射 γ 射线，补偿均好于 97%。美国 Johnston 公司的 TRITON 955B 氚监测仪，由 4 个 5 L 差分电离室交错放置构成探测器。其技术指标：探测下限为 $1\times10^{-6}$ μCi/m$^3$，γ 补偿能力 5 mR/h。

上述经常使用的底对底，同轴补偿和四差分 3 种类型测氚电离室对 γ 本底的补偿性能，中物院有报告利用蒙特卡罗方法分别建模进行了理论分析和计算，给出了每种补偿电离室对不同距离 γ 源补偿的角响应曲线[20]，示于图 6-12～图 6-14，可供感兴趣的读者参考。

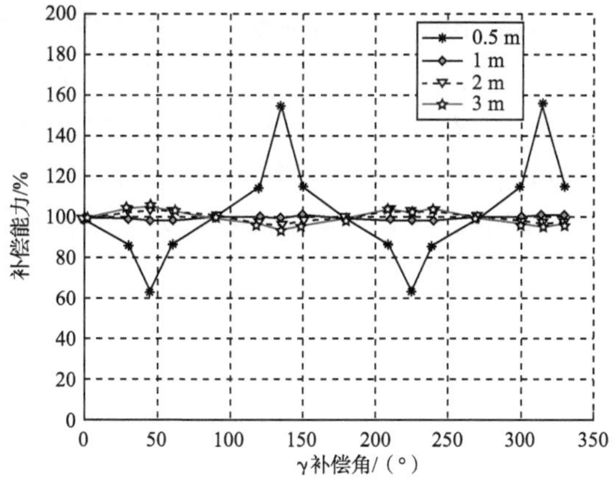


图 6-12　同轴补偿测氚电离室对不同角度和距离 γ 源的补偿能力同轴补偿电离室探测器

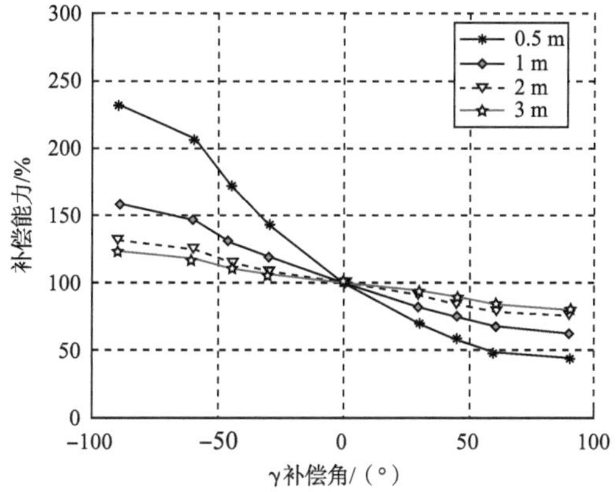


图 6-13　底对底补偿测氚电离室对不同角度和距离 γ 源的补偿能力同轴补偿电离室探测器

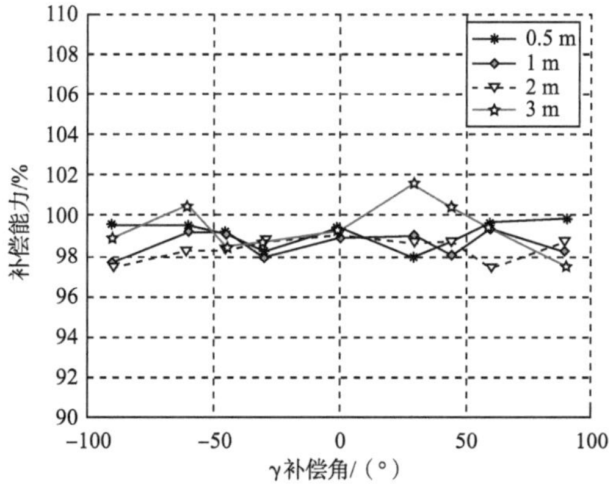


图 6-14　四差分测氚电离室对不同角度和距离 γ 源的补偿能力同轴补偿电离室探测器

### 6.2.2.4 无壁电离室

在用电离室测量空气中氚时，由于室壁易受氚化水蒸气和氚化油的污染而使仪器的探测灵敏度下降。另一方面，在一些环境和烟囱的氚监测中，需对探测器的输出电流积分，以确定氚排出总量。显然探测器本底(即仪器零点)的任何不确定性都会使这些测量的准确性降低。为了清除玷污的影响，就需要尽量减小电离室壁的表面积。所谓无壁测氚电离室实质上就是一个将通常用于包容被测气体的电离室外圆柱面不再兼作高压电极，而另用一个面积小得多的丝或栅格构成电极与中心收集电极构成测量有效体积的电离室。

例如，美国最早设计并使用的 51 L 卡诺电离室，为了改善其测氚的灵敏度，易于去污和进行总排放氚量的监测，曾进行了无壁电离室的改进[21]。传统的卡诺电离室圆柱面高压电极，被与中心电极平行的，由 45 根 0.2mm 直径的镍丝，以 10.7 mm 的间距绕制的直径为 30.5 cm、长 78.7 cm 的丝柱面所代替。原先为 76 mm 直径的中心收集电极用灵敏长度为 77.2 cm、直径为 6.4 mm 的铝棒所代替。这样改进后卡诺电离室的灵敏面积 $<266\ cm^2$，比原型电离室的 $1.1\times10^4\ cm^2$ 灵敏面积缩小了 1/40。已知氚 β 的最大能量为 18.6 keV，平均能量为 5.7 keV。标准条件下在空气中的最大射程为 7 mm，平均为 1 mm，即使在大气压仅为海平面 75%的地方，最大射程也小于 10 mm。因此，改进型卡诺电离室的丝状补正电极设计的距离所有高压外圆筒面大于 1 cm，由于加的是反向高压，从而使支撑环和室壁污染产生的电离电流不可能到达中心收集电极。这种新设计还极大地改善了电离室的去污特性，因为需要时可给高压电极丝通以加热电流。

类似于改进型卡诺电离室，为了减小污染产生的记忆效应，使用金属网、栅或多孔薄层材料制成的丝壁或开壁式电离室，特别在手套箱、烟囱排出流氚的连续监测中，有着重要的应用。这种结构还因壁材料同 γ 和 Χ 射线相互作用的减少而降低电离室本底。通过使用高度抛光的表面，也可减少 HTO 对电离室表面的污染。表面光洁度的处理似乎比所使用的具体金属材料更为重要。

在这方面，中辐院当年研制 TAM 系列氚监测仪的探测器，TAM-Ⅰ型为 2 L 单丝壁电离室，TAM-Ⅱ型为四差分的 2 L 丝壁电离室，TAM-Ⅲ型是 52 L 的单丝壁电离室，其电离室的主要物理参数如表 6-7 所示。图 6-15(a)给出了 TAM 系列氚监测仪无壁电离室的内部结构简图，图 6-15(b)为构成 TAM-Ⅱ型氚监测仪的四差分电离室和二次仪表等主要部件，图 6-15(c)为 TAM-Ⅲ型高灵敏度氚监测仪的完整仪器照片。

**表 6-7 TAM 系列氚监测仪电离室的物理参数**

| 电离室型号 | TAM-Ⅰ | TAM-Ⅱ | TAM-Ⅲ |
| --- | --- | --- | --- |
| 电离室个数 | 1 | 4 | 1 |
| 外筒材料 | 合金铝 | 合金铝 | 不锈钢 |
| 外筒内径/mm | 122 | 122 | 327 |
| 外筒高度/mm | 352 | 352 | 815 |
| 外筒壁厚/mm | 1.5 | 1.5 | 0.8 |
| 内表面处理 | 氧化 | 氧化 | 抛光 |
| 镍丝长度/mm | 290 | 290 | 750 |

续　表

| 电离室型号 | TAM-Ⅰ | TAM-Ⅱ | TAM-Ⅲ |
|---|---|---|---|
| 镍丝直径/mm | 0.12 | 0.12 | 0.25 |
| 镍丝根数 | 30 | 60 | 90 |
| 镍丝与外筒内表面的距离/mm | 14 | 14 | 14.95 |
| 有效中心电极长度/mm | 290 | 290 | 750 |
| 中心电极外径/mm | 6 | 6 | 10 |
| 中心电极材料 | 铜镀镍 | 铜镀镍 | 铜镀镍 |
| 丝围成的圆柱体 | $\phi$94 mm×290 mm | $\phi$94 mm×290 mm | $\phi$750 mm×297.6 mm |
| 测量电离室体积/L | 2.012 | 4.024 | 52.16 |
| 电离室表面积缩小倍数 | 52.1 | 52.1 | 26.4 |

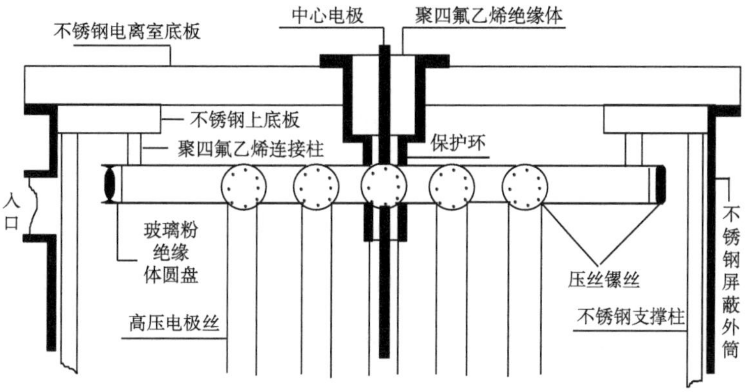


（a）TAM系列氚监测仪无壁电离室的内部结构简图

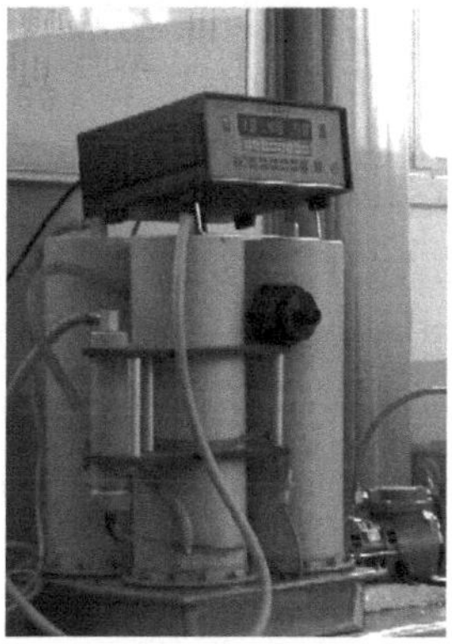

（b）构成TAM-Ⅱ型氚监测仪的四差分电离室和二次仪表等主要部件

（c）TAM-Ⅲ型高灵敏度氚监测仪的完整仪器照片

图 6-15　国产 TAM 系列空气中氚监测仪的结构与仪器布置

国内中物院在 2010 年前研制的用于手套箱排气中氚监测的开壁式电离室的结构与外形如图 6-16 所示[22]。其体积为 1 L 的圆柱形不锈钢电离室，中心收集电极 $\phi$6 mm，其保护环外为相互绝缘间隔的两个圆筒通过 6 根 $\phi$8 mm 的不锈钢柱螺丝与固定中心电极上下底盘紧固。外圆筒均匀布满等间隔的 $\phi$5.0 mm 开孔，内圆筒均匀布满等间隔的 $\phi$2.5 mm

开孔。工作时内圆筒加负高压，外圆筒接地。这样只要电离室固定在手套箱内，工作时无须抽气泵和管道，手套箱内的气体就可以通过扩散进入电离室内。内外两个圆筒之间构成消离子器，而表面镀 1 μm 金的内圆筒壁与中心收集电极构成氚测量电离室。为了评价镀金开壁式电离室对氚的记忆效应，将该电离室在氚浓度为 $10^{10}$ Bq/m$^3$ 的密封容器内保持 10 h，结果显示，该电离室的最低可探测限增加到 $7.4\times10^5$ Bq/m$^3$，正好是原先探测下限 $3.7\times10^5$ Bq/m$^3$ 的 2 倍。在用干净空气冲洗 15 min 后恢复到原来的值。镀金的内圆筒内壁由于开孔较原先的表面积减小了 27.2%。而有效体积为 1 L、内表面积 560.78 cm$^2$ 未镀金的传统电离室，在氚浓度为 $10^{10}$ Bq/m$^3$ 的密封容器内保持 1 h，电离室的探测下限增高到 $8.64\times10^7$ Bq/m$^3$，比镀金处理的开壁式电离室高了 2 个数量级。

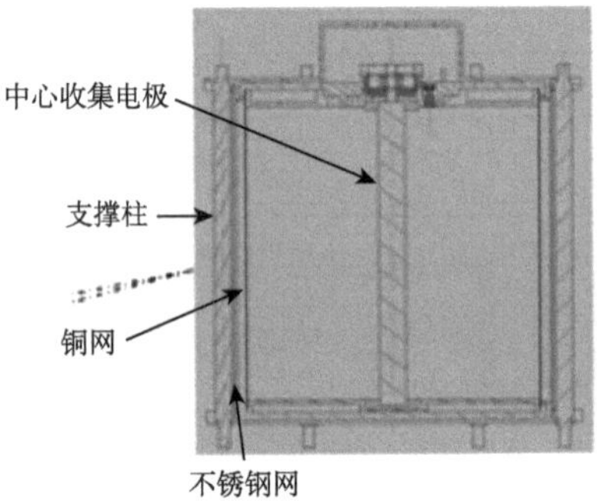

（a）氚监测的开壁式电离室的结构

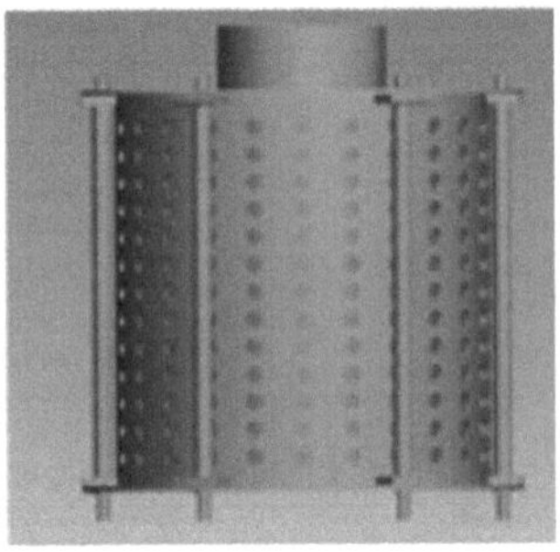
（b）氚监测的开壁式电离室的外形

图 6-16 用于手套箱排气中氚监测的开壁式电离室的结构与外形

假若被测量的氚浓度范围很宽，氚在电离室表面的污染将成为一个问题。Sato 等人使用一个是球形，另一个为圆柱形，具有等同内表面积但活性体积不同的一对电离室进行空气中氚的监测[23]。在差分方式下运行，两个电离室产生的电流正比于这两个电离室的体积差。但在每一个电离室内由于表面污染而产生的任何电流将是同样的，因而将相互抵消。

国内中物院有报告用两个材质、工艺处理完全相同，表面积相同但有效体积分别为 1 L 和 1.4 L 的圆柱形电离室并接，两电离室施加极性相反的偏压进行了上述方法的实验检验[13]。结果表明，往电离室内注入 $6.85\times10^{10}$ Bq/m$^3$，并保持 6 h。实验前电离室系统的本底信号为 $9.3\times10^5$ Bq/m$^3$。实验结束后排放含氚气体，并使用干燥空气冲洗 5 min，便于残留气体排出。冲洗结束后测量电离室系统的本底，本底信号仍保留在 $9.3\times10^5$ Bq/m$^3$。说明该方法能有效地消除因电离室内壁污染而产生的记忆效应。

#### 6.2.2.5 选择性电离室

在许多应用中必须甄别氚和其他 β、γ 放射性气体。大多数给定浓度的 β 放射性气体产生的电离电流高于相同浓度氚产生的值。电离室对于某种 β 放射性气体的预期响应，可由它们的能量简单推算。对于一个具体的电离室，其尺寸与氚 β 的射程相比可能是很大的，但同其他较高能量 β 发射体的射程相比，通常并不是很大，并不是所有的能量在该 β 粒子碰撞室壁前都会损失掉。因此，对于不同的放射性气体，电离室的响应或探测效率将随几何形状和结构不同而变化。

特别在反应堆周围，其他 β、γ 放射性气体的存在可能会掩盖由 HTO 产生的大得多的危害。为了在其他 β 放射性气体存在情况下监测氚，Jalbert 曾研制过一种可甄别$^{85}Kr$等放射性惰性气体的同轴补偿式测氚电离室[24]。该同轴圆柱形电离室共用一个氚 β 不能穿透的镀铝聚酯膜或薄铝箔作为公共壁。被监测气体通过中空的中心电极进入内电离室。氚在内电离室里被测量，而氚以外的其他气体产生的高能 β 射线，除在内室产生电离电流外，穿过公共壁在外室电极上还可收集到补偿电流，从而实现在其他放射性气体存在条件下对氚的甄别测量。

利用在两个电离室上施加极性相反的高压将需要剔除的放射性气体核素所产生的电离电流直接删除，要求测量室与补偿室对该核素的探测效率必须完全一致，有时要实现这一点是比较困难的。本世纪初，国内中辐院研制的 TAM-Ⅴ型氚在线监测仪试图在高浓度天然氡 α 放射性的存在的背景下，实现对氚 β 放射性的实时连续监测[25]。其探测器是由合金铝制成的 3 个上下重叠的平行板流气式电离室，体积 2 L 中心电极为丝网的测氚电离室位于中间气流主通道，上下两侧面分别用质量厚度适当的双面镀铝聚酯薄膜薄窗密封并作为公共高压电极，两个测氡电离室的有效体积各为 1 L。这种结构可以对进样空气中氚 β 和氡 α 的放射性实时同步监测与补偿。二次仪表是以 8 031 单片机为核心的组件，可实现对数据的自动测量、处理、存储、报警、数据通信等功能。仪器的整机原理如图 6-17 所示。

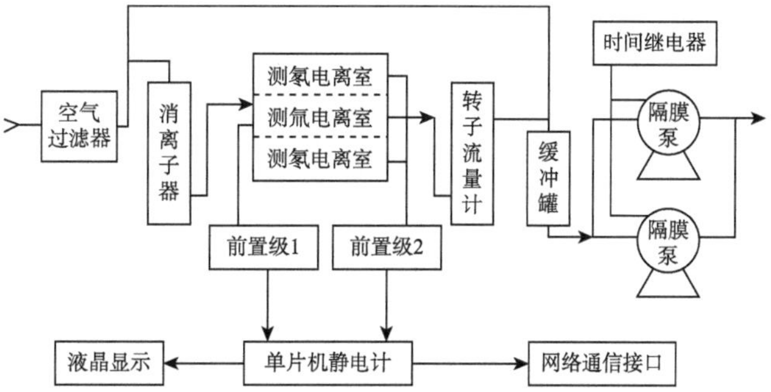


图 6-17　TAM-Ⅴ型氚在线监测仪工作原理图

图 6-18 为 TAM-Ⅴ型氚监测仪样机在某现场试用连续运行 5 天，根据取回的一组空气中氚浓度的实测数据绘制的仪器测氚电离室(系列 2)，测氡电离室(系列 1)及补偿后仪器本底(曲线 3)的电流响应曲线。从图中可以看出现场空气中的氡浓度水平随通排风的开启与关闭而呈现周期性的变化，最高约为测氚电离室本底电流的 100 倍左右。而两者差分以后，相对于工作场所空气中比较高的氡浓度，仪器的本底电流始终稳定在中间的基线 0 附近。近年来国内有类似研究报告利用实验和蒙特卡罗方法，对实现高氡环境下氚实时监测的这一方法在技术的可行性进行了进一步的论证[26]。

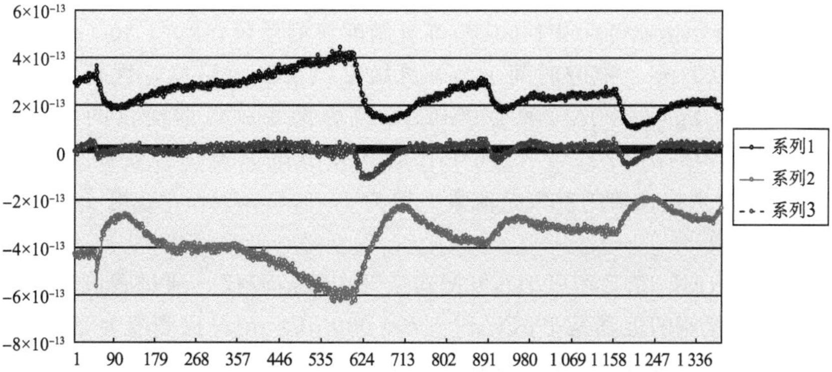


图 6-18　测氚、测氡电离室电流对氡浓度监测的相关性

当然，为了在其他放射性气体存在的条件下测量 HTO，还有一些更简单的方法。如将被监测气流一分为二，一支直接通入测量电离室，而另一支气流在进入第二个电离室前经过一个干燥剂柱，空气中的 HTO 浓度则可通过两个电离室的电流差得到。例如一个在重水堆核电厂房实时监测空气中 HTO 的探测系统，就是由前述的四差分电离室和两个一组可交替工作再生的干燥器构成。被测气体的流向如图 6-19 所示。

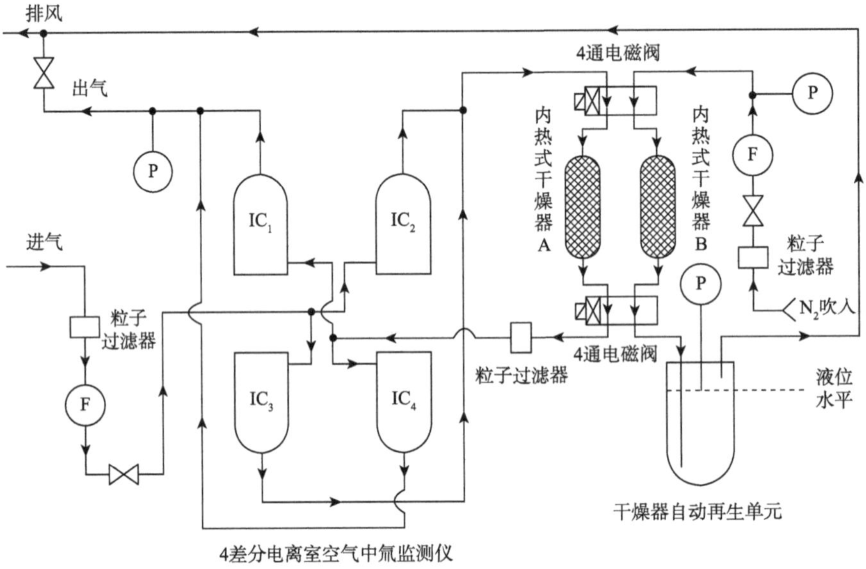


图 6-19 罗马尼亚重水堆核电厂用于实时测反应堆厂房空气中 HTO 的监测系统

在 HT 存在条件下测量 HTO 是一个更专门化的问题，将在后面的 6.2.4 节中作详细的讨论。在那里应用的许多技术，也可用于氚和其他放射性气体的甄别分离。

### 6.2.2.6 便携式氚监测仪

便携式空气中氚监仪，与上述的固定式氚监测装置相比，必须小型、轻量、自备电源，其探测器多用差分或同轴补偿式电离室。20 世纪八九十年代，美国 Overhoff 公司根据不同需求生产的多种系列便携式氚监测仪，用单片机进行液晶面板数字显示和自动控制，陆续引入国内。如 MODEL 200SB 宽量程中灵敏度氚便携式监测仪，2×200 mL 边对边差分电离室，具有量程宽(10～199 999 $\mu$Ci/m$^3$)、响应快(3 s)、质量轻(2.3 kg)等特点，灵敏度略差(10 $\mu$Ci/m$^3$)。SP1400DD 高灵敏度氚测量仪，2×1 400 mL 差分电离室，量程为 0～19 999 $\mu$Ci/m$^3$，响应时间 10 s，灵敏度(1 $\mu$Ci/m$^3$)稳定性较好，采用肩带设计，质量略大(7.38 kg)。400AC 和 400SBD$\gamma$C 高性能系列氚监测仪的测量范围是 0～19 999 $\mu$Ci/m$^3$，响应时间15 s，4×200 mL 的 4 差分电离室，有效提高了灵敏度(1～2 $\mu$Ci/m$^3$)。上述便携式仪器的空气泵流量一般为 1～1.5 L/min，在电子学上具有甄别氡的 $\alpha$ 脉冲的抑制电路[27]。

加拿大 SARTREX 309B 型(L. D)可携式空气中氚监测仪，通过智能化的微处理器和自动切换量程，测量氚的范围是 1 $\mu$Ci/m$^3$～200 000 $\mu$Ci/m$^3$。探测器为 250 mL 同轴补偿电离室，测量单位可在 $\mu$Ci、MBq、DAC 或 MPCa 之间转换。显示最后读数的 90%，时间常数＜1 min。$\gamma$ 补偿≤3 $\mu$Ci/(m$^3$ · mR$^{-1}$ · h$^{-1}$)到最大 100 mR/h[28]。而 TYNE 公司

近年来推出的 7043 是一台高灵敏度高精度的便携式监测仪，仪器尺寸 20.3 cm×12.7 cm×12.7 cm；质量 2.3 kg。仪器具有几乎所有氚仪器的特色，诸如趋势图、报警设置、模拟输出和数据通信等功能[30]。

Tyne-7043 可携式氚监测仪外形结构与内部电离室布置如图 6-20 和图 6-21 所示[29]。详细了解仪器的设计特色，不仅有助于更好地使用发挥该仪器的全部功能，还可以使我们看到目前氚监测仪的发展方向。

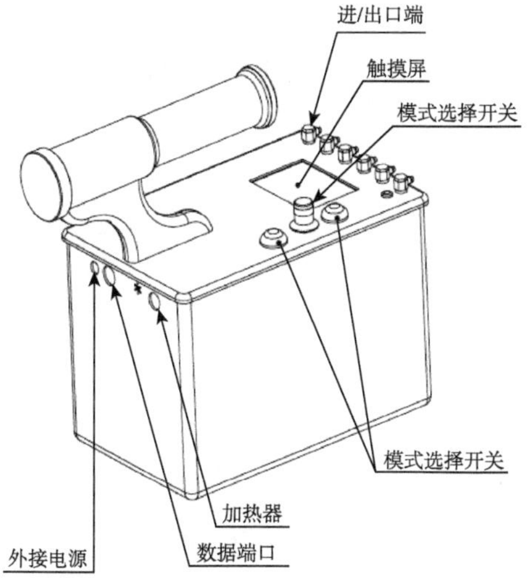


图 6-20 Tyne 7043 便携式空气中氚监测仪的外形结构

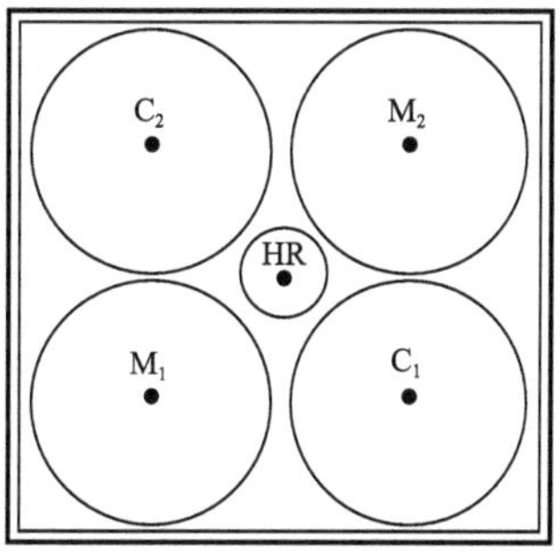


图 6-21 Tyne 7043 便携式空气中氚监测仪的 5 个电离室布置

(1)4 个低量程电离室：交叉排列如图 6-19 所示。其中 $M_1$、$M_2$ 为测量室，$C_1$、$C_2$ 为补偿室，有效体积为 500 mL。两组电流值差分，可以计算得到 γ 本底值和空气中氚的浓度值，测量氚的浓度范围是 0～3 000 $\mu Ci/m^3$。γ 补偿改善显著，使在 20 mR/h 的 γ 场中的读数变化小于 10%。

(2)高量程电离室：第 5 个小电离室位于上述 4 个电离室的中心，标记为 HR，用以测量高浓度的氚。其有效体积为 27 mL，覆盖氚浓度 3 000～199 999 $\mu Ci/m^3$ 的量程(见图 6-19)。

(3)氡补偿：模拟过滤电路使氡 α 产生的尖脉冲分开。该软件探测并从缓慢变化的氚信号中将氡 α 产生的尖脉冲消除掉。

(4)离子捕集：离子捕集器内置在电离室内，以减小由空气中静电和电离室外 β 粒子产生的离子进入所造成的假计数。

(5)惰性气体补偿：测量和补偿室的进出气口都安装在仪器前面板顶部，借助于在两对进出气口之间插入一个干燥器管，可减去 HTO/TDO 信号并由微处理器显示。例如在反应堆厂房内所有氚都以 HTO/TDO 的形态存在，用该方法可以直接读取 HTO/TDO 的浓度。

(6)甄别式氚监测仪：当仪器使用上述的干燥器管插入方法时，在任何可能存在 HT 和 HTO 的实验室内，仪器可在两者之间进行甄别，显示两种形态氚的浓度。

(7)γ 测量：仪器内置一盖革(GM)计数管用于 γ 场的测量，量程范围 0.1 mR/h～10 R/h。

(8)冲洗去污：仪器自带一个受软件控制的盒加热器，可以将所有 5 个电离室加热，自动调节温度至 70 ℃以防止过热。

#### 6.2.2.7 刻度与标准

空气中氚监测仪的刻度，根据 NCRP 第 47 号报告，主要是利用已知浓度的氚化氢或氚化甲烷通入仪器直接刻度。IEC 标准 1981 年 710 号出版物提供了一个典型刻度装置的示意图，并推荐了两种标准源的获取方法。一是使用市场上可买到的刻度好的高压气体钢瓶源刻度，钢瓶被用来在阀 A 和 B 之间的已知体积 $V$ 内，充气到给定压力 $P$。这样，已知质量的刻度气体就被释放到包括被刻度装置在内的体积已知的刻度环路中。二是使用标准氚气安瓿瓶，已知浓度的试验气体可以借助于在确定量的空气或气体中打碎标准氚气安瓿瓶来取得。为了把氚标记空气的使用和向环境的排放量减到最小，如果可能的话，装置应当在被充气一次后，试验样品应能密封在系统里重复循环利用。

美国 Johnston 公司在 20 世纪 80 年代出品的 TRITON CL-1 型氚刻度器就是一个完全符合上述要求的氚监测仪刻度器。该刻度器高压钢瓶内装有充 $N_2$ 的氚化甲烷标准气体 60 L，比活度约为 $1.48\times10^5$ Bq/L(附美国国家计量院刻度证书)，可用于 1 000 次以上的刻度，精度±10%，重复性±2%，每次刻度仅需 3～5 min，使用方便，可实现被测试气体样品在密闭系统内的重复循环。图 6-22 是中辐院近年来用 TRITON CL-1 型氚刻度器同时标定秦三厂送检 5 台 Tyne-7043 便携式氚监测仪的照片。

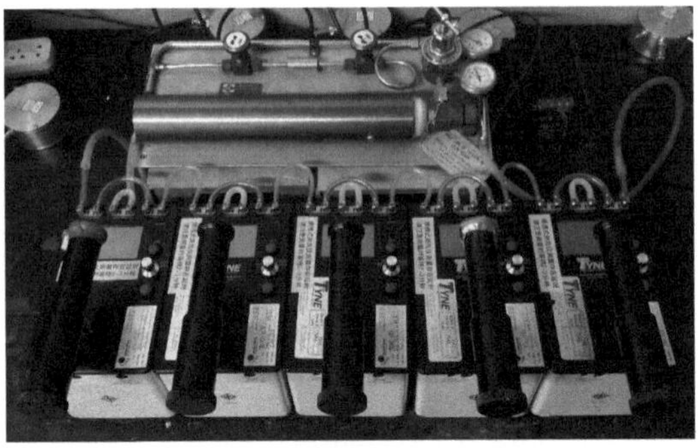

图 6-22 CL-1 刻度器同时对 5 台串接的 7043 便携式氚监测仪通氚检验

刻度时，将氚监测仪接入 CL-1 刻度器的回路中，用已知量的氚化甲烷标准气体分次注入被刻度的电离室中。将仪器的指示值与计算预期值进行比较。氚监测仪预期浓度指示由式(6-18)给出：

$$M = CD\,\frac{P_g}{14.7}\times\frac{V_m}{V_t}\times N \tag{6-18}$$

式中，$M$ 为注入氚气的预期浓度计算值，$\mu$Ci/m$^3$；$C$ 为刻度器出厂时钢瓶中氚化甲烷的活度，$\mu$Ci/L；$D$ 为衰变因子；$P_g$ 为本次刻度时标准体积的压力，psi；$V_m$ 为刻度器定量管的标准体积，11 mL；$V_t$ 为被刻度的电离室和管线的总体积，L；14.7 为刻度器钢瓶内的标准气体标定时的压力，psig；$N$ 为注入气体的次数。

图 6-23 是 CL-1 刻度器对 2016 年秦三厂送检的 7 台 7043 氚监测仪的电离室进行刻度，根据表 6-8 所列的实测数据绘制的各仪器通氚检验的浓度曲线。分析这些数据，不难看出在目前国内核设施使用的可携式氚监测仪中，TYNE-7043 应当是一台本底稳定，性能较好的氚监测

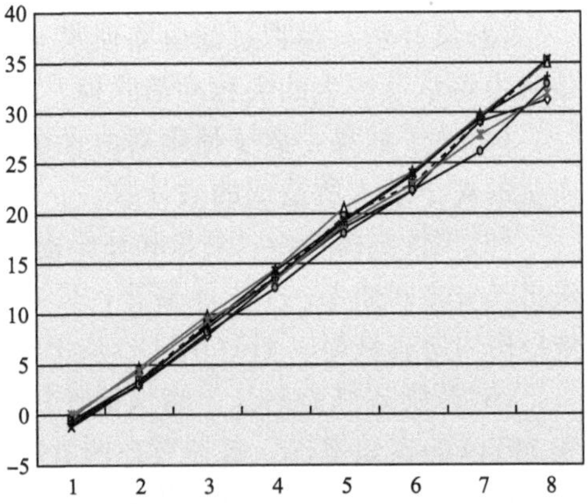


图 6-23 CL-1 刻度器同时对 7 台 7043 便携式氚监测仪电离室的刻度曲线通氚检验

仪。仪器久置会存在零点漂移，但该仪器的本底基本稳定，一般在 0～1 μCi/m$^3$附近。仪表的指示值随着被测浓度的提高，测量值很快趋于稳定。特别值得庆幸的是欣慰的是该刻度器高压钢瓶内装有充 $N_2$ 的氚化甲烷标准气体，在经过接近氚的 3 个 12.3 年的物理半衰期后仍然具有足够的精度，使仪器刻度能够得到令人满意的结果。

**表 6-8　7 台 Tyne-7043 便携式氚监测仪通氚检验的浓度指示值** μCi/m$^3$

| | 注入次数 | 0 | 1 | 3 | 5 | 7 | 刻度系数 |
|---|---|---|---|---|---|---|---|
| | 计算浓度 | 0 | 5.0 | 15.0 | 25.0 | 35.0 | 5.00 |
| 仪器编号 | 029 | 0.1±0.9 | 4.4±0.7 | 13.3±0.5 | 18.9±0.3 | 31.9±0.9 | 4.59(−8.2%) |
| | 072 | −0.6±0.5 | 3.0±0.9 | 12.6±0.5 | 22.3±0.7 | 32.8±0.9 | 4.73(−5.4%) |
| | 074 | −0.9±0.6 | 2.9±0.6 | 13.5±0.7 | 18.6±1.2 | | 4.80(−4.0%) |
| | 075 | −0.5±0.5 | 3.4±0.7 | 13.7±0.7 | 23.8±0.8 | 33.6±0.5 | 5.01(+0.2%) |
| | 087 | −0.3±0.7 | 4.6±0.8 | 14.5±0.5 | 24.1±0.9 | 34.9±1.1 | 5.01(−0.2%) |
| | 088 | −1.1±1.0 | 3.1±0.9 | 14.3±0.9 | 24.0±0.5 | 35.2±1.0 | 5.19(+3.8%) |
| | 089 | −0.5±0.5 | 3.4±0.7 | 13.7±0.7 | 22.9±0.6 | 35.1±1.5 | 5.07(+1.4%) |

国内的空气中氚监测仪，最早是在 20 世纪 60 年代中期由中国原子能院利用他们当年研制的盖革计数管绝对测量装置刻度的，误差为±8.0%[30]。中辐院 1982 年参照加拿大R. V. Osborne的工作，研制出了氚监测仪刻度器[31]。其刻度器内装一个 150 mL 已知比活度氚水的鼓泡器，置于温度控制在 8～12 ℃之间某一温度的半导体冷阱中，恒温精度为 10.0±0.03 ℃。空气流速可达 6 L/min，鼓出空气中 HTO 的浓度在室温(15～30 ℃)下可在±3.1%以内预先确定，从而对于空气中 HTO 监测仪的刻度提供了一个连续稳定的发生源。

氚监测仪的刻度与性能评定，液体闪烁计数测量中的质量控制，都需要有足够准确度的氚气和氚水标准作为参考。国内过去的标准氚水一般由中国同位素公司或英国 Amersham 公司进口得到。1982 年，我国上海核子所曾建立过一个标定氚水比活度的内充气正比计数器绝对测量装置，该装置的总不确定度在±1%以内，可提供(1.11～7.47×$10^5$ Bq/g)的标准氚水和标准氚气。20 世纪 90 年代左右，国家计量院建立了 4πβ(LS)和 4πβ(LS)-γ 符合国家活度基准的液体闪烁符合装置，研制并用国家活度基准标定了国家一级标准物质$^3$H(正十六)、$^{14}$C(正十六烷)、氚水标准溶液，研制并标定了$^3$H、$^{14}$C 系列碎灭标准源，并于 1988 年组织了有 28 个实验室参加的全国第一次液体闪烁计数器测量$^3$H活度的比对活动，从而表明我国氚测量工作的质量保证体系已基本上趋于完备。

## 6.2.3 正比计数器与闪烁计数器

### 6.2.3.1 正比计数器

(1)应用概况

在正比计数器里空气样品中的氚同计数气体如氩-甲烷混合后被引入计数管内。所产生的离子数由于阳极丝周围强电场的气体放大作用而倍增。这种放大足以产生可探测到的电荷脉冲，适当能量的脉冲数目正比于氚浓度。使用多丝正比室和脉冲幅度或波形甄别分析器，可以甄别氚 β 粒子和 α 粒子或由 γ 辐射产生的电子。

从原理上讲，正比计数器比电离室可以有高得多的灵敏度，然而在实际上这种较高的灵敏度经常是难以实现的。对于高比活度 HTO 的少量样品或对于某些其他形式的氚如 HT 或 $CH_3T$ 可以实现较高的灵敏度，然而空气气氛对于大多数计数气体是有害的，它限制了可被加入的样品量。对于商用气流式正比计数器，一般样品气体与计数气体的典型比值对于 10%Ar+90%$CH_4$ 的 P-10 气体为 1∶4，对于 100% $CH_4$ 气体为 1∶3[8]。

早在 20 世纪 50 年代 Driver 就研制出了这一类的计数器[32]。Ehret 使用 1 L 左右的计数管体积，用 $CH_4$ 作计数气体，加入 20%～30%的样品空气，实现了空气中氚的最低可测浓度(2σ)为 4 Bq/L[33]。该测量系统使用小型隔膜泵将空气引入计数管，$CH_4$ 气体流量为 2.5 L/h，通过计数管入口处一个小的混合室加入空气流。仪器的响应时间为几分钟。Ehret 的设计还包括一个环绕氚灵敏计数器的反符合正比计数器，以对射程较大的 $^{41}Ar$和$^{85}Kr$的 β 粒子进行甄别。该测量装置由于连接塑料管对氚化水蒸气 HTO 的吸收，在使用中曾遇到记忆效应的麻烦。

对于工作场所空气中 HTO 的监测，由于新防护标准将工作人员的个人年剂量限值从 50 mSv 降到 20 mSv，相应的空气中 HTO 的导出浓度水平约在 $4\times10^5$ Bq/m³ 左右。而用于现场实时监测的电离室氚监测仪探测下限一般为 $4\times10^4$ Bq/m³，仅有一个量级的余地，显然需要更灵敏的实时探测器，于是用测氚流气式正比计数管来补充。流气正比计数器测氚的技术不断改进，由常规电子学的符合、反符合降低本底、脉冲幅度分析到脉冲形状甄别器的应用，使计数管测氚的计数效率显著提高。如目前德国 EG&G Berthold 公司的 Model LB-110 氚监测仪，使用 1.3 L 正比计数管和甲烷计数气体的探测下限，对于 1 min 计数时间为 3 kBq/m³，对于 1 h 的计数时间为 0.4 kBq/m³。精确的探测下限依赖于仪器本底和所使用计数气体的类型。美国 Overhoff 公司的 Model 593 超低水平氚监测仪，探测器为有效体积为 2 L 流气正比计数管，对于 HTO 或总氚的测量灵敏度为 0.1 kBq/m³。计数气体的典型流量为 250 mL/min。该仪器的电子学不仅采用了脉冲波形甄别技术，而且是双管测量补偿。计数气体首先通过 γ 补偿计数管，然后再与被测气体一起通过第 2 个计数管，从而将外 γ 场对测量的影响减到最小。Overhoff 公司还将其 300/400 型系列测氚电离室与流气正比计数器组合构成 Model 93-WR-T-HTO 低水平宽量程氚监测仪，测量范围 0.1 kBq/m³～$3.7\times10^8$ kBq/m³[34]。

最近还有文献报道研制了一种使用干燥空气而不需要通入任何计数气体的测量氚的正比计数器[34-37]。然而，这一仪器的性能在相对湿度高于 30%时变差，在潮湿条件下空气正比计数器性能变差的原因，经研究被归因于绝缘子表面的漏电流。

总之，正比计数器具有好的 β、γ 甄别和高灵敏度的优点，但成本较高，使用复杂且要求有计数气体。因此，这一技术不适用于空气中氚的连续监测，一般仅用于电离室灵敏度不够的，被取样气体样品在实验室内的精确分析测定，在低本底高灵敏度液闪谱仪问世前环境低水平氚的测定。其他的应用，如在 6.2.3.2 节 HTO-HT 甄别中提到的，Howell、Cat 和 Wang 等人利用选择性渗透膜研制的 250 cm³体积，探测下限为 0.093 Bq/cm³ 的正比计数探测器，以及在氚表面污染监测中较多使用的超薄窗流气式正比计数器[38]。

(2)传统的符合与反符合方法

利用传统电子学符合与反符合技术降低本底的流气正比计数管测氚装置如德国 FAG

公司出品的氚监测系统 FHT 63 D[39]。其探测灵敏度为 80 Bq/m$^3$(2σ，1 h 测量时间)，计数气体甲烷，具有高达 10 μSv/h 的本底辐射及放射性气体如$^{41}$Ar、$^{85}$Kr、$^{133}$Xe 的干扰补偿能力。FHT 63 D 系统的工作原理、流气正比计数管的结构示意图及装置整机的外形照片，分别见图 6-24、图 6-25 和图 6-26。

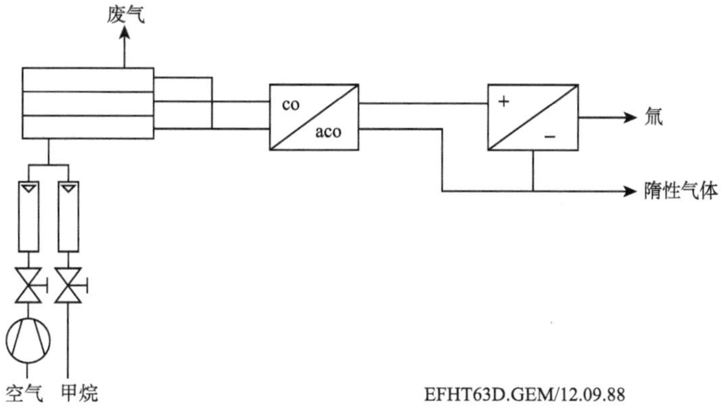


图 6-24　FHT 63 D 氚监测系统的工作原理简图

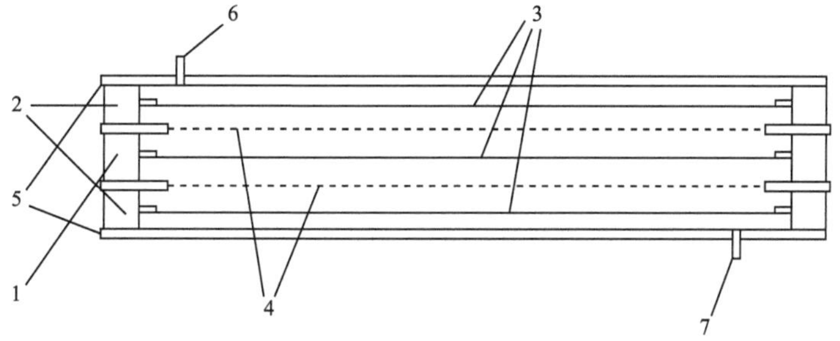


图 6-25　FH 407 T 氚流气计数管结构示意图

1—测量计数管；2—屏蔽计数管；3—阳极栅极；4—特制栅极(中间阴极)；5—阴极；6—气体入口；7—气体出口

FHT 63 D 系统所用的 FH 407T 测氚流气式氚正比计数管，由外尺寸为 300 mm×300 mm×14 mm 的 3 个气流计数管构成，测量计数管位于两个屏蔽计数管之间。内部被两个特制的栅格面电极分开。栅极的设计使氚衰变产生的(粒子不可能在测量和屏蔽计数管中产生符合脉冲，这对于高能的干扰辐射的测量特别重要。气体配送系统将被测空气与工作气体甲烷以 1∶3 的比例没有死体积地流过 3 个计数管的每一个以减小记忆效应。

图 6-26　FHT 63 D 氚监测系统外形照片

FHT 63 D 氚监测仪的工作原理简述如下：两个屏蔽计数管假定是并接的，空气样品中的氚，在所有 3 个计数管中将会发生电离。结果生成的计数将与环境辐射产生的计数相叠加。由氚衰变产生的脉冲在同一时间内只被 3 个计数管中的一个计数(反符合)。高能宇宙射线产生的光电子，康普顿电子或电子对生成过程产生的高能电子，这些β射线则至少在两个计数管中以很高的概率产生脉冲。该反符合计数电子学将消除绝大部分本底辐射的影响，反符合计数率将正比于氡在测量计数管中的衰变率。

假如被测空气中含有其他放射性气体，如发射高能β辐射的惰性气体，其效应同较高的环境辐射是一样的。因此，减小这一影响的作用与减少本底辐射的影响是一样的。上述放射性惰性气体的影响可被用来测量这些气体的具体活度。在并联连接的情形，测量值正比于符合率。

(3)脉冲波形甄别器方法

上节中提到 LB-110 空气中氡监测仪和超低水平氡监测仪中都使用脉冲形状甄别器，这一新技术的应用极大地简化了对氡探测器的设计要求，省却了传统复杂的符合与反符合电子学程式。它利用氡β射线能量低、射程短、脉冲上升时间快的特点，从脉冲形状分析入手成功地解决了与其他α、β、γ射线产生脉冲的甄别问题。日本 T. Kawano 等人最近对利用脉冲波形分析技术的高灵敏度气体氡监测仪的性能进行了实验验证评价，使我们对这一新技术得以有较为详细的了解[40]。

氡监测系统的实验验证装置包括辐射探测器、气体混合器和信号处理单元三部分。辐射探测器完全被 100 mm 厚的铅块包围，对入射的宇宙射线进行屏蔽。它们的方块图示于图 6-27。

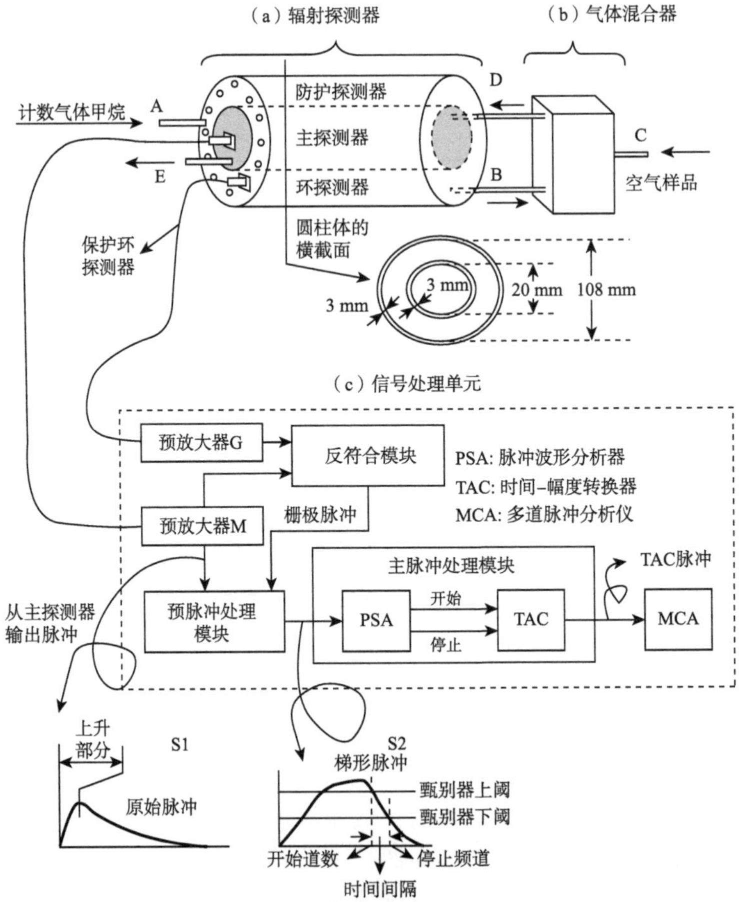


图 6-27 氡监测系统实验验证装置简图

辐射探测器呈双圆筒形。内外圆筒被分别设计为主探测器和环探测器，探测器用镀金的铜薄板制作，主探测器长 750 mm，内径 70 mm，壁厚 3 mm，具有 2 L 的实际体积。直径为 0.02 mm 的镀金钨丝沿着主探测器圆筒的中心线拉紧。环探测器完全包围主探测器，除了每一端，也具有 750 mm 的长度，内径为 108 mm，壁厚 3 mm，实际体积为 3.5 L。12 根直径为 0.05 mm 的镀金钨丝与主探测器的丝平行拉紧。这些丝在图 6-26(a)中未表示出来，具有 12 根丝的环探测器将用于检验有无反符合对于装置测氚性能的影响。

气体混合器被用于将空气样品混合进计数气体中。计数气体甲烷在图 6-26 中的进气口 A 进入环探测器，在环探测器内散开通过出气口 B 排出。排出的该甲烷气体进入气体混合器，与从进气口 C 进入的空气混合。甲烷和空气样品的混合气体经出气口 D 进入主探测器，最后由出气口 E 排出。

信号处理单元包括两个预放大器(图 6-26 中的 G 和 M 预放大器)和用于反符合、预脉冲处理与主脉冲处理 3 个模块，表示在图 6-22 的下方。

主探测器测量到辐射就会产生一个脉冲，该脉冲被送入预放大器 M。离开该预放大器的脉冲在图中被表示为 S1(原发脉冲)，然后被送入预脉冲处理模块。基于原发脉冲 S1，预脉冲处理模块合成一个梯形脉冲 S2，该梯形脉冲的上升部分相似于 S1(图 6-26(a)中的上升前沿)，而 S2 的下降部分可以用折回来的 S2 上升部分来模拟(即该梯形脉冲的下降部分精确地反映了原发脉冲 S1 的上升部分)。该梯形脉冲随后被送入主脉冲处理模块。

主脉冲处理模块由一个脉冲波形分析器(PSA)和一个时间-幅度转换器(TAC)组成。当梯形脉冲的下降部分切割 PSA 的甄别器的上下阈值水平时，PSA 接收梯形脉冲并产生两个定时(开始和停止)脉冲到 TAC。TAC 脉冲的幅度正比于开始和停止定时脉冲之间的时间间隔。假如，原发脉冲 S1 的上升是快的，TAC 脉冲的幅度就短，反之，原发脉冲 S1 的上升是慢的，则脉冲的幅度就长。许多 TAC 脉冲被送到多频道分析器(MCA)，它产生一个反映原发脉冲上升前沿的上升时间谱。

由于氚(射线产生的 TAC 脉冲的幅度，因其低能(辐射电离占据狭窄空间的少量计数气体，与其他类型的辐射相比非常短，被电离的电子会很快被探测器的中心阳极丝收集，产生一个低的 TAC 脉冲。在一个上升时间谱中(图 6-28)，氚峰将出现在较低的道区域，且可被容易地从其他类型的辐射中区别出来。

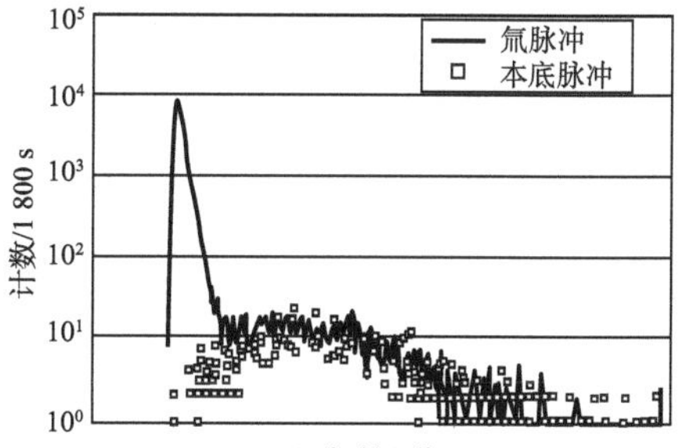

图 6-28　典型的氚与本底辐射的脉冲上升时间谱

早期 Dr. Berthold 在使用脉冲波形分析方法测量空气中氚的研究中就指出：“对于甲烷/空气混合物中的氚，上升时间在 40 μs 左右，绝大部分本底脉冲上升时间为 100 μs。使用P-10气体和空气，对于氚气和本底脉冲两者，上升时间将会延长 20%左右”。

安装反符合模块是为了除去进入主探测器的入射辐射，典型的入射辐射是具有非常高的能量宇宙射线，它能穿透屏蔽层和环探测器，然后到达主探测器。结果，这些辐射将被环探测器和主探测器同时探测到。这样，两个探测器都产生脉冲且被送入反符合模块，由该模块发送另一个定时脉冲(门脉冲)到预脉冲处理模块。假如这个门脉冲在同一时间到达，该模块将阻塞与 PSA 相关联的脉冲通过。该监测系统使用了脉冲形状分析和反符合甄别，便于对同时应用两种方法的有效性进行检验。

辐射探测器的性能依赖于许多参数，最重要的参数是加到探测器上的偏压，计数气体和空气样品的流量速率，以及上升时间谱中相应于氚感兴趣的区域。利用上述验证装置实验研究的结果如下：

(1)坪曲线对空气样品与计数气体比率的依赖性：在 1 000 mL/min 总流量速率下，通过将偏压由 2.2 keV 变化到 3.3 keV，对一系列具有不同空气样品对计数气体的流量比率的坪曲线测定，最终选择最佳工作偏压为 2.9 keV，计数气体对空气样品的流量率分别为 930 mL～70 mL，且气体总流量率的变化对计数率的影响不显著。

(2)上升时间谱窗口的选择：在有源情形下计数率主要来自氚脉冲($S$)，在无源的情形计数率则来自本底脉冲($B$)。对几个连续窗口计算给出计数率之比 $S/B$ 作图表明，在 2.9 keV 680～700 道有最大值。窗口的第一道 680 为上升时间谱检验时的固定值。

(3)反符合方法的实际效果：反符合方法经常用于实现低本底计数以减小由外源或诸如宇宙射线入射 $\gamma$ 射线产生的噪音脉冲。为了检验该气态氚监测系统的效果，对于有无反符合的上升时间谱进行了观察。两者的谱未发现有明显差别。说明该系统使用 PSA 方法时，对于本底噪声的进一步减少，反符合方法没有效果。

(4)探测下限：验证评价说明，在偏压 2.9 keV，计数气体流量 930 mL/min，样品空气流量 70 mL/min，计数窗口 680～700 道的测量条件下，该装置对于 60 min 和 5 min 测量时间的探测下限分别是 $1.3\times10^{-5}$ Bq/cm$^3$ 和 $3.0\times10^{-5}$ Bq/cm$^3$。

以上评价研究说明，应用脉冲形状分析方法可将空气中氚监测仪氚浓度的探测下限降到 $10^{-4}$ Bq/cm$^3$ 量级，而传统的氚监测仪最好的探测下限也在 $10^{-3}$ Bq/cm$^3$ 左右。

#### 6.2.3.2 固体闪烁计数器

用固态闪烁体测量空气中的氚已有过几种不同的途径：用光电倍增管和固态闪烁体直接测量；将气载 HTO“溶解”到水流中，然后在一个充满塑料闪烁体的流室中被测量；以及用一个热离子管冷却器收集作为冰的水蒸气，然后用闪烁计数器测量冰。这些方法虽然没有一个得到广泛的应用，但适当地了解有关实验的一些情况还是有用的。

使用固态闪烁体直接测量氚，特别是对于含有氚化水蒸气 HTO 的气体，主要是污染即记忆效应问题。污染可能产生于氚同有机闪烁体的交换，或氚化水蒸气被吸湿晶体如 NaI (Tl)的吸收。文献[41]报道 Colmenares 等人曾使用涂有对水溶解度低含铕的氟化钙闪烁体，研制了一个由 $CaF_2$(Eu)闪烁体-光电倍增管构成的监测系统，配接脉冲放大波形甄别和单道分析器。该监测系统的计数特性用标准氚化气体进行了检验。使用的 2 个标准：一是活度为 4.2 kBq/cm$^3$(STP)的氚化甲烷气体，二是活度为 120 kBq/cm$^3$(SPT)的含氚氩气。在第二个标准气体中含有接近 $2\times10^{-6}$(体积比)的氚化水，在使用后几天就使整个系统发生了严重的污染。在 917 V 工作电压下，使用标准氚化甲烷气体在 0.013 kBq/cm$^3$ 到 25 kBq/cm$^3$ 的量程刻度，95%的置信度水平，对未屏蔽的探测器，1 min 计数时间的最低可测浓度为1.8 Bq/cm$^3$ (STP)。另一文献[42]报道 Singh 和 Kadwani 曾研制过一种测空气中氚的气流闪烁室系统。用单个 EMI 9514S 光电倍增管，对于 0.19 Bq/cm$^3$ (STP)活度水平的空气中氚进行了监测，本底计数为 50 cps，计数效率为 2.5%，探测器记录为 2 500 cps。该闪烁室内充填粉末状塑料闪烁体，在长的运行周期内未见任何本底积累，且具有低的 γ 射线响应。文中未给出使用高浓氚试验时仪器的污染情况。实际上该系统的设计是打算借助于冷凝的方法，从取样空气流中凝结出水分，然后将这些水流经探测器进行测量。

R. V. Osborne 还设计过一个使用塑料闪烁体监测空气中氚化水蒸气的系统[43]。通过鼓泡法取样使空气流中的氚化水蒸气转而收集到水流中，通入一个固体闪烁流室被测量。探测器由许多相隔的，厚度为 0.125 mm 的 NE102 闪烁体薄片构成，总表面积为 300 $cm^2$。对于 0.37 $Bq/cm^3$ 的空气中 HTO，计数率为 1 cps，相应于探测器中氚 0.05%的计数效率。在本底了辐射小于 0.1 R/h 无放射性惰性气体存在的情形下，系统的本底计数率为0.2 cps。在该监测系统中，流量为 4 000 $cm^3/min$ 的取样空气与流量为 4 $cm^3/min$ 的无氚水连续混合，两相分开后，水相中含有原先空气中近乎全部的氚，而仅有百分之几的氚在进入探测器前被清扫除去水中可溶性惰性气体的无氚空气带走。该监测系统可探测 0.037 $Bq/cm^3$ 水平的空气中氚，响应时间为几分钟。

美国的洛斯-阿拉莫斯国家实验室曾建议用把空气加湿然后用冷凝的方法将 HTO 和 $H_2O$ 从空气中取出，凝结在制冷的塑料闪烁体上测量 HTO[44]。其闪烁体是一个自动旋转的圆盘，在它被烘干再冷却之前，通过用铅室屏蔽的两个光电倍增管测量，过程是连续的，预期有 15～20 μs 响应时间。凝结下来的水使闪烁体同 HT 气体隔开，这样给出了 HTO 的单独直接测量。该系统应对 $10^4$ $\mu Ci/m^3$ 量级的浓度是灵敏的，高于选择渗透膜正比计数器。

#### 6.2.3.3 液体闪烁计数器

对于空气中氚的监测，无论是鼓泡法取样，干燥剂吸附和冷凝收集、最后都需用液闪计数器测定收集水中氚的比活度。有关它们的样品制备和液闪测量的技术将在后面的第 6.5 节中专门讨论。

但就氚的连续监测，空气中低浓度 HTO 很容易在线上使用液体闪烁计数器测量，关键在于如何有效地把空气中的 HTO 转移到闪烁液中，而闪烁液的成本高也是一个严重问题。因此需要使闪烁液的流速非常小，并且能及时混合相当大量的空气。1978 年 R. V. Osborne 曾研制出一台“空气和水流出物中 HTO 监测器”[45]。空气和闪烁液以 10∶1 的流量比进入混合器，在此处 HTO 被从空气中转移到闪烁液里。然后闪烁液以 2 $mm^3/s$ 的流量进入 400 $mm^3$ 的探测小室计数，响应时间为 200 s，探测下限为 100 $Bq/m^3$。国内原子能院在 20 世纪 80 年代初已将该项技术应用于在$^{41}Ar$ 存在情形下空气中氚化水蒸气的连续监测[46]。

### 6.2.4 多管干燥器在甄别式氚监测仪上的应用

#### 6.2.4.1 引言

在任何裂变堆、氚处理设施和热核聚变实验反应堆涉氚的工作场所，都需要对建筑物内空气和排出气流中的氚进行连续监测，以保证工作人员和环境的辐射安全。已知氚在空气中可以元素氚的形态（HT、DT、$T_2$）或以水蒸气的形态（HTO、DTO、$T_2O$）存在。对于空气中相同浓度的 HTO 和 HT，ICRP 给出它们的辐射危害之比为 $1.0\times10^4$。为了对这些场所中的工作人员给出恰当的气载放射性评价，氚监测仪应能反映所存在的所有放射性危害。这就要求仪器能够分别测定元素氚和氧化氚的气载浓度。过去 30 多年里，国外在这种能区分并同时测定空气中元素氚和水蒸气氚浓度的实时连续测氚仪的研制方面已取得了很大的进展。其中的关键技术是应用选择性渗透膜使 HTO 从 HT 和其他放射性惰性气体中分离出来。如 6.2.3 节提到的劳伦斯实验室研制的正比计数器窗用两层二甲基硅膜，得到了 HTO 和 HT 的渗透比为 400∶1[47]。后来各实验室普遍使用的是另一种渗透膜 Nafion[48]，一种聚四氟乙烯与全氟磺酸聚合物，使 HTO 对 HT 和 Xe 的渗透比分别达到 $10^3$ 和 $10^4$。目前，后一种选择渗透膜材料已经规格化，有定型商品出售，如美国 Perma Pure 公司的多管干燥器系列 PD-625、PD-750、PD-1000[49] 等。该产品在有的文献中也叫作层压塑管分馏干燥器。

### 6.2.4.2 脱水原理

多管干燥器的结构与除去空气中水蒸气的原理如图 6-29 所示。它是利用吸湿性的离子交换薄膜，以连续交换水的方式从混合气体中有选择地除去水蒸气。该薄膜是压制成管状的专利商品。将一捆具有公共集气管的毛细管安装成管隙结构，密封进一个有冲洗气进出口的不渗透套管中，套管两端的公共集气管为样品气体的进出口。假如湿气流通过毛细管束，而用干气流冲洗套管，水蒸气分子将穿过毛细管壁转移到外部套管中。这样，湿的进样空气将因不断失去水蒸气而干燥，而套管中流过的干燥冲洗气流将因水蒸气不断从毛细管束中渗出而变湿。从理论上探讨层压塑管蒸馏干燥器从其他放射性气体中分离 HTO 的特性较为困难。有关薄膜扩散与渗透的基本理论指出，扩散常数与气体分子重量的平方根成反比变化。但上述膜在这一技术中被使用的关键是它们对水分有很高的溶解度，因而水蒸气对它们的渗透远高于其他气体。

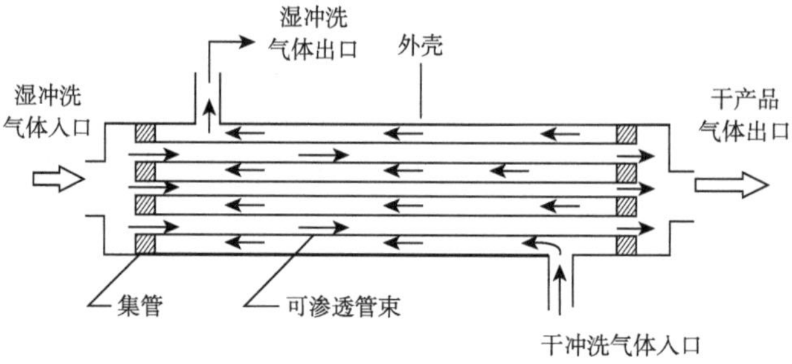


图 6-29 多管干燥器的工作原理

### 6.3.4.3 规格和型号

Perma Pure 公司的多管干燥器主要有 PD-625 型(50 根毛细管)、PD-750 型(100 根毛细管)、PD-1000 型(200 根毛细管)3 种规格。每根毛细管的内径均为 0.064 cm。上述每种型号的干燥器又由其中管束的长度不同分为 30.5 cm、61 cm、122 cm 和 183 cm 的系列产品。每种产品名称以两个字母作后缀，表示多管干燥器接头、套管和密封圈所用的材料。如PD-625-12SS，即表示长 12 in(30.5 cm)，50 根毛细管构成的用不锈钢作接头和套管，用氟化橡胶作密封圈的多管干燥器。不同规格产品所使用的结构材料和适用的温度压力与气体压差列于表 6-9。

**表 6-9　不同规格多管干燥器的构成材料与工作条件**

| 型号 | 最大压差($P_{sl\,g}$)[a)] | 最高温度/℃ | 接头材料 | 套管材料 | 密封垫圈 |
|---|---|---|---|---|---|
| SS | 80 | 125 | 304 不锈钢 | 304 不锈钢 | 氟化橡胶 |
| SC | 80 | 125 | 304 不锈钢 | 321 不锈钢 | 氟化橡胶 |
| SR | 80 | 125 | 304 不锈钢 | 聚氟丁橡胶 | 氟化橡胶 |
| PP | 80 | 80 | 聚丙烯 | 聚丙烯 | EP[b)] |
| PS | 80 | 80 | 聚丙烯 | 304 不锈钢 | EP |
| PR | 80 | 80 | 聚丙烯 | 聚氟丁橡胶 | EP |
| FS | 80 | 125 | 聚四氟乙烯 | 304 不锈钢 | 氟化橡胶 |
| FR | 80 | 125 | 聚四氟乙烯 | 聚氯丁橡胶 | 氟化橡胶 |

注：a)$P_{sl\,g}$表示压强，单位为磅/平方英寸，$P_{si}\times 51.71=1$ mmHg＝133.332 Pa；b)原文缩写为 EP，具体材料不详。

在一定的温度湿度下，多管干燥器除去混合气流中水蒸气的效率和能力依赖于干燥器本身的几何因子(即管束体积、外表面积和套管体积)，以及含湿样品气流和干冲洗气体的流量和压力。减小样品气体的流速或增大干燥器的体积(即并接更多的毛细管或增加管子的长度)，显然可使出口成品气体中的水蒸气继续降低。而增大样品气体的流速，将会导致成品气体中保持较高的露点。

图 6-30 为上述 3 种规格型号的多管干燥器在进样气体不同流量下的脱水特性。图中进入的样品气体具有 24 ℃的露点(水蒸气在进样气体中的体积含量为 3%)，而多管干燥器的工作温度为 25 ℃。图 6-31 给出了多管干燥器进出口气体含水百分数比值同样品气体对干燥器换气速率的关系曲线。这些数据是用 21 ℃大气压下饱和水蒸气的空气输入，分别测定多管干燥器进出口气体的露点得到的。出口干燥的成品气体经加温增压后(由 381 mmHg 变为 508 mmHg)，用作冲洗气体。进样气体对多管干燥器的换气速率为样品气体流量($cm^3/min$)除以干燥器内毛细管总体积($cm^3$)之商，单位为 $min^{-1}$，该值的倒数表示样品气体在干燥管中的滞留时间，如 60 $min^{-1}$的换气速率相当于 1 s 的滞留时间。

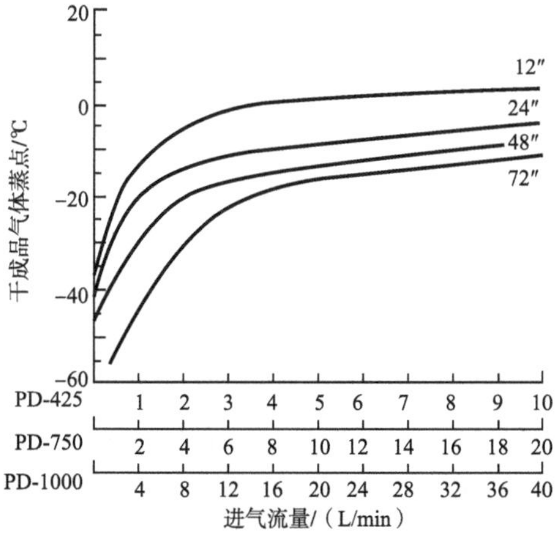


图 6-30　各种多管干燥器在不同进气流量下的脱水特性

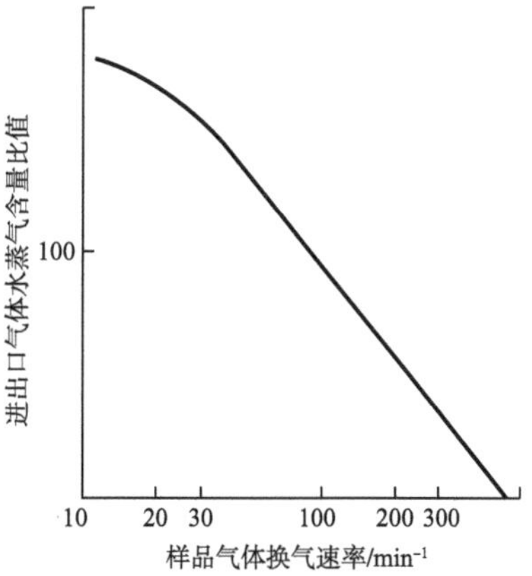


图 6-31　多管干燥器进出口气体含水百分数比值与样品气体换气速率的关系

气体流过管子的压力降可由层状黏滞流的 Poiseuille 定理给出的公式计算得到，

$$P=\frac{8}{\pi}\cdot\frac{V}{t}\cdot\frac{L\cdot n}{r^4} \tag{6-19}$$

式中：$P$ 为管两端压力降；$V$ 为气体体积；$t$ 为气体流过时间；$L$ 为管子长度；$r$ 为管子半径；$\pi$ 为气体黏滞系数。多数干燥器的结构一定时，由式(6-19)可知压力降仅与气体的流量 $v/t$ 有关。

图 6-32 给出细管束的总体积时，冲洗气体的压力降将小于样品气体的压力降。图 6-33 为多管干燥器工作温度对成品气体露点变化的影响。一般渗透膜含有化学结合水和吸附水，膜的水蒸气压正比于它本身的温度，即膜在高温下有高的水蒸气压而在低温下有低的水蒸气压。因此，为了得到更高的水蒸气缩减倍数，必须将膜保持在无冻出水或凝结水可能出现的低温度下。

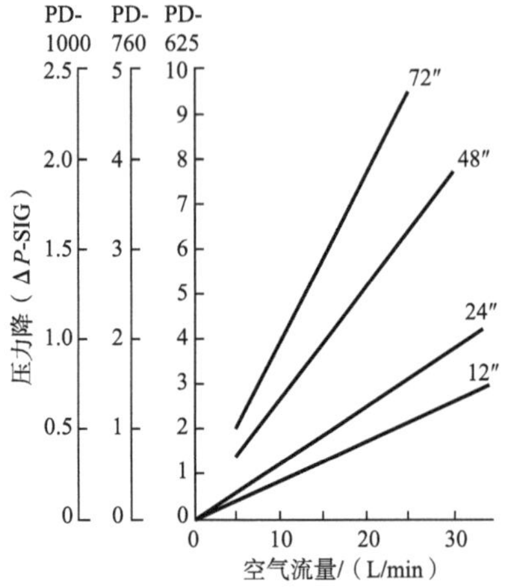


图 6-32 多管干燥器压力降同气体流量的关系

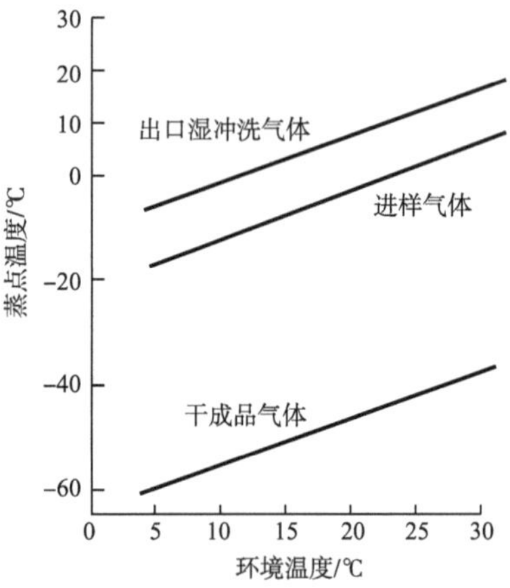


图 6-33 多管干燥器工作温度对出口气体露点的影响(在 0 mmHg 下)

### 6.2.4.4 应用

商售层压塑管分馏干燥器，即多管干燥器的出现，为甄别型实时氚连续监测仪的研制开创了新的局面。从 1982 年以后，各国实验室研制的能同时连续监测 HTO 和 HT 的新一代氚监测仪器中，几乎都使用了上述产品作为 HTO 与 HT 或其他放射性气体分离的单元部件。在传统的流气式测氚电离室前面增加选择性渗透膜气体分离单元，就可以具有新的功能，连续地监测出 HTO 的放射性浓度，而不必担心同时存在的 HT 或其他放射性气体的干扰，解决了裂变堆及燃料后处理工艺、聚变堆氚设施、氚防护监测中多年来需解决的难题。表 6-10 列出了一些实验室研制的氚监测仪中所用的层压塑管蒸馏干燥器的某些参数和达到的气体分离因子。可以看出，在实际应用中只要样品气体和干燥冲洗气体的流速控制恰当，仅用一级干燥器分离，使 HTO 对 HT 和其他放射性气体 $^{85}Kr$、$^{133}Xe$ 达到 $10^3$～$10^4$ 的分离因子不是很困难的。

图 6-34 是 Los Alamos 实验室研制的能同时分别实时监测 HTO、HT 和裂变中子产生的活化气体浓度的氚连续监测系统的原理简图[50]，使用传统的流气式电离室作为氚探

测器，灵敏度为 1～3 Ci/m$^3$。取样空气以 3 L/min 的流量通过第一级由 50 根长 35 cm 的 Nafion 毛细管构成的层压塑管蒸馏干燥器，反向空气流以 1 L/min 的流量通过分离器的毛细管将样品气流中渗透过来的 HTO 载带出来，进入 1 L 电离室测量，其 HTO 浓度为样品气流初始 HTO 浓度的 95%。由于在第一级干燥器中仅有一部分 HTO 被除去，第二级干燥器被用来完全除去样品气流中的 HTO。使用两个分开的多管干燥器是因为在这不同用途的两种情形下，适用的冲洗气体流量是不同的。在第二级干燥器中使用了 200 根长 53 cm 的 Nafion 管取样空气流进入毛细管，而冲洗空气以 20 L/min 的流率进入多管干燥器的套管。

**表 6-10　某些氚监测仪中多管干燥器的工作参数**

| 实验室及文献编号 | 分馏干燥管根数 | 长度/cm | 内径/mm | 外径/mm | 流量/(L/min) | 分离因子[a)] | |
|---|---|---|---|---|---|---|---|
| | | | | | | 对 HT | 对 Xe |
| Chalk River Lab[53] | 100 | 45 | 0.65 | 0.90 | 2～8 | $1\times10^4$ | $1\times10^5$ |
| ICPP[55] | 100 | 121 | 0.50 | 1.00 | | 对$^{85}$Kr | 对$^{14}$C |
| | 200 | 60 | 壁厚 0.64 | | 0.150～0.200 | $2.4\times10^4$ | $2.0\times10^2$ |
| Los Alamos Lab[58] | 50 | 35 | | | | 对 HT 和其他活性气体 | |
| | 200 | 53 | | | | $1\times10^3$ | |

注：a)分离因子定义为取样空气流中被测放射性核素的浓度与空气流中该核素的浓度之比。

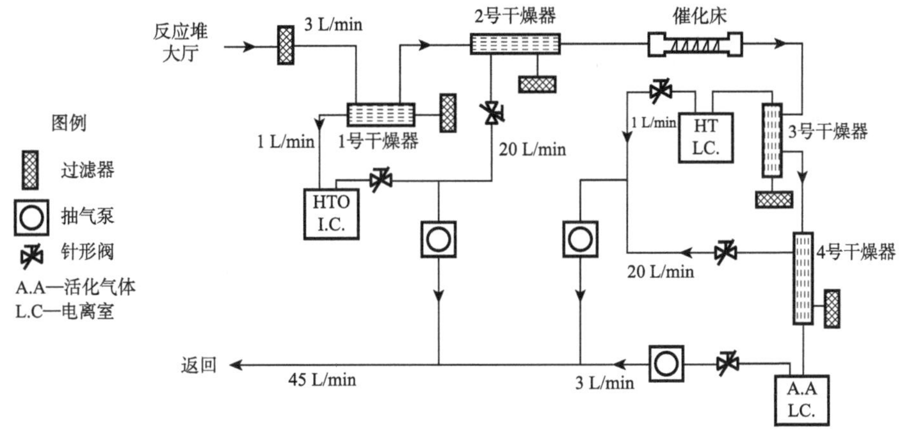


图 6-34　一个能甄别监测 HTO、HT 及其他活性气体的氚监测系统流程图

在经过两级多管干燥器后，取样空气流中的 HT 和活化气体几乎没有任何损耗，通过加热到 250 ℃左右的贵金属催化剂床(在不锈钢管中)，HT 被氧化为 HTO，其大部分被通过第 3 个多管干燥器时转移到冲洗气流中，进入电离室测量 HT 浓度，其余在通过第 4 个多管干燥器时被完全除去。最后被完全除去氚的空气流通入电离室，进行$^{85}$Kr、$^{13}$N 或$^{41}$Ar 等活化气体浓度的测量。

这种具有甄别能力的氚连续监测系统的缺点是 HTO 通过 Nafion 渗透膜管的传输时间较长。如从冲洗气体出口达到最后平衡值的 1%，其响应时间为 6 min，达到最后平衡值的50%，其响应时间为20 min，且这一响应时间还必须迭加到1～2 min气体经过50 m长的取样管道到达测量仪器的时间以及以1 L/min流量通过每个测氚电离室(总体积为2 L)的结构时间常数之上。因此，对于这类氚监测系统提高HTO测量道的响应时间是一个需要重视的问题。文献[50]提到了一些缩短响应时间的有效措施，如样品空气和干燥的冲洗气体在进入多管干燥器前均被加湿，使其具有稳定的温度和湿度，这样不仅会使膜的性能保持稳定，而且使分离器对入口氚化水蒸气浓度变化的响应时间缩短。该监测系统对HTO测量道的响应时间可小于2 min，达到指数上升的平衡值，仪器本身的响应时间为30 s。

在这方面，国内中物院也对Perma Pure公司的多管干燥器进行了氚甄别测量的实验研究，分别在HTO、HT以及HTO+HT气氛下，详细分析了气体流量、温度等条件对甄别性能的影响。结果表明，HTO在Nafion膜中的渗透率很容易达到90%以上，HT在Nafion膜中的渗透率小于0.19%，甚至更低。在适当的温湿度及气体流量条件下，一级Nafion干燥器在氚甄别测量中对HTO有99%以上的分离效果，HTO对HT的甄别比可达$10^6$以上。在此基础上，他们还研制了一种用于实验现场的氚监测系统。该系统采用模块化设计，主要由弱电流测量模块、数据处理模块、氚化水甄别模块和记忆效应消除模块等组成。性能测试结果表明，整套系统稳定性满足使用要求，且具备较高的氚化水甄别能力和彻底的记忆效应消除能力[51]。

### 6.2.5　氚实验室的监测系统

为了保证操作人员的安全并将对环境的影响减到最小，氚设施都配备有完善的辐射防护监测系统。监测系统的主要功能是用于监测次级包容手套箱内和三级包容厂房工作间内空气中的氚浓度，并在非正常工况下给出报警信号。对于这种测量，一般无需对气态氚和氚化水蒸气进行甄别，所有氚都被假定为HTO，即具有最大放射性毒性氚的形式，从而提供了相当大的安全系数。目前国外已有的和新建的氚设施，大量使用的仍是非HTO-HT甄别型电离室氚监测仪。因为这类仪器有快速的响应时间，在紧急条件下可利用它们的指示信号来调节、控制厂房内的通风或净化系统。同样，手套箱内的氚监测仪则用于监测手套箱保护气氛污染情况和净化回收系统的工作状态。氚设施最后经烟囱向环境排放的废气和作业废水排出的氚含量，不仅是现场防护保健物理监测的一项内容，也是氚衡算管理重要的监测数据。

如在20世纪90年代投入运行的欧洲氚处理实验室[52]。现场使用的标准电离室是根据20世纪70年代Harwell设计的2 L电离室的改进型。监测仪探测下限为$3.7\times10^4$ Bq/m$^3$，量程可跨越7个数量级。对于手套箱内空气的监测使用了新型的多孔开壁式电离室，气体无需专门的泵系统可自由地流进电离室，增加了整个监测系统的可靠性，具有在手套箱内出现事故性释放时快速响应的优点。对于手套箱外房间空气的监测，则使用通常的电离室循回抽气采样。巡检的场所和监测仪的位置是可以变化的。所有监测仪(器)的数据和讯号将从各个不同场所发送回辐射防护RP房间和中心控制室内，然后被进一步处理。在该实验室烟囱排气配备有2种氚监测仪。一种是流气式电离室型实时氚监测仪，另一种是基于2对鼓泡器和一个催化氧化器的HT-HTO甄别式氚取样器。后者比电离室有明显高的灵敏度，并可确定排气中气态HT/HT的比例。换样测量周期小于10天。

氚净化系统的使用，对传统氚取样与监测系统提出了新的要求。早在 1977 年，一个由计算机控制的氚研究实验室（TRL）监测系统已在美国圣地亚（利弗莫尔）实验室投入使用[53]。因其设计考虑完善，典型地反映了氚实验室或设施的各种监测需要和要求，就是在今天也不失其先进性，因此在这里做较为详细的介绍是必要的。该监测系统由量程为 $1\times10^{-9}\sim1$ Ci/L，可自动换挡的 Betatec-100 氚监测仪配接一系列专门设计的辅助设备，与 PDPl1/40 型计算机对接自动运行。其基本监测系统如图 6-35 所示，每个单元的功能简述如下。

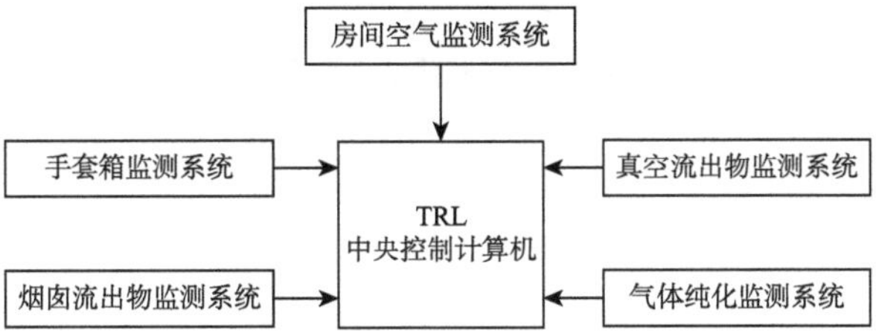


图 6-35　TRL 氚监测系统

（1）工作场所空气监测由带 2 L 电离室的静电计和读出装置构成的基本氚监测仪进行，量程范围 $1\times10^{-9}\sim2\times10^{-2}$ Ci/L。

（2）典型的手套箱监测系统由带 20 mL 双电离室的静电计，泵组件和一台表头组件构成。每一个手套箱里的空气都被连续监测，如果氚浓度超过预定值，连通阀即被打开，手套箱内的空气将由气体纯化系统（GPS）净化处理。手套箱氚监测仪的量程选择，取决于所处理氚的数量以及该手套箱内所允许的实验设备的泄漏率，其量程为 $1\times10^{-6}\sim20$ Ci/L。

（3）典型的气体纯化系统（GPS）的监测系统包括一台配接适当电离室的静电计与泵组件，安装在尽可能接近取样点的地方。由于被处理的气体来自手套箱，GPS 入口监测仪同手套箱监测仪应有同等的量程范围。来自手套箱内的空气经过 GPS 循环，氚在催化床上被氧化，生成的氚化水被吸附在一系列的分子筛干燥剂床上，从而使手套箱内的氚浓度减小到 $2.5\times10^{-9}$ Ci/L 以下。GPS 尾气监测仪，量程为 $1\times10^{-9}$ Ci/1～20 mCi/L。

（4）真空流出物回收系统收集回收 TRL 所有真空系统的流出物，这些气体被收集在一个监测罐里，经过同样的处理过程净化到与 GPS 相同的水平后排出。污染罐监测仪具有 $1\times10^{-8}\sim0.2$ Ci/L 的量程。监测系统与 GPS 相同。

（5）烟囱流出物监测系统由安装在排风管道里的多点取样系统及就近安装的一个 2 L 双电离室和一个 2 L 单电离及静电计构成，由中心泵站抽取样品。两台量程搭接的表头组件安装在控制房间内，低水平烟囱流出物氚监测仪量程为 $1\times10^{-9}\sim2\times10^{-2}$ Ci/L，高水平氚监测仪量程为 $10^{-7}\sim2$ Ci/L，由一台累加器记录烟囱排出的总氚量。

（6）TRL 中央控制计算机由一台 PDPⅡ/40 型计算机及其外围设备构成。它连续地对 TRL 内的每一台氚监测仪进行巡检，根据它们的指示水平，估计其危险并做出适当的反应。此外，它还巡检每一个手套箱，作压力报警、火灾报警，校正 GPS 入口和出口阀的位置。无论何时，只要手套箱内出现高水平氚，计算机即自动开启 GPS 系统使它与手套箱接通，一直工作到使空气中的氚水平显著地降下来。

在上述监测系统中广泛使用的泵组件，是一个由电离室、泵、流量计、入口和出口切断阀及其相互连接的管阀构成的独立的单元。它安装在离取样点尽可能近的地方，直接从需要测量的管线上抽取气样，然后又重新把它送回取样点下流的管线。显然，使用泵组件，是实现氚的在线快速监测，避免交叉污染的一个重要措施。除了以上的主要监测系统之外，TRL 氚监测系统还有“走廊管道清洗控制”“手套箱清洗控制”“房间空气排气及标定管线”“手套箱标定管线”等监测控制。总之，它是一个自动化程度很高、考虑周全的完整体系。目前 PC 计算机已在我国普及并在许多工业领域得到广泛应用，它不仅价廉，功能远高于上文中提到的 PDPⅡ/40 型计算机，全面了解 TRL 氚监测系统的设计特点，无疑会对改进国内氚现场防护监测有所启发和帮助。

# 6.3 液体中氚的监测

## 6.3.1 概论

水中氚的监测对于控制核电厂应堆和氚设施液态流出物中氚向环境的释放量并尽早指出工作系统的泄漏是必要的，许多时候希望这种测量能用在线监测器实时连续监测。所需要的灵敏度和响应时间依赖于监测目和具体设施。通常希望能测量低到几十个 kBq/L 的浓度水平。

目前，大多数水中氚的监测仍是采用取样分析或使用某种类型的在线闪烁计数器，但这些方法中没有一个是令人完全满意的。几十年来各种形式的水中氚实时监测仪的研制有过许多报道，但最常用的两种是基于液闪计数的自动定量取样系统和使用闪烁流室的连续监测系统。本节只就这一领域过去较重要的工作及近年来的进展[54]，给予适当的介绍和评述。

## 6.3.2 取样分析

最常使用，也是最直接的测量水和其他液体中氚的方法是先采集液体样品，然后用液体闪烁计数器测量它的氚浓度。该方法非常灵敏，但不能给出实时结果，尽管有这一缺点，仍不失为测量水中氚的最可靠的方法。因此它被广泛应用，特别适合于那些对取样频率要求不高的地方。

对于单个样品的液闪计数，标准计数瓶具有 20～24 mL 的容量，但在灵敏度不成问题时也可使用 7～10 mL 小型瓶。在常规应用中水样与闪烁液用量比值在 1∶5 到 1∶15 之间，但对于低水平计数，使用特殊的闪烁液允许这一比值高达 10∶10。在一台液闪计数器中，制备好的样品被放在两个光电倍增管之间。样品中的 β 辐射与闪烁体相互作用，最终导致一系列光子发射。产生自两个光电倍增管的脉冲相加的高度，正比于 β 粒子的能量。这类计数器使用符合电路以甄别由于光电倍增管噪声所产生的光脉冲。目前国内外厂家生产的各种性能的液闪计数器可供用户选择，闪烁液已成系列并商品化。通用型液闪计数器的技术指标是本底 10～15 cpm，对氚水的计数效率为 35%～55%，依赖于样品的组成和样品量。相应的探测下限对于 1 mL 水样计数 10 min，在 200 Bq/L 的量级。

液体闪烁计数在氚的防护与监测诸多方面是广泛使用的基本测量手段，属于核辐射探测技术的一个专门领域。60 多年来液体闪烁计数技术本身发展很快，加上电子学的进展与计算机的应用，许多高性能的液闪谱仪不断推出，在辐射探测的各个领域得到越来越广泛的应用，有关文献资料也相当丰富，因此有必要在本章的最后一节做专门论述。这里仅讲现场单个样品液闪计数测量的注意之点。

(1)样品制备，可简单地将样品水由一次蒸馏水构成。事实上对许多较高活度的样品可不经蒸馏直接测量。

(2)测量使用塑料计数瓶比玻璃瓶更可取，因为塑料瓶比玻璃瓶的本底低而计数效率要高一些。

(3)增大加样水量在增加样品中含放射性水比例的同时，也增加了样品的淬灭程度，包含有两个竞争的过程，因此对不同的闪烁液体系应实验确定其最佳含水量。对于乳化闪烁液应在均相条件下进行测量。

(4)对于精确测量，应注意被测量样品的闭光和对仪器可能漂移的定期检验。推荐的测量顺序是本底、样品、标准标定样品、复样、本底。

(5)不论所用仪器的功能多全，自动化水平多高，淬灭校正曲线只有在经过实际被测液闪样品检验后才能使用。在这种情况下内标准法是标定仪器计数效率，进行淬灭校正最基本也是最常用的方法。

(6)需要重复使用的样品瓶，当样品计数后应及时处理、清洗，以防止再使用时交叉污染。

### 6.3.3 液体闪烁计数测量系统

水体中的氚当然可以利用定时取样作批量的液闪计数分析报告结果。但在许多情况下希望有连续监测系统能自动测量给出结果。这样一个系统应当足够灵敏与实用，在一个可同流水中氚浓度变化的特征时间可比较的时间内给出响应。它能够适当地采集代表性样品，成本恰当，也不需要过多维护。

这方面的典型装置是 Ting 等人 20 世纪 70 年代初在 Beckman 仪器公司研制的，用于压水堆二回路冷却剂监测的间断式取样液体闪烁流室连续水流氚监测系统[55]。该监测系统在现场试验时，以百分之几的精度测定 San Onofre 核电厂冷却剂中的氚水平为 56 Bq/$cm^3$。其工作原理是以甲苯为溶剂的闪烁液(假如需要很快混合的话为二氧六环水溶性闪烁液)在一个混合室内同水样混合，混合后的液闪样品流通过一个光阱，液体闪烁计数器，然后作为废液排出。其中的关键部分是混合室，闪烁液连续地流入一个瓶内，水样则借助于重力滴流器加入，在排出前被搅动再次完全混合。以闪烁液流速 7.0 mL/min，瞬时注入的 10、20、30、40、50 mL 的 5 个氚样品，仪器给出了很好的时间响应。在该试验中，滞后时间小于 2 min，氚(粒子的探测效率为 32%，样品流量是 0.5 mL/min，最小可探测氚浓度约为 0.93 Bq/mL。以 7 mL/min(10 L/d)的闪烁液消耗量计，其运行成本将为每年数千美元。

由以上可知，使用液闪的水中氚连续监测仪，主要需考虑样品的定量与闪烁液的成本。每天 10 L 的闪烁液消耗量使这种仪器难以在现场广泛应用。为了克服这一缺点，R. V. Osborne 等人研制的在气体监测小节中提到的“空气和水流出物 HTO 监测器”[45]，在测量水中氚时只要将进入的取样空气改为在一个给定温度下，由无氚空气通过一个连续的水样品流鼓泡而产生的空气样品，则可将上述装置改变成水中氚连续监测仪，其探测下限为 $7.4\times10^3$ Bq/kg。闪烁液的消耗量可减小到 0.12 $cm^3$/min。尽管如此，该系统也较复杂，制成后也只在加拿大 CANDU 核动力堆作有限的应用。

### 6.3.4 固体闪烁流室

水中氚连续监测当前仍然主要使用塑料闪烁体蒽晶体，CaF 作探测元件，探测下限一般在几十个 kBq/L 左右。这类装置的优点是响应快，成本低，适用于高计数情形；缺点是有退化现象。由于沉淀，细菌生长及褪色等原因会使效率下降，且记忆效应严重。已知氚 β 射线在水中的射程非常短，为使固体闪烁流室有高的灵敏度，须尽可能提高在流室中固态闪烁体的表面积与体积的比值。早期系统使用了蒽单晶小片，更多的是在有机玻璃制成的流室内充满蒽晶体薄片或涂层，或各种形状的塑料闪烁体。其工作原理是使被测液流通过一个充满某种形状闪烁体颗粒的流室，闪烁体发出的光由两个对着流室的光电倍增管同时接收实现符合计数。

图 6-36 给出了一个由 100 根涂有蒽粉末的有机玻璃棒构成的闪烁流室[56]，该探测器可监测到 37 Bq/mL 的水中氚，其仪表本底计数率为 10 cpm。Osborne 研制的由塑料闪烁体薄片叠加而成闪烁流室[57]，对 37 $Bq/cm^3$ 的水中氚响应为 24 cpm，看来灵敏度比前者要高些。其他如法国的 Dridyn 研制的闪烁球形流室[58]，探测下限也为 37 $Bq/cm^3$，其流入液纯化单元可连续工作 8 d，闪烁体使用 6 个月灵敏度损失小于 10%。另有一个装置[59]，其流室填充直径为 50 mm 厚 6 m 的塑料闪烁体薄膜，膜的总表面积为 2 800 $cm^2$，总质量为 0.880 g。无屏蔽时探测器的本底为 20 cpm，相当于通过 10 Bq/mL 的氚化水. 用 6 cm 铅屏蔽该探测器对 γ 的响应，1 mR/h 的场相当于流过 7.4 Bq/mL 的氚化水。国内原子能院对水中氚连续监测使用的各种有机闪烁体探测器性能做了实验比较，结果同国外报道的相近[60]。他们推荐的顺序是塑料闪烁膜—蒽单晶小片—塑闪微粒球—多层塑料闪烁片，探测下限均在 37 Bq/mL 量级。

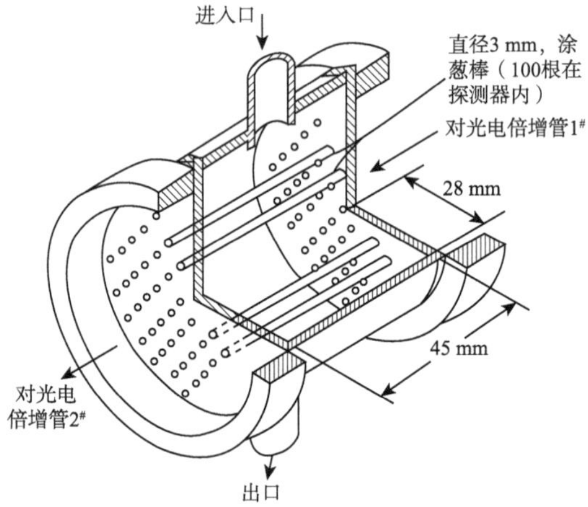


图 6-36 固体闪烁流室结构简图

如上所述，大多数水中氚连续监测系统，在实验条件下测量几十个 kBq/L 的氚化水浓度有足够的灵敏度。但这些监测系统在现场使用则经常不能令人满意。因为实际被监测的排放废水一般很脏，即使经过 5～10 μm 孔径的过滤器，也难以完全排除样品水中含有的脏物如泥沙、活性炭粒子、软泥和藻类的细微粒通过，从而使流室里的闪烁体表面弄脏。这样将减少被光电倍增管探测到的光的总量。减小闪烁流室的探测效率。而在线过滤器的阻塞还可能严重影响系统的响应时间，使用较小孔径的过滤器也增加了必要的更换频率。

被监测的排放废水中，除含有上述脏物以外，样品中还经常会含有放射性物质以外的其他物质，它们包括发光物质，化学发光物质，以及任何通过闪烁体薄片脱色或减小到光电倍增管光传输而可能减小闪烁流室探测灵敏度的其他污染物。如在一个水系统中为防止细菌生长经常使用的氯，它的化学发光会干扰氚的测量。氯虽然可用活性炭过滤器除去，但又可能带来因此而产生的活性炭微粒的问题。

20 世纪在市场上有一种美国 TA 公司出品的型号为 model SSS-33 M8 的水中氚实时连续监测仪，据称有 3.7 Bq/mL 的探测灵敏度。该系统由一个经由插入式 1/4 in 管配接件与样品相接，通过 2 个 MHV 插头与读数和微处理器装置相接的小型光密闭的探测器装置构成。样品流经消离子器和过滤器后进入探测器装置，被一对匹配的光电倍增管探测，其输出信号经由安装在桌面或架子上的该系统的微处理器和显示部分，通过脉冲幅度和符合单元的调制和分析，从而排除其他核素的干扰并使本底计数(噪声)保持最低。具体性能指标如下：量程 $0\sim3.7\times10^4$ Bq/mL，5 位数字显示，样品流量 1～100 mL/min。探测器尺寸高6 in，长 8 in，宽 18 in，重 20 磅①，读出装置尺寸高 10 in，长 16 in，宽 19 in，重 40 磅。由于国内尚无使用这一仪器的经验，所以对它的性能与实用性还难以评价。

## 6.3.5　进样水流与维护管理

对于水中氚的连续监测，闪烁计数仍被认为是一种最适当的探测方法。对于那些需要实时结果的场合，固态闪烁体流室结构简单，工作可靠，成本低，响应快，关键是如何提供清洁的水样品和保持探测器流室的清洁，具有适当的过滤和水调制的现有氚监测系统应当是能够适用于重水堆电站环境连续实时测量的。所存在的主要问题，也是目前仍在致力于改进的地方，集中在样品水输送和严格维护管理两个方面。

给闪烁体流室提供适当的清洁样品水的不同方法可被考虑和研究。如 Decours 和 Guerin 在他们的“TRIDYN ”探测器[58]样机上已经使用了一种改进型的商品沉积器。该监测仪的整个响应时间曾在 1 h 的量级。他们认为，使用具有较高通量的沉积器可以实现响应时间上的某些改进。Osborne 在加拿大原子能有限公司用鼓泡器收集 HTO 的经验表明，将清洁空气通过水鼓泡将产生相当清洁的水蒸气。Huntzingef 已在一个实验的鼓泡器系统里发现[61]，清洁的干燥空气通过代表性的废水鼓泡，收集到的水蒸气中没有污染物，当初始水溶液中含有诸如高锰酸钾，食品着色剂、轻马达油和洗涤剂时情况也是如此。这一方法的主要困难是对于控制样品水流，清洗水流和闪烁液流需要有大量的流量计，湿度计，液面传感器和流量控制器。

Decours 和 Guertin 也曾使用树脂柱进行过研究[58]。他们的系统由一个 30 μm 的过滤器和一个 5 μm 的过滤器，后接一个阳离子柱、一个阴离子柱和一个最后的阳离子树脂柱构成。最后再加上一个具有 5 μm 孔径的活性炭过滤器，该过滤器系统虽然对保持探测器清洁有效，但因响应时间长和更换树脂的成本而被放弃。在流量为 6 L/h 时，响应时间约为2 h而过滤器只能持续使用 1 周。据更近一些 A. N. Singh 报告可以看到[62]，仪器的维护要求在加拿大的 Ontario Hydo 和 Chalk Rirer 及美国的 Livermore，其经验大体相近。在线过滤器必须每周更换，活性炭和混合树脂过滤器每月更换，而探测器流室当灵敏度下降到 80%以下时(约每 6 个月)也须加以更换。

使用选择性半渗透膜，特别是 Nafion 管对于水中氚的监测提供了某些可能性。可以使用 Nafion 管的方式至少有两种：将水与闪烁液混合；或提供清洁的水样。在利用 Naflon 管

① 1 磅=0.454 kg。

将闪烁液和水混合的第一种情形：例如，一台监测仪可以基于一个通过闭路循环的闪烁液工作，借助于通过 Nafion 管壁的扩散收集水样品；在一台通用液闪计数器中测定它的活度；而在该闪烁液重复循环再次收集水之前除去水。若换样方式使用一个开环的系统，由于闪烁液的消耗量，运行费用可能就太贵了。在用 Nafion 管将样品水与固体闪烁流室相连接的第二种情形，Nafion 管将被测液体流同流经闪烁室的样品水分离。假若在闭环的情形，Nafion 管内外两边的氚浓度将达到均衡，不依赖于通过 Nafion 管的渗透率。当然渗透率的大小将影响探测器的响应时间。除输送清洁的样品水进入闪烁流室外，还允许管外水样用化学手段调节以防淤泥霉菌和藻类的生长。

还有报告提到 Huntzinger 已经研制了一台使用"截面"流或"切向"样系统阻塞的水中氚监测仪[61]，在这一设计中使用了粉碎器和紫外线杀菌器在被引入该截面流过滤器之前调制样品流。快速移动的水流连续地冲洗整个截面流过滤器介质，除去在其他情形下可能阻塞过滤器的污垢。这样产生的清洁样品通过一个被动式混合室被连续引入液体闪烁探测器。虽然这一系统过滤更有效且能自身清洁，但该过滤器还需要大约 10 天更换一次。该设计的显著优点是过滤水体积有所减小，且过滤器可目视检查。尽管该监测仪使用的是液体闪烁计数，没有任何理由说它不适用于固体闪烁流室。其他还有使用两个固体闪烁流室交替工作和使用一个流室交替流过干净水流和样品流的监测系统等，达到实用还不能令人满意。总的看来，有关样品流输送和系统维护的方法还有待于进一步研究和改善。

## 6.4 氚的表面污染监测

### 6.4.1 一般考虑

在进行氚的表面污染监测时，首先应明确氚表面污染的概念。因为至少存在 3 种不同类型的氚表面污染。"总的氚表面污染"是指包括被吸附和吸收进入表面的所有氚；"直接可测到的氚表面污染"则指可被紧贴表面的辐射探测仪器直接测量到污染部分；而"可移去的氚表面污染"则是可用擦拭法测量或清洗去除的污染部分。

对于大多数核素的表面污染，由物体的表面向内部的渗透是很小的，但对于氚，其渗透深度几乎总会大于氚 β 粒子的射程。因此，总的氚表面污染这个量，就其与表面相关的深度而言是含糊不清的，也是不可能被直接测量到的，对于防护监测意义不大。从辐射防护的观点来看，可除去氚污染通常被认为是测量的重要量，因为这个量最能代表可能被接触该污染表面的工作人员沾污吸收的氚量。通常使用擦拭-液闪计数的方法测量在一个表面上的可除去氚，用实时仪器如开窗式流气正比计数器测量污染表面上可直接测量到的氚。虽然这两个量之间经常有某种相关性，但在很大程度上依赖于表面材料与污染历史。

表面污染指表面上固定污染和松散污染的总数。对于工作场所控制区 β 放射性物质的表面污染，一般取 40 $Bq/cm^2$ 为导出控制水平。然而，对于氚的低能 β 粒子，可以适当放宽。我国过去和现行的辐射防护标准(GB 8703—88 和 GB 18871—2002)都规定认为，对于氚表面污染的限值可扩大 10 倍的因子。该因子取何值为恰当目前国际上还无一致的意见，已有许多方法用于研究氚表面污染和它产生的辐射危害。如 Eakins 等人 20 世纪 60 年代后期至 20 世纪 70 年代初在英国原子能研究设施所做的工作，包括氚在黄铜表面吸收的研究[63]，用擦拭法对氚污染量的估计[64]和放射性危害是这方面的重要研究工作[65]。这些数据被 Johnson 和 Dunfoxd 用于评价氚由表面经皮肤吸收所致的各种剂量学模型[66]。这一分析表明，重要的皮肤剂量可能产生自同已在高浓度氚气 $T_2$ 下暴露过的金属和其他表面接触。加拿大 Ontario Hydro 依据全身剂量限值导出了在特殊情形下氚表面污染的导出限值为 370 $MBq/m^2$[67]。

## 6.4.2　擦拭法测量

虽然在氚表面污染测量方面人们对实时监测仪的研制有着持续的兴趣，但在大多数情况下，用擦拭法评估由于与氚污染表面接触所造成的实际放射性危害是一种适当的方法。擦拭法的程序可概括如下：用一块干的或润湿的擦拭材料(滤纸或润湿的纸，脱脂棉等)对总面积已知或可估计出的表面进行擦拭。如果可能，被擦拭的面积一般为数 10 $cm^2$，典型值为 100 $cm^2$。擦拭时必须重复地压着拭纸，最好用一个为保证均匀和稳定压力而设计的夹具；必须均匀擦拭整个被测表面。然后将擦拭材料用无氚水浸泡或直接引入原先已经装满闪烁液的计数瓶中。一般浸泡液在 1～2 h 后就会达到平衡，但若是拭纸被直接放入闪烁液中则需在计数前放置 10～20 min。计数应当注意因擦拭材料引人产生的淬灭校正和可能产生的假计数。典型的擦拭效率是 10%，大的误差引入是可能的。计数效率将不得不由可使用的闪烁液和擦拭材料的具体组合来确定，其值可能会有大到 2 倍的差别。

擦拭材料和闪烁液的选择通常不是很重要的，主要规范是擦拭材料应有足够的韧性，拆叠不会断裂，且能够适合于被监测表面的外形。虽然也可以得到能完全溶解拭纸材料的闪烁液，但不一定是必要的，因为只要有足够的时间就可以使被擦拭活度与闪烁液达到平衡，典型值为几十分钟，通过剧烈振荡，也可缩短到几十秒。使用溶剂(如水、甘油或乙二醇)能增加擦拭的除去效率，但不使用润湿溶剂也经常能够得到满意的结果。使用干拭纸处理方便，被交叉污染的机会也比较少。当然，对于最大的灵敏度应选用适当溶剂浸湿的可溶性擦拭材料。

有关用擦拭法测量氚表面污染的具体方法有许多报告。如国内 20 世纪 80 年代初使用能溶于二氧六环闪烁液的Φππ-15 滤布作擦拭材料[68]，实验表明用甘油-乙醇(体积比为 1%～25%) 溶液浸渍过的Φππ-15 滤布，擦拭不锈钢片和铝片等非渗透性氚表面污染样品，其平均擦拭效率为 11.5%，擦拭涂混凝土块表面的环氧改性聚氨酯漆层，其平均擦拭效率为 8.4%，擦拭塑料等渗透性氚表面污染样品，其平均擦拭效率为 5.0%。样品擦拭后 8 h 进行测量，一般可不考虑氚的逃逸问题[75]。由于擦拭法的影响因素较多，如擦拭材料及浸渍溶剂含量，擦拭压力与擦拭次数，氚的测量方法及周围环境的相对湿度等，因此误差较大。国外有报告认为，用液闪直接测量拭纸，即使在取样后 4 周，仍发现有重要的化学发光干扰，但在加拿大 Ontario Hydro 的经验认为似乎没有那么严重[8]。他们在过去有 8 年时间进行氚表面污染方面的试验研究，使用过不同商标的滤纸和几种不同的闪烁液。在作滤纸计数时，观察到可忽略不计的化学发光，且绝大多数可用现代液闪计数器进行补偿。他们认为这一方法的重现性主要依赖于表面特征和使用拭纸的人员每一次施加相同压力的能力。同一人擦拭的等同污染表面典型值在因子 3 以内符合。探测限受测量样品所用计数器的限制。对于擦拭-液闪计数系统，典型的探测限约为 0.05 $Bq/cm^2$，假定计数效率为 20%，本底为 15 cpm，10 min 计数时间除去效率为 10%，取样面积为 100 $cm^2$。若使用低本底液闪计数器，或用较长的计数时间，该探测限还可减小，但0.05 $Bq/cm^2$的值看来已完全能够满足任何辐射防护的需要。

近年来国内有研究者应用擦拭法间接监测氚表面污染，确定的最佳方案为脱脂纱布配合饱和柠檬酸，并对润湿剂量、擦拭压力、擦拭次数等的影响进行了深入研究。结论认为脱脂纱布配合饱和柠檬酸的监测方案最佳，对 3 种表面材料的总计数效率分别为 64.7%(不锈钢)、45.6%(铁)和 60.8%(木质桌面)。润湿剂量、擦拭压力及擦拭次数的影响很小，无需修正。虽然该文液闪计数测定没有淬灭校正，直接用样品计数导出结果可能存在一定的误差，但这是一个很好的启示，目前市场上有各种规格的干、湿纸巾出售，液闪计数器所用的商品闪烁液也与以往有很大变化。还望有新的实验研究能够按国标 GB 14056.2—2011 推荐的方法给出一个更具体，适用，规范的擦拭法监测氚表面污染的方法和参数。

作为液闪计数的一种替代方法，干拭纸有时也可用流气式正比计数器或无窗塑料闪烁体计数器进行测量。它的优点是拭纸可在现场测量得到实时结果，但容易发生氚的损失和测量仪器探头的污染。

### 6.4.3 直接测量方法

直接测量氚表面污染的仪器可能对表面上的和一部分渗入表面中的活度给出响应。主要仪器有超薄窗流气式正比计数器、无窗流气正比计数器和无窗闪烁计数器。它们可对污染部位的氚直接测定，报出实时结果，但这类仪器仅适用于不存在其他辐射的平整光滑的表面，且在使用中易被污染[8,69]。

(1)超薄窗流气正比计数器

氚 β 射线在空气中的最大射程只有几个毫米，正比计数器的窗很薄才能使测定成为可能。日本 ALoka 公司早期出品过一种超薄窗流气正比计数器，使用规格为 0.15 mg/cm$^2$ 以下的蒸金导电膜作窗，窗口面积为 30 mm×150 mm。装置的本底计数率为 170 cpm，对氚表面污染的探测下限是 1.85 Bq/cm$^2$。供给计数管气体的小钢瓶与电子学线路装在一个小车上移动方便。

(2)无窗流气正比计数器

由于氚 β 射线在塑料中的最大射程是 0.6 mg/cm$^2$，即使探测器使用超薄窗，也会显著地减少入射的粒子数，且测量还会因探测窗口与被测表面之间的距离而显著变化。而无窗探测效率对光滑表面理论上的探测下限接近于 1.11 Bq/cm$^2$，但使用无窗流气正比计数器需要等待气体置换完备后测量才能得到较好的结果。这类仪器的实际应用，关键是增大窗口的有效面积并把计数气体的消耗量限制到最小。这方面国内目前应用较多的主要有德国 Berthold 公司的 LB-123 表面污染监测仪，主机通过连接不同探头可测量 γ 剂量率、α/β表面污染、中子剂量率和氚、钚等特殊核素。系统可自动识别主机连接的不同外置探测器，各探测器内置高压、前置放大器和甄别器。其中氚表面污染探测器 LB123T：入口窗 150 mm×15 mm，工作气体 P-10 气体，外部尺寸 226 mm×86 mm×34 mm，灵敏度约 1 cps/2.2 Bq(cps 为每秒计数)，温度范围为－10～50 ℃，质量为 0.90 kg。此外还有美国 Overhoff 公司的 FF-27 可携式氚表面污染监测仪。其无窗探测器借助于底部的聚酯膜垫可覆盖被测的平整表面，与被测表面形成可重复的固定间隙，也易于无擦痕地移动。如果聚酯垫圈污染了还容易清洁或更换。探测器开窗面积 0.5 cm×14 cm，本底计数典型值小于800 cts/min(FF-27M)，或15 cts/s(FF-27S)(cts为每分钟计数)。计数效率是被监测表面释放的所有氚β的70%，即35 cts/s相当于100 Bq/100 $cm^2$。P-10工作气体，流量10～1 000 mL/min，工作值为800 mL/min，针阀控制。此类仪器自身都配备小型高压钢瓶，以供给和补充计数气体。

国内对于氚表面污染无窗气流正比监测仪的研制，最早有中国工程物理研究院的JE-1氚表面污染测量仪，探测器是由钟罩底盖的丝网与内部的环形电极构成正比计数器，灵敏窗面积约7 $cm^2$，用甲烷作计数气体，本底<100计数/min，探测效率高于40%[70]。该仪器在上世纪末氚设施去污退役的源项调查中发挥了重要作用。其优点是探测器结构简单，容易拆解清洗去污，恢复工作。以后随着微电子学的不断升级改造，开发新一代高性能便携式核仪器，又研制出基于该款单片机的便携式氚表面污染测量仪和集核探测、电子、信息处理等技术于一体，具有低功耗、高探测效率的便携式测量仪器[71-72]。仪器性能测定结果如下：坪长300 V，坪斜0.608%/100 V，探测下限0.221 Bq/$cm^2$(测量时间600 s)，仪器稳定性0.56%/h，仪器变异系数2.88%，探测效率84%($^3H$源，2π表面发射率1 307 $min^{-1}$)。

(3)无窗闪烁计数器

这种监测仪在测量时需将闪烁探测器探头不加闭光铝箔直接放置在被测表面上，将测定面和闪烁体之间的空气排出以增大氚β的有效射程。当外部光确实不会入射到探测器室内时，仪器开始工作。因此它要求被测表面光滑平整，不会产生真空泄漏，不含有发光物质及裂缝。目前应用较普遍的闪烁型氚表面污染仪WTM，由126 mm×100 mm×1.6 mm的扁平塑料闪烁体与探测符合光子的两个光电倍增管构成。测量时，探测器与被测表面用一个可随意处置的铸模橡皮定位圈保持在精确的0.5 mm距离。该橡皮圈还用来阻断外部光进入测量室，室内保持0.5个大气压，灵敏度为0.74 Bq/100 $cm^2$/10 s。国内在20世纪80年代中期曾研制生产过此类FJ型仪器，但因使用不方便一直未在现场得到推广应用。

### 6.4.4 氚表面刻度源

以上用以直接测定氚表面污染的仪器刻度需要有稳定的标准氚表面源。考虑到氚发射的弱β粒子非常短的射程，氚表面源应做得非常薄。文献[73]中介绍过一种制作薄面源的方法。它应用制造正比计数器超薄窗的技术，将氚标记的FormVar($C_5H_8O_2$)制成薄膜，在烘箱中脱水后，使它牢牢地贴在衬托物上。氚表面污染仪的探头放在薄源上计数后，可将薄膜源从衬托物上取下，溶解在适当的溶剂里，而该溶剂的全部活度可由液体闪烁计数器精确地测量，由所得到的数据即可计算出监测仪的探测效率。

P. H. Burgess介绍了一种氚表面污染监测仪刻度源的简单制备方法[74]。他利用聚合的2-甲基丙烯酸甲酯摊布剂，将2 mL用乙醇稀释的比活度已知的D-(6-$^3H$-葡萄糖)溶液均匀沉积在13 cm×15 cm×6 mm抛光清洁的硬合金铝盘表面上，在液$N_2$温度下冷却30 s，溶液在整个铝盘表面上形成一个薄的冰层，然后进行真空蒸馏干燥，最后仅留下葡萄糖均匀分布的薄层。由于葡萄糖这种化合物非常稳定，不与水交换氢原子，非常纯又具有高的比活度，而且具有非常低的蒸气压，所以用这一方法制备的氚表面污染源，具有良好的稳定性。据报道在1976年制备的源开始放在干燥皿中，1977年以后放在一个简单的未密封的盒子内，每年约 5 次小心地使用，到 1982 年 12 月其活度值经放射性衰变校正后仍在 5%以内同初始值符合。

用该方法制备的氚表面污染源比通常由商品得到的 1 mm 厚的聚合体源具有很低的自吸收和轫致辐射贡献。但就是将这种氚薄面源放入改装后的 Eberline AC-23-1 流气式正比计数器内作 2π 立体角测量，最高计数率也仅为 40%。发现这一计数效率不依赖于每块源的质量密度；从而说明氚表面污染源可能具有非常大的自吸收。表面污染监测仪通常只能给出污染存在的指示，在没有进一步资料研究的情形下，不可能给出其存在量的近似量度。对于无任何自吸收的氚表面源的制备，目前已有报告。G. D. Whitlock 应用 Languir-Blogett 技术[77]，成功地在一个铝衬托物上生成了所有分子以同一方式定向的一个分子厚度的化学薄层，并用此演示了单位密度的空气和物质中氚吸收的理论和实际上的氚 β 发射能谱。

# 6.5 液体闪烁测量技术及其应用

液体闪烁计数是涉及氚许多领域测量的基本技术。在液体闪烁计数中，待测样品同作为探测介质的闪烁液溶混在一起，几乎没有样品的自吸收，且具有 4π 立体角的测量条件，不仅是测量低能 β 放射性核素$^3$H 和$^{14}$C 的最有效方法，而且也可以用来探测 α 射线，中子和 γ 射线等辐射。由于它在工农业、生物医学、水文地质、考古与环境保护等方面的广泛应用，液闪计数器及其测量技术得到了快速发展。目前国内在用的各种液闪计数器或液闪谱仪在数千台以上，已有专著论及液闪计数的各个方面[75-76]。本节着重介绍有关仪器原理，结构性能，淬灭校正方法与计数应用。样品的预处理与制备，主要与大量样品的低水平氚测量有关。将在第 8 章中环境氚的取样与测量方法一节专门讨论。

## 6.5.1 液闪计数的一般原理

### 6.5.1.1 闪烁原理

闪烁液通常由溶有一种或多种荧光体的芳香溶剂构成，溶质的浓度一般在 10%以下。在液体闪烁计数样品的制备中，放射性物质被加进闪烁液中并与之均匀混合。液体闪烁计数中能量转换的基本过程如图 6-37 所示。

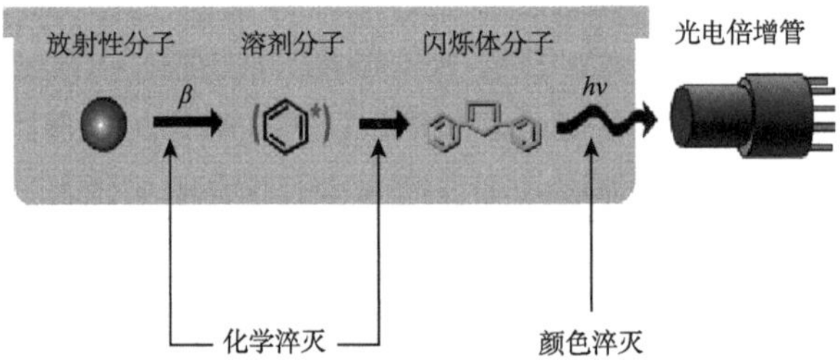


图 6-37 液体闪烁计数能量转换的基本过程

当 β 粒子进入闪烁液时，其辐射能量消耗于溶剂分子的电离和激发，溶剂分子激发后回到基态时释放出能量供给闪烁体溶质，后者偶尔也可直接吸收射线能量。闪烁体溶质分子从激发态回到基态时多余的能量以光子的形式放出，每种闪烁体溶质都有各自的发射光谱和波长。这些具有溶质特征波长的光子，随后可被计数瓶外一个或多个光电倍增管的光阴极所探测。如果闪烁体溶质的发射光谱与光阴极的有效吸收光谱相匹配，则在光阴极上产生光电子，并经各打拿极放大后在阳极上形成一个足够大的电脉冲。如果闪烁体溶质的发射光谱与光阴极的吸收光谱不太匹配，可在溶剂中加入第二闪烁体溶质，其作用是吸收第一闪烁体发射的光子，激发后退激时释放出其发射光谱与光电倍增管更为匹配的特征光子。因此，第二闪烁体也被叫作‘移波剂”，它的浓度一般为第一闪烁体浓度的 1/10 左右。

在液体闪烁计数系统中产生的每一个脉冲的幅度，正比于辐射粒子在闪烁液中沉积的能量，如平均能量为 5.7 keV 的每个氚 β 粒子在闪烁液中的光子产额近似为 30 个，而平均能量分别为 50 keV 和 650 keV 的 $^{14}C$ 和 $^{32}P$ 的 β 粒子，其平均光子产额分别在 250 和 3 300 个左右。因此，液闪计数可用作 β 能谱测定，但脉冲的幅度和形状同粒子致电离辐射的性质，荷电粒子的电荷与能量有关，如一个 α 粒子产生的光输出，由于电离淬灭的原因仅仅是由同一能量 β 粒子产生光输出的 1/10 左右。为了估计在液体闪烁过程中各个能量转移阶段的效率，Birks 定义了“闪烁优值”[77]。

$$F = Sfqm \tag{6-20}$$

式中：$S$ 为溶剂的相对闪烁效率，定义为产生一个受激分子溶剂所需要吸收的能量，通常以甲苯作为比较的基准；$f$ 为溶剂-溶质能量转移的量子效率，在数值上等于受激溶剂分子中得以把其激发能转换给第一溶质的分子所占总分子数的百分数，依赖于溶剂中溶质的浓度；$q$ 为溶质的荧光量子效率，即溶质发射的光子数同处于受激态的溶质分子数目之比；$m$ 为光谱匹配因子，表示溶质的发射光谱与光电倍增管阴极吸收光谱的覆盖程度。

由此可见，$F$ 中的前 3 项依赖于溶剂和闪烁体溶质的选择，而 $m$ 依赖于闪烁体与光电倍增管的组合。表 6-11 给出了 20 世纪 70 年代液闪计数器问世时某些常用闪烁溶剂的有关数据，表 6-12 中列出了当时常用闪烁体的性质。

**表 6-11　某些常用闪烁溶剂的有关数据**

| 溶剂 | 凝点/℃ | 相对闪烁效率 $S$ |
|---|---|---|
| 甲苯 | −95 | 1.00 |
| 对二甲苯 | +13.2 | 1.12 |
| 间二甲苯 | −53.6 | 1.09 |
| 邻二甲苯 | −29 | 0.98 |
| 二甲苯(异物体混合物) | −20 | 1.07 |
| 苯基环己烷 | +8 | 1.02 |
| 乙苯 | −94 | 0.96 |
| 苯甲醚 | −37 | 0.83 |
| 三甲基苯 | −57.4 | 0.82 |
| 1.4-二氧六环 | +12 | 0.20 |
| 1.4-二氧六环+6%萘 | | 0.80 |

注：所有溶液含有 3 g ppo(第一溶质——闪烁体)，相对闪烁效率以甲苯为单位 1。

表 6-12 常用闪烁体的性质

| 名称 | 简称 | 吸收光谱/nm | 发射光谱 | | 荧光量子效率/% | 衰减时间/ns | 在甲苯中溶解度/(g/L) | | 使用浓度/(g/L) |
|---|---|---|---|---|---|---|---|---|---|
| | | | 最大/nm | 平均/nm | | | 0 ℃ | 20 ℃ | |
| 对联三苯 | P-TP | 276 | 335 | 341.8 | 0.77 | 1.0～1.2 | 4 | 5.5 | 5.8～8 |
| 2，5-二苯基恶唑 | PPO | 303 | 363 | 370.3 | 0.83 | 1.4～1.6 | 238 | 414 | 4～7 |
| 2-苯基-5-(4′-联苯基)-1，3.4-恶二唑 | PBD | 300 | 360 | 366.9 | 0.69 | 1.0～1.2 | 10 | 21 | 7～20 |
| 2-(4′-叔丁基苯)-5-(4′-联苯基)-1，3，4-恶二唑 | Bu－PBD | 305 | 368 | 375.0 | 0.69 | 1.0～1.2 | 57 | 130 | 6～20 |
| 1，4-双[2-(5-苯基恶唑)]-苯 | POPOP | 385 | 418 | 415 | 0.77～0.93 | 1.5 | 0.45 | 2.20 | 0.05～1 |
| 1，4-双-[2′-(4′-甲基-5′-苯基恶唑)] | DM-POPOP | 363 | 429 | 425 | 0.77～0.93 | 1.5 | 1.40 | 3.90 | 0.1～0.6 |
| 2-(1′-萘基)-5-苯基α恶唑 | NPO | 330 | 401 | 395 | 0.94 | 2.0 | 50 | 108 | 0.1～1.0 |
| 对-双-(邻甲基苯-乙烯基-苯) | Bis-MSB | 347 | 412 | 415 | 0.94 | 1.3 | 1.50 | 44.50 | 0.1～1.5 |
| 2-(4′-联苯基)-6-苯基-苯恶唑 | PBBO | 401 | 396 | 395 | | | 1.60 | 4.4 | 0.5 |

显然，所有好的溶剂都具有芳香族的结构，二氧六环也被包括在表中，因为它是含水样品的重要溶剂。二氧六环本身的相对闪烁效率不高，但加入萘后效率增高，变得可同苯相比较。由于许多闪烁体的 $m$ 值高达 0.95～0.97，目前第二闪烁体作为移波剂使用已不再重要。有时在闪烁液中仍加入第二闪烁体，是为了改进在猝灭体系中闪烁液的性能。

### 6.5.1.2 猝灭

同其他的闪烁探测器不同，在液体闪烁计数中，样品的加入破坏了探测介质闪烁液的固有状态。这种由于杂质的介入使闪烁液中光的产生受到抑制或生成的光讯号在闪烁液的传输过程中被减弱的现象叫作猝灭。在实际应用中，常会遇到 3 种类型的猝灭，即稀释猝灭、化学猝灭和颜色猝灭。

稀释猝灭也叫作浓度猝灭。在闪烁液中闪烁体有一个最佳浓度，当浓度低于或高于最佳浓度时，计数效率都会下降。特别是在按理想比例配制的闪烁液中，加入具有较大体积的样品时，除样品的猝灭因素会降低计数效率外，因样品本身对闪烁液的稀释作用，也会使计数效率下降，这就是稀释猝灭。链烃和酒精就属于这一类猝灭剂。

化学猝灭也称为杂质拌灭。在闪烁荧光产生的过程中，有许多化学物质，假若有它的微量杂质存在，会分散溶剂的激发能，或同闪烁体分子竞争激发能，有的与闪烁体分子形成复体，减小了闪烁体的浓度，这些作用最终都减少了荧光的产生效率。化学猝灭剂有强弱之分，其中气体氧是经常遇到的强猝灭剂，它可借助惰性气体 Ar 或 $N_2$ 通过闪烁液鼓泡而被除去。颜色淬灭是指闪烁液中产生的荧光在透过样品时被有色物质吸收，使得转移到光电倍增管光阴极的概率减小的现象。显然有些化合物，它们既是颜色淬灭剂又是化学淬灭剂。

总之上述 3 种类型的淬灭，不论是使闪烁液中的光子在产生过程中受到抑制，还是在传输过程中被吸收减弱，最终都是减少了在光电倍增管光阴极上收集到的每一个最初受激事件所发射的光子数。因此，粒子的初始能量越高，最终产生的光子数越多。而淬灭则使上述事件产生光子的效率降低。无论产生光子的源是软辐射体还是硬辐射体，其光量子都将按一定的比例降低，这就是在后面提到的“外标准法”里，可用一个放射源产生的康普顿电子来模拟测定闪烁液样品淬灭程度的原理。

## 6.5.2　液体闪烁计数器及其性能

液体闪烁计数器或液闪谱仪，通常由探测器(包括换样机构)，电子学测量与控制单元两部分构成。当然对于样品的测量，还需要选择适当的闪烁液和计数瓶，一台液闪谱仪给出技术指标是上述 4 个单元技术性能的综合评价[84]。

### 6.5.2.1　探测器

在任何类型的液闪计数器中，探测器的设计对于提高系统的探测效率，降低本底有直接的影响。探测器的典型结构如图 6-38 所示。它是一个由 5～6 cm 铸铁或铅屏蔽构成的密闭小室，上部有设计精巧的换样机构和闭光快门，使装有闪烁液样品的计数瓶可自动进入严格闭光的小室内被光电倍增管直接探测。计数瓶通常为 $\phi 27\times 60$ mm 的低钾玻璃瓶，一般要求瓶子的化学性能稳定，透光性好且各向同性，特别是瓶材料中钾、镭及其他天然放射性的含量应尽量低。对光电倍增管的要求是优质、低噪声，高放大倍数。20 世纪 70 年代国外仪器大部分采用 RCA 4501 或石英窗 EMI 9635 QB 型光电倍增管；国产仪器上多数采用北京核仪器厂生产的 GDB-52 型双碱光电倍增管，其阴极蓝光灵敏度好于 15 μA/Lm，放大倍数在 $10^8$ 以上，噪声能当量小于 0.2 keV。为了使计数瓶发出的光子能大部分到达光电倍增管的光阴极并转换成光电子，在计数瓶与光电倍增管之间一般装有不锈钢、铜或聚四氟乙烯制成的圆锥形或圆柱形光导。为了改善样品瓶顶部与底部的反射效果，在瓶盖内加有反射衬垫，对垂直传动杆的顶部进行了镜面抛光。大部分液闪计数器样品瓶从仪器顶部进入测量室，也有从仪器侧面或底部装入，这样有利于降低本底和减少污染。

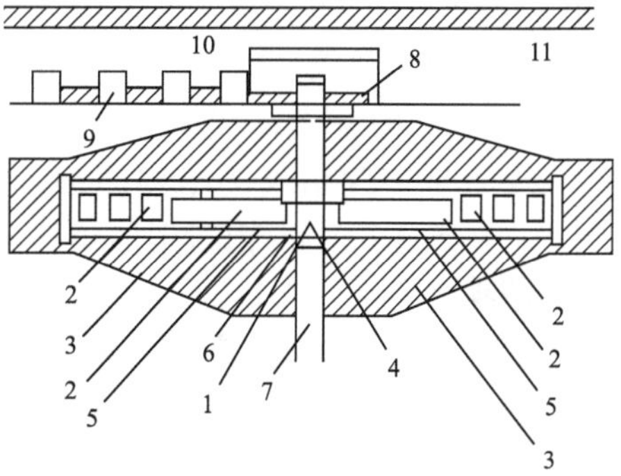


图 6-38　探测器结构示意图

1—样器瓶(内装闪烁液与被测样品)；2—光电倍增管及前置电路；3—铅屏蔽体(外壳为铸铁)；4—光导；5—绝缘内衬；6—密封圈；7—升降杆；8—遮光快门；9—样品盘座架；10—遮光罩；11—上盖

在环境放射性测量中，经常遇到的是低水平测量，这就要求液闪计数器有更高的稳定性和探测灵敏度。为了提高计数效率，降低本底，增加待测样品量，高灵敏度低本底液闪计数器或谱仪对于探测器内部的各个环节和部件制作都进行了更仔细的考虑。如所用光电倍增管要通过实测加以筛选，管子的光阴极量子效率尽可能高，噪声本底尽可能低。为了减少光电倍增管阳极发光到阴极的反馈，普遍在管壁上敷以黑色材料以吸收光，减少串光本底。在改善光收集系统和增大样品室方面除更强调用低放射性材料制作样品室和反射层外，要求计数瓶不仅透光性好，而且瓶材料无放射性，如采用 20～100 mL 特制的石英玻璃瓶或聚四氟乙烯计数瓶。为了更有效地减少宇宙射线中的软成分和某些中性成分以及环境辐射所产生的仪器本底计数，低水平装置将探测器的铅屏蔽一般增加到 10～15 cm 的厚度，许多低本底液闪谱仪还在主探测器周围增加了反符合屏蔽探测器，以便进一步降低仪器的本底。

反符合屏蔽探测器除要求对 γ 射线和环境辐射有尽可能高的探测效率外，还需要性能稳定，能够制成大的尺寸。因为除了对样品屏蔽，对主探测器的光电倍增管也要屏蔽，如国产 DYS-1 型低本底液闪谱仪，使用 $\phi$200 mm×150 mm，中空 $\phi$80 mm 的 NaI (Tl)晶体构成反符合屏蔽探测器；日本 ALOAK 公司的 LB-1 型低本底装置使用了一块 20 cm 见方，22 cm 长的闪料闪烁体，中间有一直径为 $\phi$10.5 cm×13.5 cm 的圆柱形孔用于放置 100 mL 的柱形计数瓶。芬兰 LKB 公司的 wallac 1220-681 Quantulus 低本底高灵敏度液闪谱仪的结构原理如图 6-39 所示。它在重达 630 kg 内衬铜的铅屏蔽内，反符合屏蔽探测器由一个内装以矿物油为溶剂的闪烁液的圆柱型不对称密封容器和在两个柱面相对安装的光电倍增管构成。主探测器安装在反符合屏蔽液体闪烁体轴线下方的孔道里，这样在测量室和光电倍增管的上方，反符合屏蔽的闪烁体有最大的厚度。此外仪器还配备了脉冲波形甄别器，加之使用特制的计数瓶，使它成为全球各主要实验室测量环境低水平$^3$H 和$^{14}$C 性能最佳的专用低本底液闪谱仪。

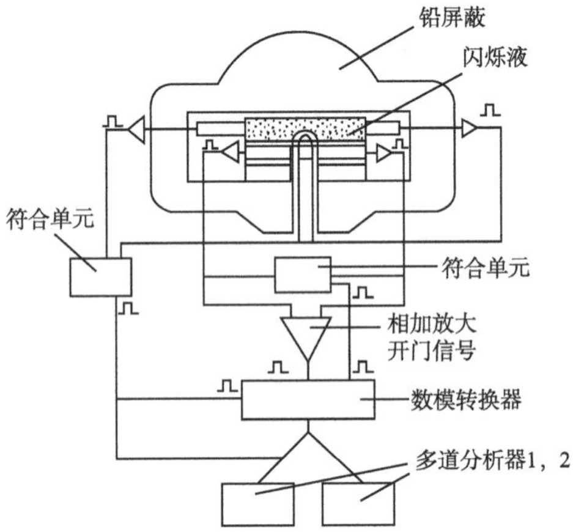


图 6-39　芬兰 12220-681 Quantulus 低本底液闪谱仪屏蔽结构图

在 Tri-Carb 3170TR/SL 仪器中，一个独特的 BGO(锗酸铋)探测器环完全包围样品(见图 6-40)，本底的成分与 BGO 环探测器相互作用产生具有拖尾的余后脉冲，使时间甄别液闪计数电子学(TR-LSC)容易辨清本底而剔除，而无论其是否与闪烁液内的本底事件符合还是不符合。BGO 环探测器与 TR-LSC 本底剔除电子学相配接，进一步降低了仪器的本底，使它能精确测量接近本底的样品活度。特别是它可以使用通常的低钾玻璃或塑料计数瓶，方便而价廉，对于在研究应用中可以常规计数较高活度水平的样品，在进行低水平环境样品计数时也是一个可取的选择。

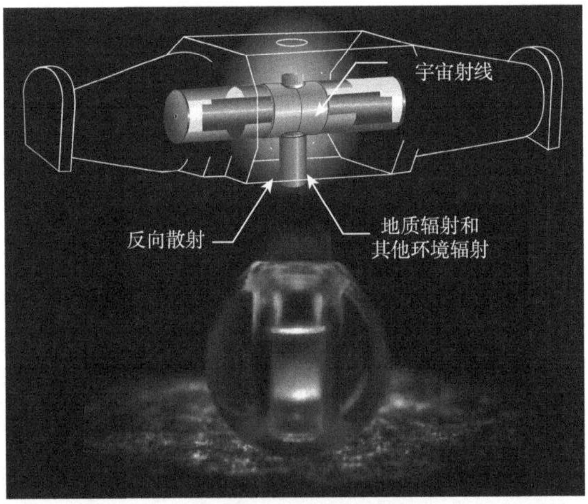


图 6-40　Tri-Carb 1370TR/SL 加 BGO(锗酸铋)探测器样品室

#### 6.5.2.2　测量与控制单元

液体闪烁计数器的电子学测量部分主要由符合，相加放大，单道或多道脉冲幅度分析器等单元电路构成。由于氚的β粒子能量较低，在每个光电倍增管中所产生的脉冲信号与管本身的热电子噪声难于区别，使用双管符合计数可使管噪声对于本底的贡献大幅度降低，而使用相加电路，使来自两管的脉冲讯号经过相加放大之后再去作幅度分析，不仅改善了对双标记样品测量的分辨能力，还可使系统的信号-噪声比得到提高。50 多年来随着微电子学的发展，液闪谱仪的脉冲放大与能谱分析器不断改进，但前级的符合与相加放大的电路程式，即使在如图 6-38 所示的微机化的低本底液闪谱仪中仍然使用。

在改进液闪谱仪的探测灵敏度方面，近年来世界各国又开发了一些降低本底的新技术，如利用双管脉冲幅度的不对称性，用电子学的方法来消除串光本底；在 Wallac 1220 型仪器中脉冲波形甄别器和在 Packard Tri-carb 2200 型仪器中脉冲衰减分析电路的应用。在通常的液闪计数器中氚β粒子衰变仅产生宽度为几纳秒的单脉冲。当宇宙射线粒子通过液闪计数器中的被测样品时，在相互作用产生的初始脉冲之后会尾随几个幅度较小的后脉冲。Packard 公司借助于对脉冲的时间甄别将大多数如宇宙射线粒子干扰产生的本底事件，鉴于其脉冲指数的不同，从三维谱分析中区分出来并予以剔除，从而使它在 20 世纪 80 年代出品的 Tri-carb 2250 系列仪器没有反符合屏蔽也达到了较低的本底。以后又推出用 BGO(锗酸铋)探测器环完全包围样品室的 Tri-Carb 3170TR/SL 系列，使仪器的本底进一步降低。同一原理可用于甄别α粒子和β粒子所产生脉冲，使这两个厂家生产的仪器在 20 世纪 90 年代率先应用于低水平α、β核素的甄别测定，使液闪计数成为测量低水平环境放射性α和β核素的最重要最方便的工具。

仪器的控制部分最初主要用于样品的自动转换和淬灭校正，以后不断增加新的功，20 世纪 70 年代以来微处理器和微型计算机的引入，使仪器向多用途、多功能方向发展，编程与控制能力大大提高，并具有很强的贮存与处理数据能力。一般通用液闪计数器或液闪谱仪都有用于测量 $^{3}H$、$^{14}C$ 和 $^{32}P$ 的程序。目前在国际上比较先进的微机液闪谱仪，大多具有下述功能：(1)CRT 显示和人机对话；(2)自动稳谱与自动诊断；(3)随机符合监测；(4)单光子监测；(5)放射免疫分析程序及数字积分程序；(6)快速能谱检索；(7)消静电装置等。

#### 6.5.2.3　闪烁液

闪烁液一般为芳香族溶剂，因为它们的π电子密度大，相对闪烁产额高，能有效地转移放射性衰变能量。早期用于配制闪烁液的常用溶剂和闪烁体的性质已在表 6-9 和表 6-10 中给出。有时含有放射性核素样品的溶液化，需在溶剂中加入助溶的螯合物或其他试剂。虽然对二甲苯比甲苯有更高的闪烁产额、较高的闪点和较低的蒸气压，使用起来更安全，但因对二甲苯＋13.2 ℃的凝点远高于甲苯(－95 ℃)，其使用受到了限制。二氧六环具有良好的水溶性和效率，在含水样品的测量中曾占有重要的地位，但因易燃、价格较贵且毒性又高，后来在实际工作中已不多用。取而代之的乳化体系，是曲拉通 Tritonx-100 与烷基苯按一定比例配制的混合液，可使含水样品在芳香溶剂中有较高的计数率，过去被广泛应用。

常用的第一闪烁体是 PPO。它在甲苯中有足够的溶解度，荧光量子效率高，能在低温下工作，对水溶性样品有一定的兼容性且相当经济，是当时用量最大的第一闪烁体。P-TP的效率比 PPO 稍低些，但价格更便宜。PBD 也是一种特别有效的第一闪烁体，但它在甲苯中溶解度有限，仅在饱和浓度下(12 g/L)才有较高的计数效率，使用浓度约为PPO的2倍。Butyl-PBD是PBD的丁基衍生物，其荧光特性与PBD相媲美，在甲苯中溶解度也好，一般使用浓度为6～15 g/L相当稳定。它对样品的兼容性极佳，耐淬灭作用较强，使用日渐增多。

作为移波剂使用的第二闪烁体，使用最早用得最多的是POPOP。它的二甲基衍生物DM-POPOP在甲苯中的溶解度比POPOP高，但和双碱光电倍增管的光谱响应较差。目前最有效的第二闪烁体为BIS-MSB和PBBD，它们在甲苯中的溶解度都高于POPOP，受淬灭影响较少，其中BIS-MSB与双碱光电倍增管的光谱响应也好，近年来使用较为普遍。

通常闪烁液的配制依赖于被测样品的淬灭程度。第一闪烁体使用的浓度范围是4～10 g/L溶剂，第二闪烁体的浓度是第一闪烁体浓度的5%～15%，最佳配比一般由实验确定。由于液闪测量技术的广泛应用，国内外均有闪烁液商品出售，曾一度使用最多的如Packard公司的Insta-gel，Beckman公司的HP闪烁液系列，适用于含水或非含水样品的测量。上述常用闪烁液都含有一定的毒性。20世纪90年代后期Phavmacia公司推出的HiSafe系列安全无毒性闪烁液，代表了闪烁液发展的趋势。

如过去闪烁液溶剂常用的甲苯和二甲苯或二氧六环，由于这些溶剂闪点低、蒸汽压高易燃或化学毒性高等原因，目前新型的安全系列无毒性闪烁液则更多使用双异丙基烷烃Di-isopropyl naphthalene(DIN)等溶剂。溶水性较大的闪烁液通常需要加入适量的洗涤剂类表面活性剂，从而将含水的样品形成稳定的微乳状液，在计数周期内有稳定的状态。闪烁体的选用原则是在溶剂中有足够高的溶解度，荧光量子效率高，能发射光电倍增管最佳探测范围内的光脉冲。表6-13列出了这种安全系列无毒性闪烁液常用的溶剂、洗涤剂和闪烁体溶质。

**表6-13 安全系列无毒性闪烁液常用的溶剂、洗涤剂和闪烁体溶质**

| 分类 | 中文学名 | 英文学名 | 分子式 | 相对闪烁系数 |
|---|---|---|---|---|
| 芳香溶剂 | 甲苯 | Toluene | $C_7H_8$ | 100 |
| | 二甲苯 | Xylene (mixed isomers) | $C_8H_1$ | 110 |
| | 伪异丙基苯 | Pseudocumene(1，2，4-trimethylbenzene) | $C_9H_{12}$ | 112 |
| | 十二烷基苯 | Dodecyl Benzene (LAB-Linear Alkyl Benzene) | $C_{18}H_{30}$ | 94 |
| | 双异丙基烷烃 | Di-isopropyl naphthalene(DIN) | $C_{16}H_{20}$ | 112 |
| | | 1-Phenyl-1-Xylyl(PXE) | $C_{16}H_{18}$ | 110 |
| 洗涤剂 | 乙氧基 | Ethoxylated Alkylphenols | | 非离子型 |
| | | Mono-/Di-phosphate ester | | 阴离子型 |
| | | Sodium di-octylsulphosuccinate | | 阴离子型 |
| 闪烁体溶质 | | 2，5-diphenyloxazole (PPO) | $C_{24}H_{22}N_2O$ | 第一闪烁体 |
| | | Butyl PBD [2-(4-tert-butylphenyl)-5-(4-biphenylyl)-1，3，4-oxadiazole] | $C_{15}H_{11}NO$ | 第一闪烁体 |
| | | 1，4-Bis(2-methylstyryl)benzene (bis-MSB) | $C_{24}H_{22}$ | 第二闪烁体 |
| | | 1，4-Bis(4-methyl-5phenyl-2oxazolyl) benzene，(Dimethyl POPOP) | $C_{26}H_{20}N_2O_2$ | 第二闪烁体 |

在实验室中工作人员的职业安全无疑是重要的。传统闪烁液构成的易燃存在危险性，能通过聚乙烯渗透的高毒性对实验室工作人员会产生一定的危害。这种化合物的大量使用还相应带来可观的废物处置和成本问题。从 20 世纪 80 年代开始，许多 DIN 厂家进行了各种努力来提高闪烁液的安全性。如在 Wallac HiSafe 闪烁液中使用的溶剂，明显具有以下优点：(1)高燃点(148 ℃)；(2)低蒸汽压(在 25 ℃，1 mmHg)；(3)实际上无臭无色；(4)低毒性刺激性(LD 55600 mg/kg oral rat)；(5)对塑料瓶不渗透；(6)按照欧洲 79/831/Annex Ⅶ指导书可生物降解；(7)光照和化学发光低；(8)对氚有高的计数效率；(9)好的抗颜色性和淬灭性；(10)未发现有害的毒物效应。双异丙基烷烃(DIN)与过去常用的几种闪烁液溶剂的安全性能比较列于表 6-14。

**表 6-14 几种常用闪烁液溶剂的安全性能比较**

| 溶剂 | 可燃性 | 在 25 ℃的蒸汽压/mmHg | 闪点/℃ | 在 25 ℃的平衡蒸气浓度/ $\times 10^{-6}$(体积比)) |
|---|---|---|---|---|
| 1-4 Dionxan | 高度易燃 | 40 | 11 | 52 600 |
| Toluene | 高度易燃 | 28 | 4 | 36 200 |
| m-xylene | 易燃 | 8 | 25 | 10 900 |
| Pseudocumene | 易燃 | 2 | 47 | 2 760 |
| HiSafe | 可燃 | 1 | 130 | <2 |

### 6.5.2.4 计数瓶

计数瓶的恰当选择对于计数系统的最佳化有一定贡献。作为探测器光收集系统的一部分，前面我们已多次提到对计数瓶的要求以及计数瓶在材质上的差别可能对测量引入的误差。在使用外标准源做淬灭校正时，因产生的康普顿电子谱与瓶子的物理性质有关，可能会使这种误差变大。国内很早就有人对各种瓶子进行了比较研究，给出了低钾玻璃瓶、聚乙烯瓶、尼龙瓶和聚四氟乙烯瓶作液闪计数的优缺点。石英瓶光传递性能好、计数效率高、本底低，但价格昂贵。常用的低钾玻璃瓶具有较高的计数率和较低的本底。聚乙烯瓶具有本底低、效率高且不易破碎等优点，但各种溶剂通过塑料瓶的渗透损失是显著的，严重时会使瓶子鼓胀和变形。表 6-15 给出了各种计数瓶的溶剂损失情况，在使用时应予以注意。聚四氟乙烯瓶效率最高、本底最低且对碳氢化合物不渗透，因而特别适用于低水平计数。

**表 6-15 各种塑料计数瓶的溶剂损失情况**

| 计数瓶 | 体积/mL | 损失/(mg/d) | | | |
|---|---|---|---|---|---|
| | | 邻二甲苯 | 甲苯 | 二氧六环 | 水 |
| 聚乙烯 | 25 | 128 | 187 | 4.1 | 0.5 |
| | 25 | 120 | 192 | 3.2 | 0.1 |
| | 20 | 77 | 101 | 1.2 | 0.3 |
| 尼龙 | 25 | 5.3 | 10 | 15 | 0.4 |
| 聚四氟乙烯 | 20 | 无 | 无 | 无 | 无 |

#### 6.5.2.5 仪器的品质因子和探测灵敏度

液闪计数器主要用于测量$^{3}H$、$^{14}C$等低能β辐射核素，因此仪器测量$^{3}H$、$^{14}C$的效率，本底，品质因子可被用来衡量液闪计数器的性能。若探测器测量样品的百分效率为$E$，本底计数为$B$(cpm)，则品质因子或优值因子$FM=E^2/B$。这是在液闪计数器之间做比较时常用的一个指标，同一仪器工作点的选择往往也使用这一参数。在低水平测量时将样品的允许加入量$V$(mL)也考虑在内，常用灵敏度优质因子$SM=(EV)^2/B$来比较不同探测系统的性能。

可测灵敏度也是反映仪器性能的一个重要指标。Moghissi 提出测量时间为 1 min，68.3%的置信度时的最小可测量或可测灵敏度$Y$：

$$Y(\mathrm{pCi/mL})=\sqrt{B}/2.22\,EV \tag{6-21}$$

式中，1 pCi=0.037 Bq。

在 20 世纪前后至今，在国内曾长期使用的通用液闪谱仪有国内西安核仪器厂生产的 FJ-2107 液闪计数器，国外 Packard 公司生产的 Tri-Carb 2200 CA 系列，Beckcman 公司的 LS-9800、LS-5800 和 LKB-Wallac 公司的 1217/15、1219 型等。这些仪器对$^{3}H$的探测效率$E_{^{3}H}=60\%\sim65\%$，$^{14}C$的$E_{^{14}C}=90\%\sim95\%$，测量$^{3}H$和$^{14}C$时的品质因子分别为 150～200 和 300～400。带有反符合屏蔽的低本底液闪谱仪，如 Aloka 公司的 LB-7、PE 公司的 Quantulus 1220 和 Tri-Carb 3180 TR/SL 型仪器，在测定水中氚时加水量可达 50%以上。计数效率仍高于 20%；本底计数在 1 cpm 左右或小于 1 cpm，灵敏度优值在 43 700～45 000以上，对$^{14}C$断代的最大可测年限为 50 000～65 000 年。

### 6.5.3 计数效率及其淬灭校正

由于被测样品加到闪烁液中改变了闪烁介质的原有状态，实际上必须对每一个样品的液闪计数效率进行测定。虽然严格按照相同程序制备的样品，一般会有相同的淬灭，测量结果具有可比性，但平衡时间的差异和偶然操作的失误都会影响淬灭程度。因此在液闪计数中对计数样品的淬灭校正和监测是十分重要的。

#### 6.5.3.1 内标准法

内标准法是淬灭校正经典的也是最基本的方法。如果待测样品原来的净计数是$N_a$，加入已知放射性活度$A$后的净计数为$N_s$，那么该系统的计数效率为：

$$E(\%)=\frac{N_s-N_a}{A}\times100\% \tag{6-22}$$

该方法要求被加入的放射性标准属被测样品同一核素且具有足够高的强度；标准加入的量足够小以致对被测样品的淬灭程度无明显影响，但计数率却有显著的增加；前后两次测量仪器的工作条件一致。$^{3}H$和$^{14}C$的标准源主要以甲苯和正十六烷化学形式供应，也有用安瓿封装的氚水源。正十六烷冰点为 18 ℃，除称重取样外，亦可在 18 ℃处于部分融化时取样，此时密度为 0.775 g/mL，较易取准。内标准取样的准确度是内标准法效果好坏的关键，保证内标准和待测样品处在溶液的同一相内是正确校正的前提。内标准法在实际使用中常可制备两个在化学组成上与被测样品相同的样品，其中一个样含有定量的放射性同位素，另一个为稳定同位素，用以分别测定仪器对被测样品的计数效率和本底。这样做时为了得到较高的精度必须考虑计数瓶之间的差异。

### 6.5.3.2　外标准道比法

外标准道比法(ESCR)由样品道比法和外标准法两种猝灭校正技术发展而来。液闪计数测量的 β 谱或其他电子谱都随猝灭的增加而向低能方向漂移(见图 6-41)。如果用两个不完全相同的测量道测量谱的两个部分，那么两道计数率之比可以反映出样品的猝灭程度。道比法就是用一套标准猝灭样品系列的计数效率与相应的样品道比值作图，得到一条样品道比猝灭校正曲线。未知样品在相同的条件下测量，由测得的样品道比值从曲线上即可查出相应的计数效率。这一方法的缺点是在合理的计数时间内得到精确的道比值，要求样品有较高的活度。

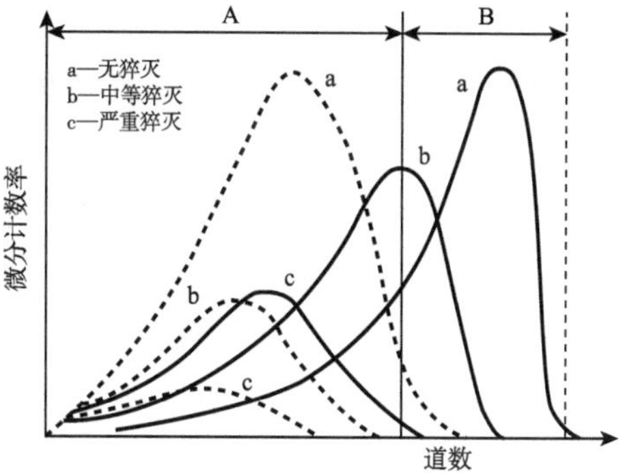


图 6-41　含$^{3}H$(虚线)、$^{14}C$(实线)样品的 β 能量测量

外标准方法的基础是 γ 源在液闪计数样品中产生的康普顿电子谱是一个能量从零到仅由 γ 射线初始能量决定的最大值之间的连续分布谱，可被用来模拟样品中 β 射线电子谱的猝灭程度。同在上述方法中猝灭校正曲线的制作一样，用一套标准猝灭样品系列，在选定的道里，将外标准 γ 源产生的计数率对样品计数效率 $E$ 作曲线，则可得到外标准猝灭校正曲线。常用的外标准源有$^{226}Ra$、$^{137}Cs$、$^{133m}Ba$ 等。用外标准法不破坏样品的组成成分，且可使样品产生很高的计数率，改善了统计效果。但外标准源 γ 射线透过样品产生的康普顿电子是和样品的有效原子序数相关的，也受样品体积和物质种类的影响，同时外 γ 源和样品的几何位置也影响测量的重复性，因此后来这一方法已很少使用。

外标准道比法是针对样品道比法的低计数率限制和外标准计数法重复性差而提出来的，它保留了样品道比法重复性好，体积效应小和外标准法计数率高的优点，因而成为至今仍广泛使用的一种猝灭校正方法。$^{3}H$ 和$^{14}C$ 的外标准道比曲线如图 6-42 所示，校正曲线的通用性类似于样品道比法。这一方法特别有利于实现仪器对被测样品的自动猝灭校正。

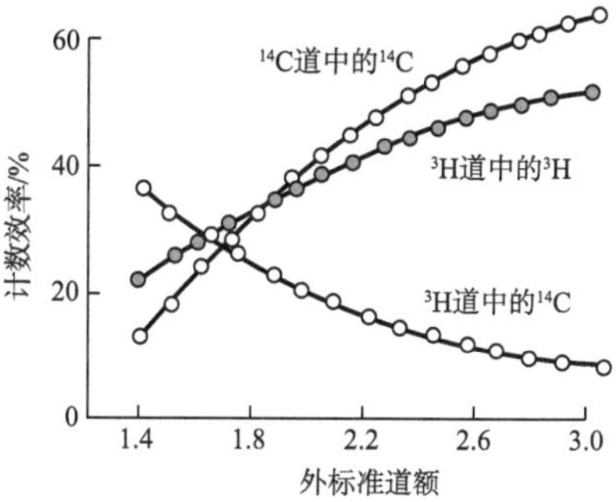


图 6-42　外标准道比与计数效率

### 6.5.3.3　其他猝灭校正方法

现代液闪谱仪随着仪器自动化程度的提高，特别是微计算机的引入，对于测量道的设置，能谱获取以及数据的贮存与处理，可使仪器对被测样品自动进行猝灭校正，将计数 cpm 直接转换成 dpm 给出。自动猝灭校正方法除上面提到的外标准道比法外，依赖于对样品 β 谱或(射线康普顿电子谱特征的分析，又衍生出许多其他的猝灭校正方法来。如 Tri-carb 2200CA 系列液闪谱仪，使用了样品谱指数 SIS，用样品(全谱的平均脉冲高度来表示样品的猝灭量进行校正。LS-5800 和 LS-9800 系列液闪谱仪，则采用了#H 数法，将猝灭样品与无猝灭标准源两者的$^{137}Cs$ 康普顿电子能谱的拐点相比较，用其拐点左移的确

切位置计算出#H值来进行样品的淬灭校正。此外还有一些其他的校正方法，如外标准转换谱指数 tSIE，平均脉冲高度法 ESP 等，都比传统的外标准道比法给出更好的校正结果。具体淬灭量的定义与淬灭校正原理，可在使用时参考仪器说明书或有关资料，这里不再赘述。

#### 6.5.3.4 淬灭校正曲线的适用性[78]

一般液闪谱仪都配备有厂家提供的$^3H$和$^{14}C$两套标准淬灭系列源，用于制作淬灭校正曲线，检验仪器的功能和运行状态。那种认为仪器内存了用商品标准淬灭系列源制作的淬灭校正曲线就完成了对实际被测样品作 dpm 校正的准备工作是一种误解。因为商品标准淬灭系列源目前都是化学淬灭样品，而化学淬灭和颜色淬灭的校正曲线是有差异的，就是化学淬灭情况也比较复杂，更何况校正曲线还受闪烁体系的影响。因此严格地讲，只有用被测样品的空白材料作淬灭剂配制的工作标准淬灭系列源制作的校正曲线才能够校正实际被测的样品。这不仅需要制备空白材料，而且需要标准放射性溶液。如果想利用仪器上已有的淬灭校正曲线，就必须检验它对自己制备的工作淬灭标准系列的适用性。否则，直接使用仪器给出的结果将会有较大的误差。

### 6.5.4 计数测量应用

首先调试仪器使之达到正常工作状态。选用合适的计数瓶与闪烁液配置样品，仔细选择并确定氚测量的能量道宽，使仪器该测量道对所测氚样品的优值因子 $FM=E^2/B$ 或灵敏度优值 $(EV)^2/B$ 达到最大。对于环境低水平样品测量，本底试样的计数时间应大于1 000 min。

样品闪烁液混合物中的淬灭可能导致计数效率的降低。利用内标准法或外标准道比法可以进行淬灭校正。由于某些商品乳化闪烁液的溶剂能缓慢地透过聚乙烯瓶壁蒸发，这类闪烁液只有使用玻璃瓶才能利用外标准道比法进行淬灭校正。注意，TR-LSC 不能用于像 Ultima Gold 那样的慢闪烁液，外标准淬灭监测不适用于配置 BGO 环探测器的仪器。

这里主要述及通用液闪谱仪的计数测定应用，对于环境中氚的监测，环境介质水、空气、土壤和动植物生物样品中氚浓度的测定，将更多涉及样品的制备方法和低本底高灵敏度液闪谱仪使用的具体问题，将在本书第 8.2 节环境氚的取样与测定方法中专门讨论。

液体闪烁计数过去主要用于 β 核素，特别是$^3H$、$^{14}C$低能 β 核素的测定。近年来，由于在液闪谱仪中脉冲衰减分析器 PDA 或脉冲波形甄别器 PSD 的引入，使仪器能对样品中的 α 和 β 核素甄别区分在各自的道中计数，使液闪谱仪对 α、β 混合核素样品，特别是对环境低水平天然 α 核素的测定，越来越表现出它独特的优越性并得到广泛的应用。本节只对各有关核素测量应用的具体问题作简单介绍。

#### 6.5.4.1 含水样品的测量

由于甲苯和其他芳香溶剂同水不相溶，包括氚水在内的含水样品的测量，过去曾使用以二氧六环为溶剂的水溶性闪烁液，目前广泛使用乳化闪烁液测量技术。常用的乳化剂曲拉通 Triton X-100，学名为乙二醇聚氧乙烯异辛基酚醚。该试剂在室温下为无色无臭的透明黏稠液。乳状液一般由甲苯闪烁液和 Triton X-100 按 2∶1 的体积比组成，其物理性质随含水量的增加而改变。当含水量在 15%以下时乳状液是透明的，含水量继续增加就会出现两个不同的相，出现这种分层的区域计数是不稳定的，随温度而变化，不宜用作测量。如含水量继续增加，就形成稳定的乳状液。这时液体可能是透明的或半透明的，其计数率小于含水少的透明液体，但可以得到重复性好的结果。图 6-43 给出了甲苯闪烁液和 Trlton X-100 2∶1(体积比)乳状液中，氚水和$^{14}$C 葡萄糖的计数效率随含水量增加而变化的曲线。

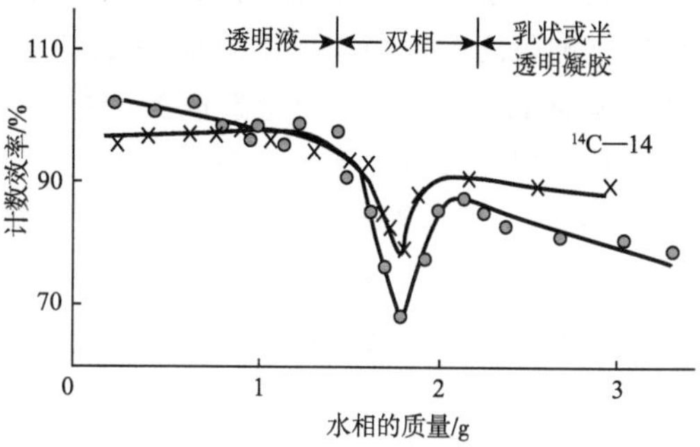

图 6-43　氚水和$^{14}$C 葡萄糖在 2∶1(体积比)的甲苯闪烁液和 Triton X-100 乳状液中的计数效率

由于乳状液的计数效率对温度和样品制备方法都是敏感的，在测量时只有严格控制这些因素才能得到可靠的数据。因此在进行乳化液计数时应注意以下几点：(1)所有样品必须具有相同的体积和同样的成分，即样品体积要保持恒定；(2)所有样品必须用同样方法处理，如加热到 40 ℃以后静置冷却，或用手握紧用力振荡 10 min，使其均匀混合；(3)样品测量前在液闪计数器内至少应平衡 2 h 使其凝胶相与温度稳定，测量室最好有恒定的温度；(4)在乳化液样品测量中淬灭校正应用内标准法，用外标准法可能会给出较大的误差。一般说来，凡是分层的样品，乳白的样品无论采用何种淬灭校正方法都不会得到准确的结果。

除 Triton X-100 外，其他聚氧乙烯类非离子表面活性剂也有类似的乳化作用，如 Triton X-114，有更大的容水量。商品乳化闪烁液如 Packerd 公司的 Insta-gcl 和 Pico-Fluor LLT，都是含有甲苯为溶剂的乳化闪烁液，可以掺入多达 40%～50%或更高比例的水，具有高效低本底性能，广泛用于低水平氚的测量。

### 6.5.4.2　固体样品的测量

氚是软 β 辐射体，只有将它同载体材料分离后，才能进行液闪计数测定。用浸泡法测固体样品中的氚含量，由于各种介质材料中氚的浸出率不同，且介质中若有元素状态的氚存在时，会给测量带来较大误差。实际液闪测定中也发现这些样品(特别是反应堆与后处理退役废物)的浸出液中存在着高能 α 和 β 核素杂质的干扰。

对于大多数反应堆和氚设施退役废物如不锈钢污垢、碳钢污垢、水池底泥和合金铝等固体样品中氚的测定，可以采用高温加湿解析、催化氧化、鼓泡器收集的方法。固体样品中氚的解析系数同样品材质、解析温度与解析时间有关。加拿大的 A. B. Antoniazzi 等人在样品解析炉之后顺序连接电离室型实时氚监测仪、鼓泡器，Cu/CuO 催化氧化装置。氚监测仪与鼓泡器系列，使样品解析炉的温度以 2 ℃/min 的速率从25 ℃连续线性升高到 900 ℃，氦载气流速为200 mL/min，实验测出的不锈钢样品氚的热解谱示于图 6-44。从图中可以看出，HTO 的最高解析率在 220 ℃，在 40～900 ℃的解析速率反映了测量电离室

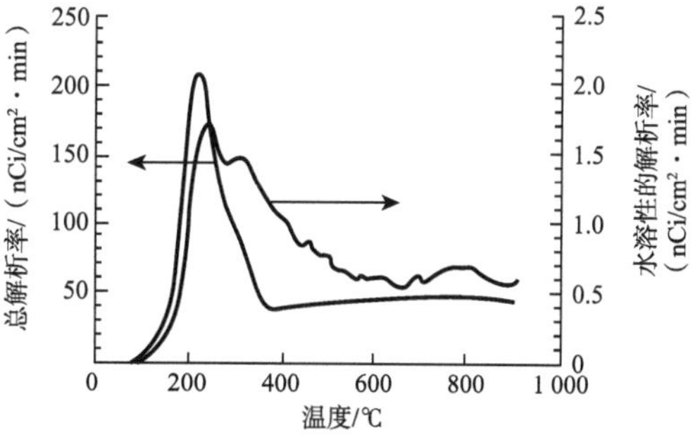

图 6-44　316 不锈钢氚污染样品的热解析谱

的表面污染。由第2个氚监测仪测出的氚在232 ℃，307 ℃和790 ℃有峰值，由于在第2级氚监测仪之前加用液氮冷阱捕集HTO后232 ℃的峰消失，说明该峰值仍表示由于前级鼓泡器对HTO捕集不完全造成的干扰之外，其他两个峰表示了HT的热解率。由图6-43可以看出同一被氚污染的不锈钢样品中，HTO是主要的存在形式，估计约占总污染活度的97%[79]。国内对反应堆退役废物样品氚含量分析测定方法的研究表明，对污染的不锈钢和合金铝材料介质，在500 ℃下解析3 h可将样品中所含氚的93%～97%析出，但对于碳钢锈垢和多种氧化物成分的反应堆水池底泥样品，若达到90%的氚析出率，温度应提高到600～700 ℃。一般说来解析温度为600～900 ℃是可取的[80]。

不锈钢样品中的氚含量可用下述破坏性方法进行分析测定。将样品放一个密闭容器内然后滴加浓盐酸，使其逐渐溶解。在溶解过程中使用一个基于鼓泡器的HTO-HT全氚甄别式取样器与溶解瓶构成闭合回路，利用抽气泵循环取样。在样品完全溶解之后，分别用液闪计数测定酸溶液和鼓泡器收集水中的氚，从而可确定该不锈钢样品的氚负荷量。

对于氚污染的可燃性物品或有机化合物材料，显然也可以使用高温下氧化燃烧，后接HTO-HT甄别式氚取样器或全氚取样器的方法测定样品中的氚含量。国内中辐院低本底放射性实验室在这方面的经验表明：对于数克的辐照后的堆芯石墨样品，在400 ℃以下氧化，质量变化甚微；在400～500 ℃下氧化，质量才有明显变化，但样品仍保持原有形状；在600 ℃下氧化，样品开始出现孔隙和缺陷；在700 ℃下氧化样品完全变形，呈疏散状。就氚的氧化燃烧释放率来看：在400 ℃以下释放率很低，释放的主要是HTO形态的氚，而大部分结合在晶格内的以HT或其他形态存在的氚，只有在600～700 ℃以上的高温下将石墨完全燃尽才能全部放出。因此，测定石墨中的氚含量只有将石墨完全燃烧，才能得到准确的结果。

#### 6.5.4.3 对放射性核素混合物活度的同时测定

对放射性核素混和物活度的测定，首先针对α、β混合核素的特性研究开发不同的放化分离制样程序，最后进行液闪计数是最常用的分析测定方法[81]。尽管液闪谱仪的能量分辨率较差，但使用这项技术对几种放射性核素的活度同时测定仍然是可行的。例如对于$^{125}I$和$^{131}I$两个半衰期不同的核素的测定，利用衰变法剥谱并不困难。在生命科学中常会遇到对含有两种或3种不同β辐射能量的放射性核素进行分析，除$^{3}H$和$^{14}C$外，如$^{3}H$和$^{34}S$、$^{14}C$和$^{32}P$等。在核设施退役废物处置贮存场地工程屏障研究中也可能会遇到水泥块浸出液中$^{3}H$、$^{14}C$及$^{137}Cs$的同时测定问题。在这种情况下通过在两个计数道或3个不同的能量道内对样品双标记或三标记计数，将混合谱分离开来直接给出每个核素的dpm值，要比通过分离制样测定单个核素的活度省时省力降低试验与测量成本。如早期Tri-carb 2250 CA系列液闪谱仪上就配备了DPM 1-2-3软件提供这一功能。对于任何一对给定的核素，其β粒子能谱的覆盖程度限制了测量的精度，若两个β粒子辐射体的最大能量$E_{\beta max}$之比小于因子2，则精确定量测出是困难的。如果发射α和β放射性衰变的核素需进行同时测定，应当记住α粒子的光输出仅接近于具有同等能量的β粒子的十分之一。

如前所述，目前由于脉冲波形甄别技术的研究进展一些新型的商品液闪谱仪，如LKB公司的Wallac 1411和1415，Packard公司的Tri-Carb 2550TR/AB，现PE公司的Quantullus 1220和Tri-Carb 3170TR/SL均可直接分别测定样品中的α和β核素，并将它们同时显示在不同的能谱图里，进而开辟了液闪计数测定低水平α核素的新用途。淬灭对

于 α/β 分离也有很强的影响，可以利用最佳 PDD 设置和淬灭指示参数之间的相关性进行校正。

目前具有甄别功能的 α/β 液闪谱仪的问世及其相关的应用研究，已成为用以分析测定天然和人工放射性核素的液体闪烁计数探测技术中最为活跃快速发展的新领域，特别是该技术在环境和核燃料循环相关研究中的广泛应用[82-83]。利用选择性溶剂萃取，可以直接从环境样品介质中将所关心的 α 核素分离出来。在某些情形下，对于监测土壤植物灰和人尿中发射 α 核素的分析程序已有开发和应用。其他如天然水中总 α、β 活度的测定，饮用水中放射性活度的常规监测，对于分析测定环境样品和材料介质中 $^{99}$T、$^{129}$I、$^{226}$Ra、$^{210}$Pb、$^{220}$Rn、$^{55}$Fe，食品中的 $^{90}$Sr 的方法研究都有许多报道[84]。更大量的则是有关液闪计数测定超铀锕系元素 $^{238}$Pu、$^{239}$Pu、$^{240}$Pu、$^{241}$Am、$^{237}$Np 的应用，感兴趣的读者可进一步参阅其他资料[85]。

# 参考文献

[1] Osborne. Sampling for Tritiated Water Vapour[C]//IRPA Proceedings of the Third International Congress，Washington D. C，1973：1428-1433.

[2] 赵亚民. 氚化水蒸气的鼓泡法制备和鼓泡法取样的研究[J]. 核防护，1980，6：39-43.

[3] 杨怀元. 氚化水蒸气鼓泡法取样的理论及定量计算公式的推导[J]. 辐射防护通讯，1984，6：24.

[4] 徐志成，朱家龙.，空气中总氚两监测方法的研究[J]. 核技术，1981，3：35-40.

[5] 张立功. 氚总排放量监测方法研究[J]. 辐射防护通讯，1993，2：40-45.

[6] 杨怀元，赵景泉，薛建萍. 氚累积取样器设计的实验依据[J]. 辐射防护通讯，1987，4：25.

[7] 杨怀元，梁安和，王福田. 空气中氚监测仪刻度器[J]. 辐射防护，1987，7(3)：196-202.

[8] M J Wood，R G C McElroy，R A Surettle，et al. Tritium smpling and Mearement[J]. Health Physics，1993，6：610-627.

[9] 杨海兰，温雪莲，吴斌. 被动式氚取样器性能的实验研究[J]. 辐射防护通讯，2001，2：18-23.

[10] N P Kherani，W T Shmayda. In-line Process Tritium Monitors[J]. Fusion Technology，1992，21：340-345.

[11] Rodrigo L，Miller J，Bokwa S R，et al. Tritium measurement and monitoring in experimental and process systems with ionization chambers[J]. Fusion Technology，1992，21：629-635.

[12] F H 阿蒂克斯，W C 罗奇. 辐射剂量学第二卷：仪器[M]. 北京：原子能出版社，1981：11-24.

[13] 陈志林. 氚工艺系统中测氚电离室的基础问题研究[D]. 绵阳：中国工程物理研究院，2016.

[14] 杨怀元，刘卫，温雪莲. 空气中氚实时连续监测仪的研制[G]. 李德平，潘自强，胡遵素. 辐射防护及相关学科论文集. 北京：原子能出版社，1996：276-281.

[15] 张怀钦，王仕铺. 空气中氚监测仪[Z]. 中国科学院原子能所，1964.

[16] FJ-357 空气中低能 β 气体监测仪说明书[Z]. 西安核仪器厂，1971.

[17] 吴斌，杨海兰，温雪莲，等. TAM-II 型空气中氚监测仪的研制[J]. 核电子学与探测技术，2001，21(2)：100-103.

[18] R V Osborne，G Cowper. The Dectection of Tritium in Air with Ionization Chamber[Z]. AECL-2604，1966.

[19] R V Osborne，A S Coveart. A portable monitor for tritium in Air[J]. Nucl Instrument，1973，

106: 181.

[20] CHEN Z L, WEI X Y, MU L, et al. Monte Carlo calculation of the compensation ability of ionization chambers in tritium measurements[J]. Nuclear Instruments and Methods in Physics Research A, 2010, 613: 304-307.

[21] Anderson D F, Hiebert R D. Tritium Monitoring System Using a Modified Kanne chamber for use in Tritium Contaminating Environments, LA-UR-80-1209, 1980.

[22] Zhilin Chen, Ruiming Chang, Long Mu, et al. An open-walled ionization chamber appropriate to tritium monitoring for glovebox[J]. Review of Scientific Instruments, 2010, 81(7): 1119.

[23] Sato H M, Maekawa H, Kato K, et al. Differential Ionization Chamber for Measuring Tritium Concentration Over a Wide Range[J]. Radioisotopes, 1985, 34: 597-604.

[24] Jalbert R A A. Tritium Monitor for Fusion Reactor, Rep LA-9382-MS. Lo Alames Natl Lab. NIM [R]. 1982.

[25] 杨怀元, 吴斌, 温雪莲, 等. 空气中氡甄别型氚监测仪的研制[J]. 核电子学与探测技术, 2004, 24(6): 4.

[26] 赵括, 过惠平, 吕宁, 等. 高氡环境中氚监测电离室设计[J]. 核电子学与探测技术, 2016, 36(3): 5.

[27] Overhoff Product Catalog-Portable Tritium Monitors Modular or Fixed.

[28] User manual for Model 309B(LD) Tritium-in-Air Monitor(P/N 935020)[Z]. SARTREX.

[29] Users Manual for Handheld Tritium-in-Air Monitor(7043), 7043-UM-001 Rev. 2[Z]. Tyne Engineering Inc. 2011.

[30] 张怀钦. 氚的绝对测量和氚监测仪刻度[R]. 中科院原子能所研究报告, 1966.

[31] 杨怀元, 梁安和, 王福田. 空气中氚监测仪刻度器[J]. 辐射防护, 1987(03): 38-44.

[32] G E Driver. Ttitium Survey Instruments[J]. Rev. Sci. Instrum, 1956, 27: 300.

[33] R Ehret. Proportional Flow Counters for Measurement of Tritium in Air[M]//Assessment of Airborne RadioactivityIAEA Vienna, 1957: 531.

[34] Aoyama T, Watanabe T. Windowless air proportional counters for detecting tritium β-rays[J]. Nucl. Instrum. Methods, 1983, 205: 311-317.

[35] Aoyama T, Sugiura H, Watanabe T. Application of air proportional counters to a tritium-in-air monitor[J]. Nucl Instrum Methods A, 1987, 254: 620-626.

[36] Aoyama T, Watanabe T. A new type of tritium in-air monitor for fusion reactors[J]. Fosion Eng Desig, 1989, 10: 423-427.

[37] Aoyama T. A Tritium in-air monnitor with Compensation and additional recording of α-β-γ bachground [J]. IEEE Trans, Nuel. Sci, 1990, 37(2): 885-891.

[38] Howell R H, Cate J C, Wong C. Separation of HT, noble gases and HTO vapor with semiper-meable membranes[J]. Nucl Instrum Metheds, 1975, 124: 579-583.

[39] TRITIUM MONITOR FHT 63 D[Z]. 德国 FAG 公司.

[40] T Kawano, T Yamano, K Yamada, et al. Performance Evaluation of a High-Sensitivity Tritium Gas monitor Using a Pulse-Shaping Analyzer[J]. Fusion Science and Technology, 2008, 54: 189.

[41] C Colmanares, E G Shapiro, P E Barry, et al. A Europian-Doped, Calcium-Fluoride Seintilator System for Low-level Tritlum Detection[J]. Nucl Instrumm Meth, 1974, 114: 277.

[42] Singh A N, Kadwani M G. A Sensitive Detector, System for the Continuous Monitoring of Tritium in the Air[J]. IEEE Transactions on Nuclear Science, 1974, 21(1): 188-193.

[43] Osborne R V. Central Tritium Monitor for Candu Nuclear Power Stations[J]. IEEE Transactions on

Nuclear Science，1975，22(1)：676-680.

[44] R D Hiebert. Trends in instrumentation for environmental radiation measurements at Los Alamos Scientific Laboratory[C]//IEEE nuclear science symposium，Orlando，LA-UR-80-3186，1980.

[45] R V Osborne，N W Tepley. Monitoring Tritiated Water in Air and Water Effluents[C]//Health Physics Society Eleventh Midyear Topical Symposium on Radiation Instrumentation，San Diego，January 17-19，1978.

[46] 姚婉元，杨英俊，张怀钦. 在$^{41}$Ar 存在情况下空气中氚化水蒸气的监测[C]//第一次全国液体闪烁探测技术学术会议资料汇编，1982.

[47] Howell R H，Cate J C，Wong C. Separation of HT，noble gases and HTO vapor with semiper- meable membranes[J]. Nucl Instrum Metheds，1975，124：579-583.

[48] Mcelroy R G C，Osborne R V. Developments in tritium monitoring[J]. International Journal of Applied Radiation & Isotopes，1980，31(8)：474.

[49] R D Hiebert. Trends in instrumentation for environmental radiation measurements at Los Alamos Scientific Laboratory[C]//IEEE nuclear science symposium，Orlando，LA-UR-80-3186，1980.

[50] R V. Osborne，N W Tepley. Monitoring Tritiated Water in Air and Water Effluents[C]//presented at the Health Physics Society Eleventh Midyear Topical Symposium on Radiation Instrumentation，San Diego，January 17-19，1978.

[51] 汪久山，陈志林，穆龙，等. 基于 Nafion 膜的氚甄别测量技术研究，[J]核化学与放射化学，2014，2：124-128.

[52] H Dworschak，J Bootdon，A Benco，et al. A General Review of Safety Aspocts in ETHEL[J]. Fusion Technol，1992，21(2)：241-247.

[53] Ronald S Hafner. The Monitoring System of The Tritium Research Laboratory，Scandia Laboratories [C]//Proceedings of the Health Physics Society midyear Topical Symposium on Radiation Instrumentation，1978：329-363.

[54] R A Surette，R G C McElroy. A Review of tritium-in Water Monitors，AECL-9341[R]. 1986.

[55] P Ting，R L Little. Continuous Monitoring of Aqueous Tritium Activity[M]//Tritiium. Moghissi A A，Carter M W，eds. Phoenix，A Z：Messenger Graphics，1973：170.

[56] A A Moghissi，H L Kelley，C R Phillips，et al. A Tritium Monitor Based on Scintillation[J]. Nucl. Instirum. Meth，1969，68：159.

[57] R V Osborne. Detector for tritium in water[J]. Nucl. Instum. Meth，1970，77：170.

[58] S De Cours，P Guertin Continuous Monitoring Of Tritium In Water，. CEA-R-5027. 1980.

[59] A N Singh，M V Ramana Murthy，M G Kadwani. A Detector for Continuous Monitoring of Low levels of Tritiated Water Activity in Presence of High Gamma Background[J]. Nucl. Instrum. Meth，1978，153：397-400.

[60] 4012 协作组. 水中氚的连续监测[J]. 核防护，1980，4：32.

[61] Huntzinger C J，Cate J L，Dreicer M，et al. Sensitive，real-time tritium waste water monitor[J/OL]. https：//www. irpa. net/irpa6/cdrom/VOL. 3/B3 _ 40. PDF? origin=publication _ detail.

[62] A N Singh，M Ratnakaran，K G Vohra. An on-Line Tritium-In-Water Monitor[J]. Nucl Instrum，Meth in Physics Research A，1985，236：159-164.

[63] HUTCHINSON W P，EAKINS J D. The Radiological Hazard from Tritium Sorbed on Metal Surface，part 1，The Sorption of Tritium of Brass AERE-R 5680，1968.

[64] EAKINS J D，HUTCHINSON W P. The Radiological hazard from Tritium Sorbed on Metal Surface，part 2，The Estimation of the level of Tritium Contamination Of metal surface by smearing AERE-

R5988, 1969.

[65] EAKINS J D, HUTCHINSON W P, Lally A E. The Radiological Hazard from Tritium Sorbed on Metal Surfaces[J]. Health Phys, 1975, 28: 213-224.

[66] Johnson J R, Dunford D W. Dosimetric models of $^3H$ from skin absorption following contact with $T_2$ contaminated surfaces[J]. Health Phys, 1985, 48: 110-113.

[67] Whillans D W. Surface Contanmination hazard For HT and HTO[S]. Toronto. Ontario; Ontario Hydro Safety Services Department; Standard IR-041986.

[68] 董柳灿. 擦试法监测氚的表面污染[J]. 辐射防护, 1981, 3: 16-20.

[69] 杨怀元. 氚监测方法现状及其进展[J]. 辐射防护通讯, 1983, 2: 3-12.

[70] 西南核物理与化学研究所. JE-1 型氚表面污染测量仪使用说明书[Z]. 1994.

[71] 穆克亮, 庹先国, 高嵩, 等. 便携式氚表面污染测量仪的研制[J]. 核电子学与探测技术, 2006, 26(4): 466-469.

[72] 庹先国, 穆克亮, 雷家荣, 等. 高探测效率氚测量仪[J]. 核电子学与探测技术, 2007, 30(4): 388-390.

[73] G D Whitlock. A Large Area Tritium Source for Traceable calibration of Surface Contamina tion Monitors[J]. Fusion Technolgy, 1992, 21(2): 462-464.

[74] Ph Bargess. Sable easily mamufactured sources for the Calibration of tritium surface contamination monitors[J]. Radiat. Prot. Dosim, 1983, 4: 97-99.

[74] 中国科学院生物物理研究所"液闪"编译组. 液体闪烁计数技术及其在生物学中的应用[M]. 北京: 科学出版社, 1979.

[76] 杨守礼. 液体闪烁测量技术的进展与应用[M]. 北京: 科学出版社, 1987.

[77] A Handbook Radioactivity measurement Procedure[Z]. NCRP 58, 1978.

[78] 杨守礼, 刘广大, 马海波, 等. 美国 Bechman 公司和上海原子核所的$^3H$和$^{14}C$液闪淬灭校正系列源的比较和评价[J]. 辐射防护, 1989, 9(5): 329-335.

[79] A B Antoniazzi, W R Shmayda, R A Surette. Decontamlnation of Stalnless Steel[J]. Fusion Technology, 1992, 21: 867-871.

[80] 杨怀元, 刘卫, 温雪莲, 等. 反应堆退役废物中氚含量的测定方法研究[J]. 辐射防护, 1996, 16(3): 203-209.

[81] 杨怀元, 王治惠, 刘卫, 等. 反应堆退役废物中$^3H$, $^{14}C$, $^{36}Cl$, $^{63}Ni$和$^{55}Fe$的液闪计数测定[J]. 原子能科学技术, 1996, 30(6): 29-35.

[82] Dazhu yang, yongjun zhu, S M Bius. Rapid Method for -Counting with Extractive Scintillator and Pulse Shape Analysis[J]. J. Radioanal. Nucl. Chem. Articles, 1991, 147(1): 177-189.

[83] D Yang, Y Zhu, S M Bius, et al. Simultaneous Determination of alpha and Beta-emitting Nuclides by Liquid Scintillation Counting[J]. J. Radioanal. Nucl. Chem., 1990, 144: 63.

[84] 方春鸣, 杨帆, 郭小翠. 核电厂液态流出物中锶-89 和锶-90 的液闪计数快速测定[J]. 辐射防护, 2023, 43(3): 243-248.

[85] D Yang, Y Zhu, R Jiao. Detemination of Np, Pu and Am with extractive-liquid scintillator couting and transuranium elements in high-level radioactive waste[C]//Proceeding of the $5^{th}$ International Seminar of Liquid Scintillation Analysis, 1992.

# 第 7 章　运行安全防护

## 7.1　氚安全防护的一般原则

辐射防护的总目标是防止急性损伤性照射，并将随机性效应的发生率降低到可以接受的水平。为了保证辐射防护计划的有效性，在实际工作中应当遵循：

(1)将辐射照射减小到可合理达到尽可能低(ALARA)的最优化管理原则；

(2)由独立的保健与安全部门提供总的辐射安全计划指导和独立的评价；

(3)设施设计与运行单位之间保持密切联系，以使运行经验能很快转用于设计的改进。

氚的职业辐射安全防护计划，包括下述要点：

(1)源项控制：减小源；用工程控制进行源的包容。

(2)照射控制：维修保养方法的设计；放射学安全程序；工作场所监测；污染控制；废物管理；个人防护衣具。

(3)照射评价：生物分析；剂量学。

(4)ALARA 最优化原则：ALARA 政策；设计安全审查；运行安全审查。

(5)辐射防护培训：一般地讲，在产生源处进行危害控制是安全防护的最有效措施，氚源的控制主要涉及下述几个方面：1)防止系统部件泄漏的密封性能；2)氚渗透的控制；3)氚化气氛用多层阻挡层包容；4)氚废物的密闭包容；5)气氛净化；6)通风控制等。

氚的操作与照射控制在某种程度上依赖于设施的类型(核反应堆、氚实验室等)和被操作氚的化学形态与数量。对大型核设施，正式的安全设计审查与运行安全评价将会提供减小照射成本的有效性对策。运行安全防护，实际上就是针对某个设施或某项实践，如何考虑和应用在本书前述各章所阐述的各种知识和专门技术，加强管理，使之实现辐射防护最优化的目的。

目前无论是 IAEA 还是我国的辐射防护规定，都未对氚实验室的分类给出具体建议。为了对上述安全防护措施对于各类氚设施或实验室的适用性有个概括的了解，这里暂且按文献[1]依照 HT 盘存量 $M$ 将氚实验室分为低、中、高活度水平 3 种类型，其中低：$M<0.01$ g；中：$0.01\ \text{g}<M<1$ g；高>1 g。因为对于大多数情形；HT 盘存量毕竟是反映一个实验室氚操作规模的适当参数。表 7-1 列出了对于这样分类的低、中、高 3 种氚实验室所推荐的安全措施。当然这只是个一般性的建议。由于各个实验室任务目的不同，各方面存在许多差别，在具体安全措施的选用上，需要综合考虑许多因素，如设施特点、氚源形态、具体设备、场所条件等，但原则性要求是一致的。

**表 7-1　对不同类型氚实验室推荐的安全措施**

| 安全措施 | 实验室分类 | | |
|---|---|---|---|
| | 低 | 中 | 高 |
| 三重密封 | — | + | * |

续　表

| 安全措施 | 实验室分类 | | |
| --- | --- | --- | --- |
| | 低 | 中 | 高 |
| 双重密封 | — | * | * |
| 区域通风 | + | * | * |
| 实验室监测 | * | * | * |
| 工作人员培训 | * | * | * |
| 照射控制 | * | * | * |
| 生物分析与剂量记录 | * | * | * |
| 烟囱监测 | — | * | * |
| 回收系统 | — | + | * |
| 操作程序 | + | + | * |
| 应急程序 | — | + | * |
| 环境监测 | — | + | * |

注：—为不作特别要求；+为有用；*为强烈推荐。

# 7.2　氚系统运行和维护的特殊问题

在氚实验室的设计，运行和维护中应当对与氚相关的某些特性和问题有所了解。

## 7.2.1　可移动性

氚的各种气体和水蒸气形态极易流动，且可以通过细微的泄漏而逃逸包容。气态 HT 能直接通过结构材料渗透，特别是处于高温下的金属。HT 和 HTO 两者都容易溶解于或被吸收在多种类型的金属、有机和无机材料中。在氚操作实验室里，最主要的安全要求是借助于有效的高效包容系统和控制污染的实践，控制氚的逃逸。

## 7.2.2　化学形态

氚的主要化学形态，其相对放射学毒性差别很大。ICRP 推荐的导出空气浓度 DAC 值，HT 与 HTO 差别达 $1.0\times10^{4}$ 因子。对于其他的氚化气体，放射学毒性可能是中间值。其中对大多数溶水性气体的 DAC 值，估计接近对于 HTO 的值。因此，在实际工作中必须弄清楚所操作氚的化学形态，从而采取适当的操作程序和必要的防范措施。如在维修活动和事故处理中，确定某种特定的氚化合物是否存在，所有合理的条件和可能性都应当考虑到。实际上很难排除 HTO 存在的可能性。由于 HTO 比 HT 具有高得多的放射毒性，一般应当假定它的存在并采取适当的防范措施。

## 7.2.3　化学和辐射分解反应

氚与材料物质的化学与辐射分解反应及因此而导致的适配性问题在第 2 章里已作了讨论。假若氚系统的设计与运行者不了解这些情况可能会产生各种各样的间题。例如，氚通过工艺设备壁的渗透和扩散，可能导致工作区域预想不到的氚浓度，并且会释放到环境中。辐射损伤可能导致包容与控制的突然失效。此外，氢气是易燃品，在操作中，若有着火和爆炸的可能性时，应采取适当的防范措施。

### 7.2.4　排出流净化问题

气态氚向环境的释放不可能通过排气过滤器防止，而需借助于其他手段，如从气氛中脱氚的除氚器单元。然而，假若捕集的氚是 HTO 形态，因为它比 HT 有高得多的放射性危害，对于气氛脱氚的要求必须进行慎重而认真的考虑。因为若氚以 HT 形式释放，它的大部分将广泛分布且在氧化成 HTO 之前已被快速稀释。若氚在捕集过程中氧化为 HTO，滞留的 HTO 将成为另一种必须小心管理的可能的释放源。每个氚实验室必须在 HT 释放与危害大得多的 HTO 滞留之间，权衡利弊，酌定最佳方案。

## 7.3　职责范围与管理措施

### 7.3.1　基层安防部门的职责与任务

我国的辐射防护规定[2]明确要求，“从事辐射工作的单位应设置独立于生产运行部门的辐射防护和环境保护机构(或专、兼职人员)。这些机构应接受主管部门和所在省、自治区、市辐射防护和环境保护部门的监督和指导”。作为一个部门或单位的安全防护机构，应负责进行本单位内的安全检查与工作区域视察，制定相应的安全措施，并对雇员进行安全教育。其具体职责与任务，一般通过下述活动来协助实验室或生产运行部门做好他们在安全方面的工作：

(1)在工作区域执行测量与检查，探测和确定可能存在的防护和安全方面的问题和详细的测量数据，推荐经济有效的控制方法，并追踪评价其有效性；

(2)协助运行单位调查事故性损伤、火灾、职业病以及过量辐射的照射并参加上述问题的研究，推荐补救措施，在需要时可进行独立的调查；

(3)对所有新建和改建设施计划的可能危害进行研究，参加项目论证会；当涉及设计和修改生产工艺设备与设施时，要进行专门研究制定控制措施，以保证对有害物质的安全操作；

(4)对上级主管部门提供控制危害的咨询服务、资料和协助；对运行单位管理提供安全政策，通过培训和其他活动增进雇员对预防事故和控制危害的知识，印发有关安全方面的资料；

(5)收集和分析环境样品，进行烟囱取样和过滤器检验，当其对环境污染已有可测到的影响时要通知有关试验单位；

(6)研究并保持在紧急事故情况下的应急响应能力；

(7)参加行业学会中制定政策与标准的活动，对新建和改建设施的设计和运行进行审查，以保证符合有关法规和标准。

可以看出，上述工作或活动可分为保健物理(辐射防护)、工业卫生、环境保护几个方面。但就一个从事放射性工作的场所或实验室而言，其保健物理科室或剂量值班班组，主要工作任务可以更具体地表述如下：

(1)负责所辖区域实验室内放射性工作区域的辐射监测与操作人员的剂量管理，包括常规监测与操作过程中的特殊监测；

(2)负责实验室内放射性空气样品、衣物、工具、擦拭样品的收集，测量数据的整理上报，各建筑物内烟囱放射性排出物的监测与总排出量的估算；

(3)负责实验室内所有污染监测仪表的检验与标定，放射性区域的进入控制，放射性设备和废物的监测与管理；

(4)放射性工作人员个人外照射剂量计的发放，测量与数据管理工作；

(5)放射性工作人员内照射生物样品的收集、分析与测量，内照射个人剂量的评估；

(6)每月向上级安防部门提出自己所辖区域内保健物理活动的报告，主要内容包括当前现场防护的主要工作、进展情况、污染事件、有价值的经验、教育和训练及其他内部活动等，对于保健物理工作进行总结和评价。

## 7.3.2 进入控制

在核设施的某些区域，依赖于它的运行工况或在该区域内所含有的系统，可能有高的辐射水平。这些区域应当被明确限定，并通过加锁、密闭等手段对进入这些地方严格控制。对于氚设施而言，如重水堆核电厂中与回收处理重水有关的氚水平较高的工艺设备，本身就设计安装在密闭的反应堆安全壳内。热室系统的总排风净化过滤设备和监测取样管线部分设置的房间，氚生产设施手套箱背后的检修走廊等，平时都应当加锁，以防止无关人员，未经许可随便入内。

## 7.3.3 区域控制

核设施的分区域管理，有利于工艺系统和设备的定位与隔离，人员与设备的移动控制，以及对污染扩散的防止。通风一般由污染较低的区域流向污染较高的区域。

按照我国的辐射防护规定[2]，从事辐射工作单位的场所应分为 3 个区域。在其中连续工作的人员，一年内受到的辐射照射可能超过年限值的 3/10，为控制区，标以红色；一般不超过年限值的 3/10，可能超过 1/10 的，为监督区，标以橙色。一般不超过年限值的 1/10 的，为非限制区，标以绿色。图 7-1 给出了一个氚设施的各个不同区域，通风应保持压力差的典型值。显然，维修走廊一般可能属于控制区，而运行实验室属监督区，室外则属于非限制区管理。

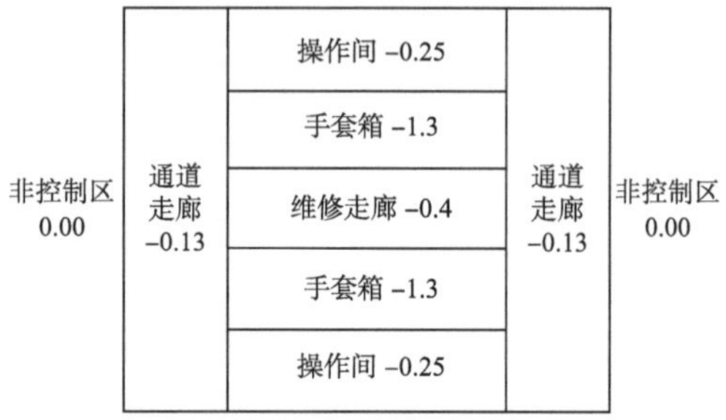

图 7-1 氚设施的压力差、所有压力相对于大气压，且用 cm $H_2O$ 水柱表示

对于氚实验室，辐射控制监督区域内的墙壁和天花板应当光滑、易清洁、无孔洞。有些设施用具有过滤作用的混凝土砖和环氧涂料进行了很好的装修，也可使用乙烯基地板砖。在可能操作被污染液体(水或油)而裂隙又不可能用树脂填充的区域，也可使用无缝的乙烯地板。电、气、水和其他服务设施的贯穿，以及通入辐射控制区域的门和进入该区域的通道，由于氚系统多重包容的要求，应当具有气密性设计。

### 7.3.4　操作程序控制

我国的辐射防护规定[2]明确要求，“一切伴有辐射照射的工作，应事先制定严格的操作程序，必要时应在辐射防护部门的监督下进行演习，使操作人员达到熟练掌握操作技能的程度”。这一点对氚操作特别重要。因为氚系统气体操作，真空系统氚的转移完全靠压力表指示，一个误操作扭错阀门，就会使密闭系统的真空破坏，造成被处理气体的瞬间大量释放。因此，对于重要的氚操作，应有详细的操作程序，并在专人监护下工作，是非常必要的，杜绝不应有事故发生的重要措施。当然，对于一项氚特殊操作的程序制定，还应当清楚地注明，该项操作氚(HT 或 HTO)的剂量目标值，估计的氚污染水平，所需要的个人防护衣具，以及在该工作场所计划停留的时间等。

## 7.4　监测与内照剂量控制

### 7.4.1　监测计划的制订

为了便于监测，辐射防护规定将工作人员所处的工作条件分为两类。A 类工作条件，工作人员的年剂量可能超过个人剂量限值的 3/10。B 类工作条件，工作人员的年剂量不大可能超过个人剂量限值的 3/10。应当说明，这里的确切意思是就达到这个照射量的可能性讲的，并不是在某一特定年度里实际接受的照射量。实际上，在 A 类工作条件下绝大多数工作人员实际上接受的年剂量当量要低于剂量当量限值的十分之三。这样分类的目的之一是为了简化必要的控制程序。与 B 类工作条件不同，在 A 类工作条件下，不进行常规个人监测就无法表明是否遵守了剂量当量限值。虽然在 B 类工作条件下有时也可能进行个人监测，那是作为一种验证工作条件是否令人满意的方法，或者是为了收集关于剂量分布的统计资料。这就是说在实际监测计划的制订中，涉及 A 类工作条件时，除工作场所监测外，还必须考虑操作人员的个人剂量监测。

不论是工作场所监测还是个人监测，由于监测的作用不同，又可细分为常规监测，操作监测和特殊监测 3 种类型。常规监测的目的在于表明工作环境对连续操作而言是令人满意的，并未发生要求对操作程序做重新评价的那种变化。因此，它主要是一种确认性质的监测，例如氚设施内利用固定取样管线和仪器对厂房内空气中氚污染水平的每日定期取样监测。大多数监测计划，主要是针对后面详述的操作监测和特殊监测而言的。

在辐射防护计划中监测结果的记录与评价，常常需要一个预先确定的量与之进行比较，当超过或者预期要超过这个预先规定的水平时将要采取一定的行动。这个预先确定的量，在辐射防护规定中称之为参考水平。参考水平有时是剂量当量或者年摄入量的数值，但也适用于特定场合下任何其他的量，如空气中的氚浓度或操作人员的尿氚水平，后者也可称为导出参考水平。参考水平本身不是一种限值，与之相关的行动可以从诸如记录数据值一类较小的措施，直至进行干预那样较大的行动。在辐射防护中最常用的参考水平有记录水平、调查水平和干预水平。ICRP 建议[3]，个人监测的记录水平应以相当于一年中个人监测测量时间所占百分数的年限值份额的十分之一为基础；调查水平按相当于一年中个人监测所占时间百分数的有关年限值份额的十分之三来制定是适当的；参考水平的实际值，可依据防护最优化程序或具体监测计划的要求来制定，并受现场正常工作条件与仪器探测灵敏度的限制。

### 7.4.2 运行过程的防护监测

(1)操作监测

重量较轻的可携式氚监测仪或可移动式监测仪，可以用于一般目的的巡检，特别是在工艺设备附近的HTO浓度在一次特殊操作期间预期随时间有重要的变化时。可携式氚监测仪可以随使用人员接近工作区域停留，那里的局部HTO浓度可能同被固定式氚监测仪指示的房间空气平均浓度有很大的差别。该类监测仪应具有高水平报警功能，理想而言还应当具有适当的γ补偿，除非在γ场很低或不存在的区域使用。

固定式区域监测仪提供总的HTO平均浓度的连续指示。当空气中HTO浓度超过预置水平时，仪器能自动报警，防止操作人员受到过量照射。它们还能够连续监测在无人员进入的不同区域内的氚浓度，及时为计划工作提供基础数据。使用遥控的，由中心位置到不同工作区域，以一定的频度巡回取样，利用在中心地带安装的氚监测仪进行监测的系统已有许多经验。从原理上讲，这样的系统将会减少所需要的监测仪数目，还可以使它们安装在本底较低的区域。实际上这种系统的成本并不低，因为它们还会遇到如HTO在取样管线上冷凝和记忆效应这样一些运行问题。

对于许多应用，实时读出并不是主要的，因而也可以推荐使用简单的鼓泡器或基于固体吸附剂的取样器。它们便宜、可靠且相对没有了辐射和放射性气体的干扰。

(2)操作监测一例

在实践或设施的运行过程中，会使工作人员所在环境的剂量当量率中发生较大改变的岗位，应进行操作监测。例如在一篇介绍美国阿贡国家实验运行保健物理工作概况的报告中[4]就给出了这样一项特殊操作时随班剂量监测的例子。如1988年3月该实验室材料科学部α-γ热室在将含有100 Ci以上的氚由燃料元件芯棒中转移到吸气瓶，切割元件棒取出气体样品进行金相学研究测定。3名操作人员，1名按预先准备的程序单下达操作指令，1名监护检查，另1人复诵指令后动手操作。整个操作期间，至少有1名保健物理人员在现场监测。两台Triton955B氚监测仪1台监测现场空气浓度，1台连续监测烟囱排放氚浓度。工作完成后所有人员的尿检查均为本底水平。在此项操作及其一周内，烟囱监测表明总排氚量为5.63 Ci，98%为HT。

(3)特殊监测及其资料的完整性

当工作环境安全资料不够充分，或操作过程可能出现异常时，应进行特殊监测。特殊监测的目的在于提供更详尽的资料，以阐明上述问题并确定今后的运行程序。在上面同一报告中，还就阿贡实验室保健物理部一份关于氚从材料科学部。α-γ热室释放的非正常事件的报告及其有关附件所提供的详细内容，具体介绍了一起特殊监测活动，从中可以了解到他们在事故或非正常事件发生后，辐射防护工作考虑问题的角度和处理问题的方式以及严谨的态度。

附件1的“非正常事件报告”，系用阿贡实验室正式表格填写。事件发生在1984年3月9日上午10时45分。当拆卸装有5个受照射后的铝锂合金容器时，氚元件的包容物破损，致使大量氚释放到α-γ热室，并由烟囱排出。在该报告表中还附有当时系统的排风数据及现场采取的应急措施。烟囱监测数据，3月9日22时氚浓度达到峰值3 300 $\mu Ci/m^3$，

10 日凌晨 3 点左右排放浓度开始下降，到 12 日 12 时止由热室经烟囱排放的总氚量估计达 2.16 Ci。在烟囱下风处 300 m 空气中的氚浓度显著低于 CG/168 规定标准①，说明并未构成一起剂量事故。

附件 2 为在事故性释放前进行的预运行后果评价的一部分。它给出了在 6 种大气稳定度条件下，在下风向处产生 1 倍 CG/168 标准的氚化水蒸气浓度所必需的烟囱排放率。

附件 3 描述了烟囱流出物的监测程序，所遇到的困难及克服这些困难采取的措施。这里主要提及了 TRITON 955B 测氚时的记忆效应问题。

附件 4 给出了事故性排放后前 3 天的烟囱氚排出量，对于在下风处最大浓度点人员剂量负担的估算及部分有关的生物学参数。

附件 5 为事故性释放后动用环境取样车辆和设备，在下风处和环境大气中进行氚取样测量结果的小结。

附件 6 图示给出事故后一个月同浓度限值相比较的平均日排出量及整个时间内总的累积排放量。30 天在排放点的平均排放浓度是 7.7 $\mu Ci/m^3$，或 30 倍 CG/168。这表明对下风向人员非常低的剂量负担。氚的排放总量是 16.4 Ci。

附件 7 归纳了如下问题的讨论：1)表明排放现场数据的来源；2)这些数据在实际使用时的意义；3)有类似排放或评价 3 月 9 日事件可被用作类比参考的有关数据；4)给出在职业照射，非职业照射和紧急情况下规定的剂量限值。

附件 8 为复制的阿贡环境监测年度报告，有 CP-5 反应堆排放氚的数据与环境影响评价。

附件 9 为氚释放后 30 天大事记，包括有关的监测活动，数据评价及其他有关的资料。

### 7.4.3 个人监测与内照剂量控制

(1)ICRP 第 54 号出版物的设计和解释

放射性工作场所，辐射工作人员氚摄入量的个人监测，主要是操作人员的尿氚分析。常规测量频度，取决于氚吸入情形，氚在人体内的滞留与排泄，以及测量技术的灵敏度。由于液体闪烁技术对于尿氚测定有足够的灵敏度，参照上述管理原则，表 7-2 为文献[1]中建议的按工作组别区分的取样频度是可以考虑的。

表 7-2 文献[1]中按工作组别区分的取样频度

| 工作组别 | 取样频度 |
|---|---|
| 控制区操作氚的第 1 类工作人员 | 每周 |
| 监控区但通常不执行氚操作的第 2 类工作人员 | 每月 |
| 在该设施内非限制区的其他人员 | 每季 |

所有正常操作有导致氚连续污染危险的放射性工作场所，都需要进行常规监测以对工作人员的氚摄入量给出定期评价。由于常规监测是按预定的，与已知的摄入无关的时间进行的，所以测量时间间隔应定得适当，以便使所有明显的摄入都能被探测到具体取样频度，须结合各单位的实际情况制定。

---

① CG/168 指美国能源部对每周 168 个小时照射所规定的空气中氚容许浓度

特殊监测是指在实际发生或怀疑发生异常情况下进行的监测。如间歇性氚操作，必须在每次氚操作开始前和结束后，对所有参加工作的人员进行监测。在操作期间是否进行监测，可视具体情况而定，在设备检修、事故和事故处理情况下，开始一段时间内，应该每天留取样品。

对于尿样的收集，因为一次分析通常仅需要几毫升的尿样，所以单次排泄量就足够了。受检人员应当在留尿前脱去任何防护衣具，并洗净他们的双手。为使 HTO 在体液中形成均匀分布，取样最好在吸收后几小时或第二天早晨进行。若样品在收集后的几天内分析，一般不需要采取任何预防措施。若尿样需保存和运输，应符合辐射防护部门的有关规定，留取尿样的容器最好用不含氢的材料制成，以避免氚的损失。

对于个人常规监测的调查水平，是同测量结果所涉及的测量周期联系起来制定的。它在数值上取作待积剂量当量或年摄入量限值对应于监测周期的一个分数的 3/10，记录水平为相应值的 1/10。对于特殊监测(及操作监测)，调查水平取作年摄入量限值的 1/10，因为在一年之内同一个人遇到好几次不寻常事件的可能性是很小的，而记录水平取年限值的1/30。在氚摄入量的个人监测计划中通常测量的人体内的氚含量，或尿氚浓度，方便的做法是把测量结果直接同导出参考水平相比较。导出参考水平的计算需要关于摄入时间和摄入形式的假设，并且需要使用核素摄入后在人体内代谢滞留的模型。如用 $m(t)$表示单位活度氚摄入后 $t$ 时刻在尿中的氚浓度，则对于氚常规监测的调查水平是

$$IL_R=\frac{3}{10}\frac{ALI}{N} \tag{7-1}$$

或

$$IL_R=\frac{3}{10}ALI\frac{T}{365} \tag{7-2}$$

式中，$N$ 是一年中的监测周期数，每个监测周期为 $T$ d。以此类似，常规监测的记录水平是

$$RL_R=\frac{1}{10}ALI\frac{T}{365} \tag{7-3}$$

**表 7-3 常规监测的监测周期与导出调查水平**

| 监测周期<br>$T$/d | 尿中氚浓度 | | |
|---|---|---|---|
| | 每单位摄入量的预期活度浓度<br>(每 Bq 摄入量的 Bq/mL) | DIL | |
| | | Bq/mL | μCi/L |
| 30 | $8.4\times10^{-5}$ | $6.1\times10^{2}$ | 16.5 |
| 14 | $1.5\times10^{-5}$ | $5.3\times10^{2}$ | 14.3 |
| 7 | $1.8\times10^{-5}$ | $3.0\times10^{2}$ | 8.1 |

因此，常规监测的导出调查水平是 $DIL_R=IL_Rm(T/2)$。因摄入假定是在监测周期的中点发生的，类似地，导出记录水平是 $DRL_R=RL_am(T/2)$。

特殊监测和操作监测的调查水平是 $IL_S=1/10\cdot ALI$，而记录水平是 $RL_S=1/30\cdot ALI$。

由于在特殊监测和操作监测的情况下，摄入时间已知，因此相应地导出调查水平和导出记录水平分别是 $DIL_S=IL_Sm(t)$，$DIL_S=RL_Sm(t)$。

利用氚水的年摄入量限值 ALI＝$3\times10^9$ Bq，用有效半减期为10天的氚水在人体内滞留的单项指数函数，且假定尿中的氚浓度与体水分中的浓度相同，ICRP 第54号出版物[5]给出了监测周期为7～30天的常规尿氚监测对应的尿氚导出调查水平和摄入后1～7天特殊监测对应的尿氚导出调查水平。

至于氚内照剂量的干预水平，ICRP 第54号出版物没有推荐给出。具体单位的辐射防护部门可结合自己的实际情况，对于操作人员的尿氚水平达到何值需暂时调离该放射性岗位，或需要采取促排与其他医学措施作出明确规定。我国氚设施过去多年来曾使用 $7.5\times10^5$ Bq/L 作为操作人员的暂时调离水平，加拿大 Ontario Hydro 的调离水平据报道为 $1.8\times10^6$ Bq/L(50 μCi/L)[1]。

**表 7-4 特殊监测和操作监测的导出调查水平**

| 摄入后时间 $T$/d | 尿中氚浓度 | | |
|---|---|---|---|
| | 每单位摄入量的预期活度浓度（每 Bq 摄入量的 Bq/mL） | DIL | |
| | | Bq/mL | μCi/L |
| 1 | $2.2\times10^{-5}$ | $6.4\times10^3$ | 173 |
| 2 | $2.1\times10^{-5}$ | $6.0\times10^3$ | 162 |
| 3 | $1.9\times10^{-5}$ | $5.6\times10^3$ | 151 |
| 4 | $1.8\times10^{-5}$ | $5.2\times10^3$ | 141 |
| 5 | $1.7\times10^{-5}$ | $4.9\times10^3$ | 132 |
| 6 | $1.6\times10^{-5}$ | $4.6\times10^3$ | 124 |
| 7 | $1.5\times10^{-5}$ | $4.3\times10^3$ | 116 |

(2)国内相关标准的规定

国家标准 GBZ 129—2014 年修订版的报批稿《职业内照射个人监测规范》8.32 中指出[6]：调查水平一般取年剂量限值 20 mSv 的 1/10 即 2 mSv/a，而记录水平一般为年剂量限值的 1/20～1/50，即 1 mSv/a～400 μSv/a。调查水平仅表示可以取值的上限，各单位实际执行的调查水平需根据最优化原则自行决定。假定在常规监测周期的中点有一单次急性摄入，对于该常规监测周期的导出记录水平，可按照《职业性内照射个人监测规定》(EJ 375—2005)[7]使用下式计算给出：

$$\mathrm{DRL}=\frac{D_{\mathrm{R}}\times m(T/2)}{e(50)}\times\frac{\Delta T}{365} \tag{7-4}$$

式中，DRL 为导出记录水平，Bq/L；$D_{\mathrm{R}}$ 为规定的记录水平，取值为年待积有效剂量(Sv/a)的某个分数；$m(T/2)$为在常规监测中，假定在监测周期的中点单次摄入单位摄入量后在 $\Delta T/2$(天)时刻排泄物函数的值(也称预期值)，$\mathrm{L}^{-1}$；$e(50)$为单位摄入的待积有效剂量系数，Bq/a；$\Delta T$ 为监测周期，d。

根据式(7-4)对常规监测的各种监测周期推导给出了不同记录水平导出的尿氚浓度值列于表 7-5。

表 7-5 对不同常规监测周期导的尿氚浓度 Bq/L

| | 测量周期/d | 30 | 14 | 7 |
|---|---|---|---|---|
| | $m(\Delta T/2)/\mathrm{L}^{-1}$ | $8.9\times10^{-3}$ | $1.5\times10^{-2}$ | $1.9\times10^{-2}$ |
| 记录水平 | 1 mSv/a | 40 639 | 31 963 | 20 243 |
| | 400 μSv/a | 16 256 | 12 785 | 8 097 |
| | 200 μSv/a | 8 127 | 6 393 | 4 048 |
| | 100 μSv/a | 4 064 | 3 196 | 2 024 |
| | 50 μSv/a | 2 031 | 1 598 | 1 012 |
| | 10 μSv/a | 406 | 319 | 202 |
| | 1 μSv/a | ***40*** | ***32*** | ***20*** |

注：斜粗体字数字表示该值小于仪器的探测下限。

## 7.4.4 国内秦三厂的运行经验

### 7.4.4.1 氚内照监测十年概况

秦三厂是国内首座 CANDU-6 型重水堆核电厂，也是目前国内唯一的重水堆核电厂，共两台 70 万千瓦机组，1 号和 2 号机组分别于 2003 年前后投入商业运行。重水堆与压水堆电厂相比，其最大的特点是采用重水作为慢化剂和冷却剂，由此就决定了重水堆慢化剂和主热传输系统中存在着大量的氚。根据重水堆核电厂的运行经验，氚内照射剂量对工作人员年剂量的贡献约为总剂量 20%～40%。依据国家相关法律和法规并参考国外重水堆的运行实践，秦三厂根据自身特点开展了氚内照射个人剂量监测，不断改进和优化监测流程和手段，逐步建立了一套符合电厂特点的氚内照射监测体系，确保了工作人员的辐射安全。

秦三厂投入商业运行后，根据当时的核工业标准 EJ 850—1994《氚内照射监测大纲的最低要求》制定的电厂内部程序规定记录水平为 1 μSv，而特殊监测的调查水平为 0.3 mSv。图 7-2 给出了秦三厂运行以来依据常规监测结果绘制的氚内照射集体剂量与总集体剂量逐年比较。根据统计，电厂每年尿氚测量平均约 11 000 人次，以电厂 1 000 员工计，人均每年测量 11 次，基本人均每月留样 1 次。2003 年由于反应堆机组刚投入运行没有停堆检修，被监测人数明显少于其他年份。自反应堆运行以来，工作人员的氚内照集体剂量由最低 2003 年的 17.75 人・mSv，逐渐增加并稳定到 2010 年度的最高 197.3 人・mSv。在同一图中也给出了 2005—2011 年全球 CANDU-6 机组历年总集体剂量的中值以资比较。可以看出秦三厂历年总集体剂量基本上均低于全球 CANDU-6 中值，其氚内照射集体剂量保持在总集体剂量的 22%～28%的水平，充分说明中核运行秦三厂的氚内照射辐射防护是有效的，现场的安全防护处于国际同类电厂的较高水平。

分析 2006 年至 2009 年氚内照剂量的人数分布(见图 7-3)可以看出，年度氚剂量≤0.010 mSv 的工作人员 2006 年约占全年监测人数的 40%，2009 年约占 47%，而工作人员氚剂量大于 0.5 mSv 的工作人员所占百分比在 1.4%～6.2%之间变化。分析历年大修氚内照剂量的分布统计(见图 7-4)同样也可以看出，氚剂量≤0.010 mSv 人数占全年监测人数比例也基本处在 31%～43%之间，平均占比为 37%，而氚剂量在 0.5 mSv 以上的工作人员只占总监测总人数的 0.4%～2.5%。

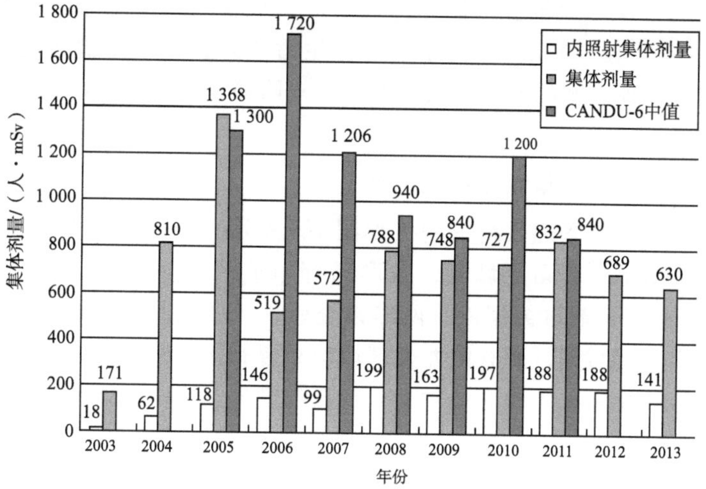


图 7-2 秦三厂运行以来 2 台机组氚内照射集体剂量与总集体剂量逐年比较

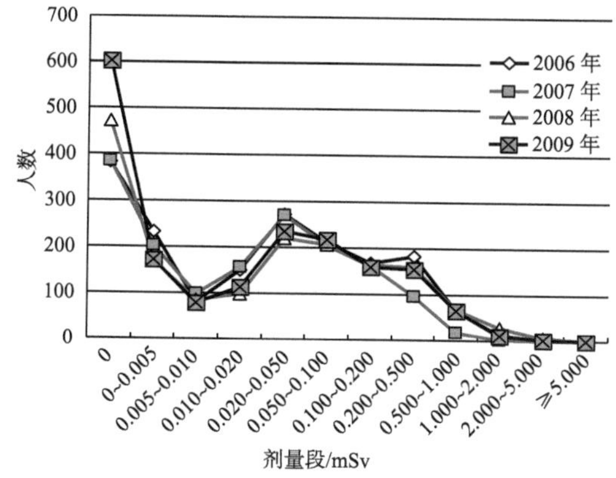


图 7-3 2006 年至 2009 年氚剂量分段统计

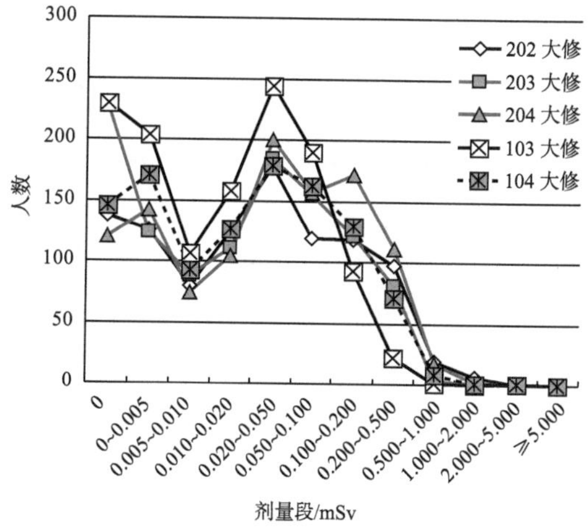


图 7-4 历次大修氚剂量分段统计

特殊监测一例，2011 年 2 月 25 日，1 号机组在实施重水供给系统增加管线的变更改造工作过程中，一名工作人员在实施管道碰口焊接时，受到残留在管道内高浓度含氚重水的溅洒，造成非计划的氚水摄入。事发后，辐射防护人员按 EJ/T 287—2000 规定方法[9]，粗略估算其 50 年待积有效剂量 $E$=49.97 mSv。公司在组织相关部门展开调查的同时，迅即将当事人送到医院进行促排，至 3 月 28 日保健物理实验室对其进行了尿氚定期测量，由实测值绘制的尿氚浓度逐日下降曲线如图 7-5

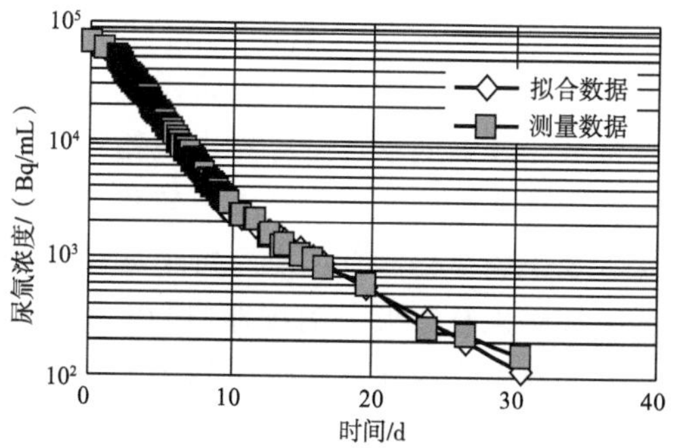


图 7-5 一例尿氚促排者的实测尿氚逐日下降曲线

所示。根据电厂保健物理部门尿氚的测量结果，按促排前、促排期和促排后 3 个阶段进行分段单指数函数($y=Ae^{-xt}$)拟合，估算出该工作人员在经过促排等医学处理后，受到的 50 年待积有效剂量为 12.20 mSv。由于事件发生后该人员首次测量尿氚水平过高，进一步考虑液闪谱仪计数死时间的校正，最后经核总安防局专家组认定，其最大受照剂量应小于 14.15 mSv。

#### 7.4.4.2 尿氚剂量监测管理系统的建立

秦三厂尿氚剂量监测管理系统的构成如图 7-6 所示。硬件主要由液体闪烁分析谱仪、个人剂量数据库服务器、公司局域网、条形码打印子机(带 PC 机)、条码阅读器(带 PC 机)等构成；软件有个人剂量数据库、网络系统软件、条码打印软件、条码阅读软件等。秦三厂已建立完善的局域网，所有的办公区域均布置有接入公司局域网的端口，个人剂量数据库的投入使用，使辐射工作人员对个人剂量的管理实现电子化。

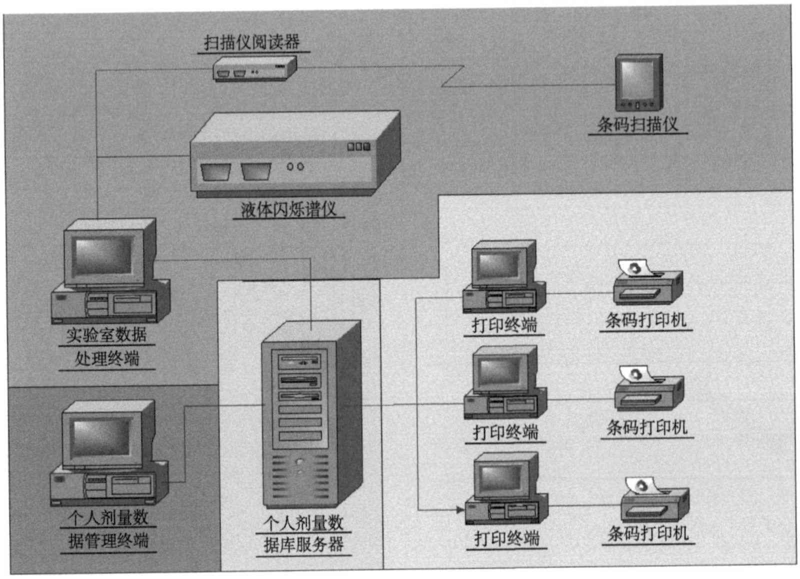


图 7-6 秦三厂尿氚剂量监测管理系统的构成

在电厂运行初期，尿样标识采用手写标签，在小小的标签上包含姓名、编号、部门、留尿时间等信息。由于原尿样标签直径只有 5 cm，书写不便，再加上不同人的字体相差很大，有的字体十分潦草，使尿样收回后标签信息处理比较费时费事，效率低下，还容易出现错误。秦三厂采用尿氚剂量监测管理系统后，在生产人员较集中的区域卫生出入口，设立了 3 个尿样标签打印点，每个尿样标签打印点布置一套条形码打印机及条形码阅读器(通用 PC 打印机)。尿样提交点就在该建筑物内就近的卫生间内，该处放置有尿样柜、尿样收集瓶等。

图 7-7 条形码阅读器与打印机

对于常规监测尿样的辐射工作人员只要到指定点终端触摸屏打印即可，如图 7-7。处理流程见图 7-8。条形码显示该样品人员信息，包括尿样编号、姓名、部门、用户 ID、提交尿样日期。特殊监测或其他类型尿样均需由保健物理人员或辐射防护人员打印。

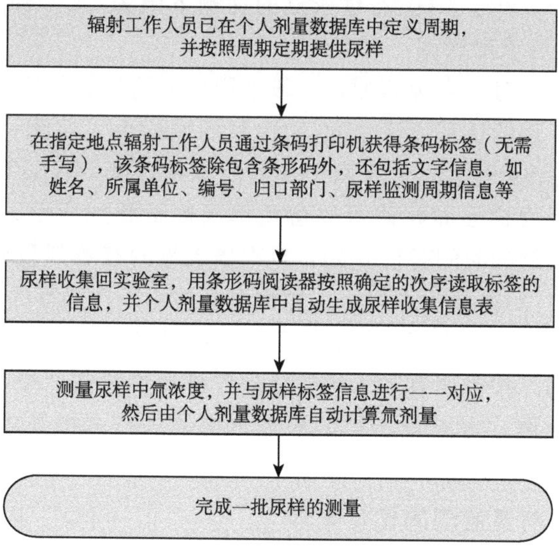


图 7-8　用条码标签后尿样的测量流程

尿氚的测量采用液体闪烁计数法。将收集的尿样不经任何处理与闪烁液在计数瓶中直接混合均匀制成待测样品，所用闪烁液为 Ultima Gold LLT，闪烁液与尿样的优化配比为 10∶2(体积比)。摇匀后的液闪计数样品暗化 30 min，放入通用 Tri-Carb 2900TR 液体闪烁谱仪中测量活度，计数时间为 3 min，整个测量分析过程由计算机自动完成。

为了准确测定尿氚浓度，即尿中氚化水和有机束缚氚的总浓度，秦三厂对现场 100 名未接触氚工作人员的随机空白尿样进行了本底测定。从图 7-9 可以看出，其外标准转换谱指数 tSIE 的淬灭指数 90%以上分布在 200～400 范围内的淬灭较重部分，只有不到 10%的尿样淬灭较轻，tSIE 高于 400～480。

尿氚淬灭校正曲线的制作，就是根据对上述尿氚空白样品的本底测量结果，尽量保持均匀间隔，从中选择淬灭指数 tSIE 最低值 200 到最高 480 之间的 10 个样品，分别加入 0.1 mL 的标准氚水进行液闪测量。按这种内标法测定值制作的尿氚效率-淬灭校正曲线如图7-10 所示。

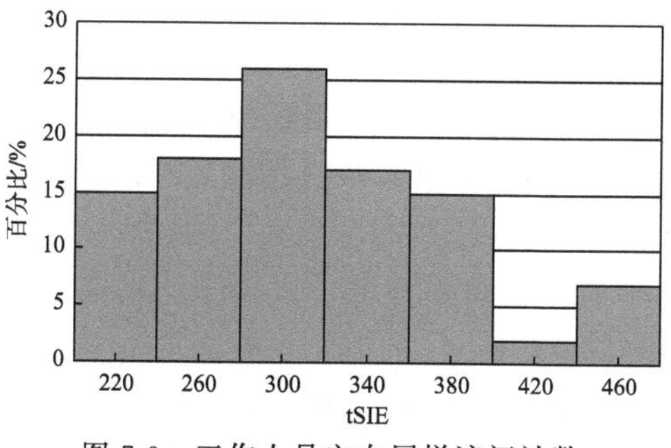


图 7-9　工作人员空白尿样液闪计数外标准转换谱指数的随机分布

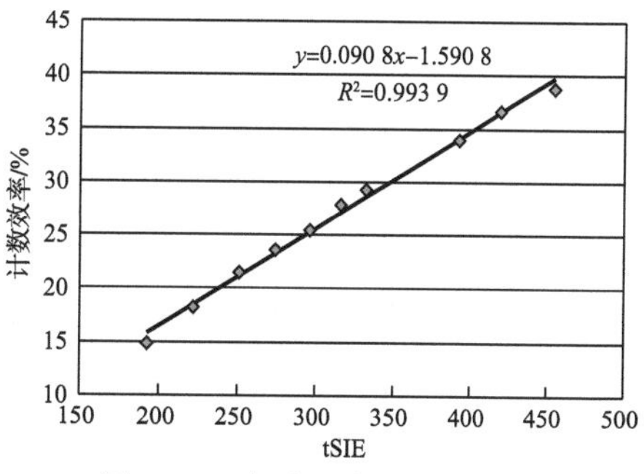


图 7-10　实验测定的尿氚淬灭工作曲线

上述空白尿样本底测量采用 30 min 计数，空白尿样在 0～12 keV 氚测量道的本底计数平均值为(3.26 ±0.66)cpm。尿样的加样量为 2 mL，假定平均计数效率 $E_{cou}$ 为 25%(淬灭指数取平均值 tSIE≈300)，则仪器对尿氚的探测下限为 51.1 Bq/L，对于现场常用的 3 min 计数，同样计算可求出探测下限为 162 Bq/L。

氚内照剂量的估算，对于常规监测，一般采用梯形面积法估算氚内照射个人剂量，详见第 5.4.2 节氚内照剂量的估算方法中的(4)由氚内照射个人监测资料按 IAEA 的方法估算剂量。这样与国家标准《核电厂个人和工作场所辐射监测》(NB/T 20138—2012)[9]中规定的方法基本一致，因为梯形面积法可以避免单次剂量叠加所引入的误差。对于特殊监测，由于工作人员摄入氚的时间是已知的，单次摄入氚的有效剂量可按 ICRP 推荐的方法估计，详见第 5.4.2 节(3)由氚内照射个人监测资料按 ICRP 推荐的方法估算个人剂量。

在事件或事故急性摄入氚水后，有时为了更准确地估计受照剂量，需考虑受照者本人的实际尿氚生物半减期，按受照者本人的实际尿氚排泄参数估计受照剂量。采取促排医学处理时必须进行随访监测，对测量所得的尿氚浓度值进行多指数项函数拟合，如本章图 7-5 所示的对一例异常照射的处理。

### 7.4.4.3 氚内照剂量监测的优化管理

(1)氚内照监测的调查水平与记录水平

据 UNSCEAR 2000 报告[10]，1990—1994 年有关重水堆核电站工作人员氚内照射监测报道的数据列于表 7-6，重水堆电厂氚内照剂量对总剂量有明显的贡献，随年份和国家的不同而变化，但平均占 30%，典型的变化范围是 15%～50%。

表 7-6　国外重水堆电厂 1990—1994 年氚内照监测的情况汇总

| 地区 | 受监测人数 | 平均有效剂量/mSv | 可监测人数 | 平均有效剂量/mSv |
|---|---|---|---|---|
| 加拿大 | 15 000 | 1.06 | 5 050 | 3.15 |
| 世界范围 | 20 000 | 1.74 | 7 900 | 4.35 |

GB 18871—2002《电离辐射防护与辐射源安全基本标准》[11]中指出：如果可能，对所有受到职业照射的人员均应进行个人监测，但对于受照射剂量始终不可能大于 1 mSv/a 的工作人员，一般可不进行个人监测。之所以出现如图 7-3 和图 7-4 所示许多零剂量人员监测的情况，就是由于我们过去将记录水平取得太低 1 μSv 所致。因此，我们需要对电厂现行版本的《个人剂量监测管理》规定进行修订，调查水平在 100～1 000 μSv/a 之间选取，记录水平在 10～100 μSv/a 之间选取。对于工作人员的氚内照射剂量监测，低于记录水平的数据应记录备案，但可不参与年终的集体剂量统计。

最近出版的国际标准 ISO 27048—2011 明确提出了常规监测计划临界值(critical values)的新概念[12]，其定义为 $M_c$——对于一次单次测量结果其相应外推的年剂量将不会超过预期的剂量水平的最大值——应当对每一个常规监测计划推导出来，其计算公式实际上完全同以上导出记录水平式(7-4)。该剂量水平应设置得如此低，以至于这样低的剂量可被认为忽略不计(即记录为 0 剂量)。对于测量结果低于 $M_c$ 的值，没有必要去明确评价摄入量或剂量，该剂量可以被认为是无关紧要的。测量值(如果在探测阈以上)应当有记录以证明曾进行过测量且可以为任何可能的剂量重新评价提供资料。$M_c$ 的剂量水平，若用年待积有效剂量 $D_v$ 来推导的话，不应当超过 0.1 mSv，除非在国内法规中有不同的要求，这一新动向需要引起我们的注意。

我国的国内法规 GB 18871—2002《电离辐射防护与辐射源安全基本标准》及其系列标准如 GBZ 129—2014 修改报批稿《职业内照射个人监测规范》中[6]，对于记录水平的术语和定义中，只提到“达到或超过这一数值时应进行记录”，不过在国家标准 GB 18871—2002 中指出：如果可能，对所有受到职业照射的人员均应进行个人监测，但对于受照射剂量始终不可能大于 1 mSv/a 的工作人员，一般可不进行个人监测。因此，目前对于核电厂的保健物理部门和防护人员，解决这一难题的关键，只能是如何去将核电厂内“均应进行”和“一般可不进行个人监测”的工作人员科学合理地区分、识别开来。

(2)常规监测计划要落实到岗位工种，合理制定监测周期

常规监测通常按生产岗位和部门班组安排，但不能简单地按部门或班组确定监测周期，应按岗位、工种、项目内容细化，具体到个人。为此需要对电站工作人员的氚内照射常规监测数据及时进行统计和分析，对那些在控制区滞留时间很长而所受剂量却很低的人员，进行个人随访找出原因，适时调整监测周期。目前在正常运行期间的常规监测周期有两类，一类是一周或两周一次，另一类是每月一次。国际标准 ISO 20553—2006《辐射防护——职业受照射工作人员对于具有放射性物质内污染的危险度的监测》指出，对于受职业氚内照射的工作人员，最大监测周期为 1 个月[13]。

在保证重点岗位人员的前提下，适当减少其他人员常规监测的规模和频次，加强特殊监测。常规尿氚监测不能简单地按部门或班组确定监测周期，而应按岗位、工种、项目内容逐一细化，具体到个人，主要对象是根据核电站 10 年运行监测经验反馈判断其剂量可能超过记录水平的岗位工作人员。加强对特殊监测的管理，尿氚监测应与现场人员的防护监测、空气监测相对应，互相配合。

(3)特殊监测要加强管理注意资料的完整性

与确认性质的常规监测不同，与任务相关的操作监测用于特定的运行，它为立刻做出运行管理规定决定提供数据，而特殊监测更具有调查的性质。加强操作监测和特殊监测的管理，工作人员的尿氚监测频次应合理安排，必要时可每日一次。除氚内照射个人监测外，还应与现场的实时防护监测如空气监测互相配合。由于这类监测具有明显的调查研究性质，还应根据不同要求，注意收集相关的工艺系统、操作程序、现场空气中的氚及排放水平等，确保资料的完整性。加强重水开口作业前的风险防控、作业过程的监管、作业结束后的氚水平跟踪监测，确保所有重水作业的氚风险最小化。

(4)加强辐射防护与剂量监测人员的业务培训

通过业务培训、专题讨论、事件分析和经验交流多种形式，不断提高辐射防护人员的技术水平。对于从事氚内照射剂量监测的人员，不仅能熟悉操作程序测量样品，而且应能较全面地掌握仪器的工作原理和测量制样方法。对于氚内照射剂量的估算，不仅会使用现有程序和公式计算，而且应能够理解所用计算公式的推导方法和出处。

### 7.4.5　压水堆核电厂大修换料期间的氚监测与剂量评价

1994 年我国从法国引进的 2 台 90 万千瓦压水堆核电机组，在广东深圳的大亚湾核电厂先后投入运行发电。由于核电厂产生和向环境排放的放射性氚数量最大，总活度最高。人们自然会提出“氚在核电厂的剂量贡献究竟是多少?”的问题。

压水堆核电厂中在正常运行期间，工艺设施渗透泄漏的氚都被密闭在安全壳内，工作场所空气中的氚浓度很低，一般用于实时监测的电离室氚监测仪难以报出准确的监测结果。因此，只在一年一度的反应堆大修换料期间，安全壳内的反应堆厂房的封闭铁门打开，有人进入安全壳内的RX反应堆厂房，KX核燃料厂房和一些辅助厂房进行检修或更换元件的活动时，进行氚监测和剂量评价才有意义。

虽然反应堆厂房内空气中的氚浓度随现场的排风影响很大，但利用监测灵敏度较高的长周期HTO鼓泡取样器或被动式HTO取样器，总可以获得每个厂房，在每个工作周期内空气中HTO的平均浓度。而在安全壳的反应堆厂房内的工作人员均是进行进出入控制的，或有人工登记，或有磁卡记录，可做工作人时数的统计。这就是说按照本书第5.4.2节氚内照剂量的估算方法(1)由工作场所或场所空气中氚浓度的监测资料估算个人或集体剂量。

于是，由鼓泡器或被动式空气中HTO取样器逐日连续测得的场所空气监测结果估算集体剂量，用特殊监测的尿氚测定结果报出最大个人受照剂量就成了压水堆核电厂氚监测和剂量评价的最佳选择。

1997—2004年间连续7年对大亚湾核电厂1号和2号机组检修换料期间进行的氚监测，总结报告指出：

(1)在反应堆检修期间，安全壳内反应堆一回路和反应堆水池的充排水，以及打开的一回路设备管线，构成氚的主要污染源。在反应堆正常运行期间，由于核岛部分是密闭的，则燃料厂房内存放燃料组件的衰变水池，构成厂房内空气中HTO的主要污染源。

(2)RX反应堆厂房停堆打开系统检修前，由于泄漏渗透氚的累积，空气中氚浓度有最高值$3.4\times10^{4}$～$3.0\times10^{5}$ Bq/m$^{3}$。而从检修开始，解列到冷停堆，RX反应堆厂房空气中氚浓度一般在$6\times10^{2}$～$5\times10^{3}$ Bq/m$^{3}$，其浓度突然升高与降低除与检修活动工况有关外，主要受排风影响。KX燃料厂房空气中的HTO浓度，检修开始时低于RX反应堆厂房，以后由于放入新换下的燃料元件而逐渐升高，并在检修期间保持比同期RX厂房少许高一些的浓度水平。其他核辅助厂房的空气浓度，不论是取样间或连接厂房，均比同期反应堆厂房的空气浓度低1～2个数量级，而在控制区的三废办公室——辐射防护RP办公室，其空气中HTO浓度都很低，特别是作为控制区和非限制区分界的RP办公室，大部分测量值在本次监测所使用方法的探测下限几个Bq/m$^{3}$附近变化。

(3)大亚湾核电厂大修、换料期间连续7年的氚监测及内照剂量评价表明：反应堆1号和2号机组在大修期间氚致内照射产生的集体剂量，从1997年的1.73～3.83人·mSv(为同期外照射集体剂量的0.31%～0.78%)增加到2003年的5.06～9.18人·mSv(0.75%～1.32%)，呈历年缓慢增长趋势。

(4)由于反应堆主回路的不断渗透和安全壳中空气的密闭循环，以致安全壳空气中水蒸气的氚浓度逐渐接近冷却剂氚浓度，而冷却剂中的氚浓度是逐年累积增加的，这样使得每次换料操作时安全壳空气中氚浓度要高于前一次，在反应堆运行20～30年中其浓度水平可能提高几十倍。由于大亚湾核电厂至今已运行10年，虽然氚产生的内照剂量贡献不大，但它逐年增高的趋势是明显的，所以进行一定的监测还是十分必要的。

2004年在大亚湾核电厂同一场址岭澳核电厂的2台90万千瓦核电机组先后投入运行发电，第一次反应堆大修换料就将现场的氚监测与剂量评价列为常规项目。以后国内新建的压水堆核电厂也纷纷效仿，如江苏的田湾核电厂、山东的海洋核电厂和大连的红河湾核电厂，都至少在核电机组首次运行后的大修换料，开展了氚监测与内照剂量评价，以取得基础数据作为今后反应堆厂房内氚浓度逐年升高比较的基准。

# 7.5 维修与污染控制

## 7.5.1 包容系统的维修

在设计阶段就应当对手套箱在不打开情况下在它里面进行维修活动的可行程度有所准备。例如，氚处理系统可建造成在手套箱内能加以拆卸，且拆下的部件足够小，以适合通过中转箱。易于失效的系统和部件，如加热器应当容易接近且在不打开手套箱的情况下能加以更换。维修活动所能触及的空间也必须有所考虑。例如，可能有必要双手用板手将一个部件拧紧到设备的配接件上。通过手套孔口安装维修紧固件是保证可维修性的一个好方法。假若有必要打开手套箱进行维修，事先必须有认真的计划和准备，特别是已知或预期会有高水平的污染时。计划和准备的内容包括放射学危害评价，对于可能存在的氚化水要给予特别的考虑；如有可能，减小危害水平的方法；召开作业前会议；书面的放射性工作计划和工作许可证；倘若被认为有必要，还应包括个人防护衣具和设备的准备。

在"破坏"包容进行维修活动期间，局部通风和污染控制是最主要的考虑。在有些实验室里，实际作业时通过在被破坏的次级包容的顶部搭个临时通风的帐篷来延伸次级包容笼罩物。该帐篷可以建立在通常两排手套箱背后的检修走廊里(图 7-11)。用这种帐篷代替，可以取去数节次级包容，从而使维修人员能够接近初级系统。在初级或次级包容系统被破坏前，该系统内的所有氚应泵取到另一个系统里，且同被破坏的区域隔绝。在氚被转移后，还应对被破坏的系统真空抽气或用干净空气冲洗，用捕集系统收集残存的氚。在美国新墨西哥州的洛斯—阿拉莫斯国家实验室的氚系统组合试验装置 TSTA 检修中，使用大口径的可弯曲的局部通风蛇形软管(橡皮风筒)被证明是非常有效的。由通风帐篷或橡皮风筒排出的废气，可被送往烟囱排放，或在必要时，送往该设施的通用空气净化系统进行处理。现在已研制出在不打开手套箱情况下，转移因太大不能通过中转箱的重大设备的技术，这种设计在参考文献[14]中已有介绍。

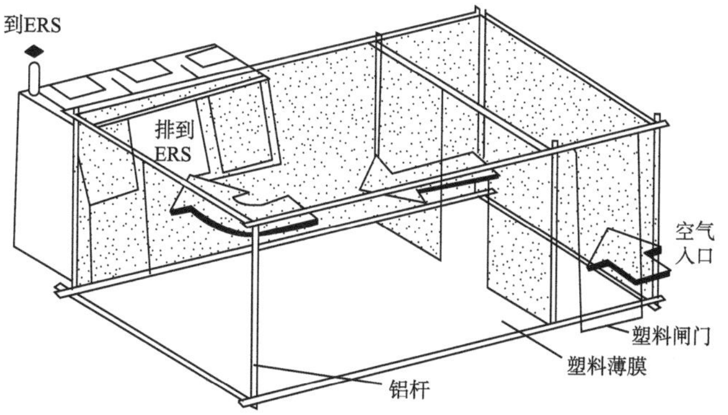


图 7-11 在维修进行期间，使用临时帐篷以提供通风和污染控制

### 7.5.2 污染控制和废物处理

由于氚的高度易移动性，氚污染可以很快地散布到实验室的所有介质和表面。被污染的材料将释放出 HT 和 HTO 气体，它们二者都有可能散布进入空气中和吸附到表面上或再次被吸入造成二次污染。例如，一个设施，可采用下述包容方法处理低水平释氚材料：

- <50 MBq/h，双层塑料袋或尼龙包装；
- 50～1 000 MBq/h，涂料筒或金属容器；
- >1 000 MBq/h，特殊处理，包括使用次级包容容器和固定化。

假若这些释氚材料在以后某个时候被再次使用，必须十分小心。一定要有明显的标志和内容物的有关资料。

(1)泵油。在一些实验室里还使用传统的油密封泵，泵油被氚不可逆地污染。废泵油可被抽吸到预先抽空的充以吸收材料(如蛭石或硅藻土)的废物容器内，不用人工，安全转移处理废泵油的方法在文献[15]已有介绍。

(2)溢洒。万一有氚污染的水或泵油被溅洒出来，首先应弄清楚有无任何皮肤或衣物被污染。假如皮肤被 HTO 溅湿，如在第 5 章中已讨论过的会发生很快的经皮吸收。已知或怀疑有皮肤被弄湿，应立即用肥皂和水冲洗 5～10 min。所有被污染的衣服要立即脱去装袋，人员也应当尽可能快地进行淋浴去污。在地板上漏洒的液滴应当用黏土、蛭石、硅胶或吸水纸吸收。对于大量的漏溢，特别是对于油和溶剂，黏土可能是最好的吸收介质。一定要防止污染被人带到实验室的其他区域。应对进入该区域的人员进行控制，必须进入的人应穿戴鞋套。被污染的区域应使用肥皂和水尽快脱净洗掉。

### 7.5.3 去污

在大的氚设施内，放射性控制区域应备有专门的去污设施，例如去污手套箱或通风橱，后者应配备有用于清洁的水或/和蒸气以及收集水系统。在手套箱的中转箱内去污也是一种简单有效的方法[14]。若污染为 HTO 形式，抽空中转箱，在空气回充期间，将少量水抽进里面。这样使被污染表面暴露在充满湿气的空气里数小时，使它们能够进行同位素交换，然后再将中转箱抽空。重复这种过程直到污染水平被降到限值以下。对于油污染，可用少量的挥发性有机溶剂替代水进行这一抽吸过程。如果必要，被污染的金属设备可在 300～400 ℃下加热数小时进行去污，具体可参阅第 4 章废物处理方法中已介绍过的内容。

### 7.5.4 氚的贮存

气态 HT 的贮存方法通常有 2 种，即作为气体在钢瓶里容积贮存和作为氢化物固体贮存。容积贮存气体的钢瓶是最常用的贮存单元，也容易设计。虽然某些较高压力的应用也有，但通常使用的工作压力接近于大气压。任何一个次级贮存系统应设计得能够承受初始包容系统里内容的全部释放。大量的 HT 通常贮存在金属吸气剂床内，这一技术在第 1 章内已做了简单的介绍。为了使用操作过程安全，这里有必要再说明它的某些安全特性。

HT 气体作为氚化物贮存很普遍，对于这种使用可选择的氢化物有多种，其中氢化铀即铀粉瓶最经常使用。在室温下一个 2 L 的体积过压(离解压)小于 $1.33\times10^2$ Pa 的铀粉瓶床，可贮存 1 000 L(STP)的氢气。将铀粉瓶床加热到 400 ℃，氢很容易释放出来，产生 $1.013\times10^5$ Pa 的离解压。假若需要较高的压力，则需要较高的温度。但温度不应超过 700 ℃，因为这一温度以上铀可以同金属容器壁相互作用，使初级容器失效。许多其他金属和合金形成具有不同贮存特性的氢化物。氢/金属比率和离解压-温度的关系特别受设计人员关心。用于 HT 贮存的金属和合金，还有钯、钛、镧-镍，锆-镍和锆-钴等。

已经通过加氢和脱氢循环活化的铀在暴露于空气或其他氧化剂时能够自燃。氢化铀也是缓慢的自燃物[16]。假若金属氢化物床暴露于空气中，就可能发生 HT 由氚化金属床的释放。在实际工作中最可能发生的情况是连接铀粉贮气瓶的管道，或紧固件连接处有小裂隙而发生泄漏。若在空气气氛手套箱内发生这种情况，空气会缓慢地进入贮气瓶内使部分氢化物金属表面发生氧化。其他的一些不安全因素，如在给铀粉瓶床加载 HT 或处理和检查送回的铀粉瓶时，不小心将抽空的铀粉瓶充气管线打开，接通空气或其他含氧的气体，或在处理或运输期间，由于机械冲击碰撞造成铀粉瓶床充气管线，阀门的损坏或密封垫圈失效等。虽然这些情况较少见，但可能性是存在的。

铀床的事故性过热可以导致发生 U-Fe 反应，初级包容容器失效，使氚以 HTO 的形式释放出来。沉积在铀床里的氚化铀细微粒子，在维修系统打开后可能暴露于空气中。经验已经表明[17]，若使用微孔径超过 5 μm 的过滤器时，氚化铀粒子可以通过铀粉瓶过滤器迁移进入系统管线。孔径低于 5 μm 的烧结金属过滤器，对于防止载带出氚化铀的亚微米粒子进入运行系统看来是令人满意的，对于防止氚化金属微粒的吸入，在辐射防护上有重要意义。

# 7.6 个人防护衣具

## 7.6.1 引言

氚的运行安全防护，除了上述与源相关的防护设备和技术，如手套箱、通风橱和通风控制等技术和管理措施外，对于操作人员个人防护而言，还应熟悉和明了在氚污染气氛下工作或操作含有氚或被氚污染的设备和材料时选择和使用个人防护衣具的导则。个人防护衣具指的是直接由工作人员穿戴的衣服和器具。

个人防护衣具的目的在于：(1)减少通过吸入，皮肤吸收或食人造成的氚摄入量；(2)防止在个人衣服和皮肤上过量污染的发生；(3)防止污染由污染区向到干净区域的扩散。为此，个人防护衣具包括工作罩服或外套、手套、工作鞋、呼吸器和塑料防护气衣。

## 7.6.2 工作罩服和外套

在污染水平较低或一般设备被限制在通风橱和手套箱内的房间，最低限度的防护服即为所需要的全部。在这样的房间里工作而不实际操作被污染的设备时，仅穿戴工作服或罩服是完全适合的。当前者不能对所进行的工作提供足够的防护时可用连身工作服代替。这种工作服一般用棉布制成，洗干净后可重复使用。一次性罩衣或工作服也可以从市场上购到，一般它们由纸或对 HTO 防护更好的层压塑料材料制成。然而，后一种材料在温度较高的工作环境中穿可能是不太舒服的。

## 7.6.3 手套

当操作被污染或可能被污染的材料或设备时，工作人员应当戴上手套以将氚通过皮肤的吸收减到最小。手套应能对氚的渗透提供足够的防护，且戴上后有适当的舒适感它还应当相当灵巧，戴在手上经久耐用，不怕化学物质腐蚀。它们一般不是很贵，常在一次性使用后废弃以减少污染物的扩散。这种手套一般由乳胶或聚氯乙烯(PVC)制成。聚氯乙烯因其对 HTO 和 HT 有较低的渗透性且耐化学物质腐蚀而最受用户欢迎。一次性使用的乳胶手套由于在许多设施里有一定的搁置时间，会发生老化。

若进行比较粗糙的工作，可戴用另外的手套或较厚的手套。一种好的解决方法是在厚手套外面再戴上一只价廉的手套。一次性手套在工作结束后抛弃，而较贵的手套若没有损坏或污染，可以再次使用。推荐的最小厚度依赖于污染水平和手套的更换时间，一般 0.5 mm厚的手套对于具有高达 5 $GBq/m^2$ 或更高的可去除污染的表面操作(每次 10 min 左右)已十分满意。一般实验室都规定工作人员在他们接触未被污染的表面前应脱去被污染的手套。具体脱法是用一只戴手套的手将另一只手套退出手腕在 2/3 处，用第 1 只手的依然覆盖在手套内的手指将第 2 个手套完全脱掉，将两只手套扔进放射性废物桶内。

大多数一次性手套是长至手腕的手套，当操作可能会发生臂接触严重污染的设备或使用氚浓度高的手套箱(>5 $GBq/m^3$)时，应当使用长至肘或甚至更长的手套。在高水平氚污染下工作时，可以戴 2～3 层手套。例如，内层手套可以是棉纱的(舒适)，中间为聚氯乙烯材料的(防氚渗透)，最外层为外科医用乳胶手套(保护上臂)。

经验和实践要求人们遵循在任何具体情况下戴好手套的规定和要求。手套材料的化学相容性和市场上可购到手套的物理特性列于表 7-7 和表 7-8 中[1]。由于氚的渗透性很强，对于氚严重污染情况下较长时间的工作，上述的手套难以完全保证手部皮肤不受氚的污染。应较频地更换手套，以减少污染手套对手部皮肤造成的二次污染。

**表 7-7 现有防液体手套材料的化学相容性**

| 手套材质 | 推荐用途 | 不推荐的使用场合 |
|---|---|---|
| 丁基橡胶 | 稀的酸碱、酮溶剂、气体和水蒸气的渗透防护 | 石油润滑油，馏出物，溶剂 |
| 天然橡胶 | 酮溶剂，醇类，感光溶液 | 石油润滑油、馏出物，溶剂 |
| 氯丁橡胶 | 高浓无氧酸，高浓碱 | 卤化物与酮的溶剂 |
| 氯丁天然掺合橡胶 | 稀的酸碱，洗涤剂，感光溶液 | 含卤化物和酮的溶剂 |
| 腈橡胶 | 石油基溶剂，馏出物，油类 | 含卤化物和酮的溶剂 |
| 聚氯乙烯 | 一般用途、低危险度的手防护 | 含卤化物和酮的溶剂 |
| 聚醋酸乙烯 | 含卤化物溶剂，市售涂料 | 水和水基溶剂 |
| 氟橡胶 | 含卤化物溶剂，高浓含氧酸 | 含醛和酮的溶剂 |

**表 7-8 市售手套的性能比较**

| 材料 | 厚度/mm | 搁置期 | 相对韧性 | HTO 渗透特性 |
|---|---|---|---|---|
| 聚氯乙烯 | 0.013 | 相当好 | 相当好 | 较差 |
| 聚氯乙烯 | 0.025 | 好 | 好 | 相当好 |

续　表

| 材料 | 厚度/mm | 搁置期 | 相对韧性 | HTO 渗透特性 |
|---|---|---|---|---|
| 聚氯乙烯 | 0.05 | 极好 | 极好 | 好 |
| 聚氯天然掺合橡胶 | 0.05 | 好 | 好 | 好 |
| 氯丁橡胶 | 0.038 | 极好 | 好 | 好 |
| 氯丁橡胶 | 0.056 | 极好 | 好 | 好 |
| 天然橡胶 | 0.038 | 差 | 一般 | 好 |
| 腈橡胶 | 0.038 | 极好 | 极好 | 好 |
| 腈橡胶 | 0.056 | 极好 | 极好 | 好 |
| 丁基橡胶 | 0.03 | 极好 | 差 | 极好 |
| 聚醋酸乙烯[a)] | 0.056 | 好 | 极好 | 差 |
| 氯橡胶 | 0.03 | 极好 | 极好 | 极好 |

注：a)由带涂层的短纤维絮片织制的 PVA 手套的厚度，可能变化高达 20%。由于 PVA 涂料是溶于水的，PVA 手套的性质可以预期依赖于它暴露于湿气中的时间而有较大变化。

### 7.6.4　鞋或鞋罩

若氚操作房间的地板实际上已被污染或可能被污染，需要穿戴防护鞋套上鞋罩进入。通常在氚被限制在手套箱和通风橱里的实验室，地板、墙壁和其他表面上的污染实际上可被清除掉，一般不需要穿防护鞋。然而，在许多工作间和实验室里仍可能需穿防护鞋。究竟是否需要防护鞋或用何种防护衣具恰当，主要由表面污染监测的结果确定。

### 7.6.5　供气式呼吸器

在主要危害是气载 HT 可能突然直接释放进入工作人员呼吸区域的地方，许多情况下所包含的氚量可能不是很大，或者有释放的可能性，但通常经验表明，其量可能不大。由于高浓空气停留时间短，完全的皮肤防护是不必要的。若不属于这种情况，工作人员应有适当的时间从该区域撤出。这时，单独使用工作服和手套可能已不足以防护，使用全身塑料防护衣可能也是不适当的。在这种条件下，除了使用工作服和手套以外，供气式呼吸器将是一种适当的选择。这种装置由一个供气系统和全面罩式头盔构成。气源来自建筑物内空气供给管线或从个人背在背后的空气钢瓶。这种装置的优点是它能比全塑料工作服提供更完全的防护，工作人员也更容易穿戴且更舒适地执行工作任务，借此，减少可能差错的概率。自备气源式呼吸器(SCBAs)可由几处供应商得到。已有报告介绍了在美国和欧洲使用的几种类型。看来压力要求型($10^3$～$10^4$)呼吸器要比要求型(10～$10^3$)能够提供更好的呼吸保护。因为要求型呼吸器只在载戴者吸气时产生负压才接受清洁空气，致使从密封圈周围泄漏进入呼吸器的氚有到达呼吸带(当吸气时)的可能性。而压力要求型的SCBA，在工作区域所有时间里面都保持正压，这样有助于防止氚泄漏进入呼吸带。在美国 SCBA 的典型设计是在平均条件下满足 30 min 的载戴时间要求[18]。

对于暴露于 HT 的防护，上面提到的防护措施是需要的，因为 HT 通过皮肤的渗透非常慢，且肺被认为是关键器官。然而，在暴露于 HTO 的情形，HTO 易于通过人的皮肤渗入，所以呼吸器提供的仅是部分的防护。对于一个以大约 20 L/min(轻工作)呼吸的人员，进入体内的 HTO 摄入量可粗略地分配为吸入(67%)和皮肤渗入(33%)。因此，在长期暴露于 HTO 的情况下，最好的呼吸器也只能提供 3 的总防护因子。然而，对于短时间的暴露，供气式呼吸器是一种好的选择，总防护因子可以达到呼吸器的值，因为表面的皮肤污染很快可被洗掉且通常的衣服至少对于氚向皮肤的转移提供了某种程度的延迟。

在气载氚气危害较低的情形，在缺少空气供给源或工作人员因操作移动不可能，使用自备式完全或部分呼吸器比供气式呼吸器更有优点。这种呼吸器可以配备一个充以干燥剂的滤罐，以除去 HTO。然而，被呼吸的空气可能因太干燥而产生不适感。Ontario Hydro 为其在 CANDU 电站使用而研制的一种型号的呼吸面具，它由一个在使用前可用水加湿的分层蛭石滤毒罐型空气纯化器构成。HTO 被同位素交换除去。在使用 1 小时后，氚的穿透量约为 5%。

### 7.6.6 防护气衣

HTO 通过皮肤吸收会使暴露于气载 HTO 的人员产生与吸入可比较的内剂量。因此，对于空气中高浓 HTO 的有效防护，使用完全将身体笼罩的通风式塑料防护衣(简称气衣)是必要的。有时穿上防护气衣可以更好地操作大的严重污染设备，而防止氚通过皮肤接触摄入。但一般而言，将设备完全封闭，较之穿戴笨重的气衣，对于保护工作人员更为可取。

气体状态的 HT 被皮肤吸收的程度不严重，因此从原则上讲仅对于吸入防护是必要的。在工作环境中有一定程度的 HT 将转化为 HTO。假如气载氚浓度很高，但又对 HTO 和 HT 的相对浓度不了解，应当谨慎地假定所有的氚为 HTO，并且使用塑料防护气衣。若已知 HTO 和 HT 的相对浓度，例如使用 HTO/HT 甄别式氚取样器进行了监测，那么就能够确定是否简单地使用呼吸器就足够了。

一般塑料气衣对穿戴者工作会有所妨碍，从而使他去执行给定的工作任务总要用较长的时间，典型值可延长 10%～50%。假若该工作是在强的外 γ 场下进行，这一额外的工作时间可能导致超过氚剂量节省下的附加外剂量。在这种情形下，应当对是否单独依赖呼吸器防护或甚至不要任何防护作出判断。防护气衣可以对因吸入和皮肤吸收两者产生的氚摄入提供适当的保护。这种气衣应适当设计，选用阻氚渗透性能好的材料制作。空气配给系统不但应提供新鲜的呼吸质量高的空气供穿戴者吸入和身体防止冷却空气的侵入。在按照严格的使用程序工作时，还应当保持正压以防止污染防护因子(无气衣防护摄入量同有气衣防护摄入量之比)可以超过 1 000。在实验室里模拟的工作条件下已测量得到这样高的防护因子，但在实际使用时该因子会低一些，依赖于衣服的设计和使用程序。

典型的防护气衣为一件、两件或三件套，由夹克、裤子和一个可拆卸的头罩构成。夹克衫在袖口有硬的套箍以把手套接在上面。通常靴与裤相接，连为一体。呼吸用的空气一般由头罩处供给，通过置在衣服下面的空气配给管散布至臂和腿，最终通过夹克衫的底部或通过关键部位开的通气孔自上衣流出，以保证新鲜的空气流遍全身。一种正压式空气管线氚防护气衣的示意图如图 7-12 所示。该防护气衣的头盔和防护服本身由内衬尼龙编织物的 2 mm 厚的氯丁橡胶制成，重 4 kg。其防护衣本体 5 取连衣裤的样式，外加头盔 2 和空气管线面罩 3。防护衣内部(参照右图)，通过作为空气冷却器 7 的维尼纶管上的许多小孔 6，将使用 20 m 长管线送入的通常为 3～7 kg/cm$^2$ 压力的新鲜空气，通过面罩然后流过全身。操纵腰带上的流量调节器 9 可以调节送入空气流量的大小。这种防护气衣同过去的聚氯乙烯制的气衣相比，不仅阻氚特性好，而且穿着作业方便，没有过去那种因出汗和体温无法发散而产生的不适感。

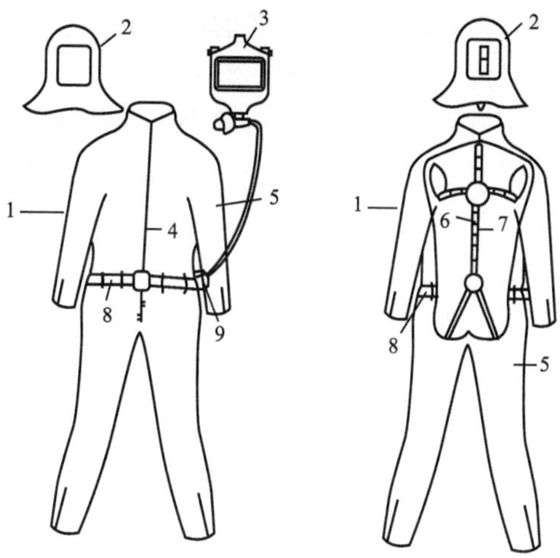

图 7-12　氚防护气衣示意图
1—空气管线防护衣；2—头盔；3—空气管线防护面罩；4—上衣拉锁；5—防护服本体；6—小孔；7—空气冷却器；8—腰带；9—流量调节器

在美国几家政府承包商和实验室已经研制出他们自己的塑料防护气衣。其中有许多原是为操作其他有害的物质而研制的，后来有些被氚的工作采用。它们大部分为二件式设计，由 6～12 μm 厚的聚氯乙烯材料制成。此外，萨凡那河工厂最近研制了 2 种防护衣。一种使用了 8 μm 厚的层压 Tyvek（自旋键合聚烯烃），聚氯乙烯和尼龙/氯化聚乙烯材料，而另一种使用了 7 μm 厚的聚氨基甲酸乙酯薄膜。尼龙特别对于 HTO 的渗透性提供了附加的阻挡，而聚氨酯增强了附加的抗磨损性而且耐穿刺。

在加拿大，所使用的大多数防护气衣是由 Ontario Hydro 为它在 CANDU 核电厂的使用而研制的。目前使用的是一种二件式设计。它由一件能合为一体的带臂、腿和接上的靴子可重复使用的身体部分和一个分开的易处理的面罩构成。其身体部分具有空气供给通道和同衣服制成一体的通信界面。该气衣的设计使穿感舒适，且在无人帮助条件下能方便快速地穿上和脱下，这是 CANDU 核电厂的要求。该气衣身体部分的材料由聚氯乙烯制成，能够干洗、这种气衣类型由尼龙编织物上的氯丁橡胶制成。而可处置的面罩由 0.044 mm 厚的层压聚乙烯 1422 Tyvek 制成。

防护气衣的材料必须具有低的氚渗透率，特别是对 HTO，且在现场使用要经久耐用，不怕磨损。它们还应当不易燃，对于常用的化合物不敏感、呈惰性（特别对油和润滑脂），相对容易加工，穿着舒适。对于每种气衣所需要的空气流量依赖于气衣的设计和打算使用的运行要求。在美国使用的气衣典型流量值为 0.2～0.6 m$^3$/min，推荐的供气压力为 500 kPa 左右。在加拿大通常在 515 kPa 供气压力下流量为 0.8 m$^3$/min。为了提供适当的通风和冷却，改善使用者的舒适程度，一般需要较高的空气流量率。

对自备供气式 SCBA 或供气式气衣的供应空气需要进行质量检验。假若空气来自一台压缩机，应当定期检验。相似的来自高压气瓶中的空气也需要检验。高压气瓶应有合格证书，保证它释放出的空气符合呼吸空气标准。在美国所有的呼吸空气必须符合 ANSI-2 86.1的要求[19]，它规定了几种不同等级压缩空气的成分和允许的污染，且规定了取样与分析方法。在加拿大呼吸空气质量必须满足加拿大标准协会规定的要求[20]。另外，气衣的气源不应使用纯氧气（氧气瓶），否则容易引起气衣着火，过去曾在一些实验室发生过这类事件。

由于面罩的噪声产生自空气流，80 dB（美国政府对承包商的限值）以上的噪声水平，声对声在没有电器设备的情况下联系已非常困难。通常除使用空气软管外，尚需自备式通讯系统。电池作电源的双向无线电对讲机也很普遍。许多这类装置是声音或喉启动型的，留下气衣穿戴者的自由双手，这些通信系统装在气衣的面罩里面。这类通讯装置和其他一些需要的东西都可从许多供货商那里购到。Ontario Hydro 使用的特殊头罩，配备有消除噪声的动态微音器和放大器，提供了几乎不损失第一个发声音节的高清晰度。良好的通讯能力应当被认为是重要的安全特色。在现场，若工作人员不能容易地通话，特别是在噪声大的工作环境中，他们将会趋向于抬起他们的防护面罩讲话。

除了对氚的摄入提供适当的防护和可接受的通信能力外，防护气衣的设计还应当不存在通常的危害。这意味着它必须有良好的式样和移动自由，不易燃、不存在滑落和脱扣危险，且在紧急情况下能快速容易地穿上或脱下。为了保证使用者接受，舒适也是很重要的，因而要求适当流量的空气供给和适当的温度。由于存在失去呼吸空气而窒息的危险，以及存在无人照料下穿脱气衣的困难，这种气衣的使用，一般需要在实际穿气衣工作的人员以外还有几个人员在场。一个人必须负责保证呼吸供气适当，不中断。另一个人可以传递给移动受到限制的穿气衣者所需要的工具和设备，而其他人员必须在所有时间里同穿气衣的人员保持通信联系，且应当在尽可能多的时间里保持视力接触。应当说明，Ontario Hydro 在它们核电厂使用的一些气衣，是为了在无须他人帮助下能自己穿上和脱下而特殊设计的。

## 7.6.7 国内外研究进展

在涉及氚的个人防护衣具方面，近年来也有许多新的研究成果问世，如国内最近申报专利的呼吸器的新型滤材，可用于手套和防护衣的具有更好阻氚特性的高分子材料，而韩国提出的设计防氚气衣的新理念，都使我们有耳目一新的感觉。

深圳艾顿辐射防护安全设备有限公司最近申报的空气中氚化水蒸气 HTO 的过滤式防氚面具(双滤盒见图 7-13)，型号 szadrp-T3F-1 可复用防氚滤盒，内高 40 mm，直径 66 mm，滤盒容积 137.93 $cm^3$，重 76.5 g。滤材为高克重纯木浆纤维纸。测量它们在 2 h 内对氚化水蒸气 HTO 的过滤效率，高于 90%。这种过滤式防氚面具显然要比上述使用分子筛和硅胶滤盒的防氚面具要轻巧方便得多。

图 7-13 szadrp-T3F-1 可复用防氚滤盒

在具有更好阻氚特性的高分子材料方面，中辐院王进军等人对 3 种无机/有机防氚复合材料，即 $SiO_x$/PVC 复合材料、$Al_2O_3$/PVC 复合材料、$Al_2O_3$/$SiO_x$/PVC 复合材料进行了制备，并与普通 PVC 材料进行了防氚效果测试比较。如图 7-14 结果显示，在 1 atm，氚气浓度为 $7.48\times10^8$ Bq/L的情况下，3 种复合材料对氚的渗透率分别为 $2.88\times10^4$ Bq/($cm^2$ · h)、$2.09\times10^4$ Bq/($cm^2$ · h)和 $0.64\times10^4$ Bq/($cm^2$ · h)，较普通 PVC 材料氚渗透率 $7.18\times10^4$ Bq/($cm^2$ · h)明显降低；3 种复合材料氚渗透达到稳态的延迟时间分别为 18.8、20.1、63.7 h，明显大于普通 PVC 的 2.1 h。说明相对于普通 PVC 材料，3 种复合材料对氚的渗透率低、延迟时间长、有较好的阻氚性能。其中 $Al_2O_3/SiO_x$/PVC 复合材料的性能最好，明显优于氯丁橡胶。$Al_2O_3/SiO_x$/PVC 复合材料的力学性能检测，其所检项目拉伸强度、断裂伸长率、尺寸变化率、直角撕裂强度均等同或高于 GB/T 3830—1994 中民用聚氯乙烯片材标准要求，满足放射性污染防护服的设计、检验、选择和使用(EJ 435—89)标准的要求[21]。

中物院付万发等人则对几种高分子材料的阻氚迁移扩散的特性进行了测试研究。高分子材料的厚度对氢气渗透率的影响如图 7-15 所示，不同高分子材料膜片的渗透率列于表 7-9。图表中缩写字母分别表示 NR—天然橡胶，CR—氯丁橡胶，NBR—丁腈橡胶，IR—丁基橡胶，IIR—聚异戊二烯橡胶，PVDC—聚偏二氯乙烯。这些数据可作为氚防护手套和氚防护服的材料选择依据之一。以丁基胶乳为例进一步研究了胶乳的成膜性能和吸水性能，结果表明烘干脱水温度和硫化温度对成膜质量有重要影响，缓慢的升温烘干脱水和低温快速硫化可以获得较少内部缺陷的橡胶材料。由于胶乳中含有亲水物质而导致成型后橡胶材料的吸水性增强，而沥滤处理可以减少橡胶内的亲水物质从而降低材料的吸水性[22]。

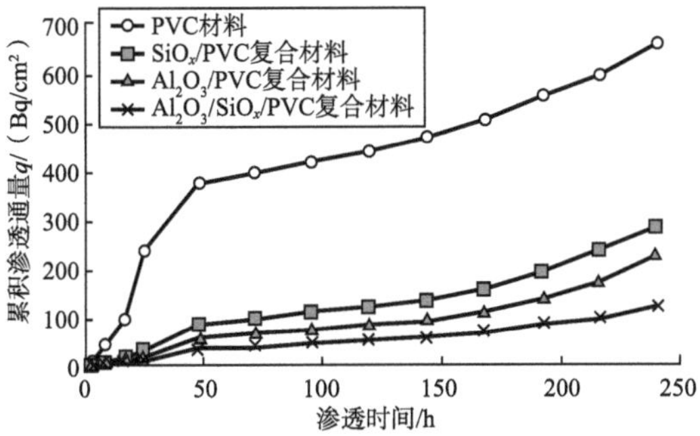


图 7-14 4 种材料的氚渗透率曲线

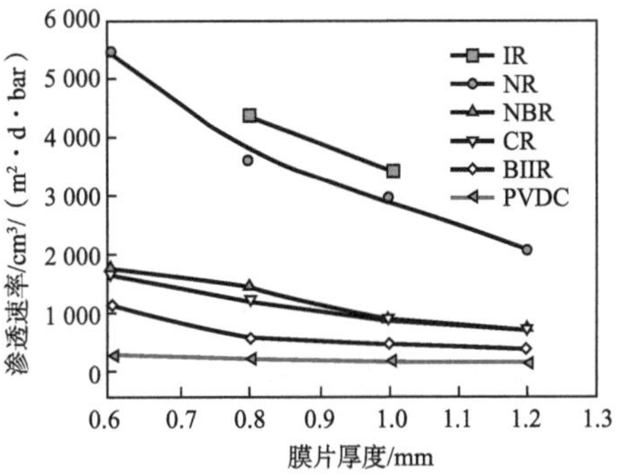


图 7-15 高分子材料的厚度对氢气渗透率的影响

**表 7-9 不同高分子材料膜片的氢气渗透率**

| 测试材料 | NR | CR | NBR | IR | IIR | PVDR |
|---|---|---|---|---|---|---|
| 平均渗透率/[$10^{-13}$cm·cm/($cm^2$·s·Pa)] | 33.56 | 10.32 | 11.216 | 41.37 | 5.672 | 1.754 |

氚气在不同高分子材料中渗透率数据表明，PVDC 是防氚渗透性能优良的材料，但是单一 PVDC 材料的加工性能、断裂强力、耐化学性能较差，无法满足制作防氚防护衣具的要求。美国 SRS 利用 PVDC 等高分子材料制作复合材料，最终加工成的防氚防护服能够满足能源部规定的要求。国内中辐院游国强等人利用 VDC 材料氚气渗透率低、高密度聚乙烯(HDPE)材料断裂强度高、氯化聚乙烯(CPE)材料耐化学性能、加工性能较好的优点，对上述高分子材料进行复合，制备防氚高分子复合材料，并对其进行防氚渗透性能、力学性能、耐化学性能检测，为防氚防护用具的研究提供了有力的技术支持[23]。

防氚高分子复合材料采用 3 种功能层材料组成的五层结构形式，即保护层—阻氚层—强力层—阻氚层—保护层。防氚高分子复合材料的结构如图 7-16 所示。强力层选取 HDPE，主要作用是提高复合材料的机械性能。选取 PVDC 薄膜，主要作用是防止氚的渗透。设计有两层阻氚层可以减少由于单层材料厚度不均匀，尤其有微孔等缺陷引起的失效风险，提高复合材料使用时的安全性。保护层选取 CPE 薄膜，主要作用是提高复合材料的耐化学性和易加工性。根据防氚高分子复合材料的结构形式，首先在强力层上涂布黏合剂，将强力层与阻氚层黏合，随后再在阻氚层上涂布黏合剂，将保护层与阻氚层黏合。经过两种复合工艺、4 次复合将各功能层高分子材料热压黏合。层压速度≤5 m/s，层压压强≤1 MPa，黏合温度、烘干温度≤50 ℃，最终加工成防氚高分子复合材料。

利用氯化聚乙烯、聚偏二氯乙烯、高密度聚乙烯等高分子材料复合防氚材料，采用渗透实验测量氚气渗透率结果表明(图 7-17)，氚气在防氚高分子复合材料的渗透率低于 PVDC 材料的渗透率，为 $3.44\times10^{-10}$ $m^3/(m^2\cdot s)$；与 PVC 相比，氚气渗透率降低约 70 倍，且防氚高分子复合材料的力学性能、耐化学性能均满足《防护服装酸碱类化学品防护服》(GB 24540—2009)等相关标准的要求。该研究验证了利用高分子材料复合防氚高分子复合材料的可行性，并为防氚个人防护衣具的研制提供了实验依据。

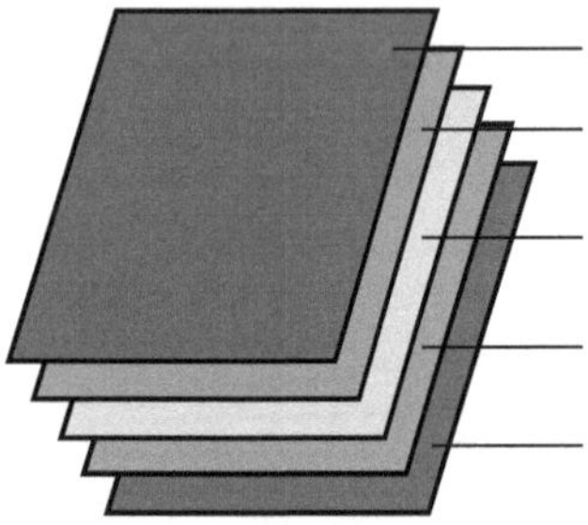


图 7-16 CPE/PVDC/HDPE 高分子复合材料结构简图

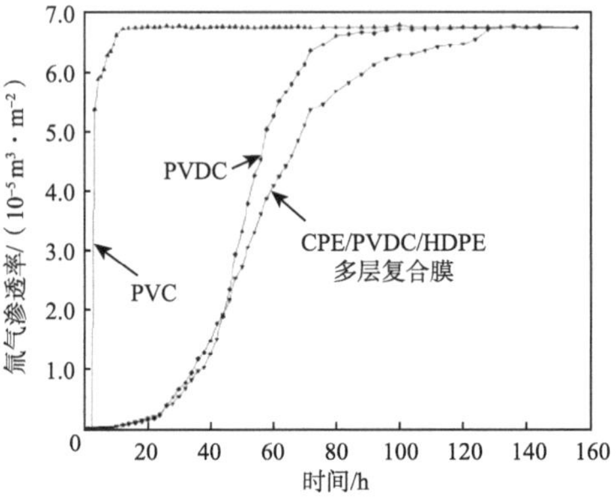


图 7-17 氚气在 PVC、PVDC 和防氚高分子复合材料渗透试验结果

近年来韩国原子能研究所研发的一款新型氚防护气衣颇有创意[24]，见图 7-18。一个干型空气呼吸器和一个使用吸附剂的全身防护服为提高安全性而被开发。该研究硅胶被选择作为干型空气呼吸器和全身防护衣的吸附剂。借助于使用适当量的硅胶，被观察到的氚除去效率在一段时间内连续为 98%～99%。而通过吸附剂的干空气通过加湿可被控制到 35%～50%的相对湿度。基于该试验制造的一种干型呼吸器和全身防护衣具有 98%～99%的除氚效率，而被空气呼吸器吸入空气和全身防护服内空气的相对湿度分别被维持在 25%～45%的范围内。

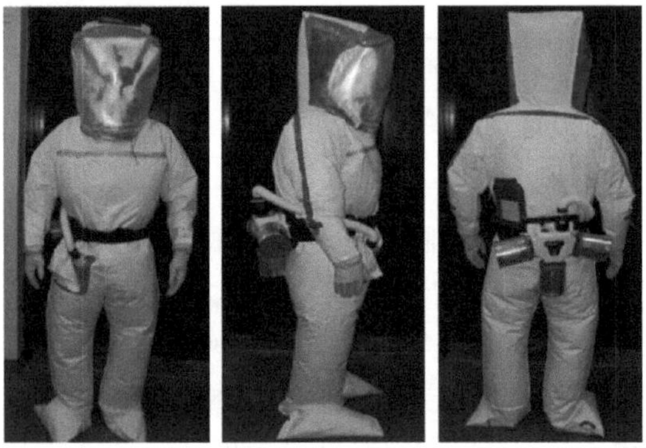

图 7-18 韩国原子能研究所最新研制的全身防氚气衣

# 参考文献


[1] IAEA Safe Handling of Tritium，IAEA Technical Report，Series No. 324[R]. VIENNA，1991.

[2] 国家环境保护局. 辐射防护规定：GB 8703—88[S]. 北京：中国标准出版社，1988.

[3] ICRP. 第 35 号出版物，工作人员辐射防护监测的一般原则[M]. 龚德荫译，顾俊仁校，1986，原子能出版社.

[4] 杨怀元. 美国阿贡研究所的运行保健物理工作[J]. 辐射防护通讯，1990，4：33-39.

[5] 国际放射防护委员会. 工作人员摄入放射性核素的个人监测：设计和解释[M]. 李树德，译. 北京：原子能出版社，1990.

[6] 国家卫生计生委，职业内照射个人监测规范：GBZ 129—2016[S]. 2016.

[7] 国防科学技术工业委员会. 职业性内照射个人监测规定：EJ 375—2005[S]北京：核工业标准化研究所，2005.

[8] 国防科学技术工业委员会. 氚内照射剂量估算与评价方法：EJ/T 287—2000[S]. 北京：核工业标准化研究所，2000.

[9] 国家能源局. 核电厂个人和工作场所辐射监测：NB/T 20138—2012[S]. 2012.

[10] United Nations Sources and Effect of Ionizing Radiation. United Nations Scientific Committee on Effects of Atomic Radiation，2000 Report to the General Assembly，with annexes[R]. 2000.

[11] 核工业标准化研究所. 电离辐射防护与辐射源安全基本标准：GB 18871—2002[S]. 北京：中国标准出版社，2002.

[12] Radiation protection—Dose assessment for the monitoring of workers for internal radiation exposure：ISO 27048：2011[S]. 2011.

[13] Radiation protection—Monitoring of workers occupationally exposed to a risk of internal contamination with radioactive material：ISO 20553：2006[S]. 2006.

[14] Anderson J L，Coffin D O，Jalbert R A，et al. Some tips on Tritium technology [J]. FusionTechnol，1985，82：2431-2419.

[15] Anderson J L，Damiano F A，Nasise J E. Tritium handling facilities at the Los Alamos scientific Laboratory[C]//Proc. 23rd Conf. On Remote Systems Technology，San Francisco，1975. Proc. Conf. Remote Syst. Technol.，1975，23：77-78.

[16] Longhurst G R，Neilson R M Jr，Porter L J. Tritium storage metal-bed pyrophoricity measurements Commodity Specification for Air，ANSI-Z86. 1(G-71)[C]//Compressed Gas Association Inc. New York，1988.

[17] Kherani N P，Shmayda W T. Evaluation of the Amersham International Transportable 100g-Uraniuum Bed. Rep. 8-41-K，Research Division，Ontario Hydro[R]. 1985.

[18] HACK A，TRUJILIO A，BRADLEY O D，et al. Respirator Studies for the Nuclear Regulatory Commisslon，Evaluation and Performance of Open Circuit Breathing Apparatus，Reps. NUREG/CR-1235 and LA-8188-PR，Los Alamos Natl Lab，NM[R]. 1980.

[19] Commodity Specification for Air，ANSI-Z86. 1(G-71)[Z]. Compressed Gas Association I-nc. New York，1988.

[20] Canadian standards Association. Compressed Breathing Air and System：CAN 3-Z180. IM-85[S]. 1985.

[21] 王进军，刘占旗，战景明. $Al_2O_3(SiO_x)$/PVC 复合材料的研制和防氚性能测试[J]. 辐射防护，

2009，29(5)：300-304.

[22] 付万发，罗德礼，唐贤臣，等. 阻氚乳胶材料的阻隔性与成膜性研究[J]. 化工新型材料，2012，40(8)：126-128.

[23] 游国强，刘占旗，张文宇，等. 防氚高分子复合材料的制备及其性能[J]. 辐射研究与辐射工艺学报，2016，34(3)：030305.

[24] Sung Paal Yim，Byung-Gil Ahn，Hyung-Kyoo Kim，et al. Development of Safety Enhanced Protection Units for Tritium-11165[C]//WM2011 Conference，February 27-March 3，2011，Phoenix，AZ.

# 第 8 章　环境中的氚

## 8.1　环境中氚的来源

### 8.1.1　天然氚的发现与产生机制

从 1932 年 Urey 发现重氢(氘)，到 1950 年 Faltins 和 Harteck 在从汉堡液体空气制造工厂得到的 He-Ne 气体所含氢中发现了天然存在的氚整整用了 18 年时间。1934 年 Rutherfold 及其同事利用加速器的 D-D 反应，首次用实验证实了氚的存在[1-3]。当时为了检验确认天然氚的存在，他们曾试图电解浓集 13 000 t 水，从天然水中分离氚，但因采用不够灵敏的质谱分析法测定氚而未成功。1950 年，Faltings 与 Harteck 以及 Grosse 和 Libby 等人分别采用了高灵敏度的放射性测量方法，才测出了上述那批挪威重水样品中有明显的氚含量。

1938 年，Bonner 首先从理论计算上对氚的放射性进行了论证。他假定，如果核质量大于处在门捷列夫元素周期表随后一格中的同量异位素核的质量，那么它应当是不稳定的，并能辐射电子。同年，Blackney 等人证实了 Bonner 的结论，Alvarez 及其同事首先测出了气相氚的放射性。根据他们的数据，氚的半衰期应略大于 10 a。很显然，如果氚没有稳定的天然生成机制，在自然界中就不可能有大量氚存在，因为所估算的氚半衰期与地质年代相比是微不足道的。1939 年 Alvarez 发现在大气中存在的 $^3He$ 是油田中存在的同一气体的 10 倍，1946 年 Libby 认为这些 $^3He$ 是氚衰变的子体产物，并提出了一次宇宙射线生成的二次宇宙射线 n、p 与大气中存在 $N_2$ 和 $O_2$ 的核反应是环境中天然氚的生成机制[1-3]。

$$^{14}N + n \rightarrow {}^{3}H + {}^{12}C$$
$$^{16}O + n \rightarrow {}^{3}H + {}^{14}N$$
$$^{14}N + p \rightarrow {}^{3}H + \text{Products}$$
$$^{16}O + p \rightarrow {}^{3}H + \text{Products}$$

目前一般认为，天然氚主要在大气中由上述核反应而产生，但比较少量地亦在水和地壳内形成。此外，还有些氚在外层空间形成，并随宇宙线进入大气层。在环境中，绝大部分天然氚以氚化水形式存在，一般用 HTO 表示。在大气中，天然氚是由高能宇宙射线与大气中的氮和氧相互作用而形成。在地球表面每单位面积，单位时间内产生的氚原子数为 0.1～1.3 $(cm^2 \cdot s)^{-1}$。在 UNSCEAR 1977 年的报告中，曾报道了氚的产生率为 0.25 $(cm^2 \cdot s)^{-1}$。这与根据地球每个半球的氚产生率为 $3.6\times10^{16}$ Bq/a 和全球平均氚的储量为 $1.3\times10^{18}$ Bq 这个数值是相符合的。也有人提出，氚可能是太阳在发出光照耀斑时从太阳发射出来，或从其他星球发射出来。Flomm 等人认为，可把太阳的耀斑作为附加的产生率。每次太阳升降周期内氚的产生率为 0.1 $(cm^2 \cdot s)^{-1}$。在自然界的岩石圈和水圈中，因中子和 $^6Li$ 核素的相互作用也会有少量氚形成。在地壳岩石内氚的产生率为 $10^{-3}$ $(cm^2 \cdot s)^{-1}$，水圈内氚的产生率为 $10^{-6}(cm^2 \cdot s)^{-1}$[4]。氚的半衰期为 12.35 a(4500±8)d，一生成就开始放射性衰变，因而就全球而言处于平衡状态。

虽然氚的半衰期与地质年代相比极其微小，但在地球大气层和天然水中仍发现有氚存在。Eidinoff M L 用内充气盖革—弥勒计数管测量了 95%氚水的放射性，确定了在每 $10^{18}$ 个氢原子中氚含量为 1 个原子，这一浓度后来被称为氚单位 TU[3]。反映当时宇生氚的环境氚水平，是以雨水＞河川水＞海水的顺序降低的。由于在当时雨水和河川水中的氚原子与氢原子数的比约为 $10^{-18}$。该单位在水文地质学和海洋有关的报告中一直被沿用至今，1 TU＝0.118 Bq/L。

环境中天然生成的氚在大规模的热核武器试验开始以前被发现是非常幸运的。这首先应当归功于 Libby 等人所在的芝加哥大学小组致力于环境水中氚的测定和 Faltings 及 Harteck 等人对于大气中氢气里所含氚进行的早期测定研究。如 1952 年春季在布法罗市附近收集的空气试样中氚浓度为 16 000 TU，而在挪威地表水(雨水、雪水、河水、湖水、海水、人工水库水等)试样中每 $10^{18}$ 个氢原子中含氚原子数在 0.5～0.67 之间，大气中的 T/H 比环境水中高 4 个数量级。表 8-1 中列举了 1954 年以前各种地表水及降雨中的氚浓度。从中可以看出大气中氢所含的氚浓度大大高于地表水中的氚浓度。这说明氚在高层大气中生成，它作为大气沉降物成分降落到地球表面，然后参与水的自然循环而被稀释。

**表 8-1　各种不同水源中氚的浓度**

| 水源 | 浓度/TU | 水源 | 浓度/TU |
|---|---|---|---|
| 芝加哥(雨水) | 8.1 | 智利(雨水) | 4.3 |
| 渥太华(雨水) | 26.6 | 挪威(湖水) | 2.4 |
| 西班牙葡萄酒 | 3.1 | 大西洋(雨水) | 3.3 |
| 爱尔兰的河流 | 3.0 | 波多黎各(河水) | 0.9 |
| 欧洲的河流 | 2.17 | 菲律宾(雨水) | 0.9 |
| 加利福尼亚(雨水) | 4.0 | 大西洋地表水 | 1.13 |
| 日本(雨水) | 6.5 | 太平洋地表水 | 1.02 |

注：TU 为早期的氚活度单位氚比，表示 1 g 水中含有 $1.2\times10^{-4}$ Bq 的活度。

虽然 1952 年苏联已进行过第 1 次氢弹试验，但人们认为，1954 年 3 月前收集的雨水中氚含量还主要是由于宇宙射线作用于大气的元素原子核的结果，大气成分中氦的轻同位素 $^3He$ 是氚衰变生成的。按 Libby 等人的估计，1954 年前地球上大约有 2 kg 天然氚(约 670 PBq)。其中有 10 g 留在大气中，地下水中有 13 g，其余的氚量都转移到海洋水中。但从 1954 年后开始的一系列热核武器爆炸试验，使大量的氚释放进入到环境中，环境中氚的水平一直在持续增长，直到 1963 年签订禁止大气层核武器试验条约前，目前在环境中测到的氚绝大部分仍是由核武器试验造成的。UNSCEAR 2000 年报告给出宇生氚的全球盘存量为 1.275 EBq，在对流层中的氚浓度为 1.4 $mBq/m^3$[5-6]。

## 8.1.2　核试验

1945 年开始的大气层核试验造成了环境氚水平的提高，特别是 1953 年开始的氢弹试验使大量的人工氚释放到环境中。氢弹或称之为热核武器的核爆炸，是利用 $^{235}U$ 或 $^{239}Pu$ 的裂变能量，进行氚和重氢的聚变以提高爆炸的威力。核裂变、聚变，以及中子对周围物质的活化都会产生氚，主要由作为原料的 LiD 经$^{6}$Li(n，α)T 或$^{7}$Li(n，α)T 核反应，在氢弹中锂生成的氚和被填充氚的未反应部分将被释放到环境中。

伴随核武器试验生成的氚量，可根据爆炸产生的裂变和聚变当量，或通过环境测量作出估计。单位裂变当量的氚生成率推定值为 $2.6\times10^{13}$～$3.7\times10^{13}$ Bq/Mt。单位聚变当量的氚生成率 Miskel 推定给出的平均值为 750 EBq/Mt[7]。根据 UNSCEAR 1982 年报告统计的资料[5]，从 1945 年到 1980 年，进行的 420 多次大气层核武器试验总裂变当量为 217.2 Mt，聚变当量为 328.2 Mt，致使总氚量为 240 EBq 的氚生成释放到环境中，裂变核爆炸释放的总氚量为 5.6 PBq。自 1964 年后，我国和法国的大气层核试验虽然也有若干量的氚放出，但核试验产生的氚已少于总产生量的 5%。UNSCEAR 2000 年报告给出的单位聚变当量的氚生成率为 740 PBq/Mt，由聚变核爆炸释放的总氚量为 186 EBq[6]。

在大气层核试验中产生的氚全部以水 HTO 的形式存在，随同雨水落到地面。氚是否能到达同温层依赖于核爆炸的高度、爆炸的规模和纬度。注入到同温层中的氚同天然氚混合在一起，移向对流层，最终沉积到海洋中。地下核试验产生的氚向大气中的泄漏量，Miskel 也作了推定[7]，不过这一泄漏量同天然存在的氚量相比是相当小的。

### 8.1.3 反应堆、燃料后处理及其他

在核反应堆内，由于核燃料的三分裂变，中子直接与溶入初级冷却剂中的锂和硼的同位素作用，以及在初级冷却剂内与天然的重氢作用时产生活化反应，都可以产生氚。

$^{235}$U 和$^{239}$Pu 虽因核的三分裂变而产生氚，其生成率$^{239}$Pu 和$^{238}$U 要比$^{235}$U 大许多。但无论哪一个核素其生成率都在 $10^{-4}$ 氚原子/核裂变的数量级。由三分核裂变的产氚率推定值在 $4.22\times10^{11}$～$9.21\times10^{11}$ Bq/MWe·a。在核裂变总数里，由于$^{235}$U 占 55%、$^{239}$Pu 占 41%、$^{238}$U 占 4%，所以归一化产氚率估计为 $5.6\times10^{11}$ Bq/MWe·a。在核燃料中因三分裂变产生的氚几乎全部被贮留在锆合金包壳的燃料棒内部，因针孔而发生的泄漏在 1% 以下。

由中子活化而产生的氚量随反应堆型而有很大的差异。在初级冷却剂中所含的氘由于 D(n，γ)T 反应而转变为氚。特别是以加拿大重水铀 CANDU 为代表的重水反应堆(HWR)中，由冷却剂和减速剂中的氘生成的氚量远比三分核裂变产生的量大，估计的氚生成量为 $2\times10^{13}$ Bq/MWe·a。在旧式沸水堆(BWR)中，由作为控制棒材料而使用的$B_4C$ 或 B-不锈钢都会产生氚，且经$^{10}$B(n，α)$^{7}$Li(n，nα)T 反应，生成的氚量随运行时间的增加、$^{7}$Li 量增高而逐渐变大。估计产率约为 $3\times10^{11}$ Bq/MWe·a。最近改良后已避免了氚的产生。在冷却剂内，由于氘的活化而产生的氚约为 $4\times10^{8}$ Bq/MWe·a。在压水堆(PWR)中，氚的产生主要是由于中子与冷却剂中用以控制裂变反应的硼的反应，产率为 $2.6\times10^{10}$ Bq/MWe·a。硼溶解生成硼酸，以控制反应程度。为了调节 pH 需加入$2\times10^{-6}$的氢氧化锂，结果因天然生成的锂中含有 7.5%的$^{6}$Li，由于$^{6}$Li(n，α)T 反应而生成氚，产率估计为 $7\times10^{8}$ Bq/MWe·a。最近已改用富集处理的$^{7}$Li 来抑制氚的发生。

各种反应堆型氚的生成量依据 Phillips 等人收集整理的资料[8]，轻水堆为 $1.1\times10^{12}$ Bq/MWe·a。重水堆为 $8.9\times10^{13}$ Bq/MWe·a。向环境中释放的氚量估计轻水堆为 $2.4\times10^{10}$ Bq/MWe·a，重水堆为 $8.9\times10^{11}$ Bq/MWe·a。这里假定了生成的氚中，轻水堆

约 2.5%，重水堆的 1.0%会释放进入环境。使用该推定值，UNSCEAR 2000 报告[4]给出的 1990—1997 年度各种反应堆型向环境释放的平均年度归一化氚量由表 8-2 列出。20 年来全世界核电站的总装机容量增加了约 3 倍，1997 年所有核电站向大气中释放的氚量为 4.2 PBq，是 1980 年总排放量的 7 倍，而向水中排放的总氚量为 8.8 PBq，是 1980 年的总排放量的 2.6 倍。

**表 8-2 核电站向环境平均年度归一化释放量气体释放/液体释放** TBq/GWa

| 反应堆型 | 1990—1994 年 | 1995—1997 年 |
|---|---|---|
| PWRs | 2.3/22 | 2.4/19 |
| BWRs | O.94/0.94 | 0.86/0.87 |
| HWRs | 650/490 | 329/330 |

燃料后处理是为了回收乏燃料中的铀和钚，它们可以再作为反应堆的燃料。在核燃料后处理厂，目前几乎所有的后处理设施均采用 Purex 工艺。为了回收辐照后核燃料中的铀和钚，如第一章所述，首先将乏燃料元件从切割的包壳中取出，然后将其溶解在硝酸中。当乏燃料开始溶解时，大部分氚即从燃料中排出，在溶解槽内随废气排放，或残留在排放废液中。另有一部分则固定在锆合金包壳材料中。目前大部分核电站的乏燃料都是在现场临时储存；有待决定采取永久处置或可回取的储存。只有大约 5%～10%的燃料被送到后处理厂处理。世界上目前主要商业运营的核燃料后处理厂在法国的 Cap De la Hugue、日本 ToKai 和英国 Sellafield。1985—1997 单位电能生产归一化的年度平均氚释放量，由表 8-3 给出[6]。

**表 8-3 燃料后处理厂向环境平均年度归一化释放量**

| 年度 | 气体释放/(TBq/GWa) | 液体释放/(TBq/GWa) |
|---|---|---|
| 1985—1989 | 24 | 378 |
| 1990—1994 | 24 | 270 |
| 1995—1997 | 9.6 | 255 |

在向环境释放大量氚的核设施中，最重要的是制造热核材料的氚生产厂。美国的萨凡那河工厂通过重水堆辐照铝锂靶件生产氚，由它的重水堆、重水再处理的氚分离纯化工艺，常规向环境排放的氚，在 80 年代初每年约为 $1.7\times10^{16}$～$3.3\times10^{16}$ Bq，其中 15%为 $T_2$ 和 HT，其余为 HTO[8]。但在发生事故性排放时，则基本以气态 HT 的形式排放，致使 HT 在排放总活度中的比值增加。如 1974 年 HT 的排放量占总活度的 60%，1975 年占 57%，而随废水排放的氚活度约占废气中氚活性的 10%。由于从其他氚生产工厂排放氚的资料很少，1977 年 Mason 和 Ostlund 根据他们对大气中 HT 含量的测定结果，间接估计当时全球排放 HT 的活度为 $7\times10^{16}$ Bq [4]。

由于近年来聚变氚研究已取得突破性进展，如目前正在建造中的国际热核聚变实验反应堆(ITER)，其设计的氚盘存量 110～190 PBq，再生区日产氚量为 56 PBq/d。因此聚变氚设施中氚的管理已成为各国关注的一个问题。已有报告指出，一个额定功率为 1 000 MWe 的可控热核反应堆，产生的氚约为 500 PBq/d，而氚的贮存总量为 100 EBq 数量级。为了防止大量氚排入环境，需要有一个特殊等级的控制。聚变动力发电厂的初步设计表明，如应用现代化的氚生产工艺，可将排放率限制在 40 TBq/a 水平[4]。

# 8.2　环境氚的取样与测定方法

环境氚监测的问题曾因 20 世纪 50—60 年代大气核武器爆炸试验造成的全球性污染而引起人们的关注。近年来，由于动力堆电站的增长，热核聚变研究取得突破性进展，大规模氚操作的环境影响问题日逐渐引起人们的关注。原有核设施的去污退役，废物处置，包括一些氚设施的技术改造，相关的环境影响评价，对于环境氚的监测也提出了更高的要求。1976 年发表的 NCRP 第 47 号报告详述了氚的测量技术[9]，40 多年来虽然这些测量的基本方法没有多大改变，但日新月异的科技进步也在这一领域留下明显痕迹，如在低水平氚测量方面，高灵敏度液闪谱仪的出现取代了传统的气体正比计数，测量水中极端低水平氚的 $^3$He 内生长质谱测定技术等。本节依照 NCRP 第 47 号报告的基本方法，结合近年来有关的评述资料[2,10-11]，较详细地介绍环境氚监测技术，包括的取样技术，样品制备与测量方法。

## 8.2.1　氚分析样品的收集与取样

### 8.2.1.1　引言

在任何取样计划中，收集到有代表性的样品是所关心的主要问题。特别是在邻近核设施的外环境取样时，需考虑当地的气象条件，因为在强风盛行的区域，可能存在空气中氚浓度的重要变化；在海洋和湖水中存在的浓度梯度也应引起注意。

在氚的取样与测量中应特别注意下述可能引入误差的来源：(1)通过吸收、吸附或冷凝，所收集样品由于从周围空气吸湿而增加重量；(2)水从样品表面的蒸发。若被测量的是样品中的全部放射性，则会产生直接的误差。若所关心的是样品中的氚浓度，由于在低温时 HTO 和 $H_2O$ 有不同的蒸发速率而导致误差。在室温下 $H_2O$ 和 HTO 的蒸气压差别接近 10%；(3)有机化合物键上的氢同大气水分中氢的交换。这种交换会由于样品附近某些金属氧化物的存在而被加速。

由于环境氚水平很低，取样与制样技术对于测定结果的准确性有着重要影响。最近报道的地表水中本底氚浓度值的典型范围为 0.020～0.5 Bq/L，空气中本底氚浓度为 10～100 mBq/m$^3$。

### 8.2.1.2　空气中氚的取样

空气中的氚最常见的是氚化水蒸气 HTO 和气态 HT，它们可天然生成，也是由核设施和核试验释放占支配地位的形式。空气中氚的其他形式包括天然或人工产生的氚化甲烷和乙烷。氚化碳氢化合物可以在实验室内制备，许多这类物质具有在空气中散布的挥发性。但在核设施附近，最感兴趣的还是空气中氚化水蒸气 HTO 的取样与测量。

(1)空气中氚化水蒸气 HTO 的取样

①空气中 HTO 的主动式取样

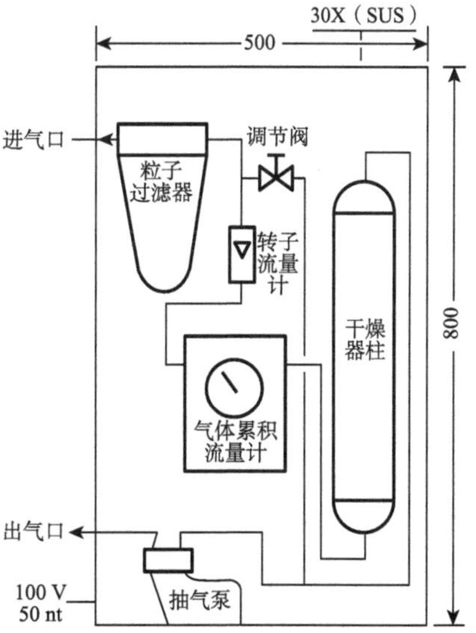


图 8-1　空气中 HTO 取样器示意图

空气中 HTO 的基本取样系统如图 8-1 所示，由抽气泵、样品收集器、流量测量或流量记录装置构成。在被监测的取样周期内，以被测量的空气流量速率确定取样空气的总体积。由收集器回收的 HTO 总活度除以取样空气总体积可求出被取样空气的平均氚浓度。常用的收集器有水鼓泡器、冷阱，以及如硅胶，无水硫酸钙或分子筛等固体干燥剂。

水鼓泡器是从空气中收集 HTO 最常用的简单方法，其工作原理在前面 6.2.1 节中已有详细介绍。由于鼓泡器中的收集水对所捕集氚的稀释作用，空气取样体积与收集效率最终受鼓泡器中水体积的限制，使其探测限仅达 1 $kBq/m^3$ 左右，一般应用于核设施内工作场所空气和烟囱排出流中 HTO 的监测，难于在环境监测中应用。使用冷阱使取样空气流过被致冷到冰点以下的捕集器时，可以冷冻收集空气中的湿气。为了提高收集效率，在冷阱中可放置玻璃纤维，玻璃球或钢珠，以扩大与水蒸气接触的表面积。Phillips 和 Eastedy 于 1982 年已经表明用单个冷阱可以达到高于 95%的 HTO 收集效率，通常用两级串接冷阱很容易使收集效率达到 99%以上[12-13]。但由于这种取样器需使用液氮、液态空气、或不同的干冰——溶剂混合物作冷阱的致冷剂，或需使用价格昂贵的致冷器，且操作也麻烦，故过去在氚的环境取样监测中使用不多。

对于环境大气中 HTO 的取样，实际上使用最多的是干燥剂吸附器。用于氚化水蒸气收集的吸附剂应具有如下性能：(a)高的吸湿容量和吸湿速率；(b)好的吸附水分保持特性，直到被解析时；(c)容易解析，记忆效应小；(d)好的机械稳定性和化学惰性。常用的干燥剂有硅胶、分子筛、无水硫酸钙和活性氧化铝。对于给定的吸附剂，其达到平衡时的吸附容量与空气中的相对湿度有关。如硅胶的吸附容量(每克吸附剂的吸水量)，在通常的取样温度范围内相对湿度为 10%是 0.05，相对湿度为 50%时为 0.26。分子筛的吸附容量则对相对湿度依赖较小，由相对湿度为 10%的 0.15 变化到 50%时的 0.18，温度特性也好，因而在大气 HTO 取样中广泛使用。在空气 HTO 取样器中所使用的干燥剂总量，依赖于它的吸附容量和预期从空气中除去水分的总量。在对后者的精确估计有困难的场合，空气取样应使它捕集的湿气总量小于干燥器收集容量的一半。在许多情况下实际使用时，可用变色硅胶作为吸附接近饱和的指示器。同鼓泡器和冷阱一样，干燥剂 HTO 取样器可以方便地用多级串接取样的方法，来实验测定其收集效率。

利用干燥剂作取样介质的 HTO 取样器，虽然结构相对简单，价格低廉，方便取样，但为了把干燥剂吸附的湿气解吸出来进行液闪计数测定却比较麻烦。如 8.2.1.3 节所述，不仅需要加热的管式电炉和冷凝的液氮等设备，而且制备出一个样品至少也需要 3 个多小时。目前随着微型电子学的快速发展，已经实现了半导体制冷器件的小型化，加上自循环水冷却器的问世，使冷冻式 HTO 取样器得以在实际中应用。图 8-2 即为中辐院为核电站环境氚取样研制的 HC-3B 取样器及其工作原理。

HC-3A 型取样器同时两路平行取样，它使用 2 组自循环冷却的半导体冷阱，辅之以可称重的冷凝水收集瓶和硅胶吸附瓶，既保证了取样空气中水分的完全捕集，又可使空气中水分直接冷凝捕集用于氚的液闪测定。其专门设计的半导体冷阱，确保在 5 L/min 的取样空气流量下，每个回路累积的冷冻捕集水分达 30 mL，进、出气咀不会因冻结而造成气流阻塞。而使用自循环水冷却，使半导体冷阱在环境温度高达 30 ℃时，仍能保持－20 ℃以下，保证对空气中水分有效的冷冻收集。取样时间由数字式时间继电器预置，到时自动停止采样。如果需要，只要在两组取样器中间增加一级高温催化氧化器，将并行取样改为串接取样，上述取样器都可以改造成为 HC-3B 型大气中 HTO-HT 甄别式取样器[13]。

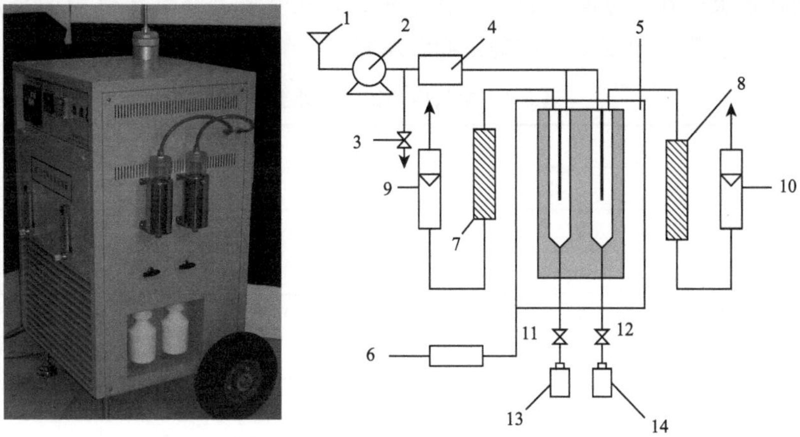


图 8-2　冷冻式空气中 THO 取样器及其工作原理

1—粒子过滤器；2—抽气泵；3—旁路阀；4—热质量流量计；5—半导体冷阱；6—致冷温控仪；
7、8—干燥剂瓶；9、10—转子流量计；11、12—出水控制阀门；13、14—收集瓶

空气中的 HTO 浓度按式(8-1)计算：

$$C_{a,HTO}=\frac{m_C C_{W,HTO}}{V\times E_{col}} \tag{8-1}$$

式中，$C_{a,HTO}$为空气中的 HTO 活度浓度，Bq/m$^3$；$m_C$ 为由现场取样冷冻收集的总水量，g；$C_{W,HTO}$为冷冻收集水中的 HTO 浓度，Bq/g；$V$ 为空气取样累计体积，L；$E_{col}$为取样器对空气中 HTO 的冷冻捕集效率，

$$E_{col}=\frac{m_C}{m_C+m_D} \tag{8-2}$$

式中：$m_D$ 为现场取样硅胶干燥剂吸附器的增重，g。

②空气中 HTO 的被动式取样

利用装在悬挂于空气中塑料网袋里的硅胶，或暴露于被监测空气中用液 $N_2$ 或干冰酒精糊致冷的冷指表面，不需要任何泵和动力，由于自然吸附和冷凝，可以对空气中的 HTO 进行被动式取样。测定硅胶吸附水和冷指表面冷凝物或霜的比活度，根据解析或冷凝液的同位素分馏系数和当时取样环境的绝对湿度，可以确定空气中的氚浓度。

$$C_{a,HTO}=\gamma_t H C_{W,HTO} \tag{8-3}$$

式中，$C_{a,HTO}$为空气中的 HTO 活度浓度，Bq/m$^3$；$\gamma_t$ 为－1 m$^3$ 空气中的饱和含水量，g/m$^3$；$H$ 为空气中的相对湿度，%；$C_{W,HTO}$为冷凝收集水中的 HTO 浓度，Bq/g。

这是一种无须考虑取样流量、捕集效率而对某个环境或场所空气中氚的浓度进行快速测定的简易方法。取样环境的绝对湿度，虽然可根据当时实地测量的温湿度查表(见表 8-4)而获得[14]，但利用中辐院多年使用的下述经验公式计算更为便捷。在 0～50 ℃的范围内，计算结果与表中给出的绝对湿度值的相对偏差≤0.5%。该公式 20 世纪 80 年代见于国外某文献，现已无从查找。原公式用以 e 为底的自然对数表示比较复杂，改用常用对数表示后出现了表示 0 ℃的饱和含水量 4.85，具有明确的物理意义变得容易记忆，表达式如下：

$$\gamma_t = 4.85 \times 10^{6.9t/(230+t)} \tag{8-4}$$

式中，$\gamma_t$ 为环境大气在 $t$ 温度下的饱和含水量，g/m$^3$；$t$ 为环境大气中的摄氏温度,℃；4.85 是环境大气在摄氏温度 0 ℃时的饱和含水量。

**表 8-4　空气中的饱和含水量[14]**

| $t$/℃ | $\gamma_t$ | $t$/℃ | $\gamma_t$ | $t$/℃ | $\gamma_t$ | $t$/℃ | $\gamma_t$ | $t$/℃ | $\gamma_t$ |
|---|---|---|---|---|---|---|---|---|---|
| 0 | 4.848 | 21 | 18.33 | 41 | 53.70 | 61 | 135.3 | 81 | 301.8 |
| 1 | 5.196 | 22 | 19.42 | 42 | 56.43 | 62 | 141.3 | 82 | 313.4 |
| 2 | 5.564 | 23 | 20.57 | 43 | 59.27 | 63 | 147.4 | 83 | 325.2 |
| 3 | 5.953 | 24 | 21.78 | 44 | 62.23 | 64 | 153.8 | 84 | 337.4 |
| 4 | 6.366 | 25 | 23.04 | 45 | 65.32 | 65 | 160.4 | 85 | 350.1 |
| 5 | 6.709 | 26 | 24.46 | 46 | 68.54 | 66 | 1672 | 86 | 363.0 |
| 6 | 7.265 | 27 | 25.76 | 47 | 71.89 | 67 | 174.3 | 87 | 376.3 |
| 7 | 7.833 | 28 | 27.22 | 48 | 75.37 | 68 | 181.5 | 88 | 395.5 |
| 8 | 8.275 | 29 | 28.75 | 49 | 79.00 | 69 | 189.1 | 89 | 404.1 |
| 9 | 8.823 | 30 | 30.36 | 50 | 83.13 | 70 | 196.9 | 90 | 418.6 |
| 10 | 9.405 | 31 | 32.03 | 51 | 86.70 | 71 | 204.9 | 91 | 433.5 |
| 11 | 10.02 | 32 | 33.79 | 52 | 90.79 | 72 | 213.3 | 92 | 449.0 |
| 12 | 10.66 | 33 | 35.64 | 53 | 95.04 | 73 | 221.9 | 93 | 464.8 |
| 13 | 11.35 | 34 | 37.56 | 54 | 99.44 | 74 | 230.9 | 94 | 481.1 |
| 14 | 11.98 | 35 | 39.58 | 55 | 104.0 | 75 | 240.1 | 95 | 497.8 |
| 15 | 12.83 | 36 | 41.68 | 56 | 108.8 | 76 | 249.5 | 96 | 515.1 |
| 16 | 13.63 | 37 | 43.88 | 57 | 113.7 | 77 | 259.4 | 97 | 532.8 |
| 17 | 14.48 | 38 | 46.18 | 58 | 118.8 | 78 | 269.5 | 98 | 551.0 |
| 18 | 15.37 | 39 | 48.58 | 59 | 124.1 | 79 | 288.0 | 99 | 569.7 |
| 19 | 16.31 | 40 | 51.08 | 60 | 129.6 | 80 | 290.7 | 100 | 588.9 |
| 20 | 17.30 | | | | | | | | |

中辐院利用扩散渗透原理的被动式 HTO 取样器，在前面第 6 章氚监测技术一章 6.2.1.4 节中已介绍了它的结构与工作原理。目前具有较高取样速率的这种被动式氚取样器，已在英国 Harwell 研制成功并用于欧洲联合环场址的环境 HTO 监测[15-16]。在 Harwell 的设计中，不再使用水或乙二醇作为取样吸收剂，而是使用了数百克硅胶。由于被分析的样品不被初始水体积稀释，而且 Harwell 设计的较高取样速率还允许收集较大体积的空气样品，所以可测到空气中较低的氚浓度。其缺点是样品不能被直接测量，需补充一个样品的回收步骤，将被捕集的水蒸气从干燥剂中蒸馏出来。由于被动式取样器的购置和运行费用相当低廉，Harwell 设计用简便性换取灵敏度。假若被测量的浓度低到十分之几个 mBq/m$^3$，则需要超过约一个月的取样周期。

(2)空气中特定氚化合物的取样

空气中特定的氚化合物如 HT 和 $CH_3T$ 可以通过适当的催化剂氧化成为 HTO，然后被鼓泡器或干燥剂床收集[17]。在工艺取样系统中常用加热的氧化铜(典型温度400 ℃)将

HT 氧化以便随后捕集。钯和铂也是常用的催化剂。由于钯在室温下就能促进氢氧化，所以它比氧化铜更经常被优先选用[18-23]。

对于环境大气的 HT 取样器，常用具有氧化和收集双重作用的涂钯分子筛[18]。涂钯的硅胶也可用于同一目的[24]。对于室温下的运行，需由电解水产生或由高压气瓶定量放出的氢载气加入，以保证完全氧化并最终能从就地吸附的分子筛上回收数量可观的水供分析测定之用。引入系统的氢量和由 HT 捕集器回收的水量，以后可被用于计算 HT 的捕集效率，从而提供了一种方便的 HT 捕集器性能的质量检验方法。国内对于这种 Ostlund 型 HT 取样方法研究在 80 年代初已陆续有报道[25]。对于不需要氢载气或外部加热的工作场所或环境空气中 HTO-HT 甄别式氚取样器，在加拿大已由 Wood 等人使用憎水性贵金属催化剂研制成功并投入使用[16,26-27]。

氚化甲烷 $CH_3T$ 也可被氧化，但不像 HT 那样容易，且必须在高温下进行。Ostlund 和 Mason 使用了加热到 550 ℃的 Hopcaliter[二氧化锰与氧化铜(3∶2)的混合物][19]催化剂将氚化甲烷氧化(流量为 1～2 L/min)，然后将氧化形成的 HTO 捕集在分子筛床上。Inoue 等人使用了 46 g Hopcaliter，在 464 ℃的温度下以高达 2 L/min 的空气流量达到了 99%的氧化效率。Okai 和 Takashima 使用在 400 ℃的 50 g 铂催化剂，也在2 L/min流量下达到了 99%的氧化效率[21]。由于在大气中 $CH_3T$ 含量非常低约为 $2\times10^{-4}$%，故催化氧化中需要补充无氚甲烷作载气。国内在该领域可用的高效催化氧化剂，先后有中科院山西煤化所研制的钯-123 和钯-104 和大连化物所研制的 OC-2、OC-3 自供氧催化剂，详见本书第 3.4.4 节，这里不再赘述。对于 HTO、HT 和 $CH_3T$ 的完整取样系统如图 8-3 所示。

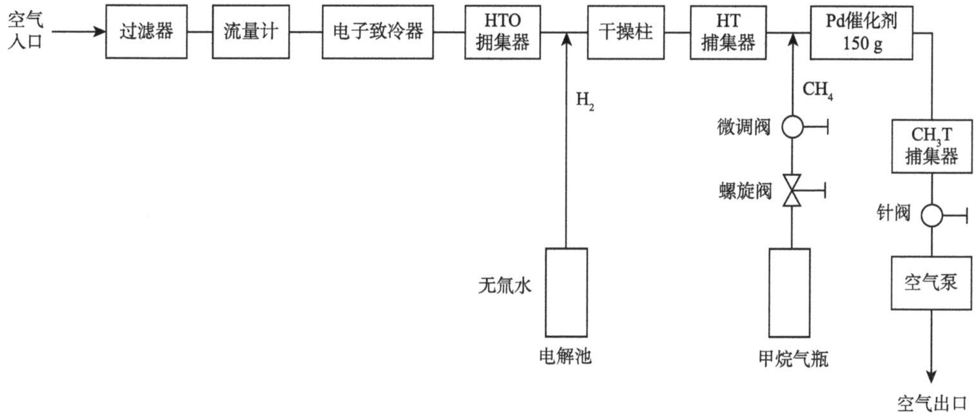


图 8-3 用于收集 HTO、HT 和 $CH_3T$ 完整的氚取样系统

### 8.2.1.3 水中氚的取样

大多数应用中，水样品被人工收集在玻璃或塑料容器内。对于使用低水平液闪计数器或气体计数的低水平测量，样品量至少应为 20 mL(若样品需要做同位素富集或打算用 $^3He$质谱法分析，则需 500 mL)。当然应推荐收集实际上尽可能大的样品量，因为大的样品量将会稀释可能在样品收集和计数样品制备过程中发生的任何交叉污染。对于液体流出物的监测有时使用自动取样器。理想而言，自动取样器应能自动地从总的排出流中取定量

份额，并要求对液态排出物流量作精确的在线测量。当要求流出物流量相当稳定时，常用的一个简化方案是定期取一定体积的样品，这种固定速率的自动取样可得到代表性好的样品。

#### 8.2.1.4 降雨中的氚

由于大气中的水蒸气很容易同液体水交换，所以将降雨水样同环境大气中的水蒸气隔离开是重要的。Brown 在自动雨水收集器中加入少量矿物油[28]，用浮在被收集雨水表面上的油膜将雨水样与它周围空气中的水蒸气相隔离。如果未采取这类预防措施，被收集雨水的氚浓度将会受到空气水蒸气中氚的很大影响。

#### 8.2.1.5 土壤和生物体中的氚

在细的黏土或砂壤中，可用钢管或塑料管钻取土芯。当被取样的地面相当粗糙时，则需使用铁锹或小铲等工具挖取。土壤样品可以装在任何能使样品同外界湿气隔绝的塑料袋内。

一些树的叶子和松针中的氚已表明可作为地下水和空气中氚浓度间接短期的良好指示物[29-31]。为取得其总体生长环境或者所研究实验群体有代表性的样品，植物和动物样品可按照多种方式收集。树的叶片和灌木的收集既可从单棵植物上取得样品，也可从许多植物上收集 1 片或 2 片叶子来得出被收集区域的平均值。草本植物也可从已知区域内修剪的枝叶来取样[29,32-33]。通过测量树木一系列年轮纤维素中的有机结合氚(OBT)，还可确定该树受氚照射的历史。动植物样品在采集后，应保存在冷冻的密封容器内，以防止分解和交叉污染。

#### 8.2.1.6 湖底沉积物中氚的取样(孔隙水)

测量湖水底泥沉积物中的氚可以确定水通过湖床底泥的运动，为此需要测量沉积物中的氚浓度随深度的变化。传统的方法是钻取湖底沉积物芯样，从不同的芯段压取或离心分离提取水样。然而在过去 10 年，Hesslein 描述过的孔隙水窥测器已经成为一种测量底泥沉积物中氚(和其他化合物)浓度梯度的常用取样装置[34-37]。该装置由 10 cm×60 cm 的聚丙烯薄板构成，沿窥测器一边在其一边以 1 cm 的间隔加工成小的隔室，这些隔室内充以蒸馏水并用透析膜覆盖，然后将该窥测器插进湖底沉积物中，约一周后，窥测器中的水将与周围的孔隙水达到平衡。将窥测器取出并对其从每一个隔室萃取的样品水进行分析。由于窥测器中的水会与大气中的水蒸气发生交换，水样应尽可能快地从窥测器中取出。该孔隙水窥测器的详细描述可查阅文献[34-35]。

### 8.2.2 样品制备方法

#### 8.2.2.1 引言

环境中氚的监测，主要是指环境介质水、空气、土壤和动植物生物样品中氚浓度的测定。其中水包括蒸馏水和去离子水，地下水(雨水、河水、自来水)和海水。动植物组织样品包括尿、血浆、血清和牛奶样品。样品制备方法依赖于被测量的是 HTO 还是 OBT。若仅测量 HTO，在许多情形下由样品回收水并加以纯化即可；若测量的是 OBT，则只有将 OBT 转变为 HTO 才能进行分析。

#### 8.2.2.2 水的回收

在 NCRP 第 47 号报告中介绍的冷冻脱水，蒸馏、共沸蒸馏和溶剂稀释仍是从环境样品中萃取回收水的最常用方法。对于所有这些方法需要的样本大小依赖于样品材料的含水量与分析测定所需要的水量。假定水样用液闪计数测量，5～10 mL 样品就可以了。若样品需要电解富集，则需要较大的样品量。

(1)冷冻脱水

冷冻脱水(亦称为低温真空蒸馏)是首先将样品冻结，然后在真空条件下将水分收集在位于样品和真空泵之间的冷凝器里。一个萃取回收水分的冷冻脱水系统如图 8-4 所示。它能够使许多样品平行地同时被蒸馏，使用浸在杜瓦瓶内液 $N_2$ 中的金属或玻璃冷凝器收集水分。该技术的主要缺点是耗费时间，对于低水平分析得到足够的水量有时可能需要几天的时间。

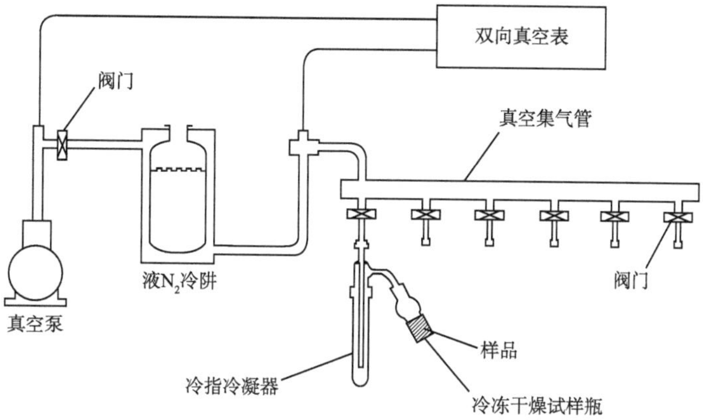


图 8-4　萃集水分的冷冻干燥系统简图

根据所分析样品的种类，其具体冷冻干燥程序，可以分为以下四类：

(a)土壤样品。土壤可按它含砂和黏土的比例分类，且含水量也有较大的变化范围。大多数土壤样品含有 5%～20%的水分。较干土壤样品的冷冻干燥，进行真空蒸馏时需注意避免灰尘的转移。在这种情形下，样品可以用滤纸或玻璃毛覆盖阻挡。

(b)植物样品。叶、果实、茎和嫩枝中含有的水分是湿重量的 30%～90%。一般说来，样品应该切成薄片或者弄碎以促进快速蒸发升华。一个 10 g 重叶簇小样品里的水分需几个小时的萃取时间，而如果是大的未切割样品放在真空系统里，则萃取可能需要一夜的时间。

(c)动物样品。这类样品可以是从大的动物身体上切下来的器官，也可以是整个如啮齿类的小动物。它们被切成薄片或小块，最大尺寸不应超过 10～15 mm，最好在放入真空系统前先进行冷冻。由于动物组织会有接近 60%～70%的水分，重 20～50 g 的样品通常就可以产生足够的组织水样。

(d)液体样品。液体样品，如牛奶、血和水，会含有大量的悬浮或不溶的物质，可以用预先将它们冻结到球形瓶内壁上的方法来冷冻干燥。假如样品里有过量的悬浮物质，则应首先从样品中过滤除去。

在实际应用中尿氚测定是一个经常遇到的问题。尿含有 95%的水，而且通常含有氯化钠、尿素、尿酸，以及肌酸酐。它还可能含有痕量的氨基酸和数量变化的电解质，依赖于膳食摄入。对于某些现有商品闪烁液可以接受的在闪烁液中直接加尿样见表 8-5，但在测定时应首先建立能覆盖所有尿样可能淬灭范围的效率淬灭校正曲线。

**表 8-5 对尿样直接加入液闪计数推荐的闪烁液**

| 闪烁液 | 类型 | 最大尿容量(20 ℃)/mL | 推荐负荷量/mL |
| --- | --- | --- | --- |
| Ultima Gold LLT | 较安全 | 10.0 | 2.0 |
| Ultima Gold XR | 较安全 | 8.0 | 2.0 |
| Pico-Fluor MI | 经典 | 4.0 | 4.0 |

一般而言，样品体积限制在<3 mL，以便将颜色淬灭的效应减到最小。对于样品/闪烁液的不相容，可能借助于絮状沉淀的显现而变得明显，这主要是由于在尿中存在蛋白物质。某些醇类例如乙醇和异丙基酒精在抑制出现沉淀方面是特别有效的。每 10 mL 闪烁液加入高达 1 mL 乙醇或异丙基酒精可以抑制蛋白物质沉淀的出现。从小动物收集尿样经常是困难的，在这种情况下或保持低的样品体积，或者用水稀释尿样。尿样的蒸馏能够克服样品/闪烁液的不相容性和颜色淬灭问题。唯一的缺点是这一方法显著地增加了样品的制备时间。

(2)高温蒸馏

从含有大量电解质的液体样品，如尿和海水中萃取回收水分，或将已经吸附了空气中湿气的干燥剂通过高温解析取出水分，通常使用高温蒸馏的方法。样品被简单地加热，而馏液被收集在冷凝器中。如果需要精确地测量(在 5%～10%以内)，应当考虑同位素分馏效应。如前所述，氚化水比普通水有较低的蒸气压，因此，如果蒸馏没有进行到底，则剩下的水其氚被浓集，而冷凝的部分则相对贫化。对一个被蒸馏的样品，弃去冷凝收集液最初和最后的部分，取其中间的馏液作分析之用可以减少这一效应的影响。假若样品被完全蒸馏，同位素分离的可能性也会减小，但这样做经常会导致馏液被有机残渣的挥发性热解产物所污染。

高温真空解析是大多数固体含氚物质脱氚的常用方法。如用干燥剂对空气中的 HTO 取样，最后测量前需将被吸附的 HTO 从干燥剂硅胶或分子筛中解析出来。硅胶吸附氚化水蒸气后，高温解析尽管可以使吸收的水量完全析出，但吸附的氚却很难完全释放出来，通过一次解析程序释放出的氚占被吸附氚的份额，称为解析系数。国内实验室通常在 150 ℃下对硅胶真空解析 2～3 h，得到的解析系数在 0.60～0.65 之间。该值较国外报道的结果低许多。这可能是由于国内多使用变色而不是原色硅胶，加热到 200 ℃以上会变焦发黑，而国外的解析温度一般为 400 ℃的缘故。对于 5A 或 4A 分子筛，在 500 ℃下解析 2～3 h，国内外实验室得到的结果都≥90%。对于环境大气中 HTO 吸附样品的解析，为了使硅胶或分子筛中吸附的氚被完全置换出来，在通常的高温解析之后，还应当再进行 1～2 次加无氚水的“冲洗置换”程序[19]。

干燥剂吸附 HTO 样品的高温解吸装置由图 8-5 所示，主要组件由高温解吸管式电炉，半导体冷阱和高压 $N_2$ 钢瓶构成。注意干燥剂吸附取样瓶的接入应与取样时的方向相反。对已吸附 HTO 的硅胶干燥剂吸附瓶进行解吸，高温电炉的加热温度保持在 120～150 ℃，对 5A 分子筛干燥剂吸附瓶进行解吸时，加热温度保持在 500～550 ℃。

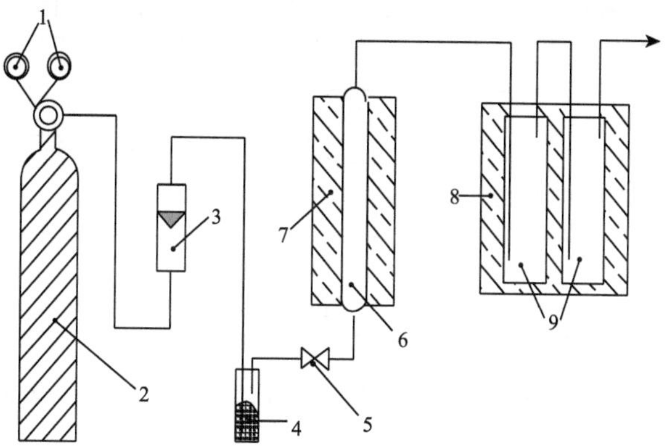


图 8-5　干燥剂吸附 HTO 高温解吸装置示意图

1—减压稳压阀及压力表；2—高压 $N_2$ 气瓶；3—转子流量计；4—鼓泡加湿器；5—调节阀；6—干燥剂吸附瓶；7—管式电炉及温控仪；8—半导体冷阱；9—收集瓶

当干燥剂吸附瓶加热温度升高到设定温度后，一般用钢瓶 $N_2$ 以 0.5～1 L/min 流量，持续通气 2～3 h，将干燥剂吸附瓶中不断蒸馏出的水蒸气载带进入收集瓶中被冷凝收集。该解吸程序称为冻出程序。冻出程序结束后，在高压 $N_2$ 钢瓶与阀门 5 之间接入一个装有 1～2 mL 无氚水的鼓泡加湿器，使 $N_2$ 以 0.5～1 L/min 流量将鼓泡器中的水完全带入干燥剂吸附瓶内，持续通气 2～3 h。该解吸程序称为置换程序。通过一次解吸程序释放出的氚占被吸附氚的份额，被称为解吸系数，应当进行实验测定。

(3)共沸蒸馏

共沸蒸馏是一种从植物、土壤、尿和动物组织中回收水的简单方法。在这一技术中，含水的物质被放入一种互不溶混的芳香族碳氢化合物，如甲苯和二甲苯溶剂中，作为一种固定的水—碳氢化合物构成的混合物稳定沸腾，水被沸腾蒸出。馏液收集在一个相分离的接收器中. 然后使碳氢化合物返回蒸馏烧瓶。共沸蒸馏完成后，不会产生任何同位素效应，且蒸馏的水中也不会含有任何干扰液闪计数的构成物。表 8-6 概括了苯、甲苯和 P-二甲苯对于水共沸点蒸馏的有关数据。这些溶剂在液闪计数中广泛使用，它们在样品里的存在不会干扰闪烁液的制备，且它们在水中的溶解度也很低(0.05%～0.06%)，因而在分离出水的重量和体积测量上，不会引入任何值得注意的误差。苯和它的同族异构体产生于石油，因此不含有任何氚。不同的环境样品，获得 10～20 mL 水所必需的苯的相应体积由表 8-7 出。在分离之后，脱水的样品可被有效地保存在苯溶液内。利用真空蒸馏或在热水浴加热下蒸馏，可在大气压下将大部分苯从剩余样品中分离出来，回收再利用。

在上述 3 种溶剂中，水与溶剂之间氢的交换是很低的。在大多数情况下由于这种交换引入的误差可以忽略不计。苯的沸点较低，对于热敏感生物样品的保存有附加的好处。虽然用苯处理样品，比使用其他两种溶剂需要较长的时间，因为水在气相中的浓度为 8.8%，而在使用甲苯和 P-二甲苯时分别为 20.2%和 40.0%。苯、甲苯、P-二甲苯都属于芳香族碳氢化合物，易燃且具有一定的化学毒性，因而在使用中应适当注意。

表 8-6 苯、甲苯、P-二甲苯与水共沸蒸馏的性质

| 碳氢化合物 | 沸点/℃ | 共沸点蒸馏 | | | | |
|---|---|---|---|---|---|---|
| | | | 水的相对量/% | | | |
| | | 沸点/℃ | 在大气压下 | 在 20 ℃ | 最上层 | 下层 |
| 苯 | 80.1 | 69.4 | 8.9 | 8.0 | 0.06 | 99.94 |
| 甲苯 | 110.6 | 85.0 | 20.2 | 18.0 | 0.05 | 99.95 |
| P-二甲苯 | 138.35 | 94.5 | 40.0 | 36.6 | 0.05 | 99.95 |

表 8-7 对不同环境样品制取 10～20 mL 水的样品大小与苯需要量

| 样品类型 | 样品质量/g | 苯体积/mL |
|---|---|---|
| 土壤 | 200 | 1 300 |
| 干草 | 50 | 400 |
| 绿色植物 | 30 | 70 |
| 尿 | 20 | 50 |
| 动物或人的组织 | 30 | 150 |

(4)溶剂稀释

用一种溶剂稀释样品，如通常对固体物质的浸取法，也是一种简单有效的回收 HTO 的方法。该溶剂可以是普通无氚的蒸馏水，只要放置的时间足够长，样品中的水就会同加入的水达到平衡。借助于加热和搅拌可以加速这一交换过程。若能选用闪烁液溶剂作浸出液，该项技术就特别有用。在样品中加入足够量的溶剂可以使样品中所残留的 HTO 份额同溶剂中的 HTO 量相比小得多。该方法的缺点是 HTO 样品将被溶剂稀释，因此，这一技术通常仅适用于氚浓度显著高于本底水平的那些样品。

### 8.2.2.3 有机结合氚(OBT)

对于生物组织和其他物质里的 OBT，只要能转化为同探测器相容的形式也可以被测量。常用的方法是在碱性或酸性溶液里被湿法氧化，或将含有机成分的干物质进行氧化燃烧。使 OBT 转化为 HTO，用液闪计数测量。

(1)湿法氧化

湿法氧化在测氚的生物组织样品制备中有广泛的应用。利用强酸和强碱可以破坏某些物质的有机成分，促使其分解变成可溶。如经常用作蛋白质和核酸电泳分解的丙烯酰胺凝胶可以用过氧化氢来吸收溶解。由于颜色有很强的淬灭作用，对于在液闪计数中有困难的血液样品可以用高氯酸——过氧化氢溶解吸收。血液也可在强碱溶液里用过氧苯甲酰溶解和褪色。高氯酸是化学易爆品，使用时务须当心。湿法氧化过程不可避免会有氚的损失，并且其他含氢的化合物也会附加到样品上，因此该方法不适用于那些需要高精度或灵敏度的分析。强氧化剂的残渣留在样品里也会使制备的液闪计数样品产生化学发光。尿氚的测量，一般使用活性炭脱色和蒸馏法来处理尿液[38-42]，这样制备的样品用液闪计数虽然有较高的灵敏度，但结果反映的主要是尿中 HTO 的含量。有时为了考虑 OBT 的贡献，准确地测定尿中总氚浓度，需采用 Moghissi 的氧化蒸馏方法来处理尿液[43]。有关研究表明，重铬酸钾和高锰酸钾对尿中有机物的氧化无效，使用过氧化钡又会产生大量的泡沫，

影响氧化反应的顺利进行，而过硫酸钾是一种行之有效的氧化剂。我国核行业标准“尿中氚分析方法”即采用了这种氧化蒸馏的方法[44]。推荐在 30 mL 尿液中加入 6 g 过硫酸钾，控制温度在 70～95 ℃的范围，氧化回流破坏全部有机物，然后蒸馏纯化，制备样品进行液闪计数，其最低探测下限可达 7.6 Bq/L。

尿样中有机氚的测定，国外文献多有报道，如英国是用尿样的直接蒸馏液的液闪计数测定尿样中的自由水氚 HTO，然后将蒸馏残渣用酸氧化、消解，水溶液再蒸馏后测定尿样中的有机氚 OBT[45]。加拿大是直接取 1 mL 尿样进行液闪计数测定尿样中的总氚 HTO＋OBT，然后将剩下的大体积尿样进行处理测定尿样中的 OBT[46]。以色列一种快速简单的新方法，是直接用尿样进行液闪计数测定尿样中的总氚 HTO＋OBT，用活性炭吸附脱去尿样中的有机成分然后用液闪计数测定尿样中的自由水氚 HTO，最后由二者之差确定尿样中的有机氚份额[47]。指出这一方法的关键是尿样直接液闪计数测定的淬灭校正和活性炭吸附脱去尿样中有机成分的有效性，并对实际尿样用这一方法与经典测定方法是干样的氧化燃烧法进行了验证。他们不选用尿样的直接蒸馏液液闪计数来确定尿样中的水氚 HTO，可能是因为他们认为尿样的直接蒸馏液中还会混有痕量的挥发性有机物。

(2)干法燃烧

对于生物样品，组织自由水氚(TFWT)已从样品中除去后，在样品中还可能依然存在有机结合氚。有机结合氚 OBT 可以由样品干物质通过燃烧氧化转变为 HTO。Moghissi 等人描述过一种方法[48]，将样品放在一个 2 L 钢制的弹形容器内，用氧加压到 1.5～2 MPa并点燃，该弹形容器在完全燃烧后可通过一个冷阱抽空收集水分。该方法具有燃烧快速，制样周期短的优点，且冷凝收集的水样一般不需做进一步纯化。它的限制是每次只能处理 10 g 左右的干物质。较大的样品必须使用美国环境测量实验室 EML 那样的，需小心控制氧气流的石英管燃烧技术[49]。

在我国 20 世纪 80 年代前后进行的陆产、海产食品的放射性调查中，都曾使用过较大型的这种燃烧装置，将 1.0～1.5 kg 的干样经氧化燃烧生成水样，经过纯化，电解浓集，用液闪测定[50-51]。对于用于蜂蜜、牛奶等液体样品全氚测量的小型氧化燃烧装置国内也有报道[52]。该装置由供样、供氧系统，石管管催化燃烧室和冷却系统组成。蜂蜜经蒸馏、裂解和炭化过程生成水蒸气，然后被冷凝器收集。该装置对氚水和有机氚的回收率分别为(99.0±4.5)%和(96.0±2.0)%。由燃烧氧化得到的水样，一般需用 $KMnO_4$ 或 $Na_2O_2$ 回流纯化，经蒸馏制成液闪计数的样品。

国内中辐院研制的有机氚氧化燃烧装置如图 8-6 示[53]。氧化燃烧部分由外径为 $\phi$70 mm×900 mm 的耐高温石英玻璃管和两个管式电炉构成。其中固定的催化氧化管式电炉长 250 mm，若采用贵金属钯/氧化铝催化剂，电炉温度可设定在 550 ℃。若使用传统的氧化铜催化剂，温度应设定在 750 ℃，能装填 300～500 g 左右的催化剂。可移动的氧化燃烧电炉长 350 mm，升温范围 100～900 ℃，可控制石英管内长达 45 cm 范围内样品(30～50 g，最多放 3 个石英舟)的反应与燃烧速度。冷凝部分包括采用水冷的串接二级玻璃蛇形管冷凝器和后接的采用酒精冰糊冷却的、由反接的鼓泡器构成的第三级冷凝器。载气流量氧气和氩气或氮气均为 0～1 L/min。从加热燃烧区域产生的气体在氧、氮混合气体的载带下通过高温催化炉，在催化剂的作用下可使未完全燃烧的碳氢化合物和一氧化碳气体被充分氧化为水和二氧化碳。对样品有机氚的氧化燃烧率和对 HTO 的回收率均

≥95%。中国工程物理研究院田军华等人研制的植物样全氚制样装置，将传统的高温氧化方式与明火燃烧的方式相结合，一次能够处理 10～15 g 植物鲜样，处理时间为 2～3 h，与传统的高温氧化法相比，处理时间短。经过实验验证，收集的冷凝水不需要再进行后续处理，可以直接进行液闪测量[54]。

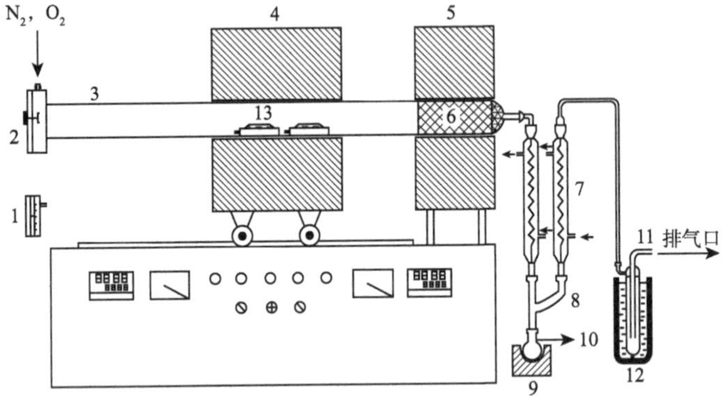


图 8-6 有机氚氧化燃烧装置图

1—转子流量计；2—不锈钢加热管门栓；3—石英玻璃管；4—可移动氧化燃烧电炉；5—催化氧化电炉；6—贵金属钯催化剂；7—二级水冷凝器；8—圆底烧瓶；9—鼓泡吸收器；10—液氮冷阱；11—派克斯连接管；12—酒精冰湖冷阱石；13—石英舟

### 8.2.2.4 电解富集

(1)传统的碱式电解浓集装置

电解富集方法被广泛用于低水平氚的测定。当水被电解时氢比氚更容易放出，其相对损失率可以高达 35∶1。氚富集因子依赖于所用的电极材料、表面性质、电解质和温度的不同而变化。过去由于测量仪器灵敏度的限制，为了获得高的电解富集因子，不断改进电解装置和技术，使用的电解系统有一次性加样，周期性加样和连续性加样的大电流电解池等。最早在我国使用的电解槽有中科院贵阳地化所研制的初始体积为 500 mL 的镍一钢(不锈钢)电极周期性加样槽[55]，原子能院研制的初始体积为 2 000 mL 的镍——国产20 号钢电极的连续性加样槽[56]，它们的浓集因子都在 100 倍以上，在我国初期使用普及型 FJ-353 双道液闪计数器进行的低水平环境氚调查中发挥了重要的作用。双阴极电极槽和其他形式的电解槽，在国内也有报道。近 20 年来由于高灵敏度低本底液闪谱仪的出现，可直接测量 1 Bq/L 左右的氚浓度水平。一般样品处理有 10 倍以上的浓集因子已可满足测量要求，电解富集技术已退居次要地位。为了提高电解系统的氚回收率，当电解液降到灵敏区域以内时适当减小电解电流是必要的，将整个装置放在接近于 0 ℃的低温恒温箱中效果更好。某些实用的电解富集系统的性能参数列于表 8-8[2]。

一个常用的电解富集系统的电解池与电极示意图如图 8-7 所示。首先将被电解的水样在 $KMnO_4$ 存在条件下蒸馏纯化，除去固体和有机物质。以 NaOH 为电解质，用大电流将初始体积(约 300、500 mL)浓缩 1/10 倍，然后减小电流继续电解将体积再缩小 1/10～1/3倍。最终体积的浓缩液直接从电解池中蒸馏出来收集到计数瓶中用作液闪计数器测定。氚的浓集程度，由下述电解参数确定。

**表 8-8　某些高性能电解富集系统的特性参数**

| 电极<br>＋　－ | 体积缩小比/<br>(mL/mL) | 浓集因子 $Z$<br>回收率 $R$ | 有效分离系数/℃ | 研究者，年代 |
|---|---|---|---|---|
| 镍-铁(板式) | 275/2.75 | $R$：0.80±0.02 | 23±2(7 ℃) | Ostlund et al，1975 |
| 镍-铁-镍(板式) | 600/20.2 | $Z$：25.3±0.6 | 21.4±0.4(－0.5～0 ℃) | Calf et al，1976 |
| 硅钢-软铁(筒式) | <br>250/(12～16)<br>500/(12～16) | $R$：0.85±0.01<br>$Z$：15～18(±1.5%)<br>$Z$：32～38(±3.0%) | 26(1 ℃)<br>17 | Flowkowsk，1981 |
| 镍-低碳钢(板式) | 500/50 | $Z$：8.37±0.66 | 18.6±3.8(2 ℃) | Kaji，et al，1984 |
| 镍-软铁(板式) | 296.5/8.9 | $R$：0.882±0.02<br>$Z$：28.7±1.2<br>$R$：0.87±0.02 | 25.5±5.3(3～4 ℃) | 井上，1985 |

体积浓缩比 $N=V_i/V_f$，式中 $V_i$ 和 $V_f$ 分别是样品电解富集前后的体积；浓度富集比 $Z=C_f/C_i$，式中 $C_i$，和 $C_f$ 分别是样品富集前后的氚浓度；回收率 $R=Z/N=C_fV_f/C_iV_i$；有效分离系数，

$$\beta=-\frac{\ln N}{\ln R} \tag{8-5}$$

在任何类型的电解系统中总存在着氢氧混合物爆炸的危险。因此导线的连接不应有火花放电，电解池绝对不能带电处置，而且电解必须在电解液干涸之前，或在电解液面降到电极板下沿之前停止。

(2)固体聚合膜电解浓集装置

利用过去传统的碱式电解浓集装置进行水样的浓集处理，不仅危险性大，而且操作程序复杂，将一个水样的氚浓度提高 10 倍，一般需要 2 周的时间。然而随着固体聚合膜电解质 SPE(Solid Polymer Electrolyte)的出现，现在已可研制自动化的氚水快速电解浓集装置来进行这一麻烦费时的工作。

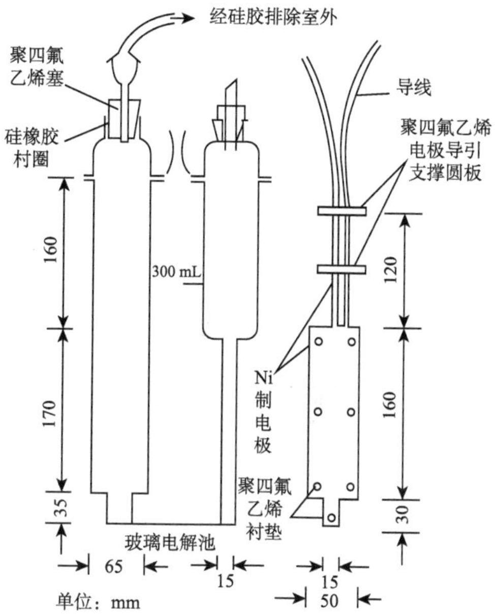


图 8-7　一个常用电解浓集系统的电解池和电极

固体聚合膜电解质 SPE，主要是指美国杜邦公司(Du pout)开发的新材料全氟磺酸阳离子交换树脂膜 Nafion 等。聚合膜(SPE)阳离子交换树脂膜，被水饱和后是一种极好的离子导体，其固定基为阴离子，迁移活性基为阳离子。进行电化学反应的正、负催化电极，以多孔薄层形式紧贴在 SPE 阳离子交换膜的两面，与膜成为一体，总厚度不超过 0.25 mm。反应水(纯水)在催化阳极分解，$2H_2O \rightarrow 4H^+ + 2O^{2-}$，与此同时，氧负离子在阳极放出电子，产生氧气，正氢离子在电场力作用下，以水合离子的形式穿过 SPE 阳离子交换膜，到达电催化阴极，在此吸收电子，放出氢气。因此该装置用于氚水的电解浓集，操作简单，由于不存在任何溶质残留物，水的体积浓缩率不存在极限；产生的氧气和

氢气分别被半渗透膜隔离不会产生爆鸣气体，安全性高；可进行大电流电解，缩短电解时间[57-58]。

中辐院在 2000 年，进行了包含 5 个 SPE 氚水电解浓集单元装置的检验和试用，以后又在此基础上研制出了包括两个电解浓集单元的 TE-2 型 SPE 水中氚自动电解浓度装置，对于初始体积 250 mL 的水样，电解≤ 50 h，即可获得 10 倍的浓集系数[59-60]。

由于在电解过程中电解池会发热(约 65 ℃)，产生的 $H_2$、$O_2$ 将热量带出，通过储液瓶中的水时会夹带大量水分，因此排出的气体需经用半导体致冷的瓶盖冷凝后再从排气孔排出。装置实物照片与原理结构见图 8-8 所示。电解开始，产生的 $H_2$ 和 $O_2$ 分别从 SPE 电解池上端两侧的排气孔排出，经排气管从侧底进入上部的 2 个样品水贮瓶，鼓泡而出。气体进入 2 个样品贮水瓶的上部空间，流速减缓，在通过用半导体冷却装置控制在 2～6 ℃附近的瓶盖时，排出气体中的水蒸气被冷凝，再滴落回流到试样水贮瓶内，使装置具有高的氚回收率。2 个试样水贮瓶的底部，通过连接管与 SPE 电解池的进水口相接，保证了电解池内水的供给与循环。当进水面降到汇合管水位时，光电液位开关发出信号，电解自动停止，打开进水口旁通管的阀门，取出浓集液，进行液闪计数测定。

(a) 装置实物照片

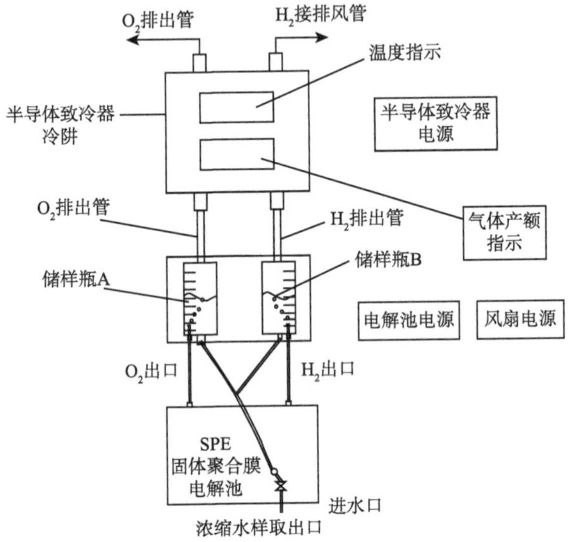


(b) 装置原理结构图

图 8-8 SPE 固体电解质自动电解装置及原理结构流程图

中辐院使用 SPE 固体电解质电解装置参加了 IAEA 在 2000 年组织的第 6 次低水平氚国际比对测量(TRIC 2000)，虽然所用的 Tri-Carb2200 液闪谱仪本底较高 $n_b$=2.65 cpm，测量报出的 5 个数据见表 8-9，基本上都落在了 IAEA 参考值的 $2\sigma$ 以内。以后研制的 SPE 水中氚自动电解浓集装置在田湾核电站的本底调查氚样品的分析中也得到了广泛应用，实际电解浓集环境水样近 500 个，性能稳定，操作方便快速。按照田湾核电厂本底调查的分析测定程序，对 250 mL 初始水样，电解单元对 12 个标记水样电解浓集的体积浓缩比为 17.9±0.80，浓度富集比为 10.0±0.54，回收率为 0.56±0.03。

表 8-9 低水平氚国际比对测量 TRIC 2000 样品的报出结果评价(1 TU=0.118 Bq/L)

| 样品序号 | IAEA 参考值/TU | 中辐院报出结果/(A±σ)[b)] | 相对偏差/% | 结果评价 |
|---|---|---|---|---|
| T1[a)] | 10.112 | | | |
| T2 | 2.152 | 3.02±0.61 | 40.3 | 可接受 |
| T3 | 0 | 0.57±0.58 | | 可接受 |
| T4 | 5.252 | 5.09±0.61 | −3.0 | 可接受 |
| T5 | 26.115 | 26.8±0.72 | 2，6 | 可接受 |
| T6 | 505.83 | 486±11 | −3.9 | 可接受 |

注：a)T1 样品在电解过程中阀门发生泄漏，未报出数据；b)σ 为 1 个标准误差。

#### 8.2.2.5 水样的纯化及其与闪烁液的适配性

环境介质水包括蒸馏水、去离子水、地下水、雨水、河水、自来水和海水。由于所有环境介质样品在经过制样处理后都必须变成水的形式才能进行液闪测定，所以水中氚的测定是氚放射性的最基本的测定方法。用于水样的液闪计数样品制备方法主要有：

(1)直接加样法；

(2)蒸馏(普通、真空或共沸蒸馏)去除总固溶物(TDS)；

(3)浓集和化学处理；

(4)使用离子交换柱如 Eichrom 树脂萃取。

环境水样如地下水、雨水、河水、自来水和海水原则上都可直接加样进行液闪计数测定，但应当首先建立在设定制样条件(水样与所用闪烁液配比)下仪器对不同水样的猝灭校正曲线。液闪计数器的灵敏度优值因子表示为$(EV)^2/B$，因此，提高液闪计数器的计数效率$E$，降低仪器的本底计数$B$，尽可能增加样品量$V$，是水中氚测定获得最佳结果的基本考虑。

由于通过简单的样品处理如蒸馏(普通、真空或共沸蒸馏)能去除总固溶物(TDS)，或用离子交换柱树脂萃取去除杂质离子，可以在不影响加样体积的情况下显著提高被测样品的计数效率，因此实际上大多数实验室通常用蒸馏后的水样进行液闪计数。在这种情况下，对于同一地点的水样，当然可以使用简单的 cpm 计数或固定猝灭/固定效率计数。各种闪烁液直接加入液闪测定的水负荷量列于表 8-10，各种环境水样的杂质成分及推荐使用的闪烁液列于表 8-11。同样，在测定前必须建立能覆盖所有水样可能猝灭范围的猝灭校正曲线。

表 8-10 水中氚液闪直接加入液闪测定的水负荷量

| 闪烁液 | 在 20 ℃每 10 mL 闪烁液的容量/mL | | | | |
|---|---|---|---|---|---|
| | 蒸馏水 | 去离子水 | 海水 | 自来水 | 河水/雨水 |
| Ultima Golg LLT | 12.0 | 12.0 | 5.5 | 12.0 | 12.0 |
| Ultima Gold XR | 10.0 | 10.0 | 7.0 | 10.0 | 10.0 |
| Insta-Gel Plus | 10.0 | 10.0 | — | 10.0 | 10.0 m |
| Ultima Gold | 3.2 | 3.2 | — | — | — |
| Opti-Fluor | 1.8 | 1.8 | — | — | — |
| Emulsifier Safe | 3.2 | 3.3 | — | — | — |

续 表

| 闪烁液 | 在 20 ℃每 10 mL 闪烁液的容量/mL | | | | |
|---|---|---|---|---|---|
| | 蒸馏水 | 去离子水 | 海水 | 自来水 | 河水/雨水 |
| Pico-Fluor 15 | 1.6 | 1.6 | — | — | — |
| Pico— Fluor 40 | 2.3 | 2.3 | — | — | — |
| Hionic-Fluor | 1.2 | 1.2 | — | — | — |
| Opti Phase HiSafe 2 | 3.25 | 3.25 | | | |
| Opti Phase HiSafe 3 | 11.0 | 11.0 | | | |
| Opti Phase SuperMix | 6.0 | 6.0 | | | |
| Opti Phase PolySafe | 3.8 | 3.8 | | | |
| Opti Phase TriSafe | 11.2 | 11.2 | | | |

注：表中个别闪烁液在该负荷容量下可能会形成胶体。

国标 GB 12375—1990《水中氚的分析方法》实施至今已有 20 多年，2002 年前后曾进行过修订，其技术内容主要参照了国际水质标准 ISO 9698：1989(E)[61] 和美国材料与测试协会饮用水中氚的测定方法[62]。明确水样蒸馏后液闪计数方法适用于包括海水在内的所有类型的水；对于 20 mL 计数瓶可测高达 $10^3$ Bq/L 的氚活度浓度。低于 50 Bq/L 左右的氚活度浓度，先进行电解浓集或测量大体积的样品可以显著地改善测量精度和降低探测下限。对高于 50 MBq/L 左右的氚活度浓度，可以用被证明是低氚浓度的蒸馏水适当稀释后进行测量。

**表 8-11 不同水样的杂质成分及推荐使用的闪烁液**

| 水样 | 蒸馏水 | 去离子水 | 海水 | 自来水 |
|---|---|---|---|---|
| 杂质成分及样品处理方法 | 普通的或真空蒸馏对于不含有挥发性物质但可以有化学污染物的水样是有用的，这些样品的制备方法已被用于尿样品的测量 | 由水样中去除化学污染物质的替代方法。适用于除去多种阳离子和阴离子，Eichrom 氚柱能除去大多数无机和某些有机污染物质 | 海水含有占主要地位的氯化钠附加有意义重量的硫酸盐、钾、钙和镁。在中洋海水溶解固体的总水平在 $3.4\times10^{-2}\sim3.4\times10^{-11}$附近。氯化钠的水平近似在 $2.5\times10^{-2}$或 $2.5\times10^{-11}$或 0.43 mol/L | 这一样品类型依赖于地区性，即软水和硬水，会有相当的变化。软水通常含有$<2\times10^{-2}$ TDS，而硬水含有$<2\times10^{-2}>5\times10^{-2}$TDS(总溶解固体)，样品制备可以使用以下任一方法 |
| 推荐使用的闪烁液 | Ultima Gold LLT<br>Ultima Gold XR<br>Insta-Gel Plus | Ultima Gold LLT<br>Ultima Gold XR<br>Insta-Gel Plus | Ultima Gold LLT<br>Ultima Gold XR<br>Insta-Gel Plus | Ultima Gold LLT<br>Ultima Gold XR<br>Insta-Gel Plus |

注：表中个别 10 mL 闪烁液中负荷量>4 mL 可能会形成凝胶。

修订后的方法提要规定：“蒸馏向含氚水样中依次加入少量的氢氧化钠和高锰酸钾，进行常压蒸馏。收集蒸馏液的中间部分，然后在计数瓶内将蒸馏液与一定量的闪烁液混合，暗适应后用低本底液体闪烁分析器测量样品的活度”。这点对于核电厂周围环境水的监测尤为重要。碱处理是为了防止其他放射性核素，诸如放射性碘和放射性碳不至于与氚被一道蒸馏。许多饮用水源可能含有痕量的有机化合物，特别是含有鱼和其他生命的表面水源。高锰酸盐处理是为了氧化样品水中的痕量有机物，使它能够被蒸馏出来并产生淬灭干扰物。

修订版较原标准除介绍了闪烁液的配制方法外，还特别增加了使用市场上商品闪烁液的内容。指出“使用市场上可以购到的商品闪烁液，应尽量选用低毒性、高闪点、溶解性好的安全高效产品。用户有责任检验每一种替代闪烁液的可接受性，并了解该商品闪烁液的性能与最佳使用条件。”

## 8.2.3　低水平氚测量技术

### 8.2.3.1　引言

外环境水中低水平氚的测量，IAEA 自 1965 年以来到 2000 年在全球范围内组织了 6 次低水平氚国际比对活动，参加实验室的数目和比对样品的氚水平如表 8-12 所示[63-64]。我国从 1985 年第 4 次比对活动开始才有实验室参加。1979 年 IAEA 在维也纳举行的低水平氚测量会议上推荐各实验室应当根据氚水标准 NBS-4926 及氚的半衰期 12.35 年来处理数据。世界上主要氚实验室较完备的测量系统是辅之以电解富集的液体闪烁计数与气体计数两种。由于近年来高灵敏度低本底液闪谱仪的问世，新建实验室大多使用结合适当电解浓集的液体闪烁计数。除了这些传统的方法之外，$^{3}He$ 内生长技术用质谱法测定低水平氚，因其具有探测下限低和精度高等显著优点，已在应用中受到重视。

表 8-12　IAEA 组织的低水平氚国际比对及样品水平分布

| 序号 | 年度 | 参加的实验室 | 比对样品的氚水平分布/TU |
|---|---|---|---|
| 1 | 1965 | 12 | A：≤100，B：200～800，C：1 000～6 000 |
| 2 | 1970 | 35 | A：≤10，B：≈50，C：≈250 |
| 3 | 1975 | 41 | A：≤0.2，B：8.37±0.04，C：33.1±0.1，D：678.5±2.2 |
| 4 | 1985 | 57 | A：≤0.2，B：5.94±0.03，C：25.66±0.13，D：100.2±0.05 |
| 5 | 1994 | 57 | A：≈0，B：≈1，C：≈5，D：≈19 |
| 6 | 2000 | 85 | A：≈10，B：≈2，C：≈0，D：≈5，E：≈26，F：≈505 |

### 8.2.3.2　高灵敏度低本底液闪谱仪

核禁试条约的签订到现在已过去了 50 多年，当前环境氚的本底水平已达到历史上的最低点附近。现在雨水中的氚活度大约在 1 Bq/L 左右，即使用当代最好的低本底高灵敏度液闪计数器，如 WaLLac 公司的 Quantulas 1220 或 Packard 公司的 Tri-Carb3170 SL/TR，直接测定水样也是困难的。

高灵敏度低本底液闪谱仪性能优劣的最重要技术指标是仪器的本底。IAEA 第 6 次低水平水中氚国际比对测量，全球有 85 个实验室参加[63]。其中 26 个实验室使用 Quantulas 1220，报告的本底范围 $n_b = 0.44 \sim 1.38$ cpm，14 个实验室使用 Tri-Carb3170 SL/TR，$n_b = 0.89 \sim 1.90$ cpm。上述低本底仪器在国内的实验室进行水样的常规测量，本底计数好的也在 0.8 cpm 左右。按制样与测量条件：8 mL 水样＋12 mL 闪烁液、$n_b = 0.8$ cpm、$E = 20\%$、1 000 min 计数估计最小探测下限 LLD＝1.37 Bq/L。可见许多环境氚样品用液闪直接测定根本报不出数据，就是能测出的结果也在探测限附近，误差很大，难以用作环境评价的目的。显然，对于深层地下水和海水等氚水平很低的试样，需要进行氚水的电解浓集是毫无疑问的。

如前所述，使用仪器首先应调试低本底高灵敏度液闪谱仪使之达到正常工作状态。选用合适的计数瓶与闪烁液配置样品，仔细选择并确定氚测量的能量道宽，使仪器该测量道对所测氚样品的灵敏度优值$(EV)^2/B$ 达到最大。对于环境低水平样品测量，本底试样的计数时间至少应大于 1 000 min。

样品闪烁液混合物中的淬灭可能导致计数效率的降低。利用内标准法或外标准道比法可以进行淬灭校正。由于某些商品乳化闪烁液的溶剂能缓慢地透过聚乙烯瓶壁蒸发，这类闪烁液只有使用玻璃瓶才能利用外标准道比法进行淬灭校正。时间甄别液闪计数电子学 TR-LSC 的使用会少许降低测量样品的计数效率，但可显著降低仪器的本底，从而提高仪器的探测灵敏度。但 TR-LSC 不能用于像 Ultima Gold 那样的慢闪烁液，外标准淬灭监测不适用于配置 BGO 环探测器的仪器。

#### 8.2.3.3 样品制备与气体计数

正比计数器与液体闪烁计数器相比，有较高的灵敏度。但是，它要求被测水样直接转化为气态，通过化学反应合成为工作气体甲烷、乙烷或丙烷。其反应方程式如下：

$$
\begin{aligned}
&Al_4C_3+12H_2O \xrightarrow[100\ ℃]{\Delta} 4Al(OH)_3+3CH \\
&H_2+C_2H_4 \xrightarrow[50\ ℃]{Pd} C_2H_6 \\
&2H_2+C_3H_4 \xrightarrow[500\ ℃]{Pd} C_3H_8
\end{aligned} \tag{8-6}
$$

显然，最好的途径是制备丙烷($C_3H_8$)，这样可使计数管对氚的探测灵敏度成倍提高[65-66]。

提高计数管探测灵敏度的最重要措施是降低本底。本底主要来源，一是宇宙射线及其相互作用，二是电子学噪声，电磁干扰及高压绝缘子破坏等产生的脉冲。(当然，样品不应被污染，计数管材料和屏蔽材料的本底应尽可能低)。表 8-13 为 Bern 实验室 Oeschger型计数管(1.3 L 灵敏体积充 100 mL $CH_4$)在不同屏蔽下得到的结果[67]。德国的一个实验室提出他们使用的 Jonston 型计数管性能要更好一些，两者的参数比较见表 8-14。绝大部分内充气计数管对于 1 000 min 的计数时间具有 0.2 到 0.4 Bq/L 之间的探测下限。比最灵敏的低本底液闪计数器灵敏度高 2 倍。最灵敏的计数器探测下限为 0.13 Bg/L[68]。

**表 8-13 两种计数管性能比较**

| 气体计数管 | 计数体积/L | | 初始样品体积/($cm^3$ $H_2O$) | 计数气体 | 气体压力/bar | 刻度因子 Tu/cpm | 本底 Nb/cpm |
|---|---|---|---|---|---|---|---|
| | 总体积 | 有效体积 | | | | | |
| Oeschger 型 | 2.7 | 1.2+ | 5 | $C_2H_6$ | 2 | 80 | 1.2 |
| Johnston 型 | 2.6 | 2.2+ | 5 | $C_2H_6$ | 2 | 52 | 0.8 |
| | 2.6 | 2.2+ | 10 | $C_3H_8$ | 2 | 23.3 | 0.5 |

注：+为估值。

表 8-14　Oeschger 型计数管在不同屏蔽下的本底

| 工作条件 | 本底/cpm | 实验室覆盖物的水当量/m |
|---|---|---|
| 实验室 $U_2$ | | |
| 无反符合 | 400 | 5＋10(距上覆盖大气层) |
| 20 cm Fe，20 cm 石蜡 | | |
| 5cm Pb 屏蔽 | 160 | |
| 内部及符合屏蔽 | 0.40 | |
| $^3H$ 窗口甄别，内部反符合加屏蔽 | 0.17 | |
| 地下实验室 | | |
| 屏蔽 10 cm Pb | 17.2 | |
| 内部及符合加屏蔽 | 0.115 | 70＋10(距上覆盖大气层) |
| $^3H$ 窗口甄别，内部及符合加屏蔽 | 0.059 | |

#### 8.2.3.4　$^3He$ 内生长质谱测定

$^3He$ 内生长法是 20 世纪 70 年代末发展起来的一种用质谱仪测定低水平氚的新技术[2,72]。传统的 β 计数技术是一种微分方法，它的基本原理是测定计数时间内的 β 蜕变率，而$^3He$ 内生长技术是一种积分方法，它依据氚蜕变子体$^3He$ 的质谱测定。在一个给定的生长时间内累积起来的$^3He$，称为“氚生$^3He$”，对水样品：

$$^3He_{氚生}=\alpha\cdot m\cdot C(1-e^{-\lambda t})(STP) \tag{8-7}$$

式中，$m$ 为样品质量；$C$ 为氚浓度(TU)、$t$ 为积分时间，$\alpha$ 为 $2.48\times10^{-15}$ $cm^3\cdot STP/g\cdot TU$。对于给定的氚浓度 $C$，氚生$^3He$ 的量正比于取样体积 $m$ 与时间 $t$ 的$(1-e^{-\lambda t})$因子。$m$ 和 $t$ 可在很宽的范围内变化以得到所需要的精度和探测下限。例如取 40 g 水样，探测下限 0.1 TU，需要 6 个月的积分时间。该方法的优点是分析程序简单，仅需要 2 道步骤：样品完全脱氧与测量。方法本身能更好地避免污染，操作简单，实际质谱测量仅用约 30 min。特别是处理的样品量大时，可大大降低分析每个低水平氚样品的成本。唯一的缺点似乎是需要相当长的等待时间，但可用较大的样品量来克服。现已有实验室用 4 L 的样品量进行测定。Beyer 等人已经描述了一台用于测定水中极端低浓度氚的全自动化质谱系统，对于贮存 6 个月的 500 g 样品。探测限约为 0.35 mBq/L[69]。

## 8.3　环境氚的分布与水平

### 8.3.1　天然水

为了预测释放到环境中氚的行为，依据地球上水循环模型将水分为许多隔室是极其有效的方法，但需掌握每个隔室水的存在量及其滞留时间等有关资料。例如用于估算环境中氚产生长期剂量的全球水循环 7 隔室模型，各个隔室水的存在量及平均滞留时间如图 8-9 所示[70]，以下就代表性的隔室，详述环境氚的分布与行为。

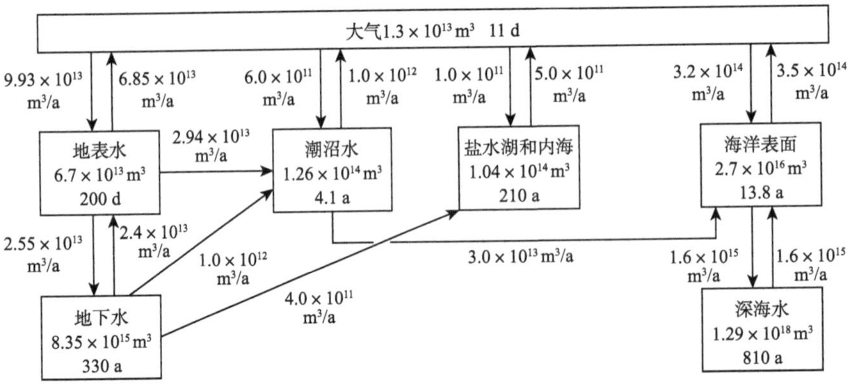


图 8-9 全球水循环 7 室模型水的存在量及平均滞留时间(NCRP 第 62 号报告，1979)

#### 8.3.1.1 降水

从 20 世纪 50—60 年代初所进行的原子弹、氢弹试验释放出大量的氚进入环境，为评价它们所产生的影响，环境氚的监测很早就受到了各国的关注。国际原子能机构和世界气象组织，从 1961 年起共同组织世界性的网络收集降水中 HTO 的浓度数据，并将其结果陆续整理发表，为我们了解环境氚的情况提供了大量有益的资料。

我国中科院贵阳地化所在国内各地气象站的配合下，于 1978 年 5 月使用他们研制的电解浓集系统和 FJ-353 双道液闪计数器，对全国各地降水中的氚含量进行了测定，给出了我国第一个有关环境氚的普查报告，其测量结果列于表 8-15[71]。

表 8-15 1978 年 5 月我国各地降水的氚含量

| 气象台编号 | 地名 | 位置 | | 降水氚含量(TU) | 气象台编号 | 地名 | 位置 | | 降水氚含量(TU) |
|---|---|---|---|---|---|---|---|---|---|
| | | 北纬 | 东经 | | | | 北纬 | 东经 | |
| 54260 | 扎鲁特旗 | 44°34′ | 120°54′ | 300±10 | 58144 | 清江 | 33°36′ | 119°02′ | 12.3±1.1 |
| 50745 | 齐齐哈尔 | 47°23′ | 123°55′ | 238±7 | 54857 | 青岛 | 36°04′ | 120°20′ | 76.7±7.6 |
| 54161 | 长春 | 43°54′ | 125°13′ | 191±8 | 55591 | 拉萨 | 29°42′ | 91°08′ | 173±12 |
| 51709 | 喀什 | 39°28′ | 75°59′ | 170±6 | 56137 | 昌都 | 31°11′ | 96°59′ | 286±17 |
| 51656 | 库尔乐 | 41°45′ | 86°08′ | 235±11 | 56294 | 成都 | 30°40′ | 104°01′ | 143±2 |
| 51463 | 乌鲁木齐 | 43°54′ | 87°28′ | 147±4 | 57515 | 重庆 | 29°31′ | 106°29′ | 68.3±4.7 |
| 51076 | 阿勒泰 | 47°44′ | 88°05′ | 138±4 | 57679 | 长沙 | 28°12′ | 113°04′ | 55.2±4.7 |
| 52203 | 哈密 | 42°49′ | 93°31′ | 127±4 | 57494 | 武汉 | 30°38′ | 114°04′ | 46.1±1.8 |
| 53463 | 呼和浩特 | 40°49′ | 111°41′ | 114±7 | 58606 | 南昌 | 28°40′ | 115°58′ | 37.8±2.9 |
| 54102 | 锡林浩特 | 43°51′ | 116°05′ | 111±4 | 58321 | 合肥 | 31°51′ | 117°17′ | 79.5±3.1 |
| 54218 | 赤峰 | 42°46′ | 118°58′ | 133±5 | 58367 | 上海 | 31°10′ | 121°26′ | 42.0±3.0 |
| 54342 | 沈阳 | 41°49′ | 123°33′ | 100±3 | 56778 | 昆明 | 25°01′ | 102°41′ | 39.3±2.1 |
| 53614 | 银川 | 38°29′ | 106°13′ | 294±18 | 57816 | 贵阳 | 26°35′ | 106°43′ | 43.2±2.1 |
| 53698 | 石家庄 | 38°04′ | 114°26′ | 207±7 | 59431 | 南宁 | 22°49′ | 108°21′ | 32.6±3.0 |
| 54511 | 北京 | 39°48′ | 116°28′ | 223±14 | 59658 | 湛江 | 21°13′ | 110°21′ | 24.2±2.0 |

续　表

| 气象台编号 | 地名 | 位置 | | 降水氚含量(TU) | 气象台编号 | 地名 | 位置 | | 降水氚含量(TU) |
|---|---|---|---|---|---|---|---|---|---|
| | | 北纬 | 东经 | | | | 北纬 | 东经 | |
| 54823 | 济南 | 36°41′ | 116°59′ | 124±8 | 59287 | 广州 | 23°08′ | 113°19′ | 11.8±1.3 |
| 54662 | 大连 | 38°54′ | 121°38′ | 103±4 | 59316 | 汕头 | 23°24′ | 116°41′ | 9.6±1.3 |
| 52889 | 兰州 | 36°03′ | 103°53′ | 139±4 | 58847 | 福州 | 26°05′ | 119°17′ | 45.0±1.8 |
| 57036 | 西安 | 34°18′ | 108°56′ | 157±117 | | 东海表层 | | | |
| 57083 | 郑州 | 34°43′ | 113°39′ | 122±4 | | 海水 | 28°00′ | 126°59′ | 7.7±1.3 |

从表 8-15 中数据可以看出，我国降水氚含量的地理分布基本上符合降水中氚含量随纬度降低，邻海地区低于内陆的全球规律，氚含量等值线由西南向东北方向延伸，明显受海洋影响。从全球的监测情况看，一些更一般的规律，列举如下：

(1)年度变化：在北半球，自 1963 年的最高值后降水中的氚浓度到 1967 年大致以 1 年的表观半减期减少，其后由于中国和法国核试验附加的影响，表观半减期减缓变为 4～5 年。以后降水中的氚浓度逐年减小，我国现在的氚水平同 1963 年的最高值相比要低 2 个数量级，1990 年报道的降水中氚含量在 2～4 Bq/L 以下，说明目前全球已接近环境氚本底水平最低的时期。

(2)季节变化：北半球降水中的氚浓度，在夏季(6—7 月)有一年的最高值，冬季(1—2 月)最低值，表现出显著的季节性变化。但在易受海洋气候影响的沿海地区，特别显著的季节性变化不明显，更受地域特征的影响，如日本的爱知县有春高秋低的倾向，而在日本海侧的新潟、富山、石川县一带有初夏高的倾向。

(3)海洋的影响：降水中的氚浓度，内陆地区比沿海地区高是全球性的普遍规律。在美国大陆内部或东岸与同纬度海洋观察点测量的结果相比较要高 3～4 倍以上，西海岸由于受西风的影响，浓度被稀释为 1/2～5/6 左右。

(4)纬度的影响：大多数海洋观测点获得的降水中氚浓度，极其明确地表示出对纬度的依赖性。氚浓度从两极向赤道附近的北纬 13°和南纬 16°以一定的半减期减小。对于氚，即使在其不存在的极地附近浓度也较高。这种情况与氚由平流层向对流层的迁移方式有关，加之在温暖区域由于海洋水的蒸发，对于氚浓度有很大的稀释作用。

#### 8.3.1.2　地下水

只要向地下深掘，渗出的水就会形成地下水面。在地下水面以上的地层是其土壤空隙含水和空气混合的非饱和层，地下水面以下的地层是其空隙被水充满的饱和层。相应各层的水被称为不饱和层和饱和流。不饱和层水的行为与地表水和地下水保持密切的联系，在地下水的循环中起着重要的作用。存在于地下水中的氚浓度测定，始于 1957 年 Begemann 和 Libby 等人为建立陆地水平衡模型所开展的工作[72]，初期测定地下水中氚浓度的国家随井的深度收集的资料由图 8-10 给出。由图中示出的曲线可以看出，地下水中氚的浓度有随年份增加的倾向，这是由于当时受核试验影响的降水以未预见到的速度混入地下水造成的。它显示了用氚浓度测定地下水流向的可能性。

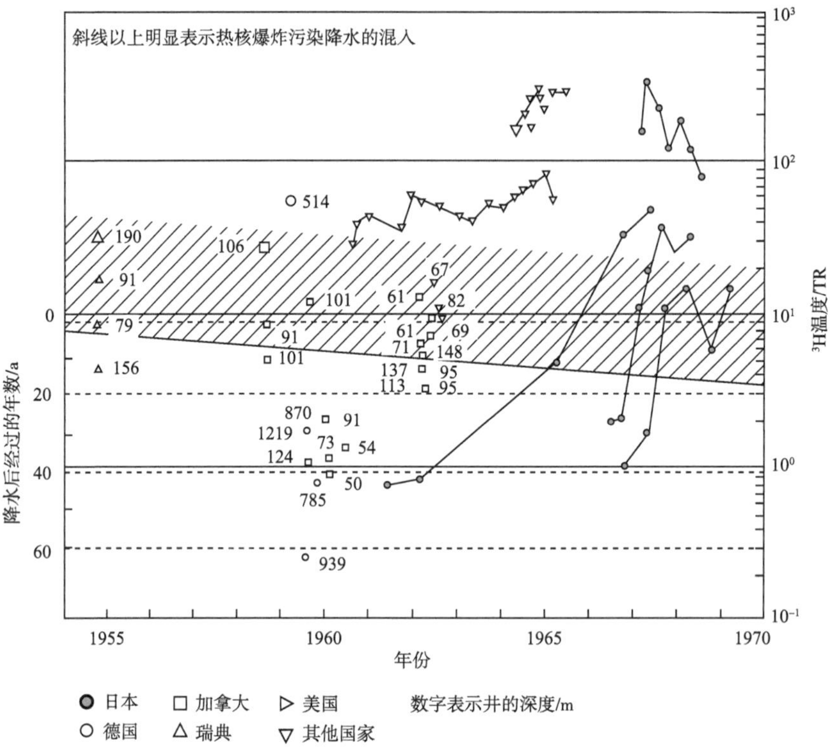


图 8-10　地下水氚浓度的测定

日本 20 世纪 80 年代曾对兵库县马温泉地下水中的氚浓度、氯化物离子浓度、重水浓度进行了测定。由于深层地下水中含氯化物离子浓度高，氚浓度低，浅层地下水含有较高的氚浓度和较低的氯离子浓度，测定结果明确显示出地下水中氚浓度与氯离浓度有一定关系[73]。一般可以认为，浅层地下水是现在降雨贮留的水，中层地下水为受核试验影响高浓度氚尚在贮留的水，而深层地下水由于放射性衰变可以认为是几乎没有氚的老水。

#### 8.3.1.3　江河水

河川中的水在核试验以前存在的氚约在 0.74 Bg/L 的水平[74]，由于从 20 世纪 50 年代开始的核武器爆炸试验，使江河中的氚浓度急剧升高，曾一度提高了 2 个数量级[75]。以后氚浓度逐渐减小，据 1977 年联合国 UNSCEAR 报告，美国各地江河中氚浓度的平均值，在 1963 年升至最高值为 148 Bg/L，其后表现出减小的趋向，表观半减期估计约为 3.2 年。日本对其爱知县江河水中的氚浓度，在核试验后的 1974—1984 年进行连续监测，估计其表观半减期为 5～6 年。同降水中的氚浓度变化相比较，最近 10 年来一般江河水中氚浓度的减小较慢。江河水中的氚浓度不随季节变化，也同当时的江河流量关系不大。因为江河水不只是来源于同一时期的降水贡献，而更多的是许多年前受核试验影响大的降水，一度作为地下水储存之后，又流出地表供给江河。

我国对于江河水中氚浓度的调查，规模较大的有 2 次。第 1 次是 1978 年前面提到的贵阳地化所进行全国各地降水中氚监测的同时，对我国主要河流氚含量的测定，结果见表 8-16。第 2 次是 1984 年原核工业部组织的 27 个单位对长江水系 11 种核素的放射性水平进行的全面调查中给出的 $^3H$ 活度测定结果[76]，见表 8-17。其他还有一些零星的监测报道如 1983 年兰州工业卫生研究所兰州黄河水的氚含量测定结果均值为(140±23)TU[(16.5±2.7)Bg/L][77]，中国计量科学院对北京 11 个县区地表水氚含量测定结果的平均值为 9.66±2.78 Bg/L[78]。这里监测的天然水中的氚，绝大部分应当是核试验的产物。这些调查进行在我国本土建造核电厂之前，因而对将来核电厂的环境影响评价有重要意义。

**表 8-16　1978 年 5 月我国一些河水的氚含量**

| 河流名称 | 取样地点 | 河水氚含量(TU) | 流域境内降水采样点 | 降水氚含量(TU) |
|---|---|---|---|---|
| 黑龙江 | 黑龙江省罗北县 | 124±5 | — | — |
| 松花江 | 佳林斯合江水文站 | 148±13 | 齐齐哈尔<br>长春 | 238±7<br>191±8 |
| 辽河 | 巨流河水文站 | 120±5 | 扎鲁特旗<br>赤峰<br>沈阳 | 300±10<br>133±5<br>100±3 |
| 海河 | 天津市海河耳闸 | 108±4 | 北京<br>石家庄 | 223±14<br>207±7 |
| 钱塘江 | 杭州南星桥渡口 | 56.5±5.3 | — | — |
| 闽江 | 福州文山里水文站 | 31.2±1.9 | 福州 | 45.0±1.8 |
| 珠江 | 三水水文站 | 19.9±1.9 | 南宁<br>广州 | 32.6±3.0<br>11.8±1.5 |
| 长江 | 重庆储奇门渡口<br>莲沱[a]<br>武汉汉阳门码头<br>南京 | 113±7<br>90±5<br>74.1±2.9<br>65.1±2.7 | | 68.3±4.7<br>—<br>46.1±1.8<br>— |
| 黄河 | 兰州水文站<br>济南洛山水文站 | 221±17<br>195±15 | | 139±4<br>124±8 |

注：a)取样时间为 1977 年，由有关单位送样测定。

**表 8-17　1984 年长江水系中氚的分布***　Bq/L

| 水域名称 | 平均值±标准差 | | |
|---|---|---|---|
| | 枯水期 | 丰水期 | 1984 年 |
| 长江上游 | 9.35±2.38 | 8.58±4.40 | 8.97±2.61 |
| 长江中游 | 6.85±2.28 | 8.62±3.76 | 7.74±2.75 |
| 长江下游 | 6.86±2.60 | 9.48±3.31 | 8.30±1.49 |
| 岷江水系[a] | 8.01±0.75 | 11.6±2.9 | 9.80±2.74 |
| 嘉陵江水系[b] | 112.0±4.8 | 9.19±1.92 | 11.0±3.8 |
| 乌江 | 3.81±0.16 | 6.79±3.52 | 5.73±3.10 |
| 洞庭湖水域[c] | 4.82±1.13 | 4.36±2.17 | 4.59±1.75 |
| 湘江水系[d] | 5.00±1.81 | 5.37±3.45 | 5.19±2.76 |
| 汉水 | 8.23±3.58 | 8.92±4.41 | 8.58±4.03 |
| 鄱阳湖 | 5.76±0.80 | 7.01±0.45 | 6.09±0.95 |
| 信江 | 8.42±0.41 | 8.66±3.69 | 7.29±2.87 |
| 赣江[e] | 6.24±2.68 | 8.64±4.22 | 6.49±3.83 |
| 安徽、江苏运河 | 6.09±1.14 | 7.03±3.19 | 6.56±2.44 |

续 表

| 水域名称 | 平均值±标准差 | | |
|---|---|---|---|
| | 枯水期 | 丰水期 | 1984 年 |
| 太湖 | 6.40±1.20 | 6.83±1.38 | 6.60±1.31 |

注：* 1 Bq/L=8.47 TU(氚单位)。

a)包括岷江、大渡河和青衣江；

b)包括嘉陵江、沱江、洛江和白龙江；

c)包括洞庭湖、澄水、沅江、虎渡河和汨罗江；

d)包括湘江、资水、沩水、来水、沤水和郴河；

e)包括赣江、修水、抚河等。

#### 8.3.1.4 湖沼水

湖泊沼泽，以流入、流出河流或降水作为媒介，同周围环境有密切的关系。但对于较深的湖泊，深层湖水在短期(一年内)不一定能同表层湖水均匀混合。一般而言，伴随表面水温的变化而产生的密度差会使湖水发生上下层的循环，但这种情况在很大程度上受湖泊的地理位置与水深的影响。再者，由于某些原因在湖泊底部存在盐分高比重大的水时，发生局部循环也有困难。因此认为在湖水的表层和底层可能存在氚浓度的显著差异。如日本九州大学的一个小组，1983 年曾对该国 16 个湖的表水氚浓度进行了取样监测，其平均值为 2.35 Bg/L[2]。他们发现一般较大的湖氚浓度较高，其浓度与湖水的大小、流域面积、年平均降水量有大致对应的线性关系，可以用湖水滞留时间的差别给予说明，滞留时间短的湖水与降水有几乎相同的氚浓度。

#### 8.3.1.5 海水

海洋占地球表面积的 71%，贮存了地球上水的 97.5%。海洋的上层称为混合层，深度 50～100 m，由于暖流的作用海水不仅在竖直方向上均匀混合，沿水平方向的移行也比较快。混合层以下称为斜温层，随深度增加水温急剧下降，盐分浓度逐渐增高。斜温层除在南北高纬度地带外，它占据着深海水和混合层之间的广阔空间，阻碍着海水的上下混合。所以在中纬度地区，表层海水同深海水的混合很慢。我国沿海氚浓度分布的测定未见有报道。就日本海测定的情况来看，表面水中的氚浓度比太平洋高，深到海面 2 km 以下仍可以测到[83]，说明有较大的扩散速度[2]。日本海中氚浓度、盐度、温度的分布如图 8-11 所示。据 1982—1983 年的调查结果，日本沿岸海水的氚浓度大体显示一定值，由于受陆地水的影响，为外洋表面海水的 2 倍，0.74 Bq/L[2]。

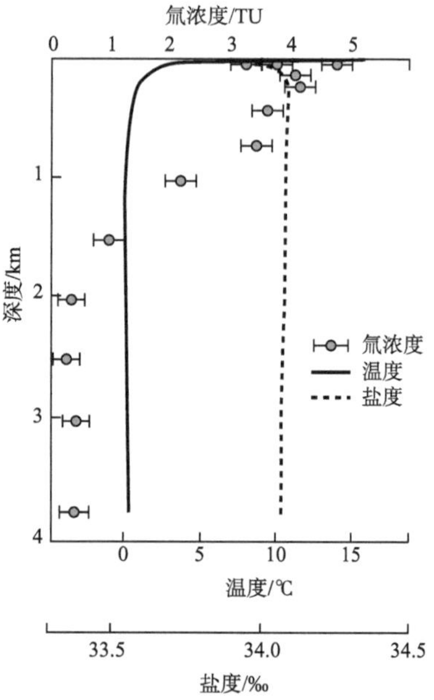


图 8-11 日本海中氚的分布

(Kaji，1987)

## 8.3.2　大气

核武器爆炸试验向大气释放氚的测定，曾对研究地球大气和水循环机制起过积极的作用。目前由于热核聚变研究的进展，许多国家对于大气中 HTO 和 HT 及 $CH_3T$ 的甄别测定又给予新的重视。这里就国外迄今为止的测量结果，简单说明大气中氚随年度季节变化的情况及原因。

### 8.3.2.1　氚化水蒸气(HTO)

地球周围环境中的氚化水蒸气，是由核爆炸产生注入到同温层的氚，经扩散转移到对流层，借助于下降的气团或气流，最后以降雨和水蒸气的形式降到地面。降到地上的氚可通过再蒸发返回大气，或同水蒸气交换等。因此，大气中的 HTO 浓度与降水中的氚浓度大体相同，同降水中的氚一样有年度季节性变化。大气中 HTO 的浓度同样受海洋的影响，陆地上的氚化水蒸气浓度比海上约高 4 倍。

日本三宅[79]、木越和半田等人[84]对于大气氚浓度与气象的关系进行了研究，发现大气水分中的氚浓度在高气压圈内比低气压圈内高，氚浓度与气压之间存在很好的正相关。某一地区被大陆性气团覆盖时氚浓度高，而受海洋性气团影响时，则氚浓度低。

美国 Ostlund 等人于 1973 年和 1976 年对中国进行大气核武器试验后上层大气中的 HTO 进行了测定，评价认为在同温层底部 HTO 的半减期为 10～13 个月(平均滞留时间 14.6～18.8 个月)。对于水蒸气在大气中的滞留时间，Begemann 和 Libby 曾依据核试验后降雨中氚浓度随时间的变化，估计其平均滞留时间为 40 天。另一方面从全球的平均降水量 24.67 mm 与年平均降水量1 000 mm 计算出的平均滞留时间为 9 天[80-82]。两者有相当大的差别。这一原因可用下面的考虑加以解释。大气圈中的水蒸气分布未必都是一样的，在热带低气压地区极其湿润的大气，由于会在短时间内降下蒸发再降下，这种循环往复的气象现象，就会使看到的滞留时间变短。反之，用氚示踪的方法则看到的是沉降的氚如何再蒸发供给大气，观察到的滞留时间就变长了。由以上考虑，可以认为 HTO 在对流层中的平均滞留时间约在1 个月以内。环境大气中的氚化水蒸气 HTO 浓度，自 20 世纪 60 年代出现较高水平后目前已经显著降低，接近于本底水平。图 8-12 为 1984 年日本在九州大学校园内的测量值，年平均值约为 1.8 Bg/L 水[2]，相当于 15 TU，明确表现出夏天多湿期高，冬天干燥期低的季节性变化。这种变化类似于大气中水分量(绝对湿度)的变化。我国浙江环境监测站在秦山核电厂投入运行后 1992 年对杭州市降雨氚浓度和大气 HTO 浓度的监测结果如

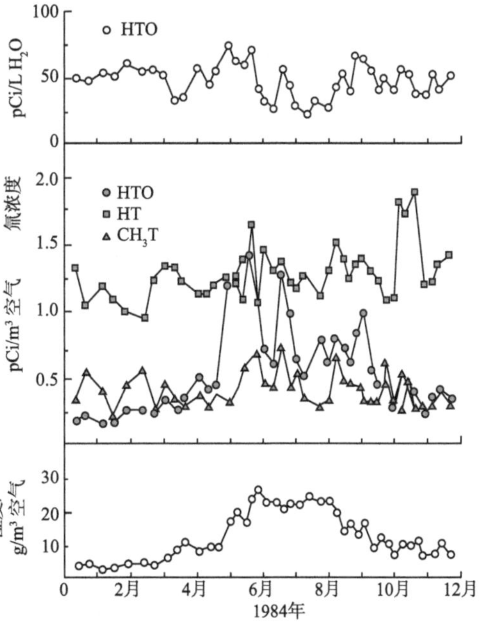


图 8-12　日本九州大学校园内大气中氚的浓度与绝对湿度

表 8-18 所示[83]，监测结果也反映了这种季节性的变化。

**表 8-18　1992 年杭州市降雨和大气中的 HTO 浓度**

| 月份 | 1 | 2 | 3 | 4 | 5 | 6 | 7 | 8 | 9 | 10 | 11 | 12 | 年平均 |
|---|---|---|---|---|---|---|---|---|---|---|---|---|---|
| 雨氚/(Bg/L) | 2.13 | 2.16 | 2.19 | 1.55 | 4.04 | 1.96 | 1.12 | 3.50 | 4.64 | <0.9 | 2.68 | 1.08 | 2.29±1.25 |
| 大气中氚/($mBq/m^3$) | 14.21 | 15.33 | 18.47 | 36.94 | <13.0 | 18.62 | 23.45 | 131.55 | 57.04 | <13.0 | 13.14 | <13.0 | 29.02±35.41 |

### 8.3.2.2　元素态氚(HT)

据国外监测数据，大气中元素态氚 HT 的浓度，在 1950 年以前为 $3.7\times10^3\sim5.7\times10^3$ TU[84-85]。以后由于核武器试验人工氚急剧增高，到 1961 年增加到 $3\times10^5\sim5\times10^5$ TU，由于 1961—1962 年的核爆炸，最高浓度曾一度升高到 $3\times10^6\sim7\times10^6$ TU 最高水平[86-87]。

美国的 Mason 和 Ostlund 对 1968—1978 年大气中的 HT 浓度进行了测定。他们从地球南北半球存在的 HT 浓度差，计算给出了将氚衰变常数也考虑在内的实效平均滞留时间为 4.8 年。由他们的研究推定，大气中的 HT 浓度自 1974 年以来已有减少倾向，1978 年对流层中的 HT 浓度为 $0.067\sim0.1$ $Bq/m^3$。大气中氢元素的存在比为 $0.5\times10^{-6}$V，该值换算成比活度为 $1.3\times10^6\sim2.1\times10^6$ TU。

由图 8-12 给出的日本大气中的 HT 浓度，不像 HTO 那样有明显的季节性变化，当时测定的年度平均值约为 0.048 $Bg/m^3$，换算为氚单位表示为 $1.0\times10^6$ TU，可以看出这个值比 1978 年报道的值又有所减小。

### 8.3.2.3　氚化碳氢化合物

大气中存在的甲烷量为 $1.6\sim1.7\times10^{-6}$ V，其产生的来源列于表 8-19[88-89]。可以看出由生物起源天然生成的部分总和为 $11.1\times10^{14}$ g/a，比人为活动化石燃料燃烧生成的 $1\times10^{14}$ g/a要大得多。甲烷的分解主要是与—OH 的反应。由大气中甲烷总量和年生成量计算给出甲烷的滞留时间约为 4～7 年或 3.3 年。

**表 8-19　地球上甲烷的产生源及年生成量**

| 产生源 | 年生成量/$10^{24}$(g/a) | 产生源 | 年生成量/$10^{24}$(g/a) |
|---|---|---|---|
| 天然生态系 | 9.10 | 牧草地 | 0.15 |
| 热带多雨林 | 3.17 | 牧场 | 0.07 |
| 热带雨绿林 | 0.80 | 不毛地带 | 0.07 |
| 热带草原 | 1.37 | 沼地 | 0.39 |
| 温带植物 | 0.79 | 湖河川 | 0.51 |
| 寒带植物 | 0.62 | 岩石、水、砂 | 0.00 |
| 森林地带 | 0.28 | 海 | 0.04 |
| 湾 | 0.003 | 由动物或人体内 | 0.9 |
| 海藻 | 0.04 | 肠的发酵 | |
| 河口 | 0.06 | 有机物的分解 | 0.5 |

续　表

| 产生源 | 年生成量/$10^{24}$(g/a) | 产生源 | 年生成量/$10^{24}$(g/a) |
|---|---|---|---|
| 耕地 | 0.34 | 生物体的燃烧 | 0.6 |
| 水田 | 0.39 | 化石燃烧的燃烧 | 1.0 |

核爆炸试验前大气中氚化甲烷的浓度未做过测定，认为其水平在 1953 年南半球测定的 $8.7\times10^2$ TU 以下[84]。南半球的 $CH_3T$ 浓度，由于以后的核爆炸试验到 1958 年增加到 $8\times10^3$ TU。北半球的 $CH_3T$ 浓度，1958 年约为 $2\times10^4$ TU，是南半球的 2.5 倍，到 1966 年几乎没有增高[85]。大气中的 HT 浓度从 1962 年至 1963 年，1 年就升高了 1 个数量级，大气中的 $CH_3T$ 浓度却未见明显增高，原因还有待于研究。1984 年在日本福田测定的大气中 $CH_3T$ 浓度也在图 8-12 中给出，同 HT 浓度一样未见有明显的季节性变，其年平均浓度为 0.014 $Bg/m^3$，相当于 $4.0\times10^4$ TU。

## 8.3.3　土壤与生态系

在氚水环境下生长的水生动植物，其组织自由水氚(TFWT)浓度会很快地接近外界氚水浓度。如用氚水饲养的鱼，其 TFWT 与环境水的氚浓度之比接近于 1[90-92]。一般在几小时内就能达到平衡。对于组织的一部分暴露在大气中生长的植物，由于存在组织自由水与大气中的水蒸气之间的交换反应，该比值将小于 1。另一方面，组织结合氚(TBT)或称为有机结合氚浓度与外界氚水的浓度可能会有一些差异。如利用环境水培育的单细胞藻类[93]，其 OBT/TFWT 值小于 1，说明光合作用过程有同位素效应的事实。用核电厂废水进行的实验给出水生物的 TBT/TFWT 值虽在 1 以下，但用含有多种有机态氚的标记实验室废水的培育实验结果，也有报告该比值大大超过 1，说明可能存在生物的选择性吸收。在食物链情形，显然需考虑所存在氚的物理化学形态。水生动植物对于氚究竟有无生物浓集作用在 8.4.2.2 节还将进一步讨论。

进入土壤中的氚，一部分由于土壤表面的蒸发而返回到大气中，滞留在土壤中的剩余部分，由于扩散，浸透和降雨的影响，逐渐向深部移动。在有植物生长的地方，到达植物根系的氚有一部分将被植物吸收，由茎到叶，最后经由叶面蒸散而放出到大气中。达到更深部的氚最后进入地下水。陆生植物由于叶面的蒸散活动需要不断地从土壤中吸收水分。从根到叶水的移动一般认为不会产生明显的同位素效应。植物暴露在氚化水蒸气中的实验还表明叶面吸收是植物摄取氚的又一主要途径。用示踪实验未发现陆生植物 TBT/TFWT 大于 1 的现象[94-96]，但对于一般环境中生物样品的分析却有不少这一比值超过 1 的例子[97-98]，推测可能是由于大气中存在比活度极其高的气态 HT，或者是在吸收了环境高水平氚情况下进行的有机物合成。如美国萨凡那河工厂周围的腐叶有较高的 TBT/TFWT 比值，就是由于该厂经常排放气态 HT 的缘故[98]。

环境中的氚，除通过空气和水直接被人摄取外，还可通过土壤等媒介被植物、动物吸收，并经由这些动植物食品传输到人体内。调查了解食品中的氚水平，可以了解环境氚污染的程度。表 8-20 给出了 1976 年 10 月—1979 年 10 月我国卫生部组织国内 30 个单位对渤海、黄海、东海和南海 15 种海产品中 $^{3}H$、$^{14}C$ 等 16 种放射性水平调查中给出的氚含量数据(对有机氚[99])表 8-21 给出了从市场上购到的新鲜鱼、鲜样品所含总氚(有机氚与氚化水)量。分析方法：未经清洗，除去鳞、鳍、内脏和骨刺不可食部分后，直接经高温氧化燃烧生成水，电解浓集和液闪测定。表 8-22 给出了 1982 年到 1985 年卫生部组织的对我国陆产食品放射性调查结果[100]，这里列出了四川、广东、湖北、内蒙古 4 省(区)16 种主要食品的氚含量。分析方法：取 1 kg 洗净，晾干的食品鲜样，通过高温氧化生成水徉，然后电解富集与液闪测量。

**表 8-20 我国海产食品干样有机氚含量(1976 年 10 月—1979 年 10 月)**

| 样品名称 | 采样海区 | 平均含量(TU) |
|---|---|---|
| 牡蛎 | 渤海 | 36±5 |
| 比目鱼 | 渤海 | 26±5 |
| 裙带菜 | 黄海 | 35±5 |
| 乌贼 | 黄海 | 32±5 |
| 紫贻贝 | 黄海 | 23±5 |
| 杂色蛤 | 黄海 | 24±5 |
| 海带 | 黄海 | 72±5 |
| 苣点鲅 | 黄海 | 25±5 |
| 中国对虾 | 东海 | 23±5 |
| 鳓鱼 | 东海 | 27±5 |
| 大黄鱼 | 东海 | 25±5 |
| 紫菜 | 东海 | 91±5 |
| 兰点鲅 | 东海 | 24±5 |
| 红笛鲷 | 南海 | 25±5 |
| 灰星鲨 | 南海 | 17±5 |

**表 8-21 我国海产品中的氚浓度**

| 样品名称 | 大黄鱼 | 白带鱼 | 鲻鱼 | 鲳鱼 |
|---|---|---|---|---|
| 氚水/(pCi/L) | 177±44 | 224±49 | 371±42 | 429±44 |
| 鲜样/(pCi/kg) | 147±37 | 187±49 | 327±37 | 416±42 |

注：1 pCi=3.7×$10^{-2}$ Bq。

**表 8-22 我国陆产食品氚含量调查结果(1982—1985 年)** Bq/kg

| 食品名称 | 四川 | 广东 | 湖北 | 内蒙古 |
|---|---|---|---|---|
| 大米 | <2.20 | 2.30±1.40 | 3.57±0.87 | — |
| 面粉 | 6.75±2.08 | 2.32±2.12 | — | 16.90±0.51 |
| 玉米 | 1.72±1.82 | — | <1.70 | 18.60±0.68 |
| 黄豆 | 2.88±3.39 | 3.14±2.55 | 3.50±1.15 | — |
| 大白菜 | 3.40±0.91 | 3.08±2.68 | 3.09±2.02 | 9.66±1.71 |
| 萝卜 | 2.64±1.50 | 2.58±2.14 | 3.00±2.14 | 17.27±1.07 |
| 土豆 | 6.11±2.41 | 2.52±1.75 | 4.20±1.52 | 17.46±1.62 |

续 表

| 食品名称 | 四川 | 广东 | 湖北 | 内蒙古 |
|---|---|---|---|---|
| 菠菜 | 4.16±1.19 | 3.04±1.03 | 4.67±2.11 | 17.04±1.14 |
| 茄子 | <6.04 | 2.99±2.04 | <2.88 | 16.92±1.15 |
| 红薯 | 3.92±1.79 | <5.53 | 2.20±1.73 | — |
| 鸡蛋 | 4.33±1.73 | 1.97±1.91 | 2.82±1.68 | 25.24±1.14 |
| 牛奶 | 6.80±1.22 | 3.58±2.70 | 2.58±2.36 | 12.42±1.65 |
| 猪肉 | 4.74±1.25 | 2.12±1.36 | 3.73±1.68 | 12.62±0.50 |
| 鲤鱼 | 6.98±2.66 | <2.47 | 4.14±2.08 | — |
| 苹果 | 6.75±2.04 | — | 3.10±1.29 | — |
| 茶叶 | 3.59±2.08 | <2.59 | 2.96±1.26 | — |
| 羊肉 | | | | 11.10±1.02 |
| 牛肉 | | | | 14.84±0.76 |
| 小白菜 | | | | 21.24±2.94 |
| 醋 | | | | 9.30±1.04 |

# 8.4 环境中氚的传输与循环

## 8.4.1 大气中的氚

氚在大气中最重要的气态化合物依次为氚化水蒸气(HTO)、氚化分子氢(HT)和氚化甲烷($CH_3T$)。它们在传输过程中，除被湍流混合稀释外，由大气向其他环境系统的传输将受同一化合物非氚化形态的稀释、改变其化学构成的化学过程和将氚从大气中移去过程的影响。

由于氚水化合物和它们的非氚同类物以近似相同的速率通过环境传输，对于同一交换和反应地址将会互相竞争。若给定同样单位体积空气中的HTO浓度，与处于低湿度的有机物交换的氚将比处于高湿度的多。按此同一方式，若一个化合物是两个不同化学类属的产物，则具有较高氚氢比的该产物类属将比具有较低氚氢比的化合物产物具有较高的比活度。在远离核设施的大气中，HTO、HT和$CH_3T$的比活度被发现分别是16 TU、$10^6$ TU和$4\times10^4$ TU[近似于$1.7\times10^4$、$1.1\times10^9$、$4.3\times10^7$(Bq/g H)]。这就意味着由HT氧化合生成的水将被大气中冷凝的水具有高得多的比活度。当然，只要氢氧化合生成水，它就很快会被大气中大量的水稀释。通过向地表面转移和变成其他化合物的化学转变可以使氚化化合物从大气中移去。后一过程实际上并不能将氚从大气中除去，仅仅是将它转化为其他的化合物形式。唯一能够将氚真正除去的转变是放射性衰变。虽然，化学转变因其能够改变大气和地表面之间的交换速率也是重要的。

研究最深入的涉及氚的大气化学变换是HT气体氧化为HTO。HTO的放射性毒性已知是HT的10 000倍。许多研究的结果表明，空气中元素氢的氧化非常缓慢，其半减期在100年的量级或更长。但Mason和Ostlund估计出大气中元素氚的半减期仅为6.5年[101]。这两种估计值的差别现已得到合适的解释，因为弄清楚了大气中元素氚的半减期受表面吸收控制，而不取决于大气中的氧化。

从大气中移去氚的过程，依赖于该过程是否含有降水而被分为干沉降或湿沉降。降雨中氚的沉积可以是这两种过程的结果。冲洗是在它们形成云时氚掺入进雨滴内的过程，冲刷则涉及降雨穿过烟羽落下时氚加入的过程[97]。在一滴雨珠或其他形式降水中的最大氚浓度可以由气体在溶液中的平衡浓度来确定。只要达到饱和，将不会有更多的氚被降水除去。由于氚化氢比氚化水的溶解度低，所以氚化水的湿沉降比氚化氢要大得多[101]。

氚化气体的干沉降速率受从大气团到地表的扩散和地表面特性决定的过程所影响。在大多数情形，沉降速率受表面过程控制。氚化合物的除去发生在植物，陆地系统的土壤和水系统的表水中。如同在湿沉降中那样，氚化水的干沉降速率也比氚化氢高得多。最终，由于沉降的结果使绝大部分氚从对流层中除去(在氚的滞留时间比对流层里大的同温层中的放射性衰变也是一个因子)。NCRP 第 62 号报告总结了实验的研究结果，估计大气中氚化水的半减期在 21～41 d 之间[74]。假定对流层顶的高度范围取作 12～15 km，该值相当于 0.4～0.8 cm/s 的沉降速度(每单位面积的沉降量除以大气中的浓度)。用同样的方法，由 Mason 和 Ostlund 的工作估计，氚化氢的沉降速度在 0.04～0.05 cm/s 之间[102]。

应当说明，氚化化合物在地表面的沉积并不表示从大气中的永久除去。当烟羽经过一个地区时氚化水被植物或土壤吸收，当烟羽过去后它又将重新进入大气。当大气中的浓度有几天长的时间周期被累积，仅有渗透到根区以下土壤中的或被结合进有机物质中的那部分氚化水，才被从大气中除去。被沉积的氚化氢在地表(大部分在土壤中)被氧化，从这个意义上讲，被沉积的元素氢从大气中除去了[103-105]。虽然由氧化生成的氚化水变成了土壤水的一部分，以这一形式会再进入大气[106-107]。沉降过程是很重要的，因为它影响大气中的浓度，也是氚在大气释放之后进入陆地系统的主要途径。

## 8.4.2 陆地环境中的氚

在下面的讨论里陆地环境是指包含有绝大部分生命有机物的地球大陆表面层。它包括植物遮罩下的大气，植物根系以上的土壤以及在这一层生长的植物，动物和有生物。先逐一介绍它们每一部分对氚传输重要的性质，最后综述陆地系统的整体行为。

### 8.4.2.1 土壤氚

氚进入并在土壤内转移是在重力和毛细管作用的影响下，通过气体扩散和液体水的移动进行的。氚化化合物向土壤内部的扩散会受到土壤表面的植物和任何可生长杂草的阻挡。由于这一原因，氚化水蒸气向一个植被覆盖的土壤内转移通常要比向裸露的土壤内转移慢得多[108-110]。在土壤内气体的扩散是由于充气孔的作用。当然，砂性土壤对于气体扩散比黏土有更开放的结构。在土壤水分含量高的地方，由于受土壤孔隙充水的限制，气体扩散较慢。Garland 曾测量给出裸露土壤中的氚化水沉积速度在 0.09～0.91 cm/s 之间[111]。

氚化氢也能扩散进入土壤，并被溶解在土壤水中。只要氚化氢已穿入土壤，土壤微生物产生一种酶，能够使双原子氢分子里的结合键断裂[112]。并使元素氚氧化为氚化水。在环境中通常发现的氚化氢气体低浓度下，这种氧化反应十分有效。但是由于进入土壤扩散比较缓慢和氢在土壤水中的溶解度低，由大气来源的氚化氢向氚化土壤水的转化速率并不高。在各种天然土壤中测量值的变化范围为 0.001～0.1 cm/s[99,113-115]。

只要氚通过水蒸气扩散、氚化氢转化或直接以氚化水的形式进入土壤，氚化水在土壤中的传输，将同其他水一样经历同样的过程和遵循同样的途径。氚化水将与土壤中的液体水一起被体积流载带，在重力和毛细管张力作用影响下移动。这样使得进入了土壤表面的氚化水向下移动，并逐渐被从上层土壤进入的水置换。尽管氚化水被体积流所载带，由于水在它的转移过程中沿不同的孔隙扩散，在土壤中的水还是有某种程度的混合。某些水比其他水其终端具有较长的流径。这样一些水移动向前，一些水落在后面，并且在含有氚化水土层的任一边缘与水混合。最后，氚化水将移动到植物根系的深度以下，停止与表面的相互作用。

氚化水也通过水蒸气的传输而移动。在固定的温度条件下，水蒸气传输将和液体水一样沿相同的张力梯度发生，因为在孔隙中的平衡蒸气压是持留在其下方水的张力的一个函数。水蒸气压也是土壤温度的函数，且蒸气压梯度使水趋向于由温度高的区域向温度低的区域移动。水蒸气的传输通过土壤中充气的空隙进行。由于在土壤中水蒸气通过扩散传输，氚化水的移动决定于该土壤中两个地方之间氚化水浓度的差别，而不依赖于水蒸气本身的移动。这就意味着氚化水可以由一个氚化水浓度高的区域扩散到氚化水浓度较低的区域，即使那里并没有发生纯的水蒸气传输。

被植物根系吸收的土壤水供给了陆地植物水分的绝大部分。通过植物内部形成的毛细管张力的作用，从根部吸收的水分上升到叶面，最后通过蒸发而被移去[116]。水从土壤取出，被吸收进入植物根，然后沿这一张力梯度向上移动。水由土壤的吸取也是一个体积流的过程，水以根系附近土壤孔隙中氚化水浓度相同的氚浓度转移进入植物。在不同类型的植物之间，生长在不同土壤和气候条件下的同类植物之间，根的深度变化很大。在美国东南部的许多土壤，植物根被结实的次表层黏土阻挡。在具有高渗透性土壤的干旱地区，掘井到 100 多米的深度还可以发现植物的根须[117]。但是对于绝大多数农作物和森林类属，两者的根深在距地表的 1 米之内。土壤中含有许多有机化合物。土壤里的大部分有机氚是由在该土壤中生长的植物带来的。但是也有小量的氚化有机物质是由使用氚化氢作为能源的自养土壤微生物产生的。土壤有机氚的转化对于氚传输的影响与水的传输相比可能是非常小的。实际上，在土壤中发生的最重要的氚化化合物转变是氚化氢氧化成为氚化水[118-119]。

#### 8.4.2.2　植物氚

如同空气的涡流将氚化化合物由大气载带到植物和土壤的表面一样，导致氚化气体沉积的一系列过程中的最初始过程是在流体边界层的湍流扩散。在氚已到达植物的表面后，它必须穿过表面元素的流体边界层。植物的蜡状表面和外皮对于含氚化合物，例如氢、水蒸气或甲烷是惰性的。对这些化合物唯一重要的吸收是在植物内部。进入植物内的通路是通过叶表面上的气孔。气孔的大小依环境而变化。植物的叶子在允许 $CO_2$ 传输进入该叶进行光合作用的同时，还能限制水分的损失。在适当的湿度条件下，气孔将在白天打开，夜间关闭。假若在叶面内的水应力扩展，气孔将关闭以保持水分. 任何氚化气体的扩散都将受到气孔大小的控制。在通过气孔扩散后，气体将进入细胞液汁的溶液里，这些液汁弄湿气孔表面空穴里的细胞表面。

氚化水蒸气在空气中沿着由高浓度到低浓度的梯度方向扩散。水蒸气的梯度同氚化水蒸气的梯度存在相反的方向是可能的，从而导致水由叶面蒸发而氚化水蒸气进入叶面当叶水分的氚化水浓度增加时，叶子将与大气达到一个稳定的状态，使氚化水的净吸收停止。

依赖于叶面上气孔对氚化水吸收速率的控制，叶子可与大气在 0.25～2 h 内达到平衡。当植物的叶子达到稳态时，氚化水对生长植物表面相对大的沉积速度将减小到接近于零[119]。氚化甲烷和氚化氢也进入到叶细胞汁的溶液内[120-121]，由于这两种气体的溶解度低，细胞汁将趋向于在低的内部浓度下饱和。在暴露于这两种气体后植物内很快就可探测到氚化水的事实，说明存在有促进吸收和转化的生理学过程。虽然这一吸收率，与氚化水对植物的沉积率或在土壤中氚化氢向氚化水的转化率相比，不论对那一个都不大[107,121-123]。

氚化水还可以通过土壤水的吸收进入植物。氚由来自土壤水的传输是一个体积流的过程，进入植物的浓度是水分被吸收的各层土壤氚浓度的一个加权平均值。由土壤不同深度吸收水分的相对速度受土壤中持留水的毛细管张力，根密度和深度的影响。大多数植物的根在地表层的几英尺内。在所有深度具有相同的土壤湿气张力下，绝大部分水将来自表层土壤。虽然，当水从表面层移去后，大部分水将会从更下层的土壤陆续得到补充。

陆生植物的总含水量变化很大，由小于 1 克到几千千克。水的质量，相对于水流的速率，在森林和其他大型植物中可以大到足以使氚在这类植物中的滞留时间达数日之久[123-125]。由于氚化水的传输通过体积流，在植物中贮存的效应就表现为土壤和叶子之间的时间滞后。在许多情形里，通过植物器官的水流量是不均匀的。某些器官，例如果实，比根一茎一叶传导系统，具有较慢的换新率，因此需要较长的氚化水换新时间[126]。

人们预期在一个大气排放源的邻近地区，大气和土壤水中将会含有一定量的氚. 在这种情形，植物中平均的氚化水含量应当在空气和土壤水的浓度之间。1977 至 1982 年期间在萨凡那河场地(SRS)收集的环境监测数据，给出的植物中氚化水同空气中氚化水的平均浓度比为 0.77，同根据稳态浓度计算的值 0.82 很好符合[127]。

存在一些机制使氚掺入进有机物质中。松散结合的氢自由基如羟基的交换可以解释受氚化水短期照射期间发生的大多数这种掺合。当环境中的氚化水浓度降低时，大部分这种因交换而掺入的氚又能够逆向失去。将氚掺进植物中滞留时间长的氢的位置上的主要过程是绿叶的光合作用[128]。氚掺入有机物质中的量与氚以氚化水形式从土壤到大气通过植物转移的量相比要小。对于快速生长的作物，被转化为有机物的氢的份额由 0.06%到 0.3%变化[126]。因此，掺入有机物质对于通过环境运动的氚化水的数量几乎没有影响。虽然在处理用植物喂养的生物体中的氚浓度时，需要考虑氚化有机物的成分。进一步讲，在陆地系统中最长的滞留时间可能就同有机化合物相关联[98,130]。

#### 8.4.2.3 动物氚

动物中的氚浓度与植物中的情形相似，其氚浓度是经由某些途径进入和离开动物的氚传输的结果[129]。从被传输水的量来看，动物体内氚化水的主要进入途径是通过饮用水。第二项主要来源是被动物摄入食物中的水。食物中的水主要来自食物中的水分和食物消化和分解代谢产生的水。氚化水也通过呼吸和皮肤吸收同体水份交换。氚化水通过尿和粪便的排泄而离开动物。水离开动物的主要途径是通过排泄。动物体内的水体积和排泄速率是动物万一被污染后确定其体内氚换新时间的主要因子。水的换新速率被发现同变化范围很宽的动物体重密切相关。这种趋势的一个例外是在干旱陆地生活的袋鼠，与它们的体重相比水损失量很小。对于大多数动物类属来讲，水的换新时间小于 10 天。这就是说大多数种类的动物，如同植物一样，将对它们生活环境中氚的逐日变化发生响应。虽然，动物与植物不同，它是可到处活动的，因而将含有在其整个活动区域内平均的水。

通过食物链传输给动物的有机物质中的氚的归宿依赖于含氚化合物的化学构成。在化合物之中可交换的位置及消化与吸收代谢的份额都是可变化量。碳水化合物具有相对大量的可交换位置并且在吸收前被消化分解为许多基本的单元。因此，碳水化合物中的氚可能在消化和吸收期间被丢失掉。蛋白质具有不太容易交换的位置且在吸收前仅被分解为氨基酸。脂类不仅作为能量被完全同化，而且也很少以可交换的形式被吸收。Van den Hoek 等人的研究表明[130]，用含氚饲料喂养生产的牛奶，在被吸收进入消费动物时，脂肪滞留了 90%以上的氚。相反，蛋白质滞留 50%左右，碳水化合物为 25%左右。由于动物有机物质中的氢含量在体水氢含量的 40%范围内，有机物质的氚含量可能成为整个动物总氚含量的一个重要部分。关于氚在动物有机成分中的滞留时间还未进行广泛研究。对于受氚化水照射的人，海洋动物和奶牛的研究表明，存在一个或几个可归因为有机氚的"慢"换新成分，其量级为 100 天至 1 年 [130-132]。

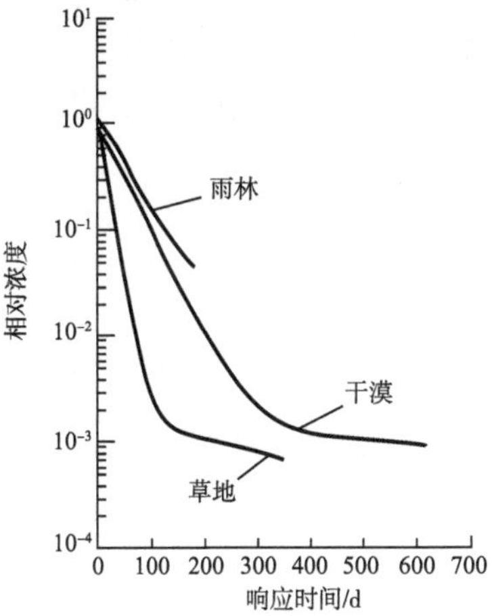

图 8-13　3 种陆地体系对加入到土壤中的气化水的响应比较，植物的浓度受土壤的响应时间控制

### 8.4.2.4　陆池体系中总氚的传输和循环

一般而言，对由几个相互关联的隔室组成的体系，该体系的滞留时间常可用其组成隔室之中最长的滞留时间来确定。对于上述由土壤、动植物构成的陆地体系，在经受最初的照射后，其他系统隔室将由土壤水提供氚化水，整个体系的滞留时间将由土壤中氚化水的滞留时间来确定。Sasser 等人对遭受氚化水照射的不同陆地体系的研究结果如图 8-10 所示[133]。草地与干漠比较具有短的滞留时间是由于较大的降雨量将氚移出了草地土壤的根区。氚化水在热带雨林中的滞留时间受阻滞水由土壤排灌的具有低渗透率的土壤层控制。Miettien 已提出一个由 IAEA 协作计划测量的土壤氚化水滞留时间的报告[134]。对于氚损失的快成分，其半滞留时间由几小时到 14 天变化。较长的成分可能长至数年。

伴随大气释放在森林暴露于氚化水蒸气后，产生的结果有少许差别。一次短期释放导致氚进入植物而不是土壤[110]。在该体系中所有可测量氚的滞留时间小于 1 天。另一方面，在一次氚化氢气体释放后，留在该体系中的绝大部分氚以进入土壤的氚化氢氧化的氚化水的形式。在氚化氢气体释放后在植物中的滞留时间被发现在 10 天的量级，它在土壤中的滞留时间[106]。

对陆地体系慢性释放在该体系组成隔室中产生的平均氚浓度，似乎同稳态的估计值相符合[122]。植物具有土壤水和大气氚浓度之间的氚浓度。植物中有机氚的浓度将接近于用作光合作用来源的植物水中的氚浓度。生活在这一体系中的动物，它们体水分中的氚浓度，将在饮用水摄入和水蒸气吸收之间达到平衡，其中饮用水是最重要的。动物有机物质中的氚浓度将反映食物和体水中的浓度。由萨凡那河场地得到的数据说明，在该设施附近的农场生长动物和植物的平均氚浓度，非常接近于在同一场地测定的空气中氚化水蒸气浓度的平均值[104]。一些研究者已有关于植物和植物性食物有机成分中的氚浓度超过同一植物中自由水氚浓度的报告[98,135-137]。在许多情况下，这些研究已被用于说明氚将在植物中累积或者被有效地浓集。但是这种现象还未在仔细控制的实验里观察到，在与氚化水平衡的条件下生长的植物具有比水稍低的浓度。再则，生长在一个距氚源很远区域里的植物趋向于同它自己环境中的水相平衡[138]。后一结果表明被提高的氚水平或者是由于伴随过去较高的氚照射之后有机物质比水有更慢的换新时间，或者是由于有来自其他来源的高浓度氚吸收而不是由于生物浓集作用[135]。

## 8.4.3 水环境中的氚

水环境包括河流、湖泊和水塘。氚在这些水体中的行为依赖于该体系中过程交换水之间的关系。江河受溪流的支配，其绝大部分水来自该江河流域的降水。穿过一个流域的溪流可以通过许多表面或次表面的途径汇入江河。这种途径有一些具有几个氚放射性半衰期的转运时间。因此，江河水可能具有比降落到该流域的降雨低一些的平均氚化水含量。氚化水随载带它的大量水一同转移。直接附加给一条河流的氚化水浓度由它在该河道中的体积稀释，移流、弥散和湍流扩散过程确定。在一次被氚化水污染的重水事故性排放后，在萨凡那河上的 2 个位置进行的测量表明，峰值氚浓度在 140 km 的江河输运中降低了 43%[140]。

在池塘体系里，直接由于降雨进入和由于蒸发而离开该池塘的水体积可能大于由其他来源的输入和输出。大多数池塘体系通过水面上风的作用能很好地混合且可以用平均氚浓度来表征特性。池塘中的氚浓度可能会受到产生自表面的氚化水蒸气传输情况的很大影响。在许多情况下，氚化水在一个池塘里的滞留时间由水蒸气交换情况确定[141]。

氚化水在湖泊体系中的传输和循环过程包括对溪流和水塘认同的所有过程。江河湖的体系，除了在这些湖的水域有长的转运时间，允许有更好的混和外，其他方面更像湖水一样。与其体积相比水通量小的湖更像一个水塘。许多湖水经受有季节性特征的层次循环。湖水的分层对于减少湖内水层之间的传输有影响，它可以使该湖的一部分同释放进入该湖的氚隔开，也可能由于某些过程使氚从该湖的移出受到限制[139]。由于在湖泊的特性方面变化很大，滞留时间可从几天变化到几年。

### 8.4.3.1 水生物

由于水生物体系几乎全部浸入水中，所以一般具有很高的水交换率。水生物与环境之间的氚化水交换非常快。水生植物组织中氚化水的换新时间在几分钟到几小时的量级[132,142-143]。因此，在释放持续时间大于几小时的所有条件下，组织水浓度同周围环境的浓度是一样的。水生微生物是例外，因它仅是部分地浸没在水中。由于这一特性，它比其他水生植物具有较低的氚浓度[92]。水生物体系中有机氚的来源是氚由氚化水通过光合作用的掺入和对于来自陆地或水中碎屑的吸收。藻类和其他水生植物是通过光合作用结合固定氚的主要来源。如同陆生植物一样，在仔细控制的实验室条件下，生长在氚化水中的水生植物有机物质中的氚氢比近似为 0.8[90]。虽然，藻类可以由环境掺入的有机物质和通过光合作用制造。在这种情形下，藻类有机物质中的氚将是这两种来源的平均值。假若，氚化有机物具有比水高的氚浓度，藻类的有机物质也将具有比水高的氚浓度。这就是在接收含有反应堆水净化树脂废水的小股排出流中发现具有相对高氚浓度微生有机物的原因[116]。

由光合作用或碎屑输入产生的有机氚通过食物链的传输依赖于被消费有机物质的特性[95,143]。生长在氚化水中但用无氚食物喂养的水生消费有机体已发现其有机氚与氢的比值是水中比值的10%～50%。当消费有机体被生长在无氚水中但用含氚的食物喂养时，该消费品的氚氢比达到食物中浓度的50%。为了保证在一个具体的水生体系中所有的有机体与环境处在一个稳定的状态里，很难使实验运行的足够长，并控制的足够好。虽然在最接近达到这种理想情形的条件下，在这些体系中有机体内的氚氢比，一般在环境中该比值的80%～130%变化[104]。不论是在实验室或在天然状况下，没有任何一个这样的体系表明氚在食物链中有明显的生物浓集作用的迹象。

#### 8.4.3.2 在含水体系中总氚的传输与循环

大多数被引入水体的氚化水的滞留时间由江河、湖泊和水塘中水的换新率来确定。在含水体系中只有小部分氚在有机体中。虽然这种氚的某一部分有通过食物链进到人体的可能，但在水体中有生物的氚化水含量将密切跟随水中的浓度。而且有机物质中的氚浓度滞后于水中的浓度[91]。

沉积物中有机物质可能具有较慢的换新速率。Bogen 和 Welford 曾认为[97]，在 Hundson 河底泥沉积物中测量到的高氚浓度可以用当时环境中相对高的氚浓度加以解释，当时底泥沉积物中的有机物质被合成时，正好在核武器试验的氚引入环境之后，而且在沉积物中与有机残渣相关联的氚换新时间又很长。只要有足够长的时间，一个水体系将达到稳定的状态，且该水体系所有的组成部分中的氚浓度将相似于水中氚的浓度，在有机物质中有高浓度氚输入的体系属于例外。在这些体系里，在生物体中稳定的氚浓度是有机物质和水中氚浓度的中间值[144]。没有任何例证可以表明，氚在食物链中有生物浓集作用。

### 8.4.4 地下水环境中的氚

地下水体系指的是地表内从植物根深延伸至基岩的地下水。在水流动不受限制的土壤层内，根区以下水流动的方向一般由上边界或表面向下。当遇上阻挡层时，水将饱和阻挡层以上土壤或岩石里孔隙的空间。这一饱和带的上表面将通过其上的非饱和空隙空间与大气相连，且该饱和带的上表面将处于大气压下这种自由开敞的饱和表面被称为水位。水位以上孔隙的水通过毛细作用力保持在孔隙内且处于与水位表面压力相关的张力下。水位以下的水处于由其上水的质量产生的水压之下。假若产生水位的阻挡层是由水平倾斜的或阻挡层接通地表面，则水位也是倾斜的，在倾斜的方向上导致产生水力头的差别(压力和地势提高的总和)。该水位中的水将从高水力头的区域向低水力头的区域，垂直或水平地流动。

在许多地区，水位以下的区域由一系列导水(蓄水)或滞水流(滞水)的物质层构成．蓄水层可以被水饱和或不饱和，但经常是被饱和的。蓄水层的某些水可以来自通过滞水层的泄漏。在许多情形下，水在它和水位之间没有任何限制层的某一点进入蓄水层。在这种情形下，含有蓄水层的地质层是水位的一部分，且水直接通过水位的流动进入。这些地方常被指定为蓄水层的源区域。蓄水层还可以被江河或湖底下的源区域供给。进入地下水体系的所有氚，几乎都是以氚化水的形式存在。地下水体系中的氚化水，通过容积流由高水力头区域向低水力头区域传输。氚化水通过流体动力扩散的过程被其他地下水稀释，这一扩散过程是机械混合与分子扩散的组合，它使地下水中的氚蔓延到更大的区域。在饱和带里的大部分氚化水与孔隙空间中的容积水相关联，作为地下水体系中一个不活泼、不吸收的组分而运动。

在某些条件下，地下水中的氚可能会与矿物表面水合作用的水相联系。水合水具有一些在地下水中其流动性变化的组分。在环境温度下，很少有氚同水合的水相关。在高温下的掺入与产生紧密结合氚的地下核爆炸有关。这种紧固的水合水的分量对于大多数地下水体系中氚的运动无重要意义。但 Koranda 发现[145]，在太平洋 Proving Grounds 岛的土壤里水合结合水具有相对高的氚浓度，在热核爆炸产生的高温下，那里的氚已变成了固定的。地下水通过蓄水层运动的速度有一个很大的变化范围，通常由 1.5 m/a 到1.5 m/d。在高渗透性的蓄水层里，这一速度可以高达每天几百米。经常在一个给定的地下水体系里具有这种指数分布的渗透性范围，在不了解该体系特性之前很难预测氚在的具体的地下水体系中的弥散和滞留时间。地下水中的氚，仅当该水被用于饮用或灌溉，或者假如载氚的蓄水层露头到表面水体中时，通常才会对人的照射产生贡献。

## 8.4.5 海洋中的氚

广阔无垠的海洋是地球主要的氢贮藏处，对于稀释氚也有巨大的容量。在给定的时间里，绝大多数释放到环境未衰变的氚最后都会集聚到海洋中。氚由陆地源传输进入海洋是通过江河水的排入，陆地空气在大洋面上的对流，沉降以及地下水都可直接排放到海洋中[146]。江河水的排放首先通过在江湾延伸到大陆架上的出海口。河湾的传输部分受该江河的排放速率，部分受该区域内潮汐和沿岸水流的控制。大多数江湾系统水的特征换新时间在数天或数周的量级。大陆架，海湾和入海口之间水的混合受当地的海洋流系统驱动。在许多情形下，这种混合不是连续的，而受诸如风暴等事件驱动。在大多数沿海区域特征混合时间大约在几个月的量级[147-148]。

有关氚在海洋中传输的大部分知识来源于对 20 世纪 60 年代早期核爆炸试验注入到同温层中氚的传输研究。对于进入海洋和对流层中空气氚浓度的协同测量的最初努力指出，在海洋的沉积必定比大陆上大。该推论得到海面上空气的氚浓度小于陆地上这一事实的支持，这就意味着在海洋上它会以较高的速率被移去。最早的这种判断是根据海洋上有较高的降水率。但以后的计算揭示出，进入海洋的大部分氚化水沉积是通过干沉降[146]。氚化水较大的湿的和干的沉降速率是在地球表面释放时大气中的氚化水具有相对短的滞留时间的原因。

氚最初沉积进入海洋的混合层。该层大约厚 100 m，而且在这一深度混合是相对快速的。混合层对于氚有非常大的稀释体积，一个更大的体积存在于混合层之下。氚在海洋中传输的研究已经表明，表面层同深海的混合发生在一些冷的表面水能沉入更深处的地方[149-150]。虽然由表层到深海平均的氚传输相当慢，但在这些地方，氚的传输却十分快。深海的换新时间大约在 100 年的量级或更长些。这意味着，到达深海里的氚，在它重新出现在表层水中时，已可能衰变降到了极端低的水平。

# 参考文献

[1] Tritium in the Environment，NCRP Report No. 61[R]. 1979.

[2] 高岛良正. 环境にわけるトリチウム，昭和 62 年度文部省科学研究费补助金研究成果报告书[G]. トリチウム资料集. 1988：387-445.

[3] 列・阿・连斯基. 氚的物理和化学[M]. 毛世奇，江祖荫，译. 北京：原子出版社 1991.

[4] 联合国环境规划署，国际劳工组织，世界卫生组织. 环境卫生基准(25)：某些放射性核素[M]. 徐根林，莫长耕，昊维皑，译. 北京：中国环境科学出版社，1990.

[5] 辐射防护通讯编辑组. 电离辐射源与效应，联合国原子辐射效应科学委员会(UNSCEAR)1982 年向联合国大会提交的报告及科学附件[Z]. 1982.

[6] 电离辐射源与效应. 联合国原子辐射效应科学委员会(UNSCEAR)2000 年向联合国大会提交的报告及科学附件，卷 1：辐射源[M]. 太原：山西科学技术出版社，2002.

[7] Miskel J A. Production of tritiom by nuclear weapons[M]//Tritiumm. Moghissi A A，Carter M W，Edited. Las Vegas，Nevada：Messenger Graphics，1973：79-85.

[8] Phillips J E，Easterly C E. Sources of tritium[J]. Nucl. Safety，1981，22：612-626.

[9] NCRP Ropert No 47，Tritium measurement Technigues[R]. 1976.

[10] M J Wood，R G C McElroy，R A Surettle，et al. Tritium sampling and Mearement[J]. Health physics，1993，6：610-627.

[11] 杨怀元. 低水平氚测量进展概况[J]. 辐射防护通讯，1983，3：12-19.

[12] Phillips J E，Easterly C E. Cold trapping efficiencies for cold tritiated water entrained in a gaseous sttream[J]. Review of entific Instruments，1982，53(1)：112-114.

[13] 中国辐射防护研究院. HC-3A 空气中 HTO 取样器说明书[Z]. 2011.

[14] 李德平，潘志强. 辐射防护手册(第二分册)[M]. 北京：原子能出版社，北京，1988：210.

[15] Harrison K G，Marshall M，Ryder D J，et al. Recent develop ment in monitoring for tritium in air [C]//4th Intenational Symposium on Radiation Proteetion-Theory and Practice，1989：219-222.

[16] Otlet R J，Walker A J，Coldwell-Nichols C J. Practical environmental，working area and stack discharge samplers，passive and dynamic，for measurement of tritium as HTO and HT[J]. Fusion Technol.，1992，21(2)：550-555.

[17] Miller J M，Verrall D S，MacDonald D S，et al. The critic-Ⅰ irradiation of $Li_2O$ Tritium release and measurement[J]. Fuslon Technol，1988，14(2)：649-656.

[18] Ostlund H G. Sampling systym for atmosphoric tritium gas(HT) and trltiated wator(HTO)[J]. IEEE Trns Nucl. Sci.，1974，21：510-512.

[19] Ostlund H G，Mason A S. Atmospheric triltium 1968-1984，Miami，FL，University of Miami，Rosenstiel School of Miami，Rosenstiels School of Marine and Atmospheric Science，Tritium Labratory Data Report No14[R]. 1885.

[20] Sheehan W E，Carter D C. Mound operational experience with tritium defferenating ethylene glycol air samplers[M]//In wittenberg L J，ed. Tritium Technology in Fission，Fusion and Isotopic Applications. Ohios South Western Ohio Section，ANS U. S. Department of Energy；Document No. CONF-800427[R]. 1980，175-181.

[21] Okai T，Takashima Y. Analytical method for atmospheric tritium with a portable tritium sampling system[J]. J. Radioanalytical，Nucl. Chem，1989，130(2)：399-407.

[22] Grlffin W R, Cachran J A, Bertuccid A A. A Sampler for no aqueous tritium gases[M]//Tritiium. Moghissi A A, Carter M W, eds. Phoenix, A Z : Messenger Graphics, 1973: 533-541.

[23] Straight R J. HT-HTO Sampling at the Nevada Test Site[M]//Behavior of tritium in the environment, proceedings of an Inter national Atomic Energy Agency conference, Vienna-IAEA; IAEA-SM-232/87, 1979: 157-161.

[24] Brown R, Meyer H E, Robinson B, et al. A Ruggerized ultrasensitive field air sampler for differentially determining tritium oxide and gas in ambient air atmosphere[C]//Proceedings, IRPA, 1973: l434-1439.

[25] 杨怀元. 中国核设施与环境的氚监测[C]//中国核科技报告, CNIC-01039, 北京: 中国原子能出版社, 1995.

[26] Wood M J, McElroy R G C. A discriminating bubbler system for HTO and HT measurements, Mississauga, Ontario; Canadian Fusion Fuel Technology project/AECL Report; CFFTP-G-88032/AECL-9723[R]. 1988.

[27] Quaiuttini R J, Graham W R C, Wood M J, et al. Performance of a wetpoofed catalyst in an ambient temperature discriminating tritium sampler[J]. Fusion Technol, 1988, 14(2): 1085-1089.

[28] Brown R M. A Review of tritium dispersal in the environment[C]//Tritium and advanced fuels. in fusion reactors, Proceedings of a course and workshop held by the International School of plasma physics. Uarenna, Italy: commission of the European Communities; EUR 12540, EN. 1989: 557-576.

[29] Brown R M. Environmental tritium in trees. In Behaviour of tritium in the environment[C]//Proceedings of an International Atomic Energy Agency Symposium, San Francisco, CA, IAEA; IAEA-SM-232/44, 1979: 405-418.

[30] Richard W H, Kirby L J. Trees as indicators of Subterranean water flow from a retired radioactive waste disposal site[J]. Health Phys, 1987, 52: 201-206.

[31] Kalisz P J, Stringer J W, Volpe J A, et al. Trees as monitors of tritium in soil water[J]. J. Environ. Quality, 1988, 17(1): 62-70.

[32] Yamada Y, Itoh M, Kiriyama N, et al. Measurement of tritium in tree rings; Isolation of cellulose from wood ohips using explosive depressurization[J]. J. Radioanalytical Nucl. Chem, 1989, 132(1): 169-175.

[33] Kozak K. Tritium and $^{14}C$ in tree rings of the last three decades [J]. Radio Carbon, 1989, 31(3): 766-770.

[34] Hesslein R H. An in situ Sampler for close interval pore water studies [J]. Limnol Oceanogr, 1976, 21(6): 912-914.

[35] Hesslein R H. In situ measurement of pore water diffusion coefficients using tritiated water Can[J]. J. Fish. aquatic Sci, 1980, 37(3)545-551.

[36] Carignan R. In terstitial water sampling by dialysis; Methodological notes [J]. Limnol Oceanogr, 1984, 29(3): 667-670.

[37] Cornett R J, Risto B A, Lee D R. Measuring ground water transport through lake sediments by advection and diffusion[J]. Water Resources Res, 1989, 25(8): 1815-1823.

[38] Momoshima N, Okai Inoue M, Takashima Y. Tritium monitoring around a nuclear power station in normal operation[J]. Appl. Rediat, 1987, 38: 263.

[39] Momoshima N, Nagasato Y, Takashtma Y. A Sensitive method for the determination of tritium in urine [J]. J. Radioanal. Nucl. Chem, 1986, 107: 353.

[40] Albert J C, Pieter J V D, John H. et al. A multivial distillation apparatus for routine tritium urinanal-

ysis [J]. The International journal of applied radiation and isotopes, 1985, 36(5): 408-411.
[41] Eakins J D, Hutchison W P, Lally A E. The radiological hazard from tritium sorberd on metal surfaces [J]. Health phs, 1975, 28: 213-224.
[42] Sencel J R, Gilbert J D, Griesbach O A, et al. TFTR health physics tritium measurements following D-D Operation [J]. Fusion Technol, 1988, 14(2): 1047-1053.
[43] Moghissi A A, Kelley H L, Regnier J E, et al. Low-Level Counting by Liquid Scintillation-I Tritium Measurement in Homogeneous Systems[J]. Int. J. Appl. Radiat Isot, 1969, 20: 145-156.
[44] 中国原子能研究院. 尿中氚的分析方法: EJ/T 1047—1997[S]. 1997.
[45] Hunt J, Bailey T, Reese A. T he human body retention time of environmental organically bound tritium. [J]. Journal of Radiological Protection Official Journal of the Society for Radiological Protection, 2009, 29(1): 23.
[46] Trivedi A, Galeriu D, Lamoth E S. Dose contribution from metabolized organically bound tritium after chronic tritiated water intakes in humans[J]. Health Phys., 2000, 78, 2-7.
[47] R Gonen, R Marco, U German, et al. An Improved Method For Organic Bound Tritium(OBT) Determination Ineurine Sample[J]. Radiation Protection Dosimetry, 2007, 125(1/4): 460-464.
[48] Moghissi A A, Bretthauer E W, Platt W F, et al. Oxygen bomb combustion of environmental and biological Samples for tritium analysis[J]. Int. J. Appl Radiat. Isotopes, 1975, 26: 339-342.
[49] Hisamatsu S, Hashmoto T, Takizawa J. Tritium Concentration in some European foods[J]. J. Radio-anal. Nucl. Chem. letterrs, 1990, 146(4): 245-253.
[50] 海产食品放射性调查编辑组. 海产食品放射性调查[M]. 北京: 原子能出版社, 1983.
[51] 张景源, 诸洪达. 中国食品放射性及所致内剂量[M]. 中国环境科学出版社, 1989.
[52] 陈炳如, 王成莲, 沈毛义, 等, 空气总氚采样器[J]. 辐射防护, 1983, 1.
[53] 中国辐射防护研究院. 有机氚氧化燃烧装置使用说明书[Z]. 2011.
[54] 田军华, 张东, 曾敏, 等. 植物样全氚制样装置的研制与验证[J], 核化学与放射化学, 2010, 32(4227-230)中国工程物理研究院核物理与化学研究所, 四川绵阳.
[55] 林瑞芬. 天然水中氚的测定方法[J]. 地球化学, 1979, 4: 347-351.
[56] 孙繁信, 李彦平. 用电解浓集方法测定水中氚[J]. 辐射防护, 4, 43. 1981
[57] 斋藤正明. 固体高分子电解质を用いたトリチウム电解浓集[J]. Radioisotopes, 1995, 45: 285.
[58] 斋藤正明. 固体高分子电解质方式トリチウム自动浓缩装置的开发[J]. J. Radioisotopes, 1995, 45: 285.
[59] 杨怀元, 温雪莲, 杨海兰, 等. SPE 固体电解质氚水浓集装置及其应用[C]//第 11 届全国核电子学与核探测技术学术年会论文集, 厦门, 2002: 473-476.
[60] 中国辐射防护研究院. DE-2 SPE 自动电解浓集装置使用说明书[Z]. 2006.
[61] ISO. Water quality; determination of tritium activity concentration; liquid scintillation counting method: ISO 9698: 1989[S]. 1989.
[62] ASTM. Standard Test Method for Tritium in Drinking Water: ASTM D4107-98[S]. 1998.
[63] M Gröning, Taylor C B, Winckler G, et al. Sixth IAEA Intercomparison of Low-Level Tritium Measurements in Water(TRIC2000), Isotope Hydrology Laboratory Agency's Laboratories Seibersdorf and Vienna International Atomic Energy Agency Vienna[R]. 2001.
[64] G Ostlund, E M Scott, C B Talor. Fifth IAEA Intercomparison of low-level Tritium measurements in water, Isotope Hydrology section, Divislon of physical and chmical sciences, IAEA, Vienna [R]. 1995.
[65] U Schotterer, H Oeschger. Progress of $^{3}$H Counting in the Low Level Counting Laboratory in Bern

[R]. IAEA-TECPOC-246，1981：7-16.
[66] M. Wolf，w. Ranert，F. Weigel，Low-level measurement of tritium by hydrogenation of propadiene and gas counting of propane，[J]. Int. J. Radiat，Isot，1981，32(12)：918.
[67] T Florkowaski，PULSE-SHAPE DISCRIMINATION IN IAEA TRITIUM PROPORTIONAL COUNTERS，[R]IAEA-TECDOC-246，1981：31-37.
[68] L Eichinger，EXPERIENCE GATHERED IN LOW-LEVEL MEASUREMENT OF TRITIUM IN WATER，[R]IAEA-TECDOC-246，1981：43-65.
[69] W Weiss. A Comparison Between The β-Counting And The He-3 Ingrow Technique For Low-Level Tritium Work[R]. Iaea-Tecdoc-246，1981：191-195.
[70] NCRP. NCRP Report No 62，Tritium in the Environments (National Council on Radtation protection and Measurements)[R]. 1979.
[71] 卫克勤，林瑞芬，王志祥，等. 我国天然水中氚含量的分布特征[J]. 科学通报，1980，10：467.
[72] Begemann F，Libby W F. Continental water balance，ground water inuentory and storage timos，Surface Ocean mixing rates and world-wide water，circulation patterns from cosmic-ray and bomb tritium，Geochim，et Cosmochim Acta，1957，12：277-296.
[73] Tanaka K，Koizumi M，Seki R，et al. Geochemical Study of Arima Hot-Spring Waters，Hyogo，Japan，by Means of Tritium and Deuterium[J]. Geochemical Journal，1984，18：173-180.
[74] Kaufman S，Libby W F. The Natural Distribution of Tritium[J]. Physical Review，1954，93(6)，1337-1344.
[75] Martell E A. On the Inventory of Artificial Tritium and Its Occurrence in Atmospheric Methane[J]. Journal of Geophysical Research，1963，68：3759-3769.
[76] 李振平. 长江水系放射性水平调查及评价[M]. 北京：原子能出版社，1984.
[77] 高平印，董峰，兰州几种水样中氚含量分析，[J]. 辐射防护通讯，1986，4：36.
[78] 高平印，董峰. 兰州几种水样中氚含量分析[J]. 辐射防护通讯，1986，4：36-38.
[79] 唐贞信，金应龙，李桂荣. 环境氚的调查与制量估算[J]. 中华放射医学与防护杂志，1988，8(4)：251-253.
[80] 三宅泰雄，岛田利夫，川村清，等. 地上大气のとトリチウム含量と气象との关系[J]. 地球化学环境问题特别号，1975：131-135.
[81] Kigoshi K，Yoneda K. Daily variations in the tritium Concentration of atmospheric moisture[J]. J. Geophys，Res，1970，75：2981-2984.
[82] Mason A S，Hut G，Telegadas K. Stratospheric HTO and $^{95}Zr$ residence times[J]. Tellus，1982，34：369-375.
[83] 岩仓哲男. トリチウムトの环境にわける举动と人体への线量评价[Z]. 日本原子力学会志，1982：24.
[84] 浙江省环境放射性监测站. 1992 秦山核电厂外围环境监督监测结果年报[R]. 1993.
[85] Fireman E L，Rowland F S. An additional measurement of the tritium concent of atmospharic hydrogen of 1949[J]. J. Geophys Res.，1961，66：4321.
[86] Haines A，Musgrave B C. Tritium content of atmospheric methane and ethane[J]. J. Geophys Res.，1968，73：1167-1173.
[87] Burger L L. Distribution and reactions of tritiated hydrogen and methane[R]//Behavior of tritiated hydrogen and methane in the environment[R]. IAEA/STI/PUB498，IAEA，Vienna，1978：47-64.
[88] Khalil M A K，Rasmussen R A. Sources，Sinks，and Seasonal Cycles of atmospheric Methane[J]. J. Geophys Res.，1983，88，5131-5144.

[89] Sheppard J C, Westberg H, Hopper J F, et al. Inventory of atmospheric methane Sources and their production rates[J]. J. Geophys Res., 1982, 87, 1305-1312.

[90] Kirchmann R, Bonotto S, Soman S D, et al. Transfer and incorporation of Tritium in aquatic organisms[R]//Behavior of Tritium in the Environment. IAEA/STI/PUB 498, Vienna, 1979: 187-204.

[91] Adams L W, Peterle T J, White G C. Tritium behavior in aquatic plants and animals in freshwater marsh ecosystem[R]//Behavior of Tritium in the Environment. IAEA, Vienna, 1979: 231-245.

[92] Blaylock B G, Frank M L. Distribution of tritium in a chronically contaminated lake[R]//Behavior of Tritium in the Environment. IAEA, Vienna, 1979: 247-256.

[93] Strack S, Kistner G, Emeis C C. Incorporation of Tritium into planetonic algae in a continuous culture under dynamic conditions [R]//Behavior of Tritium in the Environment. IAEA, Viene, 1979: 219-230.

[94] Krishnamoorthy T M, Iyengar T S, Sooman S D, et al. Behavior of Tritium in the plant domain[R]// Behavior of Tritium in the Environment. IAEA/STl/PUB 498, IAEA Vienna, 1979: 385-403.

[95] Bruner H D. Distribution of Tritium between the hydrosphere and invertebrates [M]//Tritium. Moghissi A A, Carter M W, Edited. Las Vegas, Nevada: Messenger Graphics, 1973: 303-314.

[96] Garland J A, Ameen M. Incorporation of Tritium in grain plants[J]. Health phys, 1979, 36: 35-38.

[97] Bogen D C, Welford G A. Fallout tritium distribution in the environment[J]. Healthphys., 1976, 30: 203-208.

[98] Stewart G L, Wyerman T A, Sherman M, et al. Tritium in pine trees from selected Locations in the United States, including areas near nuclear facilities[Z]. U. S Ged. Survey prof paper 800-B, 1972: B265-B271.

[99] 海产食品放射性调查编写组. 海产视频放射性调查[M]. 北京：原子能出版社，1983.

[100] 张景源，诸洪达. 中国食品放射性及所致内剂量[M]. 北京：中国环境科学出版社，1989.

[101] Sweet C W, Murphy C E. Tritium deposition in pine trees and soil from atmospheric releases of molecular tritium[J]. Environ, Sci. Technol. 1984, 18: 358-361.

[102] Mason A S, Ostlund H G. Atomospharic HT and HTO: V. Distribution and Large-Scale Circulation[R]//Behaviors of Tritium in the Environment. IAEA/STL/Pub 498, IAEA, Viena, 1979: 3-16.

[103] Chamberlain A C, Eagleton A E J. Washout of tritiated water vapour by air[J]. Int. J. Air water pollut, 1964 8: 135.

[104] Murphy C E, Jr Bauer L R, Hayes D W, et al. Ttitium in the Savannah River Site environment, Savannah River Site, Aiken, SC: Westinghouse Savannah River Company; WSRC-RP-90-424-1 [R]. 1991.

[105] Ehhalt D H. On the uptake of tritium by soil water and groundwater[J]. Water Resour. Res, 1973, 9: 1073-1074.

[106] Murphy C E, Jr Watts J R, Corey J C. Environmental Tritium transport from atmospheric release of molecular tritium[J]. Health phys, 1977, 33: 325-331.

[107] McFarlane J C, Rogers R D, Bradley D V. Environmental tritium oxidation in surface[J]. Env. Sci. Technol., 1978, 12: 590-593.

[108] Kirchmann R, Gerber G B, Fagniart E, et al. Accidental Release of Elemental Tritium Gas and Tritium Oxide: Model and in Situ Experiments on Various Plant Species[J]. Rad. Dosimetry, 1986, 16: 107-110.

[109] Belot Y, Guenot J, Caput C. Emission to Atmosphere of Tritiated Water Formed at Soil Surface by

Oxidation of HT[J]. Fusion Technolosy, 1988, 14: 1231-1234.
[110] Sweet C W, Murphy C E Jr, Lorenz R E. Environmental Tritium From an atmospheric Release of Tritiated Water[J]. Health Phys, 1983, 44: 13-18.
[111] Garland J A. Transfer of Tritiated Water Vapour to and From Land Surface[R]//Behaviour of Tritium in the Environment, Vienna; IAEA, IAEA-SM-232/74, 1979: 349-358.
[112] Schlegel H G. Physiology and Biochemisty of Knallgas-Bacteria[M]//Lowen Stein O. ed Advances in Comparative Physiology and Biochemistry, Vol. 2. New York: Academic Press, 1966: 185-236.
[113] Dunstall T G, Ogram G L, Spencer F S. Elemental tritium deposition and conversion in the terrestrial environment[J]. Fusion Technology, 1985, 8: 2551-2556.
[114] Foerstel H, Trierweiler H, Lepa K. Confirmation of Laboratory Results by HT Release under Field Conditions: HT Deposition Velocity and Reemission[M]//Desmet G, Ed. Reliability of Radioactive Transfer Model. London: Elsevier Applied Science, 1988: 46-53.
[115] Taechnor M, Wiener B, Bunnenberg C. HT Dispersion and Deposition in Soil After Experimental Releases of Tritiated Hydrogen [J]. Fusion Technology, 1988, 14: 1264-1273.
[116] Kramer P J. Plant and soil Water Relationships [M]. New York: MeGraw-Hill Book Co., Inc., 1969.
[117] Phillips W S. Depth of Roots in soil[J]. Ecology, 1963, 44: 424.
[118] Watts J R, Murphy C E Jr. Assessment of Potential Radiation Dose to Man From an Acute Tritium Release into a Forest Ecosystem[J]. Health Phys, 1978, 35: 287-292.
[119] Brown R M, Ogram G L, Spencer F S. Oxidation and Dispersion of HT in the Environment: The August 1986 Field Experiment at Chalk River[J]. Health Phys, 1990, 58: 171-181.
[120] Mason B J, Hop H M, Miller C L. Transfer of Tritium From Methane to Vegetable[M]// Moghissi A A, Cater M W, eds. Tritium. Phoenix, A. Z: Messenger Graphics, 1973: 455-461.
[121] Kramer P J. Plant and Soil Water Relationships [M]. New York: MeGraw-Hill Book Co. Inc., 1969.
[122] Murphy C E Jr. Controlled Environmental Estimates of HT Uptake by Vegetation[C]//Proceedings of Third Japan-US Workshop on Tritium Radiobiology and Health Physic. Institute of Plasma Physics, Nogoya, Japan, Nogoya University, 1989, 64-58.
[123] Jordan C F, Koranda J J, Kline J R, et al. Tritium Movement in a Tropical Ecosystem [J]. Bioscience, 1970, 20: 807-812.
[124] Kline J R, Martin J R, Jordan C F, et al. Measurement of Transpiration in Tropical Trees with Tritiated Water [J]. Ecology, 1970, 51: 1068-1072.
[125] Luvall J C, Murphy C E Jr. Evaluation of the Tritiated Water Method for Measurement of Transpiration in young Pines Taeda L[J]. Forest Science, 1982, 28: 5-16.
[126] Dinner P D, LGorman D J, Spenter F S. Tritium Olynamics in Vegetables: Experimental Results [C]//Tritium Technology in Fission, Fusion and Isotopic Applications, Dayton, OH: American Nuclear Society, 1980.
[127] Murphy C E Jr. The Relationship Between Tritiated wator Activities in Air, Vegetation and Soil Under Steady-State Conditions[J]. Health Phys, 1984, 47: 635-639.
[128] Moses V, Calvin M. Photosynthesis Studies With Tritiated Water[J]. Biochimica et Biophysica Acta, 1959, 33: 297-312.
[129] Guenot J, Belot Y. Assimilation of $^{3}H$ in Photosynthesizing leaves Exposed to HTO [J]. Health Phys, 1984, 47: 849-855.

[130] Van den Heek, Kirchmann R, Juan N B. Transfer and Incorporation of Tritium in Mamals [R]//Behavior of Tritium in the Environment. Vienna IAEA; IAEA-SM-232/74, 1979: 433-444.

[131] Sanders S M, Reinig W C. Assessment of Tritium in Man[C]//In Proceedings of a Symposium held at Richland, WA, 1967. Holland; Excepta Metica Foundation, 1969.

[132] Harrison F L, Koranda J J, Tucker J S. Tritiation of Aquatic Animals in an Experimental Merine Pool[M]//Moghissi A A, Carter M W, ed. Tritium, Phoenix, AZ: Messenger Grapbics, 1973: 363-378.

[133] Sasser D S, Joldan C F, Kline J K. Dynamic Model of Water Movement Soil Under Various Climatological Conditions[M]// Moghissi A A, Carter M W, eds. Tritium, Phoenix, AZ: Messenger Graphics, 1973: 485-495.

[134] Miettinen J K. Transfer and Uptake Mechanism of Tritium in soil[R]//Behavior of Tritium in the Environment, Vienna : IAEA, INEA-SM-232/74, 1979: 339-347.

[135] Murphy C E Jr, Pendergast M M. Environmental Transport and Cycling of Tritium in the Vicinity of atmospheric Releases[R]// Behavior of Tritium in the Environment Vienna: IAEA, IAEA-SM-232/74, 1979: 361-372.

[136] Belloni P, Clemente C F, Dipietro S, et al. Fallout Tritium Levels in Environmental and Biological Samples in Italy[C]//Radiation Protection. European Seminar in the Italy. Radiation Protection, European Seminar on the Risks form in Tritium Exposure, Luxembourg, EUR 9065, EC, 1984: 51-53.

[137] Belot Y, Caput C, Gauthier D. Distribution of the Organically Bound Tritium in Vegetation Exposed to Fall-Out[J]. Radiation Prot. Dos., 1986, 16, 111-113.

[138] Hisamatsu S, Sakanoue M. Transfer of Fallout $^{3}H$ From diet to Human in Akita; Japan[C]//Third Japan-US Workshop on Tritium Radiobiology and Health Phys. LS, Kyoto, Japan, Institute of Plasma Physics, Nagoya, Japan, Nagoya University, 1989: 88-93.

[139] Thibodeaux L J. Chemodynamics, Environmental Movement of Chemicals in Air, Water, and soil [M]. New York: John Wiley&Sons, Inc., 1979.

[140] Buckner M R, Hayes D W. Pollutant Transport in Natural streams[J]. Computational Methods in Nuclear Engineering. Charleston, SC: ERDA, CONF-750413, 1975: 120-123.

[141] Horton J H, Corey J C, Wallace R M. Tritium Loss from Water Exposed to the Atmosphere[J]. Envir. Sci. &Tech, 1971, 5: 338-343.

[142] Morgan T J, Landolt R R, Hamelink J. Behavior in Tritium in Fish Following Chronic Exposure [M]//Moghissi A A, Carter M W, eds. Tritium. Phoenix, AZ: Messenger Graphix, 1973: 378-381.

[143] Blaylok B G, Hoffman F O, Frank M L. Tritium in the Aquatic Environment[J]. Rad. Prot. Dosimetry, 1986, 16: 55-71.

[144] Kirchmann R, Meurice-Bourdon M, Fagniart E, et al. Purification Resins in Reactor Circuits as Source for Organic Tritium, [J]Rad. Prot. Dosimetry, 1986, 16: 45-48.

[145] Stewart G L. The Behavior of Tritium in the Soil[M]// Moghissi A A, Carter M W, eds. Tritium, Phoenix, AZ: Messenger Graphics, 1973: 455-461.

[146] Koranda J J. Preliminary Studies of the Persistence of Tritium and $^{14}C$ in the Pacific Proving Ground [J]. Health Phys, 1965, 11: 1445.

[147] Weiss W, Roether W D, Dreisigacker E. Tritium in the North Atlantic Ocean: Inventory, In-put and Transfer into Deep Water[R]//Behavior of Tritium in the Environment. Vienna IAEA; IAEa-SM-

232/74，1979：315-334.

[148] Hayes D W. Tritium in the Savannah River Estuary and Adjacent Marine waters[R]// Behavior of Tritium in the Environment. Vienna：IAEA，IAEA-SM-232/74，1979：271-280.

[149] Hetherington J A，Robson J C. An Assessment of the Radiological impact of Tritium Released to Sea From the Windscale Fuel Element Reprocessing Plant[R]//Behavior of Tritium in the Environment. Vienna：IAEA；IAEA-SM-232/74，1979：283-299.

[150] Mickel R L. Tritium Inventories of the Oceans and their implications[J]. Nature，1976，263：103-106.

[151] Ostlund H G，Fine R A. Oceanic Distribution and Transport of Tritium[R]// Behavior of Tritium In the Environment. Vienna：IAEA；IAEA-SM-232/74，1979：303-311.

# 第 9 章　氚释放的环境影响与评价方法

## 9.1　氚释放与环境氚的关系

核设施经烟囱向大气排放的氚，造成了它周围环境氚浓度的升高。影响程度依赖于排放物的化学形态(HTO、HT 等)、释放率(Ci/s)、排放口的有效高度、气象条件、至排放源的距离及地形地质和植被情况而变化。以下就氚释放率与环境介质样品的浓度之间的关系加以说明，其解释不一定是单一方面的。

### 9.1.1　氚释放强度与设施边界大气中浓度的关系——稀释系数

大气中$^3H$浓度($X$，$Ci/m^3$)的长时间平均值同排放源$^3H$释放率($Q$，Ci/s)保持一定关系，其比值$K_d=X/Q$称为稀释系数。就一些国家发表的资料，表 9-1 中列出了在加拿大 Ontario Hydro 皮克林核电站场界评价所使用的稀释系数，其 8 年时间的平均值为 $4.4\times10^{-7}$ $s/m^3$[1]。加拿大乔克河国立研究所的 NRX－NRU 反应堆标高为 100 m 的烟囱排放口释放率为 504 TBq/a 时，在其西北西 6 km 的场地边界的稀释系数为 $6.4\times10^{-7}$ $s/m^3$[2]。日本原子能研究所的情形，邻接的 JRR-2 和 JRR-3 反应堆烟囱释放率为 1.2 TBq/a 时，在它西南 0.5 km 的场地边界，设施排放产生的大气平均浓度为 0.29 $Bq/m^3$，稀释系数为 $7.7\times10^{-6}$ $s/m^3$[3]。它的稀释倍数比上面加拿大的例子里的值要小，这是因为它的烟囱高度低(40 m)近距离评价的原因。

表 9-1　Pickring 核电厂测定的氚长期释放的大气稀释系数

| 年份 | 场地边界平均浓度/($Ci/m^3$) | 氚排放速率/(Ci/s) | 稀释系数 $K_d$/($s/m^3$) |
|---|---|---|---|
| 1975 | $1.0\times10^{-10}$ | $6.4\times10^{-4}$ | $1.6\times10^{-7}$ |
| 1976 | $2.1\times10^{-10}$ | $7.7\times10^{-4}$ | $2.7\times10^{-7}$ |
| 1977 | $6.2\times10^{-10}$ | $1.4\times10^{-3}$ | $4.4\times10^{-7}$ |
| 1978 | $4.0\times10^{-10}$ | $8.2\times10^{-4}$ | $4.9\times10^{-7}$ |
| 1979 | $6.7\times10^{-10}$ | $9.8\times10^{-4}$ | $6.8\times10^{-7}$ |
| 1980 | $3.9\times10^{-10}$ | $5.8\times10^{-4}$ | $6.7\times10^{-7}$ |
| 1981 | $1.8\times10^{-10}$ | $5.1\times10^{-4}$ | $3.5\times10^{-7}$ |
| 1982 | $2.5\times10^{-10}$ | $9.7\times10^{-4}$ | $4.4\times10^{-7}$ |

注：1 Ci=$3.7\times10^{10}$ Bq，平均值=$(4.4\pm1.8)\times10^{-7}$。

### 9.1.2　$^3H$释放率与大气水蒸气及降水中$^3H$浓度的关系

在大气排放源下风向任意地点，降水中的$^3H$浓度或沉降量，是$^3H$排放率、风速、距离和降雨频度等参数的函数，可以用沉降常数的推定值进行估算[4]。用每月降雨中氚的监测结果可以对这一关系进行验证[5]。只要已知排放率和气象条件，$^3H$浓度就可以根据大气扩散方程式计算出来。由此，即使是在晴雨混合气象条件下一个月长的监测周期，依据适用于两者的关系式，虽然可以导出任意地点大气(水蒸气)和降雨中氚浓度比的月平均值，但实际上这样做的不多。这种定量评价的实际困难是，一旦$^{3}$H 沉降到地上，由于其后存在不断的重复蒸发扩散与沉降过程，所以必须考虑它对大气中$^{3}$H 浓度所产生的长期影响。因此，降雨和大气水蒸气中氚浓度的比值用个别的观测值确定就可以了。再说，大气中的浓度由水蒸气的浓度、相对湿度和气温就可以计算出来。以下就一些具体例子来说明所观测到的降雨和大气水蒸气之间的氚浓度比。

图 9-1 给出了加拿大 NPD Rolphton 核电厂的年排放率和在该设施边界大气和降水中氚浓度年平均值随时间的变化。可以看出它们之间具有良好的相关性。由大气浓度除以排放率得到的稀释系数，约为 $5\times10^{-7}$ s/m$^{3}$。而降水中的浓度约为大气水蒸气浓度的 1/2[1]。图 9-2 为日本原子能研究所 1984 年 4 月到 1985 年 3 月间所观测的水蒸气与月降雨浓度结果，其年平均值，降雨中的氚浓度约为水蒸气中的 1/2[3]。在主风向下风处的设施边界附近，降雨与水蒸气的浓度比如此一致地显示一个定值，说明具有相当好的普遍性。这一比值，从降雨通过含有氚的烟羽时水蒸气与雨滴之间在通常气象条件下发生的同位素交换反应的速度来看，比预期的值要大许多。这一现象的真正原因目前还不很清楚，对地表附近大气水蒸气的浓度，是否长时间受沉降地表后再蒸发产生氚的影响还不甚了解。但无论如何，由降雨与水蒸气的浓度比显示某个确定值这一事实，就可理解监测降雨的重要意义了。

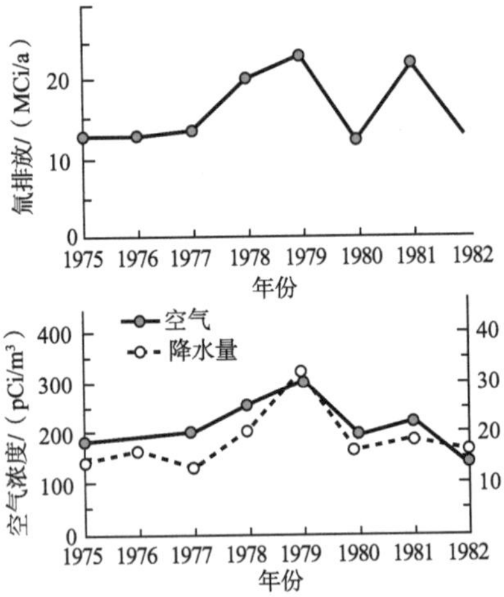


图 9-1 NPD Rolphton 在设施边界实际释放空气和降雨中的平均氚浓度

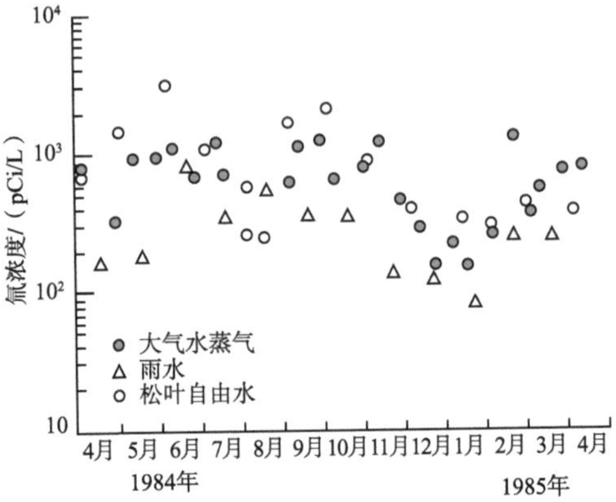


图 9-2 日本原子能研究所，MP-7 监测站大气水蒸气，降雨和松叶自由水中氚浓度随时间的变化

## 9.1.3 对地下水的影响

降雨中的氚浓度，由图 9-3(a)所示的是在日本原子能研究所附近东海村的观测结果，可看出随大气排放源的距离增加而急剧减少。地下水的大部分是该区域地表面沉降雨水直接渗透的结果。浅层地下水中的氚浓度，也随排放源的距离减少，其下降的方式，预期同降雨的情况相似。图 9-3(b)给出了在沉降雨区域对地下水样测定的结果，说明实际

情况也是如此。图 9-3 中的数据，是在 1983 年 1—6 月观测的，这一期间由主排放源$^{3}H$的释放率为(41～204 GBq/月)。同地域内 10 m 左右浅层地下水中$^{3}H$ 的等浓度线测绘如图 9-4 所示。由该图可以看出，地下水由排放设施地势较高的地段向较低的新川流域移动。对于这种地下水的监测，了解由地质构造决定的滞留深度，由地形决定的流向，对于制订取样计划是重要的。

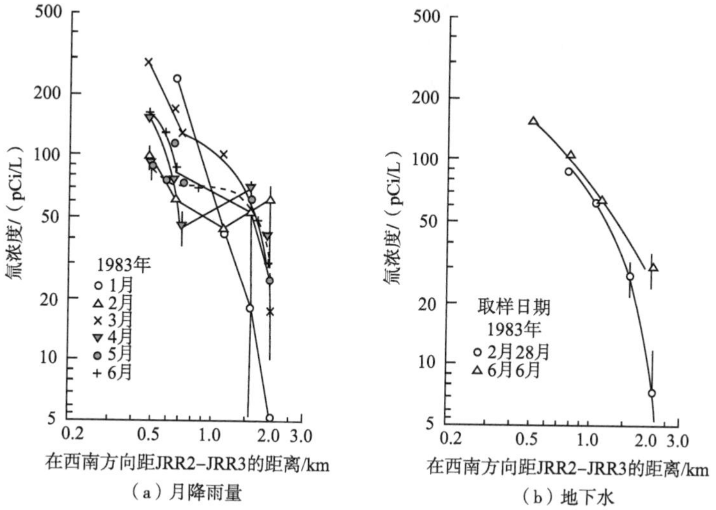


图 9-3　月降雨和地下水的氚浓度与排放源距离的关系

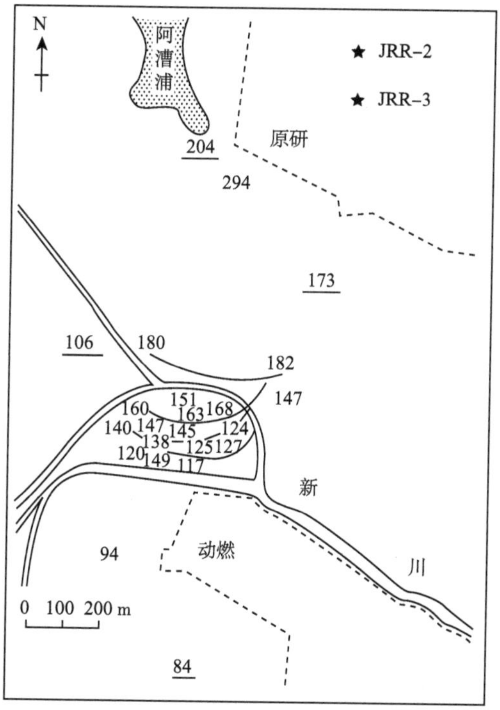


图 9-4　核设施周围浅层地下水中氚的浓度分布

## 9.1.4 对植物的影响

美国萨凡那河工厂(SRP)测定的大气中水蒸气、植物水分、雨水的年平均浓度和植物与水蒸气浓度比及依据模型的推定值值列于表 9-2。只要假定土壤水分的氚浓度与降雨中的相同，可看出植物受到大气中$^3$H 浓度的强烈影响[3]。由前面图 9-2 所示的日本原子能研究所观测例一年的平均值比较，也明显可看出雨水<水蒸气<植物水分，植物水分中的氚浓度最高。植物叶簇水分中的$^3$H 浓度，同时受大气水蒸气和土壤水分中$^3$H 浓度两者的影响。这种情况下可能会推定认为土壤水分的氚浓度比水蒸气的值要更高。这一事实表明，为了弄清植物叶面$^3$H 的行为，有必要监测大气水蒸气和植物根系土壤水分中的$^3$H 浓度。

**表 9-2 萨凡那河工厂附近大气、植物和雨水中的氚浓度的观测与推定值[416]**

| 年份 | 空气中氚浓度/(pCi/mL) | 植物中氚浓度/(pCi/mL) | 降雨中氚浓度/(pCi/mL) | 植物/空气中氚浓度比值 | 估计比值 |
|---|---|---|---|---|---|
| 1977 | 4.1 | 1.8 | 1.5 | 0.44 | 0.79 |
| 1978 | 4.2 | 3.4 | 2.2 | 0.81 | 086 |
| 1979 | 3.7 | 3.7 | 1.7 | 1.0 | 0.83 |
| 1980 | 4.2 | 6.1 | 2.0 | 1.5 | 0.84 |
| 1981 | 3.6 | 3.0 | 1.6 | 0.83 | 0.82 |
| 1982 | 5.9 | 2.6 | 2.5 | 0.44 | 0.81 |
| 平均 | 4.3 | 3.4 | 1.9 | 0.77 | 0.82 |

图 9-5 给出了 1978 年氚释放率分别为 660 TBq 的 CRNL 和 733 TBq 的 NPD 加拿大两个核电厂周围观测白杨树叶水分中氚的等浓度线[5]。显示出因风向指向渥太华峡谷，氚浓度也沿该方向扩散分布。由此可以看出，植物水分中$^3$H 的监测对于了解核设施周围环境的污染状况是极为有效的。

$^3$H 同构成植物组织的碳原子结合，转换为组织结合型氚(TBT)后就变得难以失去，在植物中的滞留时间变长。另一方面，由于组织自由水氚(TFWT)的滞留时间较短，在污染后 TBT/TFWT 的浓度比值虽然比 1 要小得多，但随时间推移而变大，最终变为比 1 大的值。在西德对 KfK 研究所重水堆释放出的水蒸气形态$^3$H 缓慢污染环境下树龄约为 50 年的山毛榉树叶中$^3$H 的情况进行了调查，在相当于叶子生长期的 5—11 月间，对水蒸气、树叶的水分和组织结合成分各种形式$^3$H 连续监测的结果，如图 9-6 所示[7]。在叶的生长初期，TFWT 和 TBT 的浓度虽然大体相等，TFWT 浓度在经过一段时间的大幅度变化后，以大体一定的水平推移，而 TBT 浓度以较小的幅度变化，一直在缓慢地增高，在成长末期的落叶前达到 TFWT 浓度的 3～4 倍。日本东海村同一地点数年期间松叶中的 TBT 与 TFWT 浓度的观察结果如图 9-7。在该范例中 1982 年得到的 TBT/TFWT 浓度比值约为 2，1985 年约为 1。图 9-8 显示了 TFWT 和 TBT 浓度都同释放率有良好的相关关系[8]。这种组织结合型氚 TBT，因滞留时间长，可以考虑将树木年轮中的 TBT 浓度测定用于推定核设施周围环境过去的污染状况。

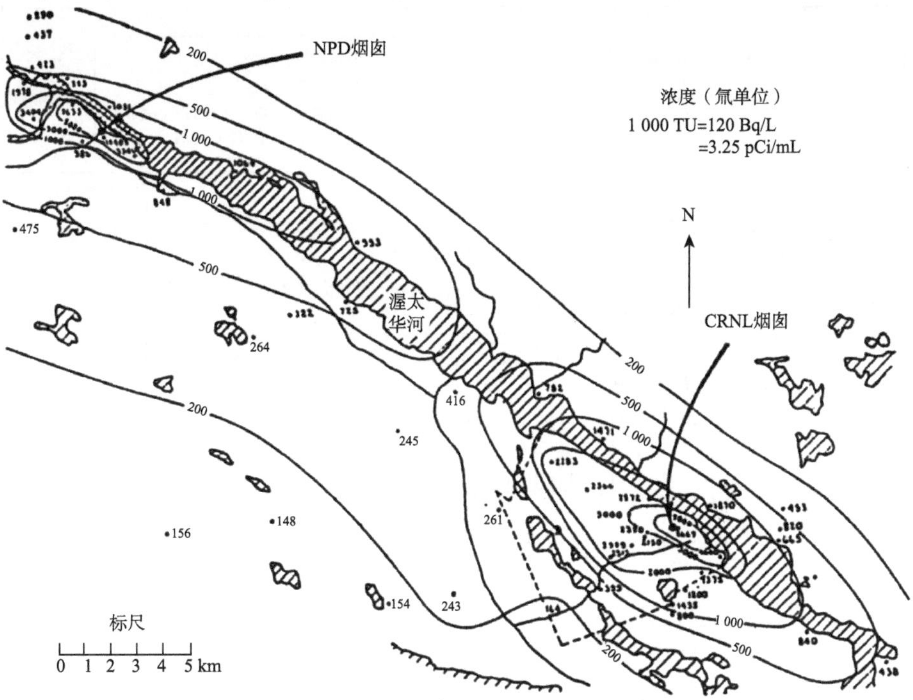


图 9-5　加拿大恰克河原子能研究所与安大略水电 WPD 核电厂周围附近白杨树叶水分中氚浓度的分布(Brown，1979)

由于松树在各地普遍生长，不问季节可随时采集松叶，且松叶中的水分和有机成分中的$^3$H 浓度与$^3$H 的释放率有明确的相关关系，所以松叶常被作为$^3$H 的指示植物，用以推定过去数年环境的污染水平或事故性释放污染的范围[6]。

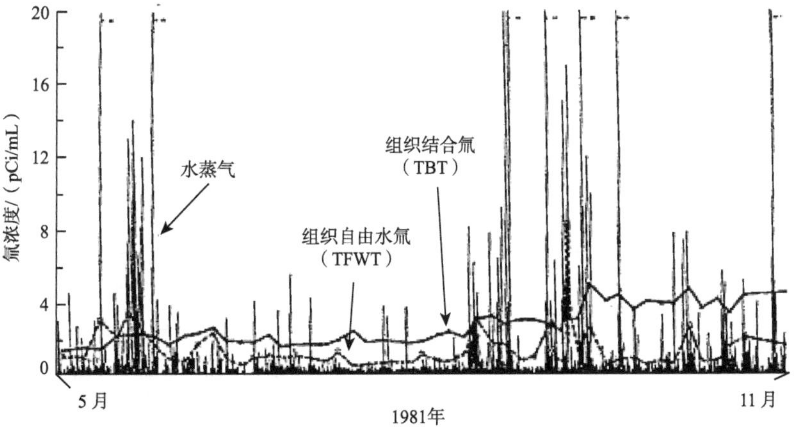


图 9-6　德国 KfK 实验室大气水蒸气、山毛榉树叶水分(TFWT)和组织结合氚浓度的逐月观测值

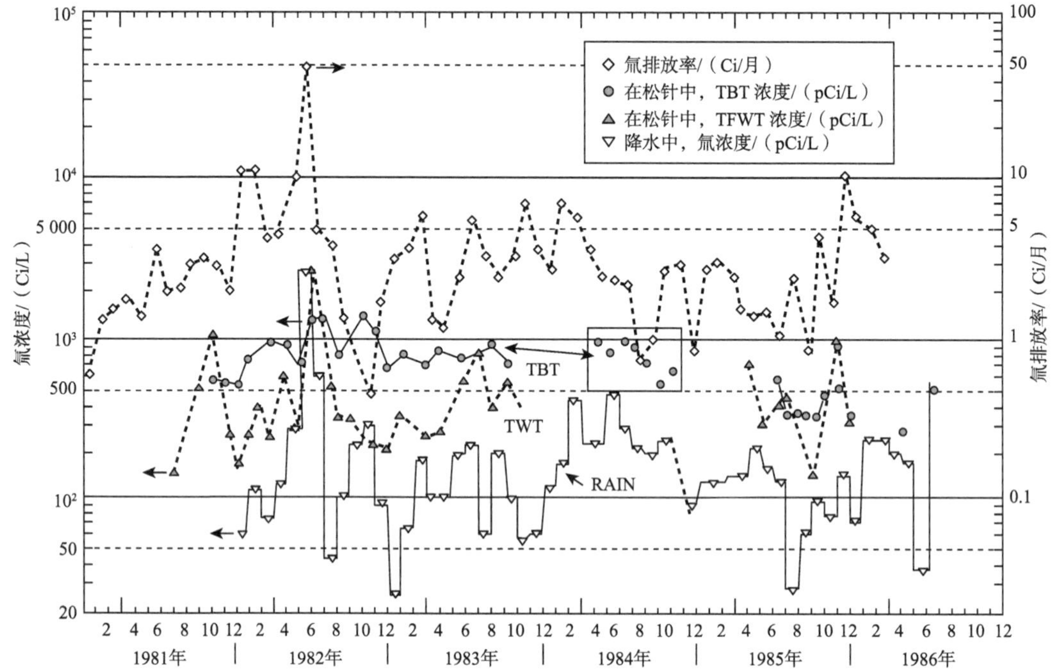


图 9-7 日本东海村松叶的水分、组织结合成分及月降雨氚浓度的同时观测值(1 pCi＝3.7×10⁻² Bq)

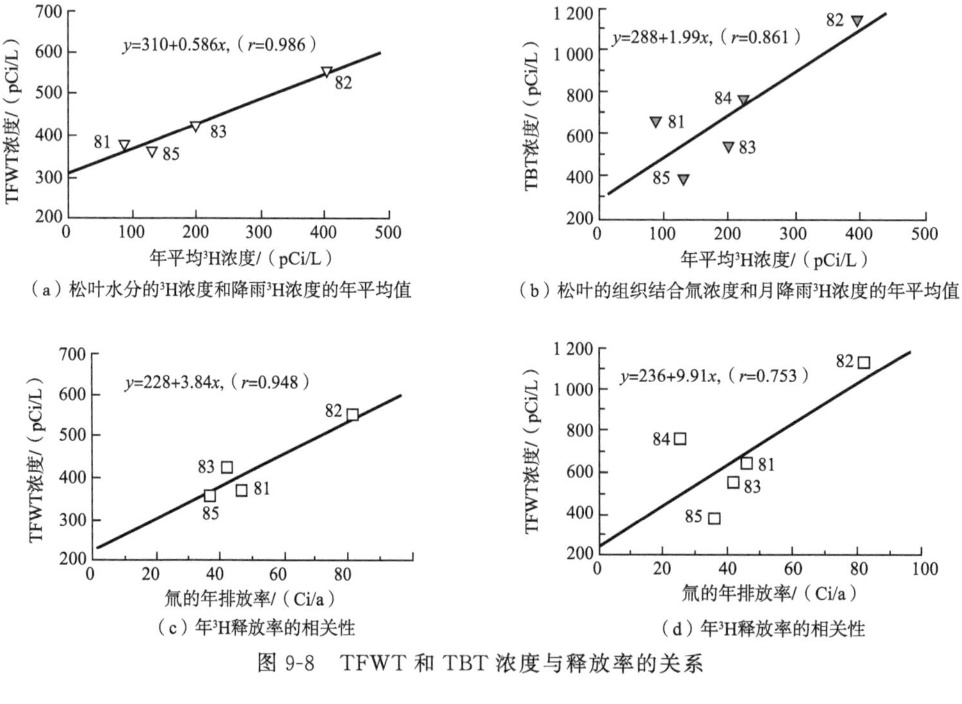


图 9-8 TFWT 和 TBT 浓度与释放率的关系

### 9.1.5　对土壤的影响

土壤不仅是释放进入大气中的水蒸气形式氚(HTO)，而且也是元素态 HT 的贮留场所，因而进行监测是非常重要的。大气中的 HTO，无论是在晴天时依赖于凝结或同位素交换反应的干沉降，还是在降雨时一段时间的湿(冲洗)沉降，最后都滞留在土壤表面。释放后在大气中扩散移动的 HT 接触到土壤表面后，由于土壤中微生物的作用被氧化的大部分，在一段时间内以 HTO 的形式滞留在土壤表面(直至深约 10 cm)。在室外观察到的 HT 沉降速度，在生物活性高的地方，年平均值范围 0.01～0.034 cm/s，也有报告 0.05 cm/s 的。该值为 HTO 沉降速度的 1/10～1/20。由此可见，假定 HT 的大气释放率是 HTO 的 20 倍高，两者就有可能对土壤产生相同程度的 $^{3}H$ 污染。再说由于 HT 比 HTO 在土壤中容易扩散，到达更深部转变为 HTO，可能更长期地贮留在土壤中。

土壤中的 HTO，由于它随后的直接蒸发，或被植物摄取后的蒸散又返回到大气中。还有一部分深入渗透进入地下水圈。土壤在环境中氚的转移过程中起着中间贮留站的作用，因此，土壤中氚的监测，对于与它密切相关的环境介质中，H 浓度的预测和评价有重要意义。

## 9.2　事故性释放对环境的影响

早期的核设施，主要是燃料后处理氚生产厂或大量操作氚的研究实验室，由于当时对环境保护重视不够无任何应急包容净化措施，曾多次发生过大量氚事故性释放的意外事件。表 9-3 列出了日本研究人员收集整理的美国劳伦斯-利弗莫尔实验室(LLL)和萨凡那河工厂(SRP)20 世纪 70 年代至 1984 年发生的 7 次事故性氚释放的有关资料[9]。这类事件在今天现代化的氚设施中已不允许、也不再可能发生。因此，作为历史资料就其中两次对环境影响较大的事故情况，在这里分别给予详细介绍。

**表 9-3　美国 1970 年 8 月—1984 年 9 月发生的 7 次氚释放事件**

| 时间 | LLL | SRP | | | | | |
|---|---|---|---|---|---|---|---|
| | 8/06/70 | 5/02/74 | 12/31/75 | 3/27/81 | 7/16/83 | 3/23/84 | 9/02/84 |
| 氚释放量 kCi[a)] | 289 | 479 | 182 | 33 | 56 | 7.5 | 50 |
| 释放化学形式 | HT | HT | HT | HTO | HT | HT | HTO |
| 最大受照剂量 | | | | | | | |
| 计算值/mrem[b)] | — | 0.018 | 0.014 | 0.3 | 0.03 | | |
| 实测值 | <0.025 | <0.05 | <0.05 | 0.2 | 0.024 | | |

注：a)1 kCi=$3.7\times10^{13}$ Bq；b)1 mrem=$1\times10^{-5}$ Sv。

### 9.2.1　1970 年 8 月 6 日 LLL $1.1\times10^{16}$ Bq 的氚异常释放

美国加州大学的劳伦斯-利弗莫尔实验室(Lawrence Livemore Laboratoy LLL)，与利弗莫尔圣地亚实验室相邻，位于加州三藩市东约 60 km 附近，现称为劳伦斯-利弗莫尔国家实验室(LLNL)。该实验室当时作为美国军事研究和核聚变研究的国防战略研究机构，从事氚金属床储存、氢同位素分离，以及从液态金属中回收氚等项研究活动。

1970 年 8 月 6 日星期四西部夏季时间早晨 6 时 14 分，从该实验室气体化学楼的 36.5 m 高烟囱，发生了 $1.1\times10^{16}$ Bq 的气态氚事故性释放。安装在烟囱上的流气式电离室监测系统及时发出报警，消防队紧急出动，应急工作组开始活动。持续到 7 时 8 分，应急监测人员集中并开始在该实验室场地内和场界外沿从北向东的几条道路进行大气中氚监测并采集水与植物等环境样品。初期的气象条件是释放的氚随西南至东北方向的微风移动。上午 8 时 2 分，开始收集参与应急处理的全体工作人员的尿样和事故发生时在实验室作业人员的尿样。

考虑到事故性释放氚在实验室地界外广大范围的扩散，下午 3 时 30 分与州卫生部门联系，着手牛奶样品的收集工作。8 月 7 日上午，由第一天收集的环境样品测定结果发现，实验室东北方向数处植物样品有低水平氚检出，于是强化这一方向的样品采集。下午在同州卫生部门的代表协商后，开始实验室场界外居民尿样的采集计划。由气象预报和初期植物样品的测定结果明确显示出，一团高浓度的氚气是朝劳伦斯实验室的正北偏东方向排出的，因此收集该下风向地区内的人员尿样。环境样品的采集以植物中有氚检出的地域为中心，持续了数周时间。事故性释放前后，环境及生物样品中氚浓度的测定结果，列于表 9-4。

**表 9-4 事故性释放前后各种样品中的然浓度** nCi/L

| 样品 | 最高水平 | 释放前水平 | 场地外的 MPC[a)] | 探测下限[b)] |
|---|---|---|---|---|
| 水 | 14 | <5 | 3 000[c)] | 5 |
| 大气中水蒸气 | $1.4\times10^{-3}$ [c)] | $<4\times10^{-5}$ [c)] | $2\times10^{-1}$ [c)] | $4\times10^{-5}$ [c)] |
| 牛奶 | 8.0 | <5 | 3 000[d)] | 5 |
| 植物中自由水 | 1 000 | 10(平均) | 3 000[d)] | 5 |
| 尿 | <5 | <5 | 3 000[d)] | 5 |

注：a)美国政府当时规定的最大允许浓度水平(MPC)：空气(pCi/$cm^3$)所内 $2\times10^{-6}$，所外 $2\times10^{-7}$；水中(pCi/L)所内 30，所外 3；植物(μCi/L)所内 100；

b)仪器的探测下限，流气式电离室 5 μCi/$m^3$，液闪 5 μCi/$m^3$；

c)该值是假定氚与环境达到平衡时的结果，严格地讲仅适用于危慢性释放的情形，但可作为参考使用；

d)空气中氚的探测下限依赖于相对湿度，释放时的相对湿度为 50%。

由表 9-4 数据可以看出，水、牛奶和人尿样品的浓度测定值略高于本底或接近于事故性排放前的本底水平。植物和大气中水蒸气氚浓度明显超过释放前的水平。若将检出的最大值表示通过大气的氚浓度，按最恶劣的情形考虑，假定释放的全部氚转化为氧化物形式，估计在实验室场地边界处羽烟通过时的最大受照剂量为 3 mSv。由于尿氚的测定结果全部在探测限以下，所以估计受照剂量不会超过 0.25 mSv。由植物样品的分析结果，经牧草→牛→牛奶途径受照的儿童，其最大剂量估计为 0.7 mSv。实验室所区内的最大值，空气为 $1.2\times10^{-3}$ μCi/$cm^3$，植物为 1.2 μCi/L 水。

## 9.2.2 1974 年 5 月 2 日 SRP $1.8\times10^{15}$ Bq 氚的异常释放

### 9.2.2.1 萨凡那河工厂概况

美国萨凡那河工厂位于南卡罗来纳州，从业人员 1 万人，是当时美国生产军用核武器原料杯和氚的军工厂。其生产规模为当时世界之最，年产氚量在 $3.7\times10^{17}$ Bq 以上。该工厂拥有 3 座重水堆，主要通过中子辐照锂，或从作为冷却慢化剂材料的重水副产物中回收生产氚。辐照后的靶件由反应堆运送到氚处理厂，进行氚的提取，分离纯化和贮存。该工厂位于萨凡那河场地的中央，至最近居民区的距离约为 13 km。当时该工厂由于反应堆和氚处理设施的微量泄漏，向环境释放的氚量很高。即使在正常工况下，仅其每年向大气释放的氚量也在几十万居里的水平。

#### 9.2.2.2　事故情况

1974 年 5 月 2 日，SRP 的氚分离设施，因阀门失效，造成 $1.8\times10^{15}$ Bq 气态氚($T_2$)的瞬间释放。东部夏时制上午 8 时 1 分，安装在 60 m 高排气烟囱和工艺房间隔离小室内的氚监测仪，稍微延迟后发出报警。根据烟囱监测系统的记录，释放氚的 99% 以上在 4 min内排出。约 50 g 氚气，以每分钟 3 645 $m^3$ 的比率与来自释放房间内的空气混合，由直径为 2.4 m 的上端开口部以 810 m/min 的速度排放。在这 4 min 内氚的平均体积浓度为 $13\times10^{-6}$ V。对于这样低的浓度，无必要考虑氚气的浮力影响。氚释放时及以后几小时内的气象条件属 Pasquill 分类 D 类的中间稳定度，风向由 210°至 225°，风速为4～6 m/s。

考虑上述条件，可以由下式推定含氚气团的中心通过时，距释放源 15 km 该工厂所属场地边界处的受照剂量：

$$H=479\ 000\times1\times10^{-6}\times0.143\times0.002=0.14\ \text{mrem}=1.4\ \mu\text{Sv}$$

式中，479 000 为氚释放的放射性活度，Ci；$1\times10^{-6}$为稀释系数，s/$m^2$；0.143 为由于氚化水蒸气的吸入和皮肤吸收所致内照剂量的转换因子，rem/(Ci · s/$m^3$)；0.002 为气态氚的氧化转化比率。

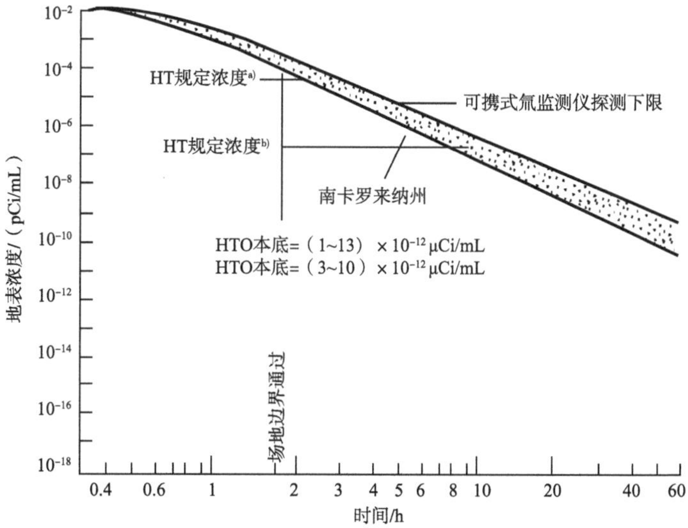


图 9-9　气团中心通过点推定的最大瞬间氚浓度

注：a)全身由呼吸和皮肤吸收的相当于 500 mrem/a 照射的值($2\times10^{-7}$ μCi/mL)；

b)对不敏感部位、皮肤的相当于 3 rem/a 照射的值($4\times10^{-5}$ μCi/mL)。

图 9-9 为以释放开始后时间为横坐标表示的气团中心所通过地点的最大瞬间氚浓度的推定值。氚发生泄漏事故时，隔离小室排气系统的氚监测仪在阀门故障后 7 s 内，房间空气监测仪在 20 s 内分别发出报警。周围其他房间内的监测仪在释放发生后仍继续指示正常值。室外普查使用的可携式氚监测仪，其探测下限低于 $1\times10^{-5}\mu Ci/cm^3$。

这一气载氚烟云预测在 2 h 内越过实验室属地边界，应急监测队在该属地东北部，从排放源至 14～16 km 距离的东北方向下风向地域，配置了可携式氚监测仪。在这个距离内，烟云通过处正下方地表的氚浓度预测为 $(1\sim8)\times10^{-4}$ $\mu Ci/cm^3$，这一浓度高于可携式氚监测仪的探测下限，但用仪器却未监测出氚的存在。这一事实也为后来植物样品的分析测定结果所证实。说明释放出的氚至实验室属地边界时尚未到达地表。

**9.2.2.3 释放对环境产生的影响**

为了确定氚的排放路径并评价它产生的生物效果(辐射剂量当量)，在事故性释放发生后立即部署并开始了广泛的环境样品采集计划。其采集分析了大约 1 000 个样品。为了确定氚在这些生物介质中的滞留半减期，用了 3 周时间反复收集牛奶与植物样品。这些样品中的大部分，在 SRP 东北部的南卡罗来纳州内采集，沿着漫长的推定的氚移动路径，扩展到北卡罗来纳州东部，乔治亚州和弗吉尼亚州等部分地区。样品的种类，包括空气中的 HTO 与 HT，可能受照人员的尿、松叶或牧草及其他植物、食用植物、牛奶、地表水和土壤等。

在属地边界及半径为 40km 以远的空气取样站，使用硅胶收集空气中的水蒸气。边界上 4 个采样点 5 月 1 日至 6 日的 HTO 浓度为空气 4.8～7.0 $Bq/m^3$ 空气。1973 年度边界上的平均浓度为 5.2 $Bq/m^3$ 空气，最大值为 19 $Bq/m^3$ 空气。在 SRP 东偏南侧的查理斯顿居民点附近，5 月 1 日至 13 日测得浓度为 23 $Bq/m^3$ 空气，对于确定氚气的通过路径发挥了作用。

在释放源东北方向的 8 个取样站使用了能甄别区分 HTO 与 HT 的氚取样器，取样时间为 30 min。释放约 5 h 后于中午 12 点 55 分在斯普林菲尔德收集的空气样品，表明烟云的中心在该时刻前后通过当地的迹象。其 30 min 内平均的全氚浓度为 $1.44\times10^4$ $Bq/m^3$ 空气，其中氧化氚 HTO 仅占 0.2%。在其他 3 个取样站(温里斯顿、本巴哥和萨里)收集的空气样也反映了氚释放的影响，但未表示有烟云中心的通过。

尿样的收集与分析测定在 300 个以上，采样对象包括氚分离设施作业人员、事故性释放发生时在场的从业人员、下风向沿途其他工厂工作人员、萨凡那河工厂和研究所的家属，以及南卡罗来纳州东部 20 地区和北卡罗来纳州 5 个地区的居民。无论对于哪种人，尿氚的测定结果都低于 $3.7\times10^7$ $Bq/m^3$ 水的探测下限，说明没有构成问题的体内吸收。对于工厂外摄入氚可能性高的人员尿样，使用了灵敏度较高的测定方法，所有样品也均小于 $1.9\times10^5$ $Bq/m^3$ 水的探测下限。

植物样品于释放后在工厂属地外的东北部采集约 350 个。包括各类植物，最多的是用作草坪和牧草的百慕大草根和松叶。由工厂属地东北外侧的草样，检出有高浓度的氚存在。最大值为 5 月 3 日的 $1.7\times10^{14}$ $Bq/m^3$ 水。到 23 日该值降至 $4.1\times10^5$ $Bq/m^3$ 水。对 80 km 以外植物的影响未进行观测，以远的烟云经过路径未再追究。在检出浓度最高的几处地方连续 3 周采集样品，在草本植物中常见到的氚滞留半减期约为 1 天。松叶样品的最

高氚浓度为 $3.7\times10^{13}$ Bq/m$^3$ 水，在属地边界附近草本植物样品发现有最高浓度的地方，是 5 月 10 日采集的样品。松叶自由水中的氚浓度，具有 4 天和 100 天两个常见的半减期。4 天半减期的样品数是 100 天成分的 4～5 倍。

对于食用植物，沿烟云路径在数周内约采集了 100 个样品进行分析测定。在属地边界 10 km 以内的样品，绝大多数氚浓度检出在$(7\sim100)\times10^5$ Bq/m$^3$ 水之间。在属地边界线邻接地的卷心菜中发现有最大值为 $6.75\times10^7$ Bq/m$^3$ 水。蔬菜中常见的半减期没有测定，估计可能在草本植物和松叶之间。

牛奶样品共采集 45 个，饮用奶的最高浓度为 $8.5\times10^5$ Bq/m$^3$ 水，在温里斯顿农场的乳牛产奶中发现。样品中的最大值不是出自人饮用的产品，而是温里斯顿附近肉牛的产奶为 $1.39\times10^7$ Bq/m$^3$ 水，其常见的半减期为 5.5 天。该值可能反映了牛饲料中氚的半减期与牛体水分的半减期两方面的影响。

至于表面水，则从 SRP 东北方向的水坑，雨量计水、地表流水、池塘采集样品约 100 个。除温里斯顿附近 3 个降雨积水坑取的样品浓度值为$(1.1\sim5.1)\times10^6$ Bq/m$^3$ 水以外，全部样品在$(3.7\sim30)\times10^4$ Bq/m$^3$ 水之间。依据美国森林局的 37 个雨量计的数据，通常雨水的氚浓度在 $1.1\times10^5$ Bq/m$^3$ 水以下。

从 5 月 9 日至 11 日，沿 2 个推定的远距离烟云的经过路径，在南卡罗来纳、北卡罗来纳和弗吉尼亚 3 个州采集牛奶、水、土壤、植物、食用植物等样品约 130 个并进行了测定，其浓度值均在 $1.1\times10^5$ Bq/m$^3$ 水以下，与正常值比较未发现有变化。

#### 9.2.2.4　剂量估算

含氚烟云通过工厂属地边界地表面的氚最大累积浓度可以求出为 $1.8\times10^{16}$ Bq·s/m$^3$ 空气。由此，对假定在该地区直立的人产生的吸收剂量，如在本节开始所述，可计算出为 1.4 μSv。对认为在最大受照区域的所有人员，尿样测定值均在 $1.9\times10^5$ Bq/m$^3$ 水以下，所以在属地外区域人员的受照剂量低于含氚烟云进入大西洋之前对居民产生的集体剂量估计为 8 人·rem。

对婴幼儿产生的受照剂量，假定牛奶的氚浓度为 $8.5\times10^5$ Bq/m$^3$ 水，半减期为 5.5 天，估计值为 3 μSv。对于成人，假定每天食约 227 g 浓度为 $6.75\times10^7$ Bq/m$^3$ 水的卷心菜(半减期为 4 天)，受照剂量为 5 μSv。

## 9.3　环境影响评价方法

### 9.3.1　照射途径

由核设施排放到环境中的氚，到达人体产生照射剂量的途径，可以有许多种。在氚的转移过程中，不论将哪种环境介质作为“隔室”模型化考虑，也不论它们之间的相互关系如何表示，最终归结到人体的，则不外下述 3 个方面：由于 β 射线产生的外照射，由于吸入和皮肤吸收产生的内照射，以及由于食物和饮用水的摄入产生的内照射。其中第一项，由于氚是低能纯 β 射线，外照射与内照射相比是不重要的，除非在氚以气态 HT 大量释放的情形，一般可不做考虑。以下就各国使用的一些典型剂量评价模型，摘要予以介绍。

## 9.3.2 日本原子力安全协会 S.56 剂量估算模型[6]

(1)大气释放

1)由 β 射线产生的外照射

由释放气态 HT 产生的外照射剂量，可由下式估算：

$$D_L(r,\theta,t_0)=(DF)_L\int_0^{t_0}D(\chi/Q)Q\mathrm{d}t \quad (9\text{-}1)$$

式中，$D_L$ 为在方位角 $\theta$(弧度)，距 $r$ 离(m)处受照时间为 $t_0$(h)的人由释放源产生的外照射剂量；$(DF)_L$ 为地表附近大气中氚浓度为 1 μCi/m$^3$ 时肺的受照剂量率[(mrem/h)/(μCi/m$^3$)]；$\chi/Q$ 为以 1 Ci/s 排放率释放的$^3$H 时刻 $t$ 在受照地点$(r,\theta)$的大气中的浓度，称为稀释率或相对浓度，$Q$ 为时刻 $t$ 时$^3$H 的排放率(Ci/s)。剂量换算系数$(DF)_L$ 由 ICRP 第 30 号出版物可以求出为 3.7×10 (rem/h)/(μCi/cm$^3$)。

**对于事故性(大量气体单次短时间释放)**：在短时间内气象条件可以看作是恒定的，$\chi/Q$作为一定值使用对应于排放持续时间的式(9-2)：

$$D_L(r,\theta,t_0)=(DF)_L(\chi/Q)\int_0^{t_0}Q\mathrm{d}t \quad (9\text{-}2)$$

在排放率 $Q$ 值一定，释放持续时间长的情况下，则有

$$D_L(r,\theta,t_0)=(DF)_LQ\left[\frac{1}{t_0}\int_0^{t_0}(\chi/Q)\mathrm{d}t\right] \quad (9\text{-}3)$$

括号内的值，是将受照期间气象变化的影响也加以考虑，表示平均相对浓度。

**常规释放**：将一年内的排放率看作大体恒定，以 1 年作为受照时间进行剂量评价，有

$$D_a(r,\theta)_L=f_s(DF)_{La}\overline{Q}(\overline{\chi/Q}) \quad (9\text{-}4)$$

式中，$Q$、$(\chi/Q)$为表示各自的年平均值：$(DF)_{La}$ 为$(DF)_L\times 8\ 760$(h/a) = 3.2×10$^5$(mrem/a)/(μCi/cm$^3$)；$f_s$ 为一年中在地点$(r,\theta)$滞留的时间比例。

2)由吸入和皮肤吸收产生的内照射

**事故性释放**：

$$D_H(r,\theta,t_0)=(DF)_HR\int_0^{t_0}(\chi/Q)Q\mathrm{d}t \quad (9\text{-}5)$$

**常规释放**：

$$D_{H\alpha}(r,\theta)=f_s(DF)_{H\alpha}R_a\overline{Q}(\overline{\chi/Q}) \quad (9\text{-}6)$$

式中，$D_H(r,\theta,t)$为于地点$(r,\theta)t_0$ 时间吸入$^3$H 在其后 50 年的待积剂量当量，mrem；$D_{HS}(r,\theta)$为于地点$(r,\theta)$吸入一年的$^3$H 在其后 50 年的待积剂量当量；$(DF)_H$ 为 1 μCi 的$^3$H 吸收后对人体软组织产生的 50 年待积剂量当量率；$R$ 为呼吸率，cm$^3$/h；$R_a$ 为年呼吸率，cm$^3$/a。

由 ICRP 第 30 号出版物可以推导出$(DF)_H$ 值为 6.3×10$^{-2}$ mrem/μCi。由于因皮肤吸收进入体内的 HTO 量是呼吸进入量的 0.5，所以这里应使用$(DF)_H\times1.5$ 即 9.5×10$^{-2}$ mrem/μCi。

3)由于食物饮用水摄入产生的内照剂量

**农作物的摄入**：在受核设施释放$^3$H 影响的地区栽培的农作物，直接由当地居民作为食物摄入的比例，依社会经济等条件有很大差异。在进行环境影响评价时，应从安全的角

度出发，充分考虑必要的前提条件。在事故性释放情形，由于可以采取食物限制等可能的行政措施，一般经口摄入的受照剂量评价可以不进行。因此，这里仅述及常规释放的情形。农作物水分中的$^3$H 浓度 $C_P$，可以用假定农作物从大气水蒸气，降雨和土壤中摄取水的比例 $f_{air}$、$f_{rain}$、$f_{soil}$以及它们各自的$^3$H 浓度 $C_{air}$、$C_{rain}$、$C_{soil}$表示如下：

$$C_P = f_{air} \cdot C_{air} + f_{rain} \cdot C_{rain} + f_{soil} \cdot C_{soil}$$

可以看出，上式中涉及到许多现场具体参数，直接引用有一定困难。在实际评价计算中可使用美国核管会对于剂量评价推荐的式(9-7)[10]：

$$C_P(r,\theta) = \frac{f_{av} f_{vw}}{H} \overline{(\chi/Q)} Q \qquad (9\text{-}7)$$

式中，$H$ 为空气中的含水量，g/cm$^3$；$f_{av}$ 为 $C_P/C_{air}=5$；$f_{vw}$ 为 1 g 农作物的含水量，0.75。由农产品摄入产生的受照剂量

$$D_G(r,\theta) = (DF)_G f_G W C_P(r,\theta) \qquad (9\text{-}8)$$

式中，$(DF)_G$为每 μCi 氚经口摄入后产生的 50 年待积剂量$=6.3\times10^{-2}$，mrem/μCi；$W$ 为农产品的年摄入量，g/a；$f_G$为年摄入农产品中氚污染部分的比例。

**畜产品的摄取**：对于牛奶、肉等畜产品，与前所述同样存在于喂养家畜的饲料中，适当确定氚污染部分所占的比例也较困难，作为偏安全的评价，可采用美国核管会所推荐的式(9-9)[10]：

$$D_{M,B}(r,\theta) = (DF)_G F_{M,B} W_{M,B} C_P(r,\theta) Q_F \qquad (9\text{-}9)$$

式中，$F_{M,B}$为家畜一天摄入的氚量在每 kg 牛奶和肉中出现的比例，对牛奶 $F_M=1.0\times10^{-2}$ d/kg，对肉类 $F_B=1.2\times10^{-2}$ d/kg；$W_{M,B}$为畜产品的年摄取量，g/a；$Q_F$为家畜一天的饲料摄入量，kg/d。

**饮用水**：一般饮用水为河川水、地下水、贮水池、雨水等多种来源。由核设施释放氚到达水源的途径，依赖于现场条件而有很大差异，研制普遍适用的氚转移，剂量评价模型有一定困难。在许多情况下，使用实测值比使用评价模型更方便实用，故这里省略。

**关于相对浓度平均值$\overline{\chi/Q}$**：由式(9-1)～式(9-9)可以看出，对于起因于大气释放的受照剂量评价，依赖于相对浓度$(\overline{\chi/Q})$或$(\overline{\chi/Q})$。对于它们具体值的计算，最广泛应用的模型是高斯烟羽扩散方程[5]。

$$\chi(x,y,z) = Q\,(2\pi\sigma_y\sigma_z u)^{-1}\exp(-y^2/2\sigma_y^2)$$
$$\{\exp[-(z-h_z)^2/2\sigma_z^2] + \exp[-(z+h_e)^2/2\sigma_x^2]\} \qquad (9\text{-}10)$$

式中，$\chi(x,y,z)$为氚在该点 $x,y,z$ 的稳态浓度，Ci/m$^3$；$Q$ 为放射性核素氚的均匀排放率，Ci/s；$u$ 为在 $x$ 方向上的平均风速，m/s；$\sigma_x\sigma_y$ 为浓度分布在水平和垂直方向上的标准偏差，m；$h_e$ 为排放源的有效高度。

对于 $\sigma$ 和 $\sigma_y$ 的值，可从 Pasquill-Gifford 大气稳定度曲线上，作为下风向距离的函数值求得。对于在地表水平计算的浓度，即 $z=0$，方程式(9-10)可简化为

$$\chi(x,y,0) = Q\,(\pi\sigma_y\sigma_x u)^{-1}\exp(-y^2/2\sigma_y^2)\exp(-h_e^2/2\sigma) \qquad (9\text{-}11)$$

然而，这一方程式在 1 h 长的时向内平均才能成立，因为这样一段时间周期才能平滑湍流起伏所产生的影响，并给出一个拟稳态的平均值。对于如数月或一年的较长时间周期，表示为 $\sigma_y$ 的，羽烟中的水平截面分布将不再重要，由于风向的频度分布而变得完全均匀。在这种情形下，可使用扇面模型，假定在等于风向数据解的这一角形扇面内浓度没

有任何水平变化。假若风向被取在 $N$ 点，且假定流出物在该扇面的水平方向是均匀分布的，则浓度不再由一个可确定的中心线指数下降，将该截面风的积分浓度($X_{CWI}$)可以理解为相当于沿截面风线($2\pi x/N$)在下风特定距离($x$)的平均截面风浓度。

该值可由方程(9-11)对 $y$ 由$-\infty$到$+\infty$积分求得：

$$\chi_{CWI}=2\ (2\pi)^{-\frac{1}{2}}Q\ (\sigma_x u)^{-1}\exp(-h_e^2/2\sigma_x^2) \tag{9-12}$$

将方程式(9-12)代入，关系式 $\chi_{AVG}(2\pi x/N)=\chi_{CWI}$，将简化为在一个用弧度表示的具有 $2\pi/N$ 的任意角的扇面之内地面水平浓度的关系式

$$\chi_{AVG}=NfQ\ (2\pi^3)^{-\frac{1}{2}}\ (\sigma_y ux)^{-1}\exp(-h_e^2/2\sigma_z^2) \tag{9-13}$$

式中，$f$ 是风朝这一扇面吹的时间份额。该方程式有时通过将所有的浓度相加，并且按照各自对于具体的稳定度分类 $j$ 和风速等级 $m$ 的频度对每一个加权，做些修改后可以得到长期的平均浓度

$$\chi_{AVG}=NfQ(2\pi^3)^{-\frac{1}{2}}\ (x)^{-1}\sum_j\ (\sigma_{xj})^{-1}\exp(-h_e^2/2\sigma_{xj}^2)\sum_m (q_{yn}/u_{jm}) \tag{9-14}$$

(2)向海洋的排放

向海洋排放的氚几乎都可以认为是 HTO。因此，由海产品摄入产生的受照剂量最为重要。具体模型，可以同样考虑为：

$$D_0=(\mathrm{DF})_G\sum_k f_{mk}W_k\ (\mathrm{CF})_k C_{wk} \tag{9-15}$$

式中，$C_{wk}$ 为海水中的氚浓度；$(\mathrm{CF})_k$ 为对 $k$ 类海产品的浓集系数；$W_k$ 为年摄入量；$f_{mk}$ 为污染部分占年摄入量的比例；$k$ 为海产品类别。

浓集系数 CF，根据目前的了解小于 1 的情况较多，作为安全评价可以采用 1。海水中的氚浓度，随海域内水的流动状况，海产品的生息条件而有较大变化，建立一般适用的模型较困难。由沿岸排放口，氚以一定的排放率向各个方向扩散，沿深度均匀混合的简单模型，可以近似地用至排放源距离 $r$ 表示海水中氚浓度

$$C_W(r)=\frac{Q}{\pi ZVr} \tag{9-16}$$

式中，$Q$ 为氚的排放率，Ci/s；$Z$ 为距离为 $r$ 的海水深度，m；$V$ 为年平均扩散速度，m/s；$C_W(r)$为 $r$ 地点海水中氚的年平均浓度。

## 9.3.3 美国 NCRP 模型及其改进

氚一经释放到环境后，就同释放点附近的稳定氢迅速而均匀地混合。假定氚在环境介质中转移并通过与水结合为 TOH 而进入机体和植物组织，最后通过食入进入人体。用于计算氚致内照剂量的方法是基于这样的假设：在大气(或水)和指定地点食品中的浓度之间存在着一种平衡态。美国国家辐射防护与测量委员会 NCRP 第 62 号报告推荐了一种在个体暴露于已知氚浓度的水、食品及空气时计算氚辐射剂量的方法[11]，它仅适用于平衡状态，而不宜用于估算事故性紧急释放氚所造成的照射。NCRP 方法假定氚经各种照射途径所产生的剂量，如表 9-5 所示。就每天 3 L 的平衡摄水量而言，每单位浓度的年剂量可用式(9-17)表达：

$$D=(1.22C_w+1.27C_{f_1}+0.29C_{f_2}+0.22C_a)\times\frac{1}{3.0}\mathrm{DRF} \tag{9-17}$$

式中，$D$ 为年剂量，mrem；$C_w$ 为饮水中的氮浓度，pCi/L；$C_{f_1}$ 为食物所含水中的氚浓度，pCi/L；$C_{f_2}$ 为在食物新陈代谢中被氧化生成水中的氚浓度，pCi/L；$C_a$ 为大气中水的氚浓度，Ci/L；DRF 为剂量率因子，(mrem/a)/(pCi/L)。

表 9-5　对参考人的水总摄入量贡献

| 来源 | 摄入量/(L/d) | 份额 |
|---|---|---|
| 饮水 | 1.22 | 0.41 |
| 食物[a)] | 1.27 | 0.42 |
| 食物氧化[b),c)] | 0.29 | 0.10 |
| 呼吸[d)] | 0.13 | 0.04 |
| 皮肤吸收 | 0.09 | 0.03 |
| 总和 | 3.0 | 1.00 |

注：来源 NCRP 第 62 号报告(1979)。

a)食物 0.72 L/d，牛奶 0.53 L/d，果汁 0.02 L/d；

b)食物氧化 0.25 L/d，牛奶氧化 0.04 L/d，果汁氧化 0.002 L/d；

c)进入体内的有机结合氚在新陈代谢中被氧化为 3HOH；

d)假设空气中的绝对湿度为 6 g $H_2O/m^3$。

NCRP 采用的剂量率因子为 $95\times10^{-6}$ (mrem/a)/(pCi/L)，设品质因子为 1.0。在使用 NCRP 推荐的方法计算由大气中 1 pCi/m$^3$ 的氚造成的慢性照射剂量时，可以使用式(9-18)计算在地点$(r,\theta)$的大气中水的氚浓度

$$C_T^a = x(r,\theta)\frac{1}{H_a}\times 1\,000 \tag{9-18}$$

式中，$C_T^a$ 为大气水中氚的浓度，Ci/L；$x(r,\theta)$的为氚的空气浓度，Ci/L；$H_a$ 为绝对湿度，gHTO/m$^3$；1 000 为单位转换因子，gHTO/L。

在氚剂量的计算中，绝对湿度是一个关键参数。由于释放的氚被气载水蒸气稀释，剂量反比于绝对湿度。若同该报告中使用的一样，假定空气的绝对湿度为 6 g $H_2O/m^3$，代入式(9-18)，假设饮水、食物水及大气水汽中氚的浓度相等，则有：

$$\frac{1\ \text{pCi}}{\text{m}^3}\ \frac{\text{m}^3}{6\ \text{gH}_2\text{O}} = \frac{1.7\times10^{-1}\ \text{pCi}}{\text{gH}_2\text{O}} = \frac{1.7\times10^{-1}\ \text{pCi}}{\text{mLH}_2\text{O}}\left(\frac{6.3\ \text{mBq}}{\text{mLH}_2\text{O}}\right) \tag{9-19}$$

于是，由式(9-17)求得的年剂量为：

$$(1.22+1.27+0.29+0.22)\left(\frac{1.7\times10^{-1}\ \text{pCi}}{\text{mLH}_2\text{O}}\right)\times\frac{1}{3.0}\ \frac{10^3\ \text{mL}}{1}\cdot\frac{95\times10^{-6}\ \text{mrem/a}}{\text{pCi/L}}$$

$$=1.6\times10^{-2}\ \text{mrem/a}\quad(\text{即 } 1.6\times10^{-4}\ \text{mSv/a}) \tag{9-20}$$

这种假设对慢性照射条件来讲未必总是正确的，在释放点附近尤其如此。例如，当在饮水水源相对未受污染的情况下，水中的氚浓度 $C_w$，显然小于空气中的氚浓度 $C_a$。也可能植物生长在空气中氚浓度较高的地方。例如，我们用 NCRP 方法并假定空气中的氚浓度为 1 pCi/m$^3$，绝对湿度为 6 g $H_2O/m^3$，但把饮用水中的氚浓度改为空气中氚浓度的 1%，而把所有食品中的平均氚浓度认为是空气中氚浓度的 50%。这时，根据方程式(9-17)并调整其相应的浓度值，可以得到：

$$[1.22(1.7\times10^{-3})+(1.27+0.29)+0.22(1.7\times10^{-1}\ \text{pCi})]\times\frac{10^{3}\ \text{mL}}{1}\times\frac{1}{3.0}\times\frac{95\times10^{-6}\ \text{mrem/a}}{\text{pCi/L}}=\frac{5.5\times10^{-3}\ \text{mrem}}{\text{a}}\quad\left(\text{即}\frac{5.5\times10^{-5}\ \text{mSv}}{\text{a}}\right)\qquad(9\text{-}21)$$

由这个例子可以看出，适当地选择参数，可以使剂量减少到大约 1/3。NCRP 提出的用于氚剂量计算的方法有一个缺点是没有考虑来自生长多于一个位置地点的食品的合并。在 NCRP 第 76 号报告中，对这一模型做了两个小的改进，从而使它可用于更真实的情况。首先将式(9-17)里食品中氧化和没有氧化的氚分量合并为单一的值：1.56(1.27+0.29)。这就提供了具有很小的附加不确定性的简化模式。其次，将食品中氚的浓度分为两部分；1)在计算剂量的地方生长的食品部分的份额；2)在其他地方(在这里空气浓度不同于所关心地点)生长的那部分食品的份额。用下面修正后的形式描述模式：

$$D_i=\left[1.22C_w+1.56\left(\sum_{n=1,2,3,\cdots}C_{fn}\delta_n\right)+0.22C_a\right]\times\frac{1}{3.0}\text{DRF}\qquad(9\text{-}22)$$

式中，$D_i$ 为吸入和食入氚对人体产生的年剂量率，mrem/a；$C_w$为饮水中氚的浓度，pCi/L；$f_n$为生长在 $n$ 位置地点的食物水分中的氚浓度，pCi/L；$\delta_n$为生长在 $n$ 位置地点食品的份额；$C_a$ 为空气中氚化水浓度，pCi/L；DRF 为剂量转换因子，(mrem/a)/(pCi/L$H_2O$)。

对于缺乏食品和饮用水中氚浓度测量值的那些地方的气载释放，等于 $n$ 位置地点的空气浓度的百分之百，应假设食物中的浓度并假定饮水中的浓度为空气中浓度的百分之一。严格地讲，饮水中的氚浓度 $C_w$ 为空气中氚浓度的百分之一是考虑氚由大气向饮用水源迁移的一种任意假定。如果知道某一饮水源被释放到水环境中的氚所污染，则这个假设不再是有效的，而应该做单独的计算以确定水中的氚浓度。

# 9.4 用于剂量评价的环境转移模型

## 9.4.1 SRL 陆地生态系统模型

为了对一个具体氚设施周围的居民剂量估算提供评价手段，研制一个模型以便在各种条件下预测释放氚在环境中的习性，了解它的转移过程是非常重要的[12-13]。美国萨凡那河的 C. E. Murphy 等人在 20 世纪 80 年代初提出了大气氚释放源周围的陆地生态系统氚扩散与循环模型，并对 100% $T_2$释放，50% HT、50% HTO 释放和 100% HTO 释放 3 种情形进行了动态模拟演示[14]。结果表明，HT 比 HTO 释放在生态环境中滞留的氚较少，但 HT 释放将有较大的份额(虽然绝对量不大)在植物和食草动物的有机化合物中发现。

### 9.4.1.1 模型结构

该模型使用了一维氚扩散模型，可以描述距排放源各种距离的稳态氚活动。一般模型，将环境分为大气，植物水和土壤 3 个隔室，但在该模型中增加了植物有机隔室和家畜隔室，将农作物和畜禽也分为水和有机隔室，使得能够以食物为基准，用模拟结果来估算对人的剂量。其每个隔室的具体模型概述如下：

(1)大气隔室

氚源是来自距地面一定高度的大气释放。假定氚由两种形态，由氚化水(HTO)和氢氚(HT)组成。虽然形态被定义为 HTO 和 HT，实际上在自然界中发现的氚是包括氚、氘、氕的混合物，当被处理的化合物中氚同位素由正常丰度构成时，在精度上不会产生多大影响。氚由排放源借助于风而被转移，通过围绕源的整个弧形而扩展散布。由这一情况可以导出至源一定距离平均氚浓度的估计值。描述这一过程的方程为：

$$C_a = Q/(2\pi uLr) \tag{9-23}$$

式中，$C_a$ 是空气中的氚浓度，$Ci/m^3$；$Q$ 为源强，Ci/d；$u$ 为风速，m/d；$L$ 为大气混合层的高度，m；$r$ 为至源的距离，m。

这一模型对于预测长期的，SRP 附近至释放源给定距离的氚平均浓度是合适的，因为风向的玫瑰图近似为圆形。假若不是这种情形，结果应当同平均测量值比较，如方程(23)所给出的那样，将混合深度和风速适当加权求得其平均值。

(2)土壤水隔室

土壤中水的交换用质量平衡方程模型化。HTO 同土壤的交换过程是雨，HTO 蒸气由大气的扩散，HT 向土壤中的扩散并在那里通过微生物的作用而转变为 HTO，以及 HTO 由土壤的排灌和蒸发。降雨进入土壤，蒸发进入植物和排灌是 HTO 作为系统中水质量流的运动过程。HTO 与 HT 同土壤的交换是扩散过程，可用沉降速度来表征特性。在 SRP 发现土壤中 HT 转化为 HTO 通常受到土壤中的扩散限制[15-17]。因此，沉降速度也确定转换率，对于土壤，质量平衡方程式为：

$$V_{ds}(C_{aw} - C_S H) + v_{dhs}C_{ah} + Rr_0 C_{aw}/H - T_r C_s - (R - T_r)C_s = 0 \tag{9-24}$$

式中，$V_{ds}$为 HTO 由大气到土壤的沉降速度，d/m；$V_{dhs}$为 HT 由大气到土壤的沉降速度，d/m；$C_{aw}$为空气中 HTO 的浓度，$Ci/m^3$；$C_{ah}$为空气中 HT 的浓度，$Ci/m^3$；$C_s$ 为 HTO 在土壤中的浓度，$Ci/m^3$；$R$ 为降雨速率，$kg/m^2d$；$r_0$ 为对 HTO 的冲洗率；$H$ 为在空气中水的混合比，kg/kg；$T_r$ 为蒸散速率，$kg/(m^2 \cdot d)$。

土壤水分次级模型通过空气中的 HT 和 HTO 浓度与大气隔室耦合。需要给该模型补充的数据是降雨和蒸发速率。沉降速度属于最难测定的量。松林是萨凡那河 SRP 地区主要的植物类型，其水平衡的广泛测量对于在 SRP 条件下使用提供了很好的估计。在必要的实验还未进行的地方，通常可从周围地区的农田管理部门得到适当的数据。

(3)植物水隔室

植物由根、茎、枝和叶构成，但其关键部分是叶子。气态 HT 和 HTO，通过扩散作用由大气进入叶子内部。当水由叶面蒸发时液态 HTO 由土壤通过质量流被吸收进入至叶面。因此，叶子中氚的质量平衡是理解氚在植物中运动的中心。该质量流可表示为[18-20]：

$$m_{fs}[V_d(V_a - V_l)] = V_{at}(V_{lt} - V_{dt}) + V_{dh}C_t \tag{9-25}$$

式中，$m_{fs}$为氚在土壤水分中的质量份额，$V_d$ 为对水蒸气的交换速度，d/m；$V_a$ 为空气中的水蒸气密度，$kg/m^3$；$V_l$ 为在叶表面的水蒸气密度，通常假定在空气温度下的饱和水蒸气密度；$V_{dt}$ 为 HTO 的交换速度，d/m；$V_{at}$ 为 HTO 的水蒸气密度，$Ci/m^3$；$V_{lt}$ 为 HTO 在叶面的水蒸气密度，假定是在叶面温度的饱和水蒸气密度乘以氚化水的质量份额，$Ci/m^3$；$V_{dh}$为对于 HT 的沉降速度，d/m；$C_t$ 为在空气中 HT 的浓度，$Ci/m^3$。

本隔室通过空气中的 HTO 和 HT 浓度同大气隔室耦合。通过土壤水中氚的质量份额同土壤水隔室耦合。在式(9-25)中最难确定的参数是叶面水蒸气密度，它取决于叶面的温度。叶面温度与蒸发的一种估计可以通过解叶面能量平衡方程式求出[18]。在这里提出的模型中，沉降速度和蒸发的估计值被用于与之相符合的平均叶温度。

HT被叶吸收似乎以比HT被土壤吸收慢得多的速率发生。然而，HT的吸收和它向HTO的转化或氚化有机物质的转化，至少在某些植物中确实发生[21-22]。

(4)植物有机隔室

由理论计算已经提出氚可能在食物链或在有机物部分中累积或贫化[23]。然而，在化合物、有机体和生态系统水平的测量没有发现偏离由动态平衡可以预期的值的明显证据[24-25]。因此，人们可以预期在器官部分的氚与它的环境处于平衡。

这一情况由于在有机化合物的化学结构中氚可能结合在不稳定或稳定的位置上而复杂化[26]。简单的模型是通过光合作用合成的糖。当葡萄糖由二氧化碳和水合成时，产生的糖，就氚而言是同水平衡的。以后这些葡萄糖可以转移到另一个环境，而那里的HTO浓度可能会有所不同。在新的环境里，糖中的羟基团将同HTO交换，同现在的HTO环境达到平衡。然而，碳结合的氚将不会参加交换，会依然保持在合成时的相对丰度上。因此，有机物的氚浓度具有“记忆效应”，但不是充分的“记忆”。

在一个多于一种形式氚存在的环境里，情形将更为复杂。不同化合物的比活度可能差别很大，且有机物质的活度可能是每种化合物达到不同平衡状态的混合物。在SRP已感觉到有这样一种情形。在叶子的有机部分里氚比人们从HTO环境预期的值要高一些。虽然，在该环境中HT的比活度要比HTO高得多。这种较高有机氚值的一个可能的解释是在植物中的合成过程与HT达到了平衡[27]。这就是认为大气中的HT是使植物叶子比在其他地方预期有较高的有机氚的原因[28]。

在这一模型中假定了有机氚活度的增高是由于HT的存在。在计算中有机份额被分成活泼与不活泼两部分。活泼部分假定与植物水平衡，不活泼部分假定又有两个组分构成。一个组分的形成与叶面水中的HTO平衡，另一个与叶水溶液中的HT平衡。这两项来源的分配HT∶HTO的比值为1∶10 000。可能实际上产生这一效应的生化机制不是这么简单，但是一种较好的简化处理方法，它提供了在SRP条件下有机份额中氚浓度的真实估计。

(5)家畜隔室

家畜隔室有2个，包括奶牛隔室，因为牛奶在婴幼儿饮食中起着重要作用。肉牛隔室是成人食肉源的一个例子。在这两个隔室模型中的基本假定是家畜体水内氚的浓度由动物的水平衡来确定，且在家畜的有机成分中氚的浓度由食物中的浓度和体水分中的浓度确定。用于计算体水分的水平衡方程式是：

$$C_{cw}=\frac{(W_vC_v+W_OC_{vo}+W_dC_{dw}+2BC_a/H)}{(B/H+W_e)} \tag{9-26}$$

式中，$W_v$为植物中被消费的HTO容量，Ci/d；$W_O$为由食物氧化产生的HTO容量，Ci/d；$W_d$为由饮用水提供的HTO容量，Ci/d；$W_e$为由体内排除的HTO容量，Ci/d；$B$为家畜的呼吸速率，$m^3$空气/d；$C_v$为在植物水中HTO的浓度，Ci/$m^3$；$C_{vo}$为由食物氧化产生氚的浓度，以HTO单位，Ci/$m^3$水；$C_{dw}$为在饮用水中HTO的浓度，Ci/$m^3$。

对于奶畜和肉畜计算氚交换所必需的水输入和清除速率可利用已有的研究结果[29]。主要的输入途径是食物和饮用摄入的水。在呼吸率前加一个2的因子是考虑了HTO通过皮肤的吸收。但定量地看，在该模型所使用的所有途径中，即使将同大气的交换速率提高2倍，由大气对体水的途径也是最不重要的。有机份额的浓度$C_{co}$由下述方程模型化。

$$C_{co}=f_fC_{vo}+(1-f_f)C_{dw} \tag{9-27}$$

式中，$f_f$ 为食物中不活泼氚的份额。

用 HTO 喂养家畜的实验表明，所产生的牛奶固体物质中约有 0.5 HTO 的氚浓度。当家畜用氚化干牧草喂养，牛奶固体物质中具有干牧草中 0.5 左右的浓度[30]。这两个实验揭示出约有一半氢驻留在食物中是不活泼的。用氚化牛奶喂养的小牛试验也表明，不活泼氢驻留因子在 0.4～0.5。在该文稍后的模拟实验中，对奶牛所使用的值为 0.5，对肉牛为 0.4。

#### 9.4.1.2　演示结果

该模型的方程式用模拟语言 CSMP 编码，分 3 种情形进行了特性的演示，并同在 SRP 取得的环境监测数据做了比较。3 种情形是大气释放：(1)100% HTO；(2)100% HT；(3)50% HT 和 50%HTO。结果列于表 9-6。氚浓度值($\mu$Ci/m$^3$ 水)是按释放的大小(kCi/d)标度的。

**表 9-6　在大气释放的 3 种情形下，在距排放源 10～50 km 的模型隔室的比活度比值 (μCi/kg 水)/(Ci/d)模拟结果**

| 隔室 | 距离 | | | | | |
|---|---|---|---|---|---|---|
| | 10 km | | | 50 km | | |
| | HTO | HT | HT-HTO | HTO | HT | HT-HTO |
| 大气 | 6.9 | 0.07 | 3.5 | 1.3 | 0.05 | 0.68 |
| 雨水 | 3.5 | 0.04 | 1.8 | 0.75 | 0.02 | 0.34 |
| 土壤 | 4.4 | 3.9 | 4.1 | 0.83 | 0.75 | 0.79 |
| 植物水 | 6.6 | 3.5 | 5.1 | 1.3 | 0.69 | 0.97 |
| 植物有机物质 | 5.3 | 22.0 | 13.0 | 1.0 | 4.1 | 2.6 |
| 奶牛 | | | | | | |
| 牛奶 | 6.9 | 0.15 | 3.5 | 1.3 | 0.06 | 0.68 |
| 牛奶固体物质 | 6.1 | 11.0 | 8.5 | 1.2 | 2.1 | 1.6 |
| 肉牛 | | | | | | |
| 水 | 6.9 | 0.13 | 3.5 | 1.3 | 0.06 | 0.68 |
| 肉 | 6.2 | 9.4 | 8.0 | 1.2 | 1.8 | 1.5 |

该模型的演示结果指出了在对大气中氚释放进行剂量估算时应当考虑的许多问题。含氚的化学形式，对于在环境中发现的氚的性质有很大影响。HT 释放将比等活度量的 HTO 释放在该系统中滞留的总氚量少。即使氚在食物的有机成分中的浓度，在 HT 释放情形下比 HTO 释放的水平要高，但由于有机氚的摄入量少，且 HTO 的活度也低得多，对人体产生的剂量将大大低于由 HTO 释放所产生的剂量。然而，在 HT 释放条件下动植物有机成分中的氚高于人类食物体水分的事实，说明根据尿样或测定体水氚浓度的途径，将会产生偏低的剂量估计。在这种情形下，应当谨慎地对受影响居民摄入有机氚的浓度也加以考虑。

### 9.4.2　UFOTR1 事故性氚释放评价模型

对于聚变反应堆的运行，在正常工况下和事故发生后氚的释放可能起主导作用。由于氚的物理和化学性质显著不同于其他放射性核素，德国 KfK 实验室专门研制了 UFOTRI 模型软件程序[31]，用于事故性氚释放的放射性后果评价。该模型描述了氚在生物圈中的行为，估算了由于直接照射和摄入途径对个人和居民产生的受照剂量，如在土壤中 HT 向 HTO 的转化，HTO 在沉降后的蒸发再发射，以及 HTO 转化为 OBT 这样一些过程，在程序中都做了考虑。用 UFOTRI 进行的概率计算，能够显示给出氚事故性释放的放射性后果谱图及其每一事件发生的概率。

#### 9.4.2.1 模型结构

UFOTRI 模型的现有版本基于 MUSEMET 高斯烟羽扩散模型[32]，将它稍作修改后用于描述以气态氚和氚化水化学形式释放的氚在环境中的行为。再发射过程的重要性质使大气扩散的模型化必须在两个水平上考虑。首先用 MUSEMET 软件模型计算给出单次释放事件后烟羽的扩散及随后氚在土壤和植物上的沉积。其次，氚在沉积后由土壤和植物的蒸发再发射用专门为这一目的研制的面源模型作了考虑，并将它同原来的模型结合在一起一同运作。由于这样一个面源模型的高斯代数方程式的精确解将要求大量的计算时间，因而 UFOTRI 软件模型中使用了一种简化的假定，用具有一个给定烟羽初始加宽区域中心的单个点源来代替该区域面源。

在该软件模型中，初始大气扩散过程以小时为基准，作为风速、稳定度、地表粗糙度、降雨量和温度的函数而加以计算和描述。因而在每个时间间隔 1 h 内，所有的参数可被假定为常数，高斯公式相应地不依赖于时间。由土壤和植物的蒸发再发射过程，假定在放射性烟羽初始扩散后 1 h 发生。这意味着在 1 h 的时间间隔后，由初始大气扩散模型计算得到的土壤和植物中的氚浓度将被转移到次级扩散模型作为输入值。在次级模型里由初始模型得到的 $N$ 小时的浓度，因上述过程而修改为 $N+1$。这一过程一直继续到初始烟羽已经离开该研究区域为止。以后次级源模型以它作为土壤和植物隔室的区域面源而单独进行计算。假若受照射的区域被分成 20 个同心圆环和 72 个扇形区，则将会得到高达 240 个子区域面源，因而该软件模型要求计算机有大的贮存容量和快速的计算时间。

在这一大气扩散模型中，对可能改变现有 HT 或 HTO 平衡的所有过程都进行了考虑，例如 HT 向 HTO 的转化，氚向深层土壤的转移，氚被植物根系的吸收，以及 HTO 向 OBT 的转化，连同如牛奶、奶制品及肉牛生产的食物链途径(见图 9-10)。由此可见，UFOTRI 软件模型能够真实地描述一次事故性释放后约 100 h 内，氚在环境(土壤、植物、动物)中所有相关条件下的大气传输和沉降过程(扩散、沉降和蒸发再发射)，还可进一步动态描述两种不同化学形式的氚在食物链中的进一步行为。

对于氚在环境中的长期行为以及对氚设施现场附近几十千米内消费氚污染食品居民的长期剂量评价，该软件模型也可用于计算蔬菜、肉类和乳制品的累积氚浓度。对于饮用水摄入产生的剂量，由于在饮用前氚在江河、湖泊和地下水中的稀释作用，一般很低可忽略不计。图 9-11 给出了食物链和它们之间联系的所有相关的隔室。可以看出图中植物隔室被分为两类 4 个部分，属于营养植物的多叶蔬菜、薯类和谷物，与属于生产肉奶的牧草。相应的土壤隔室也被分为 3 层，0～5 cm 的表土层、5～15 cm 土层和 15～30 cm 较深的土层，所有的大气动植物隔室又按氚存在的化学形式分为 HTO 和 HT 两部分。每一个隔室都是环境中其特定物质可以通过交换过程被富集或贫化的一个理想化的部分。定量表征转移过程的传输速率是对于较长周期和计算的假定平衡条件所取的平均值。各个隔室间的交换过程用描述氚浓度或浓度差的线性的一阶微分方程式来处理。由食物链模型的许多隔室推导出的这种微分方程组不可能用解析式求得结果。因而可选用英国辐射防护局 NRPB 研制的计算机模型 COMA(隔室模型分析)来解这类数字问题[33]。

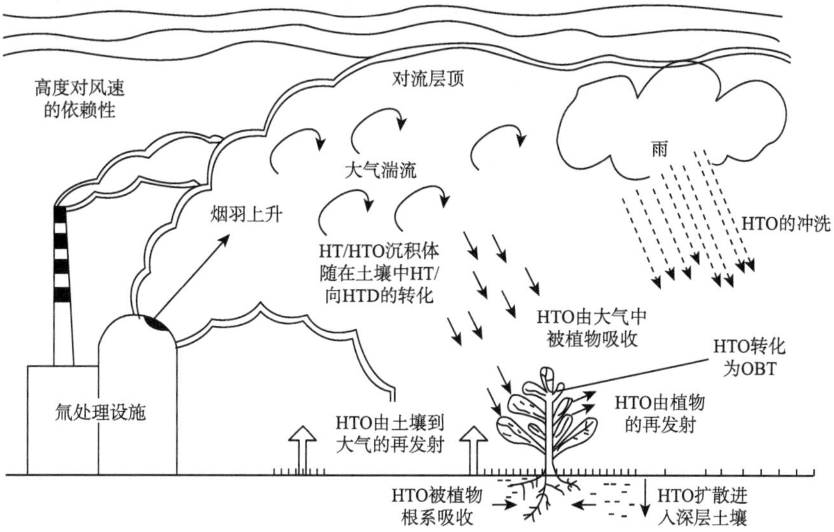


图 9-10　氚释放到环境后的重要转移过程

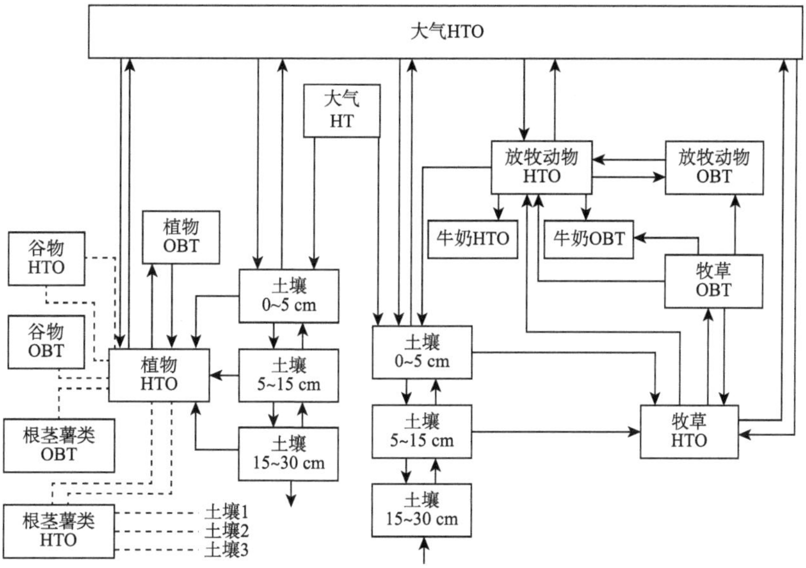


图 9-11　UFOTR1 模型的结构示意图

#### 9.4.2.2　结果演示

运行 UFOTRI 软件模型有许多不同的方式。对于一个具体的环境输入数据系列，它可以执行确定的运算。在概率计算模式，一次事故性氚释放后果的概率分布，通过对一个选择的表征在被考虑现场大气条件全谱的气象序列号码运行该软件程序而给出估计。在概率事故后果评价方法学的框架内已经研制了几种气象取样方法。UFOTRI 软件模型可以对所有这些取样简图单独，或与评价核设施释放活化和裂变产物放射性影响的 COSYMA

程序系统结合运行[34-36]。

(1)再发射过程对产生剂量的影响

已知气态 HT 不能像 HTO 那样被人体有效地吸收，因而具有较低的放射性影响。HTO 的剂量转换因子比 HT 高 4 个数量级，但两者产生的放射性剂量负担差别不像人们预期的那样大，这一情况可归因于 HT 在土壤中转化为 HTO 然后蒸发再发射。因此，再发射过程在环境氚传输和放射性影响的实际模型化中，似乎是最重要的过程。仅使用 UFOTRI 模型的大气部分，就可以用有无沉积后的再发射情形的 HT 释放的例子演示出这一关键参数的影响。计算表明在同一居住区，由 HT 释放产生的集体剂量将仅比由同样强度的 HTO 释放产生的集体剂量仅低 1 至 2 个数量级。气象条件为 1982 年 6 月，10 Ci的氚在 1 h 的周期内释放。表 9-7 给出从 65 m 至 32 km 距离的环形区域内，两种化学形式的 HT 和 HTO 烟羽通过，在有无考虑蒸发再发射情形下产生的集体剂量。如在表 9-7 中所示，直至 32 km，再发射产生的附加剂量，对于 HT 释放为 18 mSv，对于 HTO 释放为 251 mSv。2 个值之间 14 的因子正好同土壤吸收 HTO 约比土壤吸收 HT 高 14 倍的事实相吻合[37]。

(2)1987 年的加拿大 HT 大气释放试验

1987 年 6 月在加拿大乔克河国家核实验室进行了 3.54 TBq(约 100 Ci)HT 的大气释放扩散实验，用以确定气态 HT 在环境中的行为，实验测定在空气、土壤和植物隔室中 HT 转化为 HTO 的氧化速率。HT 释放期间在距释放源 5 m 处观察到的 HTO/HT 大气浓度比值为 $0.14\times10^{-14}$，距源 400 m 处为 $7.0\times10^{-4}$，表明有效氧化速率约为 1.5%/h。在大气中气态 HT 的氧化要比上述有效氧化速率低一些，实验结果表明，表层土壤在 HT 转化 HTO 的过程中起主导作用。对于针叶树林、土壤 HT 的沉积速度在 $2.7\times10^{-4}\sim12\times10^{-4}$ m/s。在释放后头 24 h 平均的 HTO 损失率，初始值为(1～3)%/h。由于土壤中 HTO 的吸收和同大气中 HTO 水蒸气的交换产生的植物自由氚(TFWT)，基于多叶植被区对 5 种类属作为 TFWT 测量的 HT 对植物的沉积速度上限值为 $0.23\times10^{-7}\sim6\times10^{-7}$ m/s。在伴随低活度雨水释放后约 12～48 h，TFWT 损失率在(5.2～8.1)%/h 之间，释放后 48～235 h 为(0.42～0.56)%/h。植物有机结合氚(OBT)同组织自由水氚 TFWT 的比活度比率(Bq/gH)，初始值为 0.1，在释放后 113 d，由于 TFWT 比活度比 OBT 下降快而增高到 16[38]。

**表 9-7 由不同化学形式氚释放在有无考虑再发射情形下产生的集体剂量(mSv)**

| 面积源(距离)/m | 由 HT 烟羽产生剂量 | 由 HT 烟羽+再发射产生剂量 | 由 HTO 烟羽产生剂量 | 由 HTO 烟羽+再发射产生剂量 |
|---|---|---|---|---|
| 65 | 0.000 84 | 0.073 | 19.7 | 20.6 |
| 100 | 0.000 95 | 0.082 | 22.1 | 23.7 |
| 145 | 0.001 02 | 0.240 | 23.7 | 26.9 |
| 210 | 0.000 82 | 0.260 | 18.9 | 22.6 |
| 320 | 0.000 71 | 0.270 | 16.4 | 20.3 |
| 460 | 0.000 86 | 0.360 | 19.6 | 24.3 |
| 680 | 0.000 95 | 0.450 | 21.7 | 28.1 |

续　表

| 面积源(距离)/m | 由 HT 烟羽产生剂量 | 由 HT 烟羽+再发射产生剂量 | 由 HTO 烟羽产生剂量 | 由 HTO 烟羽+再发射产生剂量 |
|---|---|---|---|---|
| 1 000 | 0.000 83 | 0.450 | 18.9 | 25.4 |
| 1 500 | 0.001 16 | 0.680 | 26.2 | 36.1 |
| 2 100 | 0.001 11 | 0.730 | 24.5 | 35.6 |
| 3 200 | 0.001 22 | 0.920 | 27.3 | 40.4 |
| 4 600 | 0.001 19 | 1.100 | 25.7 | 42.1 |
| 6 800 | 0.001 11 | 1.270 | 24.5 | 42.3 |
| 10 000 | 0.001 41 | 1.790 | 30.6 | 55.3 |
| 15 000 | 0.001 82 | 2.430 | 39.5 | 72.2 |
| 21 000 | 0.001 91 | 2.600 | 40.4 | 77.1 |
| 32 000 | 0.002 55 | 3.930 | 54.1 | 111.4 |
| 总剂量 | 0.025 0 | 17.70 | 455.3 | 706.2 |

在这次重要的现场 HT 大气释放试验研究中，利用在距释放源不同距离设置的取样点，在 HT 烟羽通过的下风处对环境空气，土壤和植物中的氚浓度进行了广泛的取样测定，对 UF OTRI 扩散模型也进行实验检验。文献[37]对这次验证实验中空气、土壤和植物等环境样品中氚浓度的实测值与利用 UFOTRI 模型计算的预期值进行了比较，并分别图示给出了在 HT 烟羽通过期间下风向 0～400 m 内空气中和土壤中的 HT 浓度，实验值与计算值的比较；距释放源下风向 50 m 和 180 m 在 0～90 h 内空气中依赖于时间的 HTO 浓度，实测值与计算值的比较；以及距释放源下风向 40 m 和 180 m 在 0～90 h 内，蔬菜水分中依赖时间的 HTO 浓度，实测值和计算值的比较。从总体上来看，两者很符合，给出比较一致的结果，反映了相同的变化趋势和规律。但也可以看出，对于距释放源较近的取样点测量结果，由于扩散时间太短，如空气中的 HT 不能给出模型所预期的理想的高斯分布，实测值与计算值有较大的离散。其他如 HT 沉降速度常数，蒸发再发射率常数的取值以及地表空气中 HTO 浓度梯度和土壤中 HTO 浓度梯度的影响，使空气，土壤和植物中的氚浓度、计数值与实测值的偏差可以差别到 3 倍，甚至大到一个数量级。

当然，对于一个简单的模型，如 HTO 由植物向大气转移的扩散阻力，土壤中根系分布的不确定性，被考虑测量植物的质量，以及必须将绝大部分输入参数在整个地势上求平均等，测量值更精确的重现，与其说是该模型质量的指示还不如说是有一定的偶然性。试图用比较来证明，该模型是否能够高质量地预测空气、土壤和植物中的依赖于时间的氚浓度，这意味着在 HT 释放后几天的时间周期内 HTO 比活度的增加和减少对于某些特殊的取样点，使用更详细的模型拟合并使输入变量最佳化，用 UFOTRI 模型得到的结果还可以有相当好的改进。

## 9.4.3　UNSCEAR(2016)剂量评价模式及其验证

为了估算气载氚所致公众辐射剂量，国内外对氚剂量评价模式开展过许多研究工作[39-49]。2016 年，联合国原子辐射影响科学委员会(UNSCEAR)报告[49]推荐采用比活度改进模型进行氚大气释放所致公众辐射剂量评价，模型中区分了动植物产品中氚的化学形态并推荐了相应的选取参数。中辐院杨洁等人以秦山核电基地为例，收集了秦山核电基地周围环境近三年的氚监测数据，基于环境监测结果评价了气载氚对周围公众的辐射剂量，并与采用 UNSCAEAR-2016 推荐的气载氚流出物比活度模型的评价结果进行比较验证。

该文以秦山核电基地为例，收集了秦山核电基地周围环境近三年的氚监测数据，基于环境监测结果评价了气载氚对周围公众的辐射剂量。采用 UNSCAEAR 推荐的气载氚流出物比活度模型评价了秦山核电基地氚所致公众辐射剂量。将基于流出物的评价结果与基于环境监测数据的评价结果进行比较，用于验证大气氚释放比活度改进模型[50]。

#### 9.4.3.1 氚剂量评价

人体摄入氚可以通过摄入动植物产品、饮水和吸入 3 种途径。UNSCEAR 2016 年报告附录 A 推荐氚采用比活度模型进行剂量评价，氚摄入所致公众有效剂量($H$，Sv/a)计算公式为[49]：

$$H_{\mathrm{T}} = H_{\mathrm{inh}} + H_{\mathrm{ing}} + H_{\mathrm{drink}} \tag{9-28}$$

式中，$H_{\mathrm{inh}}$为吸入 HTO 所致内照射剂量，Sv/a；$H_{\mathrm{ing}}$为食入无机氚 HTO 所致内照射剂量，Sv/a；$H_{\mathrm{drink}}$为饮水 HTO 所致内照射剂量，Sv/a。

(1)吸入内照射剂量 $H_{\mathrm{in}}$

$$H_{\mathrm{inh}} = C_{\mathrm{a}} \times \mathrm{DCF}_{\mathrm{inh}} \times R_{\mathrm{a}} \tag{9-29}$$

式中，$C_{\mathrm{a}}$ 为空气中 HTO 活度浓度，Bq/m$^3$；$\mathrm{DCF}_{\mathrm{inh}}$为核素吸入内照射剂量转换因子，Sv/Bq；$R_{\mathrm{a}}$ 为公众年空气摄入量，m$^3$/a。

(2)食入内照射剂量 $H_{\mathrm{ing}}$

$$H_{\mathrm{ing}} = \mathrm{DCF}_{\mathrm{ing\text{-}HTO}} \times \left(\sum C_{\mathrm{pp\text{-}HTO}} \times U_{\mathrm{pp},i}\right) + \mathrm{DCF}_{\mathrm{ing\text{-}OBT}} \times \left(\sum C_{\mathrm{pp\text{-}OBT},i} \times U_{\mathrm{pp},i}\right) + \mathrm{DCF}_{\mathrm{ing\text{-}HTO}} \times \left(\sum C_{\mathrm{ap\text{-}HTO},i} \times U_{\mathrm{ap},i}\right) + \mathrm{DCF}_{\mathrm{ing\text{-}OBT}} \times \left(\sum C_{\mathrm{ap\text{-}OBT},i} \times U_{\mathrm{ap},i}\right) \tag{9-30}$$

式中，$i$ 为分别对应婴儿、幼儿、少年和成人 4 个年龄组公众；$\mathrm{DCF}_{\mathrm{ing\text{-}HTO}}/\mathrm{DCF}_{\mathrm{ing\text{-}OBT}}$为核素食入无机氚或有机氚的内照射剂量转换因子，Sv/Bq；$C_{\mathrm{ap\text{-}HTO},i}/C_{\mathrm{pp\text{-}HTO},i}$为 $i$ 类动/植物产品中 HTO 比活度，Bq/kg；$C_{\mathrm{ap\text{-}OBT},i}/C_{\mathrm{pp\text{-}OBT},i}$为 $i$ 类动/植物产品中 OBT 比活度，Bq/kg；$U_{\mathrm{ap},i}/U_{\mathrm{pp},i}$为 $i$ 类动/植物产品居民年摄入量，kg/a。

(3)饮水内照射剂量 $H_{\mathrm{drink}}$

$$H_{\mathrm{drink}} = C_{\mathrm{w}} \times \mathrm{DCF}_{\mathrm{ing\text{-}HTO}} \times Q_{\mathrm{w}} \tag{9-31}$$

式中，$C_{\mathrm{w}}$为饮用水中 HTO 活度浓度，Bq/L；保守考虑按照空气水分中 HTO 浓度的十分之一[47]进行估算；$Q_{\mathrm{w}}$为公众年饮水量，L/a。

#### 9.4.3.2 基于环境监测数据的评价

《秦山核电基地氚排放所致周围公众内照射剂量评价》[51]统计了 2014—2016 年秦山核电基地周围居民点环境介质中的氚浓度监测结果，基于统计的环境监测数据评价了秦山核电基地近几年氚排放所致周围公众的辐射剂量，并估算了经食入、吸入、饮水 3 种途径氚所致秦山核电基地周围公众的年有效剂量。

处于核电基地主导风向的下风向，距核电基地西北西方位 2.4 km 的秦联村作为常规环境监测点，定期开展空气、动植物产品、海产品(鲻鱼)、井水中氚浓度的监测。监测项目具有核电基地附近居民食谱的代表性。因此，作为该项评价对象的秦联居民点近三年(2014—2016 年)各种环境介质中氚的活度浓度监测结果列于表 9-8。评价采用的参数列于表 9-9，基于环境监测数据评价秦山核电基地周围公众经不同途径摄入氚所致有效剂量列于表 9-10。

**表 9-8　秦联监测点位环境介质中氚活度浓度监测结果**

| 年份 | 空气 HTO/($mBq/m^3$) | 井水饮用水 HTO/(Bq/L) | 叶菜 HTO/(Bq/kg) | 叶菜 OBT/(Bq/kg) | 介质大米 HTO/(Bq/kg) | 大米 OBT/(Bq/kg) | 羊肉 HTO/(Bq/kg) | 羊肉 OBT/(Bq/kg) | 鲻鱼 HTO/(Bq/kg) |
|---|---|---|---|---|---|---|---|---|---|
| 2014 | 365.00 | 3.60 | 10.50 | 0.60 | 3.60 | 8.80 | 1.60 | 1.70 | 2.70 |
| 2015 | 353.00 | 3.30 | 20.30 | 1.90 | 2.70 | 6.80 | 2.00 | 0.80 | 2.60 |
| 2016 | 304.20 | 3.80 | 19.00 | 0.70 | 5.30 | 3.70 | 3.70 | 0.30 | 2.20 |
| 平均值 | 340.73±26.29 | 3.57±0.21 | 16.60±4.35 | 1.07±0.59 | 3.87±1.08 | 6.43±2.10 | 2.43±0.91 | 0.93±0.58 | 2.50±0.22 |

**表 9-9　评价采用的参数**

| 参数<br>年龄组 | 空气摄入量/($m^3$/a) | 动植物产品摄入量/(kg/a) | | | | 饮水摄入量/(g/d) | 吸入剂量转换因子/(Sv/Bq) | 食入剂量转换因子/(Sv/Bq) | |
|---|---|---|---|---|---|---|---|---|---|
| | | 粮食(大米) | 蔬菜(叶菜) | 肉类(羊肉) | 鱼类(鲻鱼) | | | HTO | OBT |
| 婴儿组≤1 岁 | 1 044 | 60 | 48 | 12 | 5 | 500 | $6.40\times10^{-11}$ | $6.40\times10^{-11}$ | $1.20\times10^{-10}$ |
| 1 岁<幼儿组≤7 岁 | 3 183 | 108 | 120 | 30 | 24 | 700 | $4.80\times10^{-11}$ | $4.80\times10^{-11}$ | $1.20\times10^{-10}$ |
| 7 岁<少年组≤17 岁 | 7 337 | 180 | 240 | 90 | 72 | 1 000 | $2.30\times10^{-11}$ | $2.30\times10^{-11}$ | $5.70\times10^{-11}$ |
| 成人组>17 岁 | 8 140 | 270 | 210 | 120 | 48 | 800 | $1.80\times10^{-11}$ | $1.80\times10^{-11}$ | $4.20\times10^{-11}$ |

**表 9-10　基于环境监测数据评价秦山核电基地周围公众经不同途径摄入氚所致有效剂量**

| 点位 | 各年龄组所致剂量/(μSv/a) | | | | |
|---|---|---|---|---|---|
| | 途径 | 婴儿≤1 岁 | 1 岁<幼儿≤7 岁 | 7 岁<少年≤17 岁 | 17 岁<成人 |
| 秦联 | 吸入空气 | $2.28\times10^{-2}$ | $5.21\times10^{-2}$ | $5.75\times10^{-2}$ | $4.99\times10^{-2}$ |
| | 食入大米 | $6.12\times10^{-2}$ | $1.03\times10^{-1}$ | $8.20\times10^{-2}$ | $9.17\times10^{-2}$ |
| | 食入叶菜 | $5.68\times10^{-2}$ | $1.10\times10^{-1}$ | $1.05\times10^{-1}$ | $7.16\times10^{-2}$ |
| | 食入鲻鱼 | $8.00\times10^{-4}$ | $2.88\times10^{-3}$ | $4.14\times10^{-3}$ | $2.16\times10^{-3}$ |
| | 食入羊肉 | $3.20\times10^{-3}$ | $6.84\times10^{-3}$ | $9.79\times10^{-3}$ | $9.92\times10^{-3}$ |
| | 饮水 | $4.17\times10^{-2}$ | $4.37\times10^{-2}$ | $2.99\times10^{-2}$ | $1.87\times10^{-2}$ |
| | 合计 | $1.86\times10^{-1}$ | $3.19\times10^{-1}$ | $2.89\times10^{-1}$ | $2.44\times10^{-1}$ |

评价结果显示近几年秦山核电基地氚排放所致西北西方位 2.4 km 处的秦联居民组婴儿、幼儿、少年和成人 4 个年龄组公众的年平均有效剂量分别为 0.19、0.32、0.29 和

0.24 μSv/a，关键居民组为幼儿组，关键途径为食入内照射。

#### 9.4.3.3 基于流出物数据的评价[49]

(1)剂量评价

基于流出物排放所致环境中各介质的浓度计算公式如下：

①空气中 HTO 活度浓度：

$$C_a(x)=Di\cdot Q\cdot x^{-n}e^{-\lambda x/u_a} \tag{9-32}$$

式中，$C_a(x)$为在距离释放点 $x$ 处空气中 HTO 的活度浓度，$Bq/m^3$；$Q$ 为释放速率，Bq/s；$D_i$ 是据排风口 $i$ km 处的扩散因子；$x$ 释放点下风向的距离，km；$n$ 为经验因子，取 1.2；$\lambda$ 为核素的衰变常数，$s^{-1}$；$u_a$ 为释放高度处的风速，取 2.46 m/s[52]。

②饮水中 HTO 浓度：

$$C_w=0.1\cdot C_{a,HTO}(x)=0.1\cdot C_a(x)\cdot\rho_{H_2O}/H_a \tag{9-33}$$

式中，$C_{a,H_2O}(x)$是在距离释放点 $x$ 处空气水分中 HTO 活度浓度，$Bq/m^3$；$\rho_{H_2O}$为水的密度；$H_a$ 绝对湿度，$6\times10^{-3}\,L/m^3$[39]。

③土壤中 HTO 活度浓度：

$$C_{sw}(x)=CR_{s\text{-}a}\cdot C_{a,\ HTO}(x)/H_a \tag{9-34}$$

式中，$C_{sw}(x)$是在距离释放点 $x$ 处土壤水中 HTO 活度浓度，Bq/L；$CR_{s\text{-}a}$是经验常数，取 0.3。

④植物产品中 HTO 比活度：

$$C_{pp\text{-}HTO,i}(x)=WC_{p,i}\cdot\{[RH\cdot C_{a,HTO}(x)/H_a+(1-RH)\cdot C_{sw}(x)]\}/\gamma \tag{9-35}$$

式中，$C_{pp\text{-}HTO,i}(x)$是 $x$ 处 $i$ 类植物产品中 HTO 的比活度(鲜重)，Bq/kg；$WC_{p,i}$是 $i$ 类植物的含水量(鲜重，作物取 0.12，蔬菜取 0.92，草料取 0.76)，L/kg；RH 为相对湿度，取 0.7；$\gamma$ 是水中 HTO 饱和蒸气压的比率，取 0.909[42]。

⑤饮用水/草料水中 HTO 活度浓度：

$$CR_{f,HTO}(x)=0.5\cdot C_{sw}(x)+0.5C_{pasture,HTO}(x)/WC_{pi} \tag{9-36}$$

式中，$CR_{f,HTO}(x)$是 $x$ 处 $i$ 类饮用水/草料水中 HTO 活度浓度(假设 50%摄入来自饮用，50%来自草料)，Bq/L；$C_{pasture,HTO}(x)$为草料中 HTO 比活度，Bq/kg；采用式(9-8)计算得到；$WC_{p,i}$是植物的含水量(鲜重)，L/kg。

⑥动物产品中 HTO 比活度：

$$C_{ap\text{-}HTO,i}(x)=CR_{a,HTO}\cdot CR_{f,HTO,i}(x) \tag{9-37}$$

式中，$C_{ap\text{-}HTO,i}(x)$是 $x$ 处 $i$ 类陆生动物产品中 HTO 比活度，Bq/kg；$CR_{a,HTO}$是浓度比，摄入 HTO 活度浓度在吸收水分氚中所占比例，L/kg。

⑦植物产品中 OBT 的计算公式：

$$C_{pp\text{-}OBT,i}(x)=(1-WC_{p,i})\cdot\frac{WEQ_{p,i}\cdot R_{p,i}\cdot C_{f,HTO}(x)}{WC_{p,i}} \tag{9-38}$$

式中，$C_{pp\text{-}OBT,i}(x)$是 $x$ 处 $i$ 类陆生植物产品(如作物、蔬菜、草料)中 OBT 比活度，Bq/kg；$WEQ_{p,i}$是 $i$ 类产品的水当量因子，L/kg；$R_{p,i}$是 $i$ 类产品的分支因子。

⑧动物产品中 OBT 比活度：

$$C_{ap\text{-}OBT,i}(x)=CR_{a,OBT}\cdot C_{pasture,OBT}(x) \tag{9-39}$$

式中，$C_{ap\text{-}OBT,i}(x)$是 $x$ 处 $i$ 类动物产品中 OBT 比活度，Bq/kg；$CR_{a,OBT}$是摄入 OBT 的

活度浓度在饲料氚中所占的比值；$C_{pasture,OBT}(x)$是饲料中 OBT 平均浓度，Bq/kg，采用式(9-38)计算得到。

海洋氚的剂量模式基于海洋排放模拟预测距离不同排放口处的 HTO 浓度，UNSCEAR 建议采用下式进行计算：

①鱼类 HTO 浓度：

$$C_{fish,s,HTO}=\frac{WC_f\cdot C_{fw,s,HTO}(x)}{1\ 000} \tag{9-40}$$

式中，$C_{fish,s,HTO}$鱼体内 HTO 浓度，Bq/kg；$WC_f$ 鱼的含水量，L/kg，取 0.78；1 000 为单位转换，L/m³；$C_{fw,s,HTO}(x)$水体中 HTO 的浓度，Bq/m³。

②鱼类 OBT 浓度：

$$C_{fish,s,OBT}=\frac{(1-WC_f)\cdot WEQ_f\cdot R_f\cdot C_{fw,s,HTO}}{1\ 000} \tag{9-41}$$

式中，$C_{fish,s,OBT}$鱼体内 OBT 浓度，Bq/kg；$WC_f$ 是鱼的含水量，L/kg，取 0.78；$WEQ_f$ 是水当量因子，0.65；$R_f$ 分配系数，$6.6\times10^{-4}$ kg/kg；1 000 为单位转换，L/m³。

(2)评价参数与剂量评价结果

2014—2016 年秦山核电气载流出物氚的平均排放量 $10^{13}$ Bq/a[53]，扩散因子采用文献数据 $1\times10^{-6}$ s/m³[54]，计算距离秦山核电基地 2.4 km 处秦联村的动、植物产品中 HTO 和 OBT 的比活度。动植物产品中 HTO 和 OBT 比活度计算参数列于表 9-11，采用的其他评价参数列于表 9-12。

**表 9-11　动、植物产品中 HTO 和 OBT 浓度的参数**

| 参数 | 植物产品[49] | | | 参数 | 动物产品 |
|---|---|---|---|---|---|
| | 叶类植物 | 谷物类植物 | 牧草类饲料植物 | | 羊肉[43] |
| $WC_p$ | 0.92 | 0.12 | 0.76 | $CR_{a,HTO}$ | 0.74 |
| $WEQ_p$ | 0.51 | 0.56 | 0.56 | $CR_{a,OBT}$ | 0.40 |
| $R_p$ | 0.54 | 0.54 | 0.54 | | |

**表 9-12　评价采用的参数**

| 年龄组 | 空气摄入量[43]/(m³/a) | 动植物产品摄入量[55]/(kg/a) | | | 饮水摄入量[56]/(g/d) | 吸入剂量转换因子[57]/(Sv/Bq) | 食入剂量转换因子/(Sv/Bq) | |
|---|---|---|---|---|---|---|---|---|
| | | 粮食(大米) | 蔬菜(叶菜) | 肉类(羊肉) | | | HTO | OBT |
| 婴儿组≤1 岁 | 1 044 | 60 | 48 | 12 | 500 | $6.40\times10^{-11}$ | $6.40\times10^{-11}$ | $1.20\times10^{-10}$ |
| 1 岁<幼儿组≤7 岁 | 3 183 | 108 | 120 | 30 | 700 | $4.80\times10^{-11}$ | $4.80\times10^{-11}$ | $1.20\times10^{-10}$ |
| 7 岁<少年组≤17 岁 | 7 337 | 180 | 240 | 90 | 1 000 | $2.30\times10^{-11}$ | $2.30\times10^{-11}$ | $5.70\times10^{-11}$ |
| 成人组>17 岁 | 8 140 | 270 | 210 | 120 | 800 | $1.80\times10^{-11}$ | $1.80\times10^{-11}$ | $4.20\times10^{-11}$ |

# 9.5 结论

表 9-13 为基于 2014—2016 年秦山核电厂气载流出物氚的排放数据，采用比活度模型评价了秦山核电基地氚所致公众辐射剂量，评价结果显示关键人群为幼儿组，年有效剂量为 0.77 μSv/a，关键途径为食入内照射。而与同期"基于秦山核电基地周围环境监测中氚的监测数据所评价的氚所致公众辐射剂量比较，其关键人群为幼儿组，年有效剂量为 0.32 μSv/a，两者的评价结果相差不大，在同一水平。推荐在进行气载氚所致公众辐射剂量评价时可采用 UNSCEAR(2016)剂量评价的比活度模型。

**表 9-13 基于流出物评价秦山核电基地周围公众经不同途径摄入氚所致有效剂量** μSv/a

| 途径 | 婴儿≤1 岁 | 1 岁<幼儿≤7 岁 | 7 岁<少年≤17 岁 | 17 岁<成人 |
|---|---|---|---|---|
| 吸入空气 | $2.28\times10^{-1}$ | $5.22\times10^{-2}$ | $5.76\times10^{-2}$ | $5.00\times10^{-2}$ |
| 食入大米 HTO | $4.00\times10^{-2}$ | $5.40\times10^{-2}$ | $4.31\times10^{-2}$ | $5.07\times10^{-2}$ |
| 食入大米 OBT | $1.66\times10^{-1}$ | $3.00\times10^{-1}$ | $2.37\times10^{-1}$ | $2.62\times10^{-1}$ |
| 食入叶菜 HTO | $1.30\times10^{-1}$ | $2.44\times10^{-1}$ | $2.34\times10^{-1}$ | $1.60\times10^{-1}$ |
| 食入叶菜 OBT | $5.84\times10^{-3}$ | $1.46\times10^{-2}$ | $1.39\times10^{-2}$ | $8.94\times10^{-3}$ |
| 食入羊肉 HTO | $1.83\times10^{-2}$ | $3.43\times10^{-2}$ | $4.93\times10^{-2}$ | $5.14\times10^{-2}$ |
| 食入羊肉 OBT | $1.31\times10^{-3}$ | $3.28\times10^{-3}$ | $4.67\times10^{-3}$ | $4.59\times10^{-3}$ |
| 饮水 | $6.65\times10^{-2}$ | $6.98\times10^{-2}$ | $4.78\times10^{-2}$ | $2.99\times10^{-2}$ |
| 合计 | $4.51\times10^{-1}$ | $7.71\times10^{-1}$ | $6.87\times10^{-1}$ | $6.18\times10^{-1}$ |

# 参考文献

[1] Wong K Y, Khan T A, Guglielmi F, et al. Canadian Tritium Experience[J]. Canadian Fusion Fuel Technology Projet, 1984: 91-94. 8

[2] Bown R M. HT and HTO in the Environment at Chalk River[J]. Fusion Technology, 1985, 8(2): 2539-2543.

[3] JAERI-M85-134, 保健物理-管理と研究-No27[G]. 日本原子力研究所, 1984: 70.

[4] Papadopoulos D, Konig L A, Langguth K G., Tritium Contamination of Rain water due to Tritium Release to the atmosphere[Z]// Annalesde l' Association Belge de Radioprotection, 1982, 7/3: 129-144.

[5] Inoue Y, Iwakura T, Miyamoto K. Environmental Aspects of Tritium Released into the Atmosphere in the Vicinity of Nuclear Facilities in Japan[M]. NIRS-M-52. Matsu-daira H, Edited. National Institute of Radiological Sciences, Chiba, 1985: 296-315.

[6] 高岛良正. 环境におけるトリチウム，昭和 62 年度文部省科学研究费补助金研究成果报告书[Z]. トリチウム资料集, 1988: 387-445.

[7] Strack S. Behavior of Tritium in the Water Pool and Organic Pool of the Leaves of a Beech Tree-First Results of a Long Term Investigation[Z]// Annales de l' Association Belge de Radioprotection, 1982, 7, 3/4: 213-228.

[8] Inoue Y, Miyamoto T K, Iwakura T, et al. Long Term Observation of Tritium in Pine Needles Near

Nuclear Facilities[C]//Seventh International Congress of the Internatinal Radiation Protection Association. Sydney, 1988.

[9] 上野阳里. トリチウム施设の环境モニタソング，昭和 62 年度文部省科学研究费补助金研究成果报告书[Z]. トリチウム资料集，1988：457-490.

[10] United Nations. Sources and Effects of Ionizing Radiation. United Nations Scientific Committee on the Effeets of Atomic Radiation 1977 report to the General Assembly[Z]. With annexes. United Nations sales publication no E. 77, Ⅸ. New york, 1977.

[11] NCRP. Tritium in the Environment: NCRP Report No. 62. [R]. 1979.

[12] Murphy C E Jr, Pendergast M M. Environmental Transport and Cycling of Tritium in the Vicinity of atmospheric Releases[R]//Behavior of Tritium in the Environment. Vienna: IAEA: IAEA-SM-232/74, 1979: 361-372.

[13] Murphy C E, Sweet C W, Fallon R D. Tritium transport around nuclear facilities[J].: Nuclear Safety 23, 1982: 677-685.

[14] C E Murphy Jr. Environmental Tritium Transport Model Application to the Dose Evaluation for Members of the Public, NIRS-M-52[M]. Matsudaira H, Edited. National Institute of Radiological Sciences, Chiba, 1985: 316-332.

[15] C E Sweet, C E Murphy Jr. Oxidation of Molecular Tritium by Intact Soils[J]. Environmental Science & Technology, 1981, 15: 1485-1487.

[16] Fallon R D. Molecular tritium uptake in Southeastern U. S. Soils [J]. Soil Biology & Biochemistry, 1982, 14(6): 553-556.

[17] Garland J A, Cox L C. The absorption of tritium gas by English soils, plants and the sea[J]. Water, Air, and Soil Pollution, 1980, 14(1): 103-114.

[18] Murphy C E. The relationship between tritiated water activities in air, vegetation and soil under steady-state conditions. [J]. Health Physics, 1984, 47(4): 635-639.

[19] F Raney, Y Vaodia. Movement and distribution of HTO in Tissue Water and Vapor Transpired by Shoots of Helianthus and Nicotiana[J]. Plant Phys, 1965, 40: 383-388.

[20] Y Belot, D Ganthier, H Camus, et al. Prediction of the Flux of Tritiated Water From the Air to Plant Leaves [J]. Health Phys., 1979, 37: 575-583.

[21] Murphy C E Jr, Boni A L, Tucker S P. Conversion of gaseous molecular tritium to tritiated water in biological systems. DP-1422, E. I. du Pont de Nemours & Co., Inc., Savannah River Laboratory, Aiken, S. C. 1976 [Role of soil microorganisms] [J]. Technical Report, 1976. doi: 10.2172/7139708.

[22] J C McFarlane. Tritium Accumulation in Lettuce Fumigated With Elemental Tritium [J]. Envir. and Exp. Botang, 1978, 18: 131-138.

[23] R E Wesson Jr. Kinetics of Tritium in Biological Systems[M]//Moghissi A A, Carter M W, Eds. Tritiuum. Phoenix, Arizona: Messenger Graphics, 1973: 61, 289-303.

[24] Bruner H D. Distribution of Tritium between the hydro sphere and invertebrates[M]// Moghissi A A, Carter M W, Eds. Tritium. Las Vegas, Nevada: Messenger Graphics, 1973: 303-314.

[25] Garland J A, Ameen M. Incorporation of Tritium in grain plants[J]. Health phys, 1979, 36: 35-38.

[26] Y Belot, J Guenot, C Caput, et al. Incorporation of Tritium into Organic Mater of Terrestrial Plants Exposed to tritiated-Water Releases of Short Duration [J]. Health Phys, 1983, 44: 666-668.

[27] Sweet C W, Murphy C E. Tritium deposition in pine trees and soil from atmospheric releases of molecular tritium[J]. Environ, Sci. Technol., 1984, 18: 358-361.

[28] Bogen D C，Welford G A. Fallout tritium distribution in the environment[J]. Health phys，1976，30：203-208.

[29] L R Anspaugh，J J Koranda，W L Robisone，et al. The Dose to Man via Food-Chain Transfer Resulting From Exposure to Tritiated Water Vapor [M]// Maghissi A A，Carter M W，Eds. Tritium Phoenix，Arizona：Messenger Granhies，1973：61，405-422.

[30] Van den Heek，Kirchmann R，Juan N B. Transfer and Incorporation of Tritium in Mamals [R]// Behavior of Tritium in the Environment. Vienna：IAEA；IAEA-SM-232/74，1979：433-444.

[31] W Raskob，Modeling of Tritium Behavior in the Environment[J]. Fusion Technol.，1992，21：636-644.

[32] J STRAKA，H Geiss，K J VOGT. Diffusion of waste Air Pulls and Plumes Under Changing Weather conditions[J]. Contr. Atm. Phys.，1981，54：207.

[33] P V SHAW，S M HAYWOOD.，A Dynamic Model for Movement of Tritium in the Environment [J]. Radiation Dosimetry，1986，16：59.

[34] Proceedings of Seminar on Methods and Codes for Assessing the off-site Consequences of Nuclear Accidents，May 7-11，1990. Athous，Greece，Commission of the European Communities[R]. EUR-13013，1991.

[35] COSYMA：A New Program Package for Accident Consequence Assessments[R]. A Joint Report of KFK and NRPB，Commission of the European Communities，Report EUR-130281991.

[36] Ehrhardi J，Cosyma J A J. A New Program Package for Accident Consequence Assessments[J]. Nuclear Technology，1991，94，196.

[37] W Raskob. UFOTRI：Program for Assessing the Off-Site Consequences from Accidental Tritium Releases[R]. KfK 4605，Juli 1990.

[38] Brown R M. Field Studies of HTO Oxidation and Dispersion In the Environment the 1987 June Experirnent at Chalk River CFFTP-G-88007，DE 91642108[R]. 1991.

[39] IAEA. Generic models for use in assessing the impact of discharges of radioactive substances to the environment：Safety Reports Series No. 19[R]. 2001.

[40] US. Nuclear Regulatory Commission，Calculation of annual doses to man from routine releases of reactor effluents for the purpose of evaluating compliance with 10 CFR PART 50[Z]. Regulatory Guide 1. 109，1977.

[41] 潘自强. 核工业 30 年辐射环境质量评价[M]. 北京：原子能出版社，1990.

[42] IAEA. Handbook of parameter values for the prediction of radionuclide transfer in terrestrial and freshwater environments：Technical reports series No. 472 [R]. International Atomic Energy Agency，2010.

[43] IAEA. Quantification of radionuclide transfer in terrestrial and freshwater environments for radiological assessments[R]. IAEA-TECDOC-1616，2009.

[44] IAEA. BIOMASS. Modeling the environmental transport of tritium in the vicinity of long term atmospheric and sub-surface sources[R]. Vienna，2002.

[45] IAEA. Modelling the environmental transfer of tritium and carbon-14 to biota and man[R]//Report of the Tritium and Carbon-14 Working Group of EMRAS Theme1，2001.

[46] 庄景齐，商照荣，吕彩霞. 气态氚排放后 HTO 和 OBT 在环境介质中的估算[J]. 核安全，2012(1)：72-75.

[47] 申慧芳，姚仁太. 氚长期大气释放的剂量评价模型[J]. 原子能科学技术，2010，44(5)：531-537.

[48] Peterson S. Historical Doses from Tritiated Water and Tritiated Hydrogen Gas Released to the Atmos-

phere from Lawrence Livermore National Laboratory (LLNL). Part 5. Accidental Releases [J]. Technical Report, 2007. DOI: 10. 2172/875657.

[49] UNSCEAR. Sources Effects and Risks of Ionizing Radiation[C]. United Nations Scientific Committee on the Effects of Atomic Radiation, UNSCEAR, 2016.

[50] 杨洁，廉冰，吕彩霞，等. 大气氚释放剂量评价模式验证[J]. 辐射防护，2022，42(2)：141-144.

[51] 杨洁，廉冰，赵杨军，等. 秦山核电基地氚排放所致周围公众内照射剂量评价[J]. 辐射防护，2020，40(6)：583-586.

[52] 秦山核电有限公司. 方家山核电厂长燃料循环环境影响报告表[R]. 2017.

[53] 秦山核电有限公司. 秦山核电厂流出物与环境监测年报 2014—2016[R].

[54] 胡二邦，高占荣，张茂栓，等. 应用气象相关实验估算秦山三期核电工程年均大气扩散因子的研[J]. 辐射防护，1997，17(4)：249-259.

[55] 中国核电工程有限公司. 秦山核电二期扩建工程环境影响报告书(首次装料阶段)[R]. 2010.

[56] 中国医学科学院放射医学研究所. 辐射防护用参考人第 4 部分：膳食组成和元素摄入量：GBZ/T 200. 4—2009[S]. 2009.

[57] 核工业标准化研究所. 电离辐射防护与辐射源安全基本标准：GB 18871—2002[S]. 北京：中国标准出版社，2002.

# 第 10 章　国外主要氚实验室的研究进展

## 10.1　美国

### 10.1.1　洛斯阿拉莫斯国家实验室(LANL)

1987 年，日本原子能研究所(JAEA)和美国能源部(DOE)签署了一项为期五年的合作协议。该协议旨在共同资助和运行洛斯阿拉莫斯国家实验室(LANL)的氚系统测试平台(TSTA)。在最初的五年合作之后，协议又延长了两年，于 1994 年 6 月结束。

早期聚变堆氘氚燃料循环工艺开发在美国以洛斯阿拉莫斯国家实验室(Los Alamos National Laboratary，LANL)为中心，以演示聚变堆等离子体排灰气处理的燃料循环过程，以及下一代聚变装置的人员和环境保护系统，为此建造了综合性装置 Tritium Systems Test Assembly(TSTA)。TSTA 于 1977 年建造，1981 年投入运行。1986 年 9 月和 12 月进行两次综合性实验，氚操作量逐步增大，1987 年达到 100 g 量级。

TSTA[1-2]的主要目标是：1)研发聚变反应堆的燃料循环系统，确保技术可行性；2)开发和测试环境和人员保护系统，以保障工作人员和周边环境的安全；3)开发、测试并对聚变项目中的关键氚处理设备进行验证，以确保其性能符合标准；4)构建实验平台，该平台不仅可以用于演示聚变堆燃料循环的关键技术，还能为 ITER 等大型项目提供可靠的技术支持；5)对组件进行长期服役稳定性评估，以及在氚处理过程中的安全性能验证，确保整个系统的长期可靠运行；6)研究系统在异常及紧急操作条件下的响应机制。在该项目执行期间，TSTA 对许多回路进行了集成测试，并对子系统进行了离线测试。在集成回路测试期间，TSTA 使用 100 g 氚进行测试，将真空系统、燃料净化系统、同位素分离系统、转移泵送系统和气体分析系统相互连接，以演示聚变反应堆氚燃料处理循环的稳态运行。这些试验取得了多项突出成果，并在燃料处理系统的研究、开发和运行方面建立了经验数据库。

最初五年期间最重要的成就之一是燃料处理回路连续运行了 25 天。在这 25 天的运行期间，JAERI 燃料净化系统(J-FCU)和原 TSTA 燃料净化系统(FCU)都在 DT 气体的流量、压力和杂质含量相似的条件下运行。两种燃料净化系统都被证明可以为等离子体废气处理提供足够的杂质去除。同位素分离系统连续运行，产生纯氚，同时剔除作为杂质的氚。

同时，在这次合作期间，TSTA 开发了一种新的激光拉曼光谱系统，用于就地分析 TSTA 回路中的气体。在七年的合作中完成的其他研究包括氚与 CO 等气体的相互作用研究，ZrCo 和 La-Ni-Mn 合金等氚吸气剂的研究，以及氚与低温吸附泵的相互作用研究，此外，TSTA 还积累了大量的氚安全处理数据。

### 10.1.2　氚燃料循环技术

TSTA 在氘和氢的试运行之后，第一次氚操作于 1984 年开始，动用了 10 g 氚，直到

1988 年 6 月达到 110～130 g 量级（$1.1\times10^7$～$1.3\times10^7$ Ci）。随着氚水平逐渐增加到其最大值，TSTA 对子系统进行测试，子系统测试完成后将其整合到整个过程回路中。

LANL[2] 的氚系统是一个全面的综合测试设施，将为下一代聚变装置 ITER 提供所需的燃料处理技术。自 1984 年开始氚操作以来，LANL 已经使用多达 130 g 的氚用于测试和验证工艺和安全系统。技术、操作和维护程序以及安全演示是 TSTA 对聚变能源计划的三大贡献。

## 10.1.3 氚测量技术

激光拉曼光谱[3] 具有实时分析、不消耗样品气体、不产生气体废物、能够监测和分析同位素混合物以及各种化合物的优点，该方式当前已经是氚分析中的重要手段之一（图 10-1）。

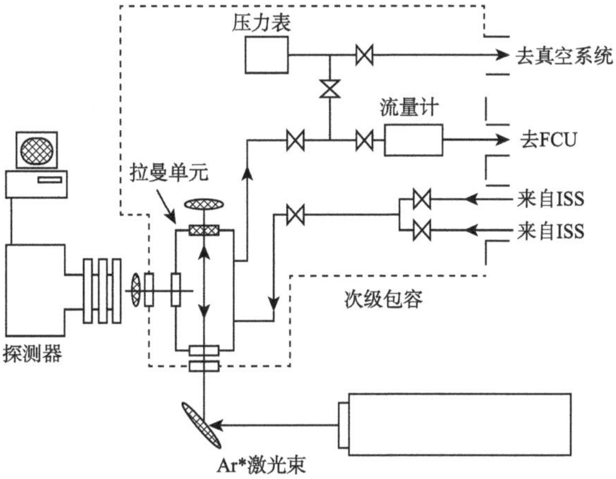


图 10-1 激光拉曼光谱分析系统示意图[4]

TSTA 设计研发了一种体积仅为 4 $cm^3$ 新型的流体电池[4] 对 $T_2$ 和 $H_2$、$D_2$、$CH_4$ 的反应动力学进行了研究，在此过程中使用激光拉曼光谱研究气相反应的产物，以实时分析反应物的浓度。

实验结果显示氢同位素交换反应的一级反应时间常数从 1.4 天到 2.7 天不等，$CH_4$ 和 $T_2$ 的反应的时间常数约为5 天，且由 log($CH_4$)对时间的斜率来确定，且能够很明显地确定反应的反应速率不受300～573 K 范围内的温度或者 Pd 膜的存在而影响，只有氚的 β 衰变是唯一的反应变量。

由于氚具有放射性，TSTA 使用激光拉曼光谱对氚工艺气体进行了在线分析技术的研发。TSTA 安装了一个配有流通式气室的新激光拉曼系统，并与由燃料循环的 4 个低温蒸馏塔组成的同位素分离系统（ISS）连接。TSTA 氢同位素分离系统通过 H-D-T 系统使用 3 个低温蒸馏塔进行，在 TSTA 激光拉曼光谱实验中共使用大约 80 g $T_2$、290 g $D_2$ 和 18 g $H_2$ 进行实验。实验结果显示：1）激光拉曼分析所需的测量时间比气相色谱测量所需的时间短得多；2）通过激光拉曼分析获得的 ISS 氢同位素组成与气相色谱测量一致；3）氢同位素混合物的精确分析可以在不到 2 min 内完成，对采样点变化的完全响应大约在 1 min 内实现。

## 10.1.4 氢同位素分离技术

为了让他们的氢同位素分离系统类似于 ITER，TSTA 对原有的氢同位素分离系统进行了全新的设计。TSTA[5-7] 对 ISS 的改造包括拆除所有原有的塔间连接管道、流量控制器、阀门等，并用新的部件替换这种受到了氚污染的管道，随后安装了新的流量控制器、阀门、管道和仪器。此外，TSTA 四柱级联的第一柱有 84 个理论塔板，有 3 个交替的进料口（进样点和 7 个样品提取位置）。在改进设备的同时，TSTA 还对 ISS 系统的控制回路进行了升级，由原来的手动控制改为全自动控制，通过控制反应塔液位、进液流量和塔顶流量之比来改善 ISS 系统的效率。

实验结果显示，使用改进的 ISS 和侧流再循环系统均取得了良好效果。侧流再循环产生更高纯度的产品，级联中的塔数更少，因此系统中的氚盘存量更低。使用新控制系统之后的 TSTA-ISS 系统运行效率得到了极大的提升，只需极少数的操作员操作下，ISS 系统就能够在几个小时内完成对含有 D：T 与氮、氧、氦和氢杂质的标称 50：50 混合物的处理，且回路中的流速达到了 6 L/m。

### 10.1.5 氚贮存技术

使用金属或金属间材料贮存氚长期以来一直是氚设施中公认的做法。在 TSTA，实验关停期间的全部氚库存使用铀床来进行储存(约为 150 g 氚)。

TSTA 设计并建造了一个自分析便携式铀贮存床并对其进行了测试。这个床含有 400 g 铀，最大氚容量约为 15 g。该床被设计用于贮存氚，也可以用于测量贮存的氚的衰变热，通过测量温度的上升来测量氚的存量。该铀床在二级包容内保持绝缘环境，该包容保证了氚在从铀床泄漏的情况下实现密封处理。在该铀床的设计中，1 g 氚库存将导致温度上升约 15 ℃。床的温升(与真空夹套的温度相比)可以被感应到小于 0.1 ℃，能够检测到剂量低至 100 Ci 的氚。TSTA 已经对该床进行了几次氚贮存，证明了该床分析贮存的氚的能力。

TSTA 在使用铀床作为氚贮存材料的同时还研究了其他贮存材料，例如锆钴床(ZrCo)和镧镍锰(La-Ni-Mn)合金。TSTA 已经完成了对这些含氚系统的等温线的测定。这两种材料被证明是可接受的存储介质，其性质与铀基本相似。其中锆钴床(ZrCo)存贮容量高达约 700 L 氚(约 180 g)。

## 10.2 欧洲

### 10.2.1 德国 Karlsruhe 氚实验室(TLK)

TLK 氚实验室的建立依托于 1983 年在 FZK 启动的聚变技术项目，其目的是在欧洲聚变计划的框架下，为 ITER 和 JET 提供典型聚变装置的氚工厂中使用氚进行技术和实验能力。实验室的初步概念是在 1984 年设立的，1987 年与工业界签订了第一份合同。1993 年颁发了使用 10 g 氚的第一个动氚许可证，1994 年开始使用氚。目前，该实验室现场有 25 g，并持有高达 40 g 的动氚许可证。

TLK 设计规划如图所示[8]。实验室和实验的所有主要系统通过氚转运站(TTS)进行连接，从而让氢同位素从一个系统能转移到另一个系统。

TLK 的氚实验基于对氚分析技术、第一壁材料相互作用、氚贮存技术、包层中滞留氚的回收技术的研究和探索，TLK 的研发主要包括以下几个领域：

1)为 ITER 开发等离子体排灰气处理技术，为 JET 活性气体处理系统(AGHS)开发系统部件，包括在相关工艺、氚和杂质的模拟条件下对部件进行长期测试；

2)第一壁材料等面向等离子体成分的氚浓度测量和表征；

3)开发氚化废物(石墨瓦、油、工艺部件等)的处理工艺；

4)与聚变燃料循环相关的特定放射化学反应的研究；
5)氚化物质定性和定量测定的先进分析方法的研发；
6)ZrCo 作为处理和贮存氚的吸气材料使用的性能研究；
7)从固体增殖包层中回收氚的研究；
8)ITER 氚工厂的设计，包括燃料处理、贮存和输送系统、分析系统和过程控制等。

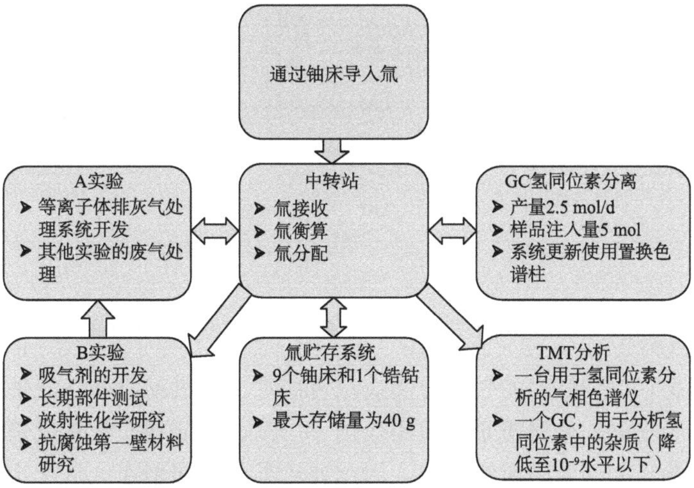


图 10-2　TLK 的主要基建系统连通框图[8]

### 10.2.1.1　氚燃料循环技术

针对氚燃料循环技术，TLK 开发出了 DIR 直接内部回收[9]的概念(图 10-3)，同时基于 DIR 直接内部回收概念开发了 KALPUREX[10]工艺(图 10-4)，即在排灰气泵抽过程中实现对大部分氘氚燃料气体的分离回收，并将其直接送入加料系统，而不再进行氢同位素分离；对剩余的小部分与杂质气体混合的氘氚燃料气体进行净化处理以后，只需对其进行简单的除氕和氘氚比调节即送入加料系统，而不对氢同位素气体进行完全分离。

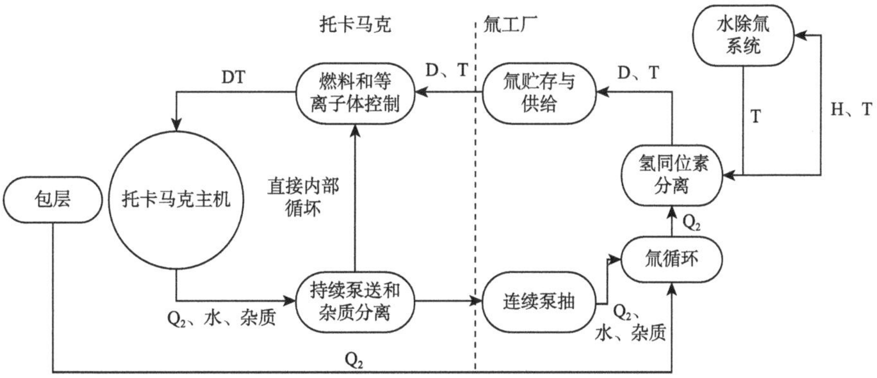


图 10-3　DIR 概念框图[10]

KALPUREX[10]工艺(用于聚变反应堆废气的卡尔斯鲁厄液态金属泵送工艺"的首字母缩写)是基于 DIR 概念与真空泵以及所需基础设施的技术来实现。在氚相容性真空泵方面，选择使用以汞为氚相容性工作流体的线性扩散泵(LDP)和液态金属环泵(LRP)。在

KALPUREX 工艺中，LDP、LRP 与金属箔泵(MFP)结合，用于泵送反应堆排灰气。

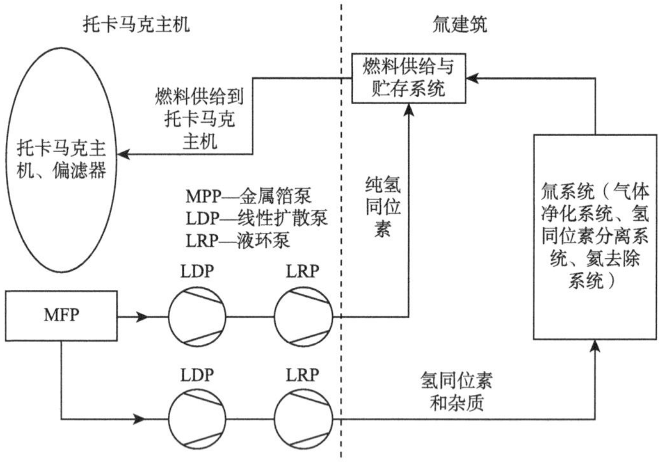


图 10-4 KALPUREX 工艺无泵供应基础设施简化方案[10]

由于未燃烧燃料(氘和氚)的气体分离应尽可能靠近主机反应器环面进行，为最大限度地减少管道和传导损失，金属箔泵必须用作第一个泵，安装在非常靠近偏滤器的地方。该泵的工作原理是基于钯基箔的超渗透性，因此要求雾化氢同位素。由于这是通过在金属箔正前方产生射频等离子体来实现的，因此该泵只能在大约 10 Pa 的最大压力下使用。为了确保真空条件，必须使用两个泵组来进一步处理废气：一个用于泵送渗透物(由金属箔分离和泵送的纯燃料)，另一个用于滞留物(未被泵送且富含杂质的残余气体)。渗透物被扩散泵和液环泵压缩到燃料系统所需的压力后直接再循环到燃料和贮存系统(DIR)。第二个相同的泵送系统用于将滞留物压缩到氚工厂所需的压力，在氚工厂中对气体进行净化和再一步处理，随后输送到燃料系统。如果 MFP 和/或燃料系统的性能允许(将在未来的研发计划中确认)，第一个泵送系统(用于渗透物)甚至可以省略，这将导致整个泵送系统的进一步简化。

#### 10.2.1.2 排灰气处理系统(TEP)工艺技术

(1) CAPER 工艺

TLK-TEP[11-12]系统的主要功能是回收未用完的 D/T 燃料，产生适合转移到同位素分离系统(ISS)或转移到贮存和输送系统(SDS)的产品流。同时，应产生氚含量极低的废气流，以便每天不到 0.1 mg 的氚(1 Ci)损失到 ITER 常规除氚系统中。ITER 内部氚燃料循环的设计评估了基础运行方案：450 s 的短燃烧脉冲和 3 000 s 的长燃烧脉冲，以确定设计实施。在这两种情况下，占空比假设为 25%，这导致循环时间分别为 1 800 和 12 000 s。托卡马克的主低温泵在短燃烧脉冲期间不会再生，因此，在 200 Pa・$m^3$/s 的规定流速下，DT 实验注入的全部燃料(约 120 g 氚)必须由 SDS 提供，并且只能在接下来的停留期内回收。另一方面，长燃烧脉冲需要根据低温泵的再生方案通过 TEP 进行半连续回收，并在净化和同位素分离(包括去除质子)后将未燃烧燃料再循环至所需的流速和成分。

针对以上情况存在的缺陷，德国 TLK 开发了 CAPER[13-14]工艺。CAPER-TEP 系统工艺概念是完全连续的，并且基于氢同位素通过钯/银的渗透(第一工艺步骤)、多相催化裂化或转化反应(第二工艺步骤)和逆流同位素淹没(第三工艺步骤)。从所有三级回收的氢同位素纯度非常高，并共同转移到氢同位素分离系统中。在 ITER DT 阶段规定的流速下，从托卡马克废气中去除氚的三级 TEP 过程的总净化系数至少为 $10^8$。工艺流程如图 10-5 所示。

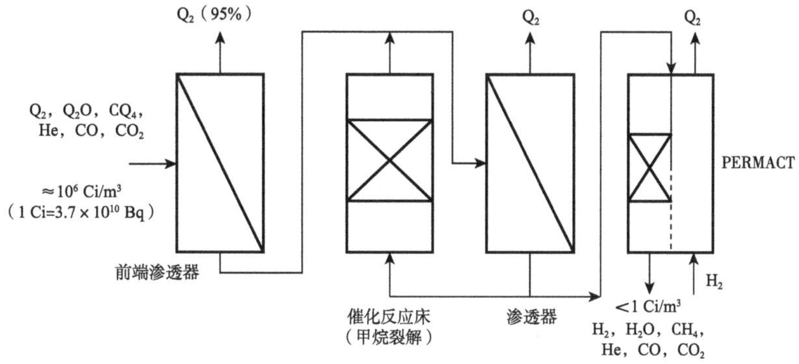


图 10-5　TLK 用于 TEP 系统的 CAPER 工艺流程示意图[15]

(2)DIR 直接内循环工艺

德国 KIT 于 2013 年提出了 DIR[9-10]概念，即直接内部再循环概念，它通过在泵送的环面排废气和加料系统之间直接增加一条额外的路径来最小化燃料循环盘存量。

DIR 引入了一种新颖的环面排气泵系统，该系统用连续泵送取代了分批和循环操作的低温泵，同时提供了额外的整体气体分离功能。通过这种方式，氢气可以从偏滤器附近的所有其他气体中去除，燃料净化系统的主要负载是较小的富氦气流。

TLK 对采用 DIR 工艺后燃料循环进行了模拟计算，结果显示 DIR 比率选择得越大，盘存量减少得越多。在全部使用 DIR 的情况下，这种盘存量的减少大约为 40%。DIR 工艺如图 10-6 所示。

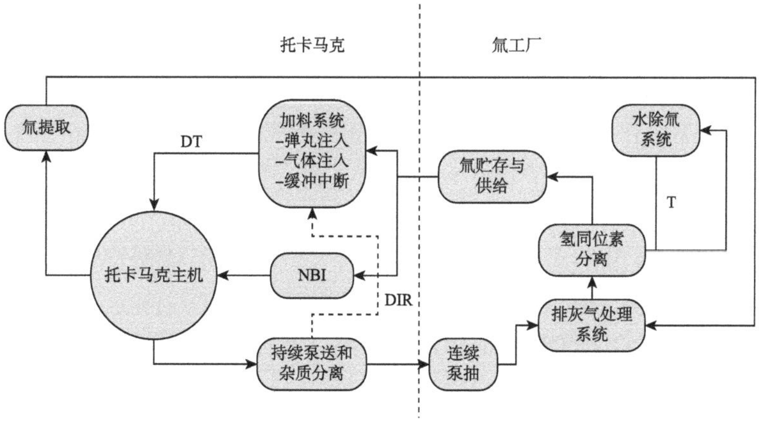


图 10-6　DIR 聚变工艺流程示意图[9]

(3) 氚回收技术

针对 HCPB 包层概念，其中氚提取系统中的 $Q_2O$ 和 $Q_2$ 必须被提取出来，为此，TLK 开发了多种氚回收技术：针对 $Q_2O$ 的冷阱技术[16-17]、PERMACT 渗透催化剂技术、沸石膜技术等[16,18]。

在 TLK 的 PILATUS 实验室中，研究人员使用冷阱[17]能够显著地降低载气中的水分含量，根据 TES 流量(12 N·$m^3$/h)的 1/6 设计，当载气流速为 1 N·$m^3$/h 时，载气流中的水分含量可以从入口区的大约 500 vppm 降低到疏水阀出口处的小于 0.02 vppm(vppm 为除水因子＝2.5×$10^4$)。

PERMACT 渗透催化剂[16]最初是 TLK 根据三阶段 CAPER 工艺为托卡马克废气处理(TEP)的最终净化阶段开发的。PERMCAT 采用以逆流同位素淹没模式运行的催化膜反应器，它可以同时通过渗透从 $Q_2$ 中回收氚，并通过同位素交换从 $Q_2O$ 和其他氚化分子如碳氢化合物中回收氚，由于 Pd/Ag 膜完全是 $Q_2$ 选择性的，氚最终在纯 $Q_2$ 流中被回收。根据淹没比($H_2$ 吹扫气体的流速/进料到催化剂侧的氚化流的流速)，可以在回收侧实现显著的氚富集，并且杂质侧的去污因子可以达到很高数量级。PERMACT 工艺流程图如图 10-7 所示。

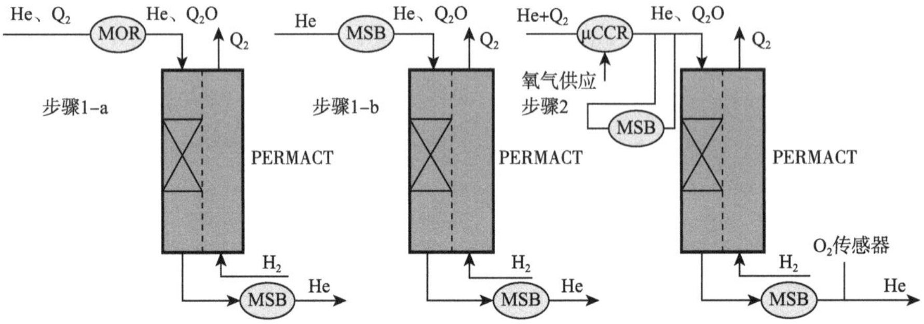


图 10-7 CAPER 装置中使用 PERMCAT 的 HTW 处理的工艺流程图[16]

TLK 还利用渗透法[16,18]进行氚处理，渗透法在氚处理方面有很大的优势，简单、可靠、紧凑且可以实现最小的氚盘存量。传统的 TEP 使用的致密钯基膜仅可以渗透 $Q_2$，在较低的分压下面很难实现氚的提取，为此，TLK 开发了沸石膜。沸石膜具有良好的热和化学稳定性，且和氚有较好的兼容性能，初步的模拟计算得到在 6 MPa 下操作的约 6 000 $m^2$ 的 H-SOD 膜可以确保 DEMO 中 95%的氚回收率。实验结果表明，随着温度的降低，$H_2$ 和 He 的渗透通量逐渐升高，且 $H_2$ 的渗透通量相对较高，无论气体组分在 0.1%～10% $H_2$/He 之间如何变化，分离因子始终不会超过 2.2。

(4) 水除氚技术

目前世界上较为通用的水中的氚回收技术主要分为水精馏(WD)、气相催化交换(VPCE)、液相催化交换(LPCE)和联合电解催化交换(CECE)。

其中 CECE 工艺是将 LPCE 和电解池结合到一起，充分地结合了 LPCE 脱氚效率高、电解工艺能够富集氚的优点。

德国 TLK 发展并建立了名为 TRENTA 的含氚水处理系统(WDS)[19]，对含氚水的氚进行去除和回收。WDS 系统是基于 CECE 工艺，它能够从氚水中回收氚，并将净化后的氢气安全排放到环境中。氚水在电解装置中转化为气相 $Q_2$ 和 $O_2$，然后沿着液相催化交换(LPCE)塔转化，电解装置的气相中的富集氚将部分转移到氢同位素分离系统进行最终富集和氚回收。TLK 于 2011 年利用 CECE 装置对 JET 产生的 180 L 含氚水进行了处理，获得了减容 30 倍的结果[20]。

(5)氢同位素分离技术

德国 TLK 对气相色谱法分离氢同位素法进行了优化[21]，放弃了使用分子筛 5A 柱和钝化 Alox 柱，选择使用改性丝光沸石柱作为气相色谱法分离氢同位素的主要载体。

实验结果表明，改性丝光沸石柱能够在 15 min 以内完成对六种氢同位素气体的测定，且峰值质量好，气体的滞留量低。同时，发现改性丝光沸石柱的最佳分离温度为 173 K，显著高于分子筛 5A 柱的分离温度 118 K 和钝化 Alox 柱的分离温度 78 K，极大程度地提高了安全性能。

(6)氚测量技术

为了开展氚中微子质量实验 KATRIN，研究人员在 TLK 建立了激光拉曼光谱测量系统对氚混合物进行激光拉曼监测。TLK 于 2009 年证明了激光拉曼光谱可以在 $10^3$ 范围内检测包括纯物质和混合物在内的所有气态氢同位素[22-24]。

TLK 于 2011 年完成对 LOOPINO 回路的调试，并首次使用高纯度氚样品对激光拉曼光谱氚监测能力进行验证[25]。实验验证了激光拉曼光谱检测气体成分的可行性，在实验中的 $T_2$-$Q_1$ 分支中激光拉曼光谱测量精度达到了 0.1%。

在达到 KATRIN 要求的同时，实验还计划对 LARA 装置进行进一步改进，以提高灵敏度和精度。研究人员通过安装全新不受温度变化影响的 5 W、532 nm 激光器来进一步提高拉曼光谱中的信噪比，从而提高测量精度。此外，TLK 还验证了双程几何结构的结合能够有效地提升激光辐照强度，第二次通过激光拉曼光谱的后反射激光束，使激光拉曼光谱中的激光辐照强度增加了一倍[25]。

(7)氚贮存技术

为了验证 ITER 中 SDS 系统的设计指标和可行性，2005 年 TLK 设计并制造了一个 1∶1 的 ITER 贮氢床原型[26]，容量为 100 g 氚，目标供应率高达 200 Pa·$m^3$/s。吸气床填充材料为锆钴，并安装在与微型气相色谱仪相连的实验装置中，以便在不同的操作条件下进行测试，并表征可能存在的同位素效应。

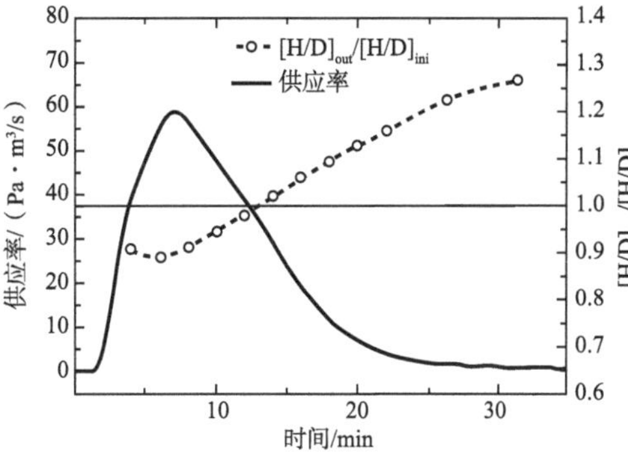


图 10-8 快速输送期间贮存吸气床供应速率和同位素效应[26]

实验使用 $H_2$ 和 $H_2/D_2$ 混合物进行吸收和解吸操作，以研究快速输送期间的供应速率。图 10-8 显示出解吸实验结果。实验开始阶段，锆钴吸气床装载 18.2 mol 的 $H_2$ 和 $D_2$ 的 50∶50 混合物，并将 $ZrCoQ_{2.8}$(Q＝H/D)作为氢化后的反应产物，在完成了吸附后，用 4 个内部加热器的最大可用功率 9.1 kW 将床从室温加热到 400 ℃来进行解吸操作[26]。

实验结果表明，在全加热功率的情况下，解吸速率仅为 60 Pa·$m^3$/s，远低于目标值，且在快速输送过程中观察到相当大的氢同位素效应的出现。在动态条件下，例如同位素混合物从贮氢吸气床中的快速解吸，氢同位素的动力学效应叠加了金属氢化物——氢系统中的热力学同位素效应，这两种效应主要取决于解吸温度间隔和金属氢化物中的同位素组成。同时，实验发现，锆钴床存在严重的歧化效应，在 10 次吸收/解吸循环之后，锆钴吸气床歧化到超过30%。

2008年，TLK开展了ZrCo贮氚床内氚量热实验，ZrCo床内的量热循环回路的He流量分别为15 L/min和35 L/min，量热精度分别为1.9 g和0.5 g[15]。

## 10.2.2 法国

(1)氚测量技术

量热法在核工业中用于核材料的衡算已经有很多年了。该技术的优点是多方面的：无需样品制备，无需破坏性试验，不依赖于样品几何形状，无基质效应，绝对可靠。

法国CEA于2019年开发出了新型的量热计，能够应用于氚废物的管理和氚的衡算。CEA将新型大型量热计取名为LVC1380[27]，这种量热计的测量体积范围为1～250 L，设计用于测量200 L的含氚废物桶，该技术的主要优点是减小了量热计的尺寸，同时将分析性能保持在30 mg～10 g量级的氚且该装置能够量化含氚废物桶中的氚盘存量，无论氚的物理和化学形式如何。

该装置能够量化废桶中的氚库存，无论氚的物理和化学形式如何。CEA已经对这种量热计进行了鉴定测试。CEA现在在氚核环境中通过在分子筛捕集器内的沸石上使用LVC1380吸附氚水获得了第一个测量结果。

(2)氢同位素分离技术

法国CEA/Valduc对TCAP进行深入研究，并取得了显著的成绩[28-31]。

氧化铝上涂覆的钯用于CEA/Valduc的热循环吸收工艺塔[29]。对于这种材料，已知氚衰变会导致老化效应，导致对氢同位素吸收等温线有直接的副作用。此外，在TCAP柱中，产生了不均匀老化现象。CEA/Valduc通过数值方法研究了这些固有物质演化对分离性能的可能影响。

在分离柱冷却方面，采用液态水作为冷却剂以提高导热效率[28]。在相同分离柱载钯量的情况下，载钯氧化铝(Pd/$Al_2O_3$)的分离效率高于载钯硅藻土(Pd/K)，这个结果可能与载体的比表面积、孔隙率和平均孔径的差异有关。

## 10.2.3 英国JET

氘氚是ITER和未来聚变发电厂的预期燃料混合物，因为它在可实现的工作温度下提供最佳的聚变性能。JET是目前唯一能够进行氚操作的托卡马克，目前已经顺利完成原定实验计划，即将退役。部分实验时间表如图所示[32]。

JET在21世纪初期进行了大量的准备工作，1991年的初步氚实验(PTE)，1997年的第一次氘氚实验(DTE1)和2003年的示踪量级氚实验(TTE)。新的氘氚/氚实验将利用JET的一些独特优势，如类似ITER的第一壁(铍、钨)，加热系统的重大升级(中性束升级，类似ITER的ICRH天线)，大量的远程处理能力和自2003年以来诊断的改进。

ET总结了与氢和氘进行试验相比，使用氚气体、高DT中子通量和中子活化进行操作有许多额外的技术和氚安全要求：

1)氚贮存在铀层中，将由氚工厂提供给1个或2个中性束箱和5个新的氚引入模块。

2)主机大厅的大气处于低气压状态，以限制氚的扩散，以防意外氚释放。此外，主机大厅的氧气含量降低到15%作为灭火措施。

3)由于中子活化和伽马辐射增加、氚释放的风险和主机大厅的低氧水平，进入建筑大楼的关键操作区域被长时间禁止。

4)偏滤器和中性束低温泵在每个运行日之后使用低温前真空泵进行再生，以限制和监控氚工厂外的氚库存。

5)偏滤器和中性束低温泵在每个运行日之后使用低温前真空泵进行再生，以限制和监控氚工厂外的氚滞留。

6)在 JET 和氚工厂控制室中使用了额外的氚操作程序。

7)需要一个脉冲一个脉冲地进行更详细的实验准备和对氚盘存量和中子活化的监测。

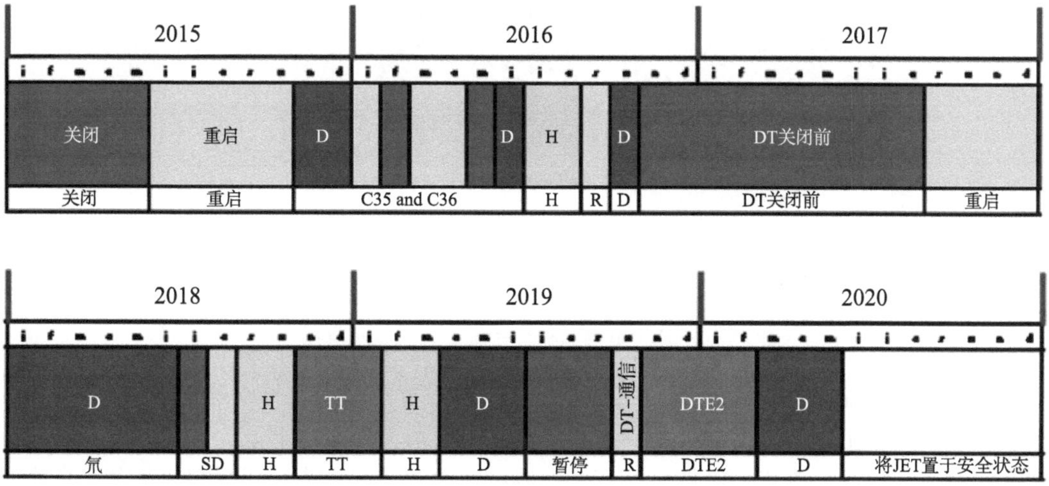


图 10-9 JET 截至 2020 的实验时间表[32]

#### 10.2.3.1 氚燃料循环系统

在 JET 中，氚被贮存于活性气体处理系统(AGHS)的铀床内。随后，它通过气相色谱法进行纯化，以达到 99.4%的高纯度标准。与 JET 过去仅依靠单一射束箱和单个气体注入模块的做法不同，DTE2(氘-氚实验)将采用先进的氚-氘气体引入系统(TDGIS)，将氚高效地注入到托卡马克装置中。在这一过程中，氚将被输送至一个或两个中性束系统以及新增的五个氚注入系统中，显著提升了注入的氚量。此外，在 DTE2 实验阶段，JET 还特别配备了 12 个标准气体注入模块、两套弹丸注入系统，以及两个用于注入其他气体以缓解干扰的特制阀门。所有这些气体在日间操作期间由中性束和偏滤器低温泵抽送，并在 AGHS 内通过低温前级泵完成再生，形成一个闭环循环系统，如图所示。

#### 10.2.3.2 工艺尾气除氚系统(EDS)

由于氚的放射性及其稀缺性，JET 使用一个活性气体处理系统(AGHS)来贮存、供应、回收和处理氚。工艺尾气除氚系统(EDS)是 AGHS 系统的一部分。EDS 的目的是根据 ALARA 原则，在废气和包容措施气体排放到环境中之前，从它们中去除氚。该系统处理正常和事故条件下的气体流出物，并被归类为 JET 的关键安全相关设备。

JET-EDS 于 2019 年完成了更新，现有的 EDS 系统采用两阶段从废气流中回收氢同位素，从而回收氚[33]。JET-EDS 的回收气包括以下几个部分：

1)JET 排灰气：JET 维修期间的室内空气；

2)JET 排灰气：发生事故时等离子体气体和空气的混合物；

3)AGHS 除氚后的杂质流出物；

4)AGHS 二级包容的净化气体($N_2$)；

5)AGHS 局部排气通风系统(LEV)在 AGHS 维护期间扩散的气体；

6)在包容措施监测到氚污染的情况下，房间中的空气。

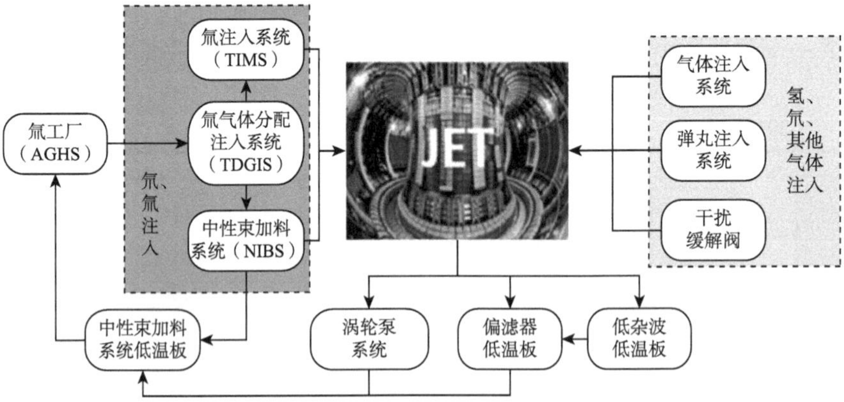


图 10-10　JET 氚燃料循环系统工艺流程示意图[32]

JET-EDS 除氚分为两个步骤，第一步是将气体通过热的催化重组器，将 $Q_2$ 和含氢物质(例如甲烷)转化为水。第二步是将水收集到分子筛填充的干燥器上，除湿，从而在将气体排放到建筑烟囱之前使其除氚化。当干燥器出现饱和情况，饱和干燥器将被放入一个封闭的回路中，在那里它被加热以释放水蒸气，然后水蒸气被冷凝并排放到氚化水储水箱中。

EDS 系统设计参数：

1)DF(除氚系数)大于 1 000，系统每周运行 7 天，每天运行 24 小时；

2)EDS 最大流量 500 $m^3/h$。

EDS 工艺流程如下图所示。

#### 10.2.3.3　EDS 系统基于防腐蚀的改进措施

2017 年 6 月，JET 观察到第一个重大 EDS 故障的迹象，实验人员发现液体从系统的一条冷凝管线泄漏到建筑物中，该系统被关闭，以便调查泄漏原因。实验人员对这种液体进行了分析，发现含有氯和氟离子，EDS 系统中产生了盐酸和氢氟酸(HCl、HF)，HCl 和 HF 是高腐蚀性和有毒物质。因此，JET 操作人员根据安全指南，首先进行了危险排除和清理，激活了高度的风险评估、工作控制、个人防护设备(PPE)和操作员受伤时的事故响应计划。所有液体库存被泵出到临时贮存容器中，然后系统保持通风，以允许残留水分蒸发。

EDS 在本轮 DTE2 实验之前替代设计了新设备，用于检测和减轻酸进入/产生的影响，例如：①安装在 CRT 不锈钢浸润探针上的电导率监测器，检测水箱内水电导率的上升，这可能表明冷凝液中存在腐蚀产物；②由于来自复合器(recombiner)下游冷凝器的冷凝液管线是腐蚀的来源，新 EDS 上的等效管线由 Hatelloy C-2000 制成，作为额外的保护层；③特意制造了不锈钢腐蚀试样，并安装在 EDS 气体回路的几个地方。每个试样点都位于一个可拆卸的法兰上，可以兼作检查端口。然而，只有当 EDS 停止使用时，才能拆卸这些法兰，并移除腐蚀试样进行分析。并在原有 EDS 系统的基础上加入了钝化系统和酸性气体检测系统[33]。

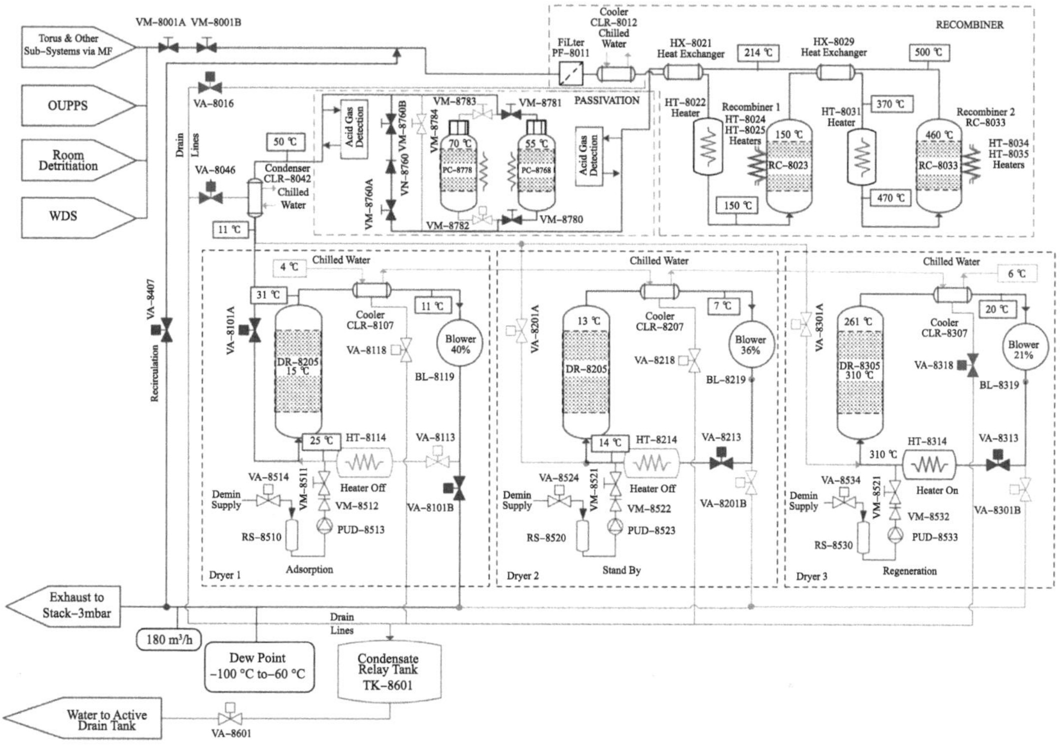


图 10-11　JET 工艺尾气除氚系统工艺流程图[33]

(1) EDS 钝化系统

钝化系统位于复合器和热交换器的下游，冷凝器之前，如图 10-12 所示。

钝化系统的主要目的是中和酸，尤其 HF、HCl、$H_2SO_4$ 和 $HNO_3$。针对 JET 设备的特殊性，设计人员考虑了两种情况来确定尺寸要求：突然和慢性酸进入系统中。单个钝化床设计要求必须承受五次突然事件(每次 1 小时，1 kg/h 酸)或 10 个月的慢性酸负载(每月 1 kg)。

针对以上要求，该系统能够在突然事故的情况下容许流量为 150 $m^3/h$ 的 HCL 通过系统并保证系统不发生泄漏情况。同时，为了满足该钝化系统不影响 EDS 系统的流动性，系统中钝化床夹套加热器防止其发生冷凝，在床和出口处安装压力监测器，防止任何压降随时间增加的情况，在出口处安装过滤器防止粉尘和碎片流出钝化系统。

(2)酸性气体检测系统

EDS 除了加装钝化系统之外，还安装了一个酸性气体检测系统，它需要监测钝化系统上游和下游以气体形式存在的酸的浓度。需要检测 HF 和 HCl，$H_2SO_4$ 和 $HNO_3$[33]。

JET 采用电化学电池作为酸性气体检测系统的检测方法，该方法能够检测 4 种目标酸的所有氢同位素变化，从而确定发生的化学反应，同时该方法使用的设备相对简单、坚固且价格便宜。对于钝化系统的上游和下游，设备设计包括两个(工作使用/备用)歧管，带有用于 HF、HCl 和 $SO_2$ 检测的单元。该设备用于检测钝化系统上游 0～50×10$^{-6}$和下游 0～10×10$^{-6}$的范围，检测下限为 0.5×10$^{-6}$。电池设计条件为：温度 20～40 ℃，压力 0.7～1.3 Pa，湿度范围 15%～90%RH，气体速度约为 0.5～3.0 m/S。

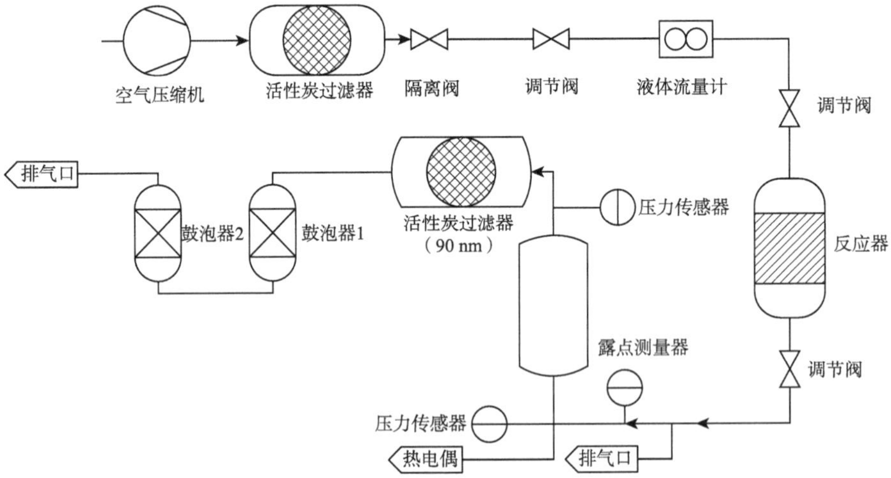


图 10-12　JET-EDS 钝化系统工艺流程图[33]

(3)JET 第一壁除氚技术

自 2011 年以来，JET 配备了与 ITER 类似的第一壁 (Iter-Like-Wall，ILW)，包括钨材料、镀钨的偏滤器和在主真空室的铍第一壁。JET-ILW 最新的成果是在 1997 年 DTE1 之后进行了第二次氘氚实验计划 DTE2 中证明了 ITER 的第一壁材料与高聚变功率等离子体运行的兼容性。JET 在 DTE2 和 DTE2 前后的全氚运行中开发了全新的除氚操作序列，通过不同温度的烘烤主机壁，使用辉光放电清洗(GDC)、离子回旋波清洗(ICWC)等方法，采用不同偏滤器位型的等离子体放电操作来进行除氚的，所应用的燃料回收方法可以将 D-NBI 加热等离子体中的残余氚含量降低到约 0.1%[34]。除氚序列如图 10-13 所示。

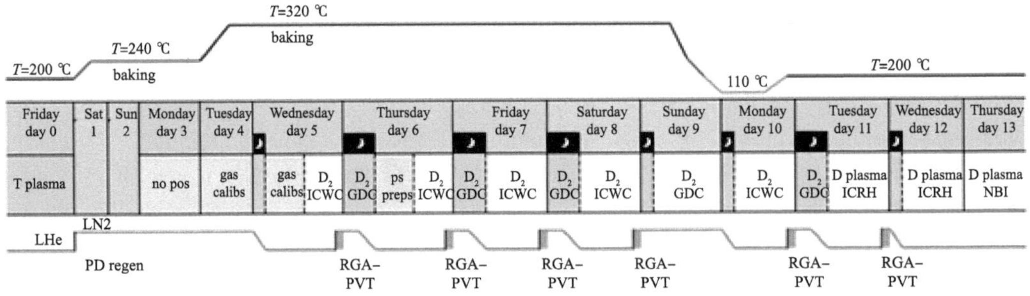


图 10-13　JET-DTE2 除氚序列表[34]

该序列首先进行了 4 天的烘烤第一壁，先是 240 ℃，然后是 320 ℃。在接下来的几天里，在 320 ℃下进行延长烘烤第一壁的时间，使用 D 燃料进行 ICWC 等离子体脉冲。使用持续时间为 2～4 小时的短 $D_2$-GDC 清洗循环持续一夜。在与 ICWC 和 GDC 结合烘烤一周后，使用不同的打击点位型(包括升高的内打击点，Raised Inner Strick Point，RISP)和不同的加热方案(ICRF 和 NBI)和不同功率(高达 16 MW)，恢复主室壁 200 ℃的温度，使用 D 燃料进行偏滤器位型等离子体放电。JET 在完成除氚序列的操作后，研究人员计算得到第一壁被去除的氚中，烘烤占到了 58%，ICWC 放电占到了 12.5%，GDC 辉光清洗占到了 12.5%，低功率 RISP 等离子放电占到了 3.5%，在该烘烤序列的作用下去除了大部分的第一壁滞留的氚。

(4)氚安全措施及操作改进

JET 的主机大厅、地下室以及中性束试验台维持在压力低于大气压的负压状态，确保任何潜在的有害空气传播物质泄漏都将通过受监控的排气烟囱排出建筑外，并在该烟囱中对任何放射性同位素释放的速率与总量进行监测和评估[32]。在执行氚操作时，主机大厅的负压会进一步增强，与其他区域保持至少 100 Pa 的压差。在测试期间，主机大厅记录到的最大压差为 308 Pa，而地下室的压差则为 102 Pa。

在 DTE2 实验前夕，JET 团队为了增强主机大厅的密封性能，修复了主机大厅的环形梁密封元件，并对大厅内的所有贯穿件进行了全面测试。检测结果表明，未发现任何重大泄漏，确保了实验环境的严密封闭。

此外，在氚操作期间，由于必须等待主机停机并且氚浓度降至安全水平之下才能进入主机大厅，因此为了防止这一时间段内可能发生的火灾事故，JET 通过注入更多氮气来降低大厅内的氧气浓度至 15%。在 2015 年实施的为期两天的测试中，系统成功地在 6 小时内达到了预设的 15%氧气浓度，并维持了一整天，随后在 3 小时内顺利地恢复到了正常水平的 21%氧气浓度。

# 10.3　日本 JAEA

日本 JAEA 拥有两个氚处理实验室，分别是氚处理实验室(TPL)和演示与开放装置 DEMO R&D。JAEA 氚工艺实验室(TPL)于 1985 年在日本原子能机构(JAEA)东海研究所建成，旨在开发聚变燃料循环的关键技术，如从等离子体排灰气中净化和回收氚、氢同位素分离、氚贮存等，并展示安全处理技术，如氚包容、除氚和去污、氚衡算和监测等。TPL 拥有氚安全许可证，每天可处理 9.25 PBq 的氚，储存 22.2 PBq 的总氚量[40]。TPL 已经使用克量级氚进行了超过 25 年的各种研究，没有任何形式的氚意外释放。DEMO R&D 大楼于 2011 年在 JAEA 六所村建成，R&D 大楼拥有动氚许可证，每天可以处理 3.7 TBq 的氚，储存 7.4 TBq 的总氚，还可以处理其他主要的中子诱发放射性同位素。

日本 JAEA 近年来的实验活动主要集中在：

1)ITER 除氚系统研发任务：日本承担了 ITER 除氚系统的任务，该任务是湿式洗涤器塔(SC)几百 $m^3/h$ 的处理能力规模的示范试验。因为湿式洗涤器塔可以更稳定地长时间运行，而不需要任何像干燥器这样的开关部件，ITER 计划使用湿式洗涤器塔代替干燥器在事故情况下进行氚化蒸汽回收。

2)DEMO R&D 任务，例如氚衡算、氚与各种材料的相互作用、氚耐久性。国际聚变能源研究中心(IFERC)项目始于 2007 年，DEMO R&D 任务的重点是调查 DEMO 设计所需的结构材料(如 RAFM 和碳化硅/碳化硅)，功能材料(如氚增殖器和中子倍增器)，以及氚等方面的问题。日本花了四年时间获得了 R&D 设施的建造许可，所以只是进行了氚和其他放射性同位素的研究。日本的许多大学和研究所都参与了上述实验。

## 10.3.1 氚燃料循环技术

ITER 除氚系统由两种类型的除氚系统组成。一个是分子筛(MS)干燥系统，另一个是湿式洗涤塔(SC)系统[40]。为了将所有氚化气体氧化成 HTO，两个系统都在 MS 或 SC 前面安装了复合器。在分子筛除氚系统中，氚是通过在分子筛干燥器上吸附 HTO 从大气中去除的。另一方面，在湿式洗涤塔系统中，氚通过湿式洗涤塔的蒸汽/水同位素交换反应被去除。虽然分子筛系统已经在世界上许多氚处理设施中使用，但是该系统需要多次切换干燥器以进行长时间操作。因为湿式洗涤塔可以更稳定地长时间运行，而不需要任何开关元件的特点，ITER 计划在事故情况下使用湿式洗涤塔系统。

## 10.3.2 排灰气处理技术

在固态包层的情况下，通过基于氦吹扫气通过增殖区，从包层中清除增殖的氚。如果在吹扫气中加入氢气，期望提高氚的释放，减少氚的存量和化学形态的转化，包层出口处的吹扫气将包括 $H_2$、HT、$H_2O$ 和 HTO。

日本原子能研究所(JAEA)采用氧化电解-膜反应器，分离回收甲烷和水中氘氚。反应器主要由一内外附有电极的开口 Zr 基管组成，利用了高温条件下氧离子在 Zr 基氧化物陶瓷内的可传导性。甲烷和水的混合物流入电解反应器，甲烷在阳极(Zr 基管外侧)被氧化成二氧化碳和水，流入管内部，水在阴极(Zr 基管内侧)被还原成氢气。混合气中甲烷和水的体积分数分别为 1% 和 2%，运行温度 700～800 ℃，甲烷和水的转化率分别为 99.8%和 99.9%。

日本九州大学研究人员 Fukada[41]使用 $SrCeO_3$ 基氧化物代替 Sr-Zr-Y 和 Ca-Zr-In 质子导体陶瓷，制备陶瓷电解池，研究了甲烷和水的电解反应。实验结果表明，$CH_4+H_2O$ | Ni | $SrCe_{0.95}Yb_{0.05}-O_{3-a}$ | NiO | $O_2+H_2O$ 电池体系能够在 $CH_4+H_2O$ 混合气体的环境中很好地工作，且不需要额外的 $CH_4$ 复合器。部分的 $CH_4$ 通过多孔 Ni 电极扩散，并在陶瓷电解质和电极之间的界面上发生直接分解反应，只会有氢通过陶瓷材料，并在阴极和氧气发生反应生成水。由于该电池体系中能够直接分解石墨第一壁与等离子体相互作用的主要产物 $CH_4$，且阳极区被分解的 $CH_4$ 不会导致碳沉积，因此研究人员认为该电池体系可以应用于聚变堆排灰气处理系统中氚的回收。

## 10.3.3 氚回收技术

### 10.3.3.1 $Q_2$ 的回收

针对包层氚增殖系统吹扫气中的氚的回收，日本九州大学于 1995 年采用低温吸附法研究了氢同位素气体在 4A 分子筛、5A 分子筛和活性炭 3 种材料上的低温吸附行为和分离因子[42]，实验结果表明：

1)对于低温吸附行为，研究人员在液氮温度下，测定了 $H_2$-$D_2$ 混合物、$H_2$-HD 混合物、$H_2$-HT 混合物和 HD-$D_2$ 混合物中氢同位素在分子筛 4A、分子筛 5A 和活性炭上的吸附容量，实验发现每个吸附体系的吸附等温线可以用两个扩展的朗缪尔方程的加法来进行表示，使用 $H_2$、HD、HT、$D_2$、DT、$T_2$ 单组分的氢同位素吸附等温线能够推导出以上气体中任意两组分的气体混合物的吸附等温线。

2)对于分离因子，研究人员发现氢同位素在吸附剂上的分离系数取决于氢同位素的总压强，并随着氢同位素总压强的降低而增大，同时，活性炭上的分离因子对氢同位素总压的依赖性不如分子筛上的分离因子强。使用各种 $H_2$-$D_2$ 混合物的实验结果表明，在相同的测试条件和氢同位素总压下，二元组分 $H_2$-$D_2$ 混合物的分离因子与 $H_2$ 和 $D_2$ 的组成无关。因此，使用比活性炭具有更大分离因子的 4A 分子筛或 5A 分子筛被认为适合作为低温吸附装置的吸附颗粒。另一方面，尽管分离系数较小，活性炭对氢同位素具有足够大的吸附能力，因此它被认为对于不需要分离氢同位素的过程是有用的；例如在聚变燃料循环中通过氚处理过程输送氢同位素的低温吸附泵。

#### 10.3.3.2　$Q_2O$ 的回收

针对 $Q_2O$ 的回收，日本 JAEA 针对 DEMO TES 概念中的陶瓷电解池(CEC)技术研制了基于氧化铈电极的 CEC，还研究了陶瓷质子导体 $SrCe_{0.95}Yb_{0.05}-O_{3-a}$ 中质子浓度与氢气分压之间的关系[43]。

陶瓷质子导体工作温度 873 K，加载电压 0～1 000 mV，将 $H_2$-$D_2$ 混合物供应到氢泵中，让 $H_2$-$D_2$ 混合物渗透过陶瓷质子导体膜，使用气相色谱仪分析渗透气体成分，实验结果表明：1)随着外加电压的增加，氢气通过陶瓷膜转移的速率决定步骤接近于氢气在陶瓷体中的扩散步骤，且随着电压的增加，氢气的传输速率变得更快；2)$H_2$ 在陶瓷质子导体中的扩散系数大于 $T_2$，氢能够在渗透侧的气体中完成富集，实验中的总氚回收效率约为 40%，净化系数为 1.5。

### 10.3.4　氢同位素分离技术

氢同位素的分离主要基于氢同位素在物理或化学性质上的微小差异来实现分离，目前主要的氢同位素分离工艺为低温精馏和色谱分离技术。

日本原子能研究院(JAEA)和美国 LANL 合作在 TSTA 中开展了 H-D 和 D-T 体系全回流和全循环模式低温精馏的实验研究。研究发现 Heli-Pak 填料塔的理论板高度在全回流模式下为 4～5 cm，在全循环模式下为 5～6 cm，理论塔板高度随气速的增大而略有增大。Heli-Pak 填料液体的持液量为其表观体积的 10%～15%，塔内气速达到 13 cm/s 时仍没有出现液泛现象。同时，在对 H-D 和 D-T 体系不同的物理性质以及恒定气速时回流比对理论塔板高度没有影响[15]。

日本 TPL 实验室于 1988 年完成了对低温精馏系统的安装，整个系统安装于一个手套箱中，低温精馏系统的理论设计操作量为 $3.7\times10^{14}$ Bq。2002 年，研究人员使用该设备进行一系列实验，在测量分析方面使用激光拉曼光谱在 1 min 内完成了下限 $10^{-6}$ 的氢同位素分析。

### 10.3.5　氚测量技术

基于轫致辐射光谱的氚测量技术(BIXS) 是一种有效的气态氚测量技术，BIXS 原理是观察氚产生的 β 粒子与涂覆在小测量池内表面的金膜相互作用产生的轫致辐射 X 射线。

日本 JAEA 为了开发在线和实时氚监测的替代方法，研究人员使用 BIXS，通过测量在使用氢或氦稀释之后的两种混合含氚气体的压力和轫致辐射 X 射线计数率的函数来监测气态氚的浓度[44]。实验结果表明，BIXS 测量方法在 $10^2$～$10^6$ GBq/m$^3$ 氚浓度范围内有很好的线性，但该方法受到记忆效应的影响，探测下限约为 $10^2$ GBq/m$^3$，可通过消除记忆效应进一步降低探测下限。

聚变堆面向等离子体材料(plasam facing materials，PFMS)中氚的滞留问题是氚安全、氚燃料损耗以及面向等离子体材料所面临的重要问题。

日本富山大学研究人员 Matsuyama[45]使用 BIXS 方法对含氚的有机聚合物和含氚的 ZrNi 合金进行了氚量测定。

实验结果显示，对于两个样品，轫致辐射 X 射线光谱显示了一个单一的宽峰。每个峰的最大强度出现在 7～8 keV。对于测量深度，实验人员使用观察到的光谱和数值模拟得到的光谱。对于含氚聚合物氚源，通过计算机模拟获得的光谱形状和峰位置与实验观察到的光谱形状和峰位置非常一致，含氚聚合物氚的测量深度达到了 1 mm。而对于含氚 ZrNi 盘，在峰的高能侧观察到显著差异，这种差异可能是轫致辐射和镍产生的特征 X 射线的叠加所导致的，在含氚 ZrNi 盘中氚的检测深度为 0.1 mm。

使用 BIXS 进行固态中的氚测量的可探测深度是常规 β 射线测量的 1 000 倍，BIXS 将能够顺利地对碳材料以及金属合金中的氚进行无损监测。

日本富山大学针对聚变堆水中氚的测量开展了大量研究工作。Matsuyam[46-48]等将轫致辐射技术应用于在线无损测量高浓度氚水，在其特别设计的装有镀金铍窗的金属小瓶中，X 射线强度和氚水活度浓度在 $4\times10^{-3}$～40 MBq/cm$^3$ 之间保持了良好的线性关系。

# 10.4 ITER 氚工厂

## 10.4.1 总体介绍

国际热核聚变实验堆(ITER)是世界上第一个可实现百兆瓦级聚变反应功率的核聚变反应堆，其基准运行模式为 1∶1 氘氚等离子体放电；ITER 将采用充气和弹丸注入两种方式进行氘氚加料，中性束加热系统将使用氘或氚作为工作气体。

氘、氚聚变及燃料处理将对装置的物理、工程产生重大影响。氘氚聚变反应产物会引起等离子体的 α 粒子自加热、聚变中子产出。此外，由于真空室中的氘氚聚变燃烧率很小，因此需要一个闭环的氘、氚处理系统来实现氘、氚燃料的循环使用。并且，采用多层屏障措施对工艺部件中氚进行包容，空气和排气除氚系统(ADS/VDS)是多层屏障措施的关键组成部分。总体上，形成一个复杂的氚燃料循环系统——ITER 氚工厂来实现氘氚燃料的处理。

ITER 氚工厂及其界面系统简化框图如图 10-14 所示。其中，氚工厂子系统由图中紫色框图所表示，包括排灰气处理系统(TEP)、同位素分离系统(ISS)、氘氚存储与供给系统(SDS)、水除氚系统(WDS)、空气与排气除氚系统(ADS/VDS)、氚分析系统(ANS)以及氚存储仓库。ITER 运行所需的氘和氚将由外部供给。ITER 氚工厂设计处理氘、氚量达到了数千克规模，并且确保氘氚燃料循环系统具有高灵活性和可靠性。在燃料循环系统中，通过设计废液和废气排出流的高净化系数、低的氚盘存量来分别最大限度地减少正常和意外情况下的氚排放量。

与此同时，ITER 各成员国都将计划在 ITER 上安装各自的氚增殖包层模块（TBM）进行包层概念的测试，但 ITER TBM 并不属于 ITER 氚工厂[35]。TBM 产生的三废需要通过吹扫和冷却流体载带出，进入后端的氚提取系统、冷却剂净化系统，并最终通过 VDS 合并到内部燃料循环中。

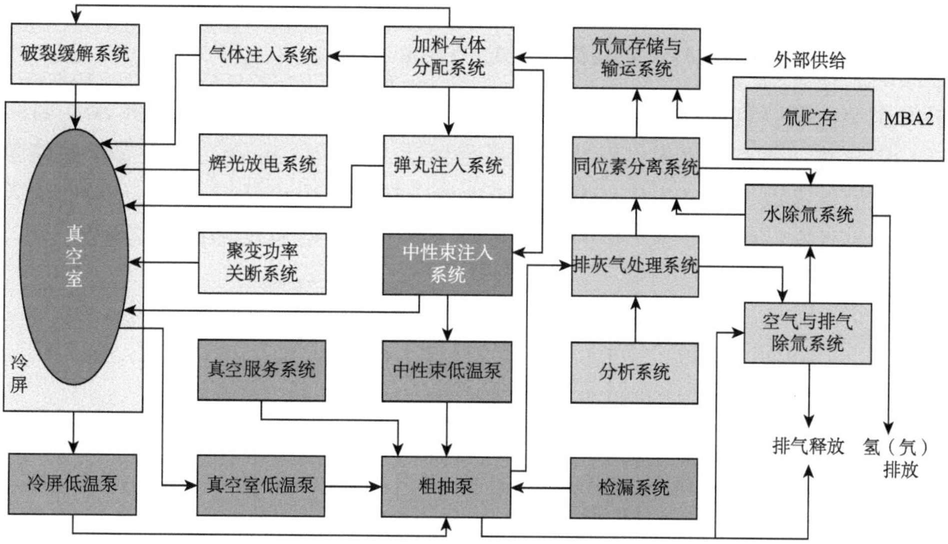


图 10-14　ITER 氚工厂及其界面系统简化框图

运往 ITER 现场的初始投料氚首先将被放置在氚存储仓库的隔离区中，再由 SDS 进行后续检测。如果氚在燃料循环中没有被立即使用，则也可将其送回氚存储仓库存储。氚存储仓库形成了一个单独的物料平衡区(MBA 2)。ITER 的其他剩余处理部分则同属于一个 MBA。SDS 为加料系统(气体注入系统和弹丸注入系统)和中性束(NB)加热系统提供装置放电运行所需的全部气体。氚分析系统(ANS)用于气体成分的表征和氚的衡算管理。所有含氚的废气都由粗泵输送到排灰处理系统(TEP)中，而受污染或不含氚的气体则分别送入除氚系统(DS)或释放点。在 TEP 中去除的氢同位素被转移到 ISS，而剩余的除氚废气在排放到环境之前被送到 DS 进行净化，最后未燃烧的氘和氚从 ISS 返回 SDS，从而实现氚燃料的闭环。

ITER 氚工厂的子系统的大部分由 ITER 成员方实物贡献与少部分由 ITER 组织进行采购。ITER 组织将这种实物贡献形式或采购的系统称为采购包。其中，SDS 由韩国实物贡献提供；WDS 由欧盟实物贡献提供；DS 部分由欧盟部分由实物贡献提供，部分进行公开采购；ISS 由加拿大实物贡献承担。各主要系统的实物贡献承担国家及其具体任务承担机构见表 10-1。

**表 10-1　ITER 氚燃料循环系统的实物贡献**

| 系统 | 实物贡献国家和地区 | 承担机构 |
| --- | --- | --- |
| 氘氚储存与供给系统 SDS | 韩国 | 国家核聚变研究所 |
| 水除氚系统 WDS | 欧盟 | 卡尔斯鲁厄理工学院 |
| 除氚系统 DS | 日本 | 日本原子能研究开发机构 |

续 表

| 系统 | 实物贡献国家和地区 | 承担机构 |
|---|---|---|
| 同位素处理系统 ISS | 加拿大 | 安大略省水电公司 |
| 排灰气处理系统 TEP | 欧盟 | |

## 10.4.2 氘氚贮存与供给系统 SDS

SDS 系统由韩国负责设计、制造。SDS 负责向加料和中性束系统提供 Ar、He、Ne、$N_2$ 和 $O_2$ 等气体。氘和氚燃料供应速度最高需到达 200 Pa·m³/s。这需要从铀储氢材料中获得足够的氚汲取速度，这是一个较大的挑战。储氚床应以(8～12)h±3%的误差测定氚盘存量，也具有回收氚衰变产生的氦-3 功能。图 10-15 是 SDS 的简化流量图。

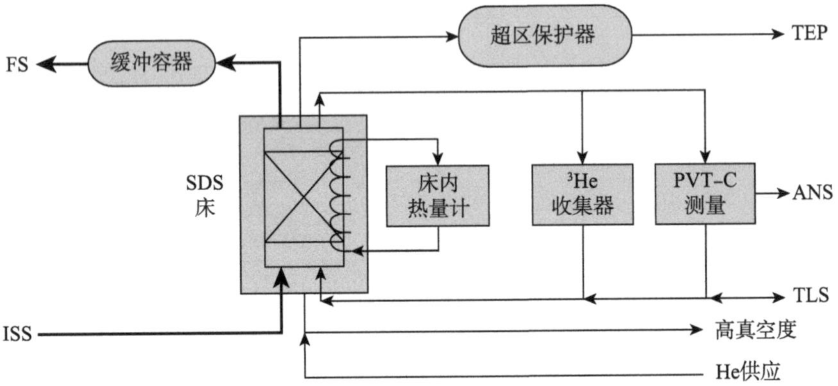


图 10-15　SDS 简化流程示意图

SDS 选择的储氢材料为铀金属。SDS 储氚床设计有床内热量计，以掌握氚库存量。氚衰变热通过床内部的氦循环热交换器进行热量移出，通过测定温差来获得氚库存量。利用 PVT-C 容器的测定法也有效。该方法主要用于测定从初始投料的氚量，也可用于从 SDS 存储容器中的汲取氚量。在知道体积的计量容器中装满氚，测定压力变化和温度并定量，采集试料送到 ANS，通过气体色谱分析，可以获得氘、氚的组成。氚的半衰期约为 12.5 年，β 衰变后转化为氦-3。储氢材料内氚衰变而产生的氦-3 会导致储氚床的吸脱性能下降。因此，SDS 需要周期性去除氦-3 并进行回收。氦-3 回收可通过出气后再贮存，从而将残留不吸附的氦-3 去除。汲取氚时，通过在隔热双层容器内，利用热辐射对贮氚材料进行加热，并进行真空排气；氚回收时，则通入氦流，由自然对流对储氢床进行冷却。

## 10.4.3 排灰气处理系统 TEP

TEP 是对托卡马克主机排灰气(包括未反应的氘氚燃料、氦灰及其他杂质)进行一次性处理的系统。TEP 将氚分离后，根据其组成送往 ISS 或 SDS。系统内的定性及定量分析由 ANS 实现。除氘氚运行工况外，还处理第一壁除氚工况排出的氘、氦及甲烷等。TEP 排气中的氚含量必须非常低，每天的排放量必须低于 0.1 mgT (约 1 Ci)，氚去除率要求 $10^8$。

TEP 使用由催化剂和渗透膜组成的 CAPER 系统，从其他杂质中分离氢同位素气体。CAPER 是由催化剂的 CAtalyst 和渗透的 PERmeation 组合而成的词，即通过催化剂从甲烷中提取氢同位素，并通过膜分离。CAPER 由 3 个阶段组成，以提高氢同位素的回收率，如图 10-16 所示。CAPER 由 2 个渗透膜和 1 个催化反应器以及第三阶段 PERMCAT 催化剂的渗透膜组成。在 PERMCAT 中，氢同位素渗透通过钯膜，通过氢和氘或氚之间的置换反应，增加氘、氚的回收率。CAPER 中的置换反应如式(10-1)和式(10-2)所示。表达式(10-1)是催化剂团的反应式，表达式(10-2)是催化剂在 PERMCAT 中的交换反应式。Q 为氢同位素，表示 H、D、T 中的一种。

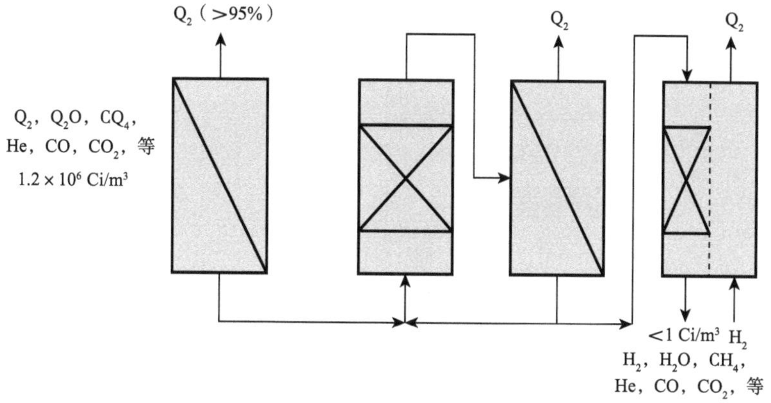


图 10-16　三级排灰气处理系统(CAPER)

第二步化学反应：(Q＝H，D，T)

$$CQ_4 \rightleftharpoons C+2Q_2 \tag{10-1}$$

$$C+CO_2 \rightleftharpoons 2CO \tag{10-2}$$

$$CO+Q_2O \rightleftharpoons CO_2+Q_2 \tag{10-3}$$

$$CO+3Q_2 \rightleftharpoons CQ_4+Q_2O \tag{10-4}$$

PERMCAT 化学反应：

$$H_2+CQ_4 \rightleftharpoons CH_4+Q_2 \tag{10-5}$$

$$H_2+Q_2O \rightleftharpoons H_2O+Q_2 \tag{10-6}$$

## 10.4.4　同位素处理系统 ISS

在 ISS 中存在 6 种氢同位素分子成分：$H_2$、HD、HT、$D_2$、DT、T2。ITER 的 ISS 为生产所需的 $D_2$、DT、$T_2$，共由 4 个蒸馏塔组成，并设置多个平衡反应器，如图 10-17 所示。在平衡反应器中发生 $2HD \rightleftharpoons H_2+D_2$，$2HT \rightleftharpoons H_2+T_2$，$2DT \rightleftharpoons D_2+T_2$ 的可逆反应。采用铂作为平衡反应的催化剂，平衡反应常数如表 10-2 所示。向蒸馏塔-1 提供的 HD(T)流来自 WDS 电解槽，大部分由 H 组成。TEP 向蒸馏塔-4 提供的 $Q_2$，大部分由 D 和 T 组成。ISS 的设计考虑了氚和氢同位素的总库存量最小化；在失去低温冷却的情况下，考虑安全设计以应对液化氢气化产生的体积膨胀和压力陡增。在运行过程中，对氚是否通过热交换器流入氦制冷剂管道进行监测。同时还监视围绕蒸馏塔的冷盒(Cold box)是否具有真空隔热功能，以及氚是否从蒸馏塔或管道泄漏。在 ISS 中，通过优化蒸馏塔提取端位置，配合平衡反应器供应的组分，促使反应生成想要的分子形态，最大限度地回收 $D_2$ 和 $T_2$。

表 10-2 H、D、T 反应平衡常数

| 平衡常数 | 273.15 K | 298.1 K | 400 K | 500 K | 600 K |
| --- | --- | --- | --- | --- | --- |
| $[HD]^2/[H_2][D_2]$ | 3.18 | 3.25 | 3.48 | 3.62 | 3.72 |
| $[HT]^2/[H_2][T_2]$ | 2.42 | 2.56 | 2.97 | 3.24 | 3.44 |
| $[DT]^2/[D_2][T_2]$ | 3.79 | 3.82 | 3.88 | 3.92 | 3.94 |

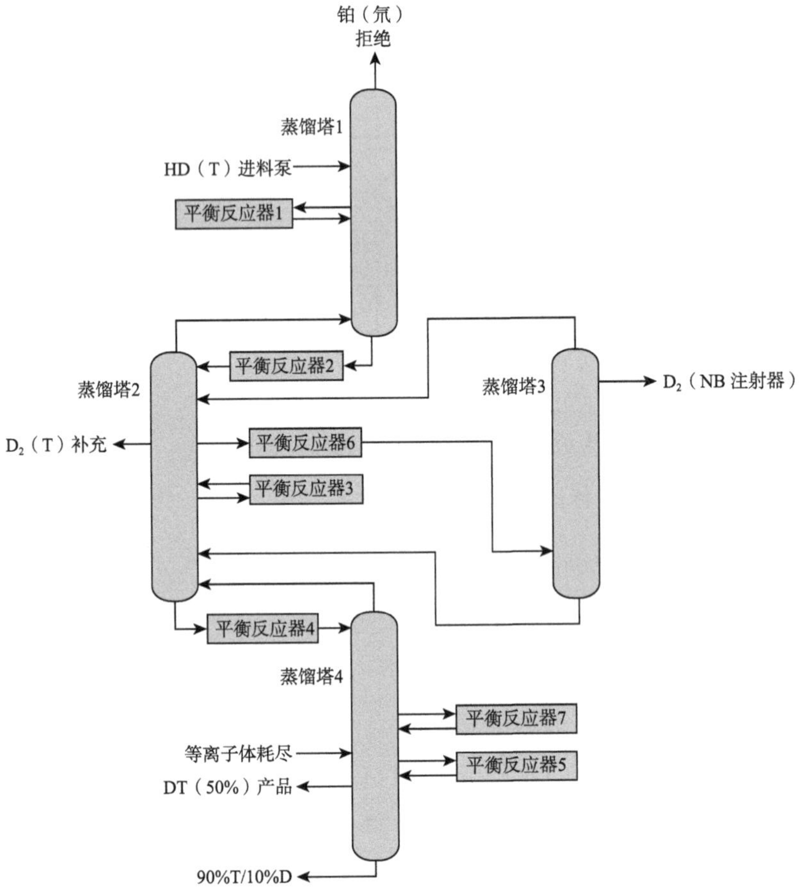


图 10-17 ITER ISS 流程示意图

## 10.4.5 ITER 氚安全包容与辐射及环境监测

(1) ITER 除氚系统

除氚系统(DS)是 ITER 氚包容的关键组成系统。DS 的功能之一为排气除氚(VD)，其是根据分区考虑，提供所需微负压，并在气体排放到环境之前对其进行除氚。VD 功能必须由安全重要部件(SIC)提供，以确保系统在需要时功能的可用性。实现 VD 功能的 DS 以直通模式工作。DS 的另一个功能是收集在正常操作、维修或偶然/意外事件中释放的氚，这个功能被称为空气除氚(AD)。AD 功能不要求由 SIC 部件来实现，但基于运行目标，提供 AD 功能的设备需要有冗余。提供 AD 功能的除氚系统以再循环模式运行。

根据服务区间的不同，ITER 除氚系统分为 3 个部分。一部分专用于托卡马克主机房间除氚，称为 TC-DS；一部分是用于手套箱除氚，称为手套箱除氚系统(GDS)；第三部分单独位于热室设施中除氚。在包括维护在内的正常运行过程中，托卡马克主机房间内的气压级联和气流方向由托卡马克主机建筑暖通空调系统(HVAC)产生，这些建筑并没有持续连接到 TC-DS。当特定房间发生氚释放的偶然/意外事件时，该房间会自动切换到 TC-DS，并且在释放到环境中之前，房间的气氛会被 TC-DS 去除。GDS 为装有氚系统设备的手套箱提供 AD 功能。手套箱气氛通过 GDS 再循环，在正常操作期间将氚浓度维持在预定水平以下，或在氚释放的事件/事故事件发生后从手套箱气氛中去除氚。手套箱中的负压通过向 TC-DS 抽真空排气来实现。

(2)ITER 除氚系统的工艺研发进展

在除系统系统(DS)采购包的早期设计中，采用分子筛床(MS)干燥器从工艺气流中吸附 HTO。在该设计中，分子筛床是填充有分子筛颗粒的固定床，要求其吸附性能在吸附期间将出口湿度限制在低于 $1\times10^{-6}$的体积浓度；再生条件确定为残留水负荷为重量的 2%。每个子系统至少需要两个并行的分子筛床，饱和分子筛干燥器通过吹扫热干燥气体来进行再生[36]。为提高 DS 系统在各种氚释放事件/事故条件下的性能和耐久性，JAEA 将部分除氚组件的分子筛干燥床改进为了湿洗涤塔(SC)。在目前的 ITER 除氚系统设计中，有两种标准化的除氚核心模块，分别使用分子筛床(MS)或湿式洗涤塔(SC)对含氚废气催化氧化后的 HTO 回收。带 SC 的 DS (SC-DS)作为一种安全重要部件(SIC)系统，主要用于应急排气除氚。带分子筛床(MS-DS)的 DS 作为一种非 SIC 系统，在循环运行模式下用于正常的大气除氚。此外，还为每组手套箱设计了标准化的手套箱气氛除氚系统，作为独立的非 SIC 模块。JAEA 承担了 ITER DS 采购包约 50%的任务份额。为提升该系统的可靠性，JAEA 研究了该系统在各种事故/事故条件下的性能和耐久性，包括一氧化碳、二氧化碳、湿度、$SF_6$ 的影响等[37]，积累了各种阀门、传感器、控制器、机械部件的故障经验数据[38]。并此故障经验数据库对 SC-DS 设计的功能失效进行了评估。从 2009 年开始，根据与 ITER 组织的任务协议，日本原子能机构计划在真实运行条件下进行了一系列中试规模的 350 $m^3/h$(目前 ITER 设计规模的 1/4)湿式洗涤塔除氚试验。该规模试验的主要目的是与门捷列夫实验室获得的实验室数据进行对标，以验证 SC 具有有效的除氚性能，并对 SC-DS 的设计软件进行验证[39]。在此设计更新下，无须定期再生 MS 干燥床所需的阀门频繁操作，并通过 DS 的标准化模块布置，使得系统设计的可用性得到了大幅度提高[4]。采用湿洗涤柱的除氚系统(SC-DS)的流程图 10-18 和图 10-19 如所示。

在正常等离子体运行和维护期间，HVAC 在 Tokamak 建筑中实现每小时一次换气，氚厂房建筑中每小时两次换气，并维持包容空间足够的负压。每个氚包容空间的通风排气都由具有冗余设计的辐射监测系统进行氚浓度监测。当监控系统检测到任一包容空间的氚浓度超过设计标准值时，HVAC 将于包容区间中进行隔离，SIC 类型的 DS 将自动连接到包容区间进行除氚。在图 10-18 中，包容区间配备了两个相同的 DS 系统(DS1 和 DS2)，以备系统有冗余。如图 10-19 所示，DS1 由进气罐和排气罐、3 个标准化的核心 SC-DS 模块和实现 VD 功能和 AD 功能的各两个风机所组成。如图 10-20 所示，标准化的 SC-DS 模块主要由过滤器单元、催化氧化反应器和湿洗涤塔组成。一个催化反应器将在室温下使用疏水催化剂运行，另一个催化反应器将使用一般 Pt 催化剂在 423 K 下运行，以氧化含氚排放气体。湿洗涤柱由主洗涤柱和湿度饱和柱、水循环泵、加热器和冷凝器等构成。

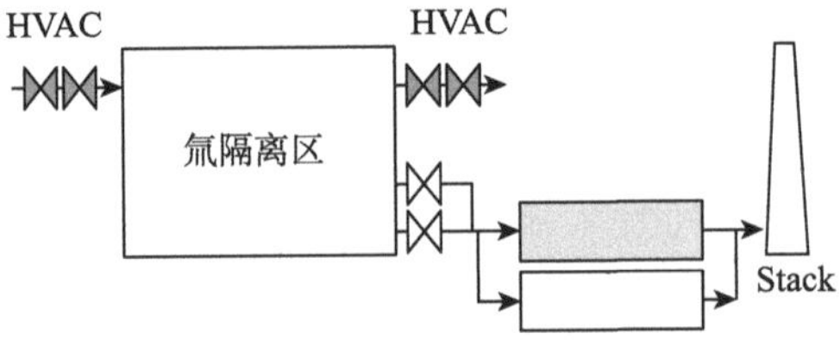


图 10-18　ITER 除氚系统(DS)的概念框图

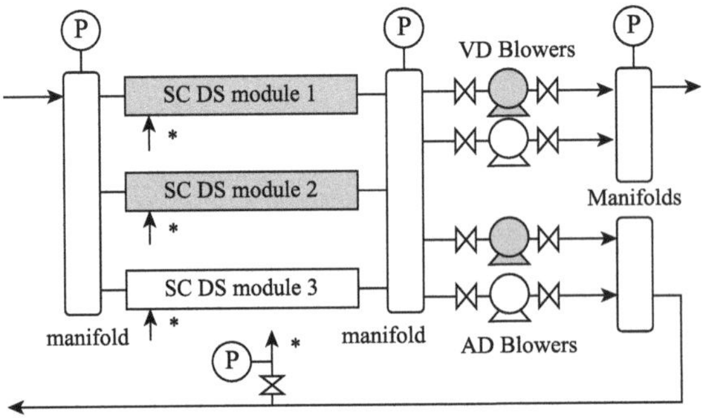


图 10-19　单个区域除氚单元(DS1)的概念流程图

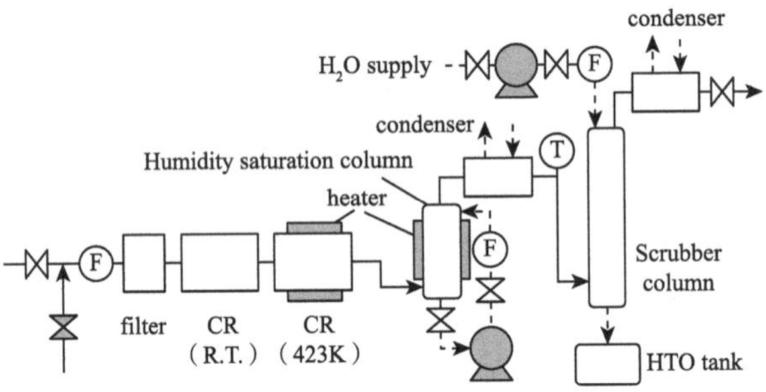


图 10-20　单个 SC-DS 模块的概念流程图

(3)水除氚系统

在 ITER 运行期间，包括维护活动期间，氚化水将在各除氚子系统中产生，导致累积的氚水量大幅度超过可作为污水定期排放的限制值。此外，ITER 排放废水的氚浓度被限制在 74 MBq/m$^3$。因此，氚化水必须暂时储存，然后进行现场处理。

ITER 水除氚系统(WDS)由两部分组成：一部分包括用于临时储存氚化水的氚化水箱，另一部分包括用于处理这些水的水除氚系统本身。氚化水储罐根据氚浓度储存各种氚化水；储罐位于氚厂大楼内。WDS 是基于联合电解催化交换(CECE)技术。该技术包括将氚化水转化为气态氢，将氢气分解并在释放限度内排放。

ITER 进行含氚水处理系统总容量的评估，以处理在正常运行(包括维修)期间产生的氚化水。如果偶然/意外事件导致运行氚包容系统产生大量氚化水，则可以使用大型储罐来储存水，直到可以处理为止。储罐的容量取决于在合理的时间内从事故/事故中恢复所需的分解系统(包括大气和排气分解操作)的吞吐量。

由于水除氚系统是基于 CECE 技术，它从储罐中汲取含氚水，并通过电解过程将其转化为气态氢。这些氢气被送入液相催化交换(LPCE)塔中，在那里它被分解，然后排放到环境中。

WDS 是氚包容的最后阶段。储罐提供了储存大量氚化水的能力，并起到了混合含氚水、转移含氚水到 WDS 的功能。电解过程，将氚化水转化为气态氢，也会产生氧气流。这个气流将包含微量的氚化水蒸气和氚化氢。因此，氧气流在排放到环境之前被净化。电解槽产生的氢气流分为两流。一部分送入同位素分离系统(ISS)进一步富集氚；另一部分在排放到大气之前被送入 LPCE 塔进行分解。

(4)辐射及环境监测

辐射和环境监测包括固定区域监测系统、便携式监测系统、人员剂量测定系统、人员生物测定系统、人员防护设备和健康物理实验室、监测和记录中心等要素。这些系统的设计是为了满足监测和保护功能，以确保工厂工作人员、其他 ITER 人员和一般公众的剂量不超过 ITER 辐射照射指南，或者在发生意外照射时，剂量不超过可以估计的剂量。

在放射性控制的建筑物中，氚监测仪器安装在潜在的排放点、靠近通风机的管道系统、靠近抽气管道和大房间中。设置了不同的警报级别，用于疏散工人，关闭暖通空调阻尼器，以及在氚泄漏的情况下将隔离区自动连接到氚化系统。此外，在所有可能有氚污染和工作人员可能进入的房间安装鼓泡器取样器，以确定空气中氚化水的长期浓度，其检测限远低于电离室。

伽马监测器位于放射控制的建筑物内，包括中子试验区。这些装置的放置方式是为了测量特定房间的最大剂量。位于蓝区、绿区或黄区的监视器设置了不同的警报级别。

中子监测器仅位于托卡马克大楼内，用于测量给定区域内的最大剂量。一些实验室监测也将设在中子试验区。便携式中子监测器在等离子体放电时用于氚厂大楼。

员工不常去的房间不一定有固定的监视器。然而，有潜在氚污染的房间一般设有监测设施，可以在人员进入之前检查内部空气中的氚污染，而有潜在伽马辐射的房间配备了可以在进入之前使用便携式辐射监测仪估计伽马水平的监测手段。

放射性粉尘和铍粉尘通过适当的过滤器利用空气采样监测，随后进行分析。

健康物理实验室、监测和记录中心位于人员出入控制大楼，监测和记录所有条件和操作下的所有测量和警报。它还提供放射性样品和铍样品的分析设备。

在气体流出排放点，对氚、碳-14 和其他放射性气体、放射性微尘和铍粉尘进行取样和监测。所有流出的液体在排放前都由 HP 实验室、监测和记录中心取样和监测。

在 ITER 核运行之前，将建立一个环境监测计划。除了 ITER 场址边界内的环境监测系统外，还将对边界外的空气、本底辐射、降水、牛奶、饮用水、鱼类、周围水体和主动排水进行严格的环境监测和采样，以满足 2008 年 2 月 15 日法国地方法令中关于 ITER 场址水管理的环境要求。

# 参考文献

[1] BARTLIT J R. The tritium systems test assembly at Los Alamos National Laboratory[J/OL]. Fusion Engineering and Design, 1990, 12(3): 393-402.

[2] WILLMS R S, RABUN R. US Tritium Activities[J/OL]. Fusion Science and Technology, 2002, 41 (3P2): 339-345.

[3] SHERMAN R H, TAYLOR D J, BARTLIT J R, et al. Radiochemical Reaction Studies of Tritium Mixed Gases by Laser Raman Spectroscopy at TSTA[J/OL]. Fusion Technology, 1992, 21(2P2): 457-461.

[4] O'HIRA S, NAKAMURA H, KONISHI S, et al. On-line Tritium Process Gas Analysis by Laser Raman Spectroscopy at TSTA[J/OL]. Fusion Technology, 1992, 21(2P2): 465-470.

[5] XIAO X, HEUNG L K, SESSIONS H T. Recent Advances in SRS on Hydrogen Isotope Separation Using Thermal Cycling Absorption Process[J/OL]. Fusion Science and Technology, 2015, 67(3): 643-646.

[6] ARIAS A A, SCHMIERER E N, GETTEMY D, et al. Thermal Cycling Absorption Process (TCAP): Instrument and Simulation Development Status at Los Alamos National Laboratory[J/OL]. Fusion Science and Technology, 2005, 48(1): 159-162.

[7] SHERMAN R H, BARTLIT J R, GRUETZMACHER K M, et al. Operation of the TSTA Isotope Separation System with 100 Gram Tritium[J/OL]. Fusion Technology, 1988, 14(2P2B): 1273-1276.

[8] PENZHORN R D, BEKRIS N, COAD P, et al. Status and research progress at the Tritium Laboratory Karlsruhe[J/OL]. Fusion Engineering and Design, 2000, 49/50: 753-767.

[9] DAY C, GIEGERICH T. The Direct Internal Recycling concept to simplify the fuel cycle of a fusion power plant[J/OL]. Fusion Engineering and Design, 2013, 88(6/8): 616-620.

[10] GIEGERICH T, DAY C. The KALPUREX-process — A new vacuum pumping process for exhaust gases in fusion power plants[J/OL]. Fusion Engineering and Design, 2014, 89(7/8): 1476-1481.

[11] BORNSCHEIN B, GLUGLA M, GÜNTHER K, et al. Successful Experimental Verification of the Tokamak Exhaust Processing Concept of ITER with the CAPER Facility[J/OL]. Fusion Science and Technology, 2005, 48(1): 11-16.

[12] BORNSCHEIN B, GLUGLA M, GÜNTHER K, et al. Tritium tests with a technical PERMCAT for final clean-up of ITER exhaust gases[J/OL]. Fusion Engineering and Design, 2003, 69(1/4): 51-56.

[13] GLUGLA M, LÄSSER R, LE T L, et al. Experience gained during the modification of the Caprice system to Caper[J/OL]. Fusion Engineering and Design, 2000, 49/50: 811-816.

[14] ALBRECHT H, HUTTER E. Tritium recovery from an ITER ceramic test blanket module—process options and critical R&D issues[J/OL]. Fusion Engineering and Design, 2000, 49-50: 769-773.

[15] 赵林杰, 肖成建, 龙兴贵, 等. 聚变能源中的氚化学与氚工艺研究进展及展望[J]. 核化学与放射化学, 2019, 41(1): 40-59.

[16] DEMANGE D, ALECU C G, BEKRIS N, et al. Overview of R&D at TLK for process and analytical issues on tritium management in breeder blankets of ITER and DEMO[J/OL]. Fusion Engineering and Design, 2012, 87(7/8): 1206-1213.

[17] BEKRIS N, CALDWELL-NICHOLS C, HUTTER E. Cold trap and cryogenic molecular sieve adsorber: components for tritium extraction from the purge gas of the HCPB-breeder blanket for ITER[J/

OL]. Fusion Engineering and Design，2003，69(1/4)：21-25.

[18] DEMANGE D，ANTUNES R，BORISEVICH O，et al. Tritium extraction technologies and DEMO requirements[J/OL]. Fusion Engineering and Design，2016，109-111：912-916.

[19] CRISTESCU I，BÜKKI-DEME A，CARR R，et al. Review of the TLK Activities Related to Water Detritiation，Isotope Separation Based on Cryogenic Distillation and Development of Barriers Against Tritium Permeation[J/OL]. Fusion Science and Technology，2017，71(3)：225-230.

[20] MICHLING R，BEKRIS N，CRISTESCU I，et al. Water detritiation processing of JET purified waste water using the TRENTA facility at Tritium Laboratory Karlsruhe[J/OL]. Fusion Engineering and Design，2013，88(9/10)：2361-2365.

[21] WENDEL J，WERTENBACH H，GLUGLA M，et al. Quantitative Analysis of Hydrogen Isotopes with a Mordenite Column at 173 K by Radio Gas Chromatography[J/OL]. Fusion Technology，1995，28(3P2)：1090-1096.

[22] SCHLÖSSER M，RUPP S，SEITZ H，et al. Accurate calibration of the laser Raman system for the Karlsruhe Tritium Neutrino Experiment[J/OL]. Journal of Molecular Structure，2013，1044：61-66.

[23] SCHLÖSSER M，FISCHER S，STURM M，et al. Design Implications for Laser Raman Measurement Systems for Tritium Sample-Analysis，Accountancy or Process-Control Applications[J/OL]. Fusion Science and Technology，2011，60(3)：976-981.

[24] STURM M，SCHLÖSSER M，LEWIS R J，et al. Monitoring of all hydrogen isotopologues at tritium laboratory Karlsruhe using Raman spectroscopy[J/OL]. Laser Physics，2010，20(2)：493-507.

[25] FISCHER S，STURM M，SCHLÖSSER M，et al. Monitoring of tritium purity during long-term circulation in the KATRIN test experiment LOOPINO using laser Raman spectroscopy[P]. [2024-11-11].

[26] GLUGLA M，MURDOCH D K，ANTIPENKOV A，et al. ITER fuel cycle R&D：Consequences for the design[J/OL]. Fusion Engineering and Design，2006，81(1-7)：733-744.

[27] BACHELET F，CLOUARD S，LIS A，et al. Calorimetry：An NDA Method for Tritium Measurement and Accountancy[J/OL]. Fusion Science and Technology，2020，76(6)：699-702.

[28] STRZELCZYK F，LETERQ D，WILHELM A M，et al. Gas—solid chromatographic separation of hydrogen isotopes：a comparison between two palladium bearing materials — alumina and kieselguhr [J/OL]. Journal of Chromatography A，1998，822(2)：326-331.

[29] LAQUERBE C，CONTRERAS S，BAUDOUIN O，et al. Modelling Aging Effects on a Thermal Cycling Absorption Process Column[J/OL]. Fusion Science and Technology，2008，54(2)：403-406.

[30] LAQUERBE C，DUCRET D，BALLANGER A，et al. Optimization of a Thermal Cycling Absorption Process Design by Dynamic Simulation[J/OL]. Fusion Science and Technology，2002，41(3P2)：1121-1125.

[31] PAUTROT G P. The Tritium Extraction Facility at the Institute Laue-Langevin Experience of Operation with Tritium[J/OL]. Fusion Technology，1988，14(2P2A)：480-483.

[32] BELONOHY E，BAKER A，BALSHAW N，et al. Technical rehearsal of tritium operation at JET[J/OL]. Fusion Engineering and Design，2017，123：196-200.

[33] GEORGE R，KENNEDY D，HUDDLESTON T，et al. JET exhaust detritiation system replacement—design，commissioning，and operation[J/OL]. Plasma Physics and Controlled Fusion，2023，65(6)：064002.

[34] MATVEEV D，DOUAI D，WAUTERS T，et al. Tritium removal from JET-ILW after T and D-T experimental campaigns[J/OL]. Nuclear Fusion，2023，63(11)：112014.

[35] GIANCARLI L M, ABDOU M, CAMPBELL D J, et al. Overview of the ITER TBM Program[J/OL]. Fusion Engineering and Design, 2012, 87(5/6): 395-402.

[36] HAYASHI T, IWAI Y, KOBAYASHI K, et al. R&D of atmosphere detritiation system for ITER in JAEA[J/OL]. Fusion Engineering and Design, 2010, 85(7/9): 1386-1390.

[37] KOBAYASHI K, ISOBE K, IWAI Y, et al. Studies on the behaviour of tritium in components and structure materials of tritium confinement and detritiation systems of ITER[J/OL]. Nuclear Fusion, 2007, 47(12): 1645-1651.

[38] YAMANISHI T, YAMADA M, SUZUKI T, et al. Operational Results of the Safety Systems of the Tritium Process Laboratory of the Japan Atomic Energy Agency[J/OL]. Fusion Science and Technology, 2008, 54(1): 315-318.

[39] PEREVEZENTSEV A N, ANDREEV B M, ROZENKEVICH M B, et al. Wet scrubber technology for tritium confinement at ITER[J/OL]. Fusion Engineering and Design, 2010, 85(7/9): 1206-1210.

[40] HAYASHI T, NAKAMURA H, KAWAMURA Y, et al. Recent Progress on Tritium Technology Research and Development for a Fusion Reactor in Japan Atomic Energy Agency[J/OL]. Fusion Science and Technology, 2015, 67(2): 365-370.

[41] FUKADA S, SUEMORI S, ONODA K. Proton transfer in $SrCeO_3$—based oxide with internal reformation under supply of CH4 and H2O[J/OL]. Journal of Nuclear Materials, 2006, 348(1/2): 26-32.

[42] NISHIKAWA M, TANAKA K ichi, UETAKE M, et al. Adsorption Isotherm and Separation Factor for Multicomponent Hydrogen Isotopes in Cryosorption Method for Recovery of Tritium from Blanket Sweep Gas[J/OL]. Fusion Technology, 1995, 28(3P1): 711-716.

[43] KAWAMURA Y, YAMANISHI T. Tritium recovery from blanket sweep gas via ceramic proton conductor membrane[J/OL]. Fusion Engineering and Design, 2011, 86(9/11): 2160-2163.

[44] SHU W M, MATSUYAMA M, SUZUKI T, et al. Monitoring of tritium in diluted gases by detecting bremsstrahlung X-rays[J/OL]. Fusion Engineering and Design, 2006, 81(1/7): 803-808.

[45] MATSUYAMA M, WATANABE K, HASEGAWA K. Tritium assay in materials by the bremsstrahlung counting method[J/OL]. Fusion Engineering and Design, 1998, 39/40: 929-936.

[46] MATSUYAMA M, TORIKAI Y, WATANABE K. In-Situ Measurement of High Level Tritiated Water by Bremsstrahlung Counting[J/OL]. Fusion Science and Technology, 2005, 48(1): 324-331.

[47] FURUTA E, KATO Y, FUJISAWA S. Measurement of tritium with plastic scintillators in large vials of a low background liquid scintillation counter: an organic waste-less method[J/OL]. Journal of Radioanalytical and Nuclear Chemistry, 2017, 314(2): 701-708.

[48] MATSUYAMA M, TAKATSUKA K, HARA M. Sensitivity of a specially designed calorimeter for absolute evaluation of tritium concentration in water[J/OL]. Fusion Engineering and Design, 2010, 85(10/12): 2045-2048.